U0389644

高等学校教材

材料工程概论

Introduction to Materials Engineering

田进涛　编

化学工业出版社

·北京·

内容简介

全书围绕金属材料、无机非金属材料、高分子材料、复合材料四大类材料在成材过程中的技术原理、工艺和方法，系统全面地介绍了各类材料的制备合成、成型加工、材料复合、表面处理等。对于纳米材料、薄膜材料、海洋工程材料等特种材料及 3D 打印技术本书也进行了介绍。本书既包括了传统材料及其工艺方法，也涵盖了新材料、新工艺、新方法，体现出了较强的通用性。

本书可用作高等院校材料工程及相近专业本科生、研究生的教学用书或参考书，也可供相关专业的师生和工程技术人员自学与参考。

图书在版编目（CIP）数据

材料工程概论/田进涛编. —北京：化学工业出版社，2022.10
高等学校教材
ISBN 978-7-122-42159-3

Ⅰ. ①材…　Ⅱ. ①田…　Ⅲ. ①工程材料-高等学校-教材
Ⅳ. ①TB3

中国版本图书馆 CIP 数据核字（2022）第 170298 号

责任编辑：窦　臻　林　媛
责任校对：宋　夏
装帧设计：王晓宇

出版发行：化学工业出版社
（北京市东城区青年湖南街 13 号　邮政编码 100011）
印　　刷：北京云浩印刷有限责任公司
装　　订：三河市振勇印装有限公司
787mm×1092mm　1/16　印张 25　字数 628 千字
2023 年 3 月北京第 1 版第 1 次印刷

购书咨询：010-64518888
售后服务：010-64518899
网　　址：http://www.cip.com.cn
凡购买本书，如有缺损质量问题，本社销售中心负责调换。

定　　价：68.00 元
版权所有　违者必究

前言

材料工程属于研究、开发、生产和应用金属材料、无机非金属材料、高分子材料和复合材料的工程领域，主要包含各类材料的制备合成、成型加工、复合及表面强化的技术原理、工艺方法、生产过程等。随着当代新材料的发展和对传统材料要求的提高，材料工程的成材技术已成为实现高性能材料应用的基础。同时，“材料工程”课程对于培养从事新型材料的研究开发、材料制备、材料特性分析和改性、材料的有效利用等方面的高级工程技术人才也意义重大。本书编者分析了材料工程相关教材的优缺点，结合自身多年从事材料领域的教学和科研经历，在大量参考国内外相关领域研究成果的基础之上编写了本书。全书围绕金属、无机非金属、高分子、复合材料四大类材料在成材过程中的技术原理、工艺和方法，系统全面地介绍了各类材料的制备合成、成型加工、材料复合、表面处理等，使得读者在获得较为全面的材料工程知识的同时，掌握材料制备合成和加工的基本科学原理和技能，从而针对材料组成、结构、性能与应用的要求，提出材料制备加工的方案与方法。

在本书的编写过程中，编者依据详尽的资料调研，对内容进行了科学合理的结构规划，形成了如下的编写特点。首先，本书遵循金属材料、无机非金属材料、高分子材料、复合材料的章节安排，在每一章中依次安排了基本原理、工艺方法、前沿进展，分别对应着背景知识、主要专业知识、最新拓展知识的内容介绍。上述的内容编排系统且科学，符合人们的认知习惯，便于读者理解并准确把握书中内容。其次，本书强调了专业知识的全面性。本书全面涵盖了各类材料的制备合成和成型加工。在金属熔炼中既介绍了铁的冶炼和钢的冶炼及其合金化，也介绍了有色金属冶炼，包括常见的轻金属、贵金属、重金属、稀有金属及其它有色金属等的冶炼。针对无机非金属材料，除了传统的陶瓷制粉、成型和烧结之外，还涵盖了玻璃生产与加工、水泥生产，以及最近数十年来发展迅速的新型碳材料。在高分子材料方面，系统介绍了常见且应用广的四大类有机高分子材料（工程塑料、橡胶、合成纤维、涂料和胶黏剂）的制备合成与成型加工。在复合材料方面，本书介绍了复合材料增强体及三大类复合材料的制备。针对特种材料的制备，本书除了介绍纳米粉体、一维纳米材料、薄膜材料的制备之外，还囊括了特种场合应用材料的制备（海洋工程材料）。对于 3D 打印技术这一新型快速成型技术，本书也进行了介绍。显然上述内容全面涵盖了常见各类材料的制备合成与成型加工，体现了专业知识的全面性。最后，本书在介绍材料工程传统知识的同时，也注重新材料、新工艺、新方法的介绍，除了在每一章介绍相关内容的最新研究进展之外，在特种材料制备及 3D 打印技术的相关章节进一步强化了这一特点。

本书可用于高等院校材料工程专业及相近专业的教师或学生作为教材或学习参考书，也可作为相关领域科研及工程技术人员从事科学研究、工程开发的参考用书。

在本书编写过程中，编者以参考文献的方式引用了大量的国内外相关领域的研究成果，在此谨向这些参考文献的原作者表示敬意和感谢。另外，本书的编写得到了多位同行专家的指导和建议，多位研究生参与了资料收集与整理工作，特向他们表示衷心感谢。由于编者能力有限，书中肯定存在诸多不足之处，敬请各位读者批评指正。

田进涛

2022 年 5 月

目 录

第一篇 金属材料

第三篇　高分子材料

第六篇 特种材料制备及3D打印技术

第一篇
金属材料

1 金属熔炼
2 金属铸造成型
3 金属塑性加工
4 金属连接
5 金属热处理

1 金属熔炼

1.1 铁的冶炼

1.1.1 铁的简介

在至今为止发现的一百多种化学元素中九十多种属于金属元素，而在这些金属元素中铁、锰、铬三种金属被称为黑色金属。铁在人们的生产生活中最为常用。地壳中铁的蕴藏量极为丰富，占地壳总质量的 4.75%，是地壳中含量排第二的金属元素，仅次于铝。通常将冶金工业分为黑色冶金工业和有色冶金工业，铁、生铁、钢和铁合金的工业生产都属于黑色冶金工业。现代工业生产中钢铁是应用最广泛、使用量最大的金属材料，它是含有杂质的铁-碳合金，根据含碳量的多少可以分为生铁、熟铁和钢。

1.1.1.1 生铁

生铁一般指含碳量在 2.0%～4.3%的铁的合金，是利用铁矿石经过高炉冶炼得到的产品。生铁里除含有碳元素外，还含有锰、硫、硅和磷等元素。由于生铁缺乏韧性，质硬而脆，所以仅可以进行铸造，不可以进行锻造。根据碳在生铁中存在的形态不同，可以将生铁分为炼钢生铁、铸造生铁和球墨铸铁。炼钢生铁中硅的含量相对较低，一般来说≤1.75%，是转炉炼钢的主要原料，在生铁产量的占比达到 80%～90%。炼钢生铁坚硬但是易碎，生铁中的铁和碳是以渗碳体（Fe_3C）的形式存在。炼钢生铁的断裂口呈银白色，所以炼钢生铁也被称为白铁。铸造生铁中硅的含量较高，一般在 1.25%～3.6%之间。由于铸铁具有较低的熔点和极佳的流动性，常用于各种铸件的铸造。铸造生铁中的碳以石墨的形式存在。灰铸铁因其断裂呈灰色，柔软且十分容易被切割，所以可以制成床、箱、管和各种连接器。球墨铸铁是铸造生铁中的一种，它含有含量很低的硫和磷。低硫能够使碳在铁中充分石墨化，球形石墨是碳的主要存在形态。低的磷含量使其机械性能远胜于灰口铁，并且使它的性能接近于钢。球墨铸铁还具有优良的铸造和切削加工性能，这是它广泛用于制造齿轮、活塞等高级铸件以及多种机械零件的原因。

1.1.1.2 熟铁

熟铁是指用生铁精炼而成的比较纯的铁，含碳量在 0.04%以下，含铁量约 99.9%，杂质总含量约 0.1%，又叫锻铁或纯铁。熟铁质地柔软，塑性和延展性好，可以拉成丝，具有较低的强度和硬度，容易锻造和焊接。纯铁具有较高的磁导率，主要用作电气材料，也可用于各种铁芯的加工。纯铁也是生产先进合金钢的原料。由于其质地柔软、强度较低，因而很少被用作结构材料。另一方面，纯铁中碳和磷的杂质含量非常低，所以冶炼比较困难，制造成本较高。

1.1.1.3 钢

钢是由生铁炼制而成的铁-碳合金，含碳量在 0.0218%～2.11%之间。按照不同的分类方法，可以将钢分为不同种类。例如按照含碳量的高低，可以将钢分为低碳钢（含碳量＜0.25%）、中碳钢（含碳量 0.25%～0.60%）和高碳钢（含碳量＞0.60%）。按照用途，可以将钢分为结构钢、工具钢、模具钢及特殊性能用钢等。钢铁价格很便宜，同时含铁矿物在地壳中不仅具有较大的蕴藏量，而且分布比较集中，冶炼和加工方法比较简便，效率高、规模大，所以钢铁在金属生产中具有最高的产量。钢是制造各种机械设备的最基本材料，是工业领域的基础材料。因此，一个国家钢铁工业的发展状况在一定程度上反映了该国国民经济的发达水平。

1.1.2 炼铁原料

自然界中的铁绝大多数是以氧化物状态存在于铁矿石中。高炉炼铁是将铁从铁矿石中还原，通过冶炼制成液态生铁。铁矿石的还原需要还原剂。为了使铁矿石中的煤核从熔点低的熔渣中排出，必须有足够的热量和熔剂。还原剂和热量都是通过燃料与鼓风供给的，目前主要采用焦炭作为燃料。为了提高矿石品位及利用贫矿资源，矿石要经过选矿和烧结，从而制成烧结矿或球团矿供高炉冶炼。

1.1.2.1 铁矿石

铁矿石是以含铁矿物为主的矿石。目前已知的铁矿石达到300多种，而能用于炼铁的矿石只有20多种。根据铁矿石存在形式的不同，可将铁矿石分为磁铁矿石、赤铁矿石、褐铁矿石和菱铁矿石，它们各自具有不同的外部形态和物理特征。

（1）磁铁矿石　磁铁矿石具有非常强的磁性，化学式为Fe_3O_4，理论含铁量达到72.4%，晶体呈八面体，组织结构致密且坚硬，通常呈块状。磁铁矿石外观呈钢灰色或黑灰色，有黑色条痕，无解理，难以被还原和破碎，一般含有较高的有害杂质，例如硫和磷。由于自然界的氧化作用，使部分磁铁矿氧化为赤铁矿，但仍保持原磁铁矿结晶形态，这种现象叫做假象。按磁铁矿与假象赤铁矿在铁矿石中含量的差异，一般采用$Fe_{全}$与FeO含量的比值（磁性率）来进行分类：

$\dfrac{w(Fe_{全})}{w(FeO)}=\dfrac{72.4}{31}=2.33$，为纯磁铁矿矿石；＜3.5为磁铁矿矿石；=3.5～7.0为半假象赤铁矿矿石；＞7.0为假象赤铁矿矿石。

其中，$w(FeO)$为矿石中FeO含量，%；$w(Fe_{全})$为矿石中全铁含量，%。磁铁矿具有较好的烧结性，高温处理时氧化会放出热量，氧化铁与脉石易形成低熔点化合物，使能耗降低，并提高结块的强度。

（2）赤铁矿石　赤铁矿石的成分为Fe_2O_3，无结晶水，理论铁含量达到70%。赤铁矿中的氧化铁是一种高价氧化物，属于氧化程度最高的铁矿。此种矿石在自然界中具有最多的储藏量。赤铁矿的含铁量一般为50%～60%，含硫和磷杂质比磁铁矿少，还原性较磁铁矿好，因此赤铁矿是比较优良的炼铁原料。赤铁矿具有较多的组织结构，从致密的结晶体到疏松分散的粉体都有一定的分布。结晶的赤铁矿外表呈现钢灰色或铁黑色，其余呈现为红色或暗红色，但所有赤铁矿的条痕检测都是暗红色。赤铁矿具有半金属光泽，无解理，磁性较弱，所含脉石多为硅酸盐。结晶状的赤铁矿颗粒内孔隙较多，易被还原和破碎。由于氧化程度高，因而难形成低熔点化合物，烧结性较差，烧结燃料消耗比磁铁矿高。

（3）褐铁矿石　褐铁矿石是由其它矿石风化后生成的，在自然界具有较广的分布，是含有结晶水的Fe_2O_3，用$mFe_2O_3 \cdot nH_2O$表示，一般$2Fe_2O_3 \cdot 3H_2O$形态较多。根据m和n值不同，可将褐铁矿石分为水赤铁矿、针赤铁矿、水针铁矿、褐铁矿、黄针铁矿、黄赭矿等。褐铁矿一般含铁量为37%～55%，具有较高的硫、磷含量，外表通常为黄褐色、暗褐色和黑色，呈现黄色或褐色条痕，无磁性，脉石常为砂质黏土。褐铁矿结构松软，含水量大，密度小，气孔多，温度升高使结晶水去除后会留下新的气孔，还原性比前两种铁矿石高。褐铁矿主要用重力选矿和磁化焙烧-磁选联合处理，由于气孔和结晶水较多，需要延长高温处理时间以提高质量，导致成本增高。

（4）菱铁矿石　菱铁矿石的化学式为$FeCO_3$，理论含铁量为48.2%，在自然界中有工业开采价值的菱铁矿比其它三种矿石都少。在水和氧化作用下，菱铁矿易转变成褐铁矿覆盖在菱铁矿的矿床表面。菱铁矿虽然含铁量不高，但受热分解二氧化碳后不仅使含铁量显著提高而且变得多孔，具有较好的还原性。菱铁矿致密且坚硬，外表呈现灰色或黄褐色，风化后颜色转变为深褐色，具有灰色或黄色条痕，有玻璃光泽，无磁性，含硫、磷较高，脉石中含有碱性氧化物。

各种铁矿石的分类及特性如表 1-1 所示。

表 1-1　铁矿石分类及特性

<table>
<tr><th>矿石名称</th><th>化学式</th><th>理论含铁量/%</th><th>矿石密度/（t/m^3）</th><th>颜色</th><th>实际含铁量/%</th><th>有害杂质</th><th>强度及还原性</th></tr>
<tr><td>磁铁矿石</td><td>Fe_3O_4</td><td>72.4</td><td>5.2</td><td>黑色</td><td>45～70</td><td>S、P 高</td><td>坚硬，致密，难还原</td></tr>
<tr><td>赤铁矿石</td><td>Fe_2O_3</td><td>70</td><td>4.9～5.3</td><td>红色</td><td>55～60</td><td>S、P 低</td><td>软，较易破碎，易还原</td></tr>
<tr><td rowspan="6">褐铁矿石</td><td>水赤铁矿 $2Fe_2O_3 \cdot H_2O$</td><td>66.1</td><td>4.9～5.3</td><td rowspan="6">黄褐色，略褐色至绒黑色</td><td rowspan="6">37～55</td><td rowspan="6">S 低，P 高低不等</td><td rowspan="6">疏松，易还原</td></tr>
<tr><td>针赤铁矿 $Fe_2O_3 \cdot H_2O$</td><td>62.9</td><td>4.0～4.5</td></tr>
<tr><td>水针铁矿 $3Fe_2O_3 \cdot 4H_2O$</td><td>60.9</td><td>3.0～4.4</td></tr>
<tr><td>褐铁矿 $2Fe_2O_3 \cdot 3H_2O$</td><td>60</td><td>3.0～4.0</td></tr>
<tr><td>黄针铁矿 $Fe_2O_3 \cdot 2H_2O$</td><td>57.2</td><td>2.5～4.0</td></tr>
<tr><td>黄赭矿 $Fe_2O_3 \cdot 3H_2O$</td><td>55.2</td><td>2.5～4.0</td></tr>
<tr><td>菱铁矿石</td><td>$FeCO_3$</td><td>48.2</td><td>3.8</td><td>灰色带黄褐色</td><td>30～40</td><td>S 低，P 高</td><td>易破碎，焙烧后易还原</td></tr>
</table>

通过自然开采的矿石大小不均匀，有的含脉石，有的沙粒过多，必须经过各种前期准备和处理工作才能更加经济、更合理地用于高炉生产之中。常用的处理方法有破损、筛分、选矿、烧结和造块。对于富矿来说通过破碎和筛分控制矿石粒度大小，对于贫矿则除了破碎和筛分外还要经过混匀、选矿等处理阶段。

1.1.2.2　燃料

（1）焦炭选取标准　焦炭是高炉生产中的主要燃料，主要有三个作用，即用作还原剂将铁矿石氧化物还原成生铁，用作发热剂燃烧放出大量的热量使矿石燃烧，用作高炉中炉料的骨架维持固体形状使得煤气流可以向上流动。因此焦炭的质量和数量对生铁的生产质量起着决定性作用。焦炭的选取一般是从其物理和力学性能、化学分析性能、高温燃烧性能等方面考虑的[1]。

① 物理和力学性能　焦炭的物理和力学性能要求主要包括筛分粒度、气孔率、机械强度等。较小粒度的焦炭会降低高炉的透气性。当焦炭的块度较大时其与矿石粒度相差较大，会影响料柱的均匀性，不利于煤气流的分布，且大块焦炭会导致材料的二次破碎。实践表明 25～40mm 的一级焦炭最好，其次是 15～25mm 的焦炭，最后是 40～60mm 的焦炭，而大于 60mm 的焦炭则效果最差。气孔率是指焦炭中的气孔体积与焦炭体积之比的百分数。较高的气孔率对生铁的生产有不利影响，会使得气孔壁减薄，耐磨强度下降，也会使得焦炭的还原性增加，扩大直接还原区。

焦炭的机械强度分为耐磨强度和抗碎强度，可通过焦炭机械强度测定转鼓机测定，目前我国均采用小转鼓测定机械强度，即米库姆转鼓机。焦炭被放入转鼓机内，转鼓按照要求不停转动，焦炭与鼓壁之间相互产生撞击摩擦作用，使焦炭沿着裂纹破裂，表面被磨损，达到测定的抗碎强度和耐磨强度。抗碎强度采用大于 40mm 或 25mm 的焦炭（M40，M25）在转鼓试样中的质量分数；耐磨强度采用小于 10mm 的焦炭（M10）在转鼓试样中的质量分数。对于大型高炉来说 M40 应大于 75%，M10 应小于 9%，中型高炉的 M40 应在 60%～70%，小型高炉的 M40 应大于 55%。

② 化学分析性能　焦炭的化学分析性能要求包括固定碳、灰分、硫含量、磷含量、挥发分和水分等，这些化学成分会对焦炭质量有重要影响。其中固定碳和灰分是焦炭中最主要的组成成分。世界主要的产钢国家中焦炭的灰分均小于 10%～11%，可以通过洗煤和配煤过程进一步降低焦炭中的灰分。焦炭中硫和磷有害杂质要少。高炉中 80%的硫元素来自焦炭，焦炭的硫含量决定了高炉所采取的造渣工艺，同时对溶剂的消耗量、渣量、焦比和生铁的产量都有一定的影响。大中型高炉使用的焦炭硫含量要小于 0.4%～0.7%。同时焦炭的磷含量一般也要很小，应在 0.02%以下。挥发分是炼焦过程中的未分解挥发有机物，当焦炭重新加热到 900℃时，挥发分以气体形态挥发出来。挥发分反映焦炭成熟度，焦炭的挥发分含量要适当。需要采用干法熄焦使焦炭中水分变少且稳定，因为水分的加入，会引起炉内干焦含量发生波动使得炉内热制度产生变化，不利于炉况的稳定。

③ 燃烧性能　焦炭的燃烧性能是指焦炭与空气或氧气进行燃烧反应的能力，它用于评价焦炭高温反应性。焦炭的燃烧性随原料煤的煤化度提高而逐渐降低，通过提高炼焦终温可以提高焦炭结构的致密度并且降低燃烧性。焦炭灰分中的金属氧化物尤其是钾、钠氧化物对焦炭的燃烧性具有明显的催化作用。

（2）焦炭生产　焦炭的生产过程包含洗煤、配煤、炼焦和产品处理四个工序。洗煤的主要目的是去除灰分和有害物质，配煤是提高炼焦用煤的使用范围，从而尽可能地得到更多的化工产品。炼焦是在燃烧室进行加热干馏形成焦炭。产品处理是将由炉内推出的红热焦炭进行熄火、筛分分级，根据粒度的不同分别供给高炉系统、烧结等用户。焦炭生产的工艺流程如图 1-1 所示。

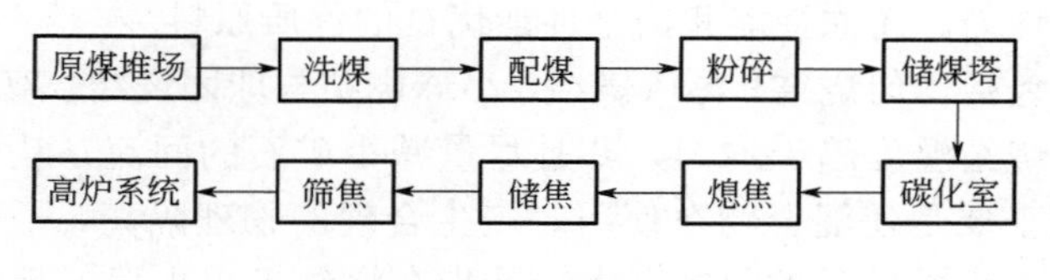

图 1-1　焦炭生产工艺流程

（3）焦炭替换燃料　优质的焦炭需要结焦性好的煤，而这种煤在已探明的煤储量中仅约占 24%。为了使用其他结焦性较差的煤如无烟煤、贫煤或褐煤，需要开发出新型高效添加剂使得结焦性较差的煤能取代优质焦炭作为炼铁燃料。可替换焦炭的燃料主要包括型焦和喷吹燃料。型焦指在弱黏结煤中加入一定的黏结剂，然后通过热压或冷压成型，再高温炭化后得到的焦炭。型焦按成型方式可以分为热压型焦和冷压型焦两类。热压型焦的特点是快速加热，热压成型。冷压型焦是将低挥发分的弱黏结煤或不黏结煤通过添加适量黏结剂，在黏结剂软化温度之下冷压成型，再高温炭化后得到的焦炭。喷吹燃料是将无烟煤或弱黏结煤磨制成小于 200 目的粉煤，通过高炉风口喷入炉内。喷吹燃料的基本要求是固定碳含量高、灰分较低、有害杂质较少、挥发分低等。

1.1.2.3　熔剂

高炉炼铁过程中除了要加入铁矿石和焦炭外，还需要加入一定量的熔剂。

（1）熔剂分类　根据铁矿石中脉石和焦炭中的灰分成分的不同，高炉冶炼使用的熔剂可以分为三类，即碱性、酸性和中性熔剂。常用的碱性熔剂包括石灰石和白云石。由于铁矿石中的脉石绝大部分为酸性，因此酸性熔剂很少使用，只有在生产中遇到炉渣中氧化铝含量过高（>18%～20%）时才加入一部分含二氧化硅高的酸性熔剂改善造渣调节炉况。当铁矿石中脉石与焦炭灰分中含氧化铝很少时，由于渣中氧化铝低，炉渣流动性不好，需要加入一些含有氧化铝高的中性熔剂。实际生产中很少使用中性熔剂，合理的方法是加入一些含氧化铝较高的铁矿石。

（2）熔剂作用　熔剂的首要作用是使还原的铁与脉石及灰分实现良好的分离。铁矿石中的脉石和焦炭燃烧后产生一定数量的灰分，主要成分为酸性氧化物以及少量的碱性氧化物等，它们都具有比较高的熔点。高炉生产是连续的，因此必须使还原出来的铁、脉石和灰分在炉内完全分离，才能使高炉生产的连续性得到保证，而它们在炉内能够完全分离的条件是都必须熔融成液体，然后借助铁水和熔渣具有不同的密度而实现分离。在高炉熔炼条件下，煤核和灰烬不会熔化，必须加入熔剂使其与煤核和灰烬进行反应，形成低熔点的化合物和熔体即炉渣，炉渣完全熔化为液体并具有良好的流动性。熔剂的另一重要作用是去除有害杂质，保证生铁质量。加入适量碱性溶剂如氧化钙可以产生一定的炉渣，对于去除硫等杂质成分具有良好的作用。

（3）质量要求　对碱性熔剂来说，一般要求熔剂中碱性氧化物的含量高，酸性氧化物的含量越低越好，例如石灰石中氧化钙的含量不低于 50%，二氧化硅加氧化铝的含量不超过 3.5%。熔剂中有害杂质含量较低，例如石灰石中一般含硫量在 0.01%～0.08%之间，含磷量在 0.001%～0.03%之间。石灰石要具有一定的强度和均匀的块度。这是由于石灰石块度过大而分解速度变慢，增加了高炉内高温区的热量消耗，使炉缸温度降低和焦比升高。

1.1.2.4　铁矿粉烧结

铁矿粉烧结是指将含铁粉的材料与燃料和熔剂按照一定比例混合，同时用水进行滋润，形成烧结料，并将其平铺在烧结机上然后点燃和抽吸。在燃料燃烧产生的高温作用下，烧结材料产生一系列的物理和化学变化，生成部分低熔点物质的同时熔融软化，产生一定的液相并将铁矿物颗粒结合在一起，冷却之后成为具有一定强度的多孔烧结矿[2]。通过烧结可以为高炉提供化学性能稳定、粒度均匀、还原性能和冶金性能优良的优质原料。

铁矿粉烧结方法包括均匀烧结、热风烧结、小球烧结与球团烧结、双层布料及双碱布料烧结等。均匀烧结是指烧结温度趋于均匀，并且尽量减少矿石的回流，从而提高成品烧结矿石的质量。采取的措施主要是使混合物在使用时产生合理的物理隔离，不仅达到了控制分离的程度，同时达到了均匀烧结的目的。热风烧结是指在烧结机点火器的后面装上保温炉或热风罩，从而往料层表面供给热废气或热空气来进行烧结的一种工艺。采用热风烧结技术可以增加料层上部的供热量，从而提高上层烧结温度、成品率和烧结矿的强度，并且可使固体燃料用量大大节省，降低了烧结矿成本并使烧结矿品质有所提高[3]。小球烧结和球团烧结是采用烧结的混合物制造出颗粒尺寸为 3～8mm 或 5～10mm 的球并进行烧结，可以改善烧结料的透气性和强化烧结过程，特别是对细矿粉烧结效果更好。双层布料烧结技术是降低上层和下层烧结矿石能耗和质量的重要手段，通过双层布料烧结技术，使上层的燃烧量高于下层。有时会在较低的混合物中加入一些耐火矿石粉，从而提高烧结矿石的质量，从而发展成不同碱度的双层布料烧结。

和上述烧结工艺相比，低温烧结是更为先进的烧结工艺，具有显著提高烧结矿石质量和节能的优点。低温烧结工艺如图 1-2 所示。低温烧结工艺的理论基础是“铁酸钙理论”，是在较低的烧结温度（1200℃）下获得烧结矿。与普通熔融性烧结矿相比，低温烧结矿强度高、还原性好、低温还原粉化率低，是一种非常优质的高炉炉料。在既有烧结生产设备不做较大改造的情况下，通过严格的烧结原料准备、烧结工艺优化、烧结温度控制等技术措施来实现低温烧结工艺。

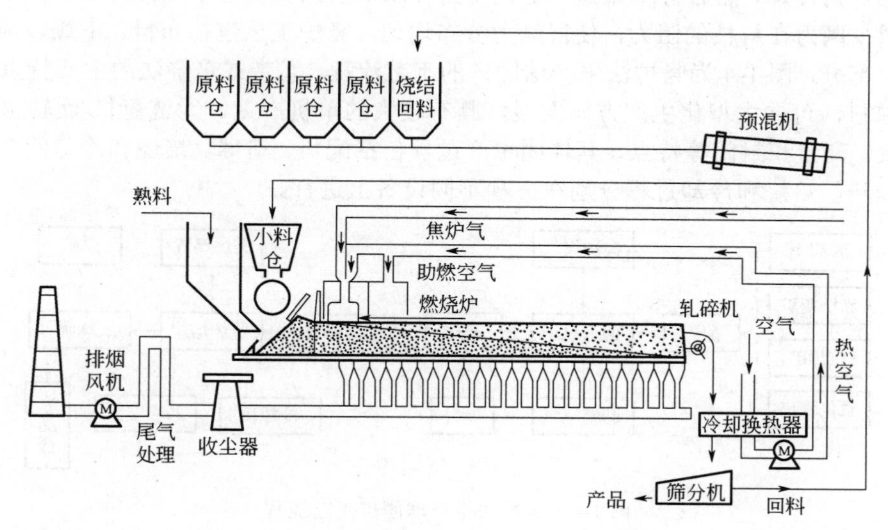

图 1-2 低温烧结工艺流程

1.1.2.5 球团矿生产

随着钢铁工业发展规模越来越大，人们对于铁矿石的需求量也越来越高，由于富块矿越来越少，人造块矿应运而生。对于球团矿生产工艺来说，球团法和烧结法均有各自的适用范围，两者是相辅相成的互补关系，都是使粉料块产生矿化。球团是由粉状物料在设备中被水润湿后，在机械力和毛细力作用下产生[2]。粉状物料的成球效果好坏与物料的表面性质和对水的亲和能力有关。粉状物料的成球过程包含连续造球工艺和批料造球工艺两种。成球过程可以分为三个阶段，即成核阶段、球核长大和生球紧密阶段。影响球团矿生产的因素包括原料性质和造球工艺，原料性质包括原料粒度及组成、原料水分和添加物性质，而造球工艺包括造球工艺参数、刮板位置、底板状态和加水加料方法。

球团矿生产是将精矿粉和少量添加剂（石灰石和膨润土等）的混合物在造球机中滚成 9～16mm 的生球，之后经过干燥、焙烧、固结的方法，成为具有良好冶金性能的人工富矿。通常球团矿的生产工艺流程包括原料配料、混合、造球、筛分和焙烧、冷却和返矿处理等，如图 1-3 所示。

球团焙烧的方法有三种，即竖炉法、带式焙烧法和链篦机-回转窑法。①竖炉法具有结构简单、材质没有特殊要求、投资较少、热效率高、操作和维修方便等特点。目前采用的竖炉炉型主要是高炉身竖炉和中炉身竖炉两种。高炉身竖炉内设有外部冷却器，温度可以控制在

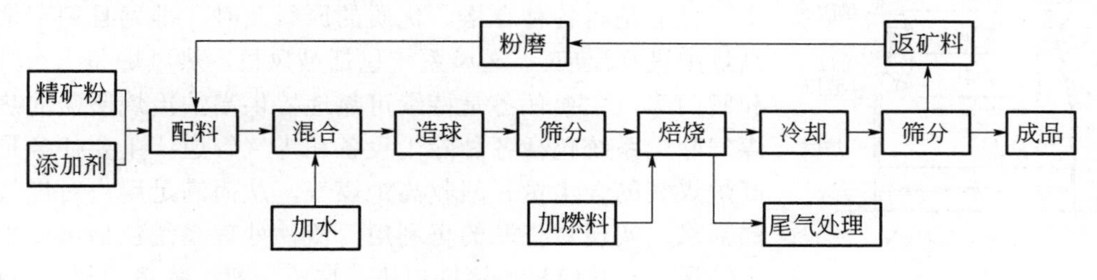

图 1-3 球团矿生产工艺流程

1000℃，从而使热效率得到提高，但其炉身结构复杂，投资和消耗成本较高。中炉身竖炉的球团矿主要在炉内冷却，然后将冷却到一定程度的球团矿引入独立的小型冷却器。炉身下部高度短，可以减少风力在料柱的阻力，使得风力分布均匀。竖炉工艺包括布料、干燥、预热、焙烧和冷却五个部分。图 1-4 为竖炉法生产球团矿的工艺流程。②带式焙烧法的主要特点是适用于生产各种原料，可向大型化生产方向发展，具有较大的单机产量。③链篦机-回转窑工艺具有大型、连续、高温和封闭等特点，其球团生产过程包括配料、造球、焙烧和冷却四个阶段，特点是干燥预热、焙烧和冷却过程分别在三种不同设备上进行。

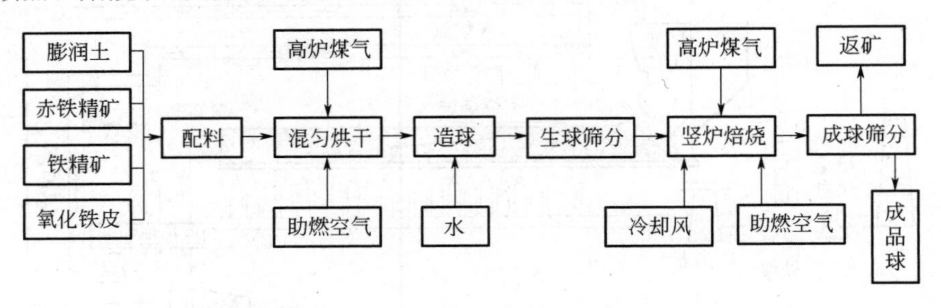

图 1-4　竖炉法生产球团矿工艺流程

1.1.3　炼铁技术

1.1.3.1　高炉炼铁

（1）炼铁设备　高炉本体是高炉炼铁的主体设备，炉体呈竖式圆筒形。炉体的最外层是用钢板制作而成的炉壳，里层砌筑耐火砖材料，而在炉壳和耐火砖材料之间有各种各样的冷却设备[4]。高炉主体由上至下主要由炉喉、炉身、炉腰、炉腹和炉缸 5 个部分组成。高炉生产时从炉顶装入铁矿石、焦炭、制渣剂（石灰石），并从位于炉下部的气口吹入预热空气。高温下燃烧产生的一氧化碳在炉内上升时去除掉铁矿石中的氧气、硫和磷，并还原得到铁。铁矿石中未被还原的杂质（主要为脉石 SiO_2）和石灰石等熔剂结合生成炉渣（主要为 $CaSiO_3$ 等）并从渣口排出，产生的废气从炉子顶端排出，除尘后这些废气可以用作热风炉、焦炉、锅炉和加热炉等炉子的燃料。炼铁高炉剖面图如图 1-5 所示。

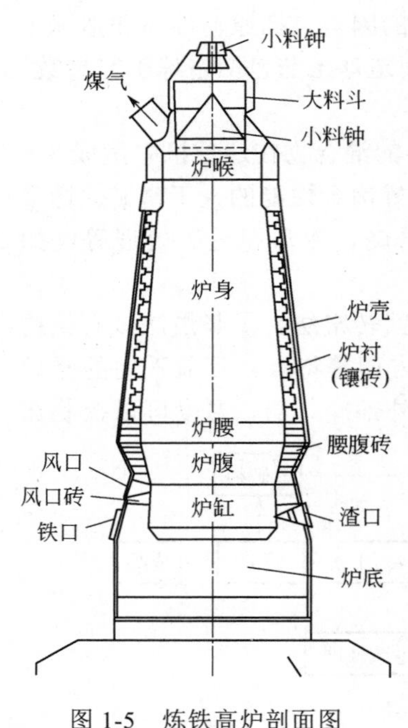

图 1-5　炼铁高炉剖面图

要完成高炉炼铁的生产过程，除却高炉本体外还必须存在其他的、必要的附属系统设备，主要有供料系统、送风系统、煤气除尘系统、渣铁处理系统和喷吹燃料系统[5]。供料系统包括贮矿槽、贮焦槽、称重设备、筛分设备以及其他一系列设备，主要任务是将各种合格、优质的原料及时、准确且稳定地送入高炉中进行反应。送风系统包括鼓风机、热风炉和一系列管道和阀门等，主要任务是持续可靠地提供高炉冶炼所需的热风。煤气除尘系统包括各种除尘设备和煤气管道，主要任务是降低高炉煤气的含尘量、回收高炉煤气，从而满足用户对煤气质量的需求，实现对资源的再利用。渣铁处理系统包括风口平台与出铁场、开铁口机、堵铁口机、堵渣门机、换风口机、渣罐车、炉式起重机、铁罐车和炉渣水淬（以水作为淬火剂进行淬火）

等设备，主要任务是处理排放的炉渣和其他废料，从而保证高炉的正常生产。喷吹燃料系统包括储油、运输、煤粉制备、收集、煤粉喷吹等系统，主要任务是均匀稳定地向高炉喷洒大量的煤粉，以煤代焦，从而降低焦炭的消耗。

（2）炼铁工艺　将铁矿石、焦炭和熔剂等固体原料按照一定的配料比例通过炉顶装料装置分批送入高炉之中，并使炉喉料面始终保持一定的高度。焦炭和铁矿石在炉内形成交替分层结构。矿料在沉降过程中被逐步还原、熔化而成铁和炉渣，聚集在炉缸之中，并定期从铁口、渣口放出。将鼓风机送出的冷空气加热到800～1350℃后，通过风口连续稳定地送入炉内气缸，热风会使焦炭燃烧，导致 2000℃以上炽热还原性煤气的生成。上升的高温气流对铁矿石和熔剂进行加热，使铁矿石完成一系列物理和化学变化，而煤气流则逐渐冷却。下降炉料中的毛细水分受热到 100～200℃便开始蒸发，而褐铁矿和某些脉石中的结晶水要到 500～800℃才分解蒸发。主要的熔剂如石灰石和白云石，以及其他碳酸盐和硫酸盐，也会在炉中受热分解。石灰石中 $CaCO_3$ 和白云石中 $MgCO_3$ 的分解温度分别为 900～1000℃和 740～900℃。铁矿石在高炉中于 400℃或稍低温度下便开始还原。部分氧化铁是在下部高温区域先熔于炉渣之中，然后再从渣中还原出铁。焦炭在高炉中不熔化，只是到风口前才开始燃烧气化，少部分焦炭在还原氧化物时气化成 CO。而矿石在部分还原并且升温到 1000～1100℃时就开始软化；到 1350～1400℃时已经完全熔化；超过 1400℃时滴落。焦炭和矿石在下降过程中，一直保持着交替分层的结构。并且由于高炉中的逆流热交换作用，形成了温度分布不同的几个区域。液态渣铁在炉缸底部积聚，由于渣铁的密度不同，渣液浮在铁液上面，从而定时从炉缸放出。铁水的出炉温度一般为 1400～1550℃，炉渣温度比铁水温度高 30～70℃。煤气热流沿高炉断面合理均匀地分布上升，可以改善煤气与炉料之间的传热和传质过程，从而依次顺利地完成加热、还原铁矿石和熔化渣、铁等过程，从而达到高产、低耗和优质的要求[6]。

（3）炼铁新技术　在传统炼铁工艺基础之上，人们也在尝试一些新的措施以便高效炼铁，例如提高炉压和氧气含量，使用热压碳球，选用顶燃式热风炉等[7]。一般情况下，如果高炉中具有过大的气体流动性，会增加净化器的工作量，使煤灰有机会与矿物质发生反应，从而消耗原材料。想要提高高炉中的压力，可以降低高炉中气体的流动性，从而使更多的气体和矿物进行反应，还原得到更多的铁，使原材料能够更充分使用。增加炉内压力的同时，也需要增加高炉内的氧气含量。研究表明，在一定限度内只需将氧气燃料比提高 1%，便能使产量提高 5%，由此可见保证高炉中的氧气含量对于提高产量非常有效果。此外增加氧含量不仅可以使燃料得到充分燃烧，还可以减少生产过程中排放的污染性气体，从而减少环境污染。使用热压碳球不仅使矿物能够得到再利用，节约能源，而且减少了环境污染。研究表明，只要矿物燃料中的热压碳球含量达到 30%，钢的产量就可以提高到 6.5%，残渣就可以减少到 8.1%。选用顶燃式热风炉更利于高效炼铁。热风炉是燃烧功率最大、能耗也最大的装置。选用顶燃式热风炉不仅可以使风温比选用蓄燃式风温炉高出 100℃，而且可以在保持高温的条件下使炉中气体的组成成分相对均匀。由于高炉炼铁生产过程的特点是上端透气、下端流动，因此为了保证高炉炼铁工艺能够顺利、稳定进行，应添加含钛护料进行护炉过程。

1.1.3.2　非高炉炼铁

非高炉炼铁技术主要包括直接还原和熔融还原两种工艺。

（1）直接还原工艺是指在没有高炉的情况下将铁矿石加工成海绵铁的生产工艺过程，直接还原得到的铁是一种低温下具有固态特征的金属铁。产品仍保持着矿石形状，但由于还原失氧，形成了大量孔隙，在显微镜下观察就像海绵一样，所以又称海绵铁。直接还原铁的特点是含碳量低，没有硅、锰元素，并保存了矿石中的脉石。因此，直接还原铁不能用于大型炼钢的转炉，只适合替代废钢作为电炉炼钢的原料。直接还原工艺可以分为气基直接还原和煤基直接还原这两种工艺。气基直接还原采用天然气作为还原气原料，受到较大地域限制，不适合在我国发展。煤基直接还原是用煤作为还原剂在回转窑或循环流化床中将铁矿石在固态温度下还原成海绵铁的技术，其中回转窑工艺是最成熟、应用最广泛的方法，具有代表性的是 SL/RN 法。

（2）熔融还原法是以煤作为主要能源，采用天然富矿、人工富矿（烧结矿石或球矿）代替高炉生产液态生铁的方法[8]。其中熔炼修复是炼铁技术的一个重要的发展方向，其目的就是取代高炉，由于其用煤代焦和直接使用粉矿冶炼，所以既没有炼焦也没有烧结或球团厂，使炼铁过程得到进一步简化。根据含铁原料预还原的程度不同，熔融还原炼铁工艺可以分为一步法和二步法两大类。

1.2 钢的冶炼及其合金化

含碳量在 0.0218%～2.11%之间的铁-碳合金被统称为钢，如图 1-6 所示。钢的化学成分范围变化很大，可将其分为非合金钢、低合金钢和合金钢。非合金钢即碳钢，以铁和碳两种元素作为主要成分，同时也包含了锰、硅、硫、磷等杂质元素。在实际生产中，为了改善钢的性能以满足其不同的用途，需要有目的地向钢中添加铬、镍、锰、钒等合金元素，这种通过添加合金元素从而实现钢的性能改变的过程称作钢的合金化。将炼钢所用的生铁放到炼钢炉内，然后按照一定工艺对其进行熔炼，即可得到钢。炼钢实际上是指控制生铁中碳的含量，通常使其低于 2%，同时消除其中的硫、磷、氧、氮等有害元素，保留锰、硅、铬、镍等有益元素并调整其含量，从而获得所需性能的过程。钢产品一般可以分为钢锭、连铸坯和直接铸成的各种钢铸件，而通常所讲的钢指的是用来轧制成各种钢材的钢。炼钢是钢生产中的关键步骤。

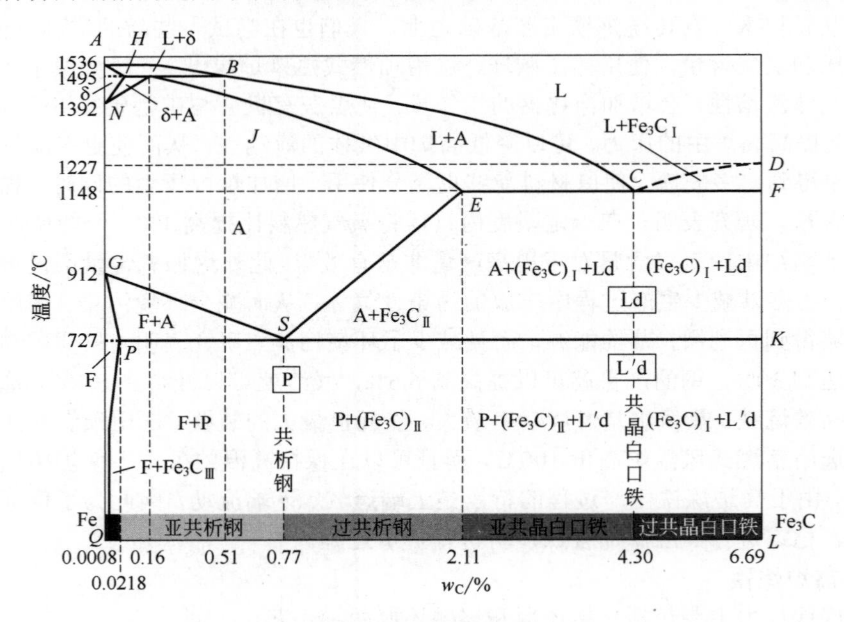

图 1-6　铁-碳相图

钢的应用和研究历史由来已久，但其冶炼制却一直处于成本高而效率低的情形，直到 19 世纪贝氏炼钢法出现这一情况才得以改善。第二次工业革命以来，钢以其低成本及十分出色的性能成了全世界使用量最大的金属材料之一，在建筑业、制造业和日常生活中都是必不可少的，钢已成为现代社会的物质基础。

1.2.1 炼钢原料及冶炼方法

炼钢所用的原料可分为金属料和非金属料两大类。其中，金属料也被称为钢铁料，是炼钢的主要原料，主要包括生铁、废钢、脱氧剂和合金剂等[9]。钢铁冶炼（iron and steel melting）是钢和铁的冶炼工艺过程的总称。工业生产中，一般将含碳量高于 2%的称为生铁，低于 2%的则为钢。炼钢指的是以炼铁炉内由铁矿石炼成的生铁作为原料，然后采用不同的工艺方法将其炼成钢，最后再铸成钢锭或连铸坯等成品的生产过程。

1.2.1.1 主要原料

（1）生铁 生铁是转炉炼钢的主要原料，一般占总金属料的 70%～100%，主要包括由高炉熔炼出来的铁水、铸成的生铁块以及回收的废铁。铁水温度是炼钢的主要热源，对炼钢而言，一般要求其应大于 1200～1300℃，而且要求稳定以有利于保持炼钢炉内的热量，迅速成渣减少喷溅。生铁块是铁水经铸铁机铸块而得，炼钢时不宜加入过多，否则不易完全熔化。废铁包括各种废生铁、生铁制品和生铁切屑等，将其用作炼钢原料时严禁混有合金钢、铁合金和有色金属，也不允许混有封闭管状物或其他封闭器物。此外，废铁的块度应大小适宜。

（2）废钢 废钢是电炉炼钢的基本原料，可占钢铁料总量的 70%～90%。采用氧气转炉进行铁水炼钢时的热量较为富裕，因此可以额外加入多达 30%以上的废钢，并将其作为冷却剂来调整冶炼过程中的吹炼温度。利用废钢冷却可以降低钢铁料、造渣剂和氧气的消耗，且较之铁矿石废钢的效果更为稳定、喷溅更少。使用废钢时应注意不允许含磷、硫量高的废钢入炉，也禁止带有锡、铅、锌、铜的废钢入炉。

（3）脱氧剂和合金剂 为了使钢水化学成分达到规定的要求并除掉某些氧化物对钢质量的影响，各种钢在出钢前或出钢时需加入一定的脱氧剂和合金剂。其中脱氧剂是指用于去除钢液中氧的铁合金，较为常用的有硅铁、锰铁、硅锰合金和硅钙合金等。合金剂则是指用于调整钢液成分的铁合金，常用的有锰铁、硅铁、铬铁、钒铁等。

1.2.1.2 冶炼方法

炼钢是采用不同的方法将生铁、海绵铁和废钢等原料炼成钢，其中生铁由高炉冶炼得到，海绵铁由直接还原炼铁法炼成，废钢则是建筑业、工业和生活生产等行业中产生的。目前较为常用的炼钢方法主要有三种，分别是转炉炼钢法、平炉炼钢法、电弧炉炼钢法。通过这三种炼钢工艺可炼出绝大多数质量和性能不同的钢种类。为了获得更高的质量、更复杂的性能要求以及不同种类的特殊用途种类钢，可以采用炉外精炼的炼钢方法对制品进行处理。典型的炉外精炼处理包括吹氩处理、真空脱气和炉外脱硫。对转炉、平炉和电弧炉炼出的钢水进行不同的炉外处理之后，均可得到高级钢种。对于某些质量要求特高的钢，仅采用炉外处理可能仍旧达不到其特殊用途，这种情况下需采用其他的特殊炼钢法炼制，如电渣重熔法和真空冶金法。电渣重熔法是指将转炉、平炉或电弧炉冶炼得到的钢铸造或锻压成为电极，然后通过熔渣电阻热对其进行二次重熔的精炼工艺。真空冶金法是指在低于一个大气压直至超高真空条件下进行的冶金过程，主要包括金属及合金的冶炼、提纯、精炼、成型和处理。

（1）转炉炼钢 转炉炼钢（converter steel making）使用的原料主要是铁水、废钢、铁合金，不需额外能源，通过铁液本身的物理热和铁液组分间化学反应产生的热量即可熔化原材料进而生成钢。转炉有许多种类，按炉衬性质不同可分为酸性转炉、碱性转炉，按气体引入部位不同可分为顶吹转炉、底吹转炉和侧吹转炉，根据供给气体氧化性不同又可分为空气转炉、氧气转炉，其中氧气转炉炼钢最为常用（图 1-7）。

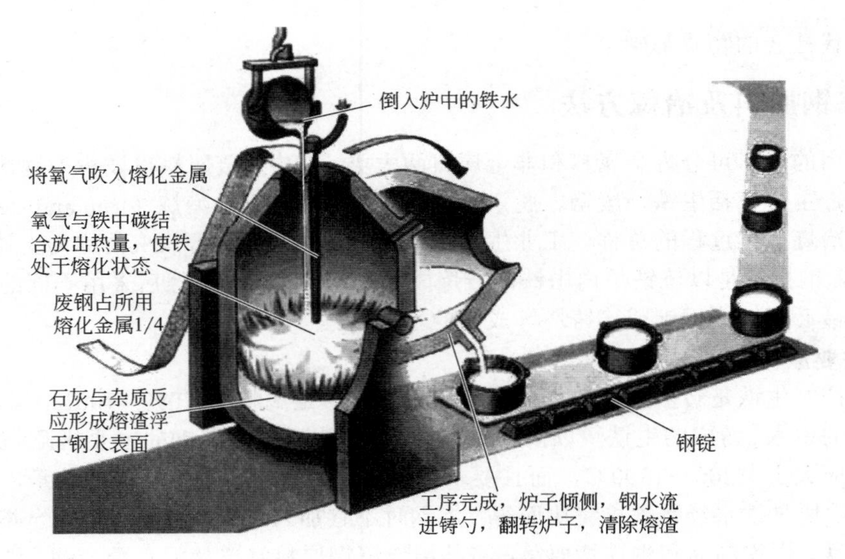

图 1-7　氧气顶吹转炉炼钢示意图

氧气转炉炼钢过程中会除去大部分硫、磷，经过测温和成分检验，当钢水的成分和温度都达到要求时才能停止吹炼。氧气转炉炼钢的出钢过程是先将炉体倾斜使钢水倒入模具中，然后在钢水中加入脱氧剂、合金剂进行钢成分的调节，最后将检验合格的钢材通过铸锻轧制等加工方式加工成各种满足使用需求或者用户要求的形状以及大小。目前使用的氧气转炉炼钢技术有顶底复吹转炉炼钢技术、“留渣+双渣”炼钢技术、烟气“干法”除尘技术等。氧气顶吹法是最早使用的炼钢技术，具有炉渣 FeO 含量高、成渣快、脱磷率高等优点，但炉渣中含铁量高，钢水中含氧量高，产生的废气会带走大量铁粉尘，因此铁损失大，不适合冶炼超低碳钢。随后发展起来的氧气底吹法很大程度上改善了上述劣势，但其含有碳氢化合物的冷却喷嘴使得钢中的氢含量升高，可以通过喷吹氩气进行清洗解决。此外，底吹法还具有成渣慢，吹炼前期、中期不脱磷的缺点。顶底复吹炼钢法在克服二者缺点的同时兼顾了它们的优点，熔池搅拌性好，过氧化程度低，炉渣 FeO 含量控制灵活，成渣快，脱磷效果好，是大部分钢厂采用的炼钢技术[10]。

（2）电炉炼钢　电炉炼钢是以电为能源，使用海绵铁及废钢作为原材料，并且可以通过添加合金元素来调整钢的化学成分和元素含量的一种炼钢工艺，主要用于生产优质碳素结构钢、工具钢和合金钢。电炉炼钢炉的类型有很多种，包括感应炉、电渣炉、电弧炉、自耗电弧炉、电子束炉等，其中以电弧炉使用最为广泛，其产量在工业炼钢中的比重已经上升到世界钢铁总产量的 30%。随着炉外精炼技术的发展，电弧炉炼钢的一些缺点得到了克服，这使得其作为一次精炼炉的作用越来越突出，和精炼炉的联合运行大大缩短了炼钢周期，提高了炼钢生产效率。

电弧炉炼钢（图 1-8）的熔炼是利用电能，使原材料与电弧炉电极材料之间产生高压高温电弧和电阻热，熔化原材料并进行钢的冶炼过程，工业生产上通常使用三相电弧炉。电弧炉熔炼时，在熔渣覆盖铁水的条件下需要进行进一步升温以调整化学成分。根据炉渣和内衬耐火材料的性质，电弧炉可分为酸性和碱性两种，碱性电弧炉具有脱硫脱磷能力。电弧炉熔炼的主要优点一是可以更好地熔化原材料，二是熔渣密度比熔化的原材料低，因此熔渣覆盖在熔化的原材料上，在这种条件下进行过热和化学成分调整，原材料可以得到熔渣的保护，避免了熔化的原材料吸气和铁的氧化。电弧炉的缺点是耗电大，不耐急冷急热，寿命短，成本高。

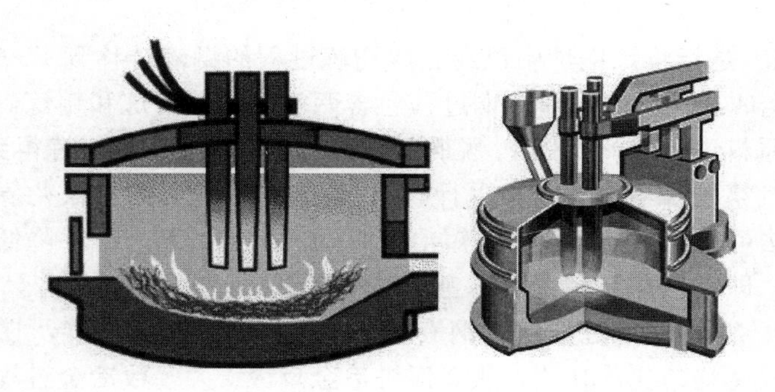

图 1-8 电弧炉炼钢示意图

1.2.1.3 工艺步骤

钢的冶炼大致可分为十多个步骤，包括加料、造渣、出渣、脱磷、电炉底吹、熔化期、氧化期、精炼期、还原期、炉外精炼、钢液搅拌、钢包喂丝等。

（1）加料　指的是向电炉或转炉内加入铁水或废钢等原材料的过程，是炼钢操作的第一步。

（2）造渣　目的是生产具有足够流动性和碱度的熔渣，这些熔渣能够将足够的氧气输送到金属表面，从而将硫和磷降低到计划钢种的限制，并将飞溅量和熔渣量降至最低。

（3）出渣　电炉炼钢过程中，根据冶炼条件和用途的不同而选用排渣或扒渣操作。采用单渣法进行冶炼时氧化渣必须在氧化结束时刮除，双渣法生产还原渣的过程中必须将原有的氧化渣彻底排出以防止磷返出。

（4）脱磷　降低钢液中磷含量的化学反应过程被称为脱磷。磷是钢中有害杂质之一，普通钢中规定含磷量不超过 0.045%，优质钢要求的磷含量更少。磷含量较高容易引起“冷脆”现象的发生。“冷脆”是指在室温或更低的温度下使用时容易发生脆裂。钢中含碳越高，磷引起的脆性越严重，因此脱磷过程在钢生产中尤其重要。

（5）电炉底吹　该工序是利用喷嘴按工艺要求通过炉底将氮气、氩气、二氧化碳、一氧化碳、甲烷和氧气等气体吹入熔池，从而起到加速熔池熔化、促进冶金反应过程的作用。底吹工艺能够起到缩短冶炼时间、节约能源、改善脱磷脱硫操作、提高钢中残余锰含量以及金属和合金的吸收率的作用。此外，它还可以使钢水成分和温度均匀化，从而改善结晶过程，提高钢的质量，降低成本，提高生产率。

（6）炼钢熔化期　任务是尽快熔化和加热炉料，并在熔化期产生熔渣。不同炼钢方式的熔化期不完全相同。例如，电弧炉炼钢将从通电开始到炉料完全熔化的整个阶段称为熔化期，而平炉炼钢的熔化期则是指从兑完铁水到炉料完全熔化的阶段。

（7）氧化期　冶炼过程中，加入氧化剂使钢液中的碳氧化而熔池产生沸腾的阶段即为氧化期。氧化阶段的主要任务是去除氧化钢液中的碳和磷等杂质元素和气体以保证钢的纯度，并对钢液进行均匀加热。

（8）精炼期　在炼钢的精炼阶段，主要是利用造渣和其他方法将对钢质量有害的元素和化合物经化学反应选入气相排放或漂浮到渣中，进而在接下来的冶炼工艺过程中使之从钢水中去除。

（9）还原期　在普通功率的电弧炉炼钢过程中，通常把氧化末期除渣完毕到出钢的整个阶段称为还原期，其主要任务是对还原渣进行扩散、脱氧、脱硫、控制化学成分和调节还原渣的温度等一系列操作。目前的工业生产中，大功率、超功率电弧炉炼钢作业已经取消了还原期。

（10）炉外精炼　是指将炼钢炉中已经完成初炼过程的钢液转移到另一个容器中再进一步精炼的炼钢过程，也叫二次冶金，即炼钢过程包含两个阶段，初炼和精炼。其中，初炼是在氧化性气氛的炉内对原料进行熔化、脱磷、脱碳和合金化，精炼则是将初炼得到的钢液置于真空、惰性气体或还原性气氛的容器中并对其进行脱气、脱氧、脱硫，并去除夹杂物和进行成分微调的过程。两步炼钢法可提高钢的质量，缩短冶炼时间，简化工艺过程并降低生产成本。精炼方法大致可分为两类，即常压炉外精炼和真空炉外精炼。

（11）钢液搅拌　炉外精炼过程中对钢液的搅拌过程称为钢液搅拌，它和电炉底吹一样能起到使钢水成分和温度均匀化的作用，从而促进冶金反应。大多数冶金过程是界面反应，反应物和产物的扩散速率是这些反应的限速步骤。静态钢液的冶金反应速率很慢，如电炉中静态的钢水脱硫需30～60min，而炉内精炼在钢水搅拌的情况下脱硫仅需3～5min。当钢水处于静止状态时夹杂物的去除速度较慢，当搅拌钢液时夹杂物的去除率呈指数增长，并与搅拌强度、类型、特征和夹杂物浓度有关。

（12）钢包喂丝　通过喂丝机向钢包内喂入用铁皮包裹的粉剂或直接喂入铝线、碳线等，从而起到对钢水进行深度脱氧、脱硫、钙处理以及微调钢中碳和铝等成分作用的方法。此外，钢包喂丝还能够清洗钢水、改善非金属夹杂物的形貌。

1.2.2　低元素钢的冶炼

1.2.2.1　低磷钢的冶炼

一般情况下，磷在钢中可全部溶解于铁素体，对钢的力学性能会产生比较大的影响，这种影响在温度较低时最严重，能够使钢的强度、硬度有所提高，但塑性和韧性急剧降低。由于该脆化现象在低温时尤其严重，因而被为“冷脆”。此外，磷在钢的结晶过程中容易发生偏析，这会导致钢局部范围的冷脆转变温度升高，同时钢材热轧后会形成带状组织，从而影响材料的力学性能。因此通常情况下磷是钢中的有害杂质，要严格控制磷的含量。

实际生产活动中常常将钢的冶炼过程分为前期、中期及后期三个阶段。由于磷元素极易被氧化，在冶炼的前期过程中大部分的磷与熔池中的氧发生反应生成磷的氧化物，从而使磷元素进入熔渣达到脱磷的目的。由于熔池中含有较多的FeO，所以脱磷反应为：

$$2[P]+5FeO = P_2O_5+5[Fe]$$

磷的氧化物P_2O_5密度比较低，相对于液态的熔池P_2O_5更偏向存在于熔渣中，这样钢液中的磷便会脱离系统而达到脱磷的效果：

$$P_2O_5+3FeO = 3FeO \cdot P_2O_5$$

P_2O_5与$3FeO \cdot P_2O_5$均为不稳定反应产物，在反应达到比较高的温度时容易受热分解，从而使磷再次回到钢液中，对脱磷效果产生负面影响。所以实际生产活动中当以FeO为主要的脱磷反应物时，最后产物的脱磷效果均比较低。为了改善脱磷效果，生产中除了FeO脱磷之外还有很多其他脱磷措施，应用比较多的是向炉渣中加入强碱性氧化物CaO，使FeO脱磷反应中生成的不稳定产物与之反应生成稳定的磷酸钙：

$$P_2O_5+4CaO = 4CaO \cdot P_2O_5$$

这样整体的脱磷反应为：

$$2[P]+5FeO+4CaO = 4CaO \cdot P_2O_5+5[Fe]$$

从脱磷机理来看，最佳的脱磷效果条件是FeO脱磷过程中渣中要有较高的FeO含量，与此同时加入强碱性氧化物提高渣的碱度达到提高脱磷效率的目的。

1.2.2.2 低硫钢的冶炼

硫是由炼钢时使用的矿石和燃料带入钢中的。硫在一般钢中是有害杂质元素，它在铁素体中几乎不能溶解，以 FeS 的形态存在于钢中，使钢的塑性降低，所以含硫量较高的钢一般比较脆。FeS 与 Fe 形成低熔点（950℃）的共晶体，分布在奥氏体晶界上。当温度升高时，该低熔点共晶体首先熔化，使得钢材沿奥氏体晶界开裂，这种现象被称为“热脆”。低硫钢的工艺流程及脱硫效果见表 1-2，主要工艺流程有预处理、转炉、LF 钢包炉、RH 真空处理、连铸等。

表 1-2 国内外主要厂家生产低硫钢的工艺流程及脱硫效果

厂名	工艺流程	$[S]/10^{-4}\%$
SKF（瑞典）	90tEAF—倾出式出钢—LF—RH—IC	20.0
STELC	铁水预处理—转炉—钢包冶金—RH—CC	15.0
爱知钢厂	铁水预处理—转炉—真空除渣—LF—RH—CC	10.0
新日铁	铁水预处理—转炉—LF—RH—CC	5.0
川崎钢铁	铁水预处理—BOF—LF—RH—CC	6.0
和歌山	铁水预处理—BOF—RH—PB—CC	5.0
东方钢铁	高炉—转炉—RH—喂线—CC	12.0
宝钢股份	铁水预处理—转炉—LF—CC	8.7
本钢	转炉—LF—IR 喷粉—连铸或模铸	5.0
天津钢管	EAF—LF—VD—WF—CCM	20.0

注：LF—钢包精炼炉；LD—氧气顶吹转炉炼钢；RH—真空循环脱气精炼；VD—真空脱气：CC—连铸；BOF—碱性氧气转炉；EAF—电弧炉；IC—铸锭；PB—喷粉；IR—喷射精炼；WF—喂丝加添法；CCM—连铸机。

为了进一步提高脱硫效率与脱硫效果，人们对工艺流程中不同阶段的处理进行优化与提高，主要包括冶炼前期对铁水的预处理、冶炼中期转炉炼钢过程中的脱硫方法、冶炼后期的炉外精炼技术。

（1）铁水预处理 铁水预处理指铁水进入炼钢炉之前，为除去某些有害成分或回收某些有益成分而进行的过程。对炼钢而言，主要是使铁水中硅、磷、硫的含量降低到要求的范围，以简化炼钢过程，提高钢的质量[11]。在实际生产活动中在冶炼前期进行的主要脱硫工作即为对铁水的预处理，通常向铁水中加入一定量的脱硫剂如石灰粉、金属镁、苏打粉等，通过各种脱硫反应在冶炼前期将铁水中的硫含量降低到较低程度。若预处理将铁水中的硫和磷含量降至冶炼钢种的终点要求含量，则下一步转炉只需承担脱碳和升温的任务而不需造渣，称为转炉少渣炼钢。

铁水脱硫的基本原理为：

$CaC_2+[S] = CaS+2[C]$ （碳化钙脱硫）

$CaO+[S]+[C] = (CaS)+CO$ （石灰粉脱硫）

$Na_2CO_3+[S]+2[C] = Na_2S+3CO$ （苏打粉脱硫）

$[Mg]+[S] = MgS$ （镁脱硫）

铁水脱硫法主要有四种，分别是投入法、搅拌法、喷吹法和喂线法，其中使用较为广泛的为喷吹法和喂线法。喷吹法是用以惰性气体 N_2 或 Ar 为载体的喷枪将脱硫粉剂喷吹到铁水深部，搅拌使之充分混合反应以达到脱硫目的。目前国内外各大炼钢公司主要使用此种方法进行铁水预处理，可在冶炼前期将硫含量降到 0.005%以下。喂线法是将脱硫剂做成线状形式并通过喂线机将脱硫剂加至钢液中，使脱硫剂与钢液充分接触发生反应，从而将钢液中的硫转移至熔渣中达到脱硫目的。这种方法的脱硫效果与脱硫效率极高，可将钢的硫含量降低到 0.005%以下，极大提高了钢的质量。

（2）转炉炼钢脱硫　在转炉中常用的脱硫方式有两种，分别为熔渣脱硫和气化脱硫，实际生产中熔渣脱硫为较常用的脱硫方式。碱性氧化渣与金属间的脱硫反应式为：

$$[S]+MO = MS+[O]$$（M 为 Ca，Mg，Mn）

气化脱硫是指金属液中的[S]以气态 SO_2 的方式被除去，当转炉中的气氛氧化性较强时钢液中的硫被氧化：

$$[S]+2[O] = SO_2$$

转炉脱硫反应的影响因素与脱磷反应类似，提高熔渣碱度、降低渣中 FeO 的含量、增大渣量或升高熔池温度等均有利于脱硫反应的进行。

（3）炉外精炼技术　在转炉钢水的炉外精炼过程中，脱硫主要是通过钢水和钢渣相互接触发生反应来完成的，剩余的小部分硫则是转化为气态硫化物来进行脱除。目前炉外精炼的主要设备是 LF 钢包炉[12]。在真空条件下石墨电极被氧化变成一氧化碳，增加了气氛还原性，有利于脱硫。为了进一步提高脱硫效率与脱硫效果，可以向钢液中吹氩气，通过氩气对钢液的搅拌促进脱硫反应的进行，从而提高脱硫率。

1.2.2.3　低碳钢的冶炼

低碳钢（mild steel）是指碳含量低于 0.25%的碳素钢，强度和硬度低，故又称软钢。它包括大部分普通碳素结构钢和一部分优质碳素结构钢，大多不经热处理用于工程结构件，有的经渗碳和其他热处理用于要求耐磨的机械零件。低碳钢强度较低而使用受到限制，适当增加碳钢中锰含量，并加入微量钒、钛、铌等合金元素，可大大提高钢的强度。若降低钢中碳含量并加入少量铝、少量硼和碳化物形成元素，则可得到超低碳贝氏体组织，强度高且能保持较好的塑性和韧性。

碳是钢铁材料中最重要的一种元素，因此钢铁材料也可以称为铁-碳合金。碳在钢材中形成固溶体组织，提高钢的强度，如铁素体、奥氏体组织，都溶解有碳元素。钢中的碳还能形成碳化物组织，可提高钢的硬度及耐磨性，如渗碳体（Fe_3C）就是碳化物组织。因此钢中的含碳量增加，屈服点和抗拉强度升高，但塑性和冲击性降低。当含碳量超过 0.23%时，钢的焊接性能变差，因此用于焊接的低碳合金结构钢含碳量一般不超过 0.20%。含碳量高还会降低钢的耐大气腐蚀能力，在露天料场的高碳钢就易锈蚀。此外，碳能增加钢的冷脆性和时效敏感性。含碳量的高低还决定了钢材的用途，低碳钢（含碳量＜0.25%）一般用作型材及冲压材料，中碳钢（含碳量＜0.6%）一般用作机械零件，高碳钢（含碳量＞0.7%）一般用作工具、刀具及模具等。

真空自然氧脱碳的原理是利用真空条件下碳与氧较强的反应能力达到对钢液进行脱碳的目的，真空条件下的热力学规律为：

$$[C]+[O] = CO$$

$$\lg K = \lg\frac{p_{CO}}{a[C]a[O]} = \frac{1160}{T} + 2.003$$

$$w_C = \frac{1}{Kw_O f_C f_O} p_{CO}$$

式中，a[C]、a[O]分别为钢液中 C、O 的活度，%；p_{CO} 为真空中 CO 的分压，Pa；K 为反应平衡常数；f_C、f_O 分别为钢液中 C、O 的活度系数；T 为钢液热力学温度，K；w_C 为溶解 C 的含量；w_O 为溶解氧的含量。根据真空条件下的热力学定律可以看出随着真空度的提高，氧与碳的反应能力越来越强，相应的脱碳效率也会越来越高。真空自然氧脱碳法的脱碳反应产物为一氧化碳气体，易于排除，不会造成污染。由于一氧化碳气体的产生会对钢液产生极大的搅拌作用，有利于脱碳反应的进行，大大提高脱碳效率。利用钢液中的氧反应达到脱碳目的的同时也实现了钢液中的脱氧。

1.2.2.4 低氧钢的冶炼

近年来，随着对钢质的要求越来越高，对管线钢、集装箱钢、耐酸钢、汽车钢板、轴承钢、高速钢等低氧钢的要求也越来越严格，钢中的氧含量必须低于 0.002%，甚至 0.001% [13]。高品质低氧特种钢在工业上被广泛用作轴承、齿轮、弹簧等。除了高强度和韧性外，优异的抗疲劳性能对它们非常重要。研究表明，钢中的非金属夹杂物通常被视为疲劳裂纹的起源，夹杂物的尺寸、数量和变形能力都对疲劳裂纹起着不同的影响，因此需要对钢中的夹杂物进行严格控制。钢中 总氧含量可以反映对疲劳性能危害最大的氧化物类夹杂物的数量，因此通过降低钢中的总氧含量能有效改善钢材抗疲劳性能[14]。

事实上钢中的全氧包含非金属夹杂物中的化合氧和以单原子形式溶解在钢中的自由氧。由于钢的冶炼第一步就是氧化过程，氧气是有意提供的，随着冶炼的进行钢中的碳含量会随着反应的进行而降低，其氧含量却会随之增加，氧含量和碳含量有着一定的平衡关系，因此在冶炼完成时都会有一定数量的氧存在于钢水中。未经脱氧处理的钢在冷凝时容易形成 FeO，其以杂质的形式存在于钢中，降低钢的力学性能，使钢的塑性、韧性降低。在钢液的冷凝过程中，其中的溶解氧会与钢液中的碳发生反应形成 CO 气泡，析出的 CO 气泡在凝固后存在于钢锭中，使内部组织疏松，密度下降，并最终对钢的力学性能产生一定的负面影响，这样的现象被称为“钢的沸腾”。含氧量越多，钢液的沸腾现象越明显。根据钢液中含氧量不同引起的钢的沸腾状态的不同，可将钢分为镇静钢、半镇静钢与沸腾钢[15]。氧还会在钢中产生明显的各向异性，降低其冲击韧性和切削性能，严重影响钢的正常使用。这些都是氧在钢中形成的氧化物杂质导致的，因此对冶炼后的钢进行脱氧处理是十分必要的。脱氧的任务包括降低钢中溶解氧，把钢液中溶解的 FeO 转变成其它难溶于钢中的氧化物，改变夹杂物形态和分布，使得成品钢中的非金属夹杂物含量最少、分布合适、形态适宜，以保证钢的各项性能。

根据脱氧原理不同，脱氧方法可分为沉淀脱氧、扩散脱氧和真空脱氧。沉淀脱氧是将脱氧剂直接加入钢中降低钢中氧含量。扩散脱氧是将脱氧剂加入渣中，降低渣中的氧化铁，使钢中氧含量降低。真空脱氧是在真空条件下，降低 CO 分压，使碳氧反应平衡向右移动。脱氧工艺对脱氧剂提出很大的要求。脱氧元素与氧的亲和力要大于铁和氧、碳和氧的亲和力，锰、硅、铝、钙、钡等元素可以满足这些条件。脱氧剂熔点应低于钢水温度，以保证脱氧剂迅速熔化并在钢液内均匀分布。脱氧剂还应有足够的密度，使其能穿过渣层进入钢液，提高脱氧效率，未与氧结合残留在钢中的脱氧元素应对钢性能有益无害。脱氧产物要易上浮，并且要熔点低于钢水温度、密度小、在钢水中溶解度低。

（1）沉淀脱氧法　沉淀脱氧法就是利用脱氧剂中的脱氧元素与钢液中的氧发生反应形成便于上浮或去除的反应产物，从而将钢液中的氧除掉。脱氧剂直接加在钢水中，脱氧效率高，对冶炼时间无影响，具有操作简单、反应速率较快、成本低等优点。缺点是对脱氧剂要求较高，有部分脱氧产物会残留在钢液中，会影响钢的纯净度。目前脱氧剂中常用的脱氧元素有锰、硅、铝、钙。由于不同钢中含氧量的要求不同，常常需要选择不同的脱氧剂。锰由于其较弱的脱氧能力常用于沸腾钢的脱氧，而铝由于极强的与氧发生反应的能力而常用于镇静钢的脱氧。实际生产活动中为了生产出更高的脱氧效果与脱氧效率的钢，常常将两种或多种脱氧元素混合在一起制成复合脱氧剂。复合脱氧可以提高某个脱氧元素的脱氧能力，硅锰合金、硅锰铝合金能利用锰来提高硅和铝的脱氧能力，因此比单一元素脱氧更彻底。

（2）扩散脱氧法　扩散脱氧法的原理为通过向炉渣添加脱氧剂，利用脱氧剂的脱氧能力降低炉渣中的氧含量，同时利用分配定律使得钢液中的氧向炉渣中扩散从而达到脱氧的效果。扩散脱氧的过程是向熔池的渣面上投加粉状的脱氧剂如炭粉、Fe-Si 粉、Ca-Si 合金粉、铝粉和石灰等，脱除渣中的氧，使渣中 FeO 含量降低至 1.0%。当渣中 FeO 浓度降低时平衡破坏，为了保持在此温度下的分配常数，钢中氧必然向渣中扩散，从而降低了钢中氧含量，达到脱氧目的。扩散脱氧的脱氧产物在熔渣中生成，避免了脱氧产物对钢水的污染，因此有利于提高钢水的纯净度。实际生产中常用的扩散脱氧方式主要有两种，分别是炉内脱氧与盛钢桶内脱氧。炉内脱氧指的是通过碳、铝以及硅等的配合运用降低炉渣当中氧化铁含量。而盛钢桶内脱氧的原理为利用脱氧剂与盛钢桶内的钢液中各种元素发生反应生成各种合成渣，存在于钢液中的合成渣大大加大了渣与钢液的接触面积，同时也起到一定的搅拌作用，这样不仅有利于反应的进行，更有助于钢液中的氧向渣中的扩散，有较强的脱氧能力与脱氧效率[16]。

（3）真空脱氧法　真空脱氧法的原理为在真空条件下利用热力学定理，提升钢液中碳与氧的反应能力，从而达到钢液中脱氧的目的。实际生产中在碳与氧发生反应的同时，为了提高反应速率，人们常常向钢液中通入惰性气体起到一定的搅拌作用，促使钢液中脱氧反应的进行。与此同时由于脱氧反应中一氧化碳的形成，对钢液起到一定的搅拌作用也会促进反应的进行，从而提高脱氧效率。真空脱氧的脱氧产物是 CO 气体，不会残留于钢中污染钢水。随着 CO 气泡上浮搅拌钢水，有效地去除钢中的有害气体和非金属夹杂物，有利于纯净钢水。真空脱氧需要有专门真空设备，一次性投资较大，但可以通过减少合金消耗，改善钢中质量得到补偿。

1.2.3　钢的合金化

钢的合金化是指在钢的冶炼过程中加入一种或多种合金元素，是使得钢获得优良化学和物理性能的操作。在钢的冶炼过程中，合金化操作和脱氧操作是同时完成的，所以不能将这两个过程完全分开，但是它们的原理和作用是完全不同的。

1.2.3.1　强化机理

合金钢是指在常规的钢的元素（铁元素和碳元素）之外，添加了其他合金元素的合金材料，从而提高合金的耐磨性、抗冲击性、高温性能、切削性能等。根据合金元素添加的多少分为低、中、高合金钢三种，其中低合金钢由于低廉的价格、优异的物理性能和良好的加工性能而被广泛应用在众多工程领域。

钢的合金强化机理主要分为固溶强化、弥散强化和细晶强化等。固溶强化是通过产生点阵畸变而提高钢的强度和硬度。溶质原子（如 C、Si 等）溶入铁后会产生点阵畸变，使铁内部位错的运动受阻而无法进行滑移，从而提高了钢的强度和硬度。溶质原子的数量、大小和价电子数等都对固溶强化的效果产生影响。弥散强化是指在钢的冶炼过程中加入弥散的金属氧化物从而提高钢的强度，尤其是分散在金属基质中的是高热稳定性的纳米级氧化物颗粒，可以显著提高材料的高温力学性能。细晶强化指通过减小晶粒的尺寸，从而增加材料的晶界面积和单位体积内的晶体数目而达到强化材料的目的，依据的是霍尔-佩奇（Hall-Petch）公式：

$$\sigma_y = \sigma_0 + \frac{k_y}{\sqrt{d}}$$

式中，σ_y为材料的屈服极限；σ_0为单位位错移动时产生的晶格摩擦阻力；k_y为常数，与材料种类、性质以及晶粒尺寸有关；d为平均晶粒直径。细晶强化最主要的机理是晶界对晶体强度的影响。通常来说材料在受到一定强度外力时发生断裂或形变的原因是晶体内部位错的滑移，所以想要提高材料强度首先就要考虑阻止或妨碍晶体内部位错移动。晶体中晶界两边的晶粒取向各不相同，位错从一个晶粒进入到另一个晶粒不能通过一个滑移系统进行，而需要多个滑移系统的配合，这样就导致位错不能很容易地通过晶界，而是堆积在晶界附近。因此位错运动的阻力是材料屈服强度的关键因素之一，晶粒越小，晶界的数目就越多，阻力也越大，从而材料断裂所需要的力就越大，宏观上就表现出材料屈服强度的上升。

1.2.3.2 合金作用

微量元素对合金钢的影响主要体现在两个方面，一是钉扎在界面处阻碍奥氏体晶粒长大，二是析出沉淀从而阻碍晶体位错运动而产生强化作用，例如铌、钒、钛等元素对合金钢性能的影响[16]。铌的原子尺寸大于铁，在钢中形成置换固溶体，在位错线上偏聚，抑制再结晶的形核，从而提高合金钢中奥氏体的再结晶温度，细化晶粒。钢中加入钒的同时还加入一定量的氮，形成V（C，N）化合物，将固溶的V析出沉淀，实现沉淀强化的作用。在轧制过程中钒能抑制钢铁中奥氏体的再结晶，阻止晶粒长大，从而细化晶粒，起到提高合金钢的强度和韧性的作用。钛有极强的亲和力，在钢中加入钛元素会优先形成硫化钛而不是硫化铁，降低钢的热脆性。强活性的钛和C及Fe形成的化合物会对钢的晶粒长大产生阻碍作用，从而达到细化晶粒的效果。

1.3 有色金属的冶炼

1.3.1 有色金属及其冶炼方法

1.3.1.1 有色金属简介

金属是一种具有光泽（即对可见光强烈反射），富有延展性，容易导电、导热的物质，元素周期表中的金属元素共有九十多种[17]。金属可分为黑色金属（ferrous metals）与有色金属（non-ferrous metals）。一般认为黑色金属只有铁（Fe）、锰（Mn）、铬（Cr）。“黑色冶金工业”主要是指钢铁工业，而为提高合金钢的性能，工业上一般会以Mn、Cr为主要掺杂元素制备钢铁，故也将这两种元素算作是“黑色金属”。有色金属通常指去除铁（有时也除去Mn、Cr）和铁基合金之外的所有金属。按照金属的密度、化学特性、在自然界中的分布状况以及习惯称呼，可将有色金属分为四类，即轻金属、重金属、稀有金属和贵金属[18]。

（1）轻金属　轻金属一般指密度在4.5g/cm^{3}以下的有色金属，包括铝（Al）、镁（Mg）、铍（B）、钾（K）、钠（Na）、钙（Ca）等十余种。轻金属的共同特点是密度小（0.53～4.5g/cm^3），化学活性大，均是强还原剂，与氧（O）、硫（S）、碳（C）及卤素形成的化合物都相当稳定，一般用湿法冶金来制取轻金属中间化合物，如熔盐电解、热还原或真空冶金。

（2）重金属　重金属一般指密度在4.5g/cm^{3}以上的有色金属，如铜（Cu）、镍（Ni）、钴

（Co）、铅（Pb）、锌（Zn）、锑（Sb）、汞（Hg）、镉（Cd）、铋（Bi）等，化学活性较低，可用火法冶金或湿法冶金方法来提取。

（3）贵金属　由于化学活性低，贵金属又称为惰性金属，包括金（Au）、银（Ag）和铂族金属，如铂（Pt）、钯（Pd）、锇（Os）、铑（Rh）、铱（Ir）、钌（Ru）。由于自身稳定性较强，不易与其他物质发生反应，一般以单质的形式存在，极端条件下可被氧化形成化合物，在地壳中含量偏少，开采和提取都较为困难，故价格比一般金属贵。少部分金、银、铂在自然界有单质矿物存在，可直接从矿石中获取，大部分要从铜（Cu）、铅（Pb）、锌（Zn）、镍（Ni）等金属冶炼的溶液或炉渣等副产品中回收。贵金属最大特点是密度大（10.4～22.4g/cm^3），其中 Pt、Ir、Rh 是最重的几种金属，而且贵金属熔点高，化学性质稳定，能耐酸的腐蚀，锻造性好，因此被广泛应用于电气和电子工业、航空航天工业以及高温仪表和催化剂等。

（4）稀有金属　指或在地壳中丰度小（一般地壳丰度在 100×10^{-6} 以下）而天然资源少，或虽丰度大但蕴藏量和储存量分散而提取难度大，或易于与非金属结合而形成金属化合物且性质稳定，或与其本身接近难分离成单质金属，或开发困难过去使用广泛程度相对较低，从而给人们留下十分“稀有”的印象的金属。

为了便于研究，根据各种稀有金属的某些共同点，如金属元素的物理化学性质、与原料中其他成分的共生关系、生产工艺和流程等，可将稀有金属分为稀有轻金属如锂（Li）、铍（Be）、铷（Rb）、锶（Sr），稀有高熔点金属如钛（Ti）、锆（Zr）、铪（Hf）、钒（V）、铌（Nb）、钽（Ta）、钼（Mo）、钨（W）、铼（Re），稀有分散性金属如镓（Ga）、铟（In）、铊（Tl）、锗（Ge），稀土金属如钪（Sc）、钇（Y）、镧（La）系元素，和稀有放射性金属如锝（Tc）、钋（Po）、钫（Fr）、镭（Ra），89～103 号锕系元素，104～112 号元素。稀有分散金属又称为稀散金属，特点是在自然界中分布分散，一般以同晶型杂质形式存在于其他矿物中，大部分不能形成或极少能形成独立的矿物。稀有分散金属往往从其他冶金、化工过程中产生的中间产物或废渣中提取[19]。除了上述分类之外还有一种半金属，又称似金属、类金属或准金属，如硼（B）、硅（Si）、砷（As）、砹（At）。它们的特点是外表显示出金属的性质，而化学性质则表现为金属和非金属的两元性，物理性质（主要是电导率）介于金属和非金属之间，并且都具有一种或几种同质异构体，其中至少一种异构体具有金属的性质。虽然硒（Se）、硫（S）、锗（Ge）、锑（Sb）、钋（Po）也具有半金属的属性，但是仍将其划入其他类别。稀有金属的使用范围广泛，主要用于制造特种性能合金、特种钢和催化剂等，在航天、能源、电子、原子能及化工等工业领域有着广泛的应用。

1.3.1.2　基本冶炼方法

有色金属冶金的任务本质上就是冶金的任务，从成分复杂的矿物集合体中分离出待提取的金属。冶炼有色金属时首先是粗炼，得到含有较多杂质的初级粗金属产品。再将粗金属产品进行提纯使得杂质低于一定含量，从而满足生产与使用要求，得到合格的精炼金属产品，即为精炼。不同的金属其物理化学性质各有差异，冶金方法也各不相同，但是概括起来主要有火法冶金、湿法冶金和电冶金。

（1）火法冶金　指在外界燃料燃烧提供热能、通电提供电能或原料自身发生化学反应放热产生的高温下，使冶金炉内的矿石或精矿经焙烧、熔炼与精炼作业，使其中的有色金属与脉石杂质分离，获得纯度较高的有色金属的过程[20]。火法冶金是提纯金属最古老的方法，主要包括原料准备、熔炼和精炼三个工序。火法冶金过程对原料要求高，步骤较为繁琐，高温下不利于操作，且环境污染严重，因此多与湿法冶金、电冶金相结合，并以湿法冶金和电冶金为主进行冶金生产。

（2）湿法冶金　湿法冶金又叫化学冶金，是用酸、碱、盐等溶剂处理矿石或精矿，使所要提取的有色金属溶解于溶液中，借助氧化、还原、中和、水解以及络合等化学反应从溶液中将有色金属和其他不溶解杂质分离出来的过程。湿法冶金温度一般低于 100℃，即使现代湿法冶金的高温高压过程其温度也仅在 200℃左右，最高为 300℃。湿法冶金过程主要包括浸出、分离、净化富集、金属提取和废水处理等，适用于低品位、难熔化和微粉状的矿石，材料周转简单，金属回收效率高，易于实现流程生产。

（3）电冶金　电冶金是利用电能从矿石中提取金属的方法。根据利用电能效应的不同，可分为电热冶金和电化学冶金。电热冶金和火法冶金类似，利用电能产生的高温来冶炼金属。电化学冶金是对电解液通以直流电，使所含盐类的水溶液或熔体中发生电化学反应，从而使得有色金属析出。金属从含有盐类的溶液中析出的过程称为溶液电解，可以列入湿法冶金。熔盐电解不仅利用电能的化学效应，同时还将电能转化为热能使得金属盐类加热后成为熔体，因此可列入火法冶金。

总体来说，大多数的重金属如铜、铅、锡、镍、钴等多以火法冶金制取粗金属，再以电冶金制取纯金属。轻金属多以湿法冶金制取纯金属化合物，以电冶金制取粗金属和纯金属。大多数稀有金属以湿法冶金制取纯金属化合物，以火法冶金或电冶金制取纯金属。贵金属中的金、银多以湿法冶金富集化合物，以火法冶金制取粗金属，再以电冶金制备纯金属。

1.3.1.3　主要冶金过程

有色金属冶金过程中每种方法由不同的步骤组成，其目的都是从矿石或原料中富集、提取得到符合预期质量的金属或合金。火法冶金过程主要包括焙烧、熔炼和精炼。

① 焙烧　指在低于物料熔化温度下完成化学反应的过程，是炉料准备的重要组成部分，为下步的熔炼或浸出等主要冶炼作业做准备。经选矿得到的精矿不适宜直接加入冶炼炉，需要先经过焙烧处理，一般先将其置于适当的氧化或还原气氛下加入冶金助熔剂，加热至低于熔点的温度，矿石发生化学变化，原料中待提取金属的化学组成随之变化，从而满足熔炼或浸出的要求。

② 熔炼　熔化炼制的意思，是指将经焙烧处理的矿石、熔剂和燃料灰分，在高温下形成混合熔体，通过内部的氧化还原反应，使矿物原料中有色金属组分与杂质分离为两相溶液，形成熔锍（金属与硫的结合物）或含少量杂质的产物金属液和由脉石矿渣、溶剂和燃料渣组成的熔渣的过程。为了提供必要的温度，往往需加入燃料燃烧，并送入空气或富氧空气。粗金属或金属富集物由于与熔融炉渣互溶度很小且存在密度差异而分层得以分离的熔炼过程也叫冶炼，主要分为还原冶炼、造锍熔炼和氧化吹炼。

③ 精炼　粗金属去除杂质的提纯过程，即采用特定的方法进一步处理熔炼、吹炼后所得的含有少量杂质的粗金属，以提高其纯度，产出满足使用要求的纯金属或纯化合物的过程，一般为金属生产流程的最后阶段。精炼方法主要有电解精炼、区域精炼（利用金属结晶偏析获得高纯金属）、硫化精炼（加入硫化物）、氯化精炼（加入氯化物）、电渣重熔（利用电流通过熔渣产生的热进行作业）、碱性精炼（选择碱性试剂精炼）、真空冶金（在真空或惰性气体保护下进行作业）、喷射冶金（金属物料制成粉末后喷射进入熔体内）和蒸馏等多种方法[20]。

湿法冶金过程主要包括浸出、固液分离和溶液净化。

① 浸出　使用合适的浸出剂，使得矿物原料中需要提取的金属组分能够发生化学作用，由初始固态溶解成为阳离子或络合阴离子进入溶液而与其它不溶组分初步分离的过程，又称浸取、溶出、湿法分解。根据浸出剂的不同可分为酸浸出、碱浸出和盐浸出。对于难浸出的矿

石或精矿，一般先进行预处理，使其转化为易于浸出的盐类或化合物。影响浸出速度的因素主要有固体物料的组成、结构和粒度、浸出剂浓度、浸出温度、液固相的相对流动速度和矿浆黏度等。

② 固液分离　经过浸出剂处理后的矿物原料形成由残渣与浸出液组成的悬浮液，固液分离就是将悬浮液的液相和固相进行分离的湿法冶金过程。常用的固液分离方法有沉降分离和过滤两种。

③ 溶液净化　除去溶液中杂质的湿法冶金过程。一般浸出液中除欲提取金属外尚有其他金属和非金属杂质，必须先分离掉这些杂质才能最终提取目的金属。杂质的存在可能会危害后续对待提取金属的精炼提纯，溶液净化后即可以避免该问题。净化方法包括蒸馏、沉淀、结晶、置换、溶剂萃取、膜分离和电渗析等。

上述各个冶金过程是对有色金属冶金过程的整体概括，对于具体的有色金属提取冶金，需要根据原料性质和对产品的要求采用合适的冶金方法相互配合组成提取流程，并向着高效化、绿色化和经济化的方向发展。

1.3.2　常见轻金属冶炼

轻金属的冶炼主要分为两个步骤：第一步是从金属矿物或卤素中提取出金属氧化物、硫化物等中间化合物；第二步是采用溶液电解或电解还原法，由中间化合物得到纯金属。

1.3.2.1　铝的冶炼

铝在自然界中占地壳质量的 8.3%，虽然储量是金属中最大的，但由于其化学性质活泼而不易被还原，因此从矿石中冶炼铝相对来说比较困难。当前铝的产量已达有色金属总产量的 1/3，广泛应用于国民经济中的各个部门。

（1）氧化铝提取　由于所用矿石的品位不同，从铝土矿提取氧化铝主要有两个方案，即对于高品位铝土矿采用化学方法提取矿石中的氧化铝，然后用电解法从氧化铝中提取纯净度很高的铝，对于低品位铝土矿则需要先物理选矿，分离掉一部分硅酸盐矿物之后才送入溶出流程中提取氧化铝[21]。拜耳法（K. J. Bayer Method）是生产氧化铝的主要方法，用在处理低硅铝土矿特别是处理三水铝石型铝土矿时，操作简单方便，产品质量高，是生产氧化铝的主要方法[21]。用拜耳法生产的氧化铝量约占全世界生产量的 95%[22]。拜耳法生产氧化铝包括三个主要步骤，即铝土矿溶出、铝酸钠溶液分解和氢氧化铝煅烧，如图 1-9 所示。经过这些步骤得到的氧化铝纯度较高，可用于铝的电解生产。

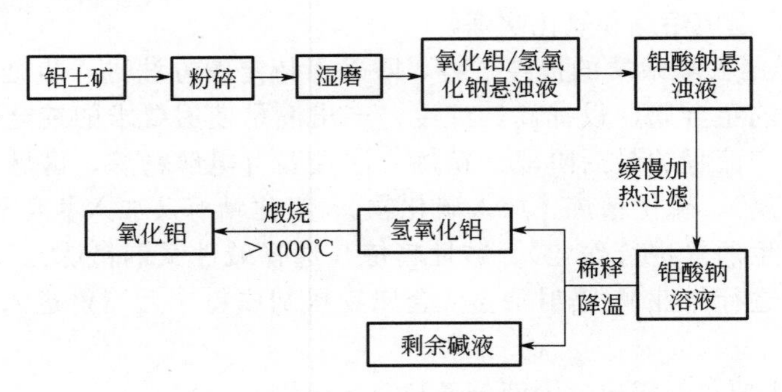

图 1-9　拜耳法生产氧化铝工艺流程[18]

（2）铝的电解　由于其特殊的性质，铝都是用电解法生产出来的[22]。工业生产中采用冰晶石-氧化铝熔盐电解法生产铝，其中熔融冰晶石是溶剂，氧化铝是溶质，以碳素体作为阳极，铝液作为阴极，通入直流电后在 950～970℃下在电解槽内的两极上进行电化学反应[23]。在熔盐电解法中，通入直流电后阴极上发生铝的还原反应，电解产物为液体铝，而阳极产物为氧气。电解完成后，铝液用真空抬包抽出后经过净化和过滤，浇铸成商品铝锭。碳素电极制造和氟盐生产是电解氧化铝的两个重要的辅助环节，将其在电解槽上使用所获得的铝的纯度可达 99.95%以上[24]。现代工业生产铝的工艺流程如图 1-10 所示。铝离子在阴极上获得电子生成金属铝，而阴离子在碳素阳极上交出电子之后生成气体 O_2、CO_2、CO 和一定量的 HF 等有害气体和粉尘。

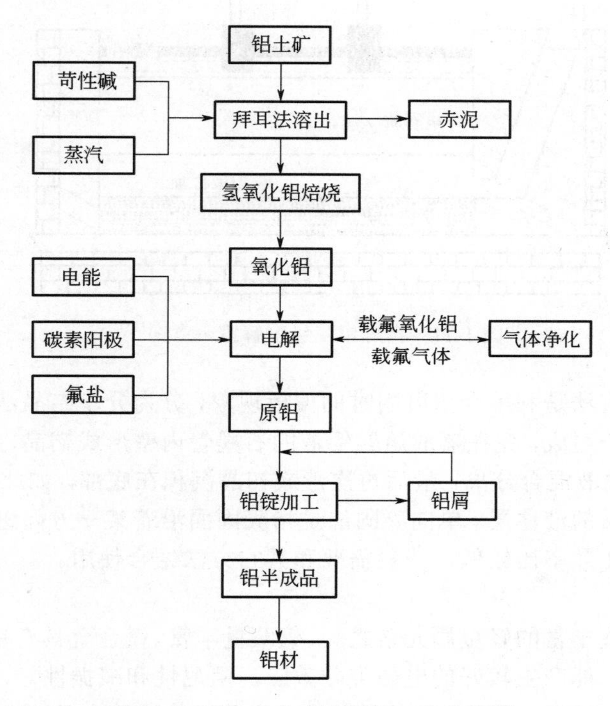

图 1-10 现代工业生产铝的工艺流程[25]

采用温度高达 800～1000℃的冰晶石做溶剂的原因在于冰晶石能在低于氧化铝熔点和冰晶石熔点下较好地熔解氧化铝，形成的熔体流动性较好，有利于体系内物质的充分反应。在电解温度下冰晶石-氧化铝熔液的密度比铝液密度小 10%，故电解出来的铝液位于电解液的下层，能沉积在电解槽下部的阴极上，这样既可减少铝的氧化损失，又大大简化了铝电解槽的结构。冰晶石具有良好的导电性，保证了熔体内部的导电均一性。冰晶石的纯度较高，其中不含有电位顺序比铝更正电性的金属杂质，能保证产品铝的品质。由于高温的冰晶石溶液具有很大的腐蚀性，所以盛制电解质的容器通常为内部铺砌碳素材料的钢壳以防止腐蚀。在实际生产中为了提高各项生产指标，常加入酸性电解质（氟化钠、氟化铝和氯化钡），使电解质体系成为冰晶石-电解质-氧化铝三元体系，具有更低的熔点，从而有效降低铝的电解温度，提高效率，节约能源。

（3）铝的精炼　经电解后的铝液不能直接使用，需要经过精炼才可以满足生产使用需求。精炼之前需先除去三类杂质，即金属杂质、非金属固态夹杂物和气态夹杂物。其中金属杂质有 Fe、Na、Ti、V、Ca 等，非金属固态夹杂物有 Al_2O_3、碳及碳化物等，气态夹杂物有 H_2、CO_2、

CO、CH_4 等。现代铝工业采用混合气体来净化铝液，其作用既能分离气态和固态夹杂物，又可以清除某些金属杂质如锂和镁等，所用气体是氮气或氯氮混合气体。除杂之后，工业上通常用铝三层液电解法制取精铝，如图 1-11 所示。由于密度差别，电解槽中液体出现分层，下层是阳极合金，由 70%的铝和 30%的铜组成，中层液体为电解质，最上层是精炼出来的铝液。通电后铝从阳极合金中溶解出来，由于密度较小而漂浮到溶液上层后在阴极上沉积。电解槽的槽容量越大则电流密度越小，现代精炼电解槽中的电流密度约为 0.5～0.6A/cm^2，精炼后可获得纯度为 99.99%的精铝。

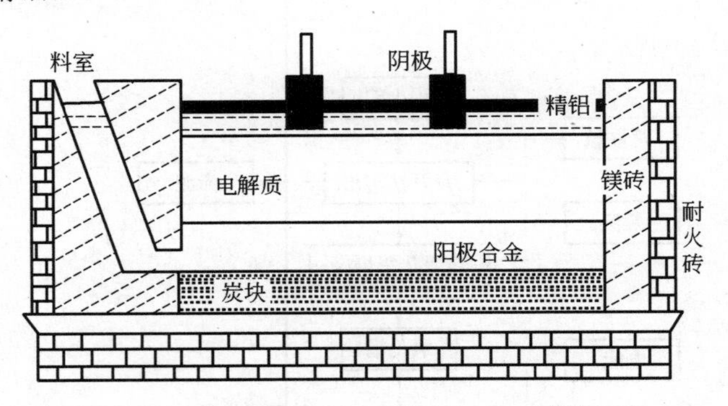

图 1-11　精炼铝三级电解槽示意图[25]

另一种精炼铝的方法是利用合金凝固时的偏析现象，分为分步结晶法和单向凝固法。分步结晶法主要由三个部分组成，先在盛放熔融铝液的石墨管内壁形成初晶，接着对初晶进行加热使其部分溶解，同时固液混合分离，最后再次形成初晶沉积在底部，如此反复而最终形成纯度极高的铝层和富含杂质的液体层。单向凝固法是指凝固面沿着某一方向进行的精炼操作，这种方法与分步精炼法相比效率比较低，一般需要和其它方法结合使用。

1.3.2.2　镁的冶炼

镁是地球上储量最丰富的轻金属元素之一，蕴藏量丰富。镁合金具有良好的导热导电性能，且比强度和比刚度高，能产生较好的电磁屏蔽效应，阻尼性和减振性好，易切削加工和回收，广泛应用于航空航天、导弹、汽车、建筑等行业。因此镁的冶炼也是工业中一项重要技术。按照不同原料，炼镁方法包括电解法和热还原法，前者采用氯化镁做原料，后者采用煅烧后的氯化镁或白云石，所用还原剂是 75%硅铁或铝屑。

（1）电解法制镁　按所用原料不同，制取氯化镁包括氨法、氧化镁氯化法、直接热解法和六氨氯化镁制取法。对盐湖中丰富的水氯镁石采用氨络和沉淀热解法（简称氨法）生产；对层状含镁硅酸盐矿物蛇纹石采用盐酸浸取工艺，分离其中的氯化镁和二氧化硅；氧化镁氯化法则利用天然菱镁矿，在 700～800℃下煅烧得到活性较好的氯化镁；利用制取海绵钛时真空蒸馏产生的熔融态氯化镁直接氧化热解得到高纯超细氧化镁和氯气；通过高沸点溶剂体系合成法、低沸点溶剂体系合成法、水氨体系合成法、硅化镁制硅烷合成法等方法制取六氨氯化镁，再对六氨氯化镁进行热解制备无水氯化镁。电解法生产工艺先进，能耗较低，是极具前景和应用价值的炼镁方法，目前发达国家 80%以上的金属镁使用电解法生产。电解条件通常根据电解质的组成而异。若是采用光卤石作原料，则其中氯化钾质量分数甚高，电解温度设定为 680～720℃，而用氧化镁作原料时电解温度为 690～720℃。从海水中电解制取镁需要以贝壳为原料，生产流程如图 1-12 所示。

（2）热还原法炼镁　根据还原剂种类，热还原法炼镁主要分为非硅质热还原法和硅质热还原法。非硅质还原热法主要有碳化物热还原法、碳热还原法和其他非硅质热还原法。碳化物热还原法是最早发明的一种热法制镁工艺，通过细磨煅烧菱镁矿和碳化钙混合物，再混合和压团，在低真空下制备镁[26]。碳热还原法曾经在工业得到应用，但是由于反应温度过高、产物分离困难、工艺流程长、成本高等问题而被放弃，改进的方法是真空碳热还原工艺。其他非硅质热还原包括铝热还原法、铝硅（铝硅铁）合金还原法、钙热还原法等。硅热法原理是使含有 75%硅组分的硅铁合金在高温和真空条件下还原白云石中的氧化镁而得到产物纯镁和副产物二钙硅酸盐渣（图 1-13），反应式如下：

$$2MgO(s)+2CaO(s)+Si(s)=\!=\!=2CaO\cdot SiO_2(s)+2Mg(g)$$

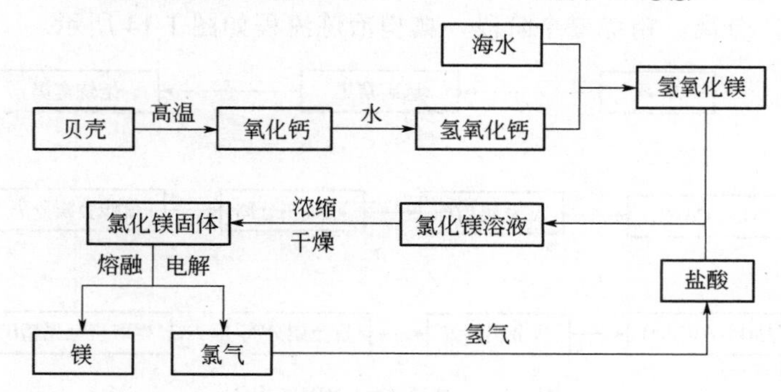

图 1-12　海水电解制镁工艺流程[25]

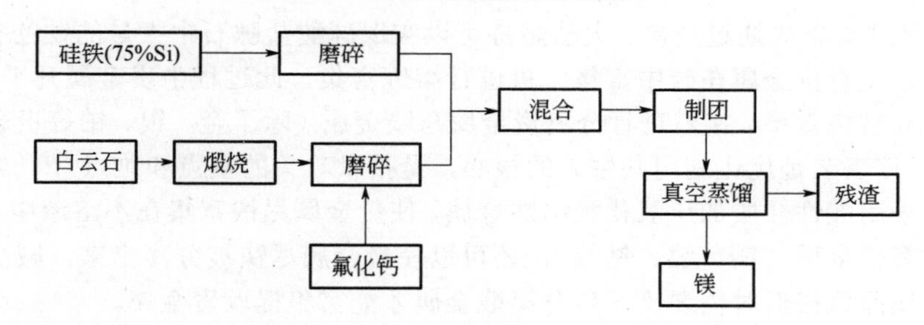

图 1-13　硅热法还原制镁工艺流程[25]

此反应的优点是当用硅铁还原白云石时还原起始温度降低约 600℃，可以有效节能，真空条件下还能防止还原剂硅和产品镁在高温下被空气氧化。

硅热法的实际应用有皮江法（Pidgeon Process）、巴尔札诺法（Balzano Process）和玛格尼法（Magnetherm Process）。皮江法采用一种横向蒸馏罐，分为预热、低真空加热和高真空加热三个步骤进行冶炼，工艺流程短、成本低，是我国生产金属镁的重要方法[27]。但是该方法熔炼技术较为落后，资源和能量消耗较大，环境污染严重。巴尔札诺法是皮江法的改良，利用电加热，产量大大提高。玛格尼法源于法国，利用铝土矿和白云石作为原料，在高温（1600～1700℃）和低真空（0.266～13.322kPa）作用下反应，炉料和产品镁均为液态，是具有发展前景的一种炼镁方法。

（3）镁的精炼　电解法和热还原法所得到的原镁中还有少量金属和非金属杂质，一般用溶剂或六氟化硫加以精炼，使其纯度达到 99.85%以上而满足一般需求。纯度更高的镁可用真空蒸馏法制取。真空蒸馏法可用于提炼达到 99.9995%高纯度的镁，其原料为纯度 99.99%的镁[27]。金属镁和杂质以高温蒸气形态在蒸馏塔中沿着冷凝柱上升，在塔板上冷凝成晶簇。各塔板的温度不同，蒸气中物质的沸点不同，故而在不同的塔板上可收集到不同的物质。其中，塔顶部为钠、钾，中间为高纯度的镁，底部为含有杂质铁等。为了提高纯度，可进行重复蒸馏以获取高纯镁。

1.3.3 常见贵金属冶炼

贵金属由于化学活性低，在自然界中以单质和矿物的形态存在，而在矿物中共生硫化矿与砂铂矿是主要用来提取贵金属的工业矿物。共生硫化矿中的贵金属以铜、镍为主，砂铂矿中铂族金属的含量较高。利用共生矿资源面临的一个问题是如何实现目标产物与其它元素的分离，比如分离有色金属与贵金属、分离硅酸盐脉石与其它有价金属以及贵金属等。从矿物中提取贵金属一般包括富集、分离、精炼三个阶段，典型冶炼流程如图 1-14 所示。

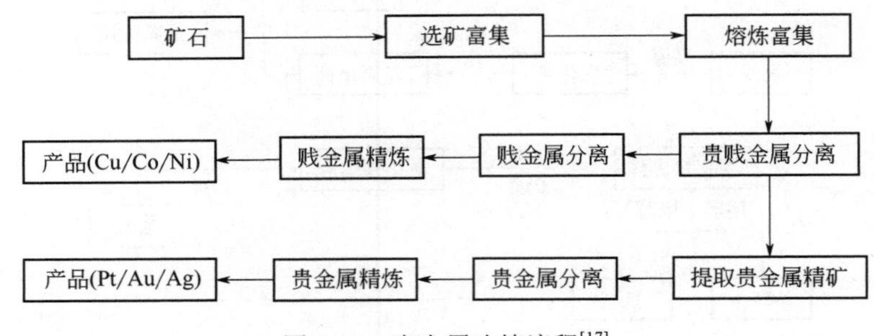

图 1-14 贵金属冶炼流程[17]

在冶金过程中，首先通过选矿、火法熔炼可以实现硅酸盐脉石中大量的铁的有效分离，用硫捕集贵金属，使有价金属在硫中富集。再进行熔炼富集，此过程中贵金属几乎不进入炉渣，可以进一步提高富集效果。接着进行分离贵金属与贱金属（除了金、银、铂等贵金属之外的所有其他金属），该工艺是优化利用共生矿的核心，是技术攻关的重点和难点[28]。当贵金属品位较高时可直接采用酸性介质加压氧化浸出贱金属，使贵金属尽快富集在不溶渣中。该方法不仅可以高效回收有价金属（铜、镍、钴等），还可以使贵金属尽快被分离出来，减少积压和周转损失。当贵金属品位很低时需要进一步分离贱金属才能富集提取贵金属。

1.3.3.1 金的冶炼

我国黄金资源储量丰富，分布较广，冶炼历史悠久[29]。随着科技的进步，黄金冶炼技术也得到了长足的发展，已积累了多种方法，主要分为物理法和化学法，前者包括混汞法、浮选法和重选法，后者有氰化法和硫脲法等。

（1）混汞法 混汞法是一种应用很早的提取黄金的方法，尤其适用于回收粗粒单体金。该方法原理是液态汞对矿浆中的微小金粒具有选择润湿性，可以将金粒包覆，形成固溶体（汞齐），从而实现金与其它金属矿物的分离，再进行蒸馏，蒸发掉汞而得到金粒。该方法比较适合处理高品质黄金矿，操作简单、成本较低，但由于汞是挥发性重金属，人体吸入会引发中毒，同时会对环境造成污染[29]。混汞法已逐渐被浮选法和氰化法所取代，但是在回收解离的自然金尤其是粗粒自然金方面仍是主要方法。

（2）浮选法 浮选法是利用矿物表面物理化学性质的差异，在浮选药剂的处理下气泡可以选择性地吸附目标矿物，从而达到分选的效果。该方法对处理原矿中含有有色金属的矿物有成本优势，在选矿中得到了广泛应用。由于气泡的吸附能力有限，处理大颗粒金粒时比较困难。

（3）重选法 重选法是已知最古老的从金矿中提取黄金的方法，其原理是利用脉石与黄金的密度差别，在重力的作用下实现黄金与脉石的分离。在脉金矿的选矿和提取工艺中重选法可以用来回收粗粒单体金，在砂矿的提取工艺中重选法也得到了广泛应用。经过粗选后的砂矿再采用重选、磁选、电选或由这些方法组成的联合流程精选，最后经过火法冶炼得到的成品金的成色可达 85%～92%。

（4）氰化法　氰化法是脉金矿中提取金的主要方法，其本质是将含金矿石粉碎并置于氰化物溶液中，将金腐蚀而得到氰化物溶液，然后利用吸附性较强的活性炭吸附其中的含有金的络合物，通过清洗得到解吸后的贵液，再用置换法或离子交换法等回收溶解在贵液中的金[29]。获得含金氰化物溶液的方法有渗滤法、堆浸法和搅拌浸出法。渗滤法是使氰化液自然地或强制地渗过矿粒层，使液固接触而达到熔金的目的。堆浸法则与渗滤法相似，差别在于堆浸不是在槽中而是在露天进行。搅拌浸出法是将矿石和精矿粉碎，经细磨浓缩后在搅拌浸出槽中反应剂向金表面扩散进行氰化浸出。从氰化物中回收金的方法有锌置换、活性炭吸附、离子交换树脂吸附、铝置换、电沉积和萃取法等，目前生产中主要运用锌置换和活性炭吸附。在氰化物溶液中金可以很容易被锌置换出来，之后进行固液分离操作得到金泥，再经熔炼处理后得到金锭。与锌置换法相比，活性炭吸附直接使用炭浆吸附氰化浸出液，省掉了固液分离工序，占地面积不大，成本费用低，缺点是活性炭容易磨损，回收困难。

（5）硫脲法　硫脲法提取金时首先对金矿石进行氧化焙烧或微生物氧化预处理，接着进行硫脲浸金，最后从硫脲浸出液中回收金。硫脲法浸金通常在酸性溶液（HCl、H_2SO_4、HNO_3 等）中进行（pH＜1.5），氧化剂一般用 Fe^{3+}。在硫脲的酸性溶液中 Fe^{3+}的存在使得金的浸出率大大提高。一些金矿用硫脲法很难浸出，需要进行预处理，例如毒砂矿经过硫酸处理浸出砷后再用酸性硫脲浸取，金的浸出率可达到 95%以上[30]。

1.3.3.2　铂族金属的冶炼

铂族金属主要从铜镍硫化物共生矿中提取，主要的步骤有选矿富集、制备低冰镍、制备高冰镍、处理高冰镍和镍阳极泥处理。选矿富集通常采用重选法或浮选法得到铜镍硫化精矿粉。低冰镍是铜镍冶炼过程中的中间产品，采用焙烧-电炉熔炼工艺熔炼出低冰镍。对低冰镍进行吹炼，使亚铁离子氧化造渣，原矿中的铂族金属和金、银等贵金属经上述处理后基本上富集于高冰镍中，回收率达 95%以上。高冰镍的处理包括分层熔炼法和羰基法，主要是生产铜镍等产品，同时使铂族等金属进入阳极泥中。镍阳极泥中富集了铂族金属，但含量往往很低，需要再一次富集得的贵金属精矿。阳极泥的处理流程如图 1-15 所示。处理镍阳极泥得到的贵金属精矿几乎含有所有的贵金属。为了综合提取，工业上采用多种生产流程，主要有传统方法和新式方法两类。传统流程是先分离含量高的品种，使含量少的贵金属分散到先期提取的金属成品或半成品中，工艺较为复杂。新的工艺流程是蒸馏法分离锇和钌，选择性沉淀金和钯，水解法分离铂、铱、铑等。

1.3.4　常见重金属冶炼

铜是重金属的典型代表，这里以铜为例介绍重金属的冶炼流程。铜的物理化学性质相对稳定，在干燥的空气中常温下比较稳定，高温时能生成黑色氧化铜。在潮湿的二氧化碳气氛中，肉眼可见的铜绿会在表面生成，主要成分为碱式碳酸铜。铜能与卤素作用，不溶于盐酸。铜还具有很好的加工性能，良好的塑性，高的热导率，仅次于银的高电导率，易于锻造和压延。铜在地壳中的含量比较少，主要以各种化合物形态存在，目前已知的含铜矿物有二百多种，具备开采价值的只有十多种。按照性质可分为自然铜、硫化矿和氧化矿三种，其中硫化矿分布最广，是炼铜的主要原料。火法炼铜是生产铜的主要方法，适应性强，能耗低，生产效率高，工艺流程如图 1-16 所示，包括造锍的熔炼、吹炼、粗铜火法精炼和阳极铜电解精炼[20]。锍是指部分铁的硫化物与其他金属硫化物络合形成的互熔体，炼铜时铜以硫化亚铜形态与硫化亚铁共融形成锍，不与炉渣互溶而互相分离。

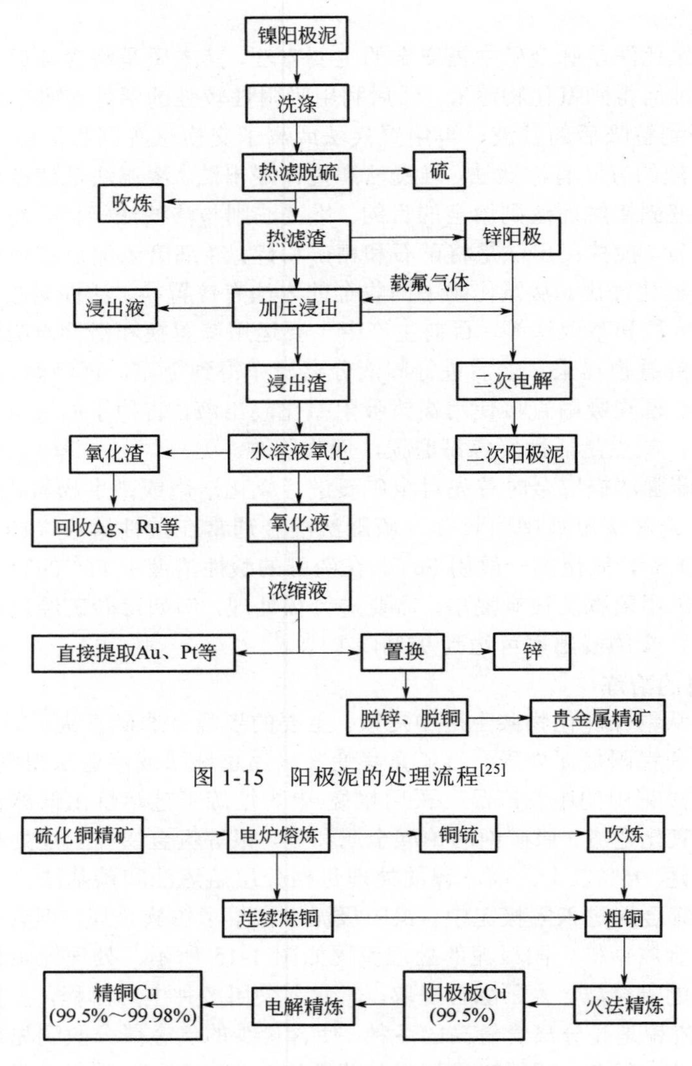

图 1-15　阳极泥的处理流程[25]

图 1-16　火法炼铜的工艺流程[25]

造锍熔炼产生的半成品除含铜外，还含有铁和硫，进一步处理便是用转炉吹炼，使铁与硫完全氧化而与铜分离，得到铜质量分数为98.5%以上的粗铜。吹炼产出的烟气含有二氧化硫，经除尘后用于生产硫酸或其他硫产品。粗铜杂质含量较高，无法满足工业要求，必须经过火法精炼和电解精炼，得到质量分数 99.95%以上的精铜，同时回收金、银、镍、钴等有价金属。粗铜处理工艺流程如图 1-17 所示。

火法精炼周期分为五个阶段，分别是装料、熔化、氧化、还原、浇铸，其中关键阶段是氧化和还原[31]。传统电解精炼以粗铜为阳极，以精炼铜为阴极，电解液采用硫酸铜和硫酸的水溶液，外加直流电时阳极金属离子或是溶解进入溶液或以极细的状态落入槽底形成阳极泥，或是在电解液中形成不溶性化合物（铅、锡等），溶液中铜离子在阴极上得电子还原而析出铜。

除火法之外铜的湿法冶金也有较快发展，尤其是在处理低品位复杂矿方面发展很快。湿法炼铜是在常压或高压下溶剂浸出矿石或焙烧矿中的铜，使铜与杂质分离，将溶液中的铜提取出来。对于氧化矿大多数工厂用溶剂直接浸出，对于硫化矿一般先经焙烧然后浸出焙烧矿。电沉积过程中，阳极为铅锡合金板，阴极为薄铜片，经净化处理后的溶液为电解液。电解时阴极过程与电解精炼相同，阳极过程与电沉积过程相同。

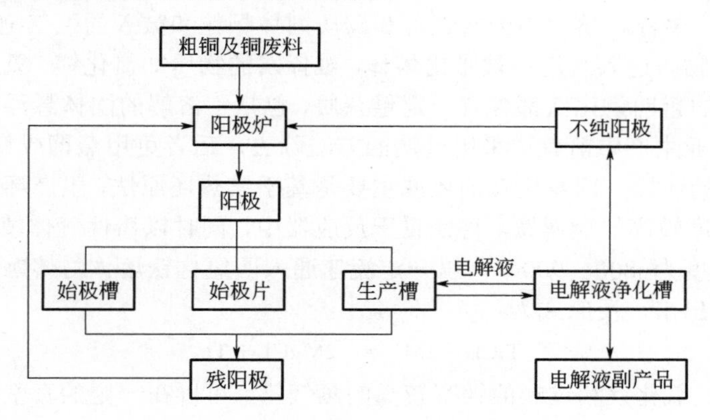

图 1-17　粗铜处理工艺流程[25]

1.3.5　稀有金属及其他有色金属冶炼

1.3.5.1　钛的冶炼

钛是一种稀有金属材料，是理想的高强度低密度的结构功能金属。通常情况下钛是以二氧化钛或钛酸盐的形态存在，可组成复杂的硅钛酸盐、钛铌酸盐和钛锆酸盐等形态存在的矿物。由于钛被利用的时间较短，因此它的冶炼比较困难。生产生活中钛被利用的主要原材料产品有钛白（二氧化钛）、海绵钛（纯度 99.1%～99.7%）、钛铁合金、金属钛粉等。金红石是工业制取金属钛合金的主要原料，矿品位较高，经过筛选后二氧化钛的质量分数可达 90%～95%。钛铁矿经选矿可获得二氧化钛质量分数为 43%～60%的精矿，主要杂质是铁的氧化物。生产钛金属的过程是层层递进的，根据生产顺序主要可以概括为三个过程，即富钛矿的制取、四氯化钛的生产和还原。

（1）富钛矿的制取　制取富钛矿的方法囊括了火法和湿法，层层递进来提高钛的品位。钛精矿中主要的伴生铁杂质为氧化亚铁和氧化铁。由于钛与铁和氧形成晶体时结合能不同，导致了它们的氧化物生成自由焓不同。因此可以有选择性地分别进行还原熔炼，将生铁和富钛渣分离。富钛渣具有高的熔点（＞1500℃），黏度很大，不适合在一般的炼铁高炉中进行冶炼，可在电弧炉中对富钛渣还原冶炼，发生的反应为：

1200℃下：　$2FeTiO_2 + C = 2Fe + Ti_2O_3 + CO$

$3TiO_2 + C = Ti_3O_5 + CO$

1270～1400℃：　$2Ti_3O_5 + C = 3Ti_2O_3 + CO$

1400～1600℃：　$Ti_2O_3 + C = 2TiO + CO$

（2）四氯化钛的生产　将钛由二氧化钛组分氯化为四氯化钛形态，包括氯化这一化学反应过程和得到的品位较低的四氯化钛的精制、纯化过程。虽然二氧化钛和氯气之间的反应不能自发进行，但是在有碳元素存在的情况下可在较低的温度条件下顺利：

$$TiO_2 + 2Cl_2 + C = TiCl_4 + CO_2$$

生产中氯化工艺主要有固定床氯化、沸腾氯化和熔盐氯化。固定床氯化指通过使固定炉体内的钛盐与通入的氯气进行置换反应而制备四氯化钛的方法，炉体材料在高温下持续受到氯气腐蚀，因此对氯化炉的要求较高。沸腾氯化过程中固体物料被一定流速的气体或液体托起，在反应区如液体沸腾一样剧烈翻滚，使气相与固相充分接触，因此传质和传热效果良好。熔盐氯化是将一定组成和性质的混合盐放入熔盐氯化炉中熔化，加入富钛渣和碳质还原剂，并通以氯气进行氯化的方法。悬浮在熔盐中的富钛渣和碳质固体颗粒和鼓入的氯气泡相互作用，生成四氯化钛和其他气体物质进入气泡内被带出熔体，难挥发的物质如氯化镁、氯化钙等则溶入熔盐中。上述方法制得的粗四氯化钛都含有一定量杂质，包括不溶解的固体悬浮物和溶解于四氯化钛中的杂质，在工业生产中前者可采用过滤的方法除去，后者可用蒸馏或精馏法提纯。

（3）四氯化钛的还原　四氯化钛的还原主要是基于镁热还原法，生产环境是密闭的钢制反应容器，可生产纯度较高的金属钛。将镁置于反应器中，同时以惰性气体填充整个容器，加热使镁熔融，控制温度为 800～900℃，以一定流速通入四氯化钛熔体与熔融的镁反应，氯化镁呈液态可及时排放出来，反应式为：

$$TiCl_4 + 2Mg = 2MgCl_2 + Ti$$

在 900～1000℃下，氯化镁和过剩的镁有较高的蒸气压，可以在一定的真空度条件下将残留的氯化镁和镁蒸馏除去，从而获得海绵状金属钛。四氯化钛的还原也可以采用钠还原法，此时产生的钠盐可做钛的保护剂，反应产热高，耗能低，钠利用率可达 100%。但是大量使用液态钠会使得成本偏高，熔铸过程中会产生大量腐蚀性气体，既污染环境又使得钛锭的收缩孔变大，安全生产不能得到保证，因此只在实验室中少量快速获取精细的实验用钛时使用液态钠作为还原剂[25]。

1.3.5.2　钨的冶炼

钨是一种难熔的稀有金属，在地壳中含量约为 0.8%，我国钨的含量占世界储量的 55%。钨的冶炼大多采用粉末冶金法，主要工艺流程包括钨精矿的处理、三氧化钨的生产及钨粉的制取。

（1）钨精矿处理　钨精矿分黑钨矿（$FeWO_4$、$MnWO_3$）与白钨矿（$CaWO_4$）两类，主要成分为三氧化钨，含量可达 65%以上，处理方法有苏打烧结法、碱液分解黑钨精矿和苏打溶液压煮白钨精矿。苏打烧结是分解黑钨精矿和白钨精矿常用的方法：

$$2FeWO_4 + 2Na_2CO_3 + 1/2O_2 = 2Na_2WO_4 + Fe_2O_3 + 2CO_2$$

$$3MnWO_4 + 3Na_2CO_3 + 1/2O_2 = 3Na_2WO_4 + Mn_3O_4 + 3CO_2$$

$$CaWO_4 + Na_2CO_3 + SiO_2 = Na_2WO_4 + CaSiO_3 + CO_2$$

用苛性钠溶液在带有搅拌器的钢制槽中分解黑钨精矿的反应为：

$$FeWO_4 + 2NaOH = Na_2WO_4 + Fe(OH)_2$$

$$MnWO_4 + 2NaOH = Na_2WO_4 + Mn(OH)_2$$

苏打溶液压煮白钨精矿需要在高压浸出釜中进行，发生的反应为：

$$CaWO_4 + Na_2CO_3 = Na_2WO_4 + CaCO_3$$

（2）三氧化钨的生产　为除去钨酸钠溶液中的钼，在钨酸钠溶液中加入硫酸钼，钼元素取代钨元素而形成硫代钼酸钠，调节溶液 pH 值使之达到 2.5～3.0，将生成的沉淀过滤除去，沉淀的主要成分为三硫化钼。钨酸钠溶液得到净化后再加入氯化钙，从而产生难溶解的钨酸钙沉淀，分解钨酸钙沉淀可以获得纯度较高的钨酸，在 700～800℃的高温下煅烧便可获得纯度极高的三氧化钨。

（3）金属钨的生产　金属钨的生产方法是将钨化合物在远低于钨熔点的温度条件下还原成钨粉，工业上主要是用氢气还原三氧化钨生产钨粉。还原反应通常分为两个阶段，即首先由三氧化钨还原为二氧化钨，然后再用二氧化钨还原得到钨粉。两个阶段分别在两个单独的炉子中进行，以保证每个阶段的还原程度得到控制，提高生产效率。得到的钨粉可以用粉末冶金法制备致密的金属钨制品。金属钨生产的反应式为：

$$H_2 + WO_3 = WO_2 + H_2O$$
$$2H_2 + WO_2 = W + 2H_2O$$

1.3.5.3 稀土冶炼

稀土元素是元素周期表中镧系元素（ⅢB 族）中的原子序数为 57 至 71 的 15 种元素以及与镧系元素性质相近的钪和钇共 17 种元素的统称，一般用 R 或 RE 代表。这 17 种元素及其原子序数分别是：钪（Sc，21）、钇（Y，39）、镧（La，57）、铈（Ce，58）、镨（Pr，59）、钕（Nd，60）、钷（Pm，61）、钐（Sm，62）、铕（Eu，63）、钆（Gd，64）、铽（Tb，65）、镝（Dy，66）、钬（Ho，67）、铒（Er，68）、铥（Tm，69）、镱（Yb，70）、镥（Lu，71）。稀土元素都具有典型的金属特性，化学反应活性在金属中仅次于碱金属和碱土金属，以其独特的作用被称为工业维生素。

稀土元素在地壳中的矿物形态不同，主要以三种方式存在。稀土元素与其他金属或非金属元素形成化合物，组成独立的矿物，如常见的独居石、氟碳铈矿等。稀土元素以不同组成但是相态相同的混合物的形态分散于许多造岩矿物或者稀有矿物中，如萤石、磷灰石、钛铀矿等。稀土元素呈离子吸附状态存在于矿物中，主要分布在风化矿物及云母类矿物中。目前作为工业生产的原料主要是独居石、氟碳铈矿、风化矿物及云母类矿物和离子吸附型矿物。稀土元素的提取冶金过程一般包含三个步骤，即精矿的分解、生产混合稀土氯化物、生产稀土金属。稀土元素的冶金过程不同于一般的有色金属冶金，主要是用作稀土金属冶金的原料一般品位较低，且含有不同成分的组分，作为同一类可以共存的稀土金属在性质上具有相似性，因而不易分离提纯。另外稀土金属冶金的原料一般都不是只有一种稀土金属元素，因此流程较为复杂，往往需要采用许多科学技术领域中的先进技术互相配合以实现冶炼目的。

（1）精矿的分解　根据使用的原料性质的不同，稀土精矿的分解方法有两大类，即酸分解法和碱分解法。酸分解法又包括硫酸强化法和氢氟酸弱化法，工艺流程如图 1-18 所示。以独居石为例，在加热条件下用浓硫酸分解独居石精矿，稀土和钍分别生成易溶于水的硫酸盐：

$$2REPO_4 + 3H_2SO_4 = RE_2(SO_4)_3 + 2H_3PO_4$$
$$Th_3(PO_4)_4 + 6H_2SO_4 = 3Th(SO_4)_2 + 4H_3PO_4$$

分解结束后可以选择使用冷水浸出所要获得的分解产物。除此之外进入水浸液中还可能会有微量的镭，可加入氯化钡除去。

碱分解法包括苛性钠法和苏打法。仍以独居石为例，稀土、钍分别以 $REPO_4$、$Th_3(PO_4)_4$ 形态存在，在加热的条件下用氢氧化钠溶液分解独居石，稀土和钍分别生成氢氧化物沉淀：

$$REPO_4 + 3NaOH = RE(OH)_3 + Na_3PO_4$$
$$Th_3(PO_4)_4 + 12NaOH = 3Th(OH)_4 + 4Na_3PO_4$$

在分解过程中少量脉石矿物也能与氢氧化钠反应生成可溶于酸的钠盐，带来后续分离提取困难。为此稀土碱分解产物经过洗涤去除磷以后，主要含稀土、钍、铀、部分钛、锆、脉石，这些杂质的去除是根据不同元素的氢氧化物对盐酸溶解性质的差异来实现，即用盐酸优先溶解稀土，控制溶液 pH 值在 4.5 左右，此时 90%的稀土进入溶液，而其它杂质的氢氧化物主要留在残渣中。固液分离后，溶液加热到 70～80℃，加入硫酸铵然后缓慢加入氯化钡，借助硫酸钡的共沉淀作用使镭沉淀而与稀土分离，残渣则用盐酸、硝酸然后用溶剂萃取分离稀土与铀和钍。

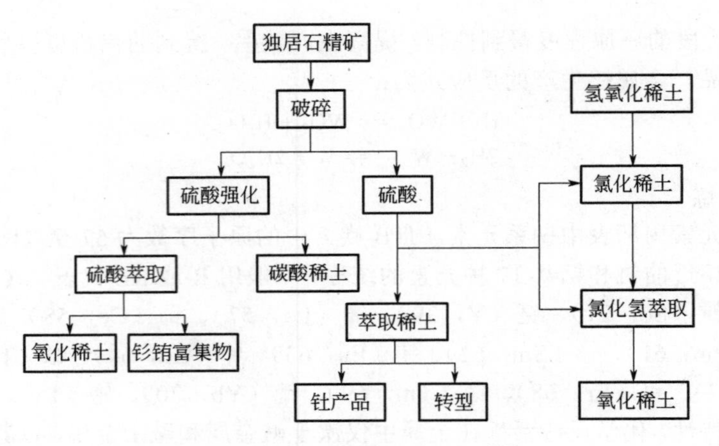

图 1-18　酸分解法工艺流程[25]

（2）生产混合稀土氯化物　用萃取剂从硫酸稀土中将稀土离子萃入有机相，与水相分离后再用盐酸将稀土离子从有机相中反萃出来得到稀土氯化物。工业实践中主要采用环烷酸和脂肪酸两种萃取剂，反萃时用工业级盐酸，最后得到较纯的稀土溶液经浓缩后得到稀土氯化物产品。稀土元素还能与许多有机化合物形成独特的络合物，其中具有实际应用价值的是与醋酸、柠檬酸、氨基三乙酸（nitrilotriacetic acid，NTA）和乙二胺四乙酸（ethylene dramamine tetra-acetic，EDTA）生成络合物，络合物的稳定性大都是从镧至镥依次增加，从而被广泛用于稀土元素的分离。

（3）生产稀土金属　熔盐电解工艺是目前制取大量混合状态下的稀土金属、部分单一轻金属及其合金的主要方法。由于稀土氯化物在熔融状态下堆积密度大、络合物稳定、金属溶解损失小且不易被空气中的水和氧气分解，因而被广泛用于电解制取稀土金属，工艺流程如图 1-19 所示。

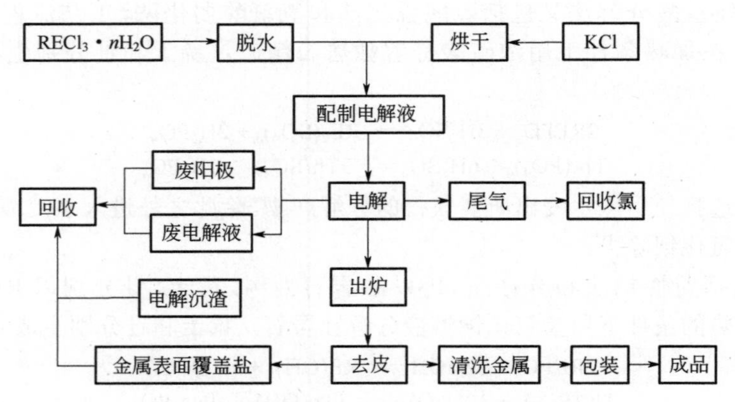

图 1-19　熔盐电解制取稀土金属工艺流程[25]

萃取之后得到稀土氯化物溶液经过蒸发浓缩得到水合晶体 $RECl_3 \cdot nH_2O$，在卧式干燥窑内加热脱水形成稀土的氯氧化物（REOCl），产物纯度要求较高，至少要满足一般熔盐电解工艺的基本需要。熔盐电解稀土氯化物过程中，稀土金属在阴极析出，氧气在阳极析出。采用稀土氯化物熔盐电解法生产的混合稀土金属纯度一般为 98%以上，单一稀土金属纯度为 99%，满足多数条件下的纯度要求。

生产稀土金属也可采用热还原法，它的基本原理是利用活性较强的金属作为还原剂来还原其他金属化合物。对于稀土氯化物较适宜的还原剂是钠、锂和钙，对于稀土氟化物则是锂和钙。用钙还原稀土氟化物所得的氟化钙与金属熔点相近，且氟化钙蒸气压较低，流动性好，与金属分离较好，使反应过程平稳进行，同时还原剂钙来源广泛且易提纯，降低了生产成本，能够满足经济性的要求。由于稀土氯氟化物钙热还原法需要在高温真空条件下进行，为了降低温度和生产成本，可使用中间合金法。该方法是在钙热还原法的基础上加入金属镁和助熔剂无水氯化钙，形成的低熔点中间产物易于除去，同时降低了钙热还原温度（950～1100℃），减小了稀土对坩埚材料的腐蚀，简化了还原设备，有利于工业生产。

参考文献

[1] 王晓琴．炼焦工艺［M］．北京：化学工业出版社，2005.

[2] 张一敏．球团理论与工艺［M］．北京：冶金工业出版社，2002.

[3] 傅菊英．烧结球团学［M］．长沙：中南工业大学出版社，1996.

[4] 周传典．高炉炼铁生产技术手册［M］．北京：冶金工业出版社，2002.

[5] 王平．炼铁设备［M］．北京：冶金工业出版社，2006.

[6] 郝素菊，蒋武锋，方觉．高炉炼铁设计原理［M］．北京：冶金工业出版社，2003.

[7] 董发科．熔融还原工艺及发展［J］．低碳世界，2014，11：333～334.

[8] 王振智．非高炉炼铁工艺发展现状［J］．中国高新技术企业，2011，（1）：57-58.

[9] 厉英，马北越．冶金工艺设计［M］．北京：冶金工业出版社，2014：84-86.

[10] 王新华．炼钢生产工艺技术进展［N］．世界金属导报，2014-05-20（B02）.

[11] 潘秀兰，王艳红，梁慧智，冯士超．铁水预处理技术发展现状与展望［J］．世界钢铁，2010，10（06）：29-36.

[12] 高祥明，孙力军，李桂军，曾建华．低硫、低氧钢冶炼工艺技术的现状及发展［J］．江苏冶金，2007（02）：1-4.

[13] Zhang Lifeng．Control of the impurity elements in clean steel［J］．Steelmaking．1996，5（12）．10-36.

[14] 刘延强，胡晓军，周国治，等．国内外超低气弹簧钢生产工艺比较［J］．钢铁研究学报，2012，24（12），1.

[15] 高祥明，孙力军，李桂军．低硫、低氧钢冶炼工艺技术的现状及发展［J］．现代冶金，2007，35（2）：1-4.

[16] 王国栋．以超快速冷却为核心的新一代 TMCP 技术［J］．上海金属，2008（02）：1-5.

[17] 刘霞．元素周期表需要重新设计吗［N］．科技日报，2019-03-16（002）.

[18] 邱竹贤．有色金属冶金学［M］．北京：冶金工业出版社，1988.

[19] 刘尧德．稀有金属：优势资源令人忧［J］．中国有色金属，2009（12）：60-61.

[20] 关效民．浅谈冶金行业中火法炼铜的技术现状［J］．中国高新技术企业，2012（18）：19-21.

[21] 白英伟．拜耳法氧化铝厂铝土矿磨矿工艺的选择［J］．现代制造技术与装备，2018（09）：95-97+101.

[22] 刘自力 刘洪萍．氧化铝制取［M］．北京：冶金工业出版社，2010：15

[23] 田应甫．大型预焙铝电解槽生产实践［M］．长沙：中南工业大学出版社，1997：21-22

[24] 王锋．关于我国电解铝行业的现状与发展研究［J］．中外企业家，2018（26）：136.

[25] 任鸿九．有色金属提取冶金手册．铜镍［M］．北京：冶金工业出版社，2000.

[26] 韩玉忠，黄金贵．铝电解工艺发展分析［J］．世界有色金属，2018（15）：4-6.

[27] 王秀芬．浅谈硅热法炼镁工艺中粗镁回收率的影响因素［J］．世界有色金属，2018（09）：9-10.

[28] 黄永，刘忠臣，贾绣敏，邓建国．有色金属提取冶金技术现状及发展趋势分析［J］．当代化工研究，2018（03）：142-143.

[29] 孙康，吴剑辉，马跃宇．有色金属提取冶金的现状及其发展趋势［J］．有色金属，1999（04）：76-79.

[30] 张帅，曾怀远，张村，方夕辉．氰化法、硫代硫酸盐法、硫脲法浸出某难浸银精矿比较研究［J］．有色金属科学与工程，2015，6（01）：74-78.

[31] 吴龙，胡天麒，郝以党．铝灰综合利用工艺技术进展［J］．有色金属工程，2016，6（06）：45-49.

2 金属铸造成型

2.1 概述

2.1.1 概念与特点

金属铸造成型是一种使用广泛的金属热加工工艺，60%的钢铁材料都是用铸造成型的方式生产出来的。铸造成型主要依靠液态金属充填的方式进行，冷却之后形成铸件。铸造生产的方法有很多种，其中最普遍采用的是砂型铸造[1]。

铸造成型具有适用范围广，可以生产各种金属铸件，成本低廉等特点。金属铸造成型工艺方式的使用范围特别广泛。以金属铸造成型的方式来进行批量生产，可以应用到直径几厘米的齿轮甚至航天运载火箭的发动机中。目前，在所有的金属制品生产中，铸造的使用范围已经占到了 60%，而且可以制造出形状非常复杂的铸件，如汽车水冷式多缸汽缸体等。部分金属材料如铝合金、铜合金、镁合金、锌合金、钛合金等，可使用金属铸造的方式生产。另外，一些比较脆的金属材料用其他的方式如锻造等就可能不适合，只能用铸造的生产工艺方式来完成。其中，铸铁件是铸造的所有金属制品中应用最多的，几乎占到了所有铸造金属的 70%以上。铸造的成本较低，因此很多行业都会使用铸造。铸造的成本主要体现在机器本身。现代化的铸造成本要比传统的铸造生产方式高，精铸相对而言产量高、效率高、成本低，但在生产大件方面没有优势，而普通砂型铸造成本虽说较高，但是可以生产比较大的制件。若仅考虑成本，对于小件大批量而言精铸成本低，砂型成本高；对于小件小批量而言砂型成本低，精铸成本高；而对于大件而言，砂型铸造具有明显的优势。

2.1.2 发展趋势

随着科学技术的进步，金属铸造将会朝着以下几个方向发展[2]。当前，船舶、航天、建筑等领域的发展迫切需要特大型化的铸件，国民经济的发展对特大型化铸件的要求越来越高，这促使着铸造技术向着特大型化发展。更加轻量化的铸件对于减轻能源危机和环境压力具有巨大的促进作用，因此许多领域都在致力于发展更加轻量化的体系，比如汽车、飞机等领域，质量更轻的铸件零件会使得它们在工作时会受到更小的阻力从而运行速度得到提升，同时耗油量也会减少。更先进更高效率的产品要求零件的尺寸结构等更加精确，因此制造出更加精确化的铸件是人们努力的方向。目前，已经有很多种铸造方法可以实现铸件的精确化，除了压力铸造、熔模铸造等传统方法之外，快速铸造成型、消失模铸造等新的精确铸造技术正在快速发展。计算机技术的发展极大地提升了铸造技术。计算机模拟技术使得人们可以在计算机中模拟出铸件的结构、性能甚至缺陷，使得铸件质量提高、成本减少，避免了浪费。网络化铸造允许人们在计算机上对铸件进行模拟仿真，充分调用网络上的各种资源来对零件进行建模并模拟生产，对铸件的缺陷、残余应力、力学性能等进行预测和改良，从而使得铸造成品率和利用率更高。对环境保护和能源持续利用的日益关注使得铸造领域朝着清洁、无污染方向迈进，针对传统铸造过程中的大量能源消耗和废料排放都在进行合适的改进。

2.1.3 常见铸造材料

2.1.3.1 铸铁

铸铁是一种在生产生活中使用范围最广的铸造金属材料，比如许多关键的支柱产业如载人航空航天、日常化工生产、家具彩电、基础设施建设、国防重工业等一系列部门中，铸铁件的使用量占很多机械和设备的绝大部分。铸铁是指含有共晶组织的铁碳合金。工业上所用的铸铁是以铁元素为基的含有碳、硅、锰、磷、硫等元素的多元铁合金，而不是简单的铁碳二元合金。一般铸铁的成分含量大致为如下范围：含碳量2.4%～4.0%，含硅量0.6%～3.0%，含锰量0.2%～1.2%，含磷量0.04%～1.2%，含硫量0.04%～0.20%。除此之外还可以向铸铁中加入其他合金元素以获得具有各种性能的合金铸铁。铸铁主要有灰口铸铁、白口铸铁、可锻铸铁、球墨铸铁、蠕墨铸铁、合金铸铁件等。

（1）灰口铸铁　灰口铸铁通常是指具有片状石墨的铸铁，产量占铸铁的一半以上。灰口铸铁具有一定的强度，但其可塑性和韧性比较低，这与其组织内石墨本体的性能和其在铸铁组织中存在的形态有关。由于在石墨晶格的同一基面上碳原子之间与相邻基面上对应的碳原子之间在结合键能上相差很大，使石墨具有各向异性。石墨在受外力作用时易沿基面之间断裂，断裂强度很低，塑性近于零。因此铸铁中的石墨可近似地看作金属基体上存在的缺陷。此外，片状石墨还在基体上起到切口的作用，容易产生应力集中，削弱了基体的强度。但也正由于这种原因，使得灰口铸铁作为结构金属材料不具有切口敏感性，熔炼也方便，还具有良好的铸造性能。灰口铸铁的含碳量较高，与铸钢相比熔点较低，在熔炼装置和熔炼技术方面要求较简单。灰口铸铁液有着良好的流动性，在二维和三维方向上的变形和收缩都非常小，铸件整体不容易发生开裂，所以比较适合于铸造结构比较复杂的铸件和薄壁的铸件。灰口铸铁是应用最广泛的铸造金属材料，在生产上应用非常广泛。在一些机械制造产品中，灰口铸铁件的质量占机器总质量的1/3～1/2，例如机床的床身及各种齿轮箱、汽车和拖拉机的汽缸体、汽缸盖和减速箱体等，此外纺织机械等轻工机械中也使用大量的灰口铸铁件。

（2）白口铸铁　这种铸铁硅和碳元素的含量比较低，其截面的断口颜色如同银锭的颜色，在最后变成固体的时候形状会发生较大改变，可能会产生裂纹、缩孔，另一方面脆性也大，不能经受冲击载荷，一般可用作可锻铸铁的初始坯料件和生产耐磨损的零部件。白口铸铁中的碳分为少量来自铁素体的碳和大量以渗碳体的形式存在的碳两部分。白口铸铁的特点是硬而脆，难以加工[3]。在实际生产中，可利用白口铸铁硬度高的特点来制造一些高耐磨性的零件和工具，另外还可以在纵向距离非常大的地方铸成一层白口组织，而内心部分则为灰口组织的“冷硬铸铁件”，这类铸件常用于耐磨/抗磨的场合。为了提高白口铸铁的性能和寿命，在实际生产中常会加入各种各样的元素如铬、钼、镍、钒、硼和稀土元素等。

（3）可锻铸铁　在生产时先形成白口铸铁再进行退火处理而获得，金相组织观察为其中石墨的形貌如同柳絮一般。可锻铸铁的韧性较大，所以又被称为韧铁。可锻铸铁具有优异的力学性能，高塑性使得它可用作复杂形状产品的加工原料，同时高韧性允许由它制得的产品承受较大的载荷。

（4）球墨铸铁　球墨铸铁的生产过程是先将灰口铸铁高温熔化，然后加入可以使得其里面石墨形态变为球状的球化剂，在进行金相组织观察时可以发现石墨形态像一个个小球，所以又称为球铁。球墨铸铁的断口是一种银灰色，与其他的日常生活中的灰口铸铁相比有较高抗冲击性能、较好抗断裂性能和塑性。球墨铸铁的使用范围包括日常生活中驾驶的交通工具、农业机械、海上运输工具、铁路道路建设等行业，是重要的铸铁材料[4]。

（5）蠕墨铸铁　蠕墨铸铁是一种石墨形状介于片状和球状之间的铸铁。铸铁中的石墨比普通片状石墨短而厚，呈弯曲状，外形酷似蠕虫，故又称为蠕虫状石墨，如图 2-1 所示。又由于这种石墨致密程度（石墨形状的宽长比）远比灰铸铁中片状石墨大，国外又称致密石墨。

（6）合金铸铁　在铸铁形成加工时混入其他元素（如 Si、Mn、P、Ni、Cr、Mo、Co、Al、V、Ti 等）而获得。这些元素的引入会使得铸铁的基体组织和晶体结构发生质的飞跃，因此具有良好的耐高温、耐磨损、耐腐蚀、耐低温等一系列特性。合金铸铁可以用来生产航空航天的关键零件和工厂有特殊性质需要的零部件。

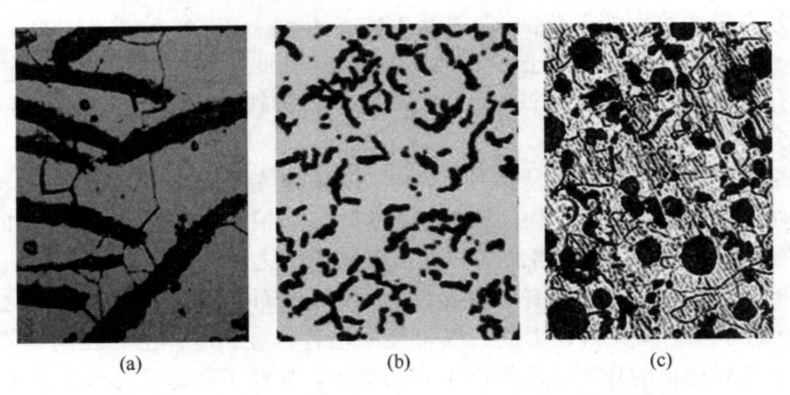

图 2-1　可锻（a）、蠕墨（b）、球墨（c）铸铁组织[3]

2.1.3.2　铸钢

钢是目前最重要的工程材料，铸造是历史最悠久的金属成型工艺，铸钢件是铸造成型技术与钢材料的结合，既具备其他加工技术难以得到的复杂立体结构，又可以拥有钢材料所拥有的各种优异性能，从而确立了铸钢件在工程结构材料中的重要地位。在机械制造业中，铸钢的用量很大。由于钢具有高的力学抗变形性能和良好的韧性，故适合于制造性能要求高的大型仪器零件以及产品。具有抗磨、耐蚀、耐热等特殊使用性能的专用钢种，则适用于一些特殊的工况条件[5]。

铸钢的品种很多，按化学成分进行分类，铸钢包括铸造碳钢和铸造合金钢。铸造碳钢是以碳为主要的掺杂物质并含有少量其他杂质的铸钢。铸造碳钢又可以分为铸造低碳钢、铸造中碳钢和铸造高碳钢。铸造低碳钢的含碳量小于 0.25%，铸造中碳钢的含碳量在 0.25%～0.60%之间，铸造高碳钢的含碳量在 0.6%～3.0%之间。铸造碳钢的强度、硬度随含碳量的增加而提高。铸造碳钢具有生产成本低、强度高、韧性好和塑性强的优点。铸造碳钢可应用于制造承受大负荷的零件，比如重型机械中的采油架的结构钢、盾构机底座等，也可用于生产受力非常大并且要承受冲击的零件，例如铁路轨道上的火车轮和火车钩等。铸造合金钢可以分为铸造低合金钢（合金元素总量小于等于 5%）、铸造中合金钢（合金元素总量在 5%～10%）和铸造高合金钢（合金元素总量大于等于 10%）。按使用用途进行分类，铸钢包括铸造工具钢、铸造特殊钢、工程与结构用铸钢等。铸造工具钢又可以分为铸造刀具钢和铸造模具钢。铸造特殊钢的种类有铸造防腐蚀钢、铸造耐高温钢、铸造耐磨损钢等。工程与结构用铸钢可以分为铸造碳素结构钢和铸造合金结构钢。

铸钢有着铸铁不具有的一些优异性能，可以很好地弥补铸铁所不足的地方，例如更大的设计灵活性，冶金制造的灵活性和可变性，提高整体结构强度，大范围的重量变化等。采用铸造方法成型铸钢时在尺寸、质量和结构复杂程度等方面不受限制，故铸钢件既可有质量很轻的小零件也可以有重的大部件，结构既可以简单也可以极复杂，因此铸钢在冶金、建筑、矿山、船舶、铁路、汽车等行业都有广泛的应用。

2.1.3.3 铸造非铁合金

以一种非铁金属元素作为基本元素，再添加一种或几种其它元素所组成的合金称为非铁合金。非铁合金也可以含有铁，但不是主要成分，仅仅是作为合金元素或杂质而存在。铸造非铁合金一般添加的元素较多，室温下具有两相或两相以上的铸态组织，具有较好的铸造性能和综合力学性能。按基本元素的不同，铸造非铁合金可以分为铝铸造合金、铜铸造合金、镁铸造合金、锌铸造合金、钛铸造合金等。铸造铝合金是在纯铝的基础上，加入各种不同的元素制成的。常用铸造铜合金分为两大类，即黄铜和青铜。黄铜是以锌为主加合金元素的铜合金。在铸造黄铜中又因加入其他合金元素而形成锰黄铜、铝黄铜、硅黄铜、铅黄铜等。在铜合金中不以锌为主加元素的统称为青铜，如锡青铜、铝青铜、铅青铜、铍青铜等。常用铸造镁合金按合金系列分为三类，即 Mg-Al 系列、Mg-Zn-Zr 系列、Mg-RE-Zr 系列。锌铸造合金分为压力锌铸造合金和锌重力铸造合金。钛铸造合金是用于浇铸成一定形状铸件的钛合金，大部分具有良好的铸造性能，其中最广泛使用的是 Ti-6Al-4V 合金。

2.2 铸造成型原理

2.2.1 液态金属充型能力

液态金属通过在浇注系统中的流动作用，逐步填满全部型腔是铸造过程的首个步骤，也是最关键的一步。由于液态金属中经常存在有气泡，并且在充填的过程中若出现控制不好的情况时还会产生缩松、气孔、浇不足等铸造缺陷，因此控制好液态金属对型腔的充填这一步骤对于获得完整高质量的铸件十分重要。液态金属在充填过程中的一个十分重要的性能指标就是液态金属的充型能力，它指的是液态金属流经浇注系统到达模具型腔，充满整个型腔并获得表面光整、轮廓清晰、结构稳定且性能优异的铸件的能力。液态金属的充型能力对于获得高质量的铸件十分重要，是评价铸件好坏与缺陷的重要性能指标。

2.2.1.1 影响因素

液态金属的充型能力受很多因素影响，其中最主要的因素有四类，即金属性质、铸型性质、浇注条件和铸件结构[6]。

（1）金属性质　液态金属充型能力的本质因素是流动性，主要由金属自身的性质决定，包括合金成分、结晶潜热、液态金属比热容和热导率、液态金属黏度和表面张力。表 2-1 总结了一些常用合金的流动性。合金成分是影响液态合金流动性的根本因素，随着相图中成分的变化而有规律地变化。当加热温度超过金属的液相线时，纯金属、共晶成分的合金以及它们的化合物的流动性较好。通常情况下共晶成分的合金是恒温凝固，结晶是从表层向中心逐层凝固，凝固层表面较光滑。合金的结晶性能是影响合金成分对液态金属充填能力的因素。

结晶潜热也是影响液态金属流动性的一个重要因素，是金属在加热或凝固过程中未发生变化时所吸收或释放的热量。结晶潜热对液态金属流动性影响较大的时期是在过热温度以下，这时候的结晶潜热对液态金属的流动性有着决定性的作用。另外在液态金属凝固过程中，释放掉的结晶潜热越多，则充型能力越好，如果释放掉的结晶潜热较少，则会对液态金属的充型能力造成不利的影响。

金属的过热热量与过热温度和比热容有关。一般来说，金属的比热容越大，储存的热量就越多，就会在液态时期停留的时间较长，这样液态金属就会有充足的时间来完成对型腔的充填，充型能力就越好。而热导率越大，热量散失得就越快，液态金属凝固成型的速度就越快，金属在液态停留的时间就越短，因此充型能力就会弱。有时导热性对金属充填铸型的能力也会起到决定性的作用，如铝的结晶潜热是锌的3倍多，故虽然铝结晶时放出的热量多，但因为其热导率大，热量散失得更快，所以停止流动也较早。

液态金属的黏度涉及金属在液态成型时的很多因素，比如温度、气体、夹杂等。实际上，液态金属在流动过程中，可以分为紊流和层流两种状态，紊流状态是指液态金属在型腔内部运动时的状态，而在液态金属停止运动后很短的一段时间内的状态属于层流时期，黏度对层流运动状态的影响是很大的，而对紊流运动状态的影响却很小。

表2-1　常用合金的流动性（砂型，试样截面8×8mm）[7]

合金种类	铸型种类	浇注温度/℃	螺旋线长度/mm
铸铁（w_{C+Si}=6.2%）	砂型	1300	1800
铸铁（w_{C+Si}=5.9%）	砂型	1300	1300
铸铁（w_{C+Si}=5.2%）	砂型	1300	1000
铸铁（w_{C+Si}=4.2%）	砂型	1300	600
铸钢（w_C=0.4%）	砂型	1600	100
铸钢（w_C=0.4%）	砂型	1640	200
铝硅合金	金属型（300℃）	680～720	700～800
镁合金	砂型	700	400～600
锡青铜	砂型	1040	420
硅黄铜	砂型	1100	1000

（2）铸型性质　铸型内部的结构对铸件的质量有着很大的影响。例如，铸型内部如果有小的毛刺，就会增加金属液的流动阻力。金属液在型腔内部的流动速度和流畅程度受铸件结构的影响。金属液在型腔内部的热交换等也会影响铸件的成型质量。

（3）浇注条件　浇注条件对液态金属的成型有着广泛而深刻的影响。浇注温度提高，合金的过热热量机会增加，合金单位体积的热含量增加，充型能力会提高。但是当温度升高到一定程度时，金属液内部气体就会增加，反而会恶化金属液的充型能力。

（4）铸件结构　铸件结构的复杂程度和折算厚度是铸件结构影响液态金属充型能力的主要因素，也是铸件结构的主要特点。

2.2.1.2　提高措施

明确了影响液态金属充型能力的因素后，可以根据影响因素来提出解决措施。通常情况下，从铸件结构和金属性质这两个方面入手来改善液态金属充型能力的方法有限，所以更多是通过调控铸型性质和浇注条件来提高液态金属充型能力。液态金属在铸型中的散热速度不宜过快，因此应该采用合适的方式来增加铸型的热阻，比如隔热涂料等。还要进一步增加铸型的排气能力，以便有利于液态金属在凝固过程中产生的气体排出[8]。对于浇注条件，可以通过适当增加浇口面积、简化浇注系统结构、适当提高浇注温度等来提高充型能力[8]。

2.2.2　铸件凝固和结晶

2.2.2.1　铸件凝固

铸件的凝固过程是结晶过程，也是液态金属经冷却凝固固化为固体的过程。但结晶和凝固还是有所区别的，凝固是从传热学观点出发，研究铸件与铸型的传热过程、铸件的凝固时间以及浇注条件等因素与铸件质量之间的关系，而结晶主要是从热力学和动力学观点出发，研究液态金属中晶体的形核、生长、组织形成规律等。在液态金属的凝固过程中经常会出现各种缺陷，如缩孔、冷隔、浇不足等。这些缺陷严重影响着铸件的质量，因此控制凝固缺陷的产生对于获得高质量的铸件意义重大。液态金属在型腔中的流动相当于一个传热系统，给定时刻的温度分布就是铸件的温度场。铸件在铸型中的冷却和凝固过程非常复杂，从金属的填充铸型起，铸件和铸型间便开始进行热交换。在整个传热系统中，铸件的温度场是不稳定的，因为当铸件吸收热量的时候温度就会升高，而当铸件释放结晶潜热的时候温度就会降低。温度场随着铸件凝固过程中热量的变化而改变，从而影响着液态金属的凝固和铸件的质量。

2.2.2.2 结晶及组织控制

液态金属的结晶是指其在熔点温度附近由液态转变成固态晶体的过程，也称为一次结晶，以区别于固态相变的二次结晶。如前所述，凝固主要是在传热的基础上讨论铸件温度场、凝固区域、凝固方式、凝固时间等问题，而结晶主要是在热力学、动力学及金属学原理的基础上讨论铸件晶粒组织的形成过程。

液态金属结晶的过程实质上是由近程有序的液相结构借助原子在微观尺度范围内的迁移，堆砌成远程有序的晶体固相。因此结晶过程是一种相变，其热力学稳定性可由相对自由能的大小来衡量。在等温等压条件下，系统总是从自由能高的状态自发地向着自由能低的状态转变，自由能的差值越大则相变驱动力也越大。实际上结晶过程中晶体的形核和长大是同时进行的。如图 2-2 所示，温度由左到右逐渐升高，左端已完全凝固，而右端尚是液体，液体中正在形核，但晶核形成先后顺序不同，有的晶核已充分长大并分支，但一些新的晶核刚刚形成。结晶过程中所形成的晶核越多，则晶粒越细小。晶粒在形核时总是晶核向四周延伸形成树枝状晶，然后逐渐形成晶核的骨架，晶核会在某一方向形成一条主干，然后主干旁边的晶核会展开形成树枝分叉。如果枝晶在某一方向长大形成一条主干，这种类型的晶核就是柱状晶，如果枝晶的各个分支在各个方向均匀生长，最后形成类似于树枝的在各个方向都有分支的形式，那么这种类型的形核就成为树枝状晶，又称为等轴晶。

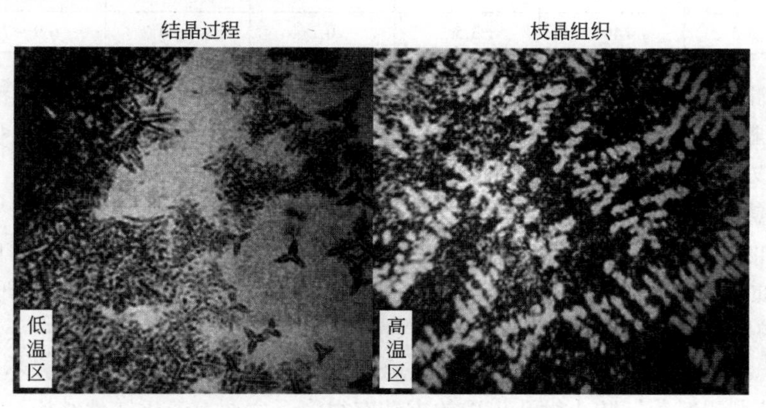

图 2-2 结晶的动态过程及枝晶微观组织[8]

过冷度的存在是合金凝固时获得等轴晶的必要条件，成分过冷是合金凝固有别于纯金属凝固的主要特征。凝固过程中，随液固界面的推进，液固界面近液相一侧产生溶质原子富集，导致液相的熔点发生变化，由此产生的过冷即为成分过冷。一般来说过冷度越大，温度越低，形核率就会越大，因此适当提高过冷度有利于细化晶粒。额外使用形核剂和振动等方法也能促进形核而实现结晶细化。

2.2.3 铸造成型缺陷

金属铸造缺陷的种类很多，常见的缺陷有缩孔、缩松、气孔、渣孔、冷隔、冲砂、粘砂、缺损夹砂、砂眼、掉砂、浇不足等。分析铸件缺陷及成因，检验铸件质量，修补铸件的缺陷对于铸件生产工艺优化至关重要。

2.2.3.1 金属铸造收缩

金属铸件在凝固时产生的收缩现象是铸造缺陷产生的主要原因。金属在液态、凝固态以及固态时会产生体积上的变化，这与金属本身的物理性质有关，造成液态金属在凝固时体积减小，这种现象就称为金属的收缩。金属的收缩是金属材料本身所具有的物理性质，同时也是金属铸造成型的重要特征之一。金属的收缩通常会伴随着缩松、缩孔、热裂、应力等铸造缺陷的产生。衡量金属的收缩量最重要的一个参数就是铸件收缩率，它是指金属由某一温度开始凝固到更低温度时所发生的体积改变比率。金属的体收缩率可用下式表示[9]：

$$\varepsilon_v = (V_0 - V_1)/V_0 \times 100\% = \alpha_v (t_0 - t_1) \times 100\% \quad (2\text{-}1)$$

式中，V_0和V_1分别代表t_0时刻和t_1时刻合金的体积；α_v代表合金的体收缩系数。金属的线尺寸改变量为线收缩率，可用下式表示[9]：

$$\varepsilon_l = (l_0 - l_1)/l_0 \times 100\% = \alpha_l (t_0 - t_1) \times 100\% \quad (2\text{-}2)$$

其中，l_0和l_1分别代表t_0时刻和t_1时刻金属的线尺寸；α_l代表金属的线收缩系数。金属的体收缩率和线收缩率并不是它的特征性质，而是既与所选温度区间的大小有关，也与铸造金属的本身性质有关。几种合金的收缩率如表 2-2 所示。

表 2-2 几种合金的收缩率[9]

合金种类	含碳量/%	浇注温度/℃	液态收缩/%	凝固收缩/%	固态收缩/%	体收缩率/%	线收缩率/%
碳素铸钢	0.35	1610	1.6	3.0	7.86	12.46	1.38～2.0
白口铸铁	3.0	1400	2.4	4.0	5.4～6.3	12～12.9	1.35～2.0
灰铸铁	3.5	1400	3.5	0.1	3.3～4.2	6.9～7.8	0.8～1.0

金属的收缩分为三个阶段，即液态收缩、凝固收缩和固态收缩，其中衡量液态收缩和凝固收缩期间的物理量是体收缩率，衡量固态收缩期间的物理量是线收缩率。缩孔和缩松通常在液态收缩和凝固收缩的时候形成，而合金在固态收缩时则容易产生变形和开裂。

2.2.3.2 常见铸造缺陷

（1）缩孔和缩松　缩孔和缩松是铸造金属最常见的两种缺陷，常在金属的内部形成，严重影响着铸件的质量。缩孔又称缩眼，它是由于在制品的最后凝固时期热胀冷缩所形成的一类孔洞，内壁粗糙且晶粒粗大。金属液体在凝固成型时期的收缩导致了缩孔的形成，主要形成原因有过快的浇注温度和浇注速度，液态金属的成分不符合要求，杂质含量高，冷铁放置不合理，铸件结构设计不合理，铸型粗糙等。防止缩孔出现的方法有很多，主要有改进铸件结构，合理设计浇冒口系统形成顺序凝固，选择合适的浇铸温度，改进熔炼工艺以减少含气量与氧化物，保证浇铸量等。

缩松又称疏松，是一连串密密麻麻的孔洞，普遍都非常粗糙且没有连贯性。如果合金的结晶有一个非常宽的凝固范围，则金属的结晶就会形成液固两相共存的区域。随着凝固的进行，固相不断增多，所形成的晶粒将凝固区分隔成一个个小的区域。这种区域是完全封闭的，在进一步的凝固过程中无法得到补充，从而形成了缩松。事实上缩松可以看作是由多个微小的缩孔构成的，合金的结晶温度范围跨度越大，越容易出现缩松。出现缩松最多的位置是冒口根部、热节处、内浇口和轴线区域。改变大型铸件内浇道的位置并合理设计工艺可以有效防止缩松。例如要区分出壁厚和壁薄的铸件，让厚壁处的金属液先凝固，然后是薄壁处的金属液凝固，从而使得铸件的各部分达到平衡凝固。对于壁厚特别大的铸件，还需要进一步增加内浇道和出气孔的数量，使铸件的凝固均匀且散热快。此外，采用定向凝固、均衡凝固、快速凝固、加压补缩等方法也可以消除缩松缺陷。

（2）气孔　气孔又被称为气眼或气泡，其特征是一些小孔，但不与缩孔、缩松等孔洞类似。气孔的内壁是比较光滑的，而缩孔、缩松的内壁比较粗糙。若气孔壁未发生氧化反应，气孔呈白色；若被氧化，则它的颜色会由白色逐渐变黄。产生气孔的主要原因是液态金属在凝固过程中型腔内部的气体没有及时排出，导致铸件凝固之后内部产生气孔。这种内部气孔对铸件的性能危害很大，不仅降低了铸件的疲劳强度、密度、硬度、拉伸等力学性能，还使得铸件的寿命下降，因此采取措施消除气孔是非常必要的。要防止气孔产生，首先就是要降低金属液中的气体，其次是尽量使用透气性更好的型腔，让内部的气体及时排出。另外也可以增加额外的出气口，使得内部气体尽可能及时排出。

（3）渣孔　渣孔是一种孔洞类缺陷，又被称为脏眼、夹渣、包渣等，其特征是无规则的孔洞，内部充斥着金属渣等杂质。渣孔的形成原因是液态金属在倒入型腔时没有尽可能地除尽内部混杂的杂质等物质，或是由于金属液在型腔内时型腔发生脱落导致金属液中混入了渣，或是由于浇注系统的挡渣设计存在缺陷没有将金属液中的渣挡住。

（4）表面类缺陷　金属铸件的表面类缺陷有很多，包括由于模具松动或冷却时间过长、过短等因素导致的拉伤，由于金属液中杂质元素含量过高（如 Si 等）或受力不均匀导致的铸件表面裂纹，由于铸件结构不良而顶出时变形严重所导致的铸件结构变形等。此外，表面类缺陷还有流痕、花纹、冷隔、变色、斑点等。

2.2.3.3　铸造缺陷修补

金属的铸造缺陷一直以来都是制约高质量铸件发展的一大难题，如果不能很好地解决金属在凝固成型时出现的各种缺陷问题，铸造出来的金属制品就会因质量问题而无法满足使用要求。目前已有多种方法解决金属铸造缺陷，其中最常用的方法是用焊补或修补剂的方法。焊补包括氩弧焊修补、电焊机修补和修补机修补。氩弧焊是一种常见的焊接方式，同时也因为它独特的优势而经常用于铸造缺陷的焊补。氩弧焊修补铸造缺陷最大的优点是其修补率极高，而且修补之后的铸件普遍具有较高的强度，不会形成二次损伤。氩弧焊修补技术的缺点是修补的温度很高，在进行一些气孔、砂眼等小缺陷修复时很容易造成熔池边线出现咬边现象。另外氩弧焊修补对铸件的热影响很大，容易造成铸件缺陷区的热变形，降低铸件质量，加速铸件损伤程度，因此需要修补工人具有很高的操作技术[8]。电焊机修补技术适用于对铸钢、铸铁等传统铸造材料进行修补，尤其对于大缺陷的修复具有很高的效率。电焊机修补技术的缺点是焊点通常具有很高的硬度，在缺陷区形成很高的残余应力，进而引发裂纹等其它缺陷的产生。另外电焊机修补往往还需要后续的热处理。采用铸造缺陷修补机进行缺陷修补是所有焊补方式中最优异的。修补机器在对铸件的整个修补过程中都处于常温状态，一些使用传统修补技术无法完成的缺陷都可以采用这种技术完成。另外，修补机焊补后的铸件会再进行后续机械处理，修补机的选材范围也很广泛，使得修复后的材料不会存在修补痕迹。

采用修补剂进行铸造缺陷修补也是一种使用非常广泛的缺陷修补方式。修补剂是一种由合金材料和聚合物树脂复合形成的高性能聚合物金属材料，通常可适用于各种缺陷的修复。相对于焊补，修补剂最大的优点就是在常温状态下进行修补，因此避免了热影响。用修补剂修补后的铸件通常具有很高的强度和抗老化性能，修补之后修补剂还可以保持与基材一致的颜色，不会造成颜色上的差异。另外修补机还可以连同铸件基材一起进行机械加工，节省了成本。

2.3 金属铸造工艺

2.3.1 砂型铸造

砂型铸造是以砂为主要造型材料的传统铸造工艺，如图 2-3 所示。砂型一般采用重力铸造，其他的工艺方法如低压铸造、离心铸造等也可在指定场合中发挥作用。砂型铸造具有普适性，可以应用于制造不同尺度、形貌、数量的铸件。砂型铸造不论进行何种规模的生产，价格成本优势都是较为突出的。此外，砂型比金属型更能耐火，因此在铸造具有较高熔点的材料如铜合金和黑色金属时也可使用此工艺。然而，砂型铸造也存在一些缺点。由于每次砂型铸造只能浇注一次，铸件在铸造后即损坏，在之后的制造中需要重新对铸件进行造型。因此，砂型铸造的生产效率低，并且由于砂的整体性质是柔软多孔的，因此砂型铸件具有较低的尺寸精度和较粗糙的表面。

图 2-3 砂型铸造

制造砂型的基本原料是铸砂和砂黏结剂。最常用的铸造砂是硅质砂，石英砂高温性能达不到使用要求时可采用锆英砂、铬铁矿砂和刚玉砂。为了使得到的砂型和型芯具有一定的强度，在搬运、成型、浇注液态金属时不会变形损坏，一般在砂型制作时加入砂黏结剂，将松散的砂粒黏合成尺度更大砂粒。广泛使用的砂黏结剂是黏土，各种植物干性油或半干性油、水溶性硅酸盐或磷酸盐、各种合成树脂等也可作为砂黏结剂。砂型铸造中所用的外砂型按照型砂使用的黏结剂成分不同以及力学性质的差异可以分为黏土湿砂型、黏土干砂型和化学硬化砂型三种。

2.3.1.1 黏土湿砂型

以黏土和适量的水为砂型的主要黏结剂，在湿状态下直接制作、成型、浇注，如图 2-4 所示。湿型砂的强度取决于添加水的含量。当型砂混合制得时就有一定的强度，制成砂型后可满足合型和浇注的要求。运用黏土湿砂进行砂铸，其中砂型由型砂和芯砂作为模塑材料制成，液态金属在重力作用下流动填充以制造铸件。钢、铁和大多数有色合金铸件都可以通过砂型铸造。由于砂型铸造所用的成型材料价格低廉，易于获得，容易制造，所以该技术适用于单件铸件、批量铸件和大批量铸件的生产，是铸造生产的基础技术。砂铸所用的铸造类型一般是砂型和芯型的组合。为了提高铸件的表面质量，通常在砂型和芯型的表面涂上涂层。涂料的主要成分是粉末状材料和黏合剂，具有高耐火度、高化学稳定性的物理化学性质，在载体（水或其他溶剂）和各种添加剂混合时有着易于使用的

图 2-4 黏土湿砂铸造

特点。

黏土湿砂铸造的优点是原材料资源丰富，价格低廉，大部分用过的黏土湿砂经适当的砂处理后可回收利用，铸造制造周期短，效率高。砂型固结后仍能耐受少量变形而不被破坏，有利于拔除和剥落。黏土湿砂铸造的缺点是混砂期间在沙子表面涂上厚黏土浆料需要高功率的、具有粉碎效果的混砂设备，且不同种类的材料进行混砂，才可以得到高强度的优质的混砂。铸件形状成型时，砂型不容易流动，难以使其坚固。手工建模费时费力而效率较低，机器建模则设备复杂而巨大，铸件刚度不高，尺寸精度差，铸造容易产生粘砂、气孔等缺陷。

2.3.1.2 黏土干砂型

湿砂型是使用最广泛的、最方便的造型方法，大约占所有砂型使用量的60%～70%，但是这种方法不适合很大或很厚实的铸件。干砂型和湿砂型的主要区别在于湿砂型是造好的砂型不经烘干，直接浇入高温金属液体；干砂型是在合箱和浇注前将整个砂型送入窑中烘干。干砂型主要用于重型铸铁件和某些铸钢件，为了防止烘干时铸型开裂，一般在加入膨润土的同时还加入普通黏土。干砂型主要靠涂料保证铸件表面质量。其型砂和砂型的质量比较容易控制，但是砂型生产周期长，需要专门的烘干设备，铸件尺寸精度较差，因此正在逐渐被化学硬化砂型所取代。

2.3.1.3 化学硬化砂型

化学硬化砂型使用专用的砂材料，黏合剂通常是能够在硬化剂的作用下进行分子聚合以形成三维结构的物质，例如各种合成树脂和水玻璃。化学硬化包括自硬化、气雾硬化和加热硬化三种方法。自硬化指在混合砂子时加入黏结剂和硬化剂，在制备过程中黏结剂与硬化剂之间发生反应，导致砂模或砂芯自硬化，主要用于造型，也可用于制造较大的型芯或生产批量不大的型芯。气雾硬化是在搅拌砂子时只加入黏结剂而不加入硬化剂，在模塑或制芯之后吹入气态硬化剂或吹入在气态载体中雾化了的液态硬化剂，使其弥散于砂型或型芯中导致砂型硬化，主要用于制芯或制造小砂型。加热硬化则是在搅拌砂时加入高温黏结剂和常温下不起作用的潜伏性硬化剂，砂型或型芯制成后进行加热处理。此时加入的两种试剂间相互反应形成有效的硬化剂，使黏结剂硬化，从而使砂型或型芯硬化。加热硬化法主要用于制芯，此外还可用于制作小薄壳砂型。

和黏土砂型相比，化学硬化砂型的强度高得多，不需要修型即可较准确地反映模样的尺寸和轮廓形状，在后续工艺过程中也不易变形，制得的铸件尺寸精度较高。由于所使用的黏结剂和硬化剂的黏度都不高，很易与砂粒混匀，所以化学硬化砂型的混砂设备结构轻巧、功率小而生产效率高。混好的型砂在硬化之前有很好的流动性，造型时型砂容易舂实，不需要庞大而复杂的造型机。用化学硬化砂造型时，可根据生产要求选用模样材料，如木、塑料和金属。化学硬化砂中黏结剂的含量比黏土砂低得多，其中又不存在粉末状辅料，如采用粒度相同的原砂，砂粒之间的间隙要比黏土砂大得多。为避免铸造时金属渗入砂粒之间，砂型或型芯表面应涂以质量优良的涂料。用水玻璃作黏结剂的化学硬化砂成本低，使用中工作环境无气味，但铸型浇注金属后型砂不易溃散，用过的旧砂不能直接回收使用。用树脂作黏结剂的化学硬化砂成本较高，但浇注后铸件易于和型砂分离，铸件清理工作量减少，用过的大部分砂子可再生回收使用。

2.3.2 特种铸造

砂型铸造由于不受原材料和生产条件等众多因素的限制而成为金属铸造的最主要方法，但是随着社会发展人们对铸造产品提出了更高的需求，新的铸造方法正在不断应运而生，它们被统称为特种铸造方法。和传统的砂型铸造相比，特种铸造的铸件尺寸精确，表面粗糙度低，更加接近零件最后尺寸，从而易于实现少切削或无切削加工；铸件内部质量好，力学性能高，铸件壁厚可以减薄；金属消耗和铸件废品率低；铸造工序简化，便于实现生产过程的机械化和自动化；铸造劳动条件改善、劳动生产率提高。

2.3.2.1 熔模铸造

熔模铸造由最初的失蜡铸造衍生而来，是一种几乎不用后续切削的铸造工艺，应用广泛。它是用一种简单易熔的材料如蜡或塑料制成一种可熔的模型，简称熔融模型或模型，并用指定耐火涂料进行涂覆，经过干燥和硬化后合二为一。在得到外壳之后，再用蒸汽或热水进行由外向内的熔化，将外壳置于砂箱中，四周填充满干燥的砂型，最后将铸坯放入烤箱进行高温处理，如使用高强度外壳时可直接烘烤成型外壳而不需造型。在模具或外壳焙烧之后，将熔融态的金属原材料倒入其中，得到铸造产品。

熔模铸造最大优点是尺寸精度和表面光洁度高，在要求较高的零件上只能留下少量的加工边际，可以减少机械加工，在砂磨、抛光边缘后无须机械加工即可使用。因此，熔模铸造不仅可以节省大量的机床和加工时间，而且大大节省了金属原材料。熔模铸造的另一个优点是可以铸造各种造型复杂的铸件，特别是高温合金铸件，例如具有流线型轮廓的飞机叶片。熔模铸造生产不仅可以实现特定形状铸件的批量生产，还可以保证铸件的一致性，避免加工后产生的应力集中。

2.3.2.2 离心铸造

离心铸造是将液体金属注入高速旋转的铸型内，使金属液体做离心运动从而充满铸型并最终凝固形成铸件的方法。离心运动使液体金属在径向能够很好地充满铸型并形成铸件的自由表面，不用型芯就能获得圆柱形的内孔，有助于液体金属中气体和夹杂物的排除，改善铸件的机械性能和物理性能。图 2-5 给出了卧式离心铸造机的结构。

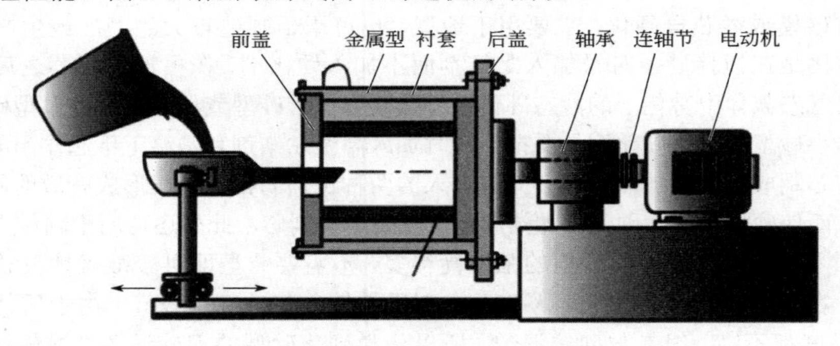

图 2-5 卧式离心铸造机结构

离心铸造几乎不存在浇筑时残留在冒口的金属消耗，生产空心铸件时内部可以不用型芯，能大幅度改善金属充型水平，从而降低铸件壁厚，简化套筒和管类铸件生产过程。离心铸造的铸件致密度高，几乎不存在气孔，力学性能好。离心铸造的缺点是不能生产某些形状复杂的铸件，生产的铸件内孔直径不准确，内壁粗糙，给后续加工带来不便。离心铸造的铸件易产生比重偏析，尤其不适合铸造杂质密度大于金属液的合金，因此在制造之前应充分考虑密度偏析所带来的影响。

2.3.2.3 低压铸造

低压铸造是指铸型安置在密封的坩埚上方，坩埚中通入压缩空气，在熔融金属的表面上形成低压，使金属液由升液管上升并逐渐填充铸型的铸造方法。低压铸造可采用砂型、金属型、石墨型等，充型过程与金属型、砂型等重力铸造有区别，也不同于高压高速充型的压力铸造。低压铸造能提高铸件的纯净度。由于熔渣一般浮于金属液表面，而低压铸造由坩埚下部的金属液通过升液管实现充型，彻底避免了熔渣进入铸型型腔的可能性。金属液充型平稳，减少或避免了充型时金属液的翻腾、冲击、飞溅现象，从而减少了产品中氧化渣的形成。金属液在压力作用下充型，提高了流动性，有利于形成轮廓清晰、表面光洁的铸件，对于大型薄壁铸件的成型更为有利。铸件在压力作用下结晶凝固，能得到充分地补缩，铸件组织致密。低压铸造提高了金属液的收得率。低压铸造一般情况下不需要冒口，升液管中未凝固的金属可回流至坩埚而重复使用，使得金属液的收得率大大提高，一般可达 90%。低压铸造生产操作方便，劳动条件好，生产效率高，易实现机械化和自动化生产。低压铸造的缺点是装备和模具投资较大。在生产铝合金铸件时，坩埚和升液管长期与金属液接触，易受侵蚀而报废，也会使得金属液中铁含量上升而性能恶化。

2.3.2.4　压力铸造

压力铸造是一种将液态或半固态金属或合金，或含有增强物相的液态金属或合金，在高压下以较高的速度填充入铸型的型腔内，并使金属或合金在压力下凝固形成铸件的铸造方法。压力铸造时常用的压力为 4～500MPa，金属充填速度为 0.5～120m/s，因此高压、高速是压力铸造法与其他铸造方法的根本区别。

压力铸造是以金属液的压射成形为原理，铸造条件通过压铸机上速度、压力，以及速度的切换位置来调整。与其他铸造方法相比，压力铸造的生产率高，易于实现机械化和自动化生产，可以生产形状复杂的薄壁铸件，如压铸锌合金最小壁厚仅为 0.3mm，压铸铝合金最小壁厚约为 0.5mm，最小铸出孔径为 0.7mm。压铸件尺寸精度高，表面粗糙度值小。压铸件中可嵌铸其他材料的零件，既节省了贵重材料所需的成本和加工工时，也替代了部件的装配过程，省去了装配工序。压力铸造的缺点是压铸时液体金属充填速度高，型腔内气体难以完全排除，铸件易出现气孔和裂纹及氧化夹杂物等缺陷，压铸件也因此通常不能进行热处理。压铸模的结构复杂，制造周期长，成本高，不适合小批量铸件生产。用于压力铸造的压铸机的造价高，投资大，受到压铸机锁模力及装模尺寸的限制，只能生产尺度较小的压铸件，可用于压铸的合金种类也受限制。

参考文献

[1] 王再友，王泽华．铸造工艺设计及应用 [M]．北京：机械工业出版社，2016：24-63.

[2] 樊自田，吴和保，董选普．铸造质量控制应用技术 [M]．北京：机械工业出版社，2015：241-273.

[3] 丁宏升，郭景杰．我国铸造有色合金及其特种铸造技术发展现状 [J]．铸造，2007（06）：561-566.

[4] 符寒光．铸造金属耐磨材料研究的进展 [J]．中国铸造装备与技术，2006（06）：2-6.

[5] 吴炳尧．半固态金属铸造工艺的研究现状及发展前景 [J]．铸造，1999（03）：47-54.

[6] 鹿取一男．铸造工学 [M]．北京：机械工业出版社，1983：83-116.

[7] 柳吉荣．铸造工艺学 [M]．北京：机械工业出版社，2006：103-174.

[8] 任善之．最新铸造标准应用手册 [M]．北京：机械工业出版社，1994：159-166.

[9] 应宗荣．材料成形原理与工艺 [M]．哈尔滨：哈尔滨工业大学出版社，2005：47-80.

3 金属塑性加工

3.1 塑性加工原理

金属材料的塑性通常是指在外力的作用下使自身发生变形，去除外力时变形依然存在且不会发生复原的性质，而它的宏观完整性没有遭到破坏，仍被认为是一个完整的整体[1]。金属的塑性加工是指金属材料受外力（通常是压力）的作用下而产生塑性变形，从而获得所希望得到的形状、尺寸、组织和性能的制品，是一种基本的金属加工技术，常被称为压力加工。塑性成形过程的核心就是金属材料的塑性变形。金属材料的塑性成形与铸造最大的不同是铸造一般是用来生产对形状和结构要求较高而对力学性能要求不高的结构件，而像汽车控制臂、曲轴和火车内燃机用连杆锻件这种对强度、韧性等力学性能要求较高的制品，就不能采用铸造的方法加工成型，而要采用塑性成形的方法。

3.1.1 塑性变形实质

相比于金属材料的弹性变形，塑性是指金属在受外力作用下发生变形，外力消失后维持已经发生的、稳定的应变，而且其完整性不受到破坏的能力。当金属所受外力逐渐增大越过金属的屈服点之后，即使金属外部没有受到应力作用，金属也会如同施加外力时一样变形。金属的塑性受很多因素的影响，一般按这些因素的作用机理可以分为内在因素和外在因素，其中化学成分、晶体结构和组织状态构成了内在因素的主要部分，而变形温度、变形时的形变速率和变形时内部各点受力状态则构成了外在因素的主要部分。

在金属材料的塑性变形过程中，作用于金属的外力有作用力和反作用力。在这两种不同外力的协同作用下，在金属组织内部将产生与外力大小相平衡的内力。当金属材料上被施加外力时，首先会使金属材料发生弹性变形，当所施加的外力对金属内部造成的内应力不超过材料的弹性极限时，此时收回外力，金属材料的形状恢复原样。当外力逐渐增大到产生的内应力大于材料的弹性极限时，即使外力消失，金属也无法回到原来的状态，就是说金属发生了永久性变形，叫做塑性变形。如果外力继续增加，此时金属材料内部各部分的塑性变形会出现不均匀的现象，即发生了颈缩现象。塑性变形的本质是金属晶体内晶界在受到外界作用力下发生了晶界的滑移和孪生。低碳钢的应力-应变如图 3-1 所示。

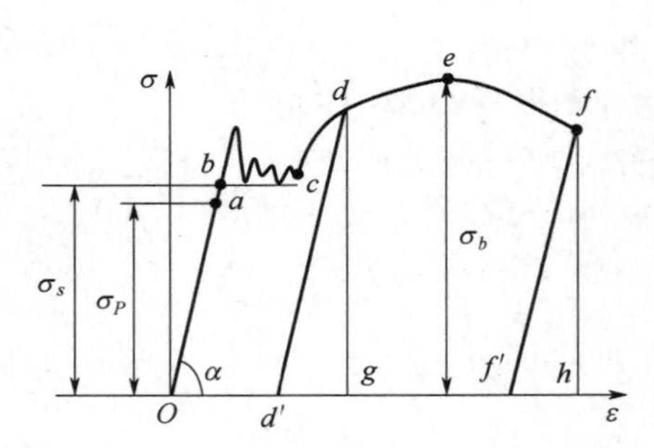

图 3-1 低碳钢的应力-应变曲线

Oa—线性阶段；*Ob*—弹性阶段；*bc*—屈服阶段；*ce*—硬化阶段；*ef*—颈缩阶段

3.1.1.1 单晶体塑性变形

单晶体通常会在室温和低温情况下发生不可逆的形状改变，该过程主要是通过晶界的滑移和孪生实现的。当金属材料在受到足够大的切向应力的作用下，会出现晶体其中一部分沿着一定的晶面即滑移面和一定的晶向即滑移方向相对于另一部分晶体做相对移动的现象，该过程被叫做晶体的滑移过程。滑移的结果是在晶体的表面上形成阶梯状起伏不平且不均匀的滑移痕迹，该滑移痕迹称为滑移带。单晶体塑性成形过程中晶体所具有的滑移面和滑移方向是随着晶体滑移体系的不同而改变的，相对移动的距离为原子之间距离的整数倍，滑移前后晶体位相不变，滑移会在金属表面上形成台阶，在显微镜下可观察到滑移带。滑移是通过位错在切应力作用下沿着滑移面逐步移动的结果。当受到外力时首先产生位错线，位错线堆积产生滑移台阶，进而发生塑性变形。在发生滑移时，外界所施加的力必须达到一定的程度才可以发生相对移动，即外力在沿着滑移方向上的分力必须达到允许晶界滑动的最低值，这个最低值被称为临界切应力 τ_k。如图 3-2 所示，晶体的滑移过程只需位错中心周围的少数原子做微量的位移即可实现，因此通常只需要较小的切应力就可以实现晶体的滑移过程。

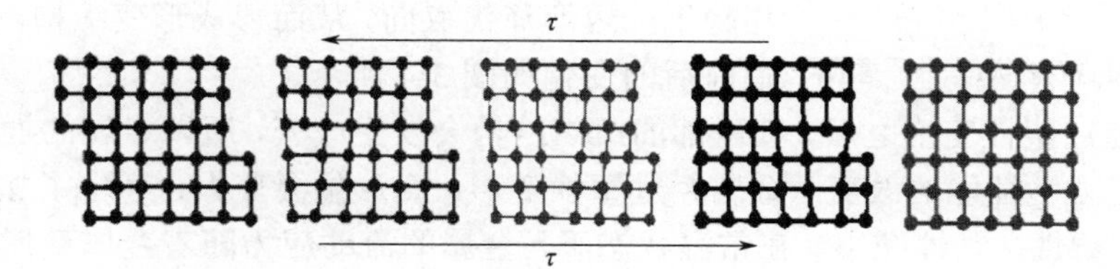

图 3-2　单晶体塑性变形示意图

3.1.1.2　多晶体塑性变形

滑移和孪生作为一种在外力作用下发生的不可逆形变也同样适用于多晶体。但和单晶体不同的是多晶体内部有许多不同的晶粒，且由于晶粒位向不同和大量晶界的存在，各个晶粒的塑性变形互相受到阻碍和制约。根据滑移面和滑移方向与外力所处的方位不同可分为软位向和硬位向两类。软位向是指滑移面和滑移方向与外力方向成 45° 夹角，此时晶粒收到的应力为所有方向中最大的。硬位向是指滑移面与滑移方向与外力呈平行或垂直的角度，此时晶粒收到的应力为所有分向中最小的。在一定外力作用下，不同晶粒的各滑移系的分切应力值相差很大。当受到同一外力冲击时，软位相晶粒首先达到临界分切应力值，率先滑移，此时硬位向的晶粒未达到临界值，导致位错在晶界处受阻、堆积，最后产生应力集中。随着外力继续增大，在叠加作用下达到临界分切应力值，硬位向晶体发生滑移。事实上，多晶体的塑性变形是在各晶粒的协同作用下完成的，如图 3-3 所示。由于多晶体内部不同晶粒之间的相互作用，会使其塑性变形具有不均匀性，所以它需要相邻的晶粒间相互协调配合，并且各晶粒会发生多系滑移。因此，多晶体塑性成形时，它的不可逆转性变形不是内部所有晶粒同时发生塑性变形，而是一批一批的晶粒循环渐进式地发生塑性变形。塑性变形刚开始仅在极少数的晶体中发生，不断扩大到多数晶粒直至全部晶粒发生变形，变形量也是从小到大逐步发展的。多晶体塑性变形最开始产生的是不均匀形变，随着各晶粒之间的相互配合，最终演变成为均匀形变，但不同结构的多晶体其变形也不同。

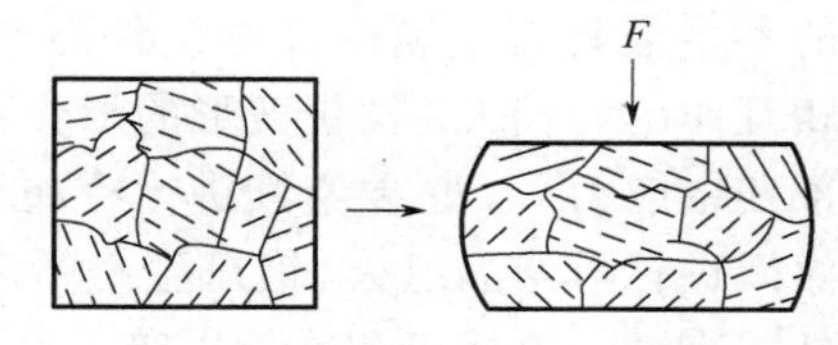

图 3-3　多晶体的协调塑性变形示意图

在一定外力作用下，多晶体中各滑移系的分切应力值会随着晶粒的不同而呈现出较大的差别，且晶粒大小对塑性变形也有影响[2]。对塑性变形产生阻碍的是晶界，它的原子排列紊乱，杂质原子较多，位错运动受到阻力较大，所以能使变形抗力变大。由于不同晶粒之间的位相不同，而每个晶粒不止有一个滑移系，由此产生的多个滑移位错会发生缠结、切割。随着金属材料内部晶粒尺寸的减小，晶界的总面积就会增大，由此产生的金属材料内部塑性变形的抗力也就越高，表现为材料具有更高的强度和硬度。

3.1.2 塑性变形对金属的影响

3.1.2.1 冷塑性变形

冷塑性变形对金属的组织和性能都会产生一定的影响。冷塑性变形对金属组织结构的影响主要有：①会在晶体内部生成与该滑移相对应的滑移带和孪生带；②当晶体变形量不断增加时，与轴向相同的晶粒在外力作用下沿着变形的方向不断地被拉长，形成纤维状组织，从而改变晶粒的形状；③由于内部晶粒之间的相互作用使得晶粒发生转动，发生晶粒位相改变，且使得各晶体的晶粒位相趋于一致即择优取向，从而形成形变织构。晶粒形状在变形前后的变化如图 3-4 所示。

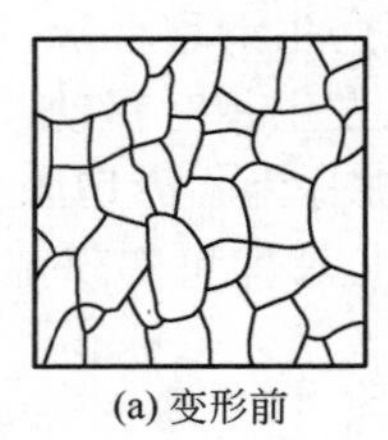

(a) 变形前

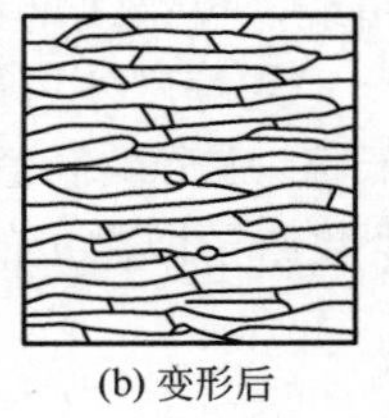

(b) 变形后

图 3-4 变形前后晶粒形状改变示意图

金属材料经过塑性变形之后，其内部的组织结构会发生改变，所以金属的性能肯定也会发生变化，特别是力学性能的改变。金属经过塑性变形，变形量会变大，产生了加工硬化，即强度、硬度增加，塑性、韧性减小。在常温状态下，金属的流动应力随着金属变形程度的增加而相应上升[3]，这种现象就是加工硬化。如果需要进一步变形，就必须使变形外力或变形功进一步增大。这主要是由于塑性变形是多条位错线同时移动，在移动过程中会造成位错线之间缠结和交割的相互作用，这种现象会增加位错线之间的交互作用，很多位错缠结在一起，形成不动位错等障碍，使得位错不容易运动，阻力增大，使金属发生塑性变形的难度提升，塑性变形抗力提高。图 3-5 给出了塑性变形与性能的关系。

金属的冷塑性变形会影响金属晶粒产生晶格畸变，同时位错的数量会变多，使位错密度增大，产生纤维组织。金属经过冷塑性变形，会显著提高材料的强度、硬度，降低塑性、韧性（伸长率、断面收缩率和冲击韧度）。金属冷加工的优点包括适宜加工具有高精度尺寸和形状的工件，制件表面质量好，可以提高材料的强度和硬度，具有较好的劳动条件。冷加工的不足之处有金属内部对抗外力产生的内部之间的相互作用力较大，发生变形的形变量较小，成形件内部残余应力大。想要继续进行冷加工变形，必须在工序间进行再结晶退火。锻压生产中常用的冷加工有冷轧、冷镦、冷挤压和冷冲压等。

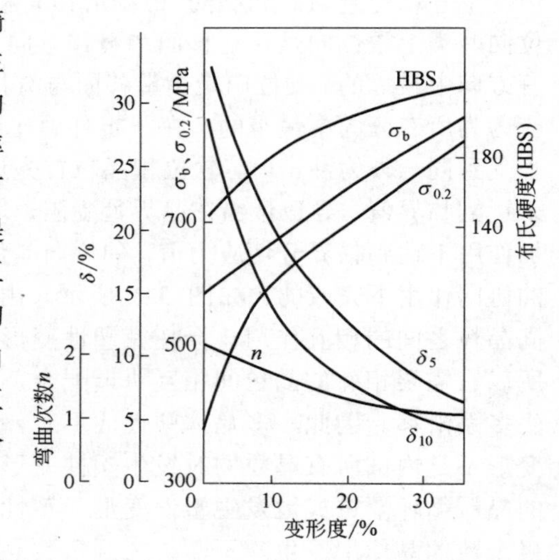

图 3-5 塑性变形与性能的关系

3.1.2.2 热塑性变形

热塑性变形同样对于材料组织及性能有一定的影响。热塑性变形后晶粒组织会得到改善。为了获得较好的综合力学性能，通常需要均匀细小的再结晶组织，这可以通过热塑性变形来得到。变形后材料内部缺陷会变少。在铸态金属里面，经常会存在如疏松、空隙和微裂纹等的缺陷，在锻造后这些缺陷会被压实，从而提高致密度。热塑性变形可以显著改善金属材料内部碳化物和夹杂物杂乱分布的现象。热塑性变形的过程中，可以击碎碳化物和夹杂物，并使它们在基体中均匀分布，从而减小了它们对基体的破坏。偏析现象经热塑性变形可以得到改善。枝晶在发生热塑性变形时会破碎并且扩散，铸态金属的偏析因此略有改善，从而会提高铸件的力学性能。热塑性变形之后材料内部会出现纤维状组织。脆性夹杂物在塑性变形外力作用下被碾碎，破碎的夹杂物呈不连续的链条状存在于金属晶体内部，而塑性夹杂物则被拉长呈条带状、线状或薄片状。因此在磨面腐蚀的试样上可以看到一条条断断续续的细线，并且是沿着主变形方向的，也叫做流线。纤维组织就包含这样的流线组织，如图 3-6 所示。但是纤维组织的形成会产生很多危害，它会使构件形成各向异性，使得材料在平行于纤维组织的方向上的塑性高、强度低，在垂直于纤维组织的方向上强度高、塑性低。因此应该控制纤维组织的生成，例如通过控制锻造比来控制纤维组织的生成，降低材料的各向异性。

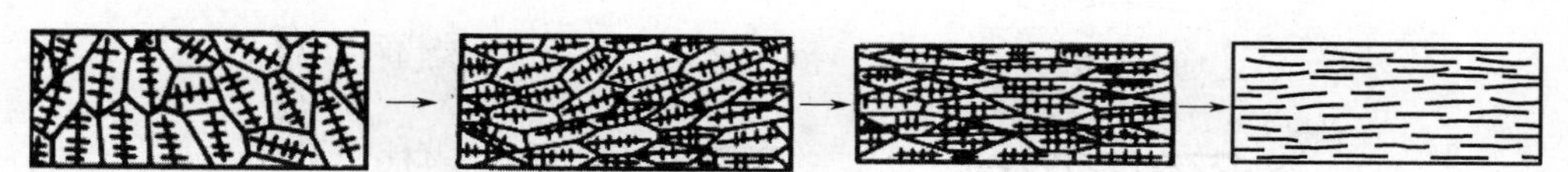

图 3-6　纤维组织随热塑性变形过程形成示意图

3.1.3　金属的可锻性

金属的可锻性是指金属材料在发生不可恢复性变形的过程中保持宏观形貌连续性的性质。影响可锻性的因素有很多，主要包括材料性质、组织结构和变形条件等。一般化学成分对金属材料的可锻性起主要作用。例如合金的可锻性明显低于纯金属的，且随合金元素含量的增多而变差，比如钢中碳含量、合金元素含量越多的时候它的可锻性就越差。钢中含有硫和磷都会引起钢的冷脆性，即塑性降低，金属变形的抵抗力增加，进而导致它的可锻性变差。当金属锻件具有同样的化学成分时，金属组织对可锻性起决定作用。具体来说粗晶组织的可锻性不如细晶组织，机械混合物的可锻性不如固溶体组织，冷成形组织和铸态组织的可锻性不如热成形组织。变形条件也影响着金属的可锻性。对金属加热应不产生微裂纹、过热、过烧和严重氧化，加热应避免在脆性温度区间。金属晶体的临界剪应力会随着材料变形速度的增加而提高，若变形速度提高过快会使其过早达到该材料的断裂强度，最终会出现材料自身塑性降低的现象。此外材料的再结晶过程不足以克服加工硬化所带来的缺陷，致使可锻性下降。金属发生塑性变形时，金属承受压应力比承受拉应力所能达到的金属塑性变形量大。当金属受到来自三个方向的压应力越大时，金属经过塑性变形得到的性能就越好。

3.2　塑性加工工艺

按加工时受力和变形特点不同，金属塑性成形工艺分类如图 3-7 所示。轧制、挤压、拉拔

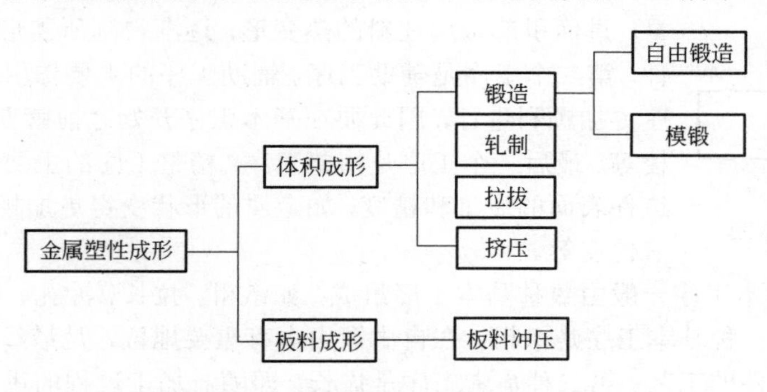

图 3-7　金属塑性成形工艺分类

常用于生产原材料，如管状、板状、型材等，锻压或冲压常用于生产零件或毛坯。常见的金属塑性成形方法如图 3-8 所示。

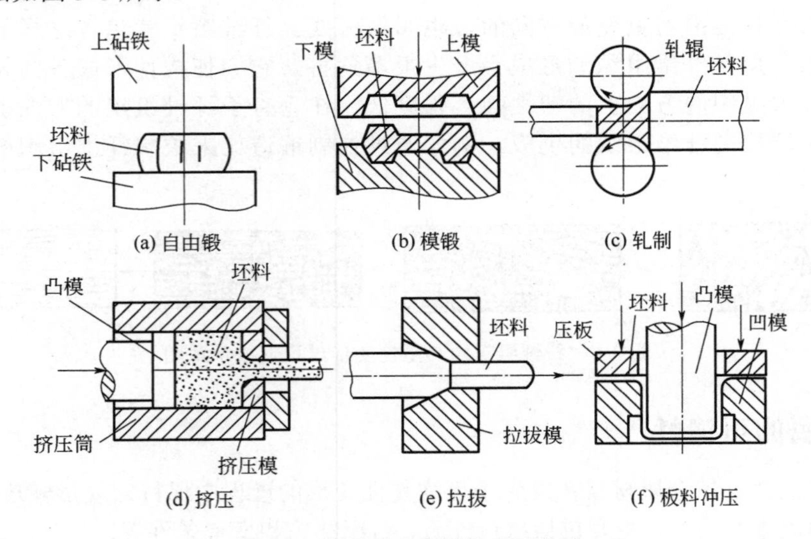

图 3-8　常见的金属塑性成形方法

3.2.1　锻造

为了得到具有一定的几何尺寸、形状和质量的零件或毛坯，在压力设备和工具或者模具施加的作用力下，使塑性变形发生在坯料或铸锭上，这种成形方式就是锻造。锻造过程按是否借助外加模具分为两类，一类是不借助外加模具的自由锻造，另一类是借助外加模具成形的模具锻造。将金属材料放在下砧板上，利用上砧板或锤头打击金属材料，使金属自由变形而达到所需的形状、强度等力学性能的锻件，即为自由锻造。模型锻造则是指金属坯料放在模具中，利用上下模具之间相对运动产生的冲击力使金属材料发生变形，从而得到锻件的成形过程。

3.2.1.1　自由锻

为了获得需要的尺寸和力学性能的锻件，将金属材料放在下砧板上，利用上砧板或锤头打击金属材料，使金属材料自由变形，达到所需形状、强度等力学性能的锻件的成形加工工艺过程称为自由锻造，如图 3-9 所示。

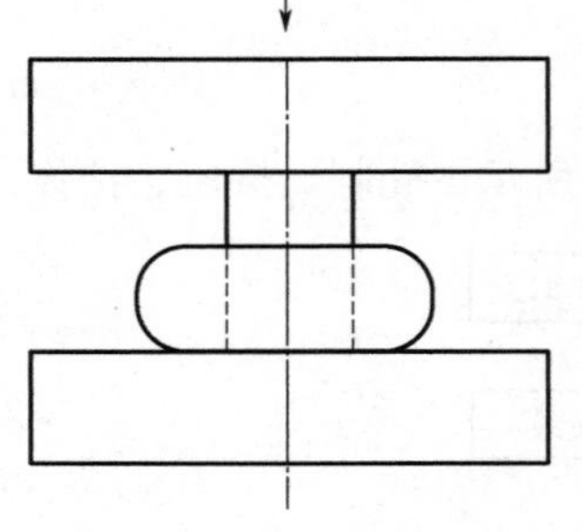

图 3-9　自由锻示意图

根据各工序变形性质和程度的不同，自由锻造由以下三种工序组成。第一种是基本工序，金属坯料在锻造过程中会产生一定程度的热量，进而引起金属坯料的热变形，逐渐得到所需形状、大小的金属锻件。第二个工序是辅助工序。辅助工序的主要作用是使第一种基本工序更加顺利进行，因此要在基本工序开始之前就要完成，如压肩、倒棱等。最后一个工序是精整工序，精整工序的主要目的是提高金属锻造件表面的质量和精度，如金属的形状变得更加规则，除掉金属表面氧化皮等。

自由锻造的基本工序一般由数种基本工序组成，如镦粗、拉长、冲孔、切割、弯曲、错移、扭转、锻接等。第一种基本工序是镦粗，在自由锻中占有重要地位，是最经常用到的，用于生产块状、盘套类锻件的工艺。第二种基本工序是拔长，即随着加工过程的进行使坯料的高度变得越来越高，横截面积变得越来越小的工序。在生产杆类、轴类等金属锻件时会使用到拔长工序。锻制以钢锭为坯料的构件时，为了达到细化金属内部晶粒组织、提高金属锻件力学性能的要求，拔长经常与镦粗交替使用。第三种工序是冲孔工序，即利用外界施加的冲击力作用于金属坯料，使坯料形成通孔或者是不通孔的一道工序。第四种基本工序是切割，即切断金属坯料，切割工序起到分割坯料和除去金属锻件多余料的作用。第五种基本工序是弯曲工序，主要发生在板料件，使金属板料沿着一定的方向发生弯曲并产生一定的弯曲角度。第六种基本工序是错移，错移主要发生在金属杆件中。错移相当于不分割的金属坯料之间发生相对的平行移动。错移的坯料的一部分虽然相对于另一部分发生移动，但仍保持两部分之间的轴心平行。第七种工序是扭转工序，即金属坯料在不发生断裂的情况下一部分相对于另一部分发生的相对转动，发生扭转的两部分轴线保持不变，此时工件的力学性能会有一定程度的下降。最后一种工序是锻接工序，是将两分离工件加热到高温，在锻压设备产生的冲击力或者压力作用下，使两者在固相状态下结合成一牢固整体的工序。

3.2.1.2　模锻

模型锻造的成形过程是通过将加热或未加热的毛坯材料放入锻造模具中，然后施加力使毛坯塑性变形而获得锻件，如图 3-10 所示。模型锻造按其所用设备不同可分为锤上模锻、曲柄压力机模锻、摩擦压力机上模锻、胎膜锻和平锻机上模锻。锤上模锻是最常用的一种模锻工艺。模型锻造按照工艺过程分为预锻和终锻，预锻是使金属坯料变形到接近于锻件的形状和尺寸，尺寸精度不高，锻件的形状也不精确，目的是便于在终锻时金属容易充满终锻模腔，减少模腔的磨损，延长锻模的使用寿命。预锻模膛与最终锻模膛的区别在于预锻模膛具有较大的圆角和坡度，没有飞边槽。

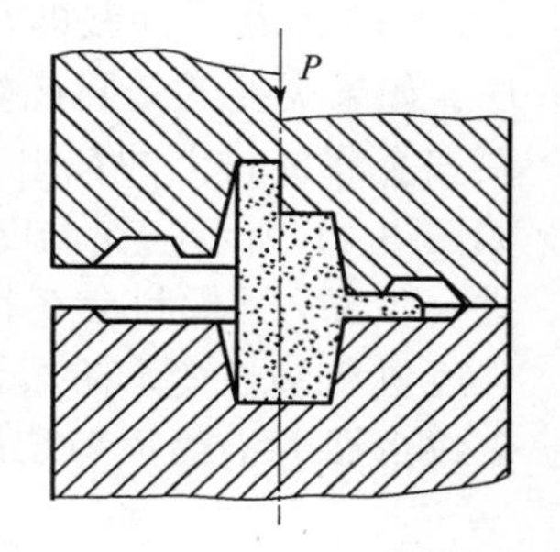

图 3-10　模型锻造示意图

3.2.1.3　锻造设备

锻造生产中使用的锻造设备是指在锻造的时候，用来锻造成形的机械设备。锻造设备包括锻锤、机械压力机、液压机、螺旋压力机和平锻机，以及平卷机、校改机、剪板机和锻造机等辅助设备。由于锻造设备主要应用于金属的塑性成形，所以它也被叫做金属成形机床。锻造设备的工作原理是一定的外力施加于金属材料上面使其锻造成形，对金属材料的作用效果明显是其基本特征，因此锻造设备大多是重型设备，安装有安全保护装置，以确保设备和人身安全。

锻造设备种类广泛，主要有锻锤、机械压力机、冷锻压机、旋转锻压机、液压机等。锤是一种机械机构，它能产生动能，在重锤坠落或强迫高速运动的时候，工作于坯料上使其塑性变形。锻锤是锻压机最常见和最古老的存在形式，它的结构较为普通，工作方式也很灵活，使用范围广泛，损坏之后维修也很简单，适用于自由锻造和模锻，然而其振动大，很难实现自动化生产。机械压力机由曲柄连杆或者曲柄滑块机构、凸轮机构和螺杆机构驱动，它具有工作稳定、工作精度高、操作条件好、生产高效、易于机械化和自动化等特点，适用于在自动生产线上工作，在各类锻压机的数量中位居首位。冷锻压机包括各种平面锻压机、成形自动机、径向锻压机、大多数折弯机、螺旋压力机、矫直机、剪板机等。它还具有类似于机械压力机的传动结构，所以也可以称为衍生系列机械压力机。当需要锻造与轧制相结合的时候，就要用到旋转锻压机。旋转锻压机主要包括滚子锻压机、成形轧机、绕线机、轧机和旋转压机等。它的变形过程是首先产生局部变形，然后逐渐扩展来完成构件的锻压，所以具有变形阻力小、机械质量小、工作稳定、无振动、易于实现自动化生产等优点。液压机是一种利用高压液体如油、乳剂、水等传递锻造机械的工作压力以实现各种工艺的机器。液压机主要包括阀门液压机、液体液压机和工程液压机，一些弯曲、校正、剪切机也属于液压机的类型。液压机无论在哪个位置都可以释放出最大的工作力，这是由于液压机的冲程是可以改变的。液压机有很多优点，如工作稳定、没有振动、容易获得较大的锻造深度等，主要应用于大型锻件锻造及大型板拉伸、包装及压块等工作。

3.2.2 冲压

冲压是分离工序，是利用冲压模具产生的巨大的冲压力将所需形状尺寸的金属制品从板材金属上冲裁下来。该过程也会根据板材厚度的不同来施加不同的作用方式。厚度为6mm左右的金属板料，通常采用冷成形。当板料厚度超过8mm时采用热成形。分离工序和变形工序是冲压工序的两大组成部分。

3.2.2.1 分离工序

分离工序是使母材与金属制品在强冲击力的作用下相互分开的工序，可进一步分为冲裁、修整和切断。

（1）冲裁　冲裁即在母材上沿封闭的轮廓进行冲击裁剪，使母材与所需构件相互分离的工序。如果需要的是封闭轮廓形状的金属板材，冲落的封闭轮廓为成品，而母材为废料。如果需要在金属板材上冲裁出一定形状轮廓的孔，则母材为成品，冲落的部分为废料。冲裁变形过程如图3-11所示。在凸凹模和模运动的作用力下板料首先会产生弹性压缩。随着凸模向凹模的进一步深入，板料会在拉应力作用下发生弯曲拉伸变形。当应力持续升高达到金属板料的屈服强度进入塑性变形阶段，就会进入径缩和断裂阶段。板料由均匀塑性变形转向塑性剪切变形，裂纹形成并沿最大剪切应变速度的方向向材料延伸，呈楔形发展而进入最后的断裂分离阶段。

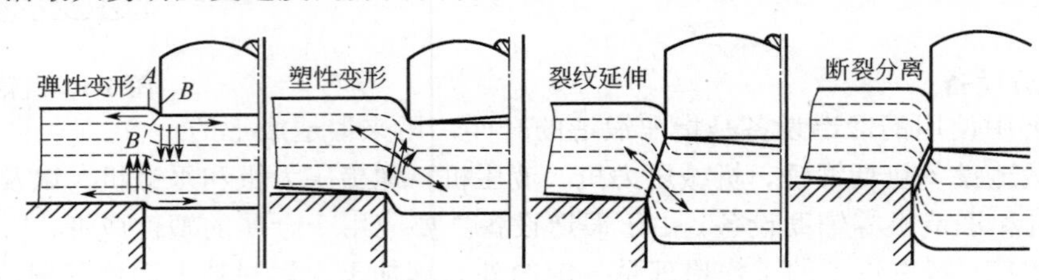

图3-11　冲裁变形断裂分离示意图

材料不同则冲裁断面的断面特征不同，包括圆角带、光亮带和断裂带，而断面特征又决定了冲裁件断面质量。在弹性变形阶段会出现圆角带，在塑性变形阶段会出现光亮带。若要求截面质量越好，则光亮带比例需要越大。断裂带的出现是在断裂分离阶段，在这一阶段截面粗糙并带有一定的斜度。在冲裁过程中，冲模间隙、模具间隙和冲裁过程中的排样设计会显著影响冲裁件的产品质量。冲模间隙指凸模外壁与凹模内壁之间的间隙，即边缘间隙的凸边与凹边之间的距离。根据冲孔剪裁件截面的质量，冲孔尺寸受冲孔零件的质量、冲孔力和模具寿命的影响。尺寸精度是指冲裁过程中形成的冲裁件的实际尺寸与基本尺寸的差异。在模具制造精度确定的基础上，间隙越大，拉伸作用越强，落料件尺寸低于凹模尺寸，冲孔件尺寸增加；相反间隙越小，挤压力越大，落料件尺寸增加，冲孔孔径减小。间隙越小，材料受到的压应力越大，拉应力越小，材料也不容易撕裂，冲裁力变大。间隙越大，材料受到的拉应力越大，材料容易产生裂纹，冲击力减小。间隙小，冲力增大，接触压力增大，带来大的摩擦力，摩擦会导致模具的损耗，减短了模具的使用期限。当间隙过大时，板材拉扯张力相应增大，引起模具刃口断面的压应力增大，会引发塑性磨损，同样模具寿命也会变低。凹凸模之间的间隙大小决定了冲孔部分的截面质量，而光带比例越大，截面质量越好。但间隙如果太小，虽然光带的比例增大使断面质量提高，但是会使模具的磨损更加严重，降低了模具的使用寿命。因此，合理选择凹模间隙不仅能延长模具的寿命，而且要保证冲孔零件的截面质量。合理的单边间隙（$Z/2$）的经验公式为：

$$Z=2m\delta \tag{3-1}$$

式中，δ 是材料厚度，mm；m 是与材质及厚度有关的系数，对于低碳钢和纯铁 m=0.06～0.09，铜和铝合金 m=0.06～0.10，高碳钢 m=0.08～0.12。当板料厚度 $\delta>3$mm 时，因冲裁力较大而要适当放大系数 m。对冲裁件断面品质无特殊要求时，系数 m 可放大 1.5 倍。

除了冲模间隙之外，合理选择模具间隙值对冲裁过程也非常重要。因为冲裁件的断面质量、冲裁件的形状精度、冲裁模具的使用寿命都会不同程度地受模具间隙值的影响，所以模具间隙值只能处于一个恰当的范围。间隙值的最小值称为最小合理间隙值 C_{mix}，最大值称为最大合理间隙值 C_{max}，两值之差构成合理的模具间隙范围。选择模具间隙时应在此范围内进行正常的选择，最好不要超过其模具范围。凸模和凸模边缘的工作尺寸和公差保证了合理的间隙。在冲裁时，凸模边缘的大小是落料件的尺寸，为了使模具在长时间的使用过程仍然保持其间隙尺寸在合理的间隙范围之内，通常通过减小凸模的外尺寸来保证间隙值处于合理的间隙范围内。冲孔时，孔的大小由凸模的边缘尺寸决定，增大凸模的尺寸，模具即使发生磨损，凸凹模之间的间隙仍然保持在合理的间隙范围之内。为了确保零件的尺寸要求和提高模具的使用寿命，模具边缘的尺寸应该是接近掉落零件公差范围的最小尺寸，而冲模凸边的大小则在孔的公差范围内取最大尺寸。

冲裁过程中合理的排样能够提高材料的利用率。冲裁件在条料或带料上的布局方案叫做排样，它能够提高材料在冲裁过程中的利用率，减少板料的浪费。如图 3-12 所示显示了不同的排样方式。排样根据冲裁过程废料的多少又可以分为有废料排样、少废料排样和无废料排样三种形式。有废料排样虽然得到的冲孔零件质量和精度都很高，但是在该过程中材料利用率低。少废料排样的材料利用率稍高，冲模结构简单。无废料排样虽然会减少冲裁力、提高材料利用率，但工件精度会降低，模具易磨损。

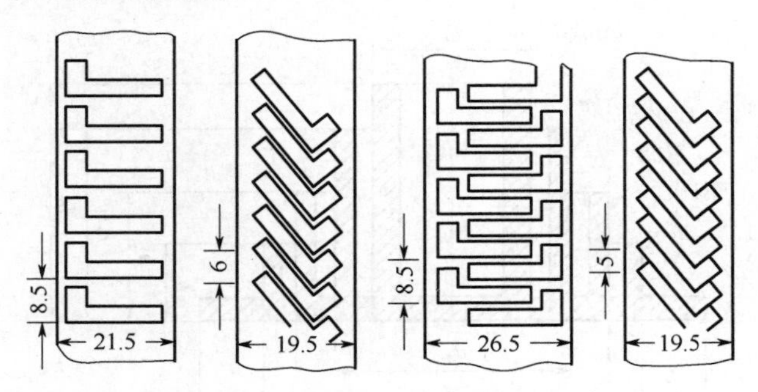

图 3-12　不同的冲裁排样方式示意图

（2）修整　修整工序一般用于高尺寸精度和高表面质量要求的制件。用修整工序将冲裁后的孔或落料件的边缘进行磨平精修，从而降低冲裁件的表面粗糙度，提高尺寸精度。修整可以分为外缘修整和内孔修整。修整冲裁件的外形称为外缘修整，修整冲裁件的内孔则称为内孔修整。为了提高冲孔零件的尺寸精度，降低表面粗糙度，修边过程会切断在普通冲孔过程中零件截面上残留的剪切裂纹和毛刺，如图 3-13 所示。对于大间隙冲裁件，单边修正量一般为板料厚度的 10%。对于小间隙冲裁件，单边修正量在板料厚度的 8%以下。当冲裁件的修正总量大于一次修正量时，或板料厚度大于 3mm 时，均需多次修正。

（3）切断　切断类似于用剪刀剪断纸片，就是用模具工具刀将金属板料切断、分开。一般是在剪床上安装剪刃，把大板料剪切成一定宽度的条料，供下一步冲压工序用，也可把冲刃安装在冲床上，用以剪切形状简单、精度要求不高的平板件。

3.2.2.2　变形工序

变形工序是指使金属坯料的一部分相对于另一部分发生位移且没有发生断裂的工艺方法。变形过程分为拉深、弯曲、翻边、胀形和旋压。

（1）拉深　拉深是将平板坯料放在凹模上，凸模向下运动推压金属坯料进入凹模腔内形成杯形工件的工艺方法，如图 3-14 所示。经过拉深过程之后，构件的底部略薄，壁的上部变厚，下部变薄，侧壁靠近底片处变薄现象最严重，容易断裂。起皱和破裂是拉深件的两大常见问题。起皱多发生在直壁与底部的过渡圆角处（变形最严重），破裂多发生在拉深件的法兰部分、凹模入口区（压边圈）。当法兰的切向压应力大于板料的临界压应力时就产生了皱纹。

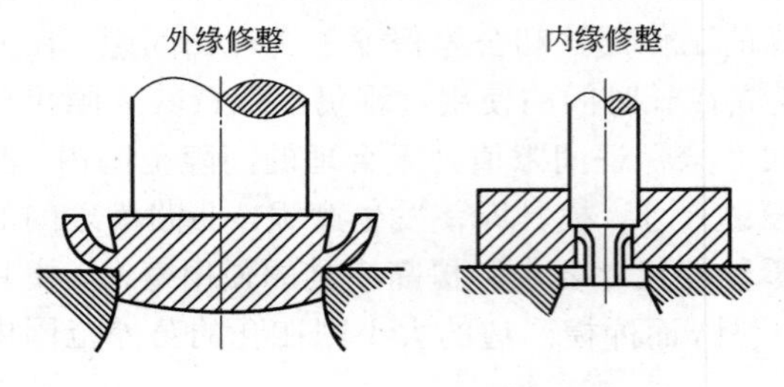

图 3-13　冲裁件的修整示意图

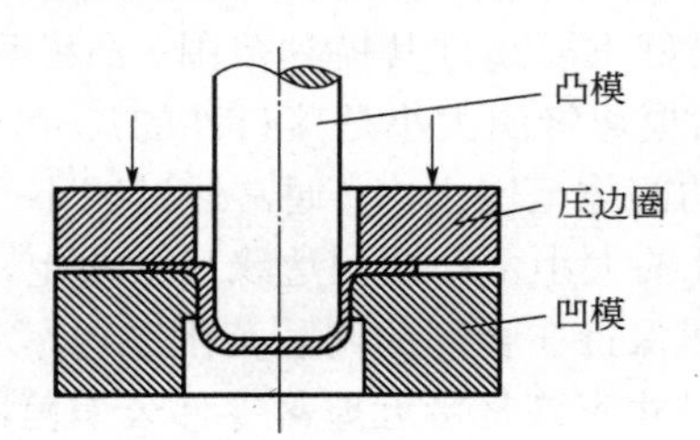

图 3-14　拉深示意图

极限拉深系数是指在保证侧壁不破坏的情况下所能得到的最小拉深系数，是指在拉深后圆柱的直径与在拉伸前的直径或半成品的直径之比。在进行拉深时，每次的拉深系数都应该大于极限拉深系数。如果小于极限拉深系数，则采用多次拉深，如图 3-15 所示。在拉深的过程中要保证坯料具有足够的塑性，除了在一两次拉深后应安排退火过程之外，在多次拉深中每一次的拉深系数还应略大于前一次以保证质量。

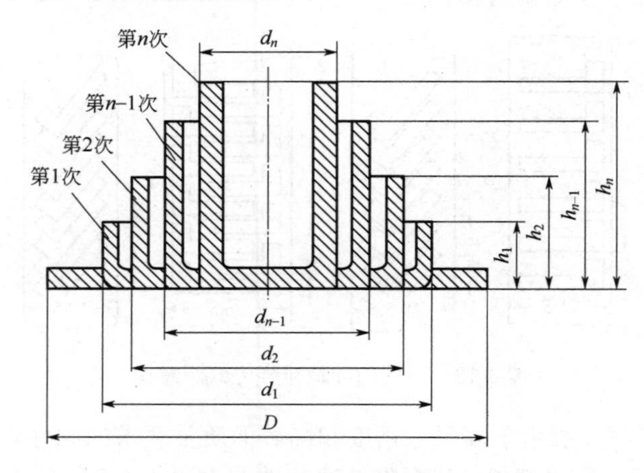

图 3-15　多次拉深示意图

（2）弯曲　弯曲是在一定的外加压力的作用下金属板料、型材或管材的一部分相对于另一部分发生弯曲变形，形成一定的角度的工艺方法。弯曲时会出现很多质量问题，如拉裂、截面畸变、翘曲及回弹。拉裂是外层纤维受拉变形而断裂，因此弯曲轴线与纤维方向垂直，并要确定最小弯曲半径。金属在多晶中的冷塑性变形后，经过抛光和蚀刻，观察到等距晶体沿变形方向拉长，变形非常大，晶粒已无法分辨，呈纤维状，故称为纤维组织。钢板的纤维方向抗拉强度最大，垂直于纤维方向折弯时金属不容易断裂。截面畸变是窄板弯曲时外层受拉伸长，所以外层厚度和宽度会出现收缩，而内层会受到压力缩短，板的内层厚度以及宽度会增加，从而使板材截面变为梯形。翘曲是弯曲过程中，内外层拉压相反的应力在横向形成一平衡力矩，卸去载荷后，在宽度方向上引起与弯矩相反的弯曲即翘曲。弯曲回弹是发生弯曲变形后卸载外力，塑性变形保留不变，弹性变形恢复，使已经发生变形的金属发生形变恢复。为避免和减少回弹现象的发生，应尽可能选用弹性模量大、屈服极限小、力学性能较稳定的材料，或者根据经验评估回弹量的大小，在进行板料弯曲时增大弯曲角以补偿回弹现象带来的损失。

（3）翻边　翻边是在预先冲孔的板料上冲制成竖直边缘。如果要翻边的孔直径大于最大允许值，孔的边缘会发生弯曲破裂，因此允许值用翻边系数 K_0 来衡量：

$$K_0 = \frac{d}{D} \tag{3-2}$$

式中，d 为翻边前的孔直径；D 为翻边后的孔直径。

（4）胀形　胀形是将空心件在轴向方向上的局部区段直径张大的工艺方法，主要用于板料的局部胀大，如压制凹坑、加强肋、起伏形的花纹及标记等。另外，管状材料的膨胀成形、板材的拉拔变形等也常用胀形工艺。膨胀变形的最终变形程度主要取决于板材的塑性。当膨胀变形时，板材的塑性变形被限制在固定的变形带上。主要通过减少薄壁厚度，增加局部表面积来实现。

（5）旋压　旋压是通过顶块把板料压紧在模具上，机床主轴带动模具和板料一同旋转，擀棒在金属坯料上施加一定压力，反复压碾，在压力作用下使金属坯料贴合在模具上完成变形，如图 3-16 所示。旋压工艺不需要复杂的冲模，变形力较小，但是生产效率低。

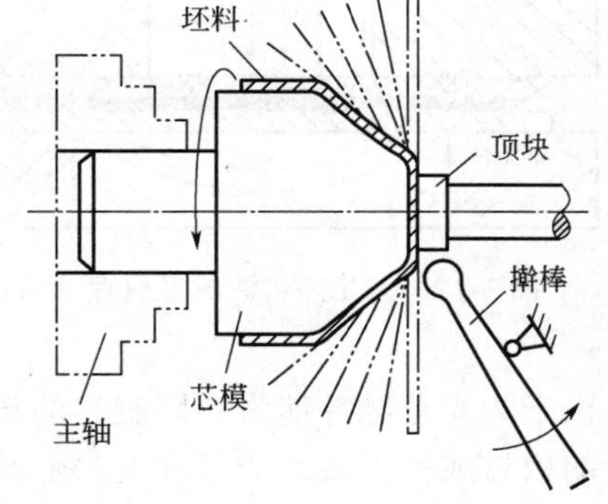

图 3-16　旋压示意图

3.2.3　特种塑性加工工艺

（1）超塑性成形　超塑性现象指的是在特定的情况下金属材料表现出的超高塑性现象，不会出现缩颈，具有极低的流动应力。按照实现的条件，超塑性可分为微晶粒超塑性、相变超塑性和其他超塑性。实现微晶粒超塑性需要满足三个条件，首先材料必须是等轴细晶组织，其次对成形温度有一定要求，一般不小于 $0.5T_m$，比普通热锻温度低，但是温度波动不能太大，最后它的应变速率满足 $10^{-4} \sim 10^{-2} s^{-1}$。和其他成形方法相比，超塑性成形的材料流动应力低，伸长率比常规变形大 10 倍以上，流动性良好，大幅增加了晶间滑移变形的比例。需要指出的是超塑性的力学性能很有特点，其流动应力对应变速率具有很高的敏感性。

（2）粉末锻造　粉末锻造原料为金属粉末，经过冷压成型、烧结、热锻制得所需精密锻件或由粉末通过热等静压、等温模锻成所需精密锻件，是将传统的粉末冶金与精密模锻法相结合的新工艺[4]。粉末锻造的优点是锻件密度非常接近材料的理论密度，基本不需要切削加工，因此制品精度高、材料利用率高、锻件消耗少。以粉体预成型的坯料为原材料，粉末锻造可用于获得致密的零件，并通过调节控制孔隙数量来控制制品的力学性能。

（3）液态模锻　金属液熔化之后直接注入金属模膛中，使其在机械静压力的作用下，熔融或半熔融状态的金属流动并冷却凝固成形。在这个过程中，会产生少量的塑性变形，即为液态模锻[5]。考虑冲头的端面形状，液态模锻可划分为间接加压法、平冲头加压法和异冲头加压法，其中异冲头加压法还可分为凸式冲头加压法和凹式冲头加压法。通常液态模锻法得到的零件，它的加工尺寸与工件的最终加工尺寸相似。液态模锻节约劳动力，材料浪费少，利用率高，工艺简单，应用前景良好[5]。

3.3　塑性加工新技术

在汽车工业、航空航天等领域广泛用到了金属板料成形技术，利用模具来实现冲压等成形是最常见的塑性成形方法。但是这些方法也存在很多缺点，例如模具昂贵，生产耗时长，加工刚性太强，且大多只可应用于低碳钢、铝合金等材料的成形[6]。面对降低板料加工成本、提高生产效率的材料加工需求，研究板料的塑性成形新技术十分必要，而板料冲压成形的高效快速且具有柔性则成为主要发展趋势[7]。

3.3.1　激光冲击波成形

金属板料的激光冲击波成形机理如图 3-17 所示，功率密度高且脉冲短的强激光束从激光器发出，冲击覆盖在金属板材表面的柔性薄膜，高温高压的等离子体也会产生强冲击波，向金属内部传播[8]。冲击波携带很大的压力，超过材料的动态屈服强度，板料因此出现塑性变形。板料的塑性变形量由激光功率和脉冲宽度控制，塑性变形仅需要几十纳秒就可以完成。

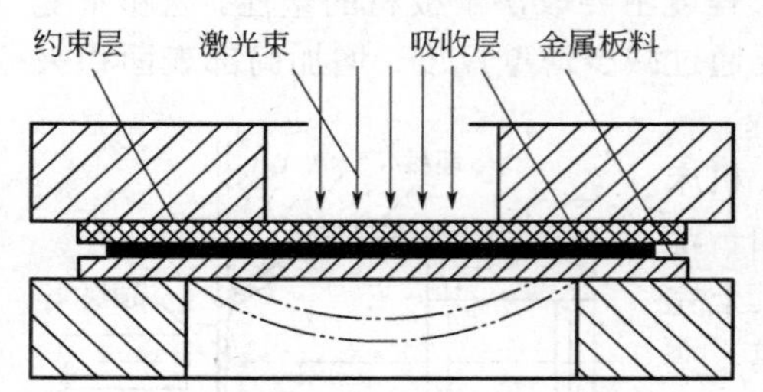

图 3-17　激光冲击波成形原理示意图

板材成形时，由于材料的动态屈服强度必须小于激光冲击诱导产生的冲击波压力，因此对激光的参数进行合理的选择是非常重要的[9]。在冲击波成形中，由于激光器脉冲能量会限制它的直径，所以一般选取 1～5mm 半径的激光光斑。如果需要较大的板材成形区域或成形深度，就必须通过多点、多次冲击，此时可以采用粗冲成形和精冲成形。粗冲成形就是激光冲击头不断地做冲击，冲击方向是垂直于板料表面的，从而获得三维分解成多个二维等高线断面层，反复冲击以得到需要的成形件尺寸。精冲成形恰恰相反，它是已知原来就有的二维分层面轮廓信息，求搭接面的空间法向矢量，让冲击头不再垂直，而是选取适当工艺参数冲击搭接面处。这种方法对板料冲击波成形精度的提高及表面粗糙度的降低更有益[10]。激光冲击波成形的工艺流程如图 3-18 所示。

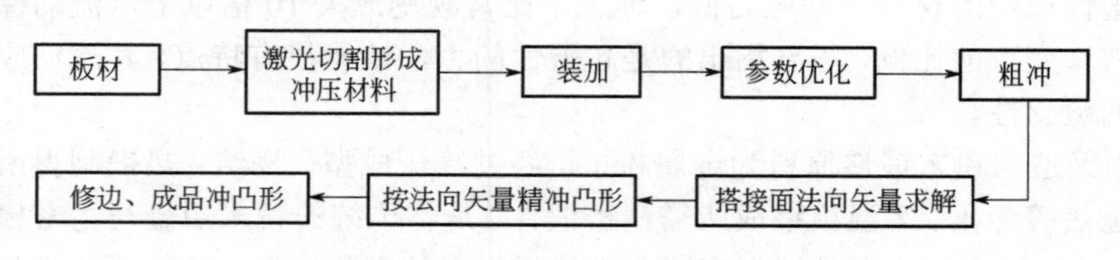

图 3-18　激光冲击波成形工艺流程

激光冲击波成形特点突出[11]。它属于不接触的高压成形，成形压力可以达到数个吉帕，成形过程容易控制，精度较高、适应性强，成形件的质量高，可以在进行成形的同时实现材料表面的改性和强化。

3.3.2 内高压成形

内高压成形技术主要应用于管件成形。将液体压力施加于管腔的内部，金属坯料在特定的模腔内由于对管壁施加的压力作用，使圆形的管壁逐渐靠近模具的内表面直至相互接触、贴合，从而得到与模具型腔形状相同的塑性件。金属坯料的塑性变形在圆形管材逐渐贴合模具内部的过程中持续发生。

内高压成形技术广泛应用于汽车制造业，尤其适用于生产非规则空心件。和传统塑性成形工艺比较，内高压成形的制品所需材质较少，重量比较轻，资源利用率比较高，其重量明显低于同一形状的镗孔件、车削件、冲压件。内高压成形减少了零件和模具数量，节省模具费用。一套模具就能完成整个的内高压成形，而传统的生产工艺需要多套模具协同作用共同完成生产[12]。内高压成形技术可用于生产形状复杂、质量较好的塑性件，成形制件几乎不需要经过后期的焊接及机械加工等处理步骤。

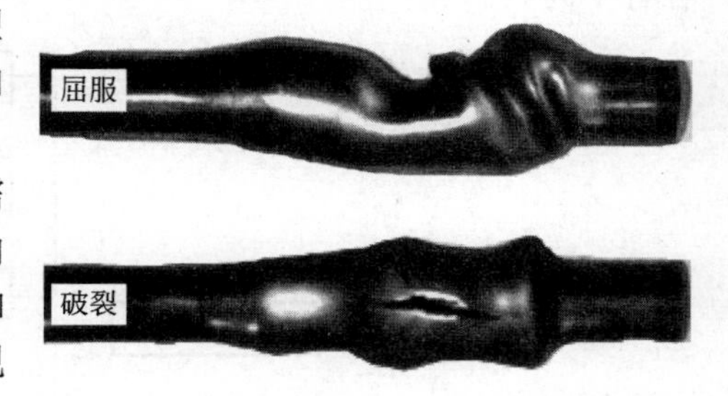

图 3-19 内高压成形过程中的屈服与破裂

内高压成形技术在实际应用中也存在一些缺点，需要对其进行控制和改进[13]。例如在塑性成形初期由于轴向的拉力过大，内部的压力较小会引起屈服现象的发生，如图 3-19 所示，是一种非稳态的现象。金属制件的屈服现象与金属管材的形状息息相关。为了消除屈服现象，采取的措施有选择合适的管材长度，合理的尺寸范围，适当减少轴向应力，进行适量的预变形等。在内高压成形技术应用中，另外一个常见的问题是金属管材的破裂，如图 3-19 所示。金属管材内部一旦出现破裂，管材就不能再使用。根据破裂的时间，内高压成形破裂可以分为初期破裂、中期破裂和晚期破裂，适当调节制件的形状，更换成形件所用的材料，降低进料摩擦系数，轴向拉力增大等都可以减少或消除内高压成形管件的破裂。

参考文献

[1] 王玉．塑性加工技术前沿综述 [J]．塑性工程学报，2003，6：4-7.

[2] 李德群．塑性加工技术发展状况及趋势 [J]．航空制造技术，2000，3：21-22.

[3] 张莹，周建忠，吉维民等．金属板料的几种无模成形技术的研究现状 [J]．中国制造业信息化，2003，2：78-80.

[4] 玛尔钦尼亚克兹．塑性成形的发展方向 [J]．锻压技术，1987，5.

[5] 杨志敏．我国锻压技术的现状和发展趋势 [J]．锻压技术，1987，5.

[6] 蒋鹏，卢晴．使用复合锻造技术实现精密塑性成形 [J]．机械工人，2002，3：61-62.

[7] 洪慎章，曾振鹏．超塑性模锻工艺的应用及发展 [J]．锻压技术，2000，1：44-46.

[8] 周建忠，杨继昌，张永康等．激光冲击对球铁表面性能的影响 [J]．应用激光，2001，2：91-95.

[9] 张永康，周明，周建忠等．激光冲击成形新概念 [M]．北京：机械工业出版社，2001：392-395.

[10] 杨继昌，周建忠，张永康等．激光冲压金属板料成形的实验研究．江苏大学学报，2002，1：1-4.

[11] 彭晓华．薄板坯连铸连轧的液芯压下技术 [M]．钢铁，1999，9：63-67.

[12] 苑世剑，王仲仁．轻量化结构内高压成形技术 [J]．材料科学与工艺，1999，7：139-142.

[13] 贾俐俐，高锦张，郑勇．金属直壁筒形件数控增量成形工艺研究 [J]．锻压技术，2006，31（5）：133-135.

4 金属连接

4.1 金属连接及分类

金属连接是一种金属构件使用形式，是指在生产制造或者使用金属构件的过程中，将两个或两个以上的构件组合起来使用，构件之间通过一定的方式连接，使其成为完整的产品。随着金属应用的发展，金属的连接方式也越来越多。常见的金属连接方法有栓接、铆接、粘接、焊接、铰接等，如图 4-1 所示。针对不同的金属连接方式，其应用范围、加工工序、影响因素等各有不同。

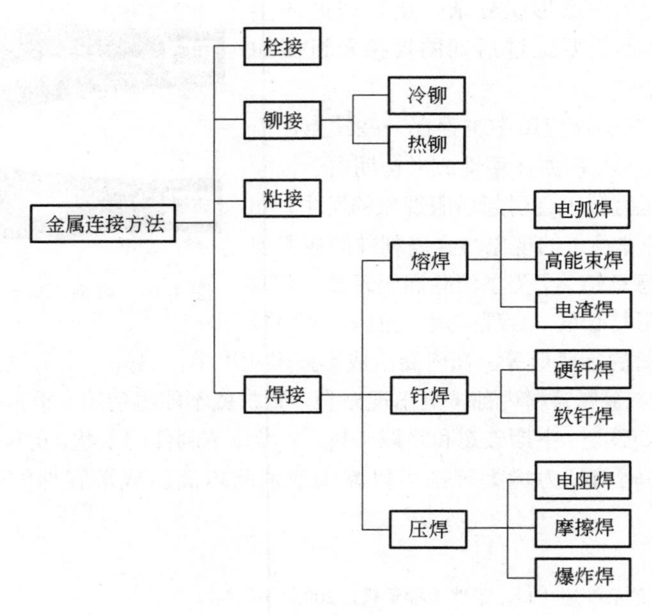

图 4-1　金属常用连接方法

4.2 栓接

4.2.1 定义与分类

栓接即螺栓连接。螺栓是由头部和螺杆（带有外螺纹的圆柱体）两部分组成的一类紧固件。螺栓连接是将螺栓与螺母配合使用，用于连接两个带有通孔的零部件，属于可拆卸连接（图 4-2）。它主要用在两边允许装拆，而被联结间厚度又不是很大的场合，具有结构简单、连接可靠、装拆方便等优点。

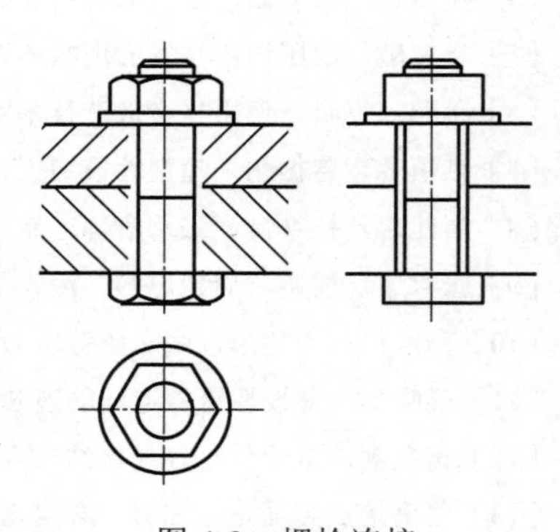

图 4-2　螺栓连接

根据螺杆和通孔的配合程度，螺栓连接可分为普通螺栓连接与铰制孔螺栓连接。普通螺栓连接装配后孔与杆间有间隙，结构简单装拆方便，可以重复装拆使用，在工程中使用广泛。铰制孔螺栓连接，装配后无间隙，属过盈或过度配合，主要承受径向载荷，也可作为定位装置。

4.2.2 连接原理与紧固方法

螺栓连接的原理是应用了胡克定律，即固体材料受力之后材料中的应力与应变之间呈线性关系，如图 4-3 所示。

螺栓连接的连接件包括螺钉、螺母和螺纹嵌入件，如图 4-4 所示。

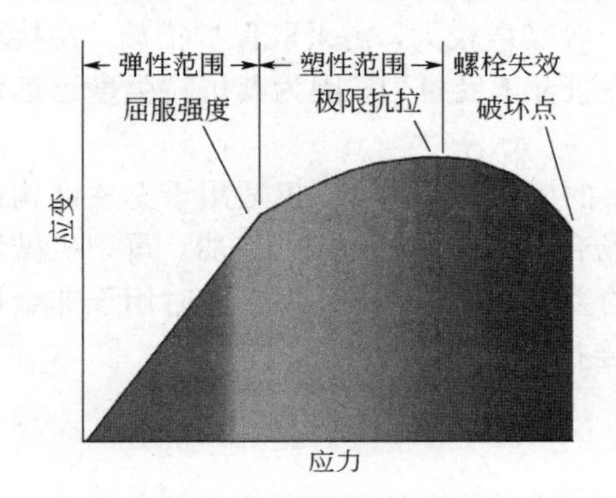

图 4-3 螺栓栓接的应力-应变曲线

图 4-4 常用螺纹连接件

螺钉一般与螺孔配合使用，有时也与螺母配合使用。螺母有与螺纹本身不同的锁紧或摩擦紧固作用。螺柱标准件的结构是两端螺纹、中间光滑。工程中常将螺母焊接到基底上以方便连接。工业上经常采用电阻焊把螺母焊接到基板上去。螺纹镶嵌件在硬度不高的材料中形成高强度螺纹具有重要作用。镶嵌件可以钉入、压入或拧入母材中，大多数镶嵌件是自锁紧式的，材质为钢或铝合金。

螺栓紧固方法常见的有三种，即扭矩紧固法、转角紧固法和屈服点紧固法。扭矩紧固法是利用扭矩大小和轴向预紧力之间存在的一定关系来使螺栓紧固，特点是操作简单，应用广泛。转角紧固法是根据旋转角度与螺栓伸长量和被拧紧件松动量的总和大致成比例的关系，采取按规定旋转角度的方法来达到预定拧紧力。屈服点紧固法是将螺栓拧紧到刚过材料屈服极限点。在生产应用过程中要根据现场实际情况选用合适的紧固方法，以实现螺栓连接最佳状态。

4.3 铆接

4.3.1 定义与分类

铆接又称铆钉连接，是一种不可拆卸的静态连接。它使用铆钉连接两个或两个以上的部件（通常是板或型材），利用轴向力将零件铆钉孔内钉杆镦粗并形成钉头，使多个零件相连接，属于半可拆卸连接。

按照铆接施工温度的不同，铆接分为冷铆和热铆，而按照应用情况铆接又可以分为活动铆接、固定铆接和密缝铆接。活动铆接指结合件之间采用间隙配合，可以相互转动，属于非刚性连接，例如剪刀、钳子等。固定铆接时结合件之间采用过度配合或者过盈配合，即结合件之间不能相互活动，属于刚性连接，例如角尺、机械设备的铭牌、桥梁建筑等。密缝铆接则是结合件之间紧密结合，铆缝严丝合缝，不漏气、不漏液，属于刚性连接。铆钉和被铆接件的铆合部分一起被称为铆缝。铆钉也可分为空心铆钉、实心铆钉和半空心铆钉。实心铆钉连接多用于受力较大的金属零件的连接，空心铆钉连接多用于受力较小的薄板或非金属零件的连接，半空心铆钉则多用于金属薄板或其他非金属零件。

4.3.2 特点与应用

铆接的主要特点是工艺简单，连接可靠，耐振动，韧性强，耐冲击，拆装灵活，可更换易损部分。与螺栓连接相比，铆接更经济、更轻，适用于自动安装。但是铆接结构一般比较笨重，被铆件上由于有通孔而使得强度受到削弱。铆接时一般噪声较大，需采取保护措施。铆接不适合太厚的材料，材料越厚则铆接越困难。铆接一般不适合承受拉力，因为其抗拉强度远远低于抗剪强度[1]。

随着焊接技术和高强螺栓连接技术的发展，铆接的应用逐渐减少，仅适用于金属结构在剧烈冲击或剧烈振动荷载作用下，或焊接工艺有限的场合，如桥梁、建筑、造船、重型机械以及飞机制造等工业部门。然而，铆接仍然是航天飞机的主要方法。此外，铆接有时用于非金属元件的连接，例如制动器摩擦垫与制动靴或制动带的连接[2]。

4.3.3 工艺过程与参数

通俗地讲，铆接就是在两个厚度不大的板上打孔，然后将铆钉置入并用铆钉枪铆死，从而实现两个板或物体的连接。因此，铆接的工艺流程为钻孔、插入铆钉、顶模或顶把顶住铆钉、旋铆机铆成形，或者手工镦紧、镦粗、铆成、罩形。铆接的主要工艺参数有铆距、铆钉直径、铆钉长度及钉孔直径。铆距指的是铆钉间或铆钉与铆接件板边缘的距离。铆钉并排排列时，铆距 $t \geqslant 3d$（d 为铆钉直径），铆钉交错排列时铆钉对角间的距离 $t \geqslant 3.5d$。铆钉中心到铆件边缘的距离 a 与铆钉孔是冲孔还是钻孔有关，钻孔时 $a \approx 1.5d$，冲孔时 $a \approx 2.5d$。铆钉直径与工件厚度有关。工件越厚则工件间铆接力越大，铆钉强度越大，直径也越大；工件越薄则工件间铆接力越小，铆钉强度越小，直径也越小。一般铆钉直径按板厚的 1.8 倍来算。铆钉长度与铆钉种类有关。通常半圆头铆钉的伸出部分长度为铆钉直径的 1.25～1.5 倍，埋沉头螺钉的伸出部分长度为铆钉直径的 0.8～1.2 倍，抽芯铆钉的伸出部分长度应为 3～6mm。

4.3.4 主要类型

4.3.4.1 冷铆

冷铆是指在室温下进行的铆接，是用铆杆对铆钉局部加压，并绕中心连续摆动或者使铆钉受力膨胀，直到铆钉成形的铆接方法。如果使用钢铆钉，应在冷铆前进行退火处理以提高铆钉的塑性。冷铆时铆钉直径不宜过大。手工冷铆时铆钉直径一般不大于 8mm，用铆钉枪冷铆时直径不大于 13mm，用铆接机冷铆时直径不大于 25mm。手工冷铆时，先把铆钉从被铆接件的铆孔中穿入，用顶把顶住铆钉头并将被铆接件压紧，然后用手锤锤击伸出钉孔之外的铆钉杆端头，在钉杆被镦粗的同时形成伞状钉头，锤击时方向、力量要适当，且次数不宜过多，否则会使材料出现加工硬化现象，使钉头韧性下降，易产生裂纹。最后用工具将钉头修理至理想形状即可完成手工冷铆。冷铆技术自动化程度高，生产效率高，可同时连接在一个或多个点上。在永久连接装配情况下，冷铆接技术与焊接和螺纹紧固方法相比，具有成本低、生产效率高等优点。冷铆接装配技术也适用于同质塑料、异质塑料、塑料零件和金属零件的铆接装配。铆接工装设计合理，可实现精密铆接装配，因此具有十分重要的现实意义。

4.3.4.2 热铆

热铆是将铆钉加热到一定温度后进行的铆接。由于加热后铆钉的塑性提高、硬度降低，钉头成型容易，所以热铆时所需的外力比冷铆要小得多。另外，在铆钉冷却过程中，钉杆轴向收缩会增加板料的压应力，当板料受力后可产生更大的摩擦阻力，提高了铆接强度。热铆适合铆钉材质塑性较差、铆钉直径较大或铆力不足的场合，在实际生产中一般用于承受大冲击载荷或振动的大型钣金结构。

热铆工艺包括铆接前准备、铆钉加热、铆钉装配及铆接工艺过程。在铆接前的装配时，必须将板件上的钉孔对齐，用相应规格的螺栓拧紧。在构件装配过程中，部分孔会因误差造成错位，所以铆接前需修整全部钉孔，使之同心并确保穿钉顺利，同时预加工中留有余量的钉孔也要进行修正。为使构件之间不发生移位，还需将修整的钉孔尽量一次铰完，并先铰未拧螺栓的钉孔，再铰已拧入螺栓又卸掉后的孔。利用手工或铆钉枪铆接时，铆钉的始铆温度需加热至1000～1100℃。用铆接机铆接时，始铆温度约在650～750℃之间。铆钉的终铆温度应在450～600℃之间。终铆温度过高会降低钉杆的压应力，使铆接件不能充分压紧，反之若终铆温度过低，铆钉又会发生蓝脆现象。当铆钉加热至始铆温度后，可用穿钉钳夹住钉头一端，快速在硬物上敲掉铆钉上的氧化皮后，再快速准确地将铆钉穿入钉孔，力求铆钉在高温下铆接。然后，先用钉把前端罩模罩住铆钉头，且保持钉把与铆钉头中心成一直线，再快速用力将铆钉头顶成形。开始顶钉要用力，待钉杆镦粗并胀紧钉孔使铆钉不易退出时，可减小顶钉压力，并利用钉把反复撞击钉头，使铆接更加紧密。铆钉枪铆接时，刚开始需要的风量较小或采用间断送风，待钉杆镦粗后再加大风量，逐渐将外露钉杆镦打成钉头形状。若出现钉杆弯曲，钉头偏斜时，可将铆钉枪角度作适当调整。钉头成形后，再将铆钉枪略微倾斜地绕钉头旋转一周进行打击，迫使钉头周边与构件表面密贴，但不允许过分倾斜以免窝头伤及构件表面。铆钉枪与其风管接头的连接会出现松动的情况，因此在铆接过程中需要常常检查，发现松动应及时紧固以免发生事故。铆接结束后，应对铆钉逐个检查，若发现松动且不能修复时，应铲掉重新铆接[3]。

4.4 粘接

4.4.1 定义与分类

粘接又称胶接，是借助胶黏剂在固体表面上所产生的黏合力，将同种或不同种材料牢固地连接在一起的方法。胶黏剂是指能将两种或两种以上的同种或不同种材料连接在一起，固化后具有足够强度的有机或无机的、天然或合成的一类物质，也称为粘接剂、黏合剂，习惯上简称为胶。粘接是一种连续的平面间连接，可以降低应力集中，保证连接强度，提高结构件的疲劳寿命。粘接特别适合于各种材料和厚度的连接，特别是超薄材料和复杂结构的连接。

粘接主要有非结构型和结构型两种。非结构粘接主要是指表面粘涂、密封和功能性粘接，典型非结构胶包括表面粘接用胶黏剂、密封和导电胶黏剂等。结构型黏接是将结构单元用胶黏剂牢固地固定在一起的粘接，所用的结构胶黏剂及其粘接点必须能传递结构应力，在设计范围内不影响其结构完整性和环境适用性。

4.4.2 特点与应用

胶黏剂的主要功能是实现被粘接件的连接，具有如下的特点与实际应用。

① 应力分布均匀，强度高而成本低。粘接组件内的应力传递与传统的机械紧固相比，应

力分布更均匀，而且粘接的组件结构比机械紧固（栓接、铆接、焊接等方式）强度高，成本低，质量轻。如果薄壁件粘接物粘接到厚壁制品上，可充分发挥薄壁件的全部强度，而机械紧固和焊接结构的强度要受紧固件或焊点及其热感应区域的限制。

② 粘接组件外观平整光滑，功能作用不下降。这一点对结构型粘接尤为重要，如宇航工业中的结构件外观平整光滑度要求高，这样有利于减少阻力与摩擦，将摩擦升温降低到最低程度，故直升机的旋翼片全部用胶黏剂组装。用胶黏剂粘接紧密配合的电子或电器元件也避免有凹凸点。导航电器运用胶黏剂组装可得到平整而无结构干扰的外表面。由于粘接接头中应力分布十分均匀，可使被粘接物的强度和刚度全部得以体现，而且还可减轻质量。

③ 粘接适用范围广，可具有调节作用。胶黏剂可用于金属、塑料、橡胶、陶瓷、软木、玻璃、木材、纸张、纤维等各种材料之间的粘接。当不同材料的接头处于可变温度时，胶黏剂可发挥其独特的使用效能。柔性胶可调节被粘接物的热膨胀特性差别，并能防止刚性坚固体系在使用环境中造成破坏。如果粘接组件在较高温度中使用，柔性胶黏剂可在不同材料间进行适宜地移动和迁移，从而有效调节不同质材料间的热膨胀差异，达到牢固粘接成一体的目的[4]。

4.4.3 影响粘接强度的因素

粘接强度受多种因素影响，与胶接过程的物理化学作用、胶接工艺条件、被胶接物表面性质等密切相关。

4.4.3.1 物理因素

（1）被胶接物体的表面清洁度　物体的胶接主要发生在被胶接物表面和胶黏剂的界面，界面存在油脂、灰尘、水汽、氧化物等将显著影响胶接强度。例如金属表面易形成氧化膜，如果膜是 Fe_2O_3 则很疏松，胶接强度极低；如果是 Cr_2O_3 则胶接活性很差，胶接强度也低。

（2）被胶接物的表面粗糙度和表面形态　适当增加被胶接物表面的粗糙度，则接触的表面积增大，胶接的强度也越高。被胶接物表面在能良好润湿的前提下，胶接前采用喷砂、机械或化学等适当方法粗化处理，增加表面积的同时使被胶接物表面形成极性、结构致密、结合牢固的产物，提高被胶接物的表面能，有利于形成低能量的结合，提高胶接强度。但过于粗糙会在胶接面产生胶层断裂或存有气泡，反而影响了胶接强度。对于不能润湿表面的低能固体类被胶接物，粗糙化处理无效，甚至会有反作用。

（3）内应力　内应力是影响胶接强度和耐久性的重要因素之一。内应力包括收缩应力和热应力。收缩应力主要是胶黏剂在固化过程中伴随着溶剂的挥发和化学反应中释放出挥发性的低分子化合物，导致发生了体积收缩而产生的，例如不饱和聚酯树脂固化过程中产生的较大的体积收缩。热应力是由于被胶接物和胶黏剂的热膨胀系数的不同，在固化和使用过程中遇到温度变化而在胶接界面产生的应力。热膨胀系数相差越大，温度变化越大，则热应力就越大。此外，材料的物理状态和弹性模量对热应力也有不同程度的影响。收缩应力和热应力的存在必然会降低胶接强度，甚至当内应力大于胶接力时胶接接头会自动脱开。为了减小收缩应力，可在胶黏剂中加入增韧剂，使链节柔性移动，从而减少或消除收缩应力。在胶黏剂中加入无机填料，调节热膨胀系数，降低热应力。改进固化或熔融冷却工艺，如逐步升温、随炉冷却等，降低内应力，减少应力集中，达到提高胶接强度的目的。

（4）弱界面层　在被胶接物体和胶黏剂无外界因素影响的条件下，胶接力大小主要取决于两界面的润湿程度和胶接特性。当被胶接物体、胶黏剂及环境中的低分子物质或杂质，通过渗析、吸附及聚集过程在部分或全部界面内产生富集区，在拉应力的作用下该富集区会发生破坏，即为弱界面层。例如聚乙烯胶接铝的实验结果表明，胶接强度仅为聚乙烯本身拉伸强度的百分之几，但是如果除去聚乙烯中的含氧杂质或低分子物则胶接强度明显提高。为了防止弱界面层产生，可在惰性气体中活化交联，使得聚乙烯表面的低分子物转化为高分子交联结构，提高胶接强度[5]。

（5）胶层厚度　胶层厚度主要对胶接强度产生影响。胶层过厚时胶层内形成气泡等缺陷的倾向增大，同时胶黏剂的热膨胀量也增加，热应力也相应增加。但是胶层厚度也不是越薄就强度越高，应根据胶黏剂的类型来确定。大多数合成胶黏剂以 0.05～0.10mm 为宜，无机胶黏剂以 0.1～0.2mm 为宜。在实际操作中，可改变涂胶量或在固化时加压来保证厚度要求。此外，当胶接接头承受单纯的拉伸、压缩或剪切应力时，胶层越薄则强度越高，这对于脆而硬的胶黏剂尤为明显。对受冲击负荷小、弹性模量小的胶来说，胶层稍厚则冲击强度高，弹性模量大的胶的冲击强度与胶层厚度无关。

4.4.3.2　化学因素

（1）聚合物极性　原子在构成分子时若正负电荷中心不重合，则分子体现出极性。高表面能的被胶接物的胶接，其胶接力是随着胶黏剂极性增强而增大的。对于低表面能的被胶接物，则是极性增强胶接体系的湿润变差，胶接力下降[6]。这是由于低表面能的非极性材料不易再与极性胶黏剂形成结合，故浸润不好，胶接强度受到影响。

（2）主链结构　一般高分子的主链多有一定的内旋转自由度，可以使主链弯曲而具有柔性，且由于分子的热运动，柔性链的形状可以不断改变。聚合物的柔性大，有利于其分子或链段的运动或摆动，使胶接体系中两种分子容易相互靠近并产生吸附力。刚性分子链的聚合物由于不易分子内旋转，胶接性能较差，但耐热性良好。

（3）侧链结构　胶黏剂聚合物含有侧链的种类、位置、体积等对其柔性具有较大影响，从而也影响了胶黏剂的胶接强度。侧链基团的极性小，吸引力低，使得分子的柔性提高，胶接强度也提高。如果侧链基团为极性基团，则聚合物分子内和分子间的吸引力升高，柔性降低。两个侧链基团在主链上的间隔距越远，它们之间的作用力及空间位阻作用越小，分子内旋作用的阻力也越小，从而柔性提高。侧链基团体积越大，位阻也越大，刚性也越大。直链状的侧链，在一定范围内随其链长增大，位阻作用下降，聚合物的柔性增大。如果侧链过长，则使其柔性及胶接性能下降。

（4）聚合物交联　聚合物经化学交联形成体型网状结构通常可提高材料的性能。线型结构的聚合物分子易于滑动，内聚力低，可溶可熔，耐热、耐溶剂性能差，交联成体型结构后可显著提高内聚力，胶接强度也增加。但是聚合物的交联密度过大，则交联间距太短，聚合物刚性过大，导致变脆、变硬，强度反而下降。

4.5　焊接

4.5.1　概述

4.5.1.1　定义与分类

焊接也称作熔接，是一种以加热或者加压，或两者并用，并且用（或不用）填充材料，使焊件达到原子间结合的一种加工方法。它是一种应用极为广泛的永久性连接方法。在焊接过程中，工件和焊料熔化形成熔融区域，熔池冷却凝固后便形成材料之间的连接。从本质上来说，焊接是两种或两种以上同种或异种材料通过原子或分子之间的结合和扩散连接成一体的工艺过程。促使原子和分子之间产生结合和扩散的方法是加热或加压，或同时加热加压。事实上，大多数焊接方法都需要借助加热或加压，或同时加热加压以实现原子结合。

从冶金的角度出发，可将焊接分为三大类，即液相焊接、固相焊接和固-液相焊接。液相焊接是利用热源加热待焊部位，使之发生熔化，凝固结晶后实现原子间结合。熔化焊属于最典型的液相焊接。除了被连接的母材（同质或异质），还可添加同质或异质的填充材料，最常用的填充材料是焊条或焊丝。固相焊接属于典型的压力焊方法。固相焊接时，利用压力使得待焊部位的表面在固态下直接紧密接触，并使待焊表面的温度升高（但一般低于母材金属熔点），通过调节温度、压力和时间以保证进行充分扩散而实现原子间结合。在预定的温度金属内的原子获得足够能量，增大活动能力，可在紧密接触的待焊界面上进行相互扩散，从而形成固相连接接头。固-液相焊接时待焊表面并不直接接触，而是通过两者毛细间隙中的中间液相相互联系，借助固-液相间原子的充分扩散，实现原子间的结合。钎焊即是典型的固-液相焊接，形成中间液相的填充材料即为钎料。根据钎料熔点不同可分为软钎焊和硬钎焊，前者使用熔点低于450℃的锡基钎料，后者使用熔点高于450℃的铜基钎料。

4.5.1.2 热源种类及特征

用于焊接的热源种类很多，主要有电弧热、化学热、电阻热、高频热源、摩擦热、电子束热、激光束热等，它们都各有特征。电弧热是利用气体介质中放电过程所产生的热能作为焊接热源，是目前焊接热源中应用最为广泛的一种，如手工电弧焊、埋焊自动焊等。化学热是利用可燃气体（氧、乙炔等）或铝热剂、镁热剂燃烧时所产生的热量作为焊接热源，如气焊。这种热源在一些电力供应困难和边远地区仍起重要的作用。电阻热是利用电流通过导体时产生的电阻热作为焊接热源，如电阻焊和电渣焊。采用这种热源实现的焊接方法，具有高度的机械化和自动化，有很高的生产率，但耗电量大。对于有磁性的被焊金属，利用高频感应所产生的二次电流作为热源即高频热源，在局部集中加热，实质上也属于电阻热。由于这种加热方式热量高度集中，故可以实现很高的焊接温度，如高频焊管等。摩擦热是利用机械摩擦而产生的热能作为焊接热源，如摩擦焊。电子束热是在真空中利用高压高速运动的电子猛烈轰击金属局部表面，使这种动能转化为热能作为焊接热源，如电子束焊。激光束热是通过受激辐射而使放射增强的单色光子流，即激光，经过聚焦产生能量高度集中的激光束作为焊接热源。

4.5.1.3 常见焊接方法

根据焊接时物质相态的变化，常见的焊接方法可归属于三类，即熔焊、压力焊和钎焊。熔焊是加热待焊接工件使之局部熔化形成熔池，熔池冷却凝固后便实现焊接，适合各种金属和合金的焊接加工，不需外加压力。属于熔焊的有气焊、电弧焊、电渣焊、电子束焊、激光焊等。压力焊包括电阻焊、摩擦焊、扩散焊、高频焊等，在焊接过程必须对焊件施加压力，适用于各种金属材料和部分非金属材料的连接。钎焊如烙铁钎焊、火焰钎焊、炉中钎焊等，采用比母材熔点低的金属做钎料，利用液态钎料润湿母材，填充接头间隙，并与母材互相扩散实现焊件连接，适合于同种或者不同种金属或异类材料的焊接[7]。

4.5.1.4 焊接应用

作为最重要的材料连接方法之一，焊接在生产生活中有着重要应用。焊接可用于制造金属结构件。焊接方法已广泛用于各种金属结构的制造，如桥梁、船舶、压力容器、化工设备、机动车辆、重型机械、发电设备及飞行器等。焊接也可以用于制造机器零件和工具。焊接件具有刚性好、成型快、周期短、成本低的优点，适合于单件或小批量生产加工各类机器零件和工具，如机床机架和床身、大型齿轮和飞轮、各种切削工具等。焊接还可以用于制件的修复。采用焊接方法修复某些有缺陷、失去精度或有特殊要求的工件，可延长使用寿命、提高使用性能，已成为机械制造领域不可缺少的重要组成部分。近年来焊接技术发展迅速，新的焊接方法不断出现，而许多常用的焊接方法也由于应用了计算机等新技术，其功能得到增强。焊接方法的精密化和智能化必将在未来的焊接生产中发挥强大的效力。

4.5.2 熔焊

4.5.2.1 原理与热源要求

熔焊是一种将焊件接头部位加热至熔融状态，不加压力完成焊接过程的方法。它采用局部加热方法，使工件的焊接接头部位出现局部熔化，通常还需填充金属，共同构成熔池。熔池经冷却结晶后，形成牢固的原子间结合，使分离的工件成为一体。熔焊的加热速度快，加热温度高，接头部位经历熔化和结晶过程。熔焊适合于各种金属和合金的焊接加工。所有的焊接方法中，熔焊是焊接生产中应用最多的一类焊接方法，大型、高参数（高温、高压下运行）设备如大吨位船舶、发电设备、核能装置、锅炉及化工容器等的制造几乎全部采用熔焊。

熔焊的热源三要素包括热源、熔池保护与净化和填充金属。热源要求温度高且热量集中，以保证金属快速熔化，从而减小热影响区。常用的热源有电弧热、等离子弧热、电渣热、电子束热和激光束热等。熔池保护可分为渣保护、气保护和渣-气联合保护三种方式，目的是防止氧化，同时有脱氧、脱硫、脱磷和焊缝合金化的作用，在焊前应仔细清除铁锈、水分、油污等杂质。填充金属即焊料，要保证焊缝填满及给焊缝带入有益的合金元素以达到所需力学性能。

4.5.2.2 电弧焊

以电弧为加热热源的电弧焊是熔焊中最基本、应用最广泛的焊接方法。电弧是一种气体放电现象，它是带电粒子通过两电极之间气体空间的一种导电过程。要实现气体导电，必须在两电极之间有电场且有带电粒子。带电粒子在电场作用下运动形成电流，从而使两电极之间气体空间成为导体，形成电弧。产生带电粒子的途径有气体的电离（热电离、场致电离、光电离）和阴极电子发射（热发射、场致发射、光发射和粒子碰撞发射）。焊接电弧即是在具有一定电压的电极与焊件之间的气体介质中产生强烈而持久的放电现象，把电能转换成焊接所需的热能使焊料熔化。焊接电弧分为三个区，即阴极区、阳极区和弧柱区。阳极和阴极上电流密度大、温度高、发出光亮的点即为阴极和阳极斑点。在焊接电弧的三个区中，弧柱区的温度最高，但热量大部分以对流的形式散失，对加热工件的贡献较小。阴极区的热量用于对阴极加热，也可用于加热填充材料或工件。阳极区的热量主要也用于加热工件和填充材料，但产热相较于阴极区较少[8]。

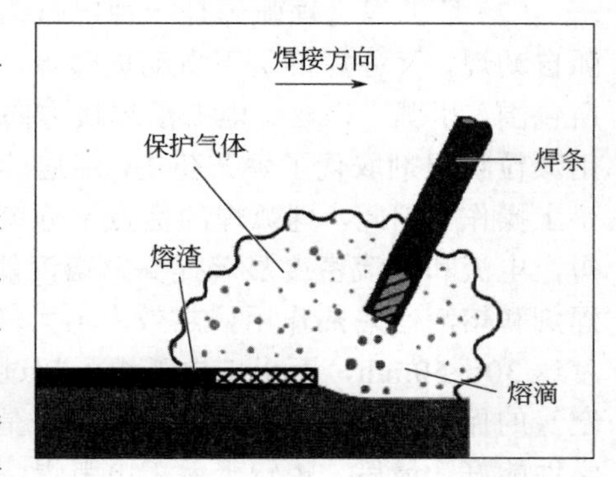

图 4-5 手工电弧焊原理示意图

（1）手工电弧焊 手工电弧焊又称焊条电弧焊，是熔化焊中最基本的焊接方法。如图 4-5 所示，在手工电弧焊的焊接过程中，焊条与工件各为一个电极，电弧在正负极之间产生。焊芯与工件的熔化金属形成焊缝金属，焊条药皮产生的气体和熔渣起保护熔池、稳定电弧和渗入合金的作用。在焊接过程中，电弧长度不可避免地会发生变化，引起焊接电流的变化，从而影响焊缝质量的稳定性。

① 焊条选用原则 在进行手工电弧焊时，要根据工件的物理、力学性能和化学成分选用焊条。对于承受载荷和冲击载荷的工件，除了要保证抗拉强度和屈服强度外，对冲击韧性、塑性均有较高要求，此时应选用低氢型焊条。在酸性焊条和碱性焊条都可以满足的情况下，碱性焊条对操作技术及施工准备要求较高，因此可优先采用酸性焊条。在保证使用性能的前提下，

尽量选择价格低廉的焊条。对焊接工作量大的结构，有条件时应尽量采用高效率焊条，如底层焊条、立向下焊条等专属焊条。

② 工艺参数选择　手工电弧焊的工艺参数选择包括焊条直径、电源种类和极性、焊接电流、焊接电压、焊接速度、焊接层数等。焊条直径是指焊芯直径，一般根据工件厚度选择，同时还要考虑接头形式、施焊位置和焊接层数。对于重要结构还要考虑焊接热输入的要求。一般情况下，焊条直径与工件厚度之间的数值关系如表 4-1 所示。

表 4-1　手工电弧焊的焊条直径与工件厚度的关系

工件厚度/mm	2	3	4～5	6～12	＞13
焊条直径/mm	2	3.2	3.2～4	4～5	4～6

手工电弧焊的焊接电源有直流电和交流电两种，根据焊接工艺和施工条件选用合适的电源。采用交流电焊接时，电弧稳定性差；采用直流电焊接时，电弧稳定、柔顺，飞溅少，但磁偏吹较交流电严重。低氢型焊条稳弧性差，必须采用直流焊接电源，但一般要反接，这是由于熔化焊阴极产热量大，反接比正接熔深大。用小电流焊接薄板时，也常用直流弧焊电源，引弧容易且电弧比较稳定。堆焊时，一般采用正接，以提高焊条的熔覆率和减小熔深。

焊接电流的选择，应根据焊条类型、焊条直径、工件厚度、接头形式、焊接位置层数等因素综合考虑。对于电弧电压与焊接速度的控制，电弧电压主要由电弧长短来决定，电弧长度越长则电弧电压越高。在焊接过程中，应尽量使用短弧焊接，焊接速度应均匀适当，既要焊透又不能焊穿，同时还要使焊缝宽度和余高符合设计要求。在工件厚度较大时，往往需要多层焊。焊接层数主要根据钢板厚度、焊条直径、坡口型式和装配间隙来确定，层数 n 可由工件厚度 δ（mm）和焊条直径 d（mm）的比值 δ/d 来近似估算。

③ 特点与应用　手工电弧焊具有设备简单、应用灵活方便、适用材料广等优点，特别适用于尺寸小、形状复杂、短缝或弯曲焊缝的焊件。虽然生产率不如机械化的电弧焊高，焊缝质量也不太稳定，但仍然是目前电弧焊中应用最普遍的方法，尤其适用于操作不便的场合和短小焊缝的焊接，在修理工作中使用更为方便。

（2）埋弧焊　埋弧焊是一种电弧在焊剂层下燃烧并进行焊接的电弧焊方法，它的全称是埋弧自动焊，又称焊剂层下自动电弧焊，属于渣保护的电弧焊方法。埋弧焊焊接时，电弧被焊剂所包围。引弧、送丝、电弧沿焊接方向移动等过程均由机械完成。与手工电弧焊相比，埋弧焊用颗粒状焊剂取代了焊条药皮，用连续自动送进的焊丝取代了焊芯，用自动焊机取代了焊工的手工操作。因此，埋弧焊的优点十分突出。首先，埋弧焊的生产效率高。埋弧焊的导电长度缩短，电流和电流密度显著提高，熔深能力和熔敷率都大大提高，单面一次焊透能力达 20mm。焊剂和熔渣有隔热作用，热效率大大增加。对于 8～10mm 的钢板对接，埋弧焊的单丝焊接速度达 30～50m/h，而手工电弧焊不超过 6～8m/h。其次，埋弧焊的焊缝质量高。因为熔渣隔绝空气的保护效果好，电弧区主要成分是 CO_2，焊缝中含氮量、含氧量大大降低，所以焊接件力学性能好。最后，相较于手工电弧焊，埋弧焊的劳动强度低、无弧光辐射、噪声小，因此劳动条件好。然而，埋弧焊的缺点也很明显，例如它的适用范围小。基于保护目的而需要堆积颗粒状焊剂，因此自动埋弧焊主要适用于水平面俯位焊缝对接。埋弧焊电弧的电场强度较大，小于 100A 电流时电弧的稳定性较差，因此不适于焊接厚度小于 1mm 的薄板。埋弧焊的焊接材料种类也有限制。目前埋弧焊的焊剂成分主要是 MnO、SiO_2 等金属及非金属氧化物，同手工电弧焊一样难以用来焊接铝、钛等氧化性强的金属及其合金。埋弧焊的机动灵活性也较差。焊接设备比手弧焊复杂，焊接短焊缝体现不出生产效率高的特点，因此只适合于长且规则的焊缝的焊接。

（3）CO_2 气体保护焊　CO_2 气体保护焊是以 CO_2 为保护气体进行焊接的方法。该方法以 CO_2 气体作为保护介质，使电弧及熔池与周围空气隔离，防止空气中氧、氮、氢对熔滴和熔池金属的有害作用，从而获得优良的机械保护性能。

CO_2 气体保护焊具有诸多优点。它的焊接成本低，仅有埋弧焊、焊条电弧焊的 40%～50%。焊接操作简便，生产效率高，是焊条电弧焊的 1～4 倍。焊接过程属于明弧焊接，对工件厚度不限，可进行全位置焊接。CO_2 气体保护焊的焊缝抗裂性能高，焊缝低氢且含氮量也较少，焊后变形较小，其中角变形为 0.5%，不平度只有 0.3%。CO_2 气体保护焊的焊接飞溅小，当采用超低碳合金焊丝或药芯焊丝，或在 CO_2 中加入 Ar，都可以降低焊接飞溅[9]。

（4）氩弧焊　氩弧焊是使用氩气作为保护气体的一种焊接技术，又称为氩气体保护焊，是在电弧焊的周围通上保护气体氩气，将空气隔离在焊区之外，防止焊区的氧化。氩气没有还原性气体或氧化性气体的脱氧或去氢作用，因此对焊前的除油、去锈、去水等工作要求严格，否则易产生氢气孔，影响焊缝质量。氩气的热导率小，而且是单原子气体，高温时不分解吸热，所以电弧热量损失少，燃烧稳定。氩弧焊的电弧直径小，能量集中且电弧稳定，因此焊接过程易控制，焊接变形小。采用明弧操作，无熔渣，易观察焊缝成形，气体保护效果较好，可实现全位置焊接。惰性气体保护使得氩弧焊适合于各类金属材料的焊接，尤其是易氧化的非铁合金以及锆、钼等稀有金属的焊接。氩弧焊的缺点同样明显，使用的氩气要求纯度达 99.9%，成本较高，保护气流易受环境因素干扰，只适宜在室内作业。此外，氩气没有脱氧除氢作用，焊前清理要求严格。

4.5.2.3　高能束焊

（1）激光焊　激光焊接是一种以聚焦的激光束作为能源轰击焊件所产生的热量进行焊接的方法，是激光材料加工技术应用的重要方面之一。激光焊接过程属热传导型，即激光辐射加热工件表面，表面热量通过热传导向内部扩散，通过控制激光脉冲的宽度、能量、峰值功率和重复频率等参数，使工件熔化后形成特定的熔池。由于其独特的优点，已成功应用于微、小型零件的精密焊接中。

激光焊接的优点十分明显。激光焊可将热量降到最低的需要量，热影响区范围小，热传导所导致的变形亦最低。激光焊接不需使用电极，没有电极污染或受损的顾虑。由于不属于接触式焊接，因此机具的耗损及变形可降至最低。激光束易于聚焦、对准及受光学仪器所导引，可放置在离工件适当的距离，且可在工件周围的机具或障碍间再次导引，而其他焊接法则因受到上述的空间限制而无法有效发挥。激光焊接工件可放置在经抽真空或在内部气体环境控制下封闭的空间内。由于激光束可聚焦在很小的区域，因此可焊接小型且间隔相近的部件，可焊材质种类范围大，可相互接合各种异质材料。激光焊接易于自动化高速焊接，也可以数控焊接，焊接薄材或细径线材时不会像电弧焊接一样出现回熔现象。激光焊接可焊接不同物性（如不同电阻）的两种金属，不需真空，亦不需做 X 射线防护。

激光焊接在上述优点明显的同时其焊接缺点也不容忽略。激光焊接时焊件位置需非常精确，必须在激光束的聚焦范围内。需要使用夹具时必须确保焊件的最终位置与激光束将冲击的焊点对准。激光焊接的最大可焊厚度受到限制，生产线上不适合使用激光焊接。对于高反射性及高导热性材料如铝、铜及其合金等，焊接性会受到影响。此外，激光焊接的能量转换效率低（通常低于 10%），焊道快速凝固时会出现气孔及脆化，焊接设备昂贵，所需投资大[10]。

（2）等离子弧焊　等离子弧焊是指利用等离子弧高能量密度束流作为焊接热源的熔焊方法。气体由电弧加热产生离解，在高速通过水冷喷嘴时受到压缩，增大能量密度和离解度，形成等离子弧。焊接时离子气和保护气均为氩气，所用电极一般为钨电极，有时还需填充金属，一般均采用直流正接法（钨棒接负极），故等离子弧焊接实质上是一种具有压缩效应的钨极气体保护焊。

等离子弧焊的稳定性、发热量和温度都高于一般的电弧焊接，因而具有较大的熔透力和焊接速度。微束等离子弧焊接可以焊接箔材和薄板。等离子弧焊接具有小孔效应，能较好实现单面焊双面自由成形。等离子弧的能量密度大，弧柱温度高，穿透能力强，能实现 10～12mm 钢材不开坡口焊接，可一次焊透双面成形，焊接速度快，生产率高，应力变形小。然而等离子弧焊接的设备比较复杂，气体耗量大，对工件的洁净要求严格，只宜于室内焊接[11]。

（3）真空电子束焊　真空电子束焊是利用定向高速运动的电子束流撞击工件使动能转化为热能而使工件熔化，形成焊缝。电子束发生器中的阴极加热到一定的温度时逸出电子，电子在高压电场中被加速，通过电磁透镜聚焦后，形成能量密集度极高的电子束。当电子束轰击焊接表面时，电子的动能大部分转变为热能，使焊接件的结合处的金属熔融，而周围的材料不会受到热影响。当焊件移动时，在焊件结合处形成一条连续的焊缝。由于真空电子束具有深度熔化的效应，所以能够加工出既窄又深的焊缝。电子束可以很容易进行偏转，因此能够进行精确的控制。

真空电子束焊接能焊接不同的金属及合金材料，难熔金属也可以焊接。电子束可以精确地确定焊缝的位置，最大穿透深度可达 300mm，焊接直径可达 400mm。电子束焊接的焊缝化学成分纯净，焊接接头强度高、质量好。电子束焊接所需线能量小，因而焊接速度高，热影响区小，焊件变形小，除一般焊接外还可以对精加工后的零部件进行焊接。真空电子束焊接已广泛应用于石油、化工、机械、仪器仪表、精密加工等行业[12]。

4.5.2.4　电渣焊

电渣焊是利用电流通过熔渣所产生的电阻热作为热源，将填充金属和母材熔化，凝固后形成金属原子间牢固连接。电渣焊主要用于焊接厚度 40mm 以上的厚板，是焊接厚板的传统方法。在开始焊接时，使焊丝与起焊槽短路起弧，不断加入少量固体焊剂，利用电弧热量使之熔化形成液态熔渣，待熔渣达到一定深度时，增加焊丝送进速度，并降低电压，使焊丝插入渣池，电弧熄灭，从而实现焊接[13]。电渣焊主要有熔嘴电渣焊、非熔嘴电渣焊、丝极电渣焊、板极电渣焊等。它的缺点是输入的热量大，接头在高温下停留时间长，焊缝附近容易过热，焊缝金属呈粗大结晶的铸态组织，冲击韧性低，焊件在焊后一般需要进行正火和回火热处理，或者在焊接过程中添加特殊的金属元素，从而改善韧性、细化晶粒[14]。

4.5.3　钎焊

钎焊是采用熔点比母材低的金属作钎料，将焊件加热到高于钎料熔点、低于母材熔点的温度，使熔融状态的钎料填充接头间隙，与母材产生相互扩散，冷却后实现焊件连接的方法，属于固相连接。钎焊形成的焊缝称为钎缝，钎焊所用的填充金属称为钎料。较之熔焊，钎焊时母材不熔化而仅钎料熔化。较之压焊，钎焊时不对焊件施加压力。

4.5.3.1　分类与特点

根据钎料熔点的不同，钎焊可分为硬钎焊和软钎焊。使用硬钎料的钎焊即为硬钎焊。常用的硬钎料有铜、银、镍、铝等钎料，它们的熔点高于 450℃，接头强度高于 200MPa，主要用于受力较大、工作温度较高的工件焊接，如刀具、冰箱压缩机管道等。使用软钎料的钎焊即为软钎焊。软钎料多采用锡-铅合金，熔点低于 450℃，接头强度小于 70MPa，主要用于工作温度较低的焊件，如各种电器导线的连接、仪表仪器元件的焊接等。软钎焊时不需熔化金属工件，直接在要连接的部分加热使焊料熔化，通过毛细现象流到接合处，浸润并使得工件结合。

在进行钎焊时，焊件是依靠熔化的钎料凝固后连接起来的，因此钎焊接头的质量在很大程度上取决于钎料。为了满足工艺要求和获得高质量的钎焊接头，钎料应具有合适的熔点，至少应比母材低几十摄氏度，熔点过于接近母材会使得钎焊过程不易控制，甚至导致母材晶粒长大、过烧以及局部熔化。钎料应具有良好的润湿性，能充分填满钎缝间隙。钎料与母材之间能有适当的相互作用，保证形成牢固的结合。钎料应具有稳定和均匀的成分，尽量减少偏析和易挥发元素的损耗。使用钎料进行焊接所得到的接头应能满足产品的性能要求，如力学性能（常温、高温或低温下的强度、塑性、冲击韧性等）和物理化学性能（导电、导热、抗氧化性、抗腐蚀性等）等的要求。

和其他焊接方法相比，钎焊温度低，焊接应力与变形小，尺寸精确，可焊多种材料，如各种钢、铸铁、硬质合金、石墨、陶瓷、玻璃等。钎焊可焊接各种精密、微型复杂结构和封闭结构，多条焊缝可一次焊成。钎焊的不足之处是接头强度较低，工作温度受钎料熔点限制，对焊前清理、装配前准备工作等要求较高。

4.5.3.2　烙铁钎焊

烙铁钎焊是利用烙铁工作部即烙铁头积聚的热量来熔化钎料，并加热焊接处的母材而形成焊接接头的一种软钎焊方法。烙铁种类甚多，结构也各不相同。目前最广泛使用的是电烙铁，本身具备恒定的热源，使烙铁头的温度保持在一定范围内，可以连续工作。电烙铁所用的加热元件有两种，一种是绕在云母或其他绝缘材料上的镍铬丝，另一种是陶瓷加热器。电烙铁分为内热式和外热式两种。内热式电烙铁加热器寿命长，热效率和绝缘电阻高，相同功率下其外形比外热式小巧，特别适合于钎焊电子器件。烙铁的工作部为烙铁头，是顶端呈楔形等形状的金属杆或金属块，通常采用紫铜制作，导热好，易被钎料润湿，但也易被钎料溶蚀，不耐高温氧化。为了克服这些缺点，可在铜制烙铁头表面均匀镀上一层厚度为0.2～0.6mm的铁。由于铁不易溶于锡，因而与一般的铜烙铁头相比，这种镀铁烙铁头的寿命可延长20～50倍。为了改善对钎料的黏附能力，镀铁烙铁头的工作面可进一步镀银或锡。

烙铁钎焊时，应根据焊件的质量大小选用相应电功率的烙铁，确保必要的加热速度和钎焊质量。用烙铁进行钎焊时，钎料常以丝材或棒材的形式手工进给到钎接处，直至钎料完全填满间隙，并沿钎缝另一边形成圆滑的钎角为止。烙铁钎焊一般采用钎剂去膜。钎剂可以单独使用，但在电子工业中大多选用松香芯钎料丝。在钎焊某些金属时，烙铁钎焊可采用刮擦或超声波的去膜方法。烙铁钎焊大多为手工操作，烙铁的质量不能太大，通常限制在1kg以下。因此烙铁钎焊只适用于以软钎料焊接薄件和小件，在电子、仪器仪表等工业领域有着广泛应用。

4.5.4　压焊

压焊也称为压力焊，是焊接过程中对焊件施加压力（加热或不加热）以完成焊接的方法。压焊是焊接科学技术的重要组成之一，锻焊、接触焊、摩擦焊、气压焊、冷压焊、爆炸焊等都属于压焊范畴。压焊已广泛应用于航空、航天、原子能、电子技术、汽车制造及轻工业等领域。

4.5.4.1　电阻焊

电阻焊是焊件组合后通过电极施加压力，利用电流通过接头的接触面及邻近区域产生的电阻热进行焊接的方法。电阻焊的物理本质是利用焊接区金属本身的电阻热和大量塑性变形能量，使两个分离表面的金属原子之间接近到晶格距离，形成金属键，在结合面上产生足够量的共同晶粒而得到焊点、焊缝或对接接头。电阻焊与其他连接方法相比，具有接头质量高、辅助工序少、无须添加焊接填料及文明生产等优点，尤其易于机械化、自动化，生产效率高，经济效益显著。电阻焊的缺点是接头质量的无损检验有较大局限性，有时不得不采用破坏性检验，另外焊接设备复杂，维修困难，一次性投资较高。电阻焊按接头形式可分为搭接电阻焊和对接电阻焊，按工艺特点则分为点焊、缝焊、凸焊和对焊，按所使用的电流特征又可分为交流焊、直流焊和脉冲焊。

（1）点焊　点焊是指焊接时利用柱状电极，在两块搭接工件接触面之间形成焊点的焊接方法，主要用于薄板结构及钢筋等的焊接。点焊通常分为双面点焊和单面点焊两大类。双面点焊时，电极由工件的两侧向焊接处馈电，这时工件的两侧均有电极压痕。点焊的主要特点是对连接区的加热时间很短，焊接速度快；只消耗电能，不需要填充材料或焊剂、气体等；操作简单，机械化和自动化程度高，生产率高；劳动强度低，劳动条件好[15]。

（2）缝焊　缝焊是指工件在两个旋转的盘状电极（滚盘）间通过，形成一条焊点前后搭接的连续焊缝，其特点是在被焊工件的接触面之间形成多个连续的焊点。缝焊过程与点焊类似，可以看成连续的点焊。缝焊焊缝平整，有较高的强度和气密性，常用于焊接密闭的薄壁容器。但缝焊时由于相邻焊点间隔很小，易形成分流现象，为避免该现象，被焊材料不能太厚，一般应小于 3mm。按滚盘转动与馈电方式，缝焊可分为连续缝焊、断续缝焊和步进缝焊，按接头形式缝焊可分为压平缝焊、垫箔对接缝焊、搭接缝焊、铜线电极缝焊等，它们各有特点。

① 连续缝焊　连续缝焊时滚盘连续转动，电流不断通过工件。这种方法易使工件表面过热，电极磨损严重而很少使用，但是在高速缝焊时（4～15m/min），50Hz 交流电的每半周将形成一个焊点，交流电过零时相当于休止时间，类似于断续缝焊，因此在制缸、制桶工业中获得应用。

② 断续缝焊　断续缝焊时滚盘连续转动，电流断续通过工件，形成的焊缝由彼此搭叠的熔核组成。由于电流断续通过，在休止时间内滚盘和工件得以冷却，因而可以提高滚盘寿命，减小热影响区宽度和工件变形，获得较优的焊接质量。

③ 步进缝焊　步进缝焊时滚盘断续转动，电流在工件不动时通过工件，由于金属的熔化和结晶均在滚盘不动时进行，改善了散热和压固条件，因而可以更有效地提高焊接质量，延长滚盘寿命。

④ 压平缝焊　压平缝焊时的搭接量比一般缝焊要小得多，约为板厚的 1～1.5 倍，焊接的同时压平接头，焊后的接头厚度为板厚的 1.2～1.5 倍。通常采用圆柱形面的滚盘，其宽度应全部覆盖接头的搭接部分。焊接时要使用较大的焊接压力和连续的电流。为了获得稳定的焊接质量，必须精确控制搭接量。通常要将工件牢固夹紧或用定位焊预先固定。这种方法可以获得具有良好外观的焊缝，常用于低碳钢和不锈钢制成的食品容器和冷冻机衬套等产品的焊接。

⑤ 垫箔对接缝焊　垫箔对接缝焊是解决厚板缝焊的一种方法。当板厚达 3mm 时，若采用常规搭接缝焊，就必须用很慢的焊接速度、较大的焊接电流和电极压力，会引起工件表面过热和电极黏附，致使焊接困难。采用垫箔对接缝焊的优点是接头有较平缓的加强高，外观良好，不管板厚如何箔带厚度均相同，不易产生飞溅，焊接区变形小。该方法的缺点是对接精度要求高，焊接时必须将箔带铺垫于滚盘与工件间，增加了自动化的困难。

（3）凸焊　凸焊是在工件的贴合面上预先加工出一个或多个凸点，使其与另一工件表面相接触并通电加热，然后施加载荷，使接触点形成焊点的电阻焊方法。通电后凸起点被加热，加压后被压塌随后形成焊点。由于凸起点是点接触，因此提高了凸焊时焊点的压力，并使焊接电流比较集中，所以凸焊可以焊接厚度相差大的工件，焊点距离能设计得比较小，多点凸焊可以提高生产效率。凸焊的主要优点是可以同时在焊机的一道工序里进行数个焊点的焊接，仅受到调节电流和压力控制能力的限制。凸焊中使用的电极接触面大于其凸起，也大于点焊电极接触面，因此电流密度较小，电极维护也少于点焊电极。凸焊时凸起大小和位置可灵活选择，与焊接工件厚度之比可大于6，而厚度之比大于3的工件难以进行点焊。凸焊的缺点是在工件上形成凸起时会增加额外工序。当用同一个电极一次进行多个焊点的焊接时，工件的对准和凸起的尺寸尤其是高度必须控制在严格公差里，才能获得均匀一致的焊点质量[16]。

（4）对焊　对焊即对接电阻焊，是利用电阻热将两工件沿整个端面同时焊接起来的一类电阻焊方法。对焊分为电阻对焊和闪光对焊两种。电阻对焊是将焊件装配成对接接头，使其端面紧密接触，利用强电流通过接头时产生电阻热，将金属加热至塑性状态，迅速施加顶锻力完成焊接的方法。这种方法接头性能较差，多用于接头强度和质量要求不高、直径小于20mm的棒料或管材等构件的焊接，焊前要仔细清理端面，焊件截面形状应尽量保持相同，圆棒直径、方料边长、管子壁厚之差不应超过15%。

闪光对焊是将两个焊件相对放置装配成对接接头，接通电源并使其端面逐渐接近达到局部接触，利用电阻热加热这些触点并产生闪光，使端面金属接触点熔化，直至端部在一定深度范围内达到预定温度时迅速施加顶锻力，依靠焊接区金属本身的高温塑性变形和电阻热，使两个分离表面的金属原子之间接近到晶格距离而形成金属键，在结合面上产生足够量的共同晶粒而得到永久接头。闪光对焊又可分为连续闪光对焊和预热闪光对焊。连续闪光对焊由闪光阶段和顶锻阶段组成。预热闪光对焊只是在闪光阶段前增加了预热阶段。闪光对焊热效率高，焊接质量好，可焊金属和合金的范围广，不但可以焊接紧凑截面，而且可以焊接展开截面的焊件如型钢、薄板等，因此广泛应用于机电、建筑、铁路、石油钻探和冶金等工业领域。

4.5.4.2　摩擦焊

摩擦焊是一种压焊方法，它是在外力作用下利用工件间相对摩擦运动和塑性流动产生的热量，使接触面以及邻近金属达到塑性状态并产生适当的宏观塑性变形，通过两侧材料间的相互扩散和动态再结晶而完成焊接（图4-6）。摩擦焊时，热量集中在接合面处，因此热影响区窄。两表面间须施加压力，多数情况是在加热终止时增大压力，使金属受顶锻而结合，但一般结合面并不熔化。

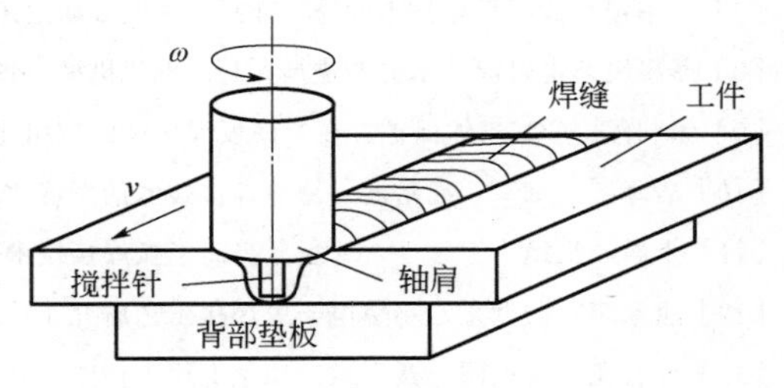

图4-6　摩擦焊原理示意图

摩擦焊的接头质量好且稳定。焊接过程由机器控制，参数设定后焊接过程容易监控，重复性好，不依赖于操作人员技术水平和工作态度。焊接过程不发生熔化，属固相热压焊，接头为锻造组织，因此焊缝不会出现气孔、偏析和夹杂、裂纹等铸造组织的结晶缺陷。焊接接头强度远大于熔焊、钎焊的强度，达到甚至超过母材的强度。摩擦焊对焊件准备通常要求不高，焊接设备容易自动化，可在流水线上生产，每件焊接时间以秒计，一般只需零点几秒至几十秒，是其它焊接方法如熔焊、钎焊不能相比的，因此焊接效率高。摩擦焊特别适合异种材料的焊接，如钢和紫铜、钢和铝、钢和黄铜等。此外，摩擦焊还节能、节材、低耗，焊接过程不产生烟尘和有害气体，不产生飞溅、弧光、火花和放射线，因此环保无污染。

目前摩擦焊工艺方法已由传统的几种形式发展到二十多种，极大地扩展了摩擦焊接的应用领域。被焊零件的形状由典型的圆截面扩展到非圆截面（线性摩擦焊）和板材（搅拌摩擦焊），所焊材料由传统的金属材料拓宽到粉末合金、复合材料、功能材料、难熔材料以及陶瓷-金属等新型及异种材料领域[17]。

4.5.4.3 爆炸焊

爆炸焊是利用炸药爆炸产生的冲击力造成工件迅速碰撞而实现焊接的方法，主要用于焊接两种性能差异较大的异种金属，使焊接性得到提高。20世纪 50年代末期，在用爆炸成型方法加工零件时发现零件与模具之间产生了局部焊合的现象，由此产生了爆炸焊接的方法。爆炸焊接时通常把炸药直接涂敷在覆板表面，或在炸药与覆板之间垫以塑料、橡胶作为缓冲层。覆板与基板之间一般留有平行间隙或带角度的间隙，在基板下垫以厚砧座。炸药引爆后的高压冲击波使覆板撞向基板，两板接触面产生塑性流动和高速射流，结合面的氧化膜在高速射流作用下喷射出来，同时使工件连接在一起。爆炸焊分点焊、线焊和面焊，接头有板和板、管和管、管和管板等形式，所使用炸药的爆轰速度、用药量、被焊板的间隙和角度、缓冲材料的种类和厚度、被焊材料的声速、起爆位置等均对焊接质量有重要影响。爆炸焊所需装置简单，操作方便，成本低廉，适用于野外作业。爆炸焊对工件表面清理要求不严格，但结合强度却比较高，适合于焊接异种金属。

参考文献

[1] 成大先主编．机械设计手册：第2卷［M］．5版．北京：化学工业出版社，2007.

[2] 徐灏主编．机械设计手册［M］．2版．北京：机械工业出版社，2000.

[3] 苏鸿英．自攻铆接技术——轻金属连接方法［J］．世界有色金属，2004（03）：50-51.

[4] 苏维国，穆志韬，朱做涛，孔光明．金属裂纹板复合材料单面胶接修补结构应力分析［J］．复合材料学报，2014，31（03）：772-780.

[5] 黄发荣，方俊．聚乙烯与铝材的粘结研究［J］．化学与粘合，1999（01）：23-24，28.

[6] 许巍，魏悦广．胶接体系的胶接强度、粘结能及损伤破坏研究［J］．固体力学学报，2011，32（S1）：194-201.

[7] 许华银．浅析焊接技术的应用［J］．中国高新技术企业，2015（18）：63-64.

[8] 彭惠民．电弧焊技术的新进展［J］．现代机械，1991（03）：27-31.

[9] 张利萍．CO_2气体保护焊在中厚板焊接中的应用［J］．电站辅机，2009，30（04）：31-34，47.

[10] 潘际銮，郑军，屈岳波．激光焊接技术的发展［J］．焊接，2009（2）：1-4.

[11] 朱晨，张伟，王志平，邹慧．等离子弧焊接技术及其应用展望［J］．焊接技术，2011，40（10）：3-5.

[12] 唐家鹏，关世玺．真空电子束焊接工艺研究［J］．新技术新工艺，2009（01）：55-57.

[13] 邱言龙，雷振国，聂正斌．巧学电焊工技能［M］．北京：中国电力出版社，2016.

[14] 李金华．电渣焊技术在钢轨焊接中的应用［J］．焊接技术，2017，46（12）：43-47.

[15] 郑勐，雷小强．机电工程训练基础教程［M］．2版．北京：清华大学出版社，2015.

[16] 张应立．特种焊接技术［M］．北京：金盾出版社，2012．12

[17] 张华，林三宝，吴林，冯吉才，栾国红．搅拌摩擦焊研究进展及前景展望［J］．焊接学报，2003（03）：91-97.

5 金属热处理

5.1 概述

各种金属材料在人们的生活中具有不可替代的地位。为了使得这些金属材料满足各种各样的性能需求，热处理工艺发挥了极其重要的作用。所谓的金属热处理工艺，就是借助一定的热作用来人为改变金属材料的内部微观组织，进而得到所需性能。在所有金属产品的制备生产过程中，热处理工艺是必不可少的环节。

5.1.1 金属性能

金属性能是金属的力学性能、物理性能、化学性能和工艺性能等的总称。借助热处理工艺，可以改善金属材料性能，从而满足对于金属材料性能的需求。

5.1.1.1 物理性能和化学性能

金属材料的物理性能主要有密度、熔点、热膨胀性、导热性、导电性和磁性等。由于机器零件用途不同，对其物理性能要求也有所不同。例如，飞机零件常选用密度小的铝、镁、钛合金来制造，设计电机、电器零件时常要考虑金属材料导电性等。金属材料的物理性能对加工工艺也有一定影响。例如，高速钢的导热性较差，锻造时应采用低的速度来加热升温，否则容易产生裂纹，又如锡基轴承合金、铸铁和铸钢的熔点不同，故所选的熔炼设备、铸型材料等均有很大的不同。

金属材料的化学性能主要是在常温或者高温环境下抵抗各种介质侵蚀的能力，如耐酸性、碱性、抗氧化性等。这些性能中最重要的就是耐腐蚀性和高温抗氧化性，通过热处理可以改变成分分布、组织结构，从而提高材料的耐蚀性和高温抗氧化性能。对于在腐蚀介质中或在高温环境下工作的零件，它们的腐蚀情况会变得更加严重，所以在设计这种类型工件的时候，就应该特别注意金属的化学性能，尽可能使用一些化学稳定性良好的合金材料。

5.1.1.2 力学性能

力学性能是金属材料主要的使用性能，它是指材料在力作用下显示的与弹性和非弹性相关或包含应力-应变关系的性能。常用的力学性能指标主要有强度、塑性、硬度和韧性等。通过热处理工艺，可以显著提高材料的强度、硬度等，满足部件服役过程中的要求，从而提高部件使用寿命。

5.1.1.3 工艺性能

工艺性能是指某种金属材料的物化性能等主要性能在工业上的加工过程中的一个综合反映，简单地说就是是否可以比较容易地进行冷、热加工等的性能。金属材料可以通过铸造、焊接、塑性加工或者切削等方式加工成型，通过热处理来改变组织、性能和内应力的状态。良好的工艺性能不但能保证工艺顺利进行，还能降低它的加工成本，因此在设计某种零件或者选择工艺方法的时候，还要综合考虑金属材料的工艺性能。例如，灰铸铁铸造性能优良，广泛地用来制造铸件，但是它的可锻性能、焊接性能差，不能进行锻造。低碳钢的焊接性能非常优良，因此焊接结构更为广泛地采用低碳钢。

5.1.2 热处理原理

从广义上说，所谓的“热处理”其实是指改变金属产品的力学性能、冶金组织或残余应力状态的任何加热和冷却操作。例如铝合金热处理，通常仅指选用某一热处理规范，对铝合金加热速度进行控制，在温度升至某一适宜温度时，保持该温度一定时间即保温一段时间，并以一定的速度冷却，从而改变其合金的组织，进而改善铝合金材料内在质量，达到赋予或改善其使用性能的目的。从本质上而言，热处理其实是一种人为的控制金属产品的加热和冷却的过程，其目的大致可概括为：提高铸件的力学性能，保证优良的工艺塑性，提高合金的强度和抗拉强度，改善合金的切削加工性能等；消除因铸件壁厚不均匀、快速冷却等造成的内应力；确保铸件的尺寸和组织的稳定性，消除因高温引起相变产生体积胀大的现象；消除偏析和针状组织，改善合金的组织和力学性能[1]。

金属热处理工艺包括了五个要素，分别是加热介质、加热速率、加热温度、保温时间和冷却速率。在氧化性的气体介质中进行加热，会使工件表面发生氧化现象，对于钢铁材料还可能使其产生脱碳缺陷，进一步降低表面的含碳量。在一些特殊的介质环境中对钢件进行加热，使其表面能够掺入一些具有特殊功能的合金元素。加热速率的不同会导致温度不同，继而材料微观组织可能也会发生相应的改变。例如，对钢铁进行较快速率加热时就会得到过于巨大的奥氏体晶粒，影响材料的使用性能。所以，对于过于巨大的金属工件不能采取较高的速率来进行加热。通过保温可以使金属材料接近于热力学平衡状态，使得其成分逐步均匀化，并且降低其位错密度，相变进行得更加充分。加热温度一般是要根据热处理的目的以及平衡相图来决定，而保温时间一般可以根据实验或者经验确定。对于冷却过程中会发生相变的热处理工件来说，通过合理地控制其冷却速率就会获得所期望达到的性能。

5.1.3 热处理工艺分类

根据加热和冷却方式及组织、性能变化特点的不同，金属热处理大致上可以划分为整体热处理、表面热处理以及化学热处理三类（见图 5-1）。就同一种材质的零件来说，对其采取不同的金属热处理工艺，可以获得不同的组织，从而获得不同的性能。

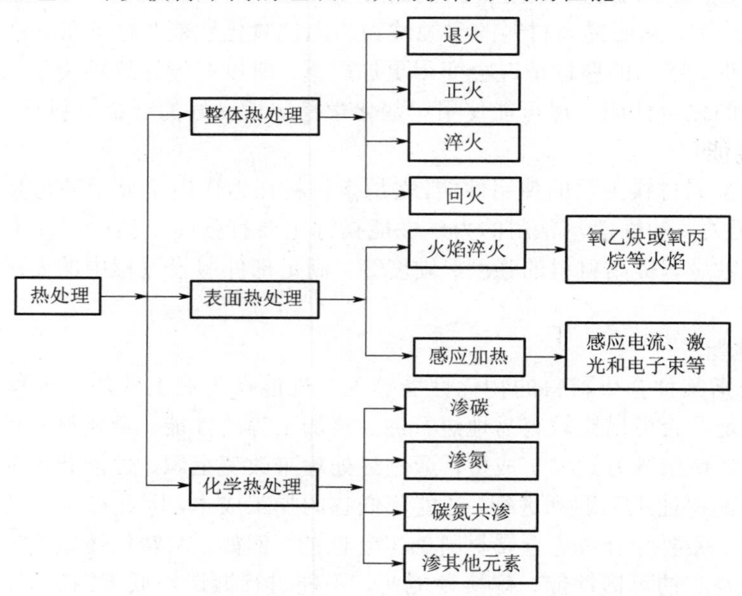

图 5-1 金属热处理分类[2]

5.2 金属热处理

5.2.1 钢的热处理

为了获得钢所需要的性能，需要对钢进行热处理。通过热处理可以改变钢铁材料显微组织，从而改善钢的性能以满足实际需要[3]。一般对钢铁采用的热处理工艺方法主要有退火、正火、淬火、回火以及钢的表面热处理[4]。图 5-2 是钢铁热处理的相变临界温度和过热度、过冷度示意图。

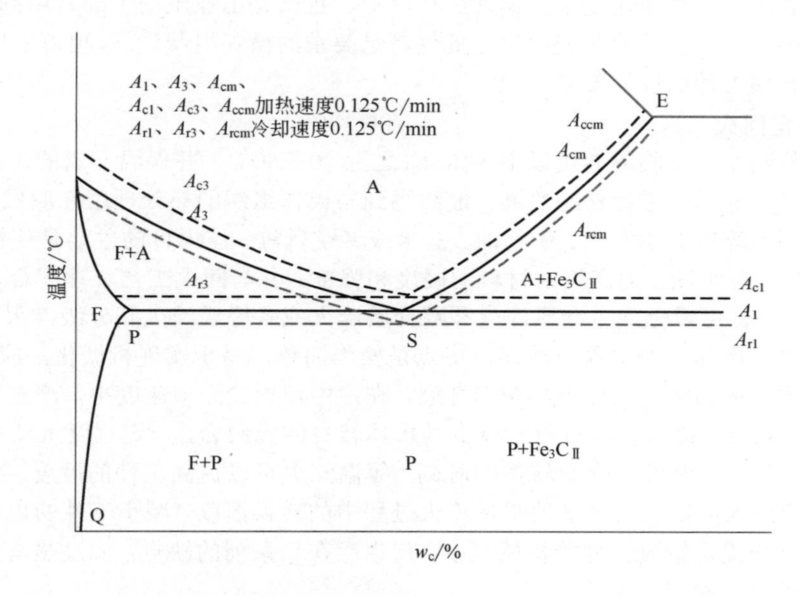

图 5-2 钢铁的相变临界温度和过热度、过冷度示意图

A_1、A_3、A_{cm} 是指钢材在无限缓慢的过程中，进行加热或者冷却的理论相变临界温度，与实际情况下是不相同的，所以在对工件进行加热时就需要过热度的存在，其实际情况的相变临界点就以 A_{c1}、A_{c3}、A_{ccm} 表示。与加热相对应的，工件在冷却时的相变临界点就使用 A_{r1}、A_{r3}、A_{rcm} 来表示。

5.2.1.1 退火与正火

退火是将钢件加热到适当温度，根据材料和工件尺寸采用不同保温时间，然后缓慢冷却（一般是随炉冷却）的一种热处理工艺[4]。具体方法是将金属工件升温至相变临界温度 A_{c3} 以上 30～50℃之后，保持一段时间后缓慢冷却。

退火的目的是使得组织从非平衡向平衡态过渡，使得钢铁的化学成分和组织均匀化，从而使金属工件能够得到更加良好的使用性能，为之后的淬火工艺做准备。退火能够使工件发生以下变化：消除铸造偏析等不利影响，同时消除内应力；进一步稳定工件尺寸，减少甚至避免变形现象发生；提高塑性，降低硬度，增强工件的切削性能，更加容易地进行冷变形加工；消除工件的过热组织，有利于重新进行淬火。退火工艺可以按照冷却方式的不同划分为等温退火、连续冷却退火以及临界区的快冷之后的缓冷退火，也可以按照工件的退火面积分为整体或者局部退火，或者按照工件的表面状态的不同可以区别为黑皮退火或者光亮退火等。在工业生产中，退火工艺适用于碳素工具钢、合金工具钢以及高速钢的焊接件、锻件等，一般会在毛坯状态下进行退火。

正火工艺是指将金属工件加热到一个适宜的温度之后，在空气中冷却的工艺方法。对金属材料进行的正火工艺的效果和退火工艺是非常相似的，但工艺有所不同，主要区别在于冷却速度的快慢。正火的冷却速度较快，过冷度大，因而得到的转变产物组织比较细小，力学性能较高，且正火比退火生产周期短，成本低，操作方便，故在可能的条件下应优先采用正火。但在零件形状较复杂时，由于正火冷却速度较快，有引起开裂的危险，则采用退火为宜[4]。正火工艺的具体操作是首先将钢件升温到 A_{c3} 之上 30～50℃区间，在经过一段时间的保温之后，采用比退火工艺稍高一些的冷却速度来对钢件进行冷却。正火是工业生产中经常用到的工艺之一，可以作为预备热处理给之后的热处理工艺提供满足要求的微观组织状态，也可以用作最终热处理以满足一些金属工件的性能要求。

5.2.1.2 淬火和回火

将钢材加热到某一个临界温度以上（如 A_{c3} 之上 30～50℃）并保温一定的时间，随后将工件以一定的速度在介质中进行快速冷却，最终得到马氏体组织的热处理工艺叫做淬火[5]。工业上经常可以用到的淬冷介质有水、矿物油、盐水或者空气等。淬火目的主要是使钢铁材料获得马氏体（或贝氏体）组织，提高钢铁材料的硬度和强度，并与回火工艺合理配合，获得需要的使用性能。淬火工艺可以分成单介质淬火和双介质淬火或者等温淬火和分级淬火。单介质淬火工件在一种介质中冷却，如水淬、油淬，优点是操作简单，易于实现机械化，应用较为广泛，缺点是在水中淬火应力大，工件容易变形开裂，在油中淬火，冷却速度小，淬透直径小，大型工件不易淬透。双介质淬火可以有效地减少马氏体转变的内应力，一定程度上减小工件变形开裂的倾向，缺点是很难掌握双介质转换的时刻。等温淬火可以提高工件的硬度、韧性、强度以及耐磨性。分级淬火可以较为精确地掌握淬火过程中的转换温度，减小工件的内应力。淬火工艺虽然可以明显地提高钢质工件的机械强度，但也存在一系列的缺点，如过热与过烧、变形与开裂、氧化与脱碳、硬度不足等。

回火工艺是指将金属工件淬硬后，再升温到 A_{c1} 以下的某个温度，然后经过一定时间保温，最后再把工件冷却到室温的一种热处理工艺。回火工艺主要目的：一是可以消除金属工件在淬火时所产生的不可避免的残余应力，进一步防止材料变形或者开裂等缺陷；二是调整工件的强度和韧性等力学性能，使其能够达到工业上的使用要求；三是可以稳定工件的组织与尺寸，保证处理精度，提高加工性能。由于回火往往与淬火相伴，通常也是工件热处理工艺的最后一道工序，因此通过淬火工艺和回火工艺的高效配合可以更有效地获得所需要的力学性能。

按照回火温度范围，回火工艺可以分为低温回火、中温回火以及高温回火。低温回火法亦称低温预回火法，是指在较低温度（150～250℃）下进行热处理的操作，其目的是要保持淬火之后的工件具有比较高的耐磨性以及硬度，同时也可以有效降低淬火工艺之后的残余应力等缺陷。回火之后可以得到回火马氏体，这是淬火马氏体在经过了低温回火之后的微观组织。回火之后可以得到具有较高的硬度以及耐磨性等综合性能的金属工件[6]。低温回火可广泛应用于各种钢制模具、轴承以及需要表面淬火的工件等。工件在 350～500℃之间进行的回火为中温回火。其目的是使金属工件得到比较高的弹性以及合适的韧性。回火后得到回火屈氏体，指的是马氏体回火时形成的铁素体基体内分布着极其细小球状碳化物（或渗碳体）的复相组织，回火之后可以得到具有较高的硬度以及耐磨性等综合性能的金属工件。中温回火主要可以应用于锻模、弹簧或者冲击工具等。高温回火指的是金属工件在 500～650℃这个温度范围及以上进行的回火。其目的是得到强度、塑性和韧性都较好的综合力学性能。回火后得到回火索氏体，具备比较优异的综合力学性能。高温回火广泛用于各种较重要的受力结构件，例如螺栓以及轴类零件等。

归纳总结钢材的热处理工艺，退火工艺是要进行炉冷，预期达到的效果是使材料软化；正火需要的是气冷，使材料获得硬化的效果；淬火工艺是把加热后的金属材料置于淬火介质中冷却使其硬化；回火一般作为最后一道工序是要对材料进行气冷并实现韧化效果。四种热处理工艺曲线如图 5-3 所示。

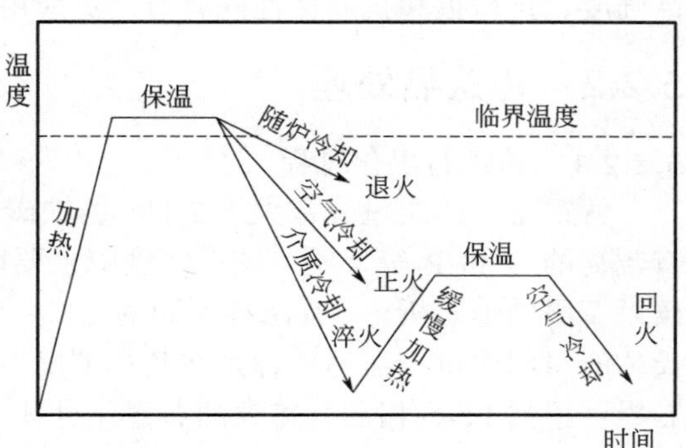

图 5-3 热处理工艺曲线示意图

5.2.1.3 表面淬火

表面淬火是将工件的表面层淬硬到一定深度，而心部仍保持未淬火状态的一种局部淬火法[7]。感应加热和火焰加热是表面淬火常用的两种方法。感应加热法是将金属工件放在通有交流电的感应线圈里，在交变磁场中利用电磁感应现象来促使工件切割磁感线进行加热，最后工件的表面经过了快速升温以后迅速冷却。生产率高、加热速度快是感应加热表面淬火的特点，表面获得的硬度比普通淬火法要高，容易控制淬火层，机械化和自动化在淬火过程中比较容易实现，缺点是设备的费用高且在维修调整方面比较困难，适用于大批量生产[8]。火焰加热表面淬火法是将钢的表面用氧炔焰快速加热到淬火温度，在心部温度很低的情况下对表面用水或乳化液做喷射急冷处理，表层会获得大约 2～6mm 的高硬度马氏体组织。这个方法的特点是不需要特殊设备，操作简便，但容易造成零件表面过热，很难控制质量且生产率较低，一般用于单件、大件或小批量生产。为了提高工件中心部分的综合力学性能，可以在表面淬火之前先进行调质处理。

5.2.1.4 化学热处理

化学热处理是指将工件置于一定温度的活性介质中保温，使一种或几种元素渗入表层以改变其化学成分、组织和性能的热处理工艺。与其它热处理工艺相比，化学热处理的主要特点是不仅改变钢表层的组织，而且表层的化学成分也发生了变化，因而使工件表面具有某些特殊的力学或物理化学性能，如高硬度、耐磨性、耐腐蚀性及疲劳强度等。

化学热处理的方法有渗碳、渗氮、碳氮共渗等[4]。对钢件的渗碳就是指在富碳的介质中放入钢，在 900～950℃的温度下进行加热、保温，使活性碳渗入到钢的表面层中，使工件得到更高的耐磨性以及表面硬度等综合性能。按照渗碳剂的不同，可将渗碳法划分为固体渗碳、液体渗碳和气体渗碳。渗碳温度过低，渗碳速度慢，渗碳层深度不足；若温度过高容易引起奥氏体晶体粗大。零件渗碳后，为了达到表面高硬度和耐磨的目的，必须经过热处理。通常零件在渗碳后，经淬火和低温回火，硬度、强度及韧性均可以提高得更好，疲劳强度也较高[7]。

渗氮指的是将氮原子渗入到钢的表面中，使钢的表面耐磨性和硬度得到提高，同时还可以使耐蚀性和疲劳强度得到提高[8]。但是渗氮工艺的整体过程比较长，渗氮层也相对较薄。根据钢材的渗氮目的的不同，在工业上可以将渗氮工艺分成两种：第一种是为了提高工件的耐磨性等综合性能的强化渗氮工艺，包括等温渗氮、二次渗氮和三次渗氮。第二种是为了提高钢件表面在极端条件下的抗腐蚀性能而进行的抗腐蚀渗氮工艺，也称为防腐渗氮。经过抗腐蚀渗氮的碳钢、低合金钢及铸铁零件，在自来水、湿空气、过热蒸汽以及弱碱液中，具有良好的抗腐蚀性能，可以用来制造自来水龙头、锅炉汽管、水管阀门及门把手等，但是渗氮层在酸溶液中没有抗腐蚀性。在渗氮过程中同时加入碳原子，来保证氮原子的扩散效率，称为碳氮共渗。碳氮共渗常见的分类有气体碳氮共渗以及离子碳氮共渗等。在工业领域中，应用渗氮或氮碳共渗提高强度、抗磨损和抗腐蚀性能有着广泛应用[9]。

5.2.2 铸铁热处理

5.2.2.1 铸铁石墨化过程

铸铁是碳的质量分数大于 2.11%的铁碳合金。它是以 Fe、C、Si 为主要组成元素，比钢含有较高的 S 和 P 等杂质。碳在铸铁中主要以石墨的形式存在。铸铁的石墨化过程即铸铁中的碳以石墨的形态析出，有两种不同的方式：一种是石墨在冷却过程中直接会从液态铸铁以及奥氏体的组织中析出；另一种是在某种情况下可以从亚稳定状态的 Fe_3C 分解出铁素体和稳定的石墨。根据 Fe-C 相图，铸铁的石墨化过程可以划分成三步。首先，对成分在过共晶区域的合金来说，铸铁材料冷却到CD线的时候会发生结晶现象。各类组成成分的铸铁材料可以在 1155℃左右，经由合适的共晶反应就可以形成共晶石墨。其次，在 1155～739℃铸铁的奥氏体组织会沿 ES 线析出二次石墨。最后，在 739℃铸铁材料可以经由反应来得到共析石墨。

影响铸铁石墨化的因素主要有化学成分、温度、冷却速度等。化学成分对石墨化的作用可分为促进石墨化的元素（C、Si、Al、Cu、Ni、Co、P 等）和阻碍石墨化的元素（Cr、W、Mo、V、Mn、S 等）两大类。C 和 Si 是可以较大程度地促进铸铁材料石墨化的；S 会很明显地阻碍其石墨化，而且会降低铁液的流动性和促进高温铸件开裂；一定含量的 Mn 不仅会促进珠光体的形成，也会避免硫元素的不利影响；P 是一个促进石墨化不太强的元素，在低含量的情况下能够较为显著地提高铸铁液体的流动性能，但是当 P 的质量分数大大超过了最大溶解限度的时候，就会在工件的内部产生又硬又脆的磷共晶，最终会使铸铁工件的强度等大大降低，不利于生产应用。温度对石墨化的作用是温度越低，原子扩散越困难，因而石墨化进程越慢或停止，尤其是第三阶段石墨化的温度较低，常常石墨化不充分。一定成分的铸铁，石墨化程度取决于冷却速度。冷却速度越慢，在工件内部的碳原子的扩散速度就会越快，最终就会促使铸铁工件向石墨化的方向进行。当铸铁工件的冷却速度越快，则工件就会有更大的析出渗碳体的倾向。

5.2.2.2 灰铸铁热处理

由于灰铸铁铸造性能非常良好，所以广泛应用于日常生活。灰铸铁中的石墨是片状的[10]，使得灰铸铁的基体强度和硬度完全不会低于相同类型的钢材。石墨在铸铁材料中类似于裂缝或者孔洞等缺陷，破坏了基体金属的连续性，同时很容易造成应力集中。因此，灰铸铁的抗拉强度、塑性及韧性都明显低于碳钢。石墨片的数量越多，尺寸越大，分布越不均匀，对基体的割裂作用越严重。石墨的存在使灰铸铁的铸造性能、减摩性、减振性和切削加工性都高于碳钢，缺口敏感性也较低。由于热处理仅能改变灰铸铁基本组织，改变不了石墨形态，因此用热处理来提高灰铸铁力学性能的效果不大。灰铸铁的热处理常用于消除铸件的内应力和稳定尺寸，消除铸件的白口组织、改善切削加工性，提高铸件表面的硬度及耐磨性。常对灰铸铁使用的热处理方法有去应力退火、石墨化退火、正火、淬火与回火。

（1）去应力退火　为了消除铸件的残余应力，稳定其几何尺寸，减少或消除切削加工后产生的畸变，需要对铸件进行去应力退火。去应力退火温度的确定，必须考虑铸铁的化学成分。一般情况下，常用灰铸铁的退火温度大约是在 545℃，低合金件大约在 600℃，高合金件则大约在 650℃。加热速度最好是以 60～120℃/h 为宜，不宜过快或者过慢。保温时间取决于加热温度、铸件的大小和结构复杂程度以及对消除应力程度的要求。灰铸铁工件的冷却过程必须非常缓慢，以免产生二次残余内应力。

（2）石墨化退火　灰铸铁件进行石墨化退火是为了降低硬度，改善加工性能，提高铸铁的塑性和韧性。若铸件中不存在共晶渗碳体或其数量不多时，可进行低温石墨化退火。当铸件中共晶渗碳体数量较多时，需要进行高温石墨化退火。

（3）正火　灰铸铁正火的目的是提高铸件的强度、硬度和耐磨性，或作为表层淬火的预备热处理工艺，达到改变微观组织的目的。一般的正火工艺是将灰铸铁工件逐步加热到相变临界温度以上 30～50℃，使原始组织转变为奥氏体，在经过一定的保温时间之后出炉进行空冷。形状比较复杂的灰铸铁工件在经过了正火处理之后，必须紧接着开始消除内应力退火工艺。如果灰铸铁的微观组织中含有许多自由渗碳体，需要先把工件升温到 A_{c1} 温度以上 50～100℃进行高温石墨化以消除自由渗碳体。在正火温度范围内，温度愈高硬度也愈高。因此，要求正火后的铸铁具有较高硬度和耐磨性时，可选择加热温度的上限。

（4）淬火与回火　灰铸铁的淬火是将工件的温度逐渐升高到 A_{c1} 以上的 30～50℃，大部分情况下，会选择 850～900℃这个温度范围，使组织转变成奥氏体，并在此温度下保温以增加碳在奥氏体中的溶解度，然后进行淬火。形状较为复杂的灰铸铁工件可选择缓慢的加热方式，必要的时候选择 500～650℃对工件进行预热，从而有效解决受热不均匀发生开裂的问题。为了避免石墨化，回火温度一般应低于 550℃，回火保温时间按 t=[铸件厚度（mm）/25]+1（h）计算[11]。

5.2.2.3 球墨铸铁热处理

球墨铸铁的石墨是球状的，对基体的割裂作用小，基体的强度利用率可达 70%～90%，所以球墨铸铁可以进行强化基体的热处理。常对球墨铸铁使用的热处理方法有高温退火和低温退火、正火、等温淬火、调质处理等。工业上可通过热处理的方法来改变球墨铸铁的力学性能，使其更加符合应用条件[10]。

（1）高温退火和低温退火　球墨铸铁管热处理的目的是获得铁素体的基体组织，通常要经过高温石墨化退火和低温石墨化退火达到使用性能要求。高温石墨化退火的目的是使得铸 管中的自由渗碳体全部转变为奥氏体和石墨组织，低温石墨化退火的目的是使铸铁管中的珠光体分解为铁素体和石墨。经退火处理后，渗碳体＜1%，小口径铸管的铁素体量＞90%，珠光体量＞10%；大口径铸管的铁素体量约为 8%，珠光体量约为 12%。通过热处理，获得了铁素体基体组织，从而提高了铸管的力学性能，使抗拉强度、屈服极限、伸长率等均有所提高[12]。

（2）正火　球墨铸铁的正火处理是为了增加基体中的珠光体数量，并尽可能提高珠光体的弥散度，以提高球墨铸铁的强度、硬度和耐磨性[13]。正火工艺可以按照工艺温度分为高温正火和低温正火两种[2]。球墨铸铁在进行高温正火后，冷却时可以采用风冷来得到以珠光体为主的工件。而低温正火则是把工件逐渐升温到 840～860℃，保温 1～4h，在工件出炉之后紧接着进行空冷。由于球墨铸铁的导热性能较差，所以会导致正火之后的工件的内应力变大。

（3）等温淬火　当球墨铸铁工件的形状比较复杂，并且又需要比较高的强度等力学性能的时候，就要进行等温淬火。球墨铸铁的等温淬火就是把工件逐步升温到 860～920℃，在合适的保温时间之后，快速置于盐浴炉中，继续保持 1h 左右，最后在将工件取出后再进行空冷，从而使过冷的奥氏体微观组织完全转化。球墨铸铁等温淬火使高强度、高塑性和高韧性极有力地配合起来，使得这种材料可用在锻钢或表面淬火钢制造的结构件上[14]。

（4）调质处理　若要提高球墨铸铁综合力学性能，可采用调质处理。尤其是当球墨铸铁件用作轴类件，如柴油机的曲轴、连杆，要求强度高同时韧性较好的综合力学性能，此时可对球墨铸铁件进行调质处理。调质工艺是将球墨铸铁件加热到 860～900℃，保温一段时间后在油或熔盐中冷却淬火，后经 500～600℃的高温回火，获得所期望的球状石墨微观组织。处理后强度、韧性匹配良好，适应于轴类件的工作条件[15]。

5.2.3 有色金属热处理

与钢铁材料的热处理相比，基于固态相变的退火在有色金属材料的热处理之中并不占重要的地位，因为很多实际应用的有色金属如单相黄铜、青铜和电工镍合金等，它们在固态下基本不存在可供利用的相变。但是在一些有色金属中，基于固态相变的退火还是可以得到一定的应用。根据相变类型不同，有色金属基于固态相变的退火大体上分为两类，即基于固溶度变化的退火和重结晶退火。

5.2.3.1 铝合金热处理

铝合金工件经过热处理可以显著提高抗腐蚀等性能。退火处理和淬火时效处理都是铝合金的热处理形式。退火处理是金属的软化处理，是为了保证铝合金在微观组织上可以达到均匀化，同时又能够消除加工硬化等不利因素，重新得到良好的塑性。淬火时效处理是一种强化热处理工艺，能有效增强合金的强度，主要应用于需要经过热处理来强化的铝合金。铝合金的热处理主要包括以下几种。

（1）铝合金退火

① 铸锭均匀化退火　铝合金铸锭一般要经历极其快速的冷凝过程和非平衡态的结晶条件，会出现合金成分的不均匀，同样还会存在较大内应力，均匀化退火能消除这些不利方面。为了促使原子扩散，均匀化退火应选择较高的退火温度，但不得超过合金的低共熔点，一般均匀化退火温度低于该熔点 5～40℃，退火时间多在 12～24h 之间[16]。

② 坯料退火　铝合金工件的坯料退火是在施加压力过程中工件经历第一次冷变形之前的退火，目的是让铝合金坯料最大限度地得到平衡组织。例如，工业上的铝合金热轧板坯的最终轧制是在 280～330℃，但是经过随后的室温下快冷之后，工件的加工硬化现象并不会彻底消除，对其开展冷轧会非常困难，所以在对铝合金进行轧制之前不可避免地要先进行坯料退火。

③ 中间退火　铝合金的中间退火是在工件的冷变形步骤之间进行的退火工艺，作用是消除加工硬化现象，最大限度促进工件冷加工变形。铝合金工件的中间退火的方式大体上与上述退火工艺相同。根据对铝合金工件的冷变形程度需求的不同，工业上把中间退火划分为三类，即完全退火、简单退火以及轻微退火。其中完全退火和简单退火的机制是与坯料退火相同的，而轻微退火是在 320～350℃温度范围内加热 2h 左右之后再进行空冷。

④ 成品退火　铝合金的成品退火按照产品的不同可以划分为两类，即高温退火和低温退火。铝合金工件的高温退火可以得到完全再结晶的微观组织，使得到的材料具备比较优异的组织和性能的同时，保证其保温的时间不会太长。铝合金的低温退火工艺可以分为消除内应力退火和部分软化退火两类，主要的应用范围是纯铝以及未进行热处理强化的铝合金。工业上确定铝合金的低温退火细节比较复杂，既需要把退火温度以及保温时间考虑在内，又需要分析工件杂质、不同冷变形量等不利因素。

（2）铝合金淬火　铝合金的淬火过程也被称为固溶处理，在经过高温加热之后，进行快冷操作，实现避免第二相析出的目的，为接下来的时效处理步骤做好微观组织上的准备工作。铝合金工件热处理的操作中最关键的就是淬火，其中淬火加热温度和合适的工件冷却速率是决定淬火能否达到预期目的的两个方面，同时也要尽可能地控制好合适的炉温来减少变形的发生。

铝合金工件在淬火时冷却速度会对其时效强化能力和抗蚀性产生非常重大的影响。工业上最常用的淬火介质是水。铝合金工件的淬火冷却速度越快，其淬火后的残余应力以及变形程度也会越大。所以，当对形状比较简单的小型工件淬火时，水温应该适当降低，大约可以选择在10～30℃这个范围内，最高也不能选择40℃以上的水。而对于形状相对较为复杂的工件，为了避免淬火之后的变形或者开裂现象，可以选择80℃左右的水作为淬火剂。随着淬火槽里水温的不断升高，铝合金材料的强度或者耐蚀性能不可避免地会下降。

5.2.3.2 铜合金热处理

铜合金工件可以采取均匀化退火、再结晶退火、去应力退火以及固溶热处理和时效处理等来满足工业上的性能要求。均匀化退火在大部分情况下可以用于铜合金铸锭的热处理，但是工件的加热上限不能超过熔化的温度。黄铜工件不能在高温环境下加热是因为其表面非常容易发生脱锌，所以不能进行均匀化退火，而锡青铜或者白铜等是可以进行均匀化退火的。均匀化退火一般情况下是在特定的燃料炉中进行加热，同时炉内的气体成分要严格控制在较弱的还原性以及较弱氧化性之间才行。紫铜主要可以用来制作管材、线材以及棒材等常规工件。这些产品一般都会进行冷轧或者冷拔过程，所以不可避免地要在整个生产过程中进行再结晶退火，以确保获得良好的塑性或者导热性。用作弹性元件的锡青铜或者白铜，其生产过程不能省略去应力退火。对锌元素含量大于 20%的黄铜来说，其工件在潮湿大气环境中，更严重的是在含有氨气的大气环境中，不可避免地会发生应力腐蚀开裂现象，所以就必须对工件进行去应力退火工艺，其退火温度一般是在 500～700℃。在所有铜合金中，固溶热处理以及时效处理最主要的应用对象是铍青铜，但是铝黄铜、含有硅元素以及镍元素的铝青铜以及含镍元素的硅青铜，也可采用此种热处理方法来提高工件的强度。

5.2.3.3 钛合金热处理

固溶和时效处理是钛合金热处理过程中的重要工艺流程，也是改善其合金组织、提高其力学性能的主要手段。钛合金的固溶处理工艺是把工件升温到一个合适的范围，在经过足够的时间保温之后，把合金中的一些难溶组成物溶入基体材料中，然后再把合金工件快冷到20℃以下来得到过饱和的固溶体组织。组成物的溶入和过饱和固溶体的获得是其中的两个重要因素[16]。经常会用到的钛合金固溶处理工艺常常位于两相区，其显微组织变化为低温稳定的 α 相的溶解、合金元素的再分配以及原始的 β 晶粒的长大。冷却速率以及合金元素的含量会影响室温下组织中的相组成，高温 β 相可转变成为 α' 马氏体、α'' 马氏体、ω 相等亚稳相[17]。钛合金的时效处理工艺是让工件在经过固溶处理之后，将其置于相对较高的温度下，保证其形状或者力学性能等能够随着时间的改变而改变。时效处理一般在 $\alpha+\beta$ 两相区进行，使固溶处理得到的亚稳相转变为次生 α 相和 β 相，以提高材料的力学性能[17]。

5.3 热处理设备

热处理工艺是通过相应的设备实现的，所以热处理设备的现代化在热处理技术工艺的现代化中扮演了十分重要的角色[18]。作为典型的高能耗装备，热处理设备在各类制造业中占有重要地位，其能耗也占到了整个工业生产能耗中较大比例[19]。总体来看，我国热处理装备的水平还不是很先进，热处理用炉中的周期式炉占比高，热效率低，能源消耗大；气氛炉占比小，零件脱碳严重，质量难以保证；机械化程度低，偶然因素影响大；盐熔炉占比大，操作条件差，污染严重[20]。

5.3.1 热处理设备分类

热处理设备种类繁多，根据不同的分类标准有不同的分类形式。根据它们在热处理生产中所完成的任务，通常分为生产设备、辅助设备和质量检测设备三种。生产设备包括加热设备和冷却设备，对热处理件质量水平和产品寿命起决定性的作用，其中又以加热设备为重要角色。表 5-1 和表 5-2 分别给出了根据不同分类标准对加热和冷却设备进行的分类。

表 5-1 热处理主要加热设备分类

按热源分	按介质分	按工作方式分	按结构分	按工艺分	按温度分
电炉	空气炉	周期式炉	箱式炉	淬火炉	低温炉（750℃）
燃烧炉	盐熔炉	半连续式炉	密封炉	正火炉	中温炉（800～950℃）
特种能源炉	离子炉	连续式炉	井式炉	渗氮（碳）炉	高温炉（1000～1300℃）

表 5-2 热处理主要冷却设备分类

冷却设备	工艺用途	机械化程度	冷却介质
工艺冷却	缓冷坑，淬火槽，等温分级淬火槽，水冷处理装置	普通淬火槽，可搅拌、加热和冷却的淬火槽，淬火联动机，淬火机床，喷射冷却装置	油槽，盐水槽，碱液槽，聚合物液槽，浮动粒子槽，高压气冷室，液氮深冷处理室
辅助冷却	淬火油冷却器		淬火油水冷冷却器，淬火油风冷冷却器

辅助设备是除了加热和冷却设备外完成各类热处理操作所需要用到的各类辅助设备。主要包括各类清洗设备、输送设备、各种维修工具等，如表 5-3 所示。

表 5-3 清洗设备

按清洗剂分	按工作方式分	按机械化程度分	按清洗方式分
碱液清洗槽、乳剂清洗槽、溶剂清洗槽	周期式、连续式	普通清洗槽、清洗机	超声波清洗机、真空清洗机、燃烧脱脂 浸入式清洗槽、喷射式清洗机、电解清洗炉

产品质量检测和仪器质量检测设备有显微镜、探伤仪、机械性能测试仪、光谱分析仪、色谱仪等物理、化学性能检测设备。

5.3.2 节能环保措施

需要指出的是，热处理的整个生产过程涉及加热、冷却和清理等多道热处理工序，由于工艺的特殊性，会产生大量的污染物。这些污染物如果直接排放，会对周围环境产生严重污染 [21]。热处理产生的污染物主要有以下几种类型。盐浴炉的大量使用使得每年产生的盐浴蒸汽高达上千余吨，其中含有大量的氰盐废渣，对环境污染严重。每年因矿物油淬火剂的使用产生的废油也有上千吨，产生的废油会有相当大的一部分因为蒸发而直接排放到大气中，对大气造成直接污染，还有一部分会在燃烧时产生大量温室气体和含硫、氮的有毒气体，同样会对大气造成严重污染。如果直接排放到河流中，会对水质造成严重污染。化学热处理中的渗碳、渗氮等热处理工艺产生大量的 CO_2 温室气体以及氢氰酸等有毒废气污染大气。大量采用耐火纤维的热处理加热设备带来大量的粉尘污染。清洗工序中使用后的水含有大量有毒物质和有毒清洗剂，如果未得到有效治理就直接排放会严重危害环境。除此之外，多数热处理设备因为工龄大、年代久远，能源消耗大，随之带来的是各种温室气体和有毒气体的排放增加[22]。如前述，热处理设备的落后是造成热处理技术落后和环境污染的重要原因。

5.3.2.1 清洁热处理设备

由于热处理设备的陈旧以及废物再处理技术的不成熟，使得热处理生产过程中所产成的废气、 废油、废盐、废水等污染物会对环境造成污染[16]。所以，各类热处理都尽量不采用产生这些物质的工艺，如果必须采用时也要实行严格的无害化处理，达到规定排放标准才可排放。为了达到清洁生产的目的，可以采用清洁热处理加热设备，如真空加热炉、可控气氛加热炉等，以此来避免污染物的产生。除此之外，还可以应采用表面感应加热技术、激光处理技术等无污染热处理工艺来降低污染物的含量。例如，用天然气作加热燃料时，可以先采取气体预处理来进行除硫，再在燃烧器中进行燃烧；进行碳氮共渗的井式炉和密封箱式炉在将废气排放前应进行预处理，如可在排出废气前将其点燃，使形成的氰化物分解，避免大气污染；盐浴炉中产生的废渣和废水必须经过处理后才可排放。除此之外，热处理冷却过程也是非常重要的一个环节，在进行热处理冷却过程时应该采用有循环冷却的油槽，循环利用冷却介质，增加利用率的同时实现减少污染物的排放。利用绿色介质的聚合物作冷却介质可从根本上避免污染物的排放，省掉后处理工序。开发多功能清洗剂，实现一剂多用，除了可以多功能冷却还可以进行清洗，不仅可以减少污染物的排放，还可以节约能源[23]。

5.3.2.2 节能热处理设备

热处理设备的节能首先应该考虑加热系统的能源结构。电能属于二次能源，综合考虑电阻加热炉的热效率以及发电的热效率，用电作为能源进行加热的电炉的实际热效率只有不到一半，而天然气作为一次能源，在考虑热量损失的情况下热效率能够达到电炉的两倍，明显高于电能加热的电阻炉[24]。因时，热处理加热设备应该尽量使用一次能源做燃料。其次是改进燃烧设施，例如可以给加热炉体安装空气预热措施，充分利用废热，减少热量损失，还可以采用辐射管、用氧探头等特定设备控制烟道气含氧量来获得更好的燃烧效果。最后应该积极开发燃烧气体回流循环系统，施加措施强迫炉体内部发生气体循环来提高空气预热温度，减少燃烧产物中的含氮污染物，节能的同时实现环保清洁的绿色生产。

为了实现节约能源的目的，除了考虑加热系统的能源结构之外，还可从加热炉和炉衬的选择上进行操作。在加热炉体的选择上，综合比较箱式加热炉、井式加热炉、传送带式加热炉、震底式炉，尽管生产效率相差不大，但是井式加热炉和震底式炉的热效率却是最高的。井式加热炉结构特殊，其密封性好于传统加热炉，同时井式的炉体结构能够减小热量的流失，热效率高。震底式炉由于增加了炉内热量循环，同样减少了热量损失。除此之外，低压渗碳炉由于可以明显缩短渗碳周期、减少工作量而在热处理炉体的选择中脱颖而出。真空渗碳炉在保持炉体结构不受损害的情况下可以把渗碳温度轻松提高到一千多度。在加热炉炉衬选择上，陶瓷纤维衬炉升温快，加热时间短而展现出节能优势，而传统耐火砖则升温时间需要增加一倍。在非连续式炉体中采用陶瓷纤维炉衬可以明显提高升温速度，减少炉壁热损失，实现节能目的。

5.3.2.3 少无氧化热处理设备

在热处理中，采用少无氧化加热设备可以在减少金属氧化损耗、提高工件表面质量水平的同时，实现节约能源、减少污染物排放的目的。实现这一目的主要有真空化技术和可控气氛技术。随着真空化处理技术的发展，开发的真空气氛炉有双室高压气淬真空炉、热壁式真空渗碳炉和燃气真空炉等。双室高压气淬真空炉在结构上分为双室，即加热室和冷却室，在提高热效率的同时，能达到节能减排的目的。双室高压气淬真空炉的特点是加热室和冷却室都安有双鼓风机，能促进保护气体的均匀性和热量的最大化利用；加热室和冷却室都有密封隔热的炉口结构，减少热量损失；在加热室和冷却室设置了自动化的工件传送的机构。热壁式真空渗碳炉则凭借特有的结构解决了很多传统加热炉固有的问题，其特点是炉体采取热壁式结构，炉壳抛弃了传统的水冷结构，炉体和炉壳之间的隔热层内抽成真空，保温效果强，热量损失少，能量消耗约减少三分之二，且改善了加热均匀性；炉内采用封闭式的辐射管加热器件，避免了与炉内部分解出的气体直接接触；采用陶瓷纤维隔热层，有效减少热量损失，节约能源的同时提高产品质量水平。与真空化加热相比，可控气氛热处理是热处理生产中重点发展的一项技术。可控气氛热处理的炉体密封性好，可有效避免工件氧化损坏，炉体操作机械化程度高，生产线使用性强，市场需求大。目前，可控气氛热处理的应用主要在碳素钢和合金钢器件的渗碳和碳氮共渗淬火的大规模生产中[25]。

5.4 热处理新技术

改进任何一种热处理工艺，除了采用先进的热处理设备来提升硬件水平之外，热处理新技术的开发应用也是一种重要途径。近年来，随着各种新的科学技术成果如真空技术、激光热处理、振动时效技术和计算机技术等广泛应用到热处理领域，热处理生产的机械化、自动化水平也在不断提高，其产品质量和性能不断改进，热处理工艺管理也更加科学化。

5.4.1 真空热处理

真空热处理工艺是将工件放置于真空环境中，加热到所需要的温度，然后在不同介质中以不同的冷却速度进行冷却的热处理方法。与在常规加热炉进行的热处理相比，真空热处理能实现光亮淬火。由于工件在真空环境下加热，表面并不接触氧化介质，不会发生氧化，热处理工件表面不会出现脱碳、渗碳等现象，实现了光亮淬火。同时，真空热处理具有脱气的作用。通过调节设备中的真空度可以使金属材料中杂质发生分解并以气体的形式排放，因此能达到脱气的目的。另外，真空热处理属于清洁热处理工艺，能减少污染物的排放，对改善工作环境和周围环境有重要贡献[26]。目前，真空热处理技术主要应用于一些比较精密的工件的热处理，如航空零件、电脑零件、精密医疗器械等，热处理后器件性能可得到很好的改善。例如，真空热处理可以明显提高飞机发动机零件的抗压强度和使用寿命；高速刀具对耐磨性、使用寿命、切削性能都有很高的要求，而经过真空淬火处理过的刀具的这些性能都得到了很大的提高[27]。

5.4.2 激光热处理

激光热处理技术是以具有高能量的激光束快速扫描器件表面，使金属或合金表面温度以极快的升温速率升高到金属相变点以上，当高能量激光束离开器件表面时，使其迅速冷却而进行自淬火的技术[28]。在高能量激光的处理下，金属材料的表面形成均匀分布的金属间化合物，使得器件的机械强度得以提高，例如器件的硬度、耐磨性，抗压性、拉伸强度等都得到了提高。在不借助外加介质的情况下，激光热处理技术可以实现快速加热和冷却，提高热处理的效率，节约了人力物力，达到了节能高效的目的。激光热处理过程中以惰性气体加以保护，可以有效防止器件氧化，且处理过程操作简单，不需要额外步骤。激光作为一种清洁的绿色能源，使得该技术满足节能减排的要求，既环保又高效，使生产成本降低[29]。当前激光热处理技术主要用于处理复杂器件，例如提高汽车零部件或复杂模具的表面硬度、耐磨性、耐蚀性等[23]。

5.4.3 计算机技术在热处理中的应用

当前，智能化已在各个行业中逐渐显示出了它的优势。热处理行业作为能耗大、劳动强度高、质量要求严格的典型行业同样需要计算机技术的应用。将计算机技术应用于热处理，可以提高热处理工件质量水平，减小质量分散度；提高工作效率，降低生产成本；优化工艺过程，实现节能减排；提高机器的自动化以及应用程度，降低劳动强度[30]。在计算机技术的辅助下，热处理技术水平得到显著改进，零件的质量也在明显提高。当前应用于热处理的计算机技术主要有计算机模拟技术、热处理CAD技术和热处理工艺过程控制系统等。

（1）计算机模拟技术　计算机模拟技术是利用计算传热学、相变动力学等数学物理方法定量计算温度、相变、应力之间的耦合关系，以及在流体动力学软件、热处理数据库的帮助下进行的一系列热处理基础工作[30]。与其他传统技术相比，计算机模拟技术的优点是能够生动形象地反映出整个热处理过程中各种物质和性能的变化规律，能够在有限数据下最大化提供信息，减小出错概率，使得热处理更加精确，可以快速有效地处理数据，清晰地展现出样本间的对比并进行结果预测。目前，计算机模拟技术主要应用于器件的模拟选择和机械强度的动态分析。例如在众多器件中进行模拟应用，选择最合适的器件来使用；对器件使用过程进行模拟，观察其力学性能的变化，综合考虑后进行改性提高。

（2）热处理CAD技术　热处理计算机辅助设计（CAD）技术的工作原理是在计算机的模拟下对技术进行研究和设计，来更好地反映产品真实性能以及对性能进行改进。热处理CAD技术不仅在改进产品性能方面作用显著，更重要的是CAD技术作为清洁绿色的热处理技术，在节能减排方面有重要贡献。目前，热处理CAD技术的发展方向为：①开发智能热处理喷淋冷却技术、喷雾冷却技术；②开发正确选择淬火剂和淬火的方法，使其做到准确合适的使用；③智能化精确控制扩散系数，使扩散层精确均匀，并且加快渗碳过程；④增进绿色发展，减少污染物排放，促进热处理节能。当前热处理CAD技术已得到了广泛关注，例如将热处理CAD技术应用在选择材料和加热炉上，通过三维温度场来计算热量变化，准确掌握处理过程的细节，减少燃料消耗，缩短加热时间，提高效率，保障施工稳定有序进行。

（3）热处理工艺过程控制系统　热处理工艺过程控制系统是由热处理工艺过程控制技术、网络系统、数学模型、传感技术和通信系统组成，即一台计算机大脑对多个独立的单元进行控制，以此来构成一个庞大的网络，各个结构单元之间相互联系又相互独立。热处理过程控制主要有以下几种：热处理过程控制系统、热处理氮势动态控制系统、气体渗碳过程控制系统、热处理控制调质系统[26]。热处理工艺控制系统的优点在于操作简单，减少工作量；操作精确度大大提高，减小失误率。

参考文献

[1] 韦力．铝合金热处理原理及技术探析［J］．科技与创新，2014，6．

[2] 单丽云．金属材料及处理［M］．山东：中国矿业大学出版社，1994．

[3] 郭海滨．高性能钢热处理工艺研究［D］．郑州：郑州大学，2016．

[4] 樊晓燕．浅谈钢的热处理［J］．机械管理开发，2007，(02)：72～73，75．

[5] 刘波，殷晓中，黄晓艳．金属热处理工艺常用术语解析［J］．铸造技术，2015．36（6）：1435-1440．

[6] 张一公，黄守伦．高速钢淬火回火工艺的发展［J］．金属热处理，1988，08．

[7] 袁伟伟．浅谈钢的表面热处理方法［J］．河北能源职业技术学院学报，2005，2．

[8] 桂芳．浅谈钢的表面热处理［J］．科技展望，2016，(1)：64．

[9]［联邦德国］迦太基-菲舍 R．钢铁材料的热处理：渗氮和氮碳共渗．北京：机械工业出版社，1989．

[10] 薄鑫涛．灰口铸铁的热处理［J］．热处理，2017，02．

[11] 何少华．对灰铸铁件去应力退火工艺的看法［J］．金属热处理，1992，02：23．

[12] 赵建国，宋新书．球墨铸铁管退火工艺的探讨［J］．机械工人（热加工），2004，06．

[13] 陈正德．正火工艺对球墨铸铁性能的影响［J］．金属热处理，1981，09．

[14] Dodd J，朱奕庆．球墨铸铁的等温淬火［J］．贵州机械，1979，04．

[15] 陆卫倩．球墨铸铁热处理方法之探讨［J］．中国铸造装备与技术，2010，4．
[16] 曾维和，田迎新，等．热处理工艺对双相等温淬火球墨铸铁组织与力学性能的影响［J］，2016，41（12）：86-91．
[17] 王国强，赵子博，等．热处理工艺对 Ti6246 钛合金组织与力学性能的影响［J］．材料研究学报，2017，31（05）：352-358．
[18] 李长富．Ti-（3.5-4.5）Al-（3.5-5.5）Mo 钛合金中 β→α″马氏体相变研究［D］．沈阳：中国科学院金属研究所，2012．
[19] 柯观振．我国金属热处理的现状与发展趋势探讨［J］．科学技术，2018，05．
[20] 贺建刚，梁婷．热处理设备现状及节能环保技术的展望［J］．工业炉，2017，2．
[21] 朱祖昌．热处理技术发展和热处理行业市场的分析［J］．热处理，2009（4）：11-24．
[22] 廖波．热处理节能与环保技术进展［J］．金属热处理，2009，34（1）：1-5．
[23] 徐祖耀，许珞萍．面向 21 世纪的“绿色热处理”［J］．热处理，2000（1）：1-5．
[24] 樊东黎．热处理设备的现状与展望［J］．金属加工：热加工，2002（9）：12-15．
[25] 徐跃明，李俏，罗新民．热处理技术进展［J］．金属热处理，2015，4（09）：1-15．
[26] 王洁梅．金属材料热处理节能新技术的研究［J］．中国金属通报，2019，01．
[27] 邹磊，侯奎，孙清汝．绿色热处理的探讨［J］．金属加工（热加工），2018，6．
[28] 吴培桂，张光钧．绿色热处理工艺——激光热处理［J］．第七届中国热处理活动周，2011，35（12）：29-33．
[29] 冯小波，刘小丽．金属材料热处理节能新技术及应用［J］．科技创新导报，2010，14．
[30] 黄周锋，王凯．强化热处理车间安全生产的措施［J］．机械管理开发，2013，1．

第二篇

无机非金属材料

6 陶瓷粉体制备

6.1 陶瓷粉体特性

制备陶瓷的工艺一个基本特点就是以粉体为原料经成型和烧结，形成多晶烧结体，而陶瓷粉体的质量好坏直接影响着最终成品的质量。陶瓷粉体广泛应用于建筑、军事、电子等行业，给这些行业的发展带来了新的机遇，因此陶瓷粉体越来越受到人们的重视。

图 6-1　粉体的团聚

粉体即为固体微粒的集合体，不仅包括大量的微粒，还包括相邻几个微粒之间的孔隙。构成粉体的前提条件有三个：一是粉体最小的微观结构基元是以固体形式存在的小微粒；二是粉体宏观上是由许多固体小微粒作无规则堆积而成的；三是粉体中相邻的微观结构基元之间存在着相互作用。粉体是由大量固体微粒构成的集合体，这些固体微粒根据微粒粒径的不同或是否发生团聚可以分为一级微粒、二级微粒与高级微粒。一级微粒在粒径非常小时容易产生团聚效应，如图 6-1 所示为陶瓷粉体团聚示意图[1]。大量的一级微粒团聚在一起就会形成二级微粒，而二级微粒若在物理化学环境允许的情况下继续发生团聚便会生成高级微粒。

6.1.1 形态特性

粉体物料是由许多不同的微粒组成的，这些微粒或由人工合成，或是天然形成。不同粉体的微粒形态特征千差万别。根据微粒不同的形态特征，可以分为原级微粒、聚集体微粒、凝聚体微粒与絮凝体微粒。

（1）原级微粒　原级微粒是在制粉过程中优先形成粉体物料的微粒。由于以固态存在，故可以称为一级微粒。从宏观角度看，它是构成粉体的最小单元。不同粉体材料对应原级微粒的形状也不同，如图 6-2 所示（图中晶体之间的线代表相邻晶体的晶格层），有立方体形的，有针形的，有球形的，还有不规则晶体状的[2]。粉体各性能与微粒分散状态有关，而微粒的分散状态包括微粒的尺寸和形状，因此可以说原级微粒可以在一定程度上反映粉体物料的最基本性能。

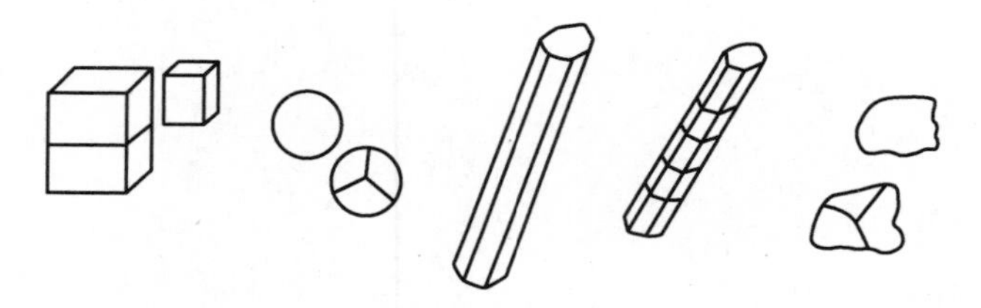

图 6-2　原级微粒示意图

（2）聚集体微粒　聚集体微粒也称二级微粒，是由许多的原级微粒借助某些物理力或化学力使其表面相互连接而累积产生的。某种程度上，由于产生聚集体微粒的各原级微粒之间大部分全是以表面相接而累积产生的，因此聚集体微粒的总比表面积相对于构成它的各原级微粒的比表面积的总和还要小，如图 6-3 所示[2]。

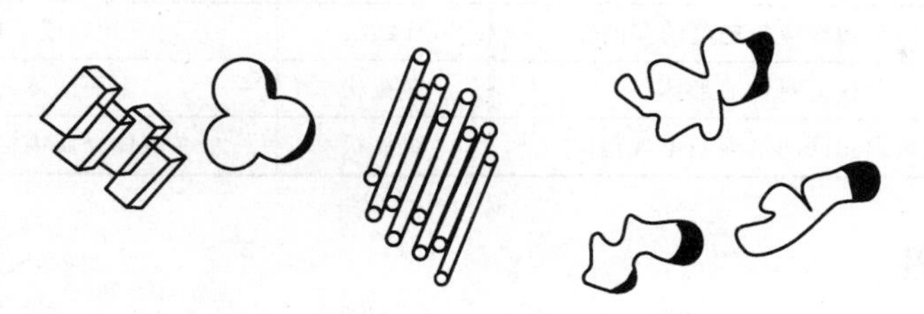

图 6-3　聚集体微粒示意图

聚集体微粒主要是在粉体物料的加工和制造过程中形成的。例如，化学沉淀物料在高温脱水或晶型转化过程中会发生原级微粒的彼此粘连，形成聚集体微粒。此外，晶体生长、熔融等过程也会促进聚集体微粒的形成。由于聚集体微粒中各原级微粒之间存在着强烈的结合力，彼此结合牢固，且聚集体微粒本身尺寸较小，通常很难将它们分散成原级微粒，需用粉碎方法才能使之解体。

（3）凝聚体微粒　原级微粒聚集生成聚集体微粒之后，后者继续发生聚集便会产生凝聚体微粒，它是由二级微粒即聚集体微粒聚集形成的，故亦称为三级微粒，如图 6-4 所示[2]。

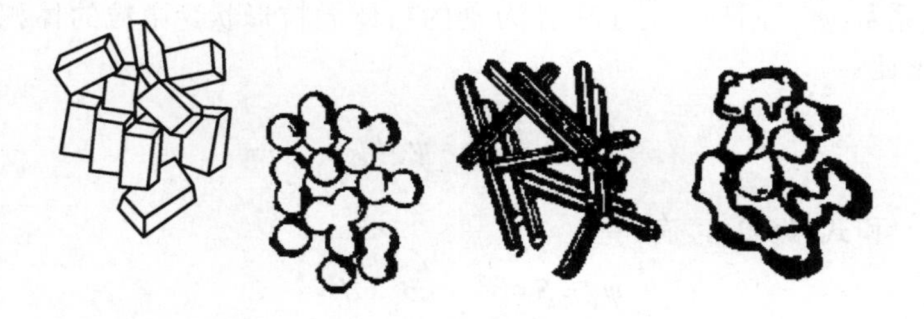

图 6-4　凝聚体微粒示意图

严格地说，聚集产生凝聚体微粒的上级微粒不仅仅指的是聚集体微粒，它还包括一些原级微粒，或是由原级微粒与聚集体微粒组成的混合体。同样，形成凝聚体微粒的驱动力也包括某些化学力与物理力，不同的是由于凝聚体微粒是由上级微粒的棱角之间相接形成的，所以凝聚体微粒结构通常来说都比较松散。正是因为这种特殊的连接方式，聚集后凝聚体微粒的总比表面积与诸多上级微粒的比表面积之和大致相等，同时就体积来说凝聚体微粒比聚集体微粒要大得多。

（4）絮凝体微粒　在粉体实际应用中，通常都要加入某些分散液体与粉体组成分散体系，此时使微粒聚集的驱动力主要是微粒之间的各种物理力，聚集形成的微粒团的结构较松散，常叫做絮凝体微粒。由于物理结合力较小，絮凝体微粒结构很容易被破坏，即发生解絮。在实际生产生活中，粉体长期存放于大气环境中时会发生结块，这是因为粉体与大气中水分构成了分散体系，同样会产生絮凝体，该絮凝体的表现形式便是料块。表 6-1 给出了实际生产中用来描述颗粒形状的一些定性的术语[3]。

表 6-1　描述颗粒形状的定性术语

名称	定义	名称	定义
球状	圆球形体	片状	板片状形体
滚圆状	表面比较光滑近似椭圆形	枝状	形状似树枝体
多角状	具有清晰边缘或粗糙度的多面体	纤维状	规则或不规则的线状体
不规则状	无任何对称的形体	多孔状	表面或体内有发达的孔隙
粒状	具有大致相同的量纲的不规则体	结晶状	在流体介质中自由发展的几何形体

6.1.2　几何特性

6.1.2.1　形状系数与形状指数

（1）形状系数　在分析粉体性质与某些具体的物理化学现象时，为了将问题简化处理，常会将与粉体颗粒形状相关的某些参数归纳总结为一个系数进一步讨论，该系数便是形状系数[4]。本质上来说，这个系数能够用来度量生产中实际的微粒形态与理想中的球形微粒形态不相符的程度大小。把粉体微粒的粒径与实际微粒的体积和表面积联系在一起，便产生了以下的形状系数的不同定义。

① 表面积形状系数 ψ_s　无论粉体微粒的形状如何变化，微粒的表面积 S 总是与微粒的某个特定尺寸的平方成正比：

$$S = \pi d_s^2 = \psi_s d^2 \tag{6-1}$$

② 体积形状系数 ψ_v　同样，对于千差万别的粉体微粒形状，微粒的体积 V 总是与某个特定尺寸的立方成正比：

$$V = \frac{\pi}{6} d_v^3 = \psi_v d^3 \tag{6-2}$$

综合式（6-1）和式（6-2），有：

$$\psi_s = S / d^2 = \pi d_s^2 / d^2 \tag{6-3}$$

$$\psi_v = V / d^3 = \pi d_v^3 / 6d^3 \tag{6-4}$$

式（6-3）和式（6-4）中，ψ_s 和 ψ_v 分别称为颗粒表面积形状系数和体积形状系数。

（2）形状指数　某一特定微粒外部形态各种几何特征的随机数据组合称为形状指数[4]。涉及形状指数的操作是这样的，首先明确使用目的，然后由不同的使用目的，画出理想形状的示意图，并对比理想形状与实际形状，寻找两者之间的不同，最后作指数化处理。这里需要指出的是，形状指数与形状系数是两个截然不同的概念，形状指数与微粒的具体物理量是无关的，是用两种或两种以上的数据以及数据的组合来描述颗粒的几何特性，比较常用的数据有三轴方向上的粒径数值，某个方向上颗粒二维投影的轮廓曲线，还包括体积和表面积等数据。

① 球形度 ψ_0　球形度的定义为和实际微粒体积相同球体的表面积与实际微粒的表面积的比值，本质上是微粒接近球体的程度。若颗粒的表面球直径为 d_s，体积球直径为 d_v，则该颗粒的球形度计算方法为：

$$\psi_0 = (d_v / d_s)^2 \tag{6-5}$$

表 6-2 是常见粉体的球形度[5]。

表 6-2 常见粉体的球形度

粉体	球形度	粉体	球形度	粉体	球形度
煤尘	0.606	水泥	0.57	玻璃尘（有棱角）	0.526
碎石	0.5～0.9	云母尘粒	0.108	糖	0.848
食盐	0.84	沙子	0.75～0.98	可可粉	0.606
钨粉	0.85	钾盐	0.70	铁催化剂	0.578

② 圆形度 ψ_c 圆形度又称轮廓比，指的是与颗粒在某个方向上的投影面积等值的圆周长与该方向上颗粒投影面积周长之比，代表颗粒投影接近圆的程度。若颗粒投影面积周长为 c_s，与颗粒投影面积相等的圆的周长为 c_v，圆形度的计算方法即为：

$$\psi_c = c_v / c_s \tag{6-6}$$

6.1.2.2 比表面积

粉体微粒的比表面积指单位粉体的表面积，一般来说分为体积比表面积与质量比表面积。体积比表面积（S_V）指的是单位体积粉体的表面积，单位为 m^2/m^3。质量比表面积（S_W）指的是单位质量粉体的表面积，单位为 m^2/kg。S_V 与 S_W 之间的数学关系为：

$$S_V = \rho S_W \tag{6-7}$$

式中，ρ 代表微粒的密度，kg/m^3。

比表面积可以衡量粉体微粒的细度，比表面积越大，粉体细度越高。

6.1.2.3 粒度及粒度分布

对于千差万别的粉体微粒或粉体微粒的聚集体来说，它们粒径的大小不是随机分布的，而是一般都可以很好地符合某些统计学的分布规律，例如正态分布等。可以利用颗粒粒径的分布特点做出某些对微粒粒径的预测，但是前提是粉体微粒的粒径分布能够被视为是由连续的有规律的多个变量构成。得到粉体微粒的粒径分布数据就可以很容易地求出其它粉体微粒的诸如平均粒径的相关特征值，从而完成对粉体的粒度评价。

（1）微粒粒径与平均粒径 在粉体粒径的测定中，由于粉体颗粒群可以看作由多个粒径差别较小的粉体微粒组成，因此能够使用多种平均粒径来表征颗粒群的粒径分布。同一种粉体物料，各种平均粒径的大小有时相差很大，所以在实际应用中要指明所标出的平均粒径是哪一种平均粒径。当几个粉体样品的粒径进行比较时，一定要用同一平均粒径，而且在进行平均粒径的计算时要根据具体的生产操作过程和粒度范围、应用目的等选择颗粒最具有代表性的粒度测定方法和计算方法，否则容易造成误会而得出错误结论。同时对于不同的机械物理化学过程，研究所用的平均粒径也大不相同。表 6-3 列出了一些平均粒径所适用的有关物理化学过程[6]。

表 6-3 不同物化过程所采用的平均粒径

符号	平均粒径名称	适用的物理化学过程
d_3	算术平均径	蒸发、各种尺寸的比较（筛分析）
d_{vs}	体面积平均径	传质、反应、粒子充填层的流体阻力
d_m	质量平均径	气力输送、质量效率、燃烧、物料平衡
d_s	平均面积径	吸收、粉磨
d_S	比表面积径	蒸发、分子扩散
d_D	平均体积径	光散射、喷射质量分数比较、破碎
d_{50}	中位径	分离、分级装置性能表示
d_{st}	Stokes 粒径	气力输送、沉降分析

（2）粒度分布　将粉体按照特定的粒径范围从大到小或从小到大分为多个组别，各个组别颗粒的数量占颗粒群总数量的百分比称为粒度分布。粒度分布有个数基准与质量基准两种，个数基准的颗粒群总量是以个数表示的，质量基准的颗粒群总量是以质量表示的。实际生产生活应用中大多采用质量基准的粒度分布。由于粒径分布与粒径的函数关系的不同，因此可以把粒度分布分类为频率分布和累积分布。在粉体样品中，某一粒度大小或某一粒度大小范围内的颗粒在样品中出现的百分含量即为频率，分别用$f(D_p)$或$f(\Delta D_p)$表示。假设样品中的颗粒总数为N，这样就会有如下关系：

$$f(D_p) = (n_p / N) \times 100\% \quad (6\text{-}8)$$

$$f(\Delta D_p) = (n_p / N) \times 100\% \quad (6\text{-}9)$$

这种频率与颗粒大小的关系便称为频率分布[7]。

6.1.2.4　粉体几何特性测定

粉体的几何特性主要通过颗粒粒度、形状以及粒度分布来表征。对于粉体制备工艺和加工设备的正确选择来说，对粉体几何特性进行正确表征是很有必要的。颗粒粒度与颗粒形状的表征通常被用来表征粉体的几何特性。对粉体几何特性进行表征的方法众多，每种方法的测试原理都不相同，测得的粒径的定义也就不相同。表 6-4 是颗粒粒度测量的主要方法[8]。在众多的测试方法中，激光法是一种常用的测试方法[9]。粒度测试结果准确与否不仅与测试方法和测试仪器相关，还需要对粉体进行提前预处理。预处理的一个基本原则就是不能破坏颗粒本身所固有的结构尺寸和化学成分，所制得的颗粒分散体系稳定性好。

表 6-4　颗粒粒度测量方法

测量方法	测量原理	测量范围/μm	特点
直接观察法	显微镜方法与图像技术	0.5～1200	分辨率高，可观察颗粒形貌和状态，不宜测量分布宽的样品
沉降法	沉降原理	2～100	原理直观，造价低，操作复杂，重复性差
激光法	光的散射原理，粒径越小，散射角越大	0.05～2000	测量效率高，操作简单，重复性高，但分辨率低
小孔通过法	小孔电阻原理	0.4～256	分辨率高，重复性高，操作简单，但动态范围小，易堵孔
气体吸附法	BET	0.01～10	测比表面积

6.1.3　填充与堆积特性

单个固体颗粒的集合体称为颗粒群或粉体层。粉体层中的颗粒以某种空间排列组合形式构成一定的堆积状态，同时表现出诸如孔隙率、堆积密度、填充物的存在形态、孔隙的分布状态等堆积性质[10]。堆积性质主要由粉体的相关物理性质所决定，和粉体层的压缩率、粉体流动的特性、填充层内流动液体的性质等有着密切的联系，直接影响着操作参数与产品质量。颗粒空隙空间的几何形状在不同程度上影响它的全部填充特性，而空隙又取决于粉体的填充类型、颗粒形状以及粒度分布，所以确定这些填充特性具有重要的实际意义。通常填充程度的评价指标有堆积效率、填充密度与孔隙百分比等，它们之间存在内在的联系。

一般来说，粉体的孔径与孔隙率和其堆积状态有关，也与颗粒的粒度分布有关。在通常情况下，如果测出来的颗粒的粒度分布比较集中，则该颗粒的孔隙率会相较而言较大；如果测出来的颗粒的粒度分布比较宽泛，则该颗粒的孔隙率会相较而言较小。这是由于粒径较大的颗粒在堆积的时候不可避免地会形成空隙，如果颗粒粒度分布比较宽泛，则会存在一部分粒径较小的颗粒。粒径较小的颗粒就会补充到形成的空隙中，从而导致粒度分布比较宽泛的颗粒所形成的粉体孔隙率较低，而如果粉体颗粒粒径分布较小，则所形成的空隙不会被更小粒径的颗粒填充，从而导致所形成的堆积态粉体中单位体积中存在更多的空隙，即粉体孔隙率较高。

6.1.4 粉体特性影响

（1）粒子团聚状态　在普通的粉体颗粒中，有一定概率会出现与一次粒子大小以及形状相类似的晶粒。但通常情况下，晶粒所表现出来的几何形态会与一次粒子相差较大，最终导致形成的粉体的各种物理和化学性质与原来相差很大。团聚可分硬团聚与软团聚两种方式，在两种方式所形成的团聚体中都可以发现一次粒子存在的证据[11]。制得粉体颗粒后的下一步工艺处理是粉体成型。在加工过程中粉体颗粒中的团聚体所受到的破坏较小，有相当大的一部分会仍然聚集在颗粒内部。团聚体存在的一个主要特点就是孔隙率低。粉体颗粒在烧结过程中会第一时间在孔隙率低的部分发生，这就使得团聚体内的烧结发生的要比团聚体间的烧结要早，以至于晶粒生长较早，从而无法得到较高的或均匀的烧结致密度，因此粒子的团聚效应不利于粉体的烧结，在粉体成型之前要减少粒子团聚的发生。

（2）粉体粒度　粉体粒子的大小影响着粉体的表面性质，对陶瓷的烧结性非常重要。为了缩短烧结周期，达到节省时间成本的目的，在粉体制备过程中就要尽可能制备粒径较小的颗粒。这是因为小粒子的扩散距离相对大粒子而言较短，小粒子之间的直接接触比较密集，这样会导致反应活性位点相对较多，反应在多个活性位点同时进行，所制备的陶瓷体组分均匀性能优异。如果粉体颗粒的粒径超过一定范围，就会导致较低的化学活性，这会影响烧结过程中粉体中的各种成分难以形成合适的微观结构。粉体颗粒的粒度越小，在施加较小的外界作用力的条件下越可以充分混合均匀，且反应在多个活性位点同时进行，从而在较低的温度就可以进行烧结。但是如果粉体颗粒的粒度过于微小，粉体颗粒之间的相互作用力（如吸附力）就会随着粒度的减小而增大，就会导致粉体颗粒发生过度团聚，从而不利于形成致密的陶瓷材料并影响其性能。

（3）粒度分布　通常情况下具有较宽粒度分布的粉体颗粒可以形成较大的致密度，但是粒度分布宽泛的粉体又会导致一系列问题。首先是在粒度分布宽的粉体中，处于不同空间位置的颗粒之间的收缩速度会相差较大，这往往会导致颗粒在空间中进行二次排布，并且粒度分布较宽的粉体颗粒尤其是当包含粒径超过平均粒径二倍甚至更大的颗粒时通常会引起晶粒异常生长，因此在生产加工过程中通常选择粒度分布较窄的粉体颗粒。其次是在烧结的初始阶段，颈部生长是由体积的扩散和晶界的扩散所导致。与用粒度分布比较窄的粉体所制备的陶瓷材料相比，由于存在混合不均匀情况，所以在粉体粒度分布宽的陶瓷材料中生成的空隙的大小分布也宽，而且经常会存在粒径比较大的颗粒，由于烧结时所发生的固相反应是以扩散的途径进行的，所以所有颗粒全部反应所花费的时间就相当长，不利于粉体的烧结，因此要避免使用粒度分布宽的粉体。

（4）粒子形状　在加工过程中粉体粒子会被加工成各式各样的形状，如柱形、针形、球形、片状等。当粒子为球形或等轴不规则形状时对烧结过程的影响较小。对于板状、针状等粒子，由于它们具有强烈的各向异性，在烧结过程中会导致它们发生定向排列，影响烧结体的均匀性和致密度，从而对陶瓷显微结构和性能影响很大。

6.2 机械制粉

固体物料颗粒在某特定外力作用下，克服了颗粒的内聚力，使得颗粒的粒径减少、比表面积增大的过程称为粉碎。通常情况下粉碎的外力包括人力、电力、机械力、热力与磁力等。根据粉碎后物料颗粒粒径的不同，可以将不同的粉碎工程归类为破碎与粉磨。一般把没有经过处理的初始物料分裂成粒径较小颗粒的过程称为破碎，得到的颗粒粒径一般分布在3～100mm之间。把以上粒径较小颗粒粉碎成粒径更小的颗粒的过程称为粉磨，得到的颗粒粒径一般分布在5～0.1mm之间。与以上粉碎过程相对应的粉碎设备分别称为破碎机械设备和粉磨机械设备。

目前，粉碎设备的机械种类繁多，根据给予粉碎驱动力方式的不同，可以总结出以下四种基础的粉碎机理，如图6-5所示[12]。挤压法是将物料颗粒夹在两个相向运动的工作面之间，利用压力将物料颗粒粉碎。磨剥法是将物料颗粒夹在两个朝相反方向运动的工作面之间，依靠运动着的工作面摩擦物料时所施加的剪切力，或依靠物料之间摩擦所施加的剪切力使物料粉碎。劈裂法是尖棱工作体楔入物料，通过张应力粉碎物料。冲击法是物料在各种瞬间冲击力的作用下被粉碎。冲击力的来源可以有工作体冲撞静止物料产生、物料冲撞固定工作面产生、物料互相冲撞产生、工作体冲撞悬空物料产生等。

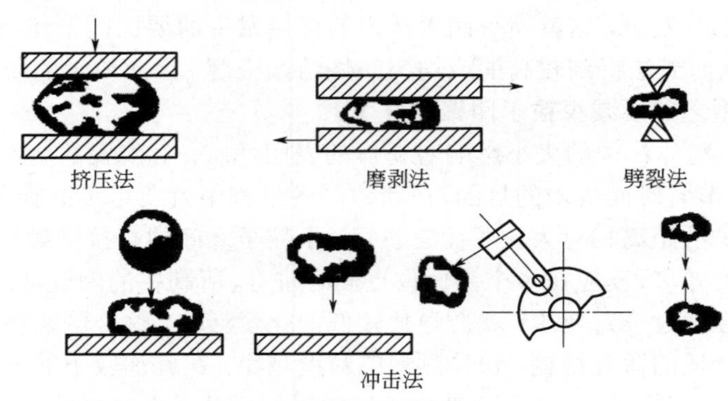

图6-5　常用粉碎方式示意图

需要指出的是不同的粉碎机械会有不同的粉碎方法，且大部分粉碎机械很少单纯使用一种粉碎方法，物料通常都是在多种粉碎方法的协同作用下被粉碎的。粉碎方法的选择与物料各项参数及最后需要粉碎的粒度有很大关系，若方法选择不合适，可能会出现难以粉碎与粉碎粒径过小的问题，导致粉碎作业的成本提高。

6.2.1　传统破碎设备

常用的破碎设备主要有颚式破碎机、圆锥式破碎机、锤式破碎机、辊式破碎机和反击式破碎机等。

6.2.1.1　颚式破碎机

颚式破碎机的工作腔体由活动颚板与固定颚板构成，是通过活动颚板与固定颚板之间相向或相反地做往复周期性运动破碎物料的一种粉碎机械。颚式破碎机的基本工作原理为首先电机通过皮带与皮带轮驱动偏心轴做偏心回转，然后安装在偏心轴一侧的活动颚板会做上下运动，驱动活动颚板时而靠近固定颚板，时而远离固定颚板。当活动颚板与固定颚板作相向运动时，对物料颗粒施加压力将其破碎；当活动颚板与固定颚板作相反运动时，由于破碎作用而粒度减小的物料颗粒会在其自身重力的作用下，从下方排到破碎腔外边。因此颚式破碎机是间歇工作的，物料粉碎与排料是交替进行的。

颚式破碎机主要被用作固体物料的粗碎，也可作为物料的中碎设备，应用范围广泛。颚式破碎机具有低噪，粉尘少，效果可靠，运营成本低，设备安全性高，设备构造简单，易更换受损部件，便于修理，工作腔体体积大，较高的破碎效率，能源消耗少，排料口可调整，可生产粒径不同的产品等优点。但是颚式破碎机由于其工作过程是间歇性的，故其非生产性功率消耗较大，对基础设备的质量要求较高，工作过程中易发生堵塞现象，需要频繁修理与维护。

6.2.1.2 圆锥式破碎机

圆锥式破碎机主要由内锥体和外锥体组成，两者形成破碎腔。其中固定的是外锥体，能够旋转的是内锥体。圆锥式破碎机的基本工作原理为电机通过皮带与皮带轮来驱动位于设备下方的回转轴在水平方向上发生转动，高速旋转的回转轴经由齿轮组带动偏心轴套在垂直方向上进行偏心回转，设备的内锥体轴在偏心轴套的带动下会作偏离轴中心的旋摆运动，使内锥体的外壁表面与外锥体的内表面的距离时远时近。当内锥体靠近外锥体时，物料颗粒会受到两个工作面的压力与摩擦力的作用而破碎；当内锥体远离外锥体时，破碎后的物料颗粒在其自身的重力作用下从设备下端的物料出口排到设备之外。

类似于颚式破碎机，圆锥破碎机可用作粗碎机。与颚式破碎机间歇工作原理不同的是，圆锥破碎机的破碎原理是沿着环形工作室连续生产材料颗粒。圆锥式破碎机的主要优点是粉碎效率高，能源消耗少，工作过程稳定，破碎后产品粒度分布比较均匀，适用于破碎片状物料。圆锥式破碎机缺点是结构复杂，成本造价较高，维修困难，只适合在生产能力较大的工厂中使用。

6.2.1.3 锤式破碎机

锤式破碎机是通过在高速回转的卧式转子上安装锤头，锤头与转子是柔性连接的，即锤头可在销轴上自由转动，通过旋转锤头的冲击作用粉碎物料颗粒。锤式破碎机主要是靠高速旋转锤头的动能与惯性来达到粉碎物料的目的。锤式破碎机的基本工作原理是电动机通过皮带与皮带轮驱动卧式转子发生高速回转，进而带动安装在卧式转子上的锤头发生高速旋转。随后，物料经由投料窗口均匀地加入破碎腔体内，受到旋转锤头的冲击与剪切作用将物料颗粒粉碎，同时物料在自身重力的作用下从高速旋转的锤头冲向工作腔内的破碎板上，进一步被粉碎。粒径大的物料颗粒被筛板阻留在腔内继续受到锤头的打击与研磨。当物料颗粒的粒径小到一定的程度时通过设备下方的物料出口排到设备外边。锤式破碎机的性能和篦缝宽度及转子转速相关。一般来说转子转速较高会得到较细粒度的产品，而转速较低的慢速锤式破碎机得到的产品里粗粒较多，即使通过减小篦缝宽度来获得粒度较小的产品也会增加成本。

锤式破碎机的主要优点是破碎效率高，破碎比大，未粉碎与过度粉碎现象少，最后产品的粒度较为均匀，设备能源消耗低，构造简单，易于维护与维修等。锤式破碎机的缺点是设备重要部件损耗较快，会一定程度提高成本，另外不可用于粉碎湿度较大的物料。

6.2.1.4 辊式破碎机

辊式破碎机是依靠卧式圆柱形转动轴在转动过程中对物料进行以挤压破碎为主的中碎和细碎设备。根据旋转辊子的数量，辊式破碎机可以分为单辊式和对辊式两种。单辊式破碎机是由一个旋转的辊子和一个颚板组成，又称为颚辊式破碎机。物料颗粒在辊子和颚板之间被压碎，随后从排料口排出。双辊式破碎机是两个辊子相向旋转，称为对辊式破碎机。物料材料落在旋转辊上，在辊表面的摩擦下在两个辊之间被拉动，被辊子压碎，破碎的颗粒被辊推出以排出到装置外。

单辊式破碎机用较小直径的辊子即可处理粒径较大的物料颗粒，破碎比较大，产品粒度较均匀，还可用于中等硬度黏性矿石的破碎。对辊式破碎机的设备构造简单，重量轻，易于移动，成本较低，生产可靠性高，粉碎比易调整，但是粉碎效率低下，且所得的产品的粒度分布不均，设备需经常维修。

6.2.1.5 反击式破碎机

反击式破碎机是利用高速旋转锤头的动能与惯性对物料颗粒进行冲击粉碎的设备。不同于锤式破碎机的是，反击式破碎机的工作锤头是直接固定在卧式转子上的，两者之间的连接是刚性的。反击式破碎机的工作原理是电机通过皮带与皮带轮驱动卧式转子与工作锤头发生高速回转，物料颗粒由进料口进入后与卧式转子上的锤头发生激烈的碰撞而被粉碎，随后物料颗粒又会打击到打击板上再次被粉碎，然后又从打击板反弹到锤头处继续粉碎。以上过程不断重复，造成物料之间的相互撞击，最后从出料口排出。因此不同于锤式破碎机，反击式破碎机的破碎机理还包括衬板的冲击作用与物料颗粒之间的相互碰撞。

反击式破碎机的主要优点有设备构造简单，易于维护与维修，粉碎过程稳定，有更大的破碎空间，可以更有效地利用冲击作用，充分利用转子的能量，耗能少，物料颗粒不会被过度粉碎，产品粒度均匀，破碎比大等。它的缺点是没有下篦条的反击式破碎机的产品中会混有少量大块，难以控制产品粒度且防堵性能差，不适用于破碎塑性和黏性物料。

6.2.2 传统粉磨设备

传统的粉磨设备有球磨机、轮碾机、立式磨等。

6.2.2.1 球磨机

球磨机是物料颗粒在被初步粉碎后再进行粉磨的常用设备。球磨机在球磨的过程中通常要在工作腔体内加入球磨介质进行粉磨，球磨介质一般分为钢球与陶瓷球两种。该设备是由水平的筒体、进料与出料的空心轴及磨头护板等部分组成。球磨机的基本工作原理是要选择合适的球磨介质，球磨介质的选择与最终要粉碎到的颗粒粒径有关系，然后将物料颗粒与球磨介质一同由进料处填充到工作腔体内，当设备筒体在电机的带动下发生旋转的时候，物料颗粒与球磨介质在离心力与筒体内衬板壁摩擦力的共同作用下，使粉体物料附着在内壁上被筒体带走，当物料颗粒与球磨介质上升到了一定的高度，由于相对较大的重力使其发生抛落，在抛落过程中，球磨介质便会将工作腔内的物料磨碎。

球磨机的主要优点是可以连续生产，生产能力大，球磨介质的使用寿命较长，设备安全[13]。由于工作腔体内没有其它杂物，设备更加可靠，产品细度一次性可达到较高的级别，绿色无污染。球磨机的缺点是能量转换效率低下，机体笨重，投资成本较大，研磨体和衬板的消耗量大，工作噪声大等。

6.2.2.2 轮碾机

轮碾机是以碾砣和碾盘为主要构成部分的物料颗粒的粉磨设备，其主要工作机理为粉体物料在碾盘上被能够滚动的圆柱碾轮磨碎。轮碾机按其主要工作方式可以分为转轮式轮碾机和转盘式轮碾机。对于转轮式轮碾机，其碾盘是固定不动的，碾轮可以围绕中心主轴做圆周式的转动，同时碾轮还会受到物料颗粒的摩擦作用，会驱动碾轮绕其自身的转轴发生转动。但是此类轮碾机在工作时会不稳定，尤其当转速高到一定程度后，碾盘会发生震颤而影响生产。盘转式轮碾机的碾轮不会绕中心主轴转动，只会绕其自身的轴转动。轮碾机结构简单，容易操作，零件容易替换，可以粉磨不同粒径的较硬的物料颗粒，且可以保证所需的粉磨粒度，但是重量大而搬运困难。

6.2.2.3 立式磨

立式磨也称为环辊磨，是通过弹簧作用将研磨辊压靠在旋转的研磨盘上，在研磨盘和研磨辊之间压制和研磨，然后通过空气带走磨料的一种研磨机，主要用于干磨工艺。立式磨的基本工作原理是电机通过皮带、皮带轮与变速机驱动设备下方的圆盘发生转动，物料颗粒经由设备的进料处进入到工作腔体内，落在下方的圆盘上，同时在工作腔体内通入热风。当圆盘发生转动的时候，会带动上面的物料颗粒一起转动而产生离心力，当转速变大时物料颗粒便会向圆盘的边缘移动，聚集于圆盘的外围。在圆盘的外围设计有环形槽和可以自转的轮子，物料便在此处被粉磨。粉磨后粒径较小的物料颗粒重力变小，会被圆盘边缘的热风吹起，流经分离器排出到设备外；粒径相对较大的颗粒直接落到圆盘上继续粉磨，最终得到粒径均匀的产品。

立式磨的主要优点是粉磨效率高，耗电低，产品粒度较均匀，粉磨产品的细度调整较灵活，便于自动控制，结构紧凑，体积小，占地面积小，成本较低，噪声小，扬尘少，操作环境清洁等。立式磨的缺点主要是只适合于粉磨中等硬度的物料，磨辊对物料的腐蚀性较敏感，设备成本高，维护与维修困难，操作管理要求高，不允许空磨启动，物料颗粒不宜太干等。

6.2.3 超细粉碎设备

超细粉碎是通过对材料的冲击、剪切、碰撞与压磨等方式实现的。超细粉碎设备可根据破碎方式的不同分为高速机械冲击磨、气流磨、振动磨等。

6.2.3.1 高速机械冲击磨

机械冲击磨的粉碎过程是固体颗粒受到强力冲击而发生变形进而破裂的过程。高速机械冲击磨在高速旋转转子上沿水平或垂直方向使用冲击元件（杆、叶片、锤子等），对材料颗粒以及材料颗粒和材料颗粒之间造成剧烈冲击。高速机械冲击磨的粉碎原理除了主要的冲击作用之外，还存在摩擦、剪切、气流颤振等多种粉碎机制。与其他磨机相比，高速机械冲击磨具有粉碎效率高以及方便调节粉碎产品的粒径与可以连续粉碎等优点，但由于机件的高速运转及颗粒的冲击、碰撞、磨损较严重，不宜用于粉碎硬度太高的物料。

6.2.3.2 气流磨

气流磨是最常用的干法超细粉碎设备之一，是一种比较成熟的超细粉碎设备。与其它超细粉碎设备不同，其粉碎原理是利用高速气流或过热蒸汽的能量驱使物料颗粒作速度很大的旋转，从而使物料颗粒之间产生强烈的冲击与剪切作用而实现超细粉碎的目的。气流磨的一般工作原理是将干燥的高压气体通过特定器件加速成为速度非常大的气流，该气流会带动物料颗粒做高速运动，发生颗粒间的相互碰撞、摩擦而粉碎。粉碎后的物料颗粒随气流到达分离区，只有粒径小到满足要求的颗粒会被分离，没有达到粒径要求的颗粒返回到粉碎室继续粉碎，直到达到所需粒径为止。气流磨主要应用于非金属的超细粉碎，其产品不但粒径较细，粒径分布也比较窄，所得的产品具有颗粒圆整度以及纯度高的特点。

6.2.3.3 振动磨

振动磨是一种通过磨介在卧式筒体内高频振动产生的摩擦、冲击与剪切的作用来研磨物料，并将物料均匀分散的超细粉碎设备。振动磨的工作原理是将物料和粉磨介质装入弹簧支撑的磨筒内，电机带动磨机主轴旋转，通过偏心块的激振装置带动磨机筒体做圆周运动，通过磨介的高频振动使物料相互摩擦、冲击与剪切而将其粉碎。振动磨机器质量轻，占地面积小，单位能耗低，结构简单，制造成本较低，但大规模振动磨对机械零部件的力学强度要求较高。

6.3 物理制粉

6.3.1 蒸发-冷凝法

蒸发-冷凝法虽然开发时间较早，但仍然是现在制备高纯度纳米粉体的重要手段[14]。蒸发-冷凝法制粉是通过不同的输入能量方式，先使金属升华气化，随后于冷凝壁上冷凝附着，进而获得金属粉体。由于所得金属粉体粒度小、比表面积大，因而化学活性强，通常需要采取措施防止金属粉体氧化，例如在冷凝室内通入惰性气体。在蒸发过程中气态的原材料原子持续与惰性气体分子发生碰撞，并通过碰撞释放原子的能量，使原子迅速冷却降温。由于温度降低而造成的溶解度下降会形成非常高的局部区域过饱和现象，在此过饱和区域形核并长大而得到超细颗粒。

（1）真空蒸发-冷凝法　真空蒸发-冷凝法是在真空环境中，将原材料蒸发再冷凝获得尺寸分布较窄、颗粒之间能相互分离的粉体颗粒的一种制粉方法。该方法可以通过调节圆盘的转速来控制产物的粒径，但是难以收集冷凝在固体表面上的颗粒，通过让真空蒸发后的蒸气冷凝在动态油液面上的方法可以对此进行改进。例如采用真空蒸发-冷凝法可以制备片状铜粉[15]。铜金属在常温下很难挥发，但是将其放置于真空中后由于气压的降低会使其临界挥发温度降低，利用此原理将大气压下容易被氧化与沸点增高的铜金属放置于真空的环境下升华为铜金属的蒸气。随后在冷却过程中铜金属的蒸气原子会逐渐聚合在一起，慢慢形成粒子并逐渐长大，从而得到铜金属的粉末。在此过程中若引入一些其它方法调控微粒的聚合与生长，便能够得到对应粒径的铜金属粉末。

（2）惰性气体蒸发-冷凝法　惰性气体蒸发-冷凝法是一种使用较早的超细粉末的物理制粉方法。惰性气体蒸发-冷凝法与常规的蒸发-冷凝法的不同之处在于要在工作腔内通入惰性气体，由于惰性气体的存在，很好地克服了材料高化学活性对制粉带来的困难，使得这种方法更加适用于高纯的纳米级稀土粉末的制备[16]，同时可以控制诸如惰性气体的种类、生成室的压强等的相关工艺参数，来实现对粉体粒度的调控。

6.3.2　溶剂蒸发法

溶剂蒸发法又叫做液中干燥法，是将乳液中的挥发性分散相溶剂去除来制备粉体的方法，可分为冷冻干燥法、喷雾热分解法、喷雾干燥法[17]。冷冻干燥法在低温的有机液体上喷淋金属盐水溶液，这样会使液滴瞬间冻结，接着在低温减压条件下进行升华脱水，最后热分解获得粉末。该方法制备的粉末粒度均匀，反应性以及烧结性优异。采用这种方法生产的粉末的表面积较大，这是因为冷冻液体在干燥过程中不收缩。喷雾干燥方法应用最广泛，是把溶液分散成无数小水滴，喷到热空气中，这样会使其快速干燥。与固相反应法相比，该方法制备的粉体在烧结后所得到的烧结体晶粒比较细。喷雾热分解法又称喷雾焙烧法，是将金属盐溶液喷淋到高温大气中，引起溶剂蒸发以及金属盐热分解，从而实现直接合成氧化粉末的方法。喷雾热分解法和喷雾干燥法适合连续操作，生产能力突出。

6.4　化学制粉

随着粉体工业的发展，对粉体材料的精细化及组分的均匀性要求越来越高。传统机械法制备粉体难以使颗粒达到微观尺度上的均匀混合，而化学法可以解决这个问题。化学制粉时粉体形成的实质就是物质通过化学反应或者电化学反应来形成新物质的晶核，晶核进一步长大而形成粉体[18]。与物理制粉相比，化学制粉所得到的粉体纯度高，粒径容易控制，均匀性较好，并且可实现颗粒在分子水平上进行复合和均化。化学制粉的方法有很多，按照合成反应所用原始物质所处的物理状态来划分，可将化学制粉分为液相法、气相法和固相法。

6.4.1　液相法制粉

液相法制备粉体是实验室或大批量生产中最主要的方法。液相法是一种非常有潜力的制备方式，没有固相法制备过程中颗粒的粒径大，微观上的均匀性较差，颗粒粒径难以控制，粉体颗粒本身存在的团聚现象等缺点。液相法制粉过程中，粉体化学成分可控，可添加微量添加剂或者其他的离子，能制备多种成分均一的超细粉体，易进行表面改性或处理，颗粒的形状和粒度能得到很好的控制。常见的液相法有化学沉淀法、水热法、水解法、溶剂蒸发法、溶胶-凝胶法等。

6.4.1.1 化学沉淀法

化学沉淀法指的是向某种金属的盐溶液中添加一定量的沉淀剂或者一些微量活性剂，当沉淀离子浓度的乘积超过该条件下该沉淀物的浓度积时，就会析出沉淀，生成的沉淀物可制备粉体。根据沉淀方式不同，可分为单相沉淀和共沉淀。按照成核生长理论，成核速率[19]为：

$$J = A\exp\left[\frac{-16\pi\sigma^3 V_m^2}{3K^3T^3(\ln S)^2}\right] \tag{6-10}$$

式中，J为成核速率，数目/（$m^3 \cdot s$）；A为频率因子，数目/（$m^3 \cdot s$）；K为玻尔兹曼常数；σ为液固界面张力，erg/m^2；V_m为形核物质的摩尔体积，L/mol；S为溶液的过饱和度；T为温度，K。

从式（6-10）中可以看出过饱和度S越大，界面张力σ越小，则它的成核速率就越快。在晶核形成以后，晶核上会不断地有溶质的沉积，导致晶体越来越大。实际上沉淀反应晶核的形成是瞬间完成的并且迅速降低了溶液的过饱和度，这样就使得二次形核很难进行。晶核的主要生长方式是碰撞聚结，也就是晶核与晶核之间、粒子与粒子之间、晶核与微粒之间相互融合形成更大的颗粒。化学沉淀制粉的粉末形态主要受到晶核的生长机理和微粒之间的相互作用力的影响，这是粉末形貌控制以及性能影响的理论依据。化学沉淀制粉法具有很多优点，例如加工设备较为简单、成本低廉，非常适用于大批量生产。但是生产过程中操作较繁琐，用时较长。

（1）单相沉淀　将沉淀剂加入溶液中经过一系列反应后，形成只有一种阳离子的沉淀，即单组分沉淀。这种沉淀方式简单易操作，因此在工业中有着非常广泛的应用。以单相沉淀法制备纳米NiO[20]为例，图6-6给出了工艺流程图，反应原理为：

$$Ni^{2+} + 2NH_3 \cdot H_2O + nH_2O = Ni(OH)_2 \cdot nH_2O(\text{浅绿色}) + 2NH_4^+$$

$$Ni(OH)_2 \cdot nH_2O = NiO(\text{黑色}) + (n+1)H_2O$$

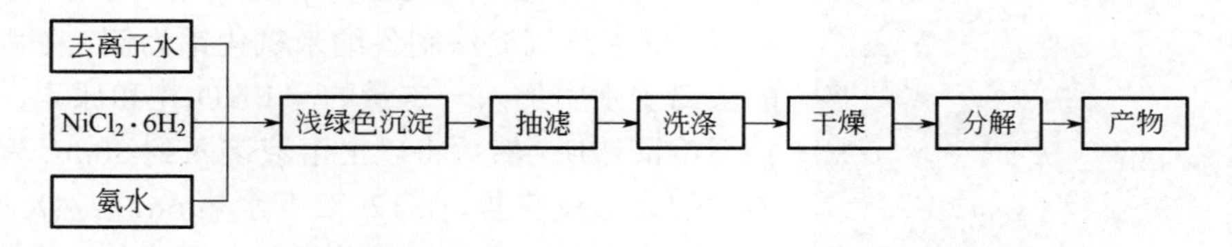

图6-6　单相沉淀法制备纳米NiO流程图

（2）单相共沉淀　共沉淀法是在制备复合氧化物粉体时，使两种或两种以上的金属离子同时沉淀下来的方法。共沉淀法的实质就是不同种类的离子会与不同浓度的离子发生不同反应的沉淀，其原理是根据其溶液的pH值以及各离子的沉淀的先后顺序来制备所需材料。该方法可以制备高纯度、超细、组成均匀、烧结性能好的粉体。这种沉淀可在原子尺寸上保证化学均匀性，是一种非常理想的沉淀方式。采用化学法制备ZrO_2粉体的方法就是一种共沉淀法[21]。将原料混合先制备氢氧化物，得到的氢氧化物共沉淀物经洗涤、脱水、煅烧等步骤后即可得到具有很高活性的ZrO_2粉体，工艺流程图如图6-7所示。

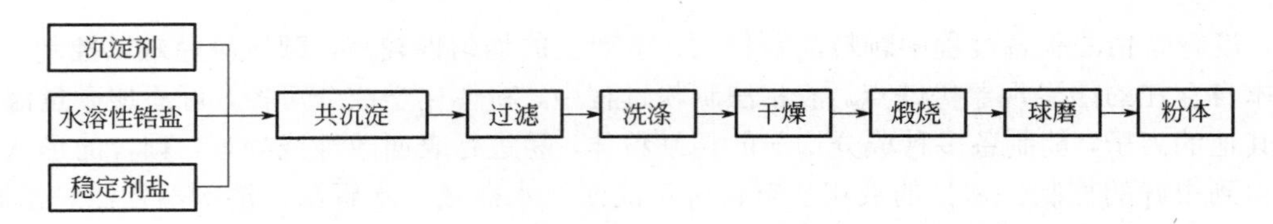

图 6-7　共沉淀法工艺流程

共沉淀法具有工艺简单，所得到的粉体性能优良的优点。但制备过程中会有一些残留物难以去除，进而影响粉体性能。用这种方法制备的粉体烧结陶瓷制品，粉体颗粒里边特别难去除的残留物会直接影响陶瓷制品的性能。此外在粉体制备过程中可能会产生一定的团聚，可适当地添加一些分散剂或者表面活性剂使得团聚不易形成，同时可以控制粉体粒径。

（3）混合物共沉淀　实际生产过程中通常会加入过量的沉淀剂，由于浓度积的限制使得过量离子沉淀下来，通过速率的控制可以使各组分按比例沉淀。由于比例能较好地控制，因此产物均匀性较好。采用这种方法一般用来得到氢氧化物或者水合氧化物沉淀，也可以得到草酸盐、碳酸盐等盐类。

6.4.1.2　水热法

水热法是一种常见的制备材料的方法。水热合成是以水为溶剂，在一定的压力和温度下，水作为溶剂也作为反应物，和原始混合物反应制备粉体[22]。与其他制粉方法相比，水热法制粉温度较低，在反应釜较好的情况下实验相对安全。水热合成粉体的晶体粒径容易控制，合成过程操作简单，没有特别繁琐的操作工序，同时特别环保，不会产生很多对环境有危害的产物。水热法的缺点是设备依赖性强，必须要有一定的设备支撑。

（1）水热氧化法　水热氧化法是指在高温高压的条件下，以水作为溶剂，利用金属单质或合金发生氧化反应来制备金属氧化物粉体颗粒的方法，如制备铬氧化物、铁氧化物及一些合金氧化物等。以水热氧化法制备 $\alpha\text{-}Fe_2O_3$ 为例，将一定量的七水合硫酸铁溶于水配成溶液，边搅拌边加入 NaOH 调节所需要的 pH 值，然后装入高压釜中升温，到达反应温度时通入氧气，同时增大搅拌速率，直到反应结束，将样品洗涤调节至中性，最后将样品干燥待用[23]。

（2）水热沉淀法　水热沉淀法是指在高温高压下，利用反应物在沉淀剂的作用下发生沉淀反应来制备粉体颗粒的方法。利用水热沉淀法合成的纳米粉体材料具有化学均匀性好、颗粒尺寸均匀、形貌可控的特点。以水热沉淀法制备纳米氧化铝为例，在盛有一定量的去离子水中加入一定量的 $Al(NO_3)_3$ 和尿素，室温下搅拌至溶液透明。然后将以上溶液装入到 50mL 聚四氟乙烯内衬的高温反应釜，在 120℃下水热 6h，自然冷却到室温，然后用去离子水和乙醇洗涤数次，抽滤并干燥，高温煅烧后得到产品粉末如图 6-8 所示[24]。

图 6-8　水热沉淀法制备的氧化铝形貌[22]

（3）水热合成法　水热合成法是在密闭体系中以水为溶剂，在一定的压力和温度下在恒温箱中反应一定的时间，将得到的氢氧化物沉淀进行洗涤回收的方法。水热合成技术已经被用来合成了众多金属氧化物纳米颗粒，获得的纳米颗粒有着高度结晶的特性。水热过程中水不仅作为溶剂，还是反应的一种反应物，同时也是压力的传递介质。从化学反应的热力学角度来说，水热法的实质是将反应原料处于很高的活性的状态下进行一系列的反应[25]。以超临界水热合成法制备 TiO_2 纳米粉体为例[26]，先配制一定浓度的四氯化钛溶液，倒入一定量的水，同时加入一定量的添加剂，按照计算好的溶液配好，加入 50mL 聚四氟乙烯内衬的高温反应釜，放入 120℃的恒温箱 12h，最后取出放入水中骤冷使得反应停止，然后用乙醇和水洗涤数次，离心，抽滤，煅烧干燥，得到二氧化钛纳米粉体（图 6-9）。

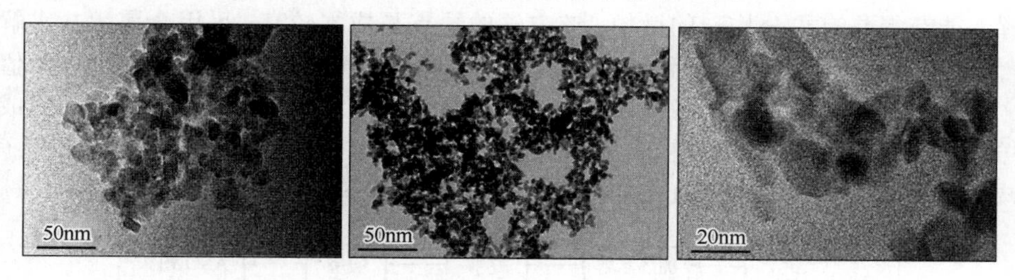

图 6-9　不同压力下合成的 TiO_2 粉体形貌[26]

（4）水热还原法　水热还原法是指在高温高压下，通过溶液中的金属氧化物在还原剂的作用下进行反应来制备粉体的方法。水热还原法可用来制备纳米银粉体，虽然实验条件简单，过程易于控制，但所用的还原剂如肼、硼氢化钠、甲醛等均带有一定的毒性，从而对环境造成污染[27]。这里以水热还原法制备超细氧化铬为例[28]，将 100g K_2CrO_4 与 900mL H_2O 配成质量分数 10%的 K_2CrO_4 水溶液，再与相应比例的甲醛和表面活性剂一起加入反应釜中，密闭后通入一定初始分压的 CO_2 气体，搅拌下升温，当体系达到指定温度后恒温保持一定时间，然后外通冷却水将体系温度降至 50℃以下，打开反应釜得到水合 Cr_2O_3 料浆，过滤分离后蒸馏水洗涤 3 次，固相产物在 800℃下煅烧 2h 后洗涤干燥，即可得到如图 6-10 所示的超细 Cr_2O_3 产品。

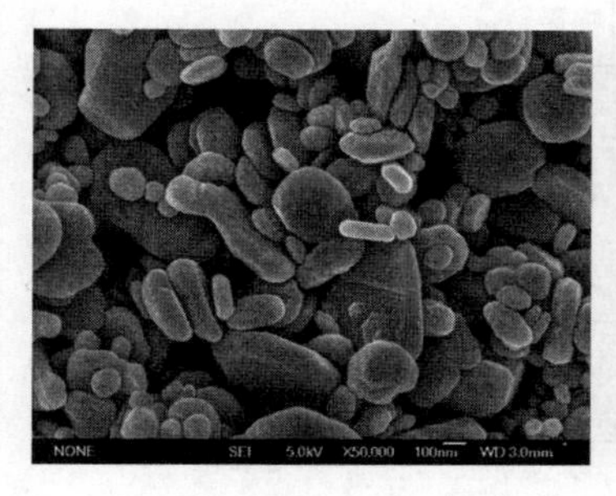

图 6-10　水热还原法制备的 Cr_2O_3 形貌[28]

6.4.1.3　水解法

水解法属于液相化学法中的一种，是指在水溶液中反应化合物可水解生成沉淀，制备成粉体颗粒的方法。通常反应原料是金属盐和水，水解反应产物是氢氧化物。可以采用水解法制备粉体颗粒的金属盐有硫酸盐、硝酸盐、铵盐等。水解法又可分为无机盐水解法和金属醇盐水解法两种。

（1）无机盐水解法　无机盐水解法是利用金属的硝酸盐、明矾盐、氯盐等溶液，通过水解反应制备粉体颗粒的一种方法[29]。最常见的是制备金属氧化物或水合金属氧化物。例如，将四氯化锆和锆含氧氯化物在热水中循环水解，生成的沉淀是含水氧化锆，其颗粒直径、形状和晶型等随溶液初期浓度和 pH 值等变化，如图 6-11 所示。

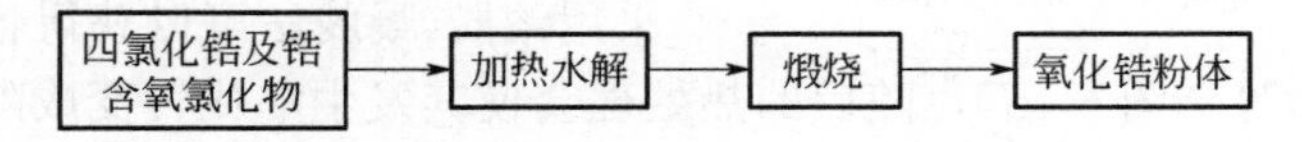

图 6-11　无机盐水解法制备氧化锆粉体工艺流程

（2）金属醇盐水解法　该方法是通过金属有机醇盐发生醇解反应生成氧化物和氢氧化物沉淀来制备粉体。此种制备方法制备的氧化物粉体纯度较高，可制备分析纯的复合金属氧化物粉体颗粒。复合金属氧化物粉末最重要的指标之一是氧化物粉体颗粒之间组成的均一性，而用醇盐水解法能获得具有组分均一的微粒。该方法的缺点是成本较高。采用金属醇盐水解法制备 Al_2O_3 粉体的工艺流程如图 6-12 所示，$Al(OC_3H_7)_3$ 的水解产物受到热分解温度、pH 值和时间的影响，通过控制水解条件可制备高活性的 AlOOH 粉末，该 AlOOH 粉末可与酸形成溶胶。利用同样的办法可以制备氢氧化镁和二氧化硅溶胶。金属醇盐的合成与金属的电负性有关，碱金属、碱土金属或稀有元素可以直接与乙醇反应生成金属醇盐，从而用于醇盐水解法制粉。

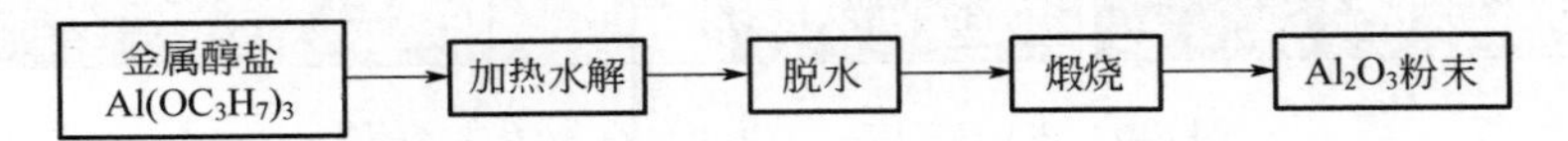

图 6-12　醇盐水解法制备 Al_2O_3 粉体工艺流程

6.4.1.4　溶剂蒸发法

溶剂蒸发法是指利用可溶性盐为原料，将其溶解在溶剂中，通过一定的方法逐渐蒸发溶剂，使溶质达到过饱和状态并结晶析出，从而得到所需的粉体。根据蒸发方式的不同，溶剂蒸发法又可分为喷雾干燥法、冷冻干燥法等[30]。图 6-13 为喷雾干燥法制备氧化物粉体工艺流程。冷冻干燥法是指将含有金属离子的溶液雾化成微小液滴的同时急速冷却使之固化，这样得到的冷冻液经升华将水全部汽化制成溶质无水盐，再把这种盐在低温焙烧而制备粉体颗粒。

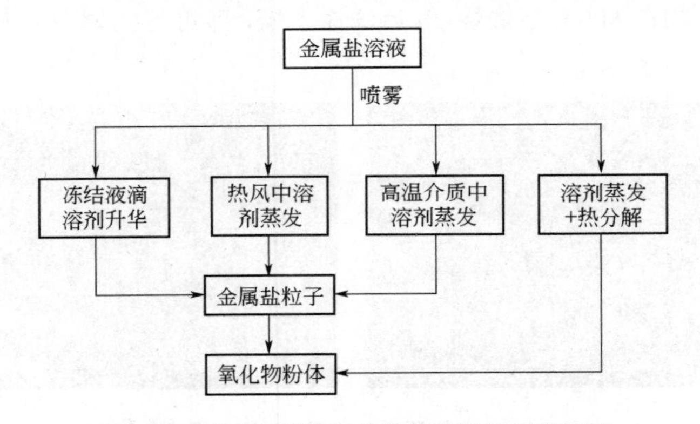

图 6-13　喷雾干燥法制备氧化物粉体工艺流程

6.4.1.5　溶胶-凝胶法

溶胶-凝胶法（sol-gel method）属于液相法的一种，也是一种新兴的湿化学合成方法。溶胶-凝胶法现已被广泛用来制备粉体，其主要是利用无机盐或者金属醇盐前驱体溶于水中或者其他的有机溶剂中发生一系列的反应形成溶胶，然后通过干燥等其他方法得到凝胶。通常可以分为水溶液溶胶-凝胶法和醇盐溶胶-凝胶法[31]。图 6-14 给出了溶胶-凝胶法制备陶瓷粉体的工艺流程。

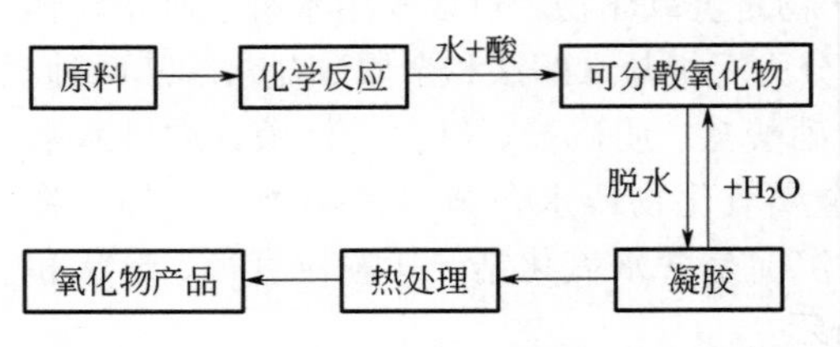

图 6-14　溶胶-凝胶法制备陶瓷粉体工艺流程

采用溶胶-凝胶法可以获得各种形状的材料，例如薄膜、纤维、粉体等（图 6-15），随后的热处理会使其发生晶化转变成陶瓷。和其他化学合成法相比，溶胶-凝胶法得到的材料的纯度高，反应过程中易掺入其他微量元素，所需的温度低，手段简单，在微米、纳米乃至更小的尺寸内能进行反应。选择合适的条件可以制备各种新型材料，不仅能制备简单的单组分陶瓷粉体，还可以制备多组分陶瓷粉体。溶胶-凝胶法的不足之处是原料价格贵，制备时间较长，凝胶中存在大量微孔时在干燥或煅烧时不利于形貌控制。

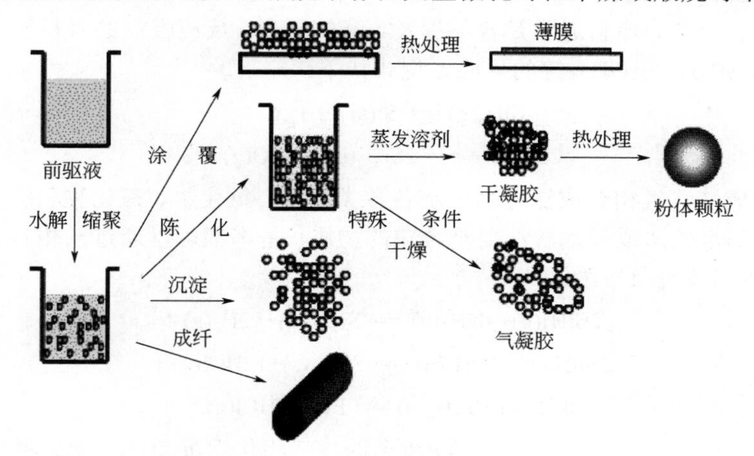

图 6-15 溶胶-凝胶法制备不同的产物

6.4.2 气相法制粉

气相法制粉即直接或间接利用气体，通过气体状态下的化学反应或物理反应来生产所需物质，并通过冷却过程形成粉体的方法。根据制备反应的类型可将气相化学制备法分为热解法和气相合成法等。

6.4.2.1 等离子体法

等离子体是经气体电离产生的由大量带电颗粒（离子、电子）和中性颗粒（原子、分子）所组成的体系，它的正、负电荷数相等，是继固、液、气三态之后的物质的第四态。以等离子体作为连续反应器制备纳米颗粒时，大致可分为三种方法，即等离子体蒸发法、反应性等离子体蒸发法和等离子体气相合成法。等离子体蒸发法是把一种或多种固体颗粒注入惰性气体的等离子体之间，颗粒完全蒸发，通过火焰边界或骤冷装置使蒸气冷却制得超细粉体。反应性等离子体蒸发法是在等离子体蒸发时所得到超高温蒸气的冷却过程中引入化学反应的方法，通常在火焰后部导入反应性气体，如制造氮化物粉体时引入 NH_3。等离子体气相合成法是将引入的气体在等离子体中完全分解，分解产物与另外气体反应制得粉体。例如将 $SiCl_4$ 注入等离子体中，在还原气体中进行热分解，在通过反应器尾部时与 NH_3 反应并同时冷却制得超细粉体。为了不使副产品 NH_4Cl 混入，在 250～300℃时捕集可得到高纯度的 Si_3N_4。

等离子体制粉法是一种很有发展前途的超细粉体制备的新工艺。该方法原材料广泛，可以是气体、液体或者固体颗粒材料，产品丰富，包括金属氧化物、金属氮化物等各种重要的粉体材料。例如等离子体制备镍粉是将镍置于坩埚内，在等离子体枪喷出的等离子体的加热下，将镍原料蒸发，镍蒸气在制粉室内遇冷后凝聚成微粉。由于表面活性很高，遇空气极易氧化成氧化镍，因此需要在处理室内对镍粉进行钝化处理。

6.4.2.2 化学气相沉积法

化学气相沉积法通过气体原料发生一些化学物理反应生成陶瓷粉体。通常气相化学反应物活化方式主要是加热，方式有加热炉加热、等离子体加热等。化学气相沉积法制备陶瓷粉体具有方法简单、应用广泛、处理温度较低、产物化学组成和形貌易于控制等特点。化学气相沉积法包括热分解法、气相合成法、激光诱导气相化学沉积法等。

（1）热分解法　热分解法制备粉体最典型的就是羰基化合物的热分解反应，它是一种由金属羰基化合物加热分解而制取粉体的方法。热分解法制备粉体颗粒要求原料中必须含有所制备颗粒物质元素的化合物，原料通常是容易挥发、蒸气压高、反应性高的有机硅、金属氯化物或其他化合物，如 SiH_4、$Si(OH)_4$ 等的反应方程式如下：

$$SiH_4(g) = Si(s) + 2H_2(g)\uparrow$$

$$2Si(OH)_4 = 2SiO_2(s) + 4H_2O(g)\uparrow$$

（2）气相合成法　气相合成法适合于制备各类金属、氯化物、氮化物、碳化物、硼化物等纳米颗粒，特别是水热法或者水解法很难合成的物质，基本都可以通过气相合成法制备，例如合成 Si_3N_4、B 等的典型反应为：

$$3SiH_4(g)+4NH_3(g) = Si_3N_4(s)+12H_2(g)\uparrow$$

$$3SiCl_4(g)+4NH_3(g) = Si_3N_4(s)+12HCl(g)\uparrow$$

$$BCl_3(g)+3/2H_2(g) = B(s)+3HCl(g)\uparrow$$

（3）激光诱导气相化学沉积法　激光诱导气相化学沉积法是利用气体反应分子对特定波长的激光束的吸收而产生热解或其他化学反应，经过成核并生长而获得陶瓷超细微粉体的方法。该方法的制备过程实质上是一个在热条件下进行化学反应和晶核形成的过程，正在成为常用的超细微粉体制备方法之一[32]。激光气相合成法的反应壁为冷壁，反应区体积小而形状规则、可控，反应区流场和温场可在同一平面，梯度小、可控，使得几乎所有反应物的气体分子经历相似的时间-温度的加热过程。制备的颗粒从成核、长大到终止能同步进行，且反应时间短（在 1～3s 内），因此易于控制。此外，反应过程是一个快凝过程，冷却速率可达 $10^5 \sim 10^6$℃/s，因此有可能获得新结构的纳米颗粒。激光法合成纳米粉末的原理如图 6-16 所示。

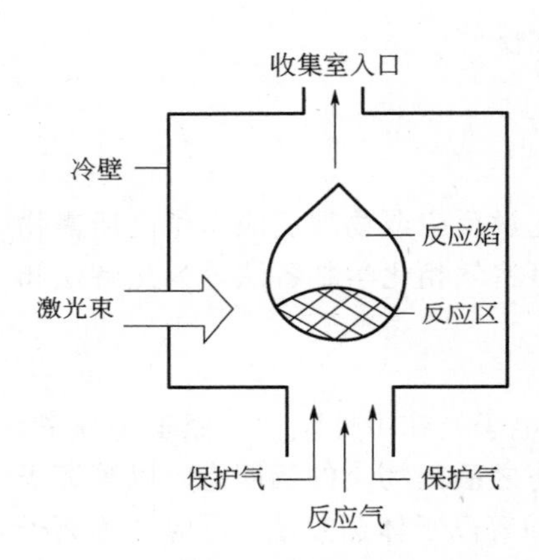

图 6-16　激光法合成纳米粉末原理图

6.4.3　固相法制粉

粉体的固相化学制备法是指体系中的反应物为固体，在制备过程中固体反应物直接参与化学反应来制备粉体的方法。制备过程不仅限于化学反应过程，也包括物质迁移过程和传热过程。固相反应除固体间的反应外，也包括气液相参与的反应。利用固相法制备粉体时，首要条件是先要将反应物破碎，达到可以进行反应的细度，反应可以发生得更彻底，得到的产品性能好、纯度高。促使固体间发生反应的方式通常有机械作用、微波辐射、超声波作用等。固相化学制备法利用机械能制备粉体颗粒，在机械作用下使两种或多种固体粉体反应物在组成界面发生充分接触，这时有可能因机械作用使反应组分的晶格发生某些变化，即发生晶格畸变。固相化学制备法与机械粉碎法是有重要区别的。机械粉碎法是通过外力将物料粉碎成颗粒，只局限于物料表面键合和渗透作用。固相化学制备法发生化学反应，涉及物质内部的反应，往往有新的物质生成。固相化学反应中的机械作用只是促进化学反应，在此作用下物料分子内部的键合发生变化，而机械粉碎法则是由于机械力的强烈作用使得反应分子间作用力发生变化。根据反应类型不同，固相化学制备法包括固相热分解法、机械化学制备法、固相反应法、自蔓延高温合成法等。

6.4.3.1 固相热分解法

固相热分解法是指固体反应物料在热分解温度下发生分解反应，产生新的固相物质，从而制得粉体产品的一种方法。固相热分解的总体反应可表示为：

$$\mathrm{M(固)} \longrightarrow \mathrm{N(固或气)+P(气)}$$

固相热分解反应一般是从反应物晶体内开始，进而形成晶核。新的晶相颗粒大小因成核数目的不同而变化，同时核的生长速率受到分解温度与分解气体压力的影响。固相热分解反应的过程可以分为三个阶段，首先是固相热分解反应从局部开始，随后分解的物质开始聚集形成新的核心，然后新的核心周围又开始从界面处发生界面反应直到整个反应结束，形成新的物相。

6.4.3.2 机械化学制备法

高能球磨是一种高效的粉体活化方法[33]。球磨不只涉及物理反应，在机械力的作用下，粉体颗粒还会有化学反应的产生，从而实现机械化学法制粉。这是由于球磨时通过向反应体系施加一定的机械力诱导发生了一系列的化学反应和物理变化[34]。在这一系列的变化中，首先是颗粒受到外加力而破碎、细化，使得比表面积增大，最终导致整个体系自由能都增大[35]。在球磨过程中颗粒发生的变化有物理变化和化学变化，并且晶格也发生了一定的变化。机械力活化的机理主要有三种，即由于晶粒细化和缺陷密度使得平衡常数发生变化，机械力使得局部产生热量和压力诱导化学反应发生和等离子体理论。其中第一种机理的研究最为深入。机械力活化过程中一个明显的特点是其时间上的脉冲性和空间上的局限性，即在任何瞬间粉体颗粒只受到与其接触的其他颗粒、研磨体即器壁的机械作用，所以过程动力学是由反应体系内每一个颗粒在每一瞬间所接受的机械能对整个体系和全部工作时间的累积效果所决定的[36]。

6.4.3.3 固相反应法

固相反应法是指两种或两种以上的固体反应物在高温下发生反应合成所需粉体产品的一种方法，工艺流程如图 6-17 所示。

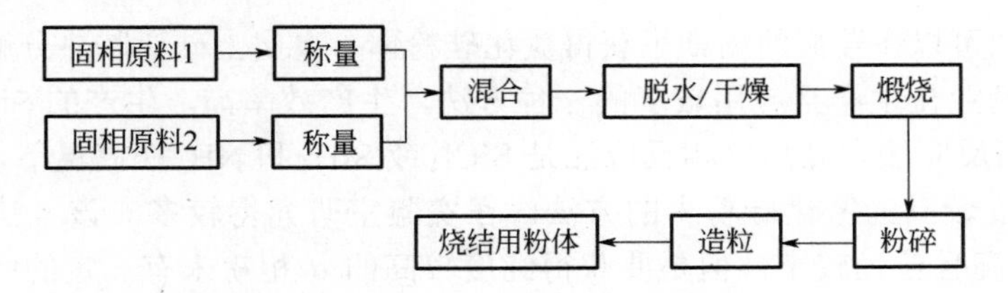

图 6-17 固相反应法制备粉体工艺流程

6.4.3.4 自蔓延高温合成法

自蔓延高温合成（self-propagating high-temperature synthesis，SHS）是利用物质的自身特性进行传导，在不同物质之间发生化学反应，在一瞬间形成某种化合物的高温合成方法。反应物以燃烧波的方式向尚未反应的区域迅速推进，并在该过程中产生大量的热，直到反应结束。根据燃烧波的蔓延方式，SHS 法可分为稳态和非稳态燃烧两种。SHS 法工艺相对简单，生产效率高，成本低廉，是合成陶瓷材料的有效方法[37]。相对于常规生产方式，SHS 法合成反应温度高，一般在 2000～4000℃，除启动反应外一般不需要外部热源，因而节省能源、工艺经济。由于反应的温度较高，极其容易将杂质挥发掉，得到的产物纯度高。在升温和降温的过程中由于速率很快，易引起非平衡状态，可获得高活性亚稳态产物[38]。

6.5 特种陶瓷粉体制备

6.5.1 Si_3N_4粉体

制备Si_3N_4粉末常用的方法主要硅粉氮化法、SiO_2还原氮化法、硅亚胺分解法和高温气相反应法等。其中硅粉氮化法是传统制备方法，工艺成熟应用广泛，其它方法则尚处于发展阶段，仅有硅亚胺分解法具有一定的生产能力。

（1）硅粉氮化法　这是早期采用的一种合成Si_3N_4粉末的方法，优点是成本较低，适合大规模生产。缺点是产品粒度较大，不能得到较小粒度的产品。具体操作是首先将硅粉磨细后放入反应炉内，通入氮气或氨气，升温加热到 1200～1400℃，磨细的硅粉会发生氮化反应，进而得到Si_3N_4粉末。反应式为：

$$3Si + 2N_2 \longrightarrow Si_3N_4$$

$$3Si + 4NH_3 \longrightarrow Si_3N_4 + 6H_2$$

（2）SiO_2还原氮化法　SiO_2还原氮化法是以过量的碳还原SiO_2，用NH_3或N_2氮化来制备Si_3N_4粉末的方法，又叫碳热还原法。SiO_2还原氮化法的原料容易获得，价格便宜。反应产物本身就是疏松的粉末，不需要进一步的粉碎处理，避免了杂质的重新掺杂，得到的粉末产物形状规则，粒径均匀，纯度有保证。由于在原料中使用的碳过量，产物中容易残留多余的碳，即使经过燃烧处理碳的含量也依然很高。另外，由于反应温度不均匀，产物中往往伴随着 SiC 和残余SiO_2的生成，影响大规模生产。

（3）硅亚胺分解法　这种方法是在 0℃下将$SiCl_4$和经过干燥的己烷与过量的无水氨气发生反应，得到固态亚氨基硅［$Si(NH)_2$］或氨基硅［$Si(NH_2)_4$］等产物，然后在 1400～1600℃的条件下热分解，可以直接得到很纯的α-Si_3N_4粉末，化学反应式为：

$$3Si(NH)_2 \longrightarrow Si_3N_4+2NH_3$$

$$3Si(NH_2)_4 \longrightarrow Si_3N_4+8NH_3$$

利用这种方法可以在较短的周期里获得氮化硅粉体。事实上硅亚胺热分解法是除硅粉氮化法之外已经实现商业化生产且应用较多的一种方法，生产效率高，生产的Si_3N_4粉末质量好。

（4）高温气相反应法　高温气相反应法是$SiCl_4$或SiH_4和NH_3在高温下，通过发生气相化学反应来合成纯度较高的氮化硅粉末的方法，在实验室研究得较多。该方法的优点是获得的Si_3N_4粉末纯度较高且粒径较小，但是要获得纯度较高的α相粉末有一定的困难，生产效率不高。从α相、颗粒形貌以及烧结体性能来说，该方法并不是制造Si_3N_4粉体的理想方法。

6.5.2 SiC 粉体

SiC 粉末的制备方法有很多种，主要包括碳热还原法和气相法，前者多用于工业生产，后者则尚处于实验室研发阶段。

（1）碳热还原法　碳热还原法通常以石英砂作为原料，加入焦炭或沥青等还原剂后，在加热炉中加热升温至 1900℃以上，得到所需的 SiC 粉体，该反应可用下式表示：

$$SiO_2(s)+3C(s) = SiC(s)+2CO(g)$$

近年来在实验室中又发展了利用微波辅助碳热还原法制备 SiC 粉体的方法。经过 500℃、0.5h 活化的活性炭与SiO_2（碳硅原子摩尔比为 4∶1）及一定量的金属催化剂粉末充分混合均匀后倒入瓷坩埚，用微波加热 30min（800W，2.45GHz）后自然冷却至室温，再将样品放在 800℃的高温炉中 8h 进行除炭处理，最后将粗产品用浓硫酸、稀氢氟酸和去离子水洗涤未反应的炭和 SiO_2，离心干燥后得到 SiC。

（2）气相法　气相法主要用含 Si 或者含 Si 与 C 的氯化物作为原料，升温加热至 1500℃以上，通过分解或合成制得所需 SiC 粉末，制备过程中的化学反应为：

$$SiCl_4 + CH_4 = SiC + 4HCl$$

$$CH_3SiCl_3 = SiC + 3HCl$$

6.5.3 TiB_2 粉体

在制备 TiB_2 粉末的众多方法中，直接合成法是以钛和硼为原料，直接发生反应合成 TiB_2 的方法。直接合成法中，钛和硼的反应属于放热反应，且反应的条件比较容易控制，从而得到的 TiB_2 纯度比较高，但是由于金属钛和硼比较昂贵，因此无法在工业上大批量生产。相比之下还原法的应用广泛，其中又以碳热还原法最为广泛，化学反应式为：

$$TiO_2 + B_2O_3 + 5C = TiB_2 + 5CO$$

碳热还原法的优点除了碳原料来源丰富容易获得之外，它的反应产物为 CO 气态物质，而固相产物只有 TiB_2 一种物质。但是和直接合成法不同的是还原法所需温度较高，实验条件不易控制，此外还存在氧化硼的挥发损耗问题。

参考文献

[1] Chang Woo Gal，Gi Woung Song，et al．Fabrication of pressureless sintered Si_3N_4 ceramic balls by powder injection molding [J]．Ceramics International，2019，45：6418-6424．

[2] 李斌斌．粉体粒度分析及其测量（一）[J]．中国粉体工业，2016，(3)：63-64．

[3] 张少明，刘亚云，瞿旭东．粉体工程 [M]．北京：中国建材工业出版社，1994：10-11．

[4] 盖国胜．粉体工程 [M]．北京：清华大学出版社，2009：23-25．

[5] 邓建国，陈建，李新跃．粉体材料 [M]．成都：电子科技大学出版社，2007：15-16．

[6] 张少明，刘亚云，瞿旭东．粉体工程 [M]．北京：中国建材工业出版社，1994：3-4．

[7] 韩跃新，朱一民，林海．粉体工程 [M]．长沙：中南大学出版社，2011：5-6．

[8] 高濂．纳米陶瓷 [M]．北京：化学工业出版社，2002：36-38．

[9] 邓建国，陈建，李新跃．粉体材料 [M]．电子科技大学出版社，2007：20-23．

[10] 许迪春，郝晓春，朱宣惠．湿化学法制备 ZrO_2（Y_2O_3）超细粉末过程中团聚状态的控制 [J]．硅酸盐学报，1992，(1)：48-54．

[11] 刘粤惠，苏雪筠，陈楷．喷雾热解法制备高纯超细氧化铝粉 [J]．中国陶瓷，1996，(4)：7-9．

[12] 张少明，刘亚云，瞿旭东．粉体工程 [M]．北京：中国建材工业出版社，1994：22-23．

[13] 宋桂明，周玉，白后善．纳米陶瓷粉体的制备技术及产业化 [J]．矿冶，2001，10 (2)：55-60．

[14] 刘箴，李文武．辊式磨技术在粉体工程上的应用 [C]．全国颗粒制备与处理学术会议，2000．

[15] 时圣店，杨斌．真空蒸发冷凝法制备片状 Cu 粉 [J]．粉末冶金技术，2011，29 (2)：110-119．

[16] 卢年端，宋晓艳，张久兴．惰性气体蒸发冷凝法制备尺寸可控的纯稀土纳米粉末 [J]．粉末冶金技术，2007，25 (6)：424-429．

[17] 刘裕涛，何志明，Veale C R．陶瓷粉料的制备技术和发展 [J]．四川建材，2017，43 (04)：71-116．

[18] 羽多野崇信，山琦量平，浅井信义．粉体技术．东京：工业调查会，2000．

[19] Volmer M，Weber A．Nuclei formation in supersaturated states［J］．Z．Phys．Chem.，1926，119：277-301．
[20] 邓祥义，向兰，金涌．氨水单相沉淀法制备纳米 NiO 的研究［J］．化学工程，2002，30（4）．
[21] 王欣，林振汉，唐辉，等．液相法制备纳米 ZrO_2 粉体的研究进展［C］．全国锆铪行业大会暨锆铪发展论坛．2006．
[22] 周美玲，谢建新，朱保全．材料工程基础［M］．北京：北京工业大学出版社，2001．
[23] 唐莹，康焕珍，毛铭华，等．水热氧化法制备 α-Fe_2O_3［J］．无机盐工业，1990（2）：13-15．
[24] 王广建，刘晓娜．水热均匀沉淀法制备纳米氧化铝［C］．AASRI-AIIA，2011．
[25] Rath C，Sahu K K，An．An d．S，et al．Preparation and characterization of nanosize Mn-Zn ferrite［J］．Magn．Mate，1999，202（ 1）：77-84．
[26] 张拓，王树众，孙盼盼，等．超临界水热合成法制备 TiO_2 纳米粉体［J］．中国粉体技术，2017（04）：60-63．
[27] 曹茂盛．超微颗粒制备科学与技术［M］．哈尔滨：哈尔滨工业大学出版社，1998．
[28] 张鹏，曹宏斌，徐红彬，等．水热还原法制备超细氧化铬及粒径调控［J］．过程工程学报．2006，02．
[29] 熊国兴，张玉红，姚楠，等．一种由无机盐沉淀解胶制备氧化物溶胶的方法 CN00110449．7［P］．2011-05-23．
[30] 郭学益，易宇，田庆华．溶液雾化氧化法制备四氧化三钴粉末［J］．北京科技大学学报，2012，34（3）：322-328．
[31] 魏建红，关建国，袁润章．金属纳米粒子的制备及应用［J］．武汉理工大学学报，2001，23（3）：1～4．
[32] 孙玉绣，张大伟，金政伟．纳米材料的制备方法及其应用［M］．北京：中国纺织出版社，2010，52-55．
[33] Kong L B，Zhang T S，Ma J，et al．Progress in synthesis of ferroelectric ceramic materials via high-energy mechanochemical technique．Progress in Materials Science，2008，53（2）：207-3229．
[34] Suryanarayana C．Mechanical alloying and milling．Progress in Materials Science，2001，46：1-184．
[35] 吴其胜．无机材料机械力化学［M］．北京：化学工业出版社，2008．
[36] 朱心昆，赵昆渝，程抱昌，等．高能球磨制备纳米 TiC 粉末．中国有色金属学报，2001，11（2）：21-25．
[37] 李强，于景媛，穆柏椿．自蔓延高温合成（SHS）技术简介［J］．辽宁工学院学报，2001，21（5）：61-63．
[38] 江国健，庄汉锐，李文兰．自蔓延高温合成材料制备新方法［J］．化学进展，1998，10（3）：327-332．

7 陶瓷成型

7.1 概述

7.1.1 陶瓷定义与分类

传统陶瓷的主要原料为黏土，加入其它天然矿物后经过粉碎、混炼、成型、烧结等工艺过程而制成。目前伴随着物理化学性质的不断完善，陶瓷的需求正在逐渐扩大，许多新兴的功能与结构陶瓷不断涌现。现如今新型陶瓷的原料大部分为化学化工原料以及各种合成矿物原料，其组成范围也得到了极大的延伸。

陶瓷产品的种类繁多，分类方法多样。根据原料来源的不同，可将陶瓷分为普通陶瓷和特种陶瓷。其中普通陶瓷即为传统陶瓷，它的主要原料为天然硅酸盐矿物，在人们的日常生活和生产活动中最为常见。普通陶瓷按照应用领域又可分为化工陶瓷、电气绝缘陶瓷、建筑陶瓷、多孔陶瓷等。特种陶瓷主要原料为纯度较高的人工合成化合物，又可分为结构陶瓷和功能陶瓷两大类。结构陶瓷往往具有优异的力学特性，如耐磨损、耐高温、耐热冲击、高硬度、高强度、高刚性、抗氧化、低热膨胀性等，主要用作工程结构材料。功能陶瓷则具有某种特殊的功能，例如电、磁、光、声、超导、化学、生物等功能。陶瓷分类如图 7-1 所示。

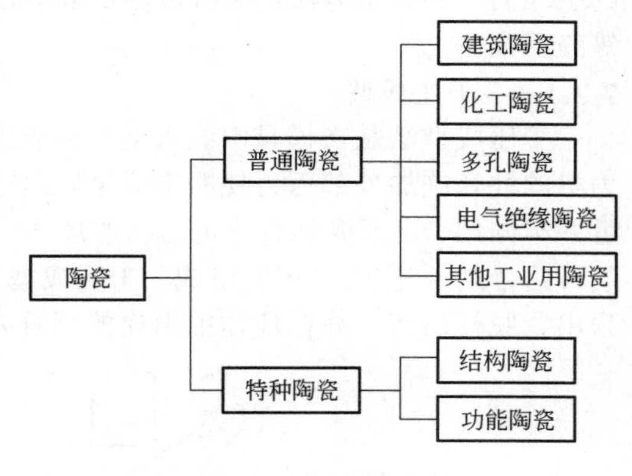

图 7-1 陶瓷的分类

此外，对于普通陶瓷还可以按照陶瓷坯体致密度的差异，分为陶器和瓷器。陶器敲击时声音粗哑、沉闷，坯体烧结程度低，机械强度低，吸水率大，断面粗糙无光泽，无透光性。瓷器敲击声音脆亮，坯体致密，烧结程度高，吸水率小，断面细腻，且有一定的透光性。

7.1.2 陶瓷成型及要求

陶瓷的制备环节大致分为坯料制备、成型和烧结，而陶瓷的成型工艺是制备陶瓷过程中的极为重要的环节，是影响制品微观结构和性质的关键因素[1]。成型是指将粉末、塑性材料和浆料等分散体转化成具有某种几何形状、体积和机械强度的块体的过程。在陶瓷坯体成型过程中，除了需要满足一定的形状要求外，坯体在成型后还必须具备一定的均匀性和致密度[2]。均匀性是指成分的组成均匀，生坯中没有成分偏析，确保生坯各部分的密度均匀。致密度是指生坯要达到一定的密度，从而使得粉末颗粒之间彼此紧密接触以形成致密的坯体。在满足均匀性和致密性的前提要求下，获得具有一定形状和精确尺寸的坯体是成型的根本目的[3]。除了均匀性和致密度的要求之外，成型生坯还应达到一定的干燥强度、水分、规整度等要求，以便于后续工艺操作。

7.1.3 成型分类与选择

陶瓷成型方法可根据坯料含水率的不同，分为压制成型、可塑成型、注浆成型等。在选择成型方法时通常要考虑制品的形状大小和厚薄、坯料的工艺性能、制品的产量和品质要求、成型设备的操作条件、前后工序联动化或自动化、技术指标和经济效益等。一般情况下，简单的回转体宜用可塑成型中的滚压法或旋压法，大件且薄壁制品可用注浆成型，板状和扁平状制品宜用压制成型。可塑性良好的坯料宜用可塑成型。可塑性较差的坯料注浆成型或压制成型。制品的产量大时宜用可塑成型或压制成型，产量小时可用注浆成型；制品尺寸规格要求高时用压制成型，制品尺寸规格要求不高时用注浆成型或手工可塑成型。

7.2 成型方法

7.2.1 压制成型法

压制成型是通过压力将放置在模具中的粉末压制成致密结构以形成具有一定形状和尺寸的生坯的一种成型方法。根据粉料含水率、施加压力方式不同，压制成型又可分为干压成型和等静压成型。

7.2.1.1 干压成型

干压成型法是在模具中装入造粒粉末，这些粉末粒度合适且具有良好的流动性，并通过压力机的柱塞施加外部压力使粉末成型。干压成型的实质就是在模具内颗粒之间通过内摩擦力靠近并牢固结合，形成具有一定形状的坯体。干压坯体可以看成是一个三相分散的系统，由液相层（结合剂）、空气、坯料组成。干压成型工艺如图 7-2 所示，工艺流程包括填料、加压成型、顶出、脱模出坯，并在坯体推出模的同时完成填料。

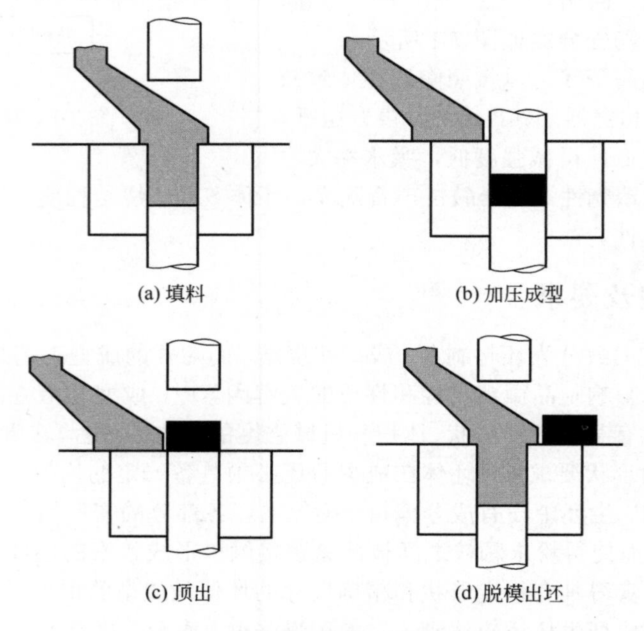

(a) 填料　(b) 加压成型　(c) 顶出　(d) 脱模出坯

图 7-2　干压成型过程示意图

在压制成型过程中，随着压力的增加粉末颗粒移动并变形，挤压的同时排出粉末中含有的气体，结果是模腔中原本松散的粉末形成了一个相对密度和强度能够有规律地发生变化的更致密的坯体。

干压成型的压制方式有单向和双向两种方式，压坯密度沿高度的分布如图 7-3 所示。单向加压是指上压头移动，而下压头和模腔固定不动。双向加压指上下压头都移动，而只有模腔固定。双向加压得到的坯体的密度比较均匀，并且压制过程中由于同时受到上下两个方向的作用力，会同时产生两个方向的位移。

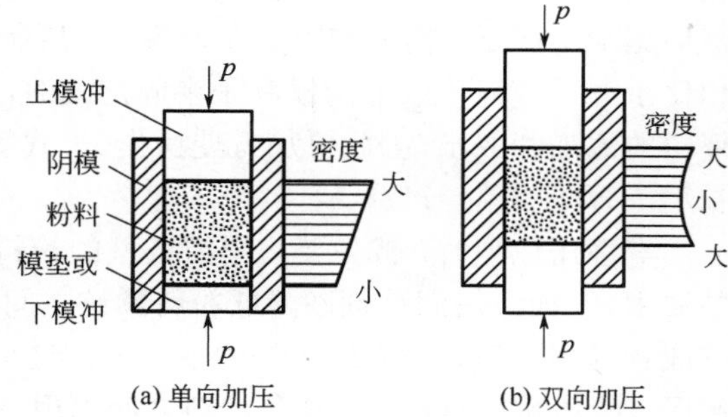

图 7-3 单向和双向加压时压坯密度沿高度的分布

粉体的粒度大小、粒度尺寸分布、流动性、含水率，成型压力大小、加压方式的选择、加压速度和时间、成型模具的选择等因素都会影响干压成型。要想获得比较理想的颗粒密度，干压成型的坯体必须选择合适的粉料颗粒，正确使用黏合剂，并选择合理的加压方式。

干压成型具有许多优点，其成型工艺简单、操作方便、成型周期短、效率高，容易实现自动化生产。同时，干压成型的坯体具有较大密度和较小收缩率，尺寸精确，并且具有较高的机械强度和优异的电性能。然而干压成型也存在一些弊端，难以生产大型坯体，对模具有较大磨损，生产成本高。即使采用上下加压的方式，也会出现压力分布不均匀，造成坯体的不均匀收缩，致使开裂、分层等现象发生。干压成型主要用于各种截面厚度较小的陶瓷制品制备，如陶瓷密封环、阀门用陶瓷阀芯、陶瓷衬板、陶瓷内衬等。

7.2.1.2 等静压成型

等静压成型的压力是各向同性的，在此压力下将粉料压制成型，它利用的是液体不可压缩的特性以及能够均匀地传递压力的性质来成型的[4~7]。等静压成型有冷、热等静压成型之分，两者的区别在于是否在高温环境下进行压制成型，而冷等静压成型又分为干式、湿式等静压成型，如图 7-4 所示。

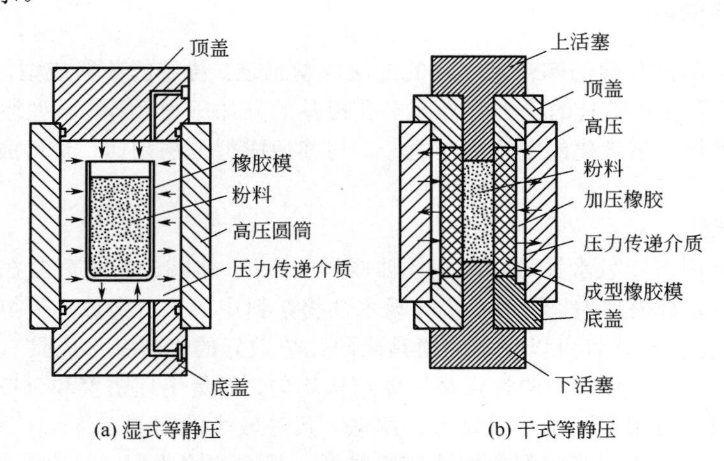

图 7-4 湿式和干式等静压成型装置原理图

湿式等静压技术是一种间断式成型方法，通过高压液体（如水、甘油或刹车油等）对装有造粒陶瓷粉或预先成型坯体的可变形橡胶包套施加各向均匀的压力（100MPa 以上）。当压制完成后，再将装有坯体的橡胶包套从容器内取出。湿式等静压成型的模具由于处于高压液体中，各个方向受压，其塑性包套的形状和尺寸可以根据制件的形状任意改变，能够用来生产不同形状的制件，因此应用较为广泛。干式等静压是在预先成型好的柔性模具内填入批量的陶瓷粉末，然后施加等静压。模具被固定在设备上，压制完成后成型制品被顶出。干式等静压成型的模具相比于湿式等静压成型的模具是半固定式的，并不都是处于液体之中，且是在干燥状态下进行坯料的添加和取出，因此更加方便操作。干式等静压成型方法适合小规模生产形状简单的薄壁、长形、管状等单一产品。

等静压成型时，首先要将需要成型的粉料进行预先处理，通过这些预处理工序来满足成型的要求，例如添加润滑剂以降低粉料颗粒之间的摩擦，用造粒的方法达到粉体应有的流动性等。完成预处理之后，等静压成型的主要工艺过程大致分为四步，分别为装填粉料、加压、保压和卸压。装填粉料时，为了避免粉料之间出现空隙而影响制品的致密度，需要均匀装填。在加压过程中，加压速度由设备和待形成的坯体尺寸决定。压制塑性粉末时，应使用较低的最大成型压力，压制硬而脆的粉料时则需要使用比较大的压力进行压制。保压的目的是增加颗粒的塑性变形以获得较高的坯体致密度。当坯体截面较大时，保压时间可以稍长一些。保压期间，高压容器对模具内的粉料颗粒施压，粉料体积被压缩。加压完成后，要选择合适的卸压速度，压力要保持缓慢均匀的降低，避免突然减压，否则生坯内外的气压不平衡会导致坯体碎裂。等静压成型对模具有特殊要求。模具不仅要在装填粉料时保持原状，而且在压制时还需要能进行恰当的塑性变形，因此模具要弹性好，抗耐磨强度和抗裂能力高。对模具的其他要求还包括耐腐蚀性强，不与液体介质和被压粉料反应，脱模性能好，不与坯体产生黏附，易于制造，使用年限长，价格便宜等。

等静压成型所施加的压力大且分布均匀，所以成型的坯体密实且密度分布均匀。因此，该方法制备的坯体具有收缩率低、结构致密、强度高、宏观缺陷少的特点，特别适合生产盘类、汤碗类制品。同时，坯体压制成型后不需要后续的干燥过程，大大缩短了生产时间，设备自动化程度高，可实现大规模生产。但是，等静压成型时需要在高压下进行，需要特殊的保护容器和部件。

7.2.2 浆料成型法

浆料成型是采用高分散的陶瓷悬浮体的湿法成型工艺。传统的浆料成型，如注浆成型、压滤成型等，主要依靠多孔模具的毛细管力或多孔模具的外加压力，因此成型坯体具有密度分布的不均匀性，是进行工艺优化的主要内容之一。与其他成型方法相比，浆料成型历史悠久，工艺成熟，应用十分广泛。

7.2.2.1 注浆成型

注浆成型是利用石膏吸水性进行陶瓷坯体成型的方法。将陶瓷粉末分散在液体介质中形成悬浮液，然后注入石膏模具中，利用石膏的吸水性将浆料中的水分吸收，获得的陶瓷坯体再进行干燥。这种运用特定形状且可以吸水的模具来固化分散好的浆料并形成具有一定强度的生坯的过程就是注浆成型。注浆成型的特点是坯体结构均匀，但是生坯密度和强度不高，含水量大且不均匀。注浆成型可用于制备形状复杂、薄壁、尺寸较大的制品。

注浆成型可分为基本注浆成型和加速注浆成型。基本注浆成型包括空心注浆和实心注浆。加速注浆方法包括真空注浆、压力注浆和离心注浆等。石膏模具放在真空室中浇注，称为真空注浆，可以加速生坯的形成，改善生坯密度和强度。对于质量要求高的产品，需要对浆料进行预先真空处理，因为浆料中含有的空气会影响产品的致密度。大型部件往往体积大，壁厚而干燥困难。为了避免干燥困难使得内壁始终潮湿而引起的部件破坏，可以选择压力注浆。为了增加产品密度，可以通过将浆料在旋转模具的情况下注入，借助离心力作用而形成致密坯体。

7.2.2.2 流延成型

流延成型又被称为刮刀法或者带式浇注成型，成型过程总体上可分为浆料制备、成型及后处理三个部分[8]。流延成型时具有合适黏度和良好分散性的陶瓷料浆从流延机料浆漏斗处流至基带上，通过基带与刮刀的相对运动使料浆铺展，在表面张力的作用下形成具有光滑上表面的模坯。模坯厚度主要由刮刀与基带之间的间隙来调控。模坯随基带一起送入烘干室，溶剂被蒸发，有机黏结剂则在陶瓷颗粒间形成网络结构，形成具有一定强度和柔韧性的坯片，干燥并与基带剥离后卷轴待用，或者直接按所需形状切割、冲片或打孔，烧结得到成品，如图 7-5 所示。

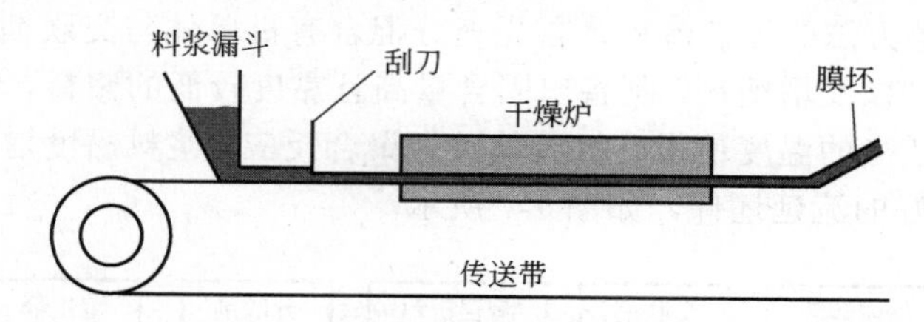

图 7-5 流延成型原理示意图

按照溶剂体系的不同，流延成型法主要分为水基流延成型法和非水基流延成型法。非水基流延成型法已经比较成熟地应用于工业生产中，而水基流延成型法还不够成熟，仍处于研究阶段。为了克服水基流延成型过程中的一些不足，一些新的流延成型法正在被开发应用，例如水基凝胶流延成型法、紫外引发聚合物成型法、流延等静压复合成型法等。

（1）非水基流延成型法 非水基流延成型法采用有机物（甲苯、二甲苯等）作为制浆溶剂。为了使得浆料中所加入的添加剂（分散剂、增塑剂、黏结剂等）与溶剂有很好的相溶性，可以使用混合溶剂，包括二元混合溶剂如乙醇/甲苯、正丁醇/二甲苯等，以及三元混合溶剂如三氯乙烯/甲乙酮/乙醇等。非水基流延成型的工艺过程是先将粉料和溶剂及各类添加剂球磨混合制作成所需的浆料，然后将其在流延机上进行流延，获得所需厚度的陶瓷薄坯，再进行裁剪和烧结等后续工艺，如图 7-6 所示。

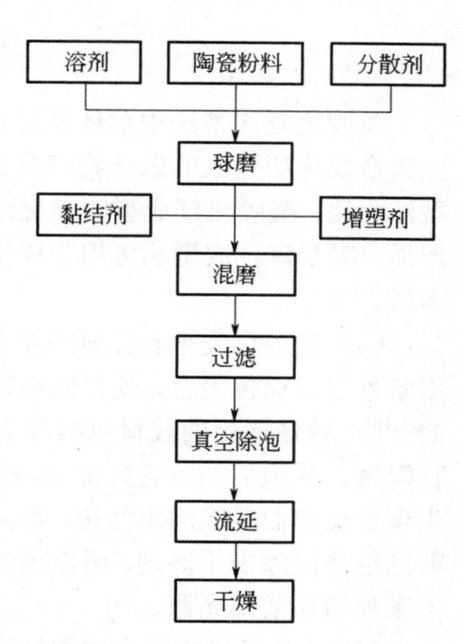

图 7-6 非水基流延成型工艺流程

非水基流延成型法工艺成熟，生产设备简单，手工操作部分较少，生产效率高，制备的陶瓷片柔韧性好、结构均匀、强度高，因此已被广泛应用于陶瓷片的大规模生产中，如生产氧化铝及氮化铝的陶瓷片，制备复合陶瓷膜等。然而，非水基流延成型法选用了具有一定的毒性且易燃的有机物质作为有机溶剂，使得生产条件恶化，污染环境，增加了安全隐患，提高了生产成本。此外，由于浆料中添加了大量的有机物添加剂，所以坯料成型后体积密度较低，烧结时收缩率大。

（2）水基流延成型法 水基流延成型所用到的溶剂是水，而流延成型过程中所用到的分散剂、黏结剂、增塑剂等均为有机物质，所以为了保证所得到的浆料具有稳定的悬浮性，应该尽量选用水溶性良好或者在水溶液中能形成稳定悬浮乳液的有机添加剂。在不影响浆料稳定悬浮的情况下，应尽量减少分散剂的使用量。同时，在保证浆料制成生坯后的强度以及柔韧性的前提下，也应尽量减少增塑剂和黏结剂的用量。水基流延成型法的工艺过程和非水基流延成型法类似。

相比较传统的非水基流延成型法，水基流延成型法更适合于连续生产大面积、平整而且较薄的制品。由于大大降低了料浆中有机物的使用量，使得生产成本大为缩减，生产过程中的毒性也大大降低，生产条件改善，安全性提高。然而，水基流延法也存在一些不足之处。由于水的表面张力大，干燥时水的蒸发速度较慢，所以对干燥条件的微小变化较为敏感，干燥过程中容易出现起泡、开裂、易卷翘变形等缺陷，引起流延片的应力集中，使得在烧成时极其容易开裂。

（3）水基凝胶流延成型法　水基凝胶流延成型法是依据有机单体的聚合反应使得浆料得以固化而获得制品。该方法的工艺流程是首先充分混合有机单体与交联剂的水溶液，接着依次加入陶瓷粉料、分散剂以及增塑剂，制备出固含量高且黏度较低的浆料。然后在引发剂与催化剂的共同作用下，在适当的温度使得有机单体发生聚合反应，浆料黏度增大并发生凝胶化，获得强度较高、韧性较好的流延坯件，如图 7-7 所示。

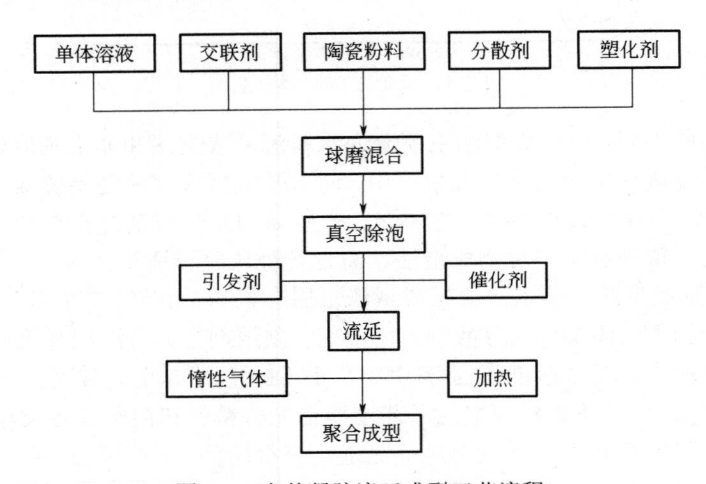

图 7-7　水基凝胶流延成型工艺流程

凝胶流延成型法中单体的选择必须保证制备好的浆料具有较好的流动性及稳定性，单体发生聚合反应所生成的聚合物需具备一定的强度以便后续工序能顺利进行。和普通的水基流延成型法相比，凝胶流延成型的固化速度快，干燥过程可以与聚合反应同时发生，大大缩短了成型周期。凝胶流延成型法可用于成型形状较为复杂的制品，生坯的均匀性好，密度和强度高，成本低。

（4）紫外引发聚合流延成型法　该方法将紫外光敏单体和紫外光聚合引发剂加入浆料中，用紫外引发原位聚合，使得浆料在成型的同时引发了聚合反应，浆料原位固化，达到成型的目的[9,10]。该法所用的浆料包括陶瓷粉料、光敏聚合单体、光引发剂以及分散剂。将这些原料进行混磨、除泡后即可进行流延成型（图 7-8）。一定强度的紫外光照射浆料，引发光敏单体发生聚合反应而形成网络结构，将陶瓷颗粒固定在其中，形成具有一定强度的生坯。由于在聚合前已经蒸发除去了溶剂，所以该方法最大的优点是省去了干燥步骤，但是需要在普通的流延机上额外增加紫外光源。

（5）流延等静压复合成型法　由于流延成型的浆料的固相含量相对较低，并且在干燥过程中还常伴随着溶剂蒸发，因此容易在素坯中留下气孔，致使素坯一般都结构疏松，密度较低，很难直接获得致密素坯。流延等静压复合成型法是以水基流延法和非水基流延法为基础，将传统陶瓷成型中的等静压成型和流延成型方法结合起来，采用等静压二次成型来提高素坯的致密度，从而有效改善素坯的成型及烧结密度。但是采用等静压二次成型使得工艺变得更加复杂，设备也较为昂贵，从而增加了生产成本。

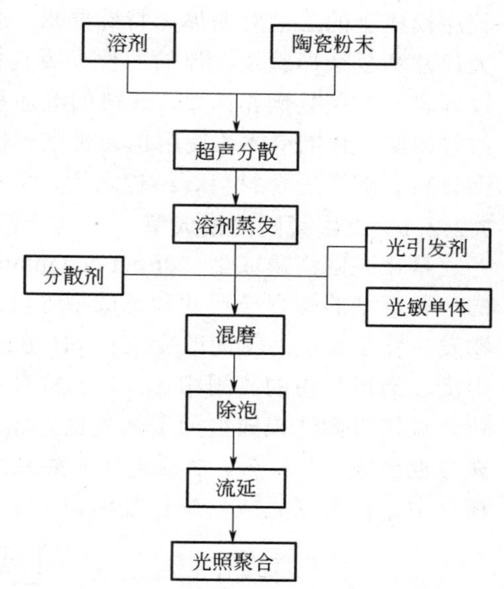

图 7-8 紫外引发聚合流延成型工艺流程

7.2.2.3 凝胶注模成型

凝胶注模成型是将传统的粉体成型工艺与有机聚合物化学结合起来，在粉体成型过程中引入高分子单体聚合的方法，通过制备低黏度、高固相体积分数的悬浮液来实现净尺寸成型高强度、高致密度的均匀的坯体。该方法的基本原理是将有机单体加入低黏度、高固相体积分数的粉体-溶剂悬浮体中，通过催化剂和引发剂的作用或者加热或冷却等方式，使浓悬浮体中的有机单体化学交联聚合或物理交联成三维网状结构，包裹分散均匀的粉体悬浮液中的颗粒使之原位固定，使悬浮体原位固化成型，从而得到具有粉体与高分子物质复合结构的坯体，如图 7-9 所示。

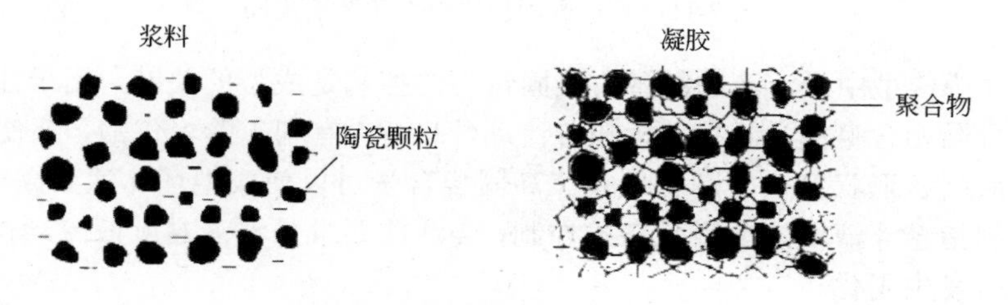

图 7-9 凝胶注模成型原理示意图

凝胶注模成型的工艺流程如图 7-10 所示[11]。首先将粉料分散于含有有机单体和交联剂的溶液中，加入分散剂，制备出低黏度高固相含量的悬浮液。球磨并真空除泡后加入引发剂和催化剂，注入模具并引发单体聚合，将粉料黏结在一起，形成具有一定强度和柔韧性的三维网状结构。坯体脱模后干燥、烧结，即可得到致密化的陶瓷制品。

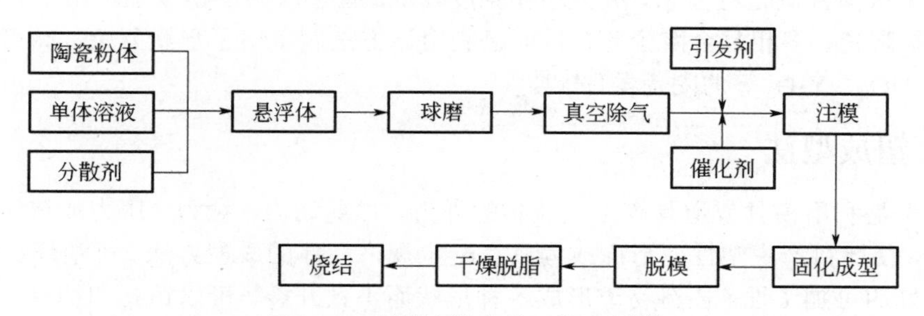

图 7-10 凝胶注模成型工艺流程[11]

凝胶注模成型有非水溶性和水溶性两类[12]。非水溶性凝胶注模成型采用有机溶剂，要求溶剂蒸气压低。水溶性凝胶注模成型的干燥过程简单，减少了使用有机物造成的环境污染。凝胶注模成型的工艺对粉体无特殊要求，适应陶瓷粉体能力强，可实现近净尺寸成型，能制备出大尺寸和复杂形状及壁厚的部件，模具材料的选择范围也较宽。凝胶注模成型的工艺周期短，过程容易控制且操作简单，获得的湿坯和干坯强度高，均匀性好，但是坯体容易产生气泡和裂纹等缺陷，有机单体的使用也会带来毒性问题。凝胶注模成型可用于粗颗粒体系陶瓷、高级耐火材料、陶瓷复合材料、结构陶瓷、多孔材料及粉末冶金的成型生产。

7.2.2.4 直接凝固注模成型

直接凝固注模成型（direct coagulation casting，DCC）是将胶体化学和陶瓷工艺融为一体的一种新型的陶瓷净尺寸胶态成型方法。它的原理是采用生物酶催化陶瓷浆料中相应的反应底物发生化学反应，从而改变浆料 pH 值或压缩双电层，使浆料中固体颗粒间的排斥力消除，使得浇注到模具内的高固相含量、低黏度的陶瓷浆料产生原位凝固，获得具有一定强度的陶瓷湿坯。直接凝固注模成型的工艺流程如图 7-11 所示。首先在溶剂中加入陶瓷粉体以及分散剂并充分混合成为悬浮液，然后再加入酶或酶作用底物等，除去气泡后将悬浮液浇注到预先准备的模具中，待凝固完成后进行脱模、干燥、烧结，最终获得陶瓷制品。

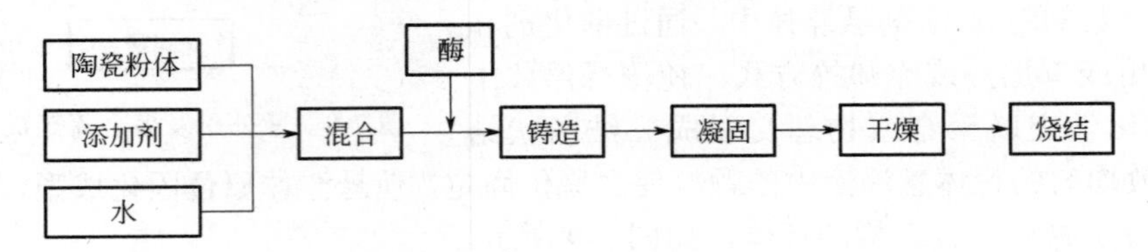

图 7-11 直接凝固注模成型工艺流程图

直接凝固注模成型中悬浮液的制备与凝固过程的控制是成型的关键。用于注模成型的悬浮液要求黏度低且固相含量高。低黏度意味着流动性良好，有利于除去气泡，并使得悬浮液充分填充模具，从而制备形状复杂的陶瓷坯体。高固相含量可以使成型坯体达到高密度和高强度。凝固过程的控制指悬浮液浇注前后状态的控制，浇注前要求悬浮液黏度低流动性好，浇注后黏度能迅速增加而发生固化。

直接凝固注模成型的素坯具有密度高、均匀性好的特点，坯体收缩和形变极小，所得陶瓷制品的强度和可靠性高，特别适合于大尺寸、复杂形状的陶瓷部件的成型[12]。成型用的有机物无毒且含量少（低于1%），干燥的坯体可以不需脱脂而直接烧结。另外，该成型方法所用模具材料的选择范围广，可选用金属、橡胶、玻璃等作为模具，加工成本低。但是该成型工艺也存在着不足之处，如所用陶瓷粉末有局限性，等电点 pH 值在 9 左右的氧化铝陶瓷粉最为合适，其他陶瓷粉末成型控制过程复杂，成型坯体强度较低。直接凝固注模成型可用于制备氧化物陶瓷、非氧化物陶瓷、多相复合陶瓷等，目前已利用该方法制备出了形状复杂、高可靠性、高性能的 ZrO_2、TiO_2、Y_2O_3 等的陶瓷器件[13]。

7.2.3 可塑成型法

可塑成型是利用模具或道具等工艺装备的外力，如剪切力、拉力、压力或挤压力等，对坯料进行加工，使坯料产生塑性变形而成为具有一定规格坯体的成型方法。可塑坯料最重要的特征是具有良好的可加工性，坯料易于形成各种形状而不致开裂，可以钻孔和切割，干燥后有较高的生坯强度。同时，坯料还应具备结构各向同性、分布均匀、颗粒定向排列较低的特点，以免因收缩不均而引起坯体变形甚至开裂。常用的可塑成型方法主要有挤压成型、滚压成型、旋压成型和注射成型等，可以用来制备形状、大小、厚薄不一的陶瓷制品。

7.2.3.1 挤压成型

挤压成型是采用特定的设备将可塑料团向前挤压的一种成型技术。它的原理是挤压设备的挤压嘴尺寸越靠近前端越小，产生的压力越大，较大的挤压力施加在可塑泥团上，使得坯料充分致密化并成为具有一定形状的制品。挤压机的机头内部形状决定了坯体的外形。挤压成型过程的一般步骤是将陶瓷粉料与水混合，加入适量的黏结剂、润滑剂等，混炼得到塑性物料。然后将塑性物料挤压至刚性模具成型，即可得到相应形状的成型体如管状、柱状、板状及多孔柱状，最后再根据不同的坯体长度尺寸要求进行切割而获得制品[14]。图 7-12 给出了挤压成型的过程及对应的制品结构。

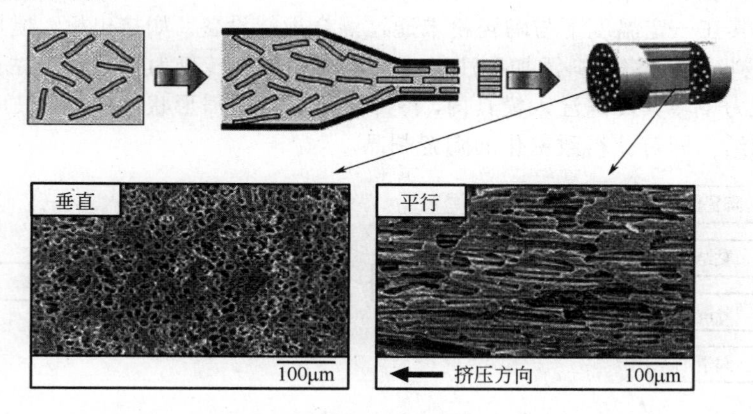

图 7-12　挤压成型过程及制品结构

用于挤压成型的粉料形状应圆滑且细度低，成型过程中溶剂、增塑剂、黏结剂等的用量要适当，同时要保持泥料高度均匀，否则难以得到高质量坯体。挤压成型工艺过程简单，产量大，可连续化生产，因此适合于工业化大批量生产。但是挤压成型的坯体形状比较单一，往往还需要进一步的车坯成型以获得所需要的形状尺寸。另外，由于使用的物料强度比较低，挤压成型的坯体表面常会形成凹坑、起泡，内部也会出现裂纹等缺陷，从而导致坯体容易变形甚至断裂。

7.2.3.2 旋压成型

旋压成型主要由进行旋转运动的石膏模具和上下移动的模型刀的配合而实现成型。在操作过程中，首先在石膏模具中放入经过真空炼泥的塑性泥料，然后将石膏模具放置在辊轳车上的模具中并随模具一起旋转，然后慢慢将样品板刀压下，使其与泥浆接触。由于石膏模具的旋转和样板刀的压力，泥料均匀地分布在模具的内表面，多余泥料则贴在样板刀上向上运动而被清除。这样模型内壁和样板刀之间所构成的空隙就被泥料填满而旋制成坯体。样板刀口的工作弧线形状与模型工作面的形状构成了坯体的内外表面，而样板刀口与模型工作面的距离即为坯体的厚度。旋压成型的泥料要具备均匀、可塑性强、结构一致的特点。旋压成型的设备操作比较简单，技术适用性强，一些具有深凹形状的制品可通过旋压成型旋制。旋压成型的缺点是旋压质量较差，坯体加工余量大，手工操作的部分比较多且需要一定的操作技术，劳动强度大，生产效率低。

7.2.3.3 滚压成型

滚压成型是在旋压成型基础上发展起来是一种可塑成型方法，是用回转型的滚压头代替了旋压成型中扁平的样板刀。滚压时由于受到由小到大均匀缓慢变化的滚压力，坯泥均匀展开，不会破坏坯料颗粒原有排列，能够降低颗粒间的应力，保证坯体组织结构的均匀性。另外，滚头与坯泥的接触面积较大，压力也较大，压制时间较长，从而提高了坯体的致密度和强度。滚压成型时滚头与坯体相互滚动，不需要添加额外的水进行润湿就能使坯体产生光滑的表面，因此滚压成型获得的坯体表面光滑无缺陷，强度大且不容易产生变形。此外，滚压成型可机械化操作，生产速度快，易于组装形成连续生产线，生产效率高。

7.2.3.4 注射成型

陶瓷的热塑性注射成型是将陶瓷粉料与热塑性树脂、石蜡、增塑剂、溶剂等加热混匀或者挤出切片造粒后，进入注射成型机中，经加热熔融后获得塑性，在一定的压力下从喷嘴高速喷注入金属模腔内，在极短时间内冷却固化成型，但是必须在后续步骤中除去相对大量的有机物且不能引入缺陷或使得坯体变形[15]。陶瓷注射成型的工艺过程如图 7-13 所示。首先选择合适的有机载体，将其在一定温度下与陶瓷粉末通过混合搅拌设备（如挤出机、搅拌机等）均匀混合，获得注射喂料。然后将喂料添加到注射成型机内并加热转变为具有一定黏稠性的熔体，在一定的温度和压力下将其高速注入模具内，冷却固化获得所需形状的坯体。最后除去成型生坯中的有机物并烧结，即可获得致密化的陶瓷制品。

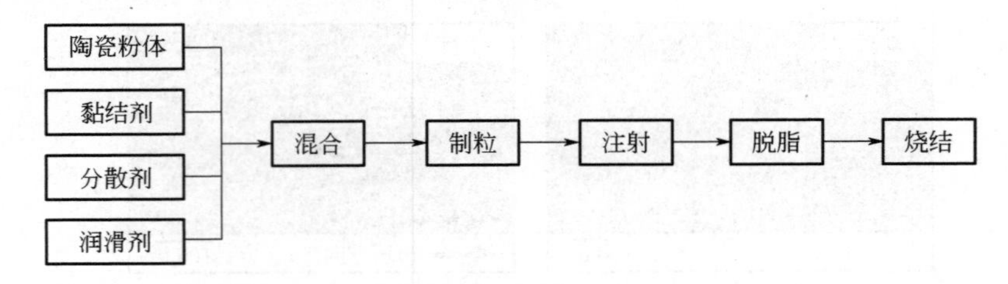

图 7-13　注射成型过程示意图

目前基于注射成型发展的成型新技术主要有水溶液注射成型和气相辅助注射成型。水溶液注射成型的原理是将陶瓷粉料、有机载体、分散剂及润滑剂等混合配制成均匀分散的陶瓷浆料，注射后有机体在模具中转变为胶凝态而固化[16]。水溶液注射成型的坯体干燥后可直接进行烧结，自动化水平高，生产成本低。气体辅助注射成型是通过气体推动聚合物熔体填充模具腔而使成型过程更容易进行，适合于腐蚀性流体和高温高压下流体的陶瓷管道成型。

注射成型是一种近净成型方法，几乎不需要后续加工。与传统的干压成型技术相比，陶瓷注射成型工艺自动化程度高，可批量生产形状复杂、尺寸精度高、体积小的陶瓷零件。同时，成型的陶瓷生坯结构紧凑、质量分布均匀，最终烧结性能优于传统成型产品[17]。注射成型的缺点是有机物使用较多使得脱脂工艺时间长、金属模具易磨损等。

7.2.3.5 热压铸成型

热压铸成型是将石蜡混入到坯料中，利用石蜡热流性的特点，通过压缩空气产生的压力使浆料迅速填充模具。然后在惰性粉末的保护下，对蜡坯进行高温蜡排出，除去保护粉末后得到半熟的坯体，再经高温烧结成为制品（图 7-14）。热压铸成型获得的产品尺寸精确，各种异形产品都能成型，成型后无需干燥，生坯强度大，便于机械化生产。同时热压铸的成型过程对模

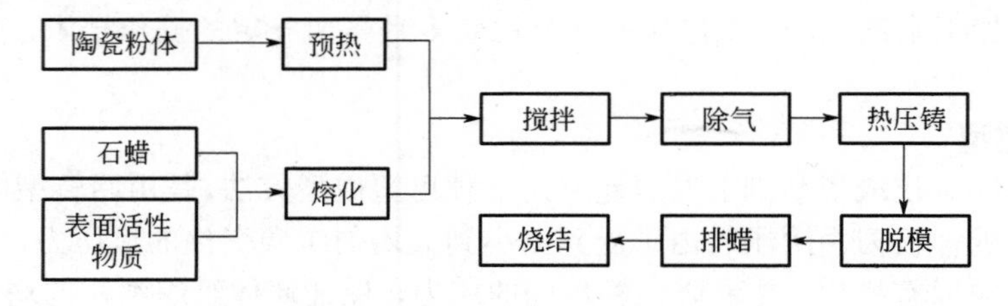

图 7-14　热压铸成型的工艺流程

具的磨损程度较小，延长了模具的使用寿命。然而，该过程由于需要多次烧制而能量消耗大、施工期长，坯体壁厚较大时脱脂困难，石蜡排出时也会留下孔隙，因此制件的致密度低。

7.3 成型技术比较

陶瓷成型是陶瓷制备工艺中极为重要的环节，不同的成型技术和方法，其成型原理和过程不同，所制备的陶瓷坯体在制品形状、内部结构均匀性、生产效率和成本等方面也不同。表 7-1 对常用成型技术进行了归纳总结。

表 7-1 常用陶瓷成型技术[18-21]

成型类别	成型方法	坯料性质	产品形状	坯体均匀性	生产效率	生产成本
压制成型	干压成型	造粒粉料	扁平形状	较差	高	低
	冷等静压成型	造粒粉料	圆管圆柱形球状体	好	中等	中等
浆料成型	注浆成型	浆料	复杂形状、大尺寸	较好	较低	低
	流延成型	浆料	<1mm 厚截面	好	高	中等
	凝胶注模成型	浆料	复杂形状、厚截面、大尺寸	较好	低	较低
	直接凝固注模成型	浆料	复杂形状厚截面	好	低	较低
可塑成型	挤压成型	塑性料	圆柱圆筒形，长尺寸制品	中等	高	中等
	旋压成型	塑性料	深凹制品	较差	低	低
	滚压成型	塑性料	口径较小而深凹制品	较好	较高	低
	注射成型	黏塑性料	复杂形状，小尺寸	好	高	中等
	热压铸成型	黏塑性料	复杂形状，小尺寸	较好	高	较低

参考文献

[1] 康永，柴秀娟．陶瓷成型加工新进展 [J]．现代技术陶瓷，2010，126（04）：49-52.

[2] 李懋强．关于陶瓷成型工艺的讨论 [J]．硅酸盐学报，2001.

[3] 周竹发，王淑梅，吴铭敏．陶瓷现代成型技术 [J]．中国陶瓷，2007，43（12）：3-8.

[4] Popper．Isostatic Pressing [J]．Heyden Press，1976.

[5] 华南工学院等合编．陶瓷工艺学 [M]．北京：中国建筑工业出版社，1981.

[6] 施剑林著．现代无机非金属材料工艺学 [M]．长春：吉林科学技术出版社，1993.

[7] 铃木弘茂．工程陶瓷 [M]．陈世兴译．北京：科学出版社，1989.

[8] 李伟，韩敏芳．凝胶注模工艺研究进展 [J]．真空电子技术，2008：34-38.

[9] Chartier T，Penarroya R，Pagnoux C．Tape casting using UV curable binders [J]．Journal of the European ceramic society，1997，17（6）：765-771.

[10] Chartier T，Hinczewski C，Corbel S．UV curable systems for tape casting [J]．Journal of the European Ceramic Society，1999，19（1）：67-74.

[11] 刘宏杰．凝胶注模成型科技的原理及问题难点分析 [J]．科技创新与应用，2013（21）.

[12] 高廉．直接凝固注模成型技术 [J]．无机材料学报，1998-06（13）：269-273.

[13] 王小峰，孙月花等．直接凝固注模成型的研究进展 [J]．中国有色金属学报，2015-2（25）：267-277.

[14] 刘学健，黄莉萍，古宏晨等．陶瓷成型方法研究进展 [J]．陶瓷学报，1999-20（4）：230-233.

[15] 张勇，何新波，曲选辉等. 注射成型制备碳化硅陶瓷材料 [J]. 稀有金属材料与工程，2007，36（1）：326- 329.
[16] 周竹发，王淑梅，吴铭敏. 陶瓷现代成型技术的研究进展 [J]. 中国陶瓷，2007，43（12）：3-8.
[17] 胡鹏程. 陶瓷注射成形技术及其研究进展 [J]. 陶瓷，2018.
[18] W M SIGMUND，N S BELL，M LBERGSTR. Novel powder-processing methods for advanced ceramics [J]. Journal of the American Ceramic Society，2000，87（3）：1557-1574.
[19] 钦征骑等著. 新型陶瓷材料手册 [M]. 南京：江苏省科学技术出版社，1995.
[20] 王苏新. 高技术陶瓷成型方法及特点 [J]. 综合评述，2003：5-6.
[21] 刘维良. 先进陶瓷工艺学 [M]. 武汉：武汉理工大学出版社，2004：89-91.

8 陶瓷烧结

8.1 概述

陶瓷是以粉体作为原料，通过一系列成型、烧结等工艺过程，最终制成无机非金属材料制品。烧结是高温处理过程，将成型后经过干燥的陶瓷坯体进行处理，以获得所需性能。在烧结过程中会发生很多物理化学变化，例如烧结体的体积减小，密度增加，强度和硬度提高，晶粒发生相变等，使陶瓷产品达到所需的物理和机械性能[1~3]。

8.1.1 工艺流程

传统陶瓷的主要制备工艺包括原料预处理、配料混磨、混合料制备、成型、干燥、脱脂、上釉、烧结、装饰与加工等过程，工艺流程如图 8-1 所示。

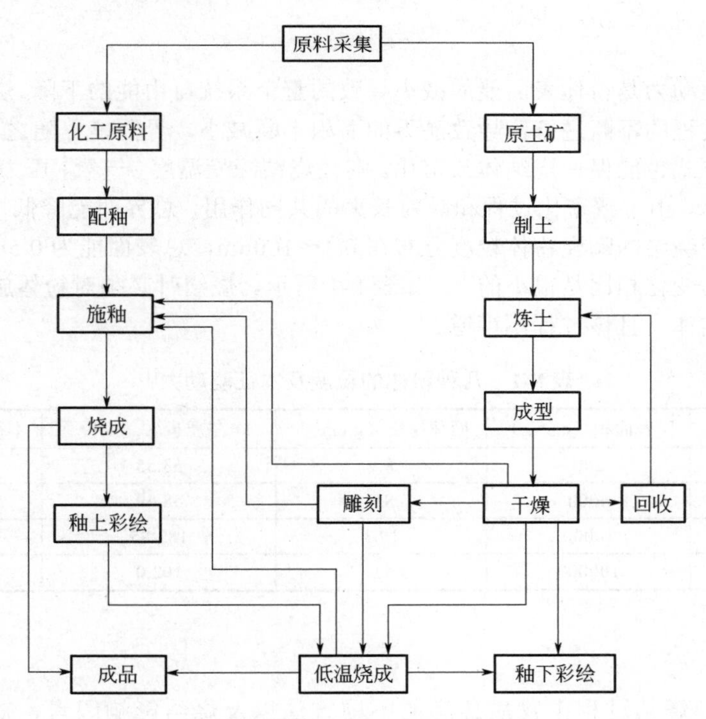

图 8-1 陶瓷制备工艺流程

烧结前的陶瓷坯体气孔率的大小取决于粉料自身特征和所使用的成型方法与技术。通常烧结是指高温条件下，坯体的表面积减小、致密度提高、力学性能和使用性能改善的过程。烧结现象如图 8-2 所示，包括的阶段有：①颗粒间接触面积扩大，颗粒聚集；②颗粒中心距逼近，逐渐形成晶界，气孔和晶界变形，同时气孔收缩，坯体收缩，气孔排除；③气孔相互连通，直至绝大部分气体被排除。

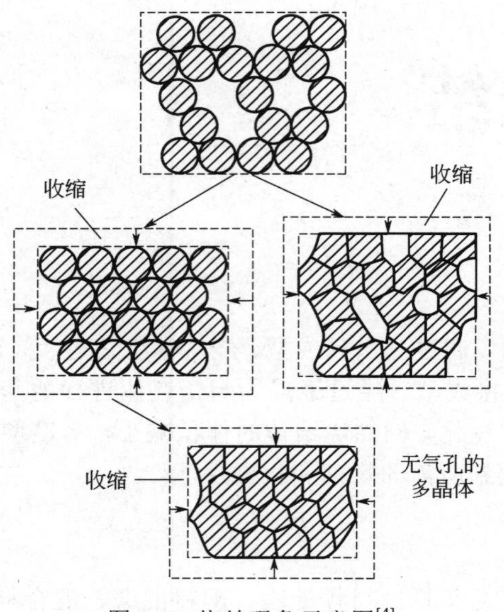

图 8-2　烧结现象示意图[4]

8.1.2　驱动力

烧结过程的驱动力是粉体表面能的减小导致的整个系统自由能的下降。烧结过程中由于坯体的收缩和传质过程的不断进行，导致晶界的面积不断减小，界面能也随之下降。气相传质、扩散传质等传质方式也能促使烧结体致密化。陶瓷烧结深受温度、气氛、压力等因素的影响[1]。陶瓷在烧结过程中，由于致密化过程和晶粒长大的共同作用，总界面能降低，陶瓷最终完成烧结过程。通常未经烧结的陶瓷粉体粒度分布在 0.1～100μm，总表面能为 0.5～500J/mol，与化学反应前后能量的变化相比是很小的[1]，如表 8-1 所示。烧结时必须对粉体施加以高温，促使粉末体转变为烧结体，且该过程不可逆。

表 8-1　几种粉体的粒度及本征驱动力[1]

粉末	粒度/μm	比表面积/（cm^2/g）	固体密度/（g/cm^3）	摩尔质量/（g/mol）	本征驱动力ΔE/（J/mol）
Cu	150	500	8.9	63.55	5.1
Ni	10	4000	8.9	58.69	45
W	0.3	10000	19.3	183.85	530
Al_2O_3	0.2	100000	4.0	102.0	1500

8.1.3　分类

根据相分类、烧结过程中物质传递的不同方法以及烧结影响因素，对烧结进行分类，如表 8-2 所示[2,3]。

表 8-2　陶瓷烧结分类[2,3]

分类依据	类型	特点
相态	固相烧结	固相传质为主
	液相烧结	出现明显液相
	气相烧结	出现气相传质现象

续表

分类依据	类型	特点
物质传递	固相传质	扩散为主
	液相传质	溶解和沉淀为主
	气相传质	蒸发和凝聚为主
压力	常压烧结	无外加压力
	压力烧结	外部加压
气氛	普通烧结	空气气氛
	氢气烧结	氢气气氛
	真空烧结	真空环境
反应	固相烧结	固相条件
	液相烧结	液相条件
	气相烧结	气相条件
	活化烧结	增加烧结活性
	反应烧结	烧结的同时发生反应

8.2 烧结影响因素

影响陶瓷烧结的因素较多，大致可以分为工艺因素和材料因素。工艺因素主要包括烧结过程中的各种工艺参数，例如烧成温度、保温时间、烧结气氛和烧结压力等，材料因素主要有粉体自身的化学组成、粉体粒度及其分布、粉体形状、粉体的团聚程度等。对于制备获得的陶瓷粉体，材料因素往往较难改变，此时适当调整工艺参数可获得致密化良好的陶瓷制品。

（1）烧成温度　烧成温度是影响烧结的重要因素。一般来说，适当提高烧成温度能促进烧结的完成，改善坯料的微观结构。但是过高的烧成温度使晶粒反常长大，形成粗大的晶粒，反而降低烧结体的力学性能。因此选择适当的烧成温度是十分重要的[5]。

压电陶瓷是一种能够将机械能和电能互相转换的信息功能陶瓷材料。压电陶瓷的机电性能随烧成温度的变化如图 8-3 所示[6]。不难看出，适当提高烧成温度可以使压电陶瓷电性能更佳，而温度达到 1200℃后其抗弯强度出现转折，呈现下降趋势。因此要根据配方组成、坯料细度和对产品的要求确定合理的烧成温度。

（2）保温时间　陶瓷坯体是不均匀的多相体系，烧成过程中各区域的相组成也不尽相同，故必须在烧成温度保温一定时间。一定的保温时间一方面会使坯体各处的物理和化学变化趋向一致，另一方面也会使烧结体各处的显微组织更均一，提高烧结体的强度。然而保温时间过长会导致溶解晶粒，对力学性能有很大影响[7]。从图 8-4 中可以看出，保温时间超过 5 个小时以后，电瓷的抗拉强度呈现明显下降趋势。

（3）烧结气氛　非氧化物陶瓷在高温下烧结时容易发生氧化反应，需要在氮气或者惰性气氛（如氩气）下烧结。例如，锆钛酸铅（lead zirconium titanate，PZT）压电陶瓷，在烧结过程中为避免 Pb 挥发，需要在气氛下进行密封烧结[3]。铁酸铋（$BiFeO_3$）陶瓷在不同的 N_2 和 O_2 比例下烧结，当气氛中的氮气含量上升时晶粒之间的空隙减少，致密度提高[8]。

（4）烧结压力　烧结压力对烧结过程以及烧结体的质量好坏会产生很大影响。烧结压力的增加会使粉料颗粒接触得更加紧密，接触面积增大，从而降低烧结能垒，降低烧结温度，减少烧结时间。例如，与常压烧结相比，当氧化镁粉体在15MPa的烧结压力下烧结时，烧结温度会降低200℃，烧结后制品的密度增加2%，并且在一定范围内烧结压力越高这一变化越显著。

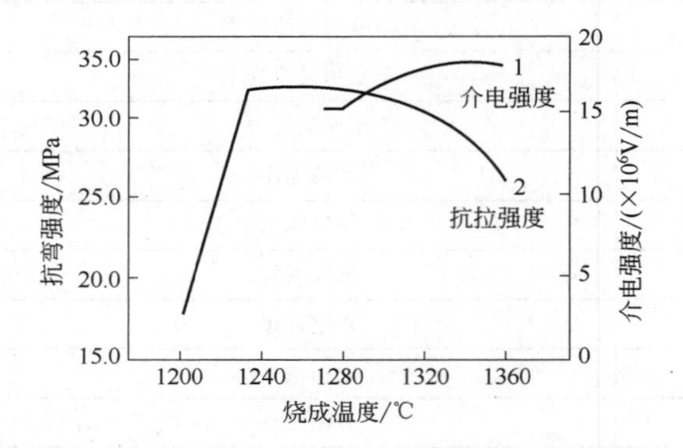

图 8-3 烧成温度对压电陶瓷机电性能的影响[6]

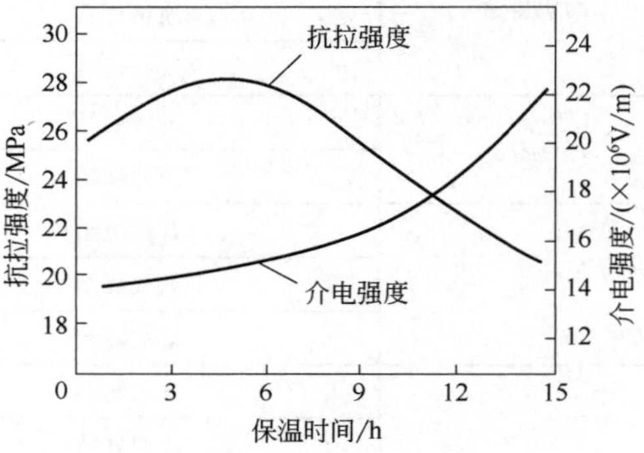

图 8-4 保温时间对陶瓷机电性能的影响[5]

（5）颗粒尺寸　减小颗粒尺寸可以加速致密化速率，减少烧结时间。此外，较小的颗粒尺寸还可以使烧结产品的密度提高，改善产品的力学性能，同时降低烧结温度。例如，β-Si_3N_4粉料烧结试样的力学性能如图8-5所示[9]。随着颗粒尺寸减小，产品的硬度和断裂韧性都有明显提高。然而颗粒尺寸的减小也往往会导致团聚发生。

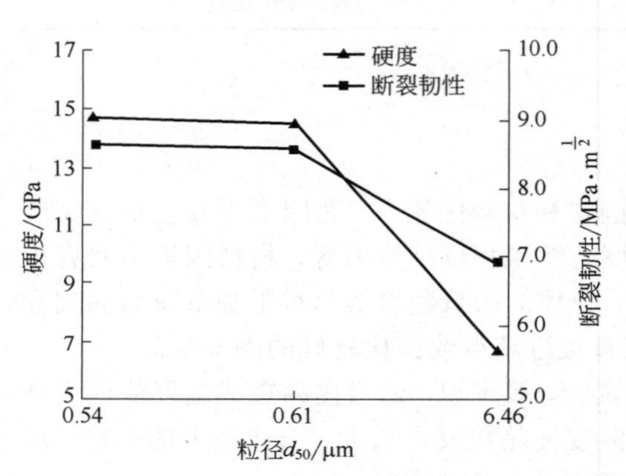

图 8-5 β-Si_3N_4粉料烧结试样力学性能[9]

（6）添加剂　在固相烧结中，添加剂的使用很重要，它能与主晶形成固溶体，导致试样缺陷增加，促进烧结。在液相烧结中，添加剂的存在也能起到促进烧结的作用，主要是因为它会改变液相的性质。烧结对添加剂的选用有一定要求，添加剂的种类和数量如果选择错误，不仅不能起到促进烧结的作用，反而使烧结过程难以顺利进行，例如过量的添加剂存在于颗粒之间，导致颗粒不能直接接触，从而影响物质的正常传递，烧结体很难致密化。

8.3 烧结原理

烧结理论主要研究烧结机理，探究物料在烧结过程的迁移，研究烧结工艺对制品的微观结构等的影响，从而通过调整各种工艺参数来确定合适的烧结工艺，制备出满足性能需求的合格陶瓷制品。因此烧结理论涉及的主要是材料致密化过程中的热力学和动力学问题、微观结构、致密化与微观结构发展关系等内容[10]。

8.3.1 致密化过程

烧结体在烧结前后的结构和性能方面发生显著变化。烧结前的坯体较为疏松，坯体颗粒之间的气孔较多，因此力学性能也很差，无法达到使用要求。在烧结过程中，由于坯料之间的物质流动和晶粒的长大，气孔率逐渐减小，材料的致密度显著提高，烧结后制品的力学性能得到大幅改善，满足使用要求。

按照烧结时的相态可以将烧结分为固相烧结、液相烧结和气相烧结。固相烧结分初期、中期和后期三个阶段。在固相烧结的初始阶段，颗粒之间距离减小，颗粒之间的接触点因为物质扩散和坯体的收缩从而形成颈部，气孔形态发生明显变化，由柱状贯通状态逐渐变为连续贯通状态。此时，颗粒内的晶粒不会改变，但颗粒的形状会变化。在烧结的中期阶段，颈部开始长大，原子发生物质传递，到达颗粒间接触面，颗粒接触得愈加紧密。孔隙由连续状态变为隔离状态，该阶段烧结体的密度和强度都增加。一般当烧结体密度达到90%，烧结就进入烧结后期。这一阶段气孔呈现出完全孤立的状态，并且伴随着晶界处物质的继续传递和晶粒的继续长大，孔隙逐渐消除，实现较高的致密度。该阶段进行得比较缓慢，需要足够的时间才能完成。

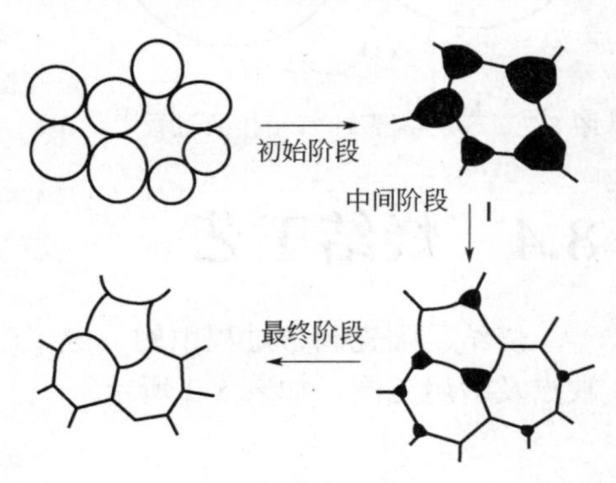

图 8-6　液相烧结过程示意图[7]

液相烧结和固相烧结的机理不同。液相烧结是指坯体由不同粉体组成，当烧结温度高于低共熔温度时导致在烧结时出现液相。液相烧结分熔化、重排、溶解-沉淀、气孔排除等阶段。液相烧结过程如图 8-6 所示[7]。

8.3.2　物质传递方式

烧结过程必须有物质的传递过程，通过物质传递来填充气孔，使坯体致密化。在烧结过程中会使用不同的材料，物质传递的方式也不同，相应的解释机理也有所不同，但它们都是以表面张力作为驱动力的，主要有流动传质、扩散传质、气相传质和溶解-沉淀传质。

（1）流动传质　由于存在表面张力，使物质发生变形和流动，导致物质迁移，这一过程称为流动传质。流动传质又可以分为黏性流动和塑性流动。大多数硅酸盐材料高温烧结时都是通过黏性流动来实现致密化的。在驱动力作用下物质会沿受力方向流动，从而产生物质传递，且驱动力越大则物质传递程度越大，服从如下关系[4]：

$$\frac{F}{S}=\eta\frac{\partial v}{\partial x} \tag{8-1}$$

式中，F 为外力；S 为面积；η为黏度系数；$\frac{\partial v}{\partial x}$ 为应变速率。塑性流动是指驱动力必须超过某一临界值才能发生传质过程，这是和黏性流动最大的区别，其流动过程遵循以下公式，

$$\frac{F}{S}-\tau=\eta\frac{\partial v}{\partial x} \tag{8-2}$$

式中，F 为外力；S 为面积；η为黏度系数；$\frac{\partial v}{\partial x}$ 为应变速率；τ为剪切极限应力。

（2）扩散传质　扩散传质是在浓度梯度的作用下，粒子或空位发生迁移的过程。它是大多数固体材料烧结的主要传质方法。在烧结的初始阶段，颗粒之间的接触界面由于黏附而逐渐膨胀，形成负曲率的接触区域。在扩散时不同部位空位浓度不同，从而导致空位的漂移方向改变，空位浓度最低的部位是颗粒接触点，扩散通常从这里开始，随后向颗粒内部扩散。

（3）气相传质　颗粒的表面往往凸起，属于高能区域，质点容易从这里蒸发，而颗粒的颈部由于内凹而属于低能区域，质点在此区域容易凝聚。这样陶瓷在烧结过程中，通过质点的蒸

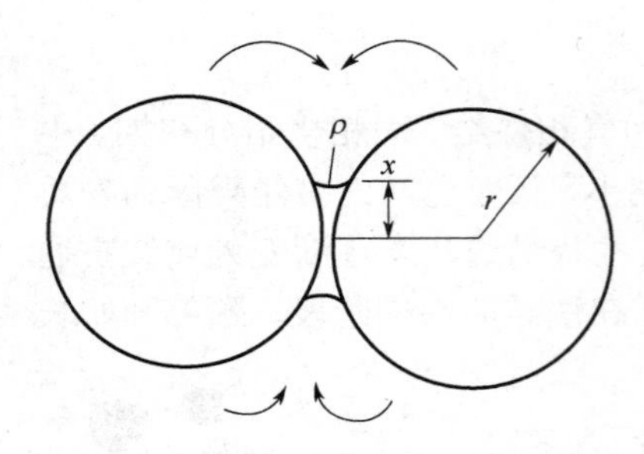

图 8-7　蒸发-凝聚的气相传质过程[11]

发、气相传递、凝聚，使得颗粒间接触增多，颗粒与空隙的形状发生变化，从而实现制品的烧结。气相传质如图 8-7 所示，箭头所示便是物质从蒸气压高的凸面处蒸发，通过气相传递凝聚至蒸气压低的颈部的过程[11]。气相传质过程常在高温下蒸气压较大的系统进行，如 FeO 的烧结。

（4）溶解-沉淀传质　在液相烧结中，液相能润湿、溶解一部分固相，颗粒越小越易溶解，这样小颗粒溶解，大颗粒长大，从而使得烧结体致密化，即为溶解-沉淀传质。

8.4　烧结工艺

烧结是陶瓷制备过程中的关键工序。对常见的烧结方法进行归纳总结，包括基本概念、优缺点及适用范围，如表 8-3 所示。

表 8-3　陶瓷烧结方法

方法	概念	优点	缺点	适用范围
普通烧结	坯件在常压下进行烧结，包括升温、保温和降温	成本低，易于制造形状复杂的制品，便于批量生产	产品性能一般，较难完全致密	各种材料
热压烧结	烧结的同时坯料施加压力，加速致密化过程	缩短时间；晶体粒度小；密度接近理论密度	形状简单，生产规模小，成本高	各种材料
气氛烧结	陶瓷坯体在一定的气氛炉内烧结	可以保护烧结材料不与气体反应	气氛条件严格	需要气体保护的材料
反应烧结	通过气相或液相与基体材料发生反应而实现材料烧结	工艺简单，制品可稍微加工或不加工，可制备形状复杂制品	有残余未反应物，结构不易控制，很难致密化	碳化硅和反应烧结氮化硅制品
液相烧结	引入添加剂形成液相而实现烧结	产品致密并可降低烧结温度	高温性能较差	各种材料
热等静压烧结	在高温下施加周向的等静压完成烧结	密度接近理论密度，性能优异	设备投资大，成本较高，难以规模化自动化生产	高附加值产品
真空烧结	将粉体坯料放入真空炉中进行烧结	不易氧化，易实现高致密化	价格昂贵	粉末冶金制品、碳化物
微波烧结	利用微波电磁场中材料的介质损耗，使陶瓷加热至烧结温度而实现致密化	被加热物体整个体积内同时加热，升温迅速、温度均匀	晶粒生长不易控制	各种材料
放电等离子烧结	利用放电等离子体加热和表面活化，实现材料超快速致密化	烧结温度低、时间短，单件能耗低，操作简单	成本高，形状简单，处于工艺探索阶段	纳米陶瓷等新型材料
自蔓延烧结	利用材料自身快速化学反应放热提供热量烧结制品	节能，成本低廉	样品易团聚，气孔多，反应不易控制	少数材料

8.4.1　常压烧结

常压烧结又称无压烧结（pressureless sintering，PS），是指在烧结过程中不对坯体材料施加额外压力，整个烧结过程是在大气压或者真空中完成的一种烧结工艺。按照烧结环境的不同，常压烧结可以分为空气烧结、特殊气体烧结以及真空烧结三大类。空气烧结要求烧结材料不与空气反应，如金属氧化物的烧结等。氮气、氢气等特殊气体烧结可以保证烧结材料不被氧化。空气烧结和特殊气体烧结所用烧结炉的结构比较简单，能够快速升温，因此应用范围大，但其炉内温控不准和气氛变化大，会造成一定程度上的制品质量不稳，而且由于是正压烧结，孔隙难以除去，因而性能难以提高。真空烧结比特殊气体气氛条件下的烧结对材料更有保护性，氧气等吸附气体及有机物和低熔点化合物杂质更容易被去除[7]。

进行常压烧结前，必须对原材料进行制坯，即把原始粉末通过普通加压、冷等静压或其他方法制备成具有一定致密度的坯样，以保证烧结后成品的致密度。常压烧结工艺过程中，烧结温度通常需要达到材料熔点的50%～80%。常压烧结关键是控制烧结温度区间。对于固相烧结来说，合适的温度区间才会为原子扩散提供足够的能量，温度过高则晶体异常长大。对于液相烧结来说，合适的温度区间能够生成足够的液相，促使扩散和流动传质顺利进行，温度过高则液相量过多，坯体容易坍塌失形。

8.4.2 热压烧结

热压烧结（hot pressing sintering，HPS）是利用机械设备，在烧结体烧结过程中同时从外部对坯体施加一定的压力烧结方法。热压烧结时把陶瓷粉末装入模具，施加一定压力的同时将其加热到烧成温度，加压可以增大颗粒之间的接触面积，促进传质，缩短烧结体致密化的时间，且更容易得到尺寸小的晶粒。一些高温陶瓷材料如Si_3N_4、B_4C、SiC、TiB_2、ZrB_2等，原子之间的结合键为共价键，传统烧结方式并不适用，而热压烧结则是一种有效的致密化技术[3]。在热压烧结中最重要的是模具材料的选择，其中石墨的使用量最大，这主要是由于石墨具有价格低廉、容易加工、电阻小、热稳定性好、整体强度高的优点，且可以形成保护气氛。Al_2O_3、SiC以及新开发的纤维增强的石墨模具等也被广泛使用，它们可以承受30～50MPa的压力。供热压烧结的陶瓷粉体需要精确控制粉末的粒径和均匀性，要求粉末粒度应达到亚微米级（＜1μm），且粒径分布窄，无硬团聚。热压烧结前需要设定适当的压力和升温制度，对于某些难烧结的陶瓷材料还需要加入烧结助剂。

热压烧结可减少烧结时间或降低烧结温度，能够获得良好的制品力学性能。热压烧结有比无压烧结更低的烧结温度、更卓越的力学性能和更少的孔隙。较低的温度，会限制晶粒的生长，晶粒异常长大的概率降低，能够获得更致密、强度更高的烧结体。同时热压烧结还能减少烧结助剂的使用量，使制品的高温力学性能得以提高。然而热压烧结的制品形状比较简单，一次烧结的制品数量少，生产效率低，从而导致烧结成本较高。热压烧结常用于生产单个或多个圆片状、柱状或者棱柱状等形状简单的产品。热压烧结的典型应用，如陶瓷刀具即通过热压烧结制得，其采用的原料一般为纳米氧化锆，烧结后的陶瓷刀质地坚硬，刀刃锋利。热压烧结也常用于强共价键陶瓷、晶须或纤维增强的复合陶瓷的烧结。

8.4.3 热等静压烧结

热等静压（hot isostatic pressing，HIP）烧结是使陶瓷快速致密化的最优选择之一。它的基本原理是采用高压介质作用于陶瓷粉体或压制完成的坯体上，使材料在加热的同时受到各向均衡的压力，在高温和高压的双重作用下实现材料的致密化[7]。氦气、氩气等惰性气体是较常使用的压力传递气体。热等静压烧结的装置如图8-8所示。

与常压或热压烧结相比，HIP烧结虽然需要更大的设备投资，成本高，操作也较为复杂，难以达到规模化和自动化生产，但是优点也同样非常突出。采用HIP烧结可以降低烧结温度，减少烧结时间，有效抑制材料在高温下发生的不利变化。HIP烧结能够在减少或不使用添加剂的情况下制备出晶粒细小均匀的致密陶瓷烧结体，剩余孔隙少，从而材料的强度得以提高，性能有效改善。

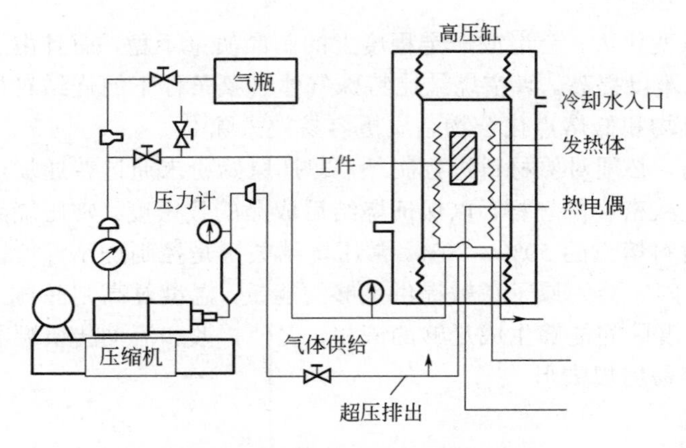

图 8-8　热等静压烧结装置示意图

8.4.4　气氛烧结

气氛烧结（atmosphere sintering，AS）指的是在陶瓷的高温烧结中，对坯体施以一定数值的气氛的气体压力的烧结工艺。常用气体为 N_2，气体压力范围通常在 1～10MPa，施加压力可以阻止陶瓷分解以及失重，使得材料更加致密[7]。虽然热等静压烧结时也会采用气体作为传递压力的介质，但是和气氛烧结所需的压力大小和作用是不同的。HIP 烧结中气氛压力大（100～300MPa），主要作用是促进陶瓷完全致密化。气氛烧结时对坯体施以的气体压力较小（1～10MPa），目的是抑制陶瓷材料如 Si_3N_4 等在高温的分解反应。与热压、热等静压等其他施加压力的烧结工艺相比，气氛烧结工艺的一大优势是可以在维持较低成本水平的情况下，生产出性能较好、形状复杂的陶瓷制品，并能够实现批量生产，缺点是气氛条件要求严格。

气氛烧结可用于制备透光性陶瓷。透光性陶瓷的关键是降低陶瓷中的气孔率，从而提高其透光性。例如对于 Al_2O_3，若烧结在空气氛围下进行，晶粒之间会产生气孔且难以消除。但是如果将烧结环境改为真空或者氢气氛围，则气体将从气孔内置换出来并以较快的速度扩散，这样就可以较为容易地消除气孔，获得透光性能良好的陶瓷制品。除了 Al_2O_3 之外，MgO、Y_2O_3、BeO、ZrO_2 等也可采用气氛烧结获得良好的透光性能。除了直接用于陶瓷坯体烧结之外，气氛烧结还可用于坯体烧结过程中的防止氧化。用惰性气体保护可以解决一些特种陶瓷在烧结过程中容易氧化的问题，同时较高的压力也能阻止材料在高温下的气化。气氛烧结还能抑制材料组分的挥发。一些陶瓷的原材料中有高温下易挥发的成分，为了遏制这些组分的挥发，在密闭烧结时常在容器内放入部分与烧结体原材料组成相近的坯体或粉料，以抑制由于挥发而带来的烧结体的组分缺失。

8.4.5　自蔓延烧结

自蔓延高温合成（self-propagating high-temperature synthesis，SHS）技术在各种粉体合成中有广泛的应用。自蔓延烧结法将传统烧结技术与自蔓延高温合成技术相结合，其原理是引燃结合剂中的活性成分发生化学反应，依靠化学反应放出的热量继续发生反应，同时控制放热温度、反应速率等反应条件，完成所需形状和尺寸的产品的烧结。自蔓延烧结过程较为快速，一般会直接点燃粉末或者压坯后停止加热，依靠粉末或压坯自身的放热化学反应提供热量，5～8min 钟就可以结束整个烧结过程，实现制品的烧结和致密化。

自蔓延烧结的特点是反应速率快，烧结时间短，能量利用充分，耗能少，且设备简单，成本低廉。由于化学反应温度较高，得到的产品具有较高的纯度。自蔓延烧结的产品质量稳定，可规模化生产，尤其在生产超硬材料方面不仅能耗降低，节省投资，而且易于推广，生产效率高。该方法的缺点是反应不易控制，产品气孔多，致密化程度较差。

8.4.6 放电等离子烧结

放电等离子烧结（spark plasma sintering，SPS）是无需切屑、废料产生少、接近净成形的技术，烧结温度低、速度快、产品致密度高是它的突出优势。在 SPS 过程中，接通电流后在非常短的时间内会释放等离子体，烧结体内部的颗粒由于受到等离子的作用而自身会均匀地产生热量，从而颗粒表面活化并烧结。SPS 在高强度、大密度、轻质量合金材料、陶瓷复合材料及其他特种材料的制备中均有着广泛的应用，是一种新型烧结工艺，但是烧结成本较高。

8.4.7 微波烧结

微波烧结（microwave sintering，MS）是一种新型的烧结工艺，可以显著提高制品的致密化程度。微波烧结不同于传统的基于热传导、热辐射等方式的普通烧结工艺，而是借助微波加热材料并完成烧结，如图 8-9 所示。

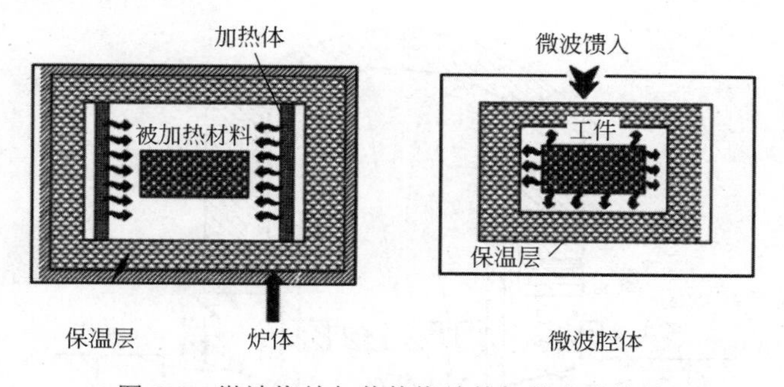

图 8-9 微波烧结与传统烧结的加热方式差异

普通烧结往往是借助外热源完成的，通过热辐射、热对流、热传导等方式对材料由外而内加热，从而实现对整个坯体的加热，因此加热速率慢、能效低，且存在温度梯度和热应力。微波烧结是通过微波使材料自身由内而外加热，坯体受热均匀，因此几乎不存在温度梯度，也避免了热冲击和热应力的出现。微波烧结具有高效节能、成本低产量高、生产周期短的优点，烧结得到的材料晶粒尺寸更细小，力学性能更优良。

8.5 烧结设备

陶瓷的烧结是在生产窑炉及其附属设备中进行的。生产陶瓷的窑炉种类繁多，主要包括间歇式窑炉和连续式窑炉两类，前者包括电阻炉、倒焰窑和梭式窑，后者则包括隧道窑、推板窑和辊道窑。

8.5.1 间歇式窑炉

（1）电阻炉　箱式电阻炉是一种比较常见的电炉，分为一体式、分体式、立式和卧式，煅烧温度一般在 1400～1800℃之间。箱式电阻炉的主体是由炉体和控制箱两部分组成，内衬多为耐火保温材料，一般采用内加热。除了箱式电阻炉之外，还有管式电阻炉，如图 8-10 所示。

图 8-10 箱式及管式电阻炉

（2）倒焰窑 倒焰窑是应用较广的一种间歇式窑炉，由升焰窑、馒头窑等发展演化而来，其名称来自工作时窑内火焰的流动方向特点。图 8-11 为倒焰窑的工作过程示意图，燃料燃烧产生的火焰从燃烧室进入窑室，之后升到窑顶，受到窑顶的阻挡和窑内部烟道的抽力而向下流动，从而对窑室内的坯体进行加热。在整个加热过程中燃烧室内的火焰先是自底部向上流动，受到窑顶阻碍后折返向下流动，因此被称为倒焰窑。倒焰窑与传统的直焰式立窑相比，火焰在窑内的停留时间和流动距离更长，从而使窑内的温度场分布更加均匀，窑体尺寸可大可小，较为灵活，能用于大尺寸陶瓷坯体的烧制。

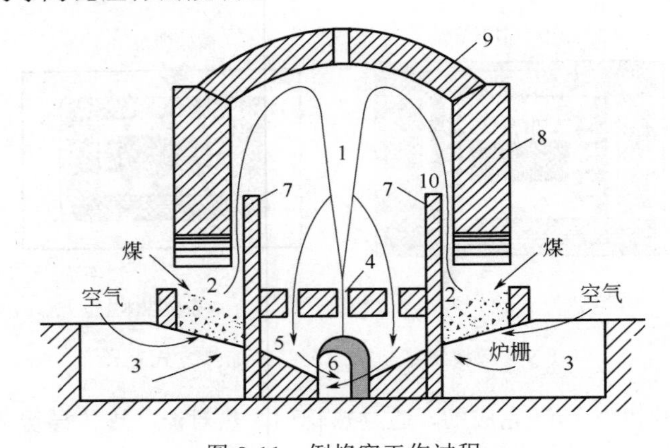

图 8-11 倒焰窑工作过程

1—窑室；2—燃烧室；3—灰坑；4—窑底吸火孔；5—支烟道；6—主烟道；7—挡火墙；8—窑墙；9—窑顶；10—喷火口

（3）梭式窑 梭式窑也是一种间歇式窑炉，煅烧时将窑车推入窑内，煅烧完成后再将窑车从窑炉中反方向拉出，将烧制完成的陶瓷从窑车上卸下，而窑车则相当于梭子，因此称为梭式窑，结构如图 8-12 所示。梭式窑常用的热源有天然气、煤气及固体煤，其中天然气梭式窑具有环保、能效高、可达到的温度高等优点。梭式窑的窑墙轻薄，内衬轻质耐高温，装卸制品均在窑外进行，适合多品种小批量生产。

8.5.2 连续式窑炉

与传统的间歇式窑相比较，连续式窑炉能够实现连续操作，也容易实现自动化和机械化，从而减小劳动力负担，节约能耗等。

（1）隧道窑 隧道窑是一种典型的连续式窑，窑底由一列移动式的窑车组成。通常隧道窑由窑体、输送设备、燃烧系统、通风设备等部分组成。其中窑体又有预热、烧成和冷却三个传送带。工作过程中，每隔一定时间窑车都会在推车机作用下从窑前段被推进窑内，在窑内的前段烟气的作用下进行预热。随着窑车的持续向前移动，制品在窑内烧制的温度逐渐升高，达到烧结温度并保温一段时间后即可完成烧制。随后烧成的制品继续随窑车前进，经过冷却带的冷却后出窑。隧道窑的窑体一般用耐火砖构筑，用金属骨架包覆起到固定作用，窑内有供窑车运行的轨道。大多数窑体的前后两端都设有窑门，少数隧道窑的窑体不设置窑门。图 8-13 给出了隧道窑及其工作过程。

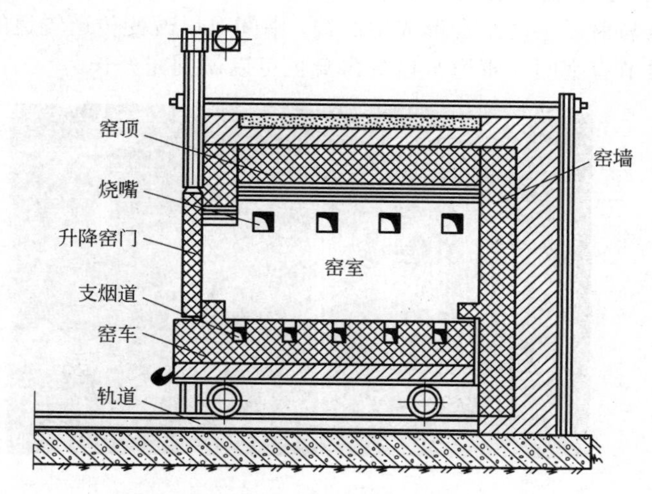

图 8-12　梭式窑结构示意图

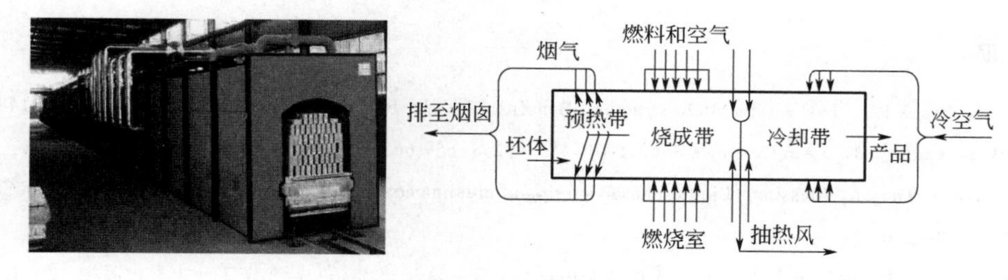

图 8-13　隧道窑及其工作过程

与倒焰窑相比，隧道窑的逆流原理使得能量利用率高，燃料成本低。隧道窑的生产过程连续，生产周期短，产量高，产品质量高且稳定，烧结操作简便，节省劳动力，窑体和窑具也更加耐久。

（2）推板窑　推板窑又称推板式隧道窑或推板炉。工作时可以将需要烧结的坯体直接或间接地置于由耐磨、耐高温材料制成的推板上，按照所需工艺要求设置各项烧结参数，在推进系统的作用下推板被带动，坯体也随着推板一起移动，从而在炉膛中完成烧结。推板窑有多种类型，根据单个炉膛中并列推板的数量可以分成单推板窑和双推板窑，根据炉膛内推板前进方向可以分为反向和同向推进推板窑，根据推板的运动方式可以分为半自动和全自动运动推板窑，根据烧结气氛可以分为还原性、氧化性、酸性、碱性、中性气氛推板窑等。

推板窑与普通的隧道窑的主要区别是窑身长度。普通的隧道窑由于是通过窑内的轨道，借助窑车实现陶瓷烧结坯体在窑内向前运行的，因此不会受到窑身长度的限制。推板窑借助耐高温推板相互挤压而前进，从而限制了窑身长度，例如较长的推板窑一般为几十米，短的只有几米，推板窑也因此相对于长度达到几十米或者上百米的普通隧道窑，生产能力有所欠缺，一般适用于生产小件产品。

（3）辊道窑　辊道窑又称为辊底窑，也是一种连续式窑，相当于用辊子代替窑车的隧道窑，如图 8-14 所示。工作时，待烧制坯体被水平放置在由很多辊子构成的轨道上，利用辊子的转动将制品从窑前段运送到窑尾，由此得名辊道窑。辊道窑具有传统隧道窑的优点，如可以快速烧成、周期短等。同时，由于辊道窑不像普通隧道窑那样需要窑车，因此窑内热量能够更加均匀地分布于烧结坯体上，而不会连同窑车一起加热，从而提高能源利用效率。辊道窑还可以利用自身的传动特点与前后工序结合形成生产线，中间可以改变传送辊道的方向，因此可以在增加窑身长度的同时节省空间，辊道窑自身窑身也可以做到充分长。

图 8-14　辊道窑

参考文献

[1] Harm M P，Brook R J．Fast Firing-Micro-structural Benefits［J］．J．Br．Cara．Soc．1981，80（5）：147-148．

[2] Young W S，Cutler I B．J Am Ceramics Soc，1970，53（12）：659-663．

[3] Akita Katakana，Gary L．Messing．Liquid-phase sintering of alumina coated with magnesium［J］．J Am Ce ram Soc，1996，79（12）：3199-210

[4] 罗绍华，赵玉成，桂阳海．材料科学基础无机非金属材料分册［M］．哈尔滨：哈尔滨工业大学出版社，2014：326-331．

[5] Herring C．J App Phys，1950，（21）：301-303．

[6] Seasoning K won，Gary L Messing．Sintering of Mixtures of Seeded Bombsite and Ult refine a-alumina［J］．J Am Ceramics Soc，2000，（83）：82-88．

[7] 李世普．特种陶瓷工艺学［M］．武汉：武汉理工大学出版社，1997．

[8] 刘宏勇．固相法制备 3d 过渡金属离子掺杂 $BiFeO_3$ 陶瓷的多铁性研究［D］．陕西科技大学，2013．

[9] 江涌，赵益辉．粉料粒度对氮化硅陶瓷性能的影响．中国粉体技术，2012，18（03）：48-52．

[10] Halal，et al．Effect of B_2O_3 Addition on Sintering of α-Al_2O_3．Ceramics International，1996，（22）：33-37．

[11] 张瑞，王海龙，许红亮．陶瓷工艺学［M］．2 版．北京：化学工业出版社，2013：151-162．

9 玻璃生产与加工

9.1 概述

9.1.1 定义与分类

玻璃的定义有两种，即狭义定义和广义定义。玻璃的狭义定义是指将无机矿物熔融、冷却、固化后形成无定形的固体。玻璃的广义定义是指表现出玻璃化转变现象的无定形固体。玻璃化转变现象是指当无定形物质由固体加热或熔体冷却时，其热膨胀系数和比热容在接近物质熔点的 2/3～1/2 附近迅速变化，此温度叫玻璃化转变温度[1]。

可以按照生产工艺、成分及用途对玻璃进行分类。根据玻璃的生产工艺，玻璃主要有三种类型，即平板玻璃、深加工玻璃和熔铸玻璃。平板玻璃通常是采用浮法、平面拉伸、压延等多种生产工艺来加工形成的，主要有普通平板玻璃、压花玻璃、夹丝玻璃等种类，在工业应用中比较广泛。深加工玻璃主要包含安全和节能玻璃、玻璃幕墙以及屋顶玻璃和装饰玻璃等。熔铸玻璃主要有玻璃砖、槽型玻璃、玻璃马赛克和玻璃瓷砖等[2]。按照成分分类，现代玻璃品种主要有硅酸盐玻璃、硼硅酸盐玻璃、铅玻璃、高硅氧玻璃和铝酸盐玻璃等，其中硅酸盐玻璃是工业和生活中应用最多的一类玻璃，它的主要成分是钠钙硅酸盐[3]。根据玻璃的用途，玻璃制品的种类主要有瓶罐和器皿玻璃、平板玻璃、灯泡和真空管玻璃、理化和医疗玻璃、工艺美术装饰用玻璃、照明器具玻璃、建筑用玻璃、光学玻璃和滤片玻璃等[4]。

玻璃制品广泛用于人们的日常生活中，包括各种玻璃器皿如碗碟、杯子、盘子和其他玻璃物品等。同时，玻璃大量应用于许多工业生产部门，如建筑用的平板玻璃、双层玻璃、夹丝安全玻璃，制药和食品工业的玻璃珠、玻璃管，光学行业的各种棱镜、透镜和滤光镜，现代科技中用到的激光玻璃、半导体玻璃等[2]。

9.1.2 玻璃通性

玻璃是具有无规网络结构的无定形固体，原子排列不同于晶体在空间中的长程有序，即玻璃是长程无序，短程有序。玻璃态的物质具有以下主要特性。

（1）各向同性　玻璃的各向同性性质是指玻璃状材料的质点排列是不规则的，在统计上是均匀的，其物理和化学性质在所有方向都相同。这意味着所有类似玻璃的材料在各个方向上都具有相同的硬度和折射率、弹性模量、热膨胀系数、热导率等。玻璃态物质的这一性质即为各向同性。当玻璃中存在内应力时，玻璃结构的均匀性就会遭到破坏，这时玻璃会显示出各向异性，如出现明显的光程差[5]。此时，玻璃的机械强度、稳定性和透光性变差。因此，制造过程需要将玻璃器皿完全退火以去除玻璃器皿的内部应力并确保玻璃的光学均匀性。

（2）介稳性　通过使熔体过冷就可以获得玻璃状物质。当玻璃从熔融状态转变为玻璃状态时，温度下降而黏度迅速增加。此时玻璃处于高能态，质点来不及规则有序地排列而转变成晶体。因此，玻璃是亚稳定的固体材料[3, 6]，体现出介稳性。

（3）无固定熔点　玻璃没有一定的熔点，受热后随温度上升而逐渐变软。通常玻璃软化范围是指玻璃开始变形到完全熔化前这一段的温度范围，即 $T_g \sim T_f$ 之间。当玻璃熔体变成固体玻璃时，固化过程会在很宽的温度范围内完成。随着温度下降，熔体的黏度逐渐增加并最终形成固体玻璃，但是没有新的晶相出现。玻璃在固体到液体的转变温度即是它的软化温度[7]。

（4）性质变化的连续性与可逆性　当玻璃从熔融状态变为固态（或反向加热）时，其物理和化学性质是可逆的，并且会逐渐和连续变化，这是玻璃的可逆性[8]。这与熔融结晶过程明显不同。晶态材料的结晶过程是在熔点温度附近发生的，在结晶过程中很容易形成新相，造成材料的性能发生突变。

9.2　玻璃生产工艺

玻璃的生产工艺包含对原料进行预加工、对配合料进行制备、熔制玻璃、玻璃的成型以及玻璃的热处理等。

9.2.1　生产玻璃的原料

9.2.1.1　原料种类及作用

玻璃原料在玻璃产品的制作过程中具有重要的作用，它的原料包括主要原料和辅助原料两种[6]。主要原料有 SiO_2、Na_2O、CaO、Al_2O_3、MgO 和 B_2O_3，它们在形成玻璃结构的过程中具有比辅助原料更加重要的作用，决定着玻璃的主要物理和化学性质。在这些原料进行熔融反应之后，构成玻璃的主体结构。按照氧化物的性质，可以把这些原料分为酸性氧化物、碱金属氧化物，碱土金属氧化物等。辅助原料是指让玻璃具有一些特定的性质或让其熔制过程加速而被引入的原料。尽管辅助原料含量较少，但是它的独特作用却不可缺少。根据辅助原料在玻璃制备中产生作用的不同，一般将其分为澄清剂、脱色剂、着色剂、氧化剂、还原剂、乳浊剂、助熔剂等。

玻璃原料的选择会直接影响到玻璃制品的质量，因此需要根据玻璃的性能要求、原料的来源和安全性方面进行综合性考虑以获得物美价廉的玻璃原料。玻璃原料的选择原则包括原料质量要符合要求，易于加工，成本要低，安全可靠，对耐火材料腐蚀性低，易于熔制等[5]。

9.2.1.2　主要原料的引入

（1）SiO_2　SiO_2 是最重要的玻璃形成体氧化物，构成玻璃的骨架，其他的氧化物会填充它的间隙，使得玻璃具有一定的机械强度、化学稳定性以及热稳定性。但是 SiO_2 的熔点较高，黏度较大，会造成熔化困难，产生较大的热耗，所以还需要加入其他成分来进行调节[5]。玻璃中的 SiO_2 来自硅质原料，含有 SiO_2 的原料在自然界中的分布广泛，天然石英砂是石英岩、石英砂岩等岩石经过自然界长时间风化而成的以石英为主要成分的硅质原料。

（2）Al_2O_3　引入 Al_2O_3 的原料主要有长石、高岭土、瓷土或含长石的矿渣。玻璃原料中加入少量的 Al_2O_3，可以降低玻璃的析晶倾向，对化学稳定性、热稳定性以及机械强度都会有一定的提高[7]。引入的 Al_2O_3 的量不宜过多，否则会使黏度增加，在玻璃板上出现波筋等缺陷。长石在自然界中主要有钾长石（$K_2O \cdot Al_2O_3 \cdot 6SiO_2$）、钠长石（$Na_2O \cdot Al_2O_3 \cdot 6SiO_2$）和钙长石（$CaO \cdot Al_2O_3 \cdot 6SiO_2$）。钾长石显淡红色，钠长石显白色，钙长石显白色或灰色。加工玻璃时，对长石的质量要求为：$Al_2O_3 > 16\%$；$Fe_2O_3 < 0.3\%$；$R_2O > 12\%$。高岭土又叫做黏土（$Al_2O_3 \cdot 2SiO_2 \cdot 2H_2O$），它所含 SiO_2 及 Al_2O_3 一般都是很难熔化的化合物，所以使用之前需要对其进行充分的研磨。玻璃制备中对高岭土的要求是：$Al_2O_3 > 25\%$；$Fe_2O_3 < 0.4\%$。

（3）Na_2O　引入 Na_2O 的原料有纯碱、芒硝以及氢氧化钠和硝酸钠。引入的 Na_2O 可以作为良好的助溶剂，减小玻璃的黏度，加快玻璃的熔化与澄清，也可以减小玻璃的析晶倾向，但是也会降低玻璃的机械强度和化学稳定性。纯碱又叫做 Na_2CO_3，是玻璃生产中用来引入 Na_2O 的主要原料。纯碱是一种细白色的粉末状材料，有吸水性，易潮解和凝聚，含水量一般处于9%～10%之间，所以需要在通风干燥的氛围中存放。芒硝主要是含水硫酸钠（$Na_2SO_4 \cdot 10H_2O$），使用时需要在煤粉等还原剂的作用下降低分解温度。芒硝除了能够引入 Na_2O 以外，还具有一定的澄清作用，但是其蒸气对耐火材料有着严重的腐蚀作用。

（4）CaO　引入 CaO 的原料主要有石灰石和方解石，主要成分是 $CaCO_3$。加入适量 CaO 能降低高温下玻璃液的黏度，促进玻璃液的熔化和澄清，温度降低时能增加玻璃液黏度，有利于提高引上速度。但是其含量增高时，会增加玻璃的析晶倾向，减小玻璃的热稳定性。

（5）MgO　加工玻璃时引用 MgO 的主要原料有白云石（$MgCO_3 \cdot CaCO_3$）和菱镁矿（$MgCO_3$）。MgO 的作用与 CaO 类似，但过量则会产生退火温度升高、玻璃对水的稳定性降低的情况。

（6）B_2O_3　可以引入 B_2O_3 的原料是硼砂、硼酸和含硼的矿物及物质。加入 B_2O_3 可以消除色差，增加玻璃的透明度，增加电阻，减少安全事故的发生以及降低表面张力，防止玻璃自爆现象的发生。

9.2.1.3　辅助原料的引入

（1）澄清剂　澄清剂是指加入玻璃配料中，高温下分解生成气体或自身气化，减少玻璃黏度消除气泡的一种原料。常用的澄清剂主要有白砒、三氧化锑、硫酸盐原料、氟化物原料等。白砒（As_2O_3）是一种白色粉末，用作澄清剂可以增加玻璃的透光性。三氧化锑（Sb_2O_3）与白砒一起使用可以发挥更好的效果。硫酸盐原料主要指硫酸钠，在高温使用时容易生成气体来达到澄清目的。氟化物原料如萤石在玻璃熔化时通过降低玻璃黏度来起到澄清剂的作用[9]。

（2）着色剂　基于着色机理的不同，着色剂可分为三种类型，即离子着色剂、胶体着色剂和化合物着色剂[10]。离子着色剂是锰、钴、铬、铜等金属离子的化合物。常用的锰化合物着色剂主要是软锰矿（MnO_2）、氧化锰（Mn_2O_3）、高锰酸钾（$KMnO_4$）和 Mn_2O_3。锰化合物的加入能够使玻璃在熔融过程中变成紫色。常用的钴化合物着色剂主要有 CoO、Co_2O_3 和 Co_3O_4 三种，它们分别呈绿色、深紫色和灰色的粉末，使玻璃变为蓝色。常用的铬化合物着色剂主要有铬酸钾（K_2CrO_4）和重铬酸钾（$K_2Cr_2O_7$）两类，受热分解后会生成使玻璃变为绿色的物质。常用的铜化合物着色剂主要有硫酸铜（$CuSO_4$）、氧化铜（CuO）和氧化亚铜（Cu_2O）三种，它们分别为蓝绿色的晶体、黑色的粉末物质和红色的晶体粉末。铜化合物受热分解会生成使玻璃变为湖蓝色的物质。胶体着色剂包含金和银的化合物。金化合物着色剂中含有三氯化金（$AuCl_3$）。银化合物着色剂主要有硝酸银（$AgNO_3$）、氧化银（Ag_2O）和碳酸银（Ag_2CO_3）等，它们的存在会使玻璃呈银白色。硫化镉（CdS）和硒化镉（CdSe）等物质是制造玻璃时最常用的几种化合物着色剂，前者是加工黄色的玻璃产品，后者则是为了加工深红色的玻璃。

（3）脱色剂　脱色剂是制造玻璃时使用的一种使颜色消除的物质。分为化学脱色剂和物理脱色剂。化学脱色剂借助脱色剂的氧化作用消除玻璃中的有色有机物质，物理脱色剂是可以产生互补色的脱色剂。常用化学脱色剂主要是硝酸钠、硝酸钾和硝酸钡等，常用的物理脱色剂为二氧化锰、硒、氧化钴等物质。

（4）氧化剂和还原剂　氧化剂指在玻璃熔化过程中能释放出氧气的物质，而还原剂则相反，是能够吸收氧气的。常用的氧化剂原料有硝酸盐、氧化铈、五氧化二砷和五氧化二锑等，常用的还原剂有炭、酒石酸钾、氧化锡等。

（5）乳浊剂和助熔剂　使用乳浊剂的目的是使玻璃中生成乳白色不透明的物质，主要有氟化物、磷酸盐、硒化合物和氧化锑等。助熔剂是使玻璃熔制加速的物质，如氟化合物、硼化合物以及钡化合物等。

9.2.2 配合料的制备

配合料的制备过程主要包括配合料比例的计算、原料的称量以及配合料的均匀混合，应遵循以下原则进行[4]：

① 为了保证熔融玻璃成分含量的准确性，原料成分的稳定性、水分含量应准确无误并正确计算配方，按照一定比例批量添加。

② 可以用一定量的水润湿原料，使附着力增加，混合料均匀分层，同时表面水膜也能使得芒硝和苏打溶解，加速玻璃的熔化。

③ 为了使玻璃保持清澈和均匀，玻璃液内部要有一定量的气体。批料中一般会含有部分可以通过加热释放气体的原料，从中逸出的气体量与批料质量的比称为气体率。对于钠钙玻璃，气体率为15%～20%，硼硅酸盐玻璃的气体率通常为9%～15%。

④ 原料必须混合均匀，否则会很难熔化，未熔化的石英颗粒会保留在玻璃中。熔化时间过长则会使玻璃中生成缺陷。

9.2.3 玻璃液的熔制

玻璃液的熔化是玻璃制备的重要环节，它是指在高温下加热批料以形成均匀、无气泡的玻璃液体的过程。熔化过程的几个阶段依次为形成硅酸盐、形成玻璃液、澄清、均质化和冷却[10]。玻璃的熔化过程繁琐，存在着许多物理化学反应，玻璃产品的缺陷主要是在这一过程中产生的，所以需要合适的熔制系统以使得整个生产过程顺利进行，生产出高质量的玻璃制品。玻璃液熔制的几个阶段具体为：

（1）硅酸盐的形成　玻璃批料在加热时会产生水分蒸发、盐类化学分解、晶体类型发生变化等过程，从而使混合料成为硅酸盐与游离二氧化硅的共存体。

（2）熔融玻璃液体的形成　当温度升高至约 1200℃时，混合料会形成各种硅酸盐，且会留下一些没有发生改变的石英颗粒。温度进一步升高，硅酸盐和石英颗粒则全部熔化而成为透明的玻璃，并分布有不均匀的气泡。

（3）玻璃液的澄清　该步骤是将形成的玻璃液中的气泡排出的过程，适合的排气温度约为1400℃。

（4）玻璃液的均质化　目的是消除不均匀现象，可以与澄清同步进行，高温有利于该过程的顺利进行。

（5）玻璃液的冷却　在经历以上步骤后，玻璃液有较高的温度和流动性，使得玻璃成型变得困难，因此需要进行冷却。

9.2.4 玻璃的退火与淬火

良好的玻璃制品不仅要有好的透明度，也需要较强的力学性能和稳定性。玻璃制作时在加热过程中玻璃内部会产生热应力，对其性能有阻碍作用，所以需要对玻璃进行热处理以消除内应力，提高性能。常用热处理方法为退火和淬火[10]。

9.2.4.1 玻璃的退火

玻璃在生产过程中不同部位温度不均匀时会产生热应力，对最终的性能和稳定性不利。为了消除或者减缓玻璃内部的热应力，需要进行一定的热处理，从而提高玻璃的机械强度。为了消除应力，需要将温度加热到玻璃化转变温度 T_g 附近，在该温度下进行保温，这个温度即是退火温度。如果在某个温度下，经过 3min 可以消除 95%的应力，则称该温度为退火上限温度。如果在某个温度下，3min 后仅仅消除 5%的应力，则是退火下限温度。退火过程一般在一个温度范围内进行，退火温度应该比退火上限温度低约 20℃，比退火下限温度高约 30℃[11]。

根据退火原理，可将退火过程划分为加热、保温、慢冷及快冷四个步骤[12]。加热阶段指将退火窑加热到退火温度。玻璃制品的退火过程可以被细分为两类过程。玻璃成型后立即进行退火称为一次退火，冷却完成的制品再次进行退火称为二次退火。保温阶段是将玻璃在退火温度下保存一段时间来消除玻璃中的内应力。退火温度和保温时间为该阶段的主要因素，工艺参数需要仔细选择。在通过热处理去除玻璃应力之后，必须阻止冷却过程中新的应力出现，此时冷却速度应较慢，保证消除高温阶段期间过度的温度差异。当温度到达玻璃的应变点以下时，玻璃的结构是稳定的，这时冷却可以快速进行，以便缩短整个退火过程，降低燃料消耗，提高生产率。

玻璃的退火是在退火窑中进行的。退火窑必须保证能够实现退火温度制度，在保温及慢冷阶段窑内的温度差距要小。按照生产的特点，退火窑主要有间歇式和连续式两大类。间歇式退火窑大多使用倒焰窑，其特点是退火制度可以按制品要求灵活改变，适应性强，缺点是热耗大、窑内温度不均匀、生产效率较低，因此主要用于小批量玻璃制品及特大型玻璃制品的退火。连续式退火窑是加工品种单一、基数大的玻璃制品的设备，具有热耗低、生产能力大、退火质量好、自动化程度高的特点。根据制品输送方式的不同，连续式退火窑又可分为网带式和辊道式两种。网带式主要用于瓶罐、器皿等玻璃制品的退火，辊道式主要用于平板玻璃的退火。

9.2.4.2 玻璃的淬火

玻璃的实际强度远远弱于其理论强度[4]。依据断裂机制，可以通过淬火产生压缩应力层，从而提高玻璃制品表面的强度，例如钢化玻璃的制备。与普通玻璃相比，钢化玻璃在弯曲强度、冲击强度和热稳定性方面都有很大的提高。玻璃的淬火是将玻璃产品加热到高于玻璃化转变温度 50～60℃后，在淬火介质中快速均匀冷却的过程。玻璃淬火时在内层和表层产生很大的温度差异，而玻璃的黏性流动会让应力削弱，冷却结束后松弛的应力转化为长期应力。以空气为介质进行的淬火为风冷淬火，玻璃器皿及平板玻璃的淬火方式一般均采用风冷淬火。以液体如油脂、硅油、石蜡、树脂介质进行的淬火称为液冷淬火，厚度较小的玻璃产品适用于液冷淬火。

9.2.5 玻璃的缺陷

玻璃在生产加工过程中会因为各种原因使生成的玻璃的物理和化学均匀性遭到破坏，从而产生许多缺陷。玻璃缺陷分为两类：一类是内在缺陷，如气泡、条纹、节瘤及结石等；另一类是外在缺陷，如锡斑、划痕、爆边、缺角等[12]。

9.2.5.1 气泡

玻璃中的气泡包括一次气泡、二次气泡、耐火材料气泡、铁器引起的气泡、外界空气气泡等。一次气泡又称为残留气泡，尺寸约为 0.8mm。产生一次气泡的原因是玻璃液的澄清不完全，配合料中释放的气体没有完全排出。预防措施主要有配料和熔制阶段需要仔细且精确进行，熔化系统进行适当改进，澄清剂的种类和用量适当调整，改变玻璃液的组成以降低熔体的黏度及表面张力等。二次气泡是指温度、气氛或压力的变化使得玻璃液析出的微小气泡。玻璃和耐火材料之间由于发生物理化学作用而生成的气泡被称为耐火材料气泡，例如毛细管力会使间隙中存在一部分玻璃液进而使气体被挤出形成气泡，Fe 的氧化物会促进熔融玻璃中残留盐进行分解而使得玻璃液产生气泡，由还原火焰烧制的耐火材料在其表面或间隙中存在的碳与玻璃中的氧化铁反应形成气泡等。因此，要减少耐火材料气泡就要尽可能提高耐火材料的质量，降低孔隙生成，严格遵守熔炼操作，减小温度波动范围。在冷修或热修玻璃熔窑时，可能会在窑中落入铁器，在很长时间内铁器将逐步氧化并溶解于玻璃液中，使玻璃着色成褐色，而铁中的碳也将氧化成 CO 及 CO_2 而形成气泡。在玻璃成型时操作不当会生成外界空气气泡，具有气泡大、在玻璃中随机分布的特点。

9.2.5.2　条纹与节瘤

玻璃中的条纹和节瘤都属于玻璃状物质。条纹是线性的或纤维状的，形状和厚度不规则，有时与它们周围的玻璃没有明显的边界，因此也被称为玻璃状内含物。大多数结节性节瘤是在高温下形成的液滴或颗粒。由于这部分玻璃的黏度和表面张力大于基玻璃，所以很容易收缩成圆形或椭圆形。它们富含二氧化硅或氧化铝，呈绿色、棕色或无色，产生的原因是玻璃液的熔化不均匀，玻璃液中存在的部分耐火材料被侵蚀，结石熔化等。

9.2.5.3　结石

复合物结石是指化合物中没有被熔化的一些颗粒。结石的外貌为白色的颗粒，边缘模糊，表面通常是开槽状，产生的原因与批料的质量、熔化方式、熔化温度和波动等因素有关。当耐火材料被腐蚀剥落，其中的一些碎片被困在玻璃制品中时形成耐火材料石。析晶结石大部分是指鳞石英与方石英（SiO_2）、硅灰石（$CaO \cdot SiO_2$）、失透石（$Na_2O \cdot 3CaO \cdot 6SiO_2$）、透辉石（$CaO \cdot MgO \cdot 2SiO_2$）及二硅酸钡（$BaO \cdot 2SiO_2$）。

9.2.6　玻璃的冷热加工

玻璃的热加工是利用玻璃无固定熔点以及黏度随温度变化而变化的特性，把玻璃加工成所需形状的工艺过程。热加工可分为吹制、压模、铸造、离心成型、拉丝热塑、脱蜡铸造、熔合、封接、热弯、釉彩、丝网印刷等加工方法。玻璃的冷加工是指在不升温的情况下采用机械处理等物理手段使玻璃外形和表面性质发生变化的工艺过程。例如，钢化玻璃和夹层玻璃在加工前需要对玻璃原片进行切割、磨边、研磨、抛光、钻孔、洗涤、干燥等处理[13]。此外，玻璃的冷加工也包括玻璃表面的喷砂、抛光、蚀刻以及磨砂等处理。

9.3　普通平板玻璃的生产

根据制造方法和用途的不同，可以把平板玻璃分成普通平板玻璃、浮法玻璃和平板玻璃深加工制品。普通平板玻璃也叫做窗玻璃，它的成分一般属于钠钙硅酸盐玻璃。普通平板玻璃的透光、透视、隔声、隔热、耐磨、耐气候变化等性能优异，因此广泛应用于建筑物、厂房和仓库等。

9.3.1　原料与熔制

普通平板玻璃为硅酸钠玻璃，其主要化学成分为 SiO_2、Al_2O_3、CaO、MgO 和 Na_2O 等化合物。常用的原料有硅质原料（石英砂岩粉、硅砂）、石灰石、纯碱、芒硝、长石等材料。普通平板玻璃与浮法玻璃的原料相同，它们都属于平板玻璃，仅仅是在加工工艺、制品质量之间有所不同。

普通平板玻璃的熔制在熔窑内进行。熔窑主要有坩埚窑和池窑。坩埚窑是将混合物放在坩埚内，在坩埚外加热，是间隙式生产。池窑是将混合物在窑池中熔融加热，熔化温度大多在1300～1600℃，属于连续生产。

9.3.2 成型工艺

普通平板玻璃的成型方法有两种，分别是人工和机械成型。人工法包括吹制、拉制和压制成型等工艺，机械法有压延法、浇铸法以及离心浇铸法等。

（1）吹制法　吹制法是一种用吹管或吹头将熔融的玻璃液体吹入模型的方法。该方法分为手工吹气法和机械吹气法。人工吹制时，气流在熔浆内部流动，可以使得玻璃产生流线拉丝的质感，极少量的空气泡被困在玻璃内部。人工吹制品表面光滑、尺寸较准确，但是生产效率低，常用于一些小的高级器皿、艺术玻璃等的制备。机械吹制法分别有压制和吹制两个步骤，如图 9-1 所示。在初模中压成雏形后，转入成型模中进行第二次吹制成型，主要用于广口瓶、小口瓶等空心制品等的生产。

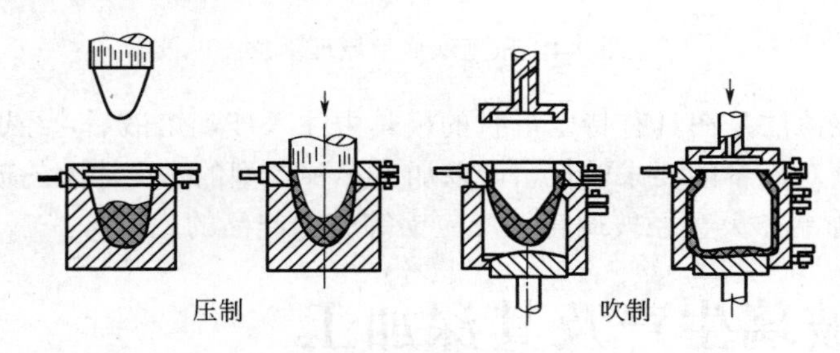

图 9-1　机械吹制法成型原理示意图

（2）拉制法　该方法是将熔融玻璃注入模型中，在黏性状态下对玻璃施加拉力使其变薄，并在连续变形过程中使玻璃冷却成型（图 9-2），主要用于各种板材和管材的生产。

（3）压制法　将熔融玻璃液注入模具中，冲头下压，在模具的限制下成型。该方法的优点是形状精确、工艺相对简单、生产效率高，缺点是有内腔的制品向下扩大的能力差，内腔的侧壁必须保证平整，生产的玻璃制品表面不够光滑，常存在一些斑点和模缝。该方法可以用于玻璃砖、水杯、花瓶、餐具等实心或空心的玻璃制品的制备。

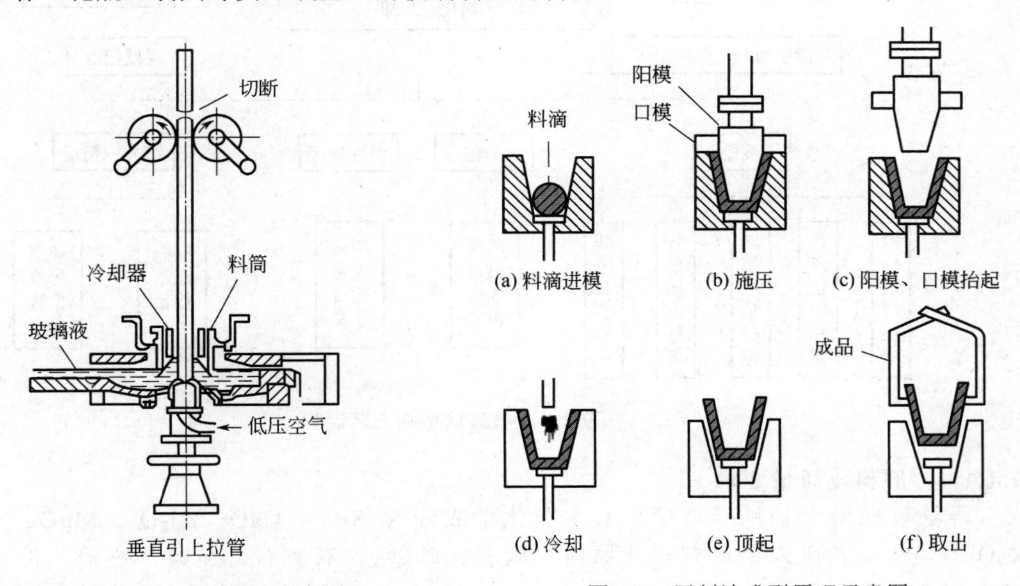

图 9-2　拉制法成型原理示意图

图 9-3　压制法成型原理示意图

（4）压延法　压延法（轧制法）是在辊间或者辊板间将熔制好的玻璃液进行轧制延展来形成玻璃制品的方法（图 9-4）。此方法主要用于厚平板玻璃、刻花玻璃、夹丝玻璃的生产。

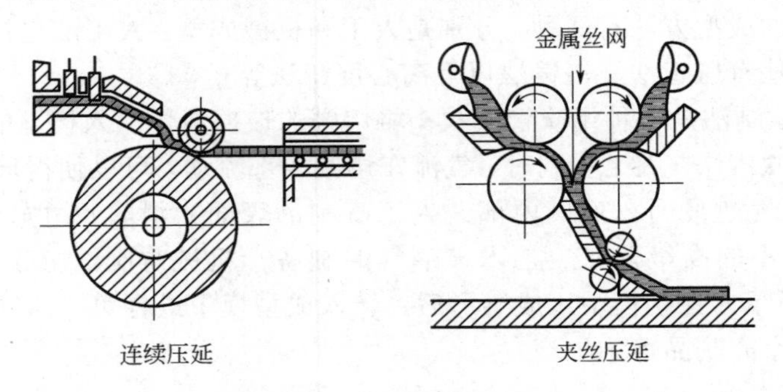

图 9-4　压延法成型原理示意图

（5）浇铸法　浇铸法是在具有特定形状的模具中注入玻璃熔液后，经退火冷却，从而得到制品的方法。浇铸法对设备的要求较低，可以加工多种类型的、尺寸大的玻璃制品，主要用于艺术雕刻、建筑装饰品、大直径玻璃管、反应锅等玻璃产品的生产。

9.4　浮法玻璃生产及其深加工

9.4.1　浮法玻璃生产

浮法玻璃属于平板玻璃的一种，熔融工艺流程如图 9-5 所示。

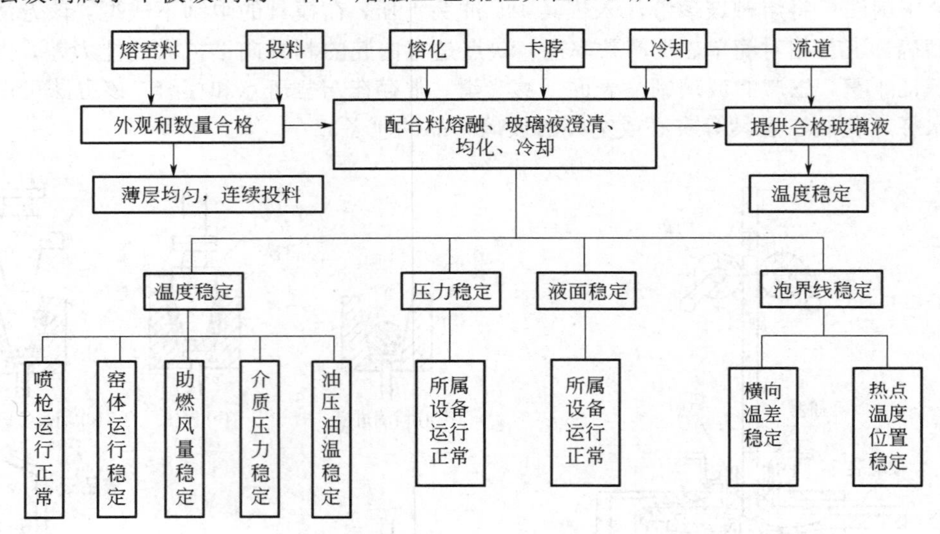

图 9-5　浮法玻璃熔制工艺流程

9.4.1.1　原料及质量要求

浮法玻璃属于钠钙硅玻璃，其主要化学成分为 SiO_2、CaO、Al_2O_3、MgO、Na_2O 和 K_2O[11]。常用的引入原料有硅质原料（砂岩、硅砂）、石灰石、纯碱、芒硝、长石、白云石和炭粉。

（1）引入 SiO_2 的原料　主要是石英砂和砂岩，对质量的要求如表 9-1 所示。

表 9-1 硅质原料的质量要求

原料	SiO_2	Al_2O_3	Fe_2O_3	CaO	MgO	R_2O
石英砂/%	90～98	1～5	0.1～0.2	0.1～1	0～0.2	1～3
砂岩/%	95～98	0.3～0.5	0.1～0.3	0.05～0.15	0.1～0.15	0.2～0.15

（2）引入 CaO 与 MgO 的原料　主要有白云石（$CaCO_3 \cdot MgCO_3$）、石灰石和方解石、白垩等，由于需要引入 MgO，所以又以白云石为主，CaO 不足部分可以用石灰石或方解石补充。对引入原料的要求是：CaO≥50%，Fe_2O_3＜0.15%。

（3）引入 Al_2O_3 的原料　主要由长石来承担，成分要求如表 9-2 所示。

表 9-2 长石成分要求

原料	SiO_2	Al_2O_3	Fe_2O_3	CaO	MgO	R_2O
长石/%	55～65	18～21	0.15～0.4	0.15～0.8	—	13～16
高岭土/%	40～60	30～40	0.1～0.45	0.15～0.8	0.05～0.5	0.1～1.35

（4）引入 Na_2O 的原料　主要用纯碱（Na_2CO_3）、芒硝（Na_2SO_3）引入，两者都容易吸水。对引入原料中纯碱的质量要求是 Na_2CO_3＞99%，对芒硝的质量要求是 Na_2CO_3＞99%。

（5）引入 K_2O 的原料　主要是钾长石，也可以用碳酸钾（K_2CO_3）或硝酸钾（KNO_3）引入。

9.4.1.2 玻璃的熔制

（1）熔制系统　用于生产浮法玻璃的熔炉属于浅池横焰池窑，结构如图 9-6 和图 9-7 所示。根据各部分的功能，熔炉可分为五个部分，即玻璃熔化系统、投料系统、热源供应系统、废热回收系统和废气供应系统。

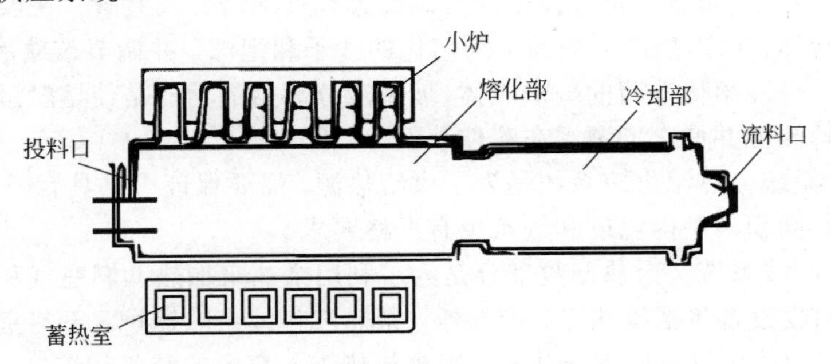

图 9-6 浮法玻璃池窑平面结构简图[11]

① 熔化部　熔化部由熔化区和澄清区组成，上下部又分为上部火焰室和下部窑池。熔化区的作用是批料在高温下的物理化学反应形成玻璃液体，澄清区的功能是快速而完全地排出玻璃液中的气泡，达到生产所需的玻璃液质量。

火焰室由炉壁的胸壁和炉顶的大壁组成[14]。火焰空间充满了由热源提供的热火焰气体。火焰气体利用自身的热量熔化批料，并辐射到玻璃液体、炉壁和炉顶。火焰室应完全燃烧燃料，以确保熔化、澄清和均化玻璃所需的热量。同时火焰室应尽量减少向外的散热。窑池由窑壁和窑底组成，是将批料熔化到玻璃液体中并澄清和均质化的部分。为了使得窑池具有一定的寿命，窑壁的厚度一般为 260～310mm。

② 投料池　投料池位于熔窑起端，是处于窑池外面的矩形小池。投料口包括投料池和上

部挡墙两部分。配合料从投料口进入窑内时会发生部分熔融，从而减少窑内的料粉飞扬，改善投料口的操作环境并保护投料机不易烧坏。投料口有两种设置方式，包括设置在窑纵轴前端（正面投料）和设置在窑纵轴的侧面（侧面投料）。由于浮法玻璃熔窑的熔化量较大，采用横焰池窑，其投料池设置在熔化池的前端[4]。

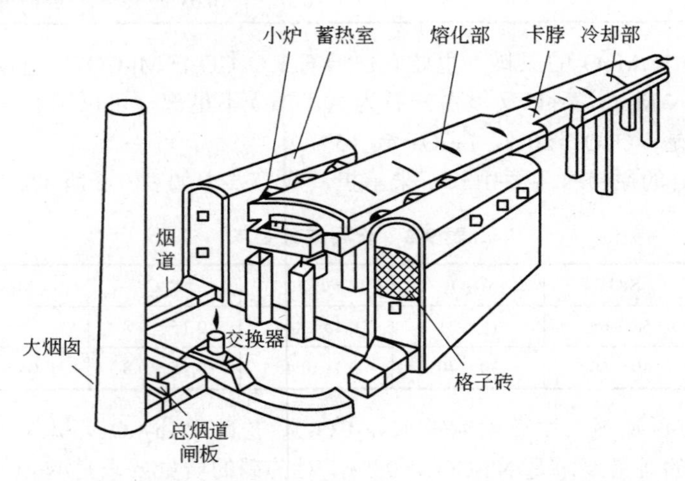

图 9-7　浮法玻璃池窑立体结构简图[11]

③ 冷却部　冷却部的作用是将已熔化好的玻璃液均匀冷却降温。冷却装置可以让玻璃纯净、清澈透明、质地均匀并保持温度稳定不变。冷却部结构与熔化部结构基本相同，由大碹、碹渣、胸墙、池壁和池底及相应的钢结构等组成。池深和熔化部相同，也可以略低一些，大碹跨度比熔化部要小一些。

④ 分隔装置　分离装置包括气体空间分离装置和玻璃液分离装置，主要用于快速冷却熔融和澄清的玻璃液体，以阻挡液体表面上未熔化的沙子和泡沫，并调节玻璃液体流量。气体空间分隔器的功能是分隔熔化澄清的玻璃液体，玻璃液分离器的功能是使熔融澄清的玻璃液迅速冷却，阻塞未溶解沙粒并使它们漂浮在液体表面[15]。

⑤ 热源供给系统　热源供应系统是为了供给热源，需要保证火焰具有一定的长度、亮度、角度和足够的覆盖面积，炉内温度和气氛也有严格要求。

⑥ 废气余热回收系统　余热回收部分是为了利用余热来加热助燃空气和煤气，提高窑内火焰温度。余热回收设备包括蓄热室、换热器、余热汽包或余热锅炉。蓄热室是利用耐火砖做蓄热体，积蓄从窑内排出烟气的部分热量，用来加热进入窑内的空气和煤气。换热器是利用陶瓷构件或金属管道作为传热体。余热汽包是利用烟气余热产生蒸汽供自身或窑外使用。

⑦ 排烟供气系统　废气供应系统用于确保窑池作业连续、正常和有效地进行。它包括交换器、空气和煤气通道、中间烟道、鼓风机、总烟道、排烟泵和烟囱等组件。

（2）工艺制度　合理的熔炼工艺制度是玻璃正常生产的保证。熔窑熔制四稳作业，即温度稳定、压力稳定、气泡边界稳定、液位稳定，对于获得高产、优质、低消耗和长窑龄的浮法玻璃起着重要作用。在配合料熔制过程中，熔炼操作的基本原则是保证“四小稳定”，即保证熔炼温度稳定、窑压稳定、玻璃表面稳定和气泡边界稳定。池窑的工艺制度包括温度、压力、泡边界、液面、气氛和换向等。

① 温度制度　玻璃熔制的温度制度是指熔化区的温度，沿熔化部窑厂方向上的温度分布，而不是全窑的温度。温度制度对玻璃熔化速率、玻璃液的对流情况、成型操作、燃烧的温度范

围、材料消耗、窑龄等都会产生影响。浮法玻璃熔制的温度要求横向温差越小越好，纵向温度需要严格执行工艺制度。

② 压力制度 池窑压力制度用压力分布曲线表示。窑内压力是气体系统中所具有的静压，指玻璃液面上的压力为零或微正时的压力数值。窑内压力不能为负压，否则火焰空间会吸入冷空气，改变窑内气氛，降低窑温，增加能耗，还会使窑内温度分布不均匀。窑压过大将使熔窑冒火严重，不仅增加燃料消耗，还会加剧窑炉的烧损，不利于玻璃的澄清和冷却。

③ 泡界线制度 在正常运行条件下，进入熔窑的配合料受到三方面的作用，即投料机将料堆向前推进的力、从热点向投料口的料堆施加的阻止其前进的反方向力和高温熔融作用。当三方面作用平衡时，料堆就固定在熔窑的某一位置，未熔化的粉末颗粒和反应生成的气体形成泡沫的稠密区，并在三者的作用下完全熔融，形成清净的玻璃液。在泡沫稠密区与清净玻璃液之间形成一条整齐明晰的分界线，线的里面形成玻璃并在液体表面有大量泡沫，线外面的液面像镜面一样明亮，即为泡界线。泡界线的形状和位置稳定性是熔化作业正常与否的重要标志，同时也影响窑炉的产量和玻璃液的质量。从泡界线的成因来看，其位置应与玻璃液的热点相一致。在实际操作过程中为了防止跑料，将泡界线向投料口方向适当移动一些距离以便于控制，但移动过多则会使得熔化面积减少，影响产品的质量和成品率。

④ 液面控制 玻璃液面位置的稳定是达到整个窑炉运行稳定的主要条件，是窑炉系统平衡的决定性标志。玻璃液位的波动一方面会造成成型部玻璃流的变化，进而影响玻璃的成型质量，另一方面也会加剧熔融玻璃对熔池壁耐火材料的侵蚀，波动剧烈时会出现溢料现象，损害胸墙砖和小炉底板砖，大大减少熔窑的使用寿命，因此控制窑内玻璃液面高度的稳定十分重要。

⑤ 气氛控制 玻璃窑内气体或火焰按其化学组成以及具有的氧化或还原能力分为氧化气氛、中性气氛和还原气氛。理论上当窑内过剩空气系数 $\alpha>1$ 时，燃烧产物中有多余的 O_2，具有氧化能力，此时的气氛称为氧化气氛或氧化焰。当窑内过剩空气系数 $\alpha=1$ 时，燃烧产物中无多余的 O_2 和未燃烧完全的 CO，此时的气氛称为中性气氛或者是中性焰。当窑内过剩空气系数 $\alpha<1$ 时，燃烧产物中含有一定量的 CO，具有还原能力，此时的气氛称为还原气氛或还原焰。气氛制度的制定主要与配合料组成、澄清剂种类和生产玻璃颜色等有关。

⑥ 换向控制 玻璃熔化过程中通常要按一定的时间间隔进行火焰的换向操作，这主要是为了稳定熔融温度，不让蓄热室的格子体上部温度过高（不超过格砖允许的工作温度），减少窑炉耐火材料的烧损。如果不进行换向操作，就会造成配合料一边熔化良好而另一边欠熔化，从而横向温差过大，影响玻璃质量。换向操作通常间隔时间为20min，然后通过换向闸板使气流（废弃和助燃空气）的流向相反。

（3）影响因素

① 配合料化学组成 配合料化学组成对玻璃的熔化速度有决定性的影响，化学组成不同所需熔化温度就不相同。配合料中碱金属氧化物等的总量对 SiO_2、Al_2O_3 总量的比值越高，则配合料越容易熔化。

② 原料性质 原料性质及其种类的选择对熔制影响很大，如石英砂颗粒的大小、形状及其所含杂质的难熔程度，配合料的气体含率及所含气体的化学成分，为引入同一氧化物而达到最有利于熔制的矿物及化工原料的合理选择等，都影响玻璃的熔融速度和熔融质量。

③ 配合料的调制 配合料的调制包括配合料的均匀性、含水量、破碎玻璃用量的控制等。其中配合料的均匀性是一个主要指标，是否混合均匀对玻璃质量和熔化速度影响很大。配合料应尽可能混合均匀，运输和储存过程中不要受大的震动以免引起分层。

④ 加料方式 加料方式的不同影响着玻璃的熔化速度、熔化区温度、液面状态和液面高

度的稳定，从而影响玻璃的产量和质量。

⑤ 熔制温度制度　熔制温度决定了玻璃的熔化速度。温度越高，硅酸盐生成反应越剧烈，配合料颗粒溶解越快，玻璃液形成速度越快。提高熔化温度是强化玻璃熔制、增加熔炼炉生产能力的有效措施。在条件允许的情况下，应尽可能提高熔炼温度以强化熔炼过程[13]。

9.4.1.3　玻璃的成型

浮法玻璃成型工艺过程为玻璃液在调节闸板的控制下经流道平稳连续地流入锡槽，漂浮在熔融锡液表面，在自身重力作用下摊平，在表面张力作用下抛光，在主传动拉引力作用下向前漂浮，通过挡边轮控制玻璃带的中心偏移，在拉力机的作用下获得高质量平板玻璃。

（1）成型工艺　浮法成型过程是在锡槽中完成的。锡槽也叫浮抛窑，有一定深度，高温区的温度在1200℃以上。通入保护气体（N_2及H_2）防止锡液氧化。温度在1100℃左右的玻璃液通过溢流口经流槽流到锡液表面，在重力和表面张力的作用下，玻璃液摊开形成玻璃带，被拉向锡槽尾部，经抛光、拉薄、硬化、冷却后被引上过渡辊台而拉出锡槽，送入退火窑[15]。玻璃的浮法成型如图9-8所示。

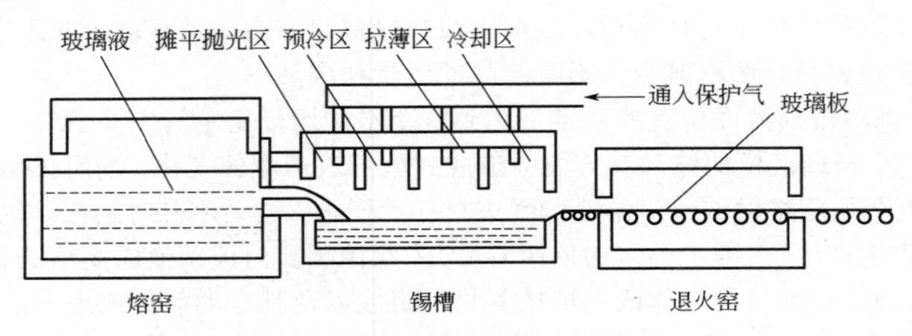

图9-8　浮法成型原理示意图[15]

浮法成型的预冷拉薄法将浮法玻璃成型工艺过程分为摊平抛光区、预冷区、拉薄区、冷却区四个阶段[11]。摊平抛光区是使从流槽流入锡槽的玻璃液在该区摊平抛光，温度不低于1000℃，不能采用强制冷却，玻璃黏度不大于10^3Pa·s。预冷区是为了满足成型时的温度和黏度而存在的冷却过程。该区将玻璃带逐步由1100℃冷却到900℃左右，黏度为10^5Pa·s。拉薄区是施加拉力使得玻璃带变薄的区域。在重力和表面张力平衡时，玻璃液在锡液面上形成约7mm厚的玻璃带。在拉引略小于平衡厚度的玻璃时，玻璃液在锡液面上形成约6～6.5mm厚的玻璃带。在玻璃带旁边放置多个成对的拉边机，施加横向拉力，适当地加快玻璃带的拉引速度，使玻璃变薄，玻璃液在锡液面上形成约2～6mm的玻璃带，也可以生产厚度小于1mm的超薄玻璃。冷却区的目的是增大玻璃黏度，使之足以在保持原状的情况下拉出锡槽进入退火区。冷却区温度可以降至 600～650℃。若锡槽的出口温度偏高，会导致转动轴上的玻璃带出现塑性形变，反之导致锡液发生氧化，玻璃带断裂。

（2）成型工艺影响因素　对浮法玻璃成型起决定作用的因素有黏度、表面张力和自身重量。这三个因素中，黏度主要起定型的作用，表面张力主要起抛光的作用，重力则主要起摊平的作用，三者结合才能很好地进行浮法玻璃生产[13]。玻璃液刚流入锡槽时，处于自身重力和固-液-气三相系统的表面张力混合作用下。随着玻璃液的不断流入，在自身重力影响下，熔融态的玻璃液在锡液表面摊开，在锡液的表面形成流体静压，作为玻璃带成型的源流。在1025℃左右的温度范围内，在自身重力和表面张力的作用下，玻璃液以大约7mm的自然厚度向四周流动摊开。生产实践表明，想要获得平整的玻璃带，必须有适于平整化的均匀的温度场。玻璃液在锡液面上摊平的适宜温度范围为996～1065℃，只有处于该温度范围内才能使玻璃带摊的厚度均匀、表面平整。除了必须有一定的温度范围外，还必须具有足够的摊平时间，以保证表面张力充分发挥作用。在1050℃时，玻璃液在锡液表面上约需1min稍多的时间消除波纹，达到平整化的要求。

9.4.1.4 玻璃的退火

玻璃的退火主要是指将玻璃置于退火窑中经过足够长的时间，以便不再产生超过允许范围的永久应力和暂时应力。玻璃退火的目的是消除浮法玻璃中的残余内应力和光学不均匀性，以及稳定玻璃内部的结构。浮法玻璃的退火可分为两个主要过程：一是内应力的减弱和消失；二是防止内应力的重新产生。

进行浮法玻璃退火是在辊道式退火窑进行的，玻璃原板的传输由辊道完成。退火窑的宽度由平板玻璃的宽度决定，长度主要与拉引速率、制品厚度、退火质量要求等因素有关。玻璃的退火过程也是冷却过程，但是要根据玻璃的不同厚度及不同要求，控制其冷却速度，使经退火后的玻璃中的残余内应力符合要求。同时，玻璃在退火中产生的暂时应力不能过大，否则会引起玻璃在退火窑中炸裂。因此，沿窑长方向依次为加热均热预退火区（又称预退火区）、重要冷却区（又称退火区）、冷却区（又称后退火区）、热风循环强制对流冷却区和室温风强制对流冷却区。为了准确控制退火温度，退火窑的每一段都能够独立调节温度[13]。退火窑大多采用隔焰加热，火焰或热风在火道里流动，通过隔墙的传导使玻璃制品加热。

9.4.1.5 玻璃的冷端处理

浮法玻璃离开退火窑后，要经过冷端处理，包括玻璃带（板）的检测和预处理、切裁掰断和分片、堆垛及装箱，分别对应三个区段（图 9-9）。在玻璃带检测和预处理区段，对由退火窑出来的玻璃带进行应力分布、全板宽的厚度和质量检验。质量检验包括气泡、夹杂物（砂粒）、条纹、沾锡、麻点等。此外，在本区段应将不能作为产品出厂的质量不合格的废板处理掉，通过紧急横切、落板、破碎后将其回窑，从而保护冷端的切裁、掰断和输送设备。在切裁掰断区段，要完成玻璃带纵切（包括切边和纵向分切）、横切、横向掰断、加速输送、掰边、纵向掰断、纵向分片和落板等工序。对于不合格板和掰断所产生的次板，通过落板装置经破碎机破碎后回窑。在分片、堆垛及装箱区段，将切裁掰断后的质量合格玻璃板，按大、中、小片不同规格和质量等级分别运送到大片堆垛区、中片堆垛装箱区和小片堆垛装箱区，并在堆垛装箱前喷撒粉或铺纸进行表面保护。

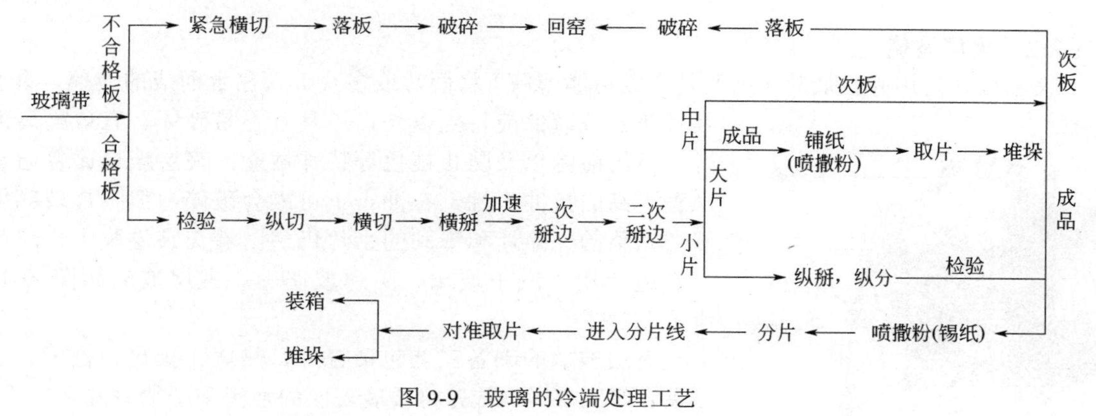

图 9-9 玻璃的冷端处理工艺

9.4.2 浮法玻璃深加工

对玻璃制品进行二次加工，形成二次制品的过程是玻璃的深加工。经过深加工，玻璃不仅增加了新的性能，还增大了玻璃的抗弯强度、抗冲击强度等。目前，浮法玻璃深加工产品主要包括钢化玻璃、夹丝玻璃、夹层玻璃、镀膜玻璃和中空玻璃等[15]。

9.4.2.1 钢化玻璃

钢化玻璃是玻璃经过热处理工艺之后形成的玻璃。在玻璃进行热处理之后，其表面会出现一层分布均匀的压应力，使得钢化玻璃性能优异，比如高的机械强度、热力学稳定性和安全性。根据钢化范围的不同，钢化玻璃可分为全钢化玻璃和区域钢化玻璃。将加热至特定温度的玻璃快速放置到冷却介质中，利用温度低的气流对其进行均匀淬冷，在玻璃的内层产生拉应力，外层产生压应力，成为全钢化玻璃。将高温玻璃放入不同冷却强度如风栅中进行不均匀淬冷，让玻璃主视区和周边区产生不一样的应力，这种玻璃为区域钢化玻璃。

钢化玻璃的加工工艺流程包括切大片、预处理、印刷、钢化和包装。切大片的目的是切割出下道生产工序所需要的毛坯。毛坯的留边量应大于玻璃厚度的 4 倍，有利于四周的掰边。预处理时，首先进行的是切割，即将前一道工序得到的毛坯切割成所需的形状，切割油、切割压力和切割角度等因素对所需形状有很大的影响。随后进行的是掰边，将多余的边角料掰掉，然后进行磨边使玻璃边缘光滑，最后进行钻孔和洗涤干燥。对洗涤后需要印边的玻璃利用丝网印刷法进行印刷，印刷料使用的是银浆和油墨，印刷结束后进行烘干。

钢化是钢化玻璃的核心加工工序，决定了钢化玻璃的最终性能。钢化过程分为物理钢化和化学钢化。物理钢化是普遍使用的钢化方式，将高温玻璃放入介质中进行冷却，玻璃内层出现拉应力而外层出现压应力，最终在玻璃表面形成均匀而永久的压应力。化学钢化是离子在玻璃表面的迁移，产生离子交换，使玻璃表层的化学成分、热膨胀系数发生变化。化学钢化的方法有高温法、低温法等。钢化工序后即对玻璃进行包装，完成钢化玻璃的制备，如图 9-10 所示。

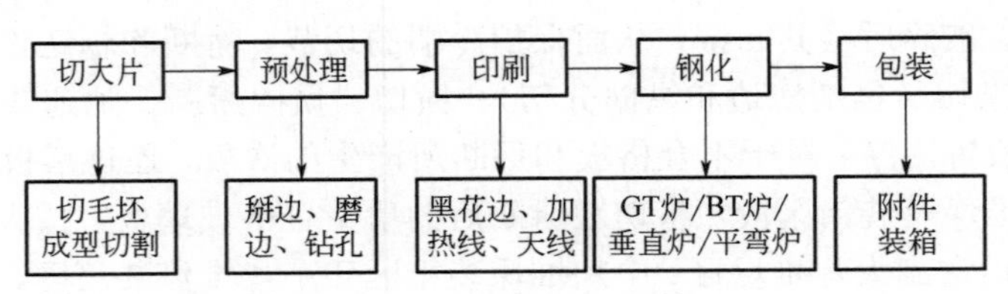

图 9-10 钢化玻璃的加工工艺

9.4.2.2 夹层玻璃

夹层玻璃是用弹性胶片（主要是合成树脂薄膜）将两片或多片玻璃黏合而成的玻璃，除了具有普通玻璃性能特点以外，还具有不易破坏、有效隔离声音、节约能源以及防止褪色等特殊性能。夹层玻璃比普通玻璃有更高的抗冲击性，在冲击下可能会破碎，但整片玻璃仍然是完整的，碎片和锋利的小片仍然附着在夹层膜上，因此非常适合用于汽车玻璃、防弹玻璃等。夹层玻璃如图 9-11 所示。

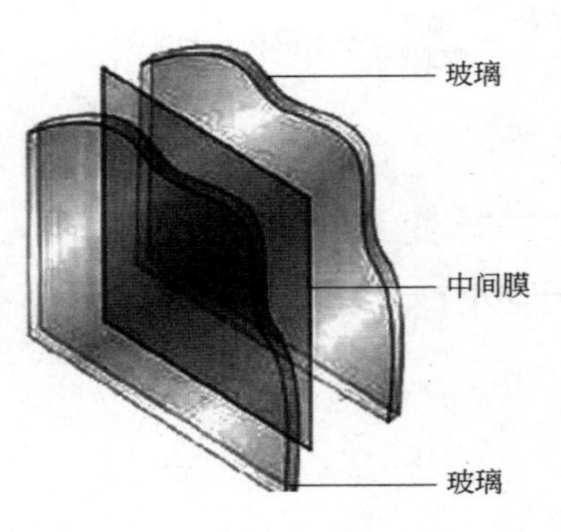

图 9-11 夹层玻璃示意图

夹层玻璃的制备工艺包括合片、热弯、预热和预压、热压黏合等工序[16]。首先将玻璃表面的油污和杂物去除并干燥，然后进行配套拼接。为防止表面划伤，在拼接前可将硬度较小的滑石粉喷在下层玻璃表面。热弯在热弯炉中进行，常用的炉型有单室热弯炉（间歇式）和隧道式热弯炉（连续式），热弯后在炉内冷却退火。随后进行的是预热和预压。预热在 100～150℃的预热炉中进行，时间为 3min 左右。第一次预压是排除玻璃间残存的空气，第二次预压可以使玻璃和胶片黏合。热压黏合有两种方法，即辊法和真空高压釜法。辊法是将薄膜拼接后的玻璃板放在辊筒上，用夹紧辊将玻璃中的气体排出，然后加压压紧。该方法可以实现自动化连续生产，但难以生产复杂形状的产品。真空高压釜法是将玻璃板上的薄膜层压后放入高压釜内，先真空脱气，预热预粘接，然后继续对胶黏剂加压。这种方法不需要事先压制，可以使残留的空气在胶片中溶解，并可以减少预压时间[17]。

9.4.2.3 镀膜玻璃

镀膜玻璃是在玻璃表面镀涂一层或者多层由特殊金属或化合物组成的膜类产品。镀膜可以改变玻璃的光学性能，广泛应用于各种建筑幕墙和门窗装饰[18]。镀膜玻璃还具有良好的保温性能，在不同季节、不同地域的使用会起到节能、调节热量和环保的作用。

玻璃的镀膜方法主要有溶胶-凝胶法、阴极溅射法、真空镀膜法和离子镀膜法等。溶胶-凝胶法是将金属醇化物有机溶液形成的具有一定黏度的溶胶涂于玻璃表面，然后在低温下加热分解，形成镀膜玻璃。该方法可以改善玻璃的耐酸性、耐碱性与耐水性，并保持力学性能，可用于制造彩色玻璃与光致变色玻璃等。阴极溅射法镀膜是在高压下惰性气体发生电离而产生等离子体，带正电荷的气体粒子在电场作用下快速向阴极靶材撞击，将靶材金属打出并到达衬底表面后，在物理吸附等作用下形成成核位点，晶粒逐渐长大并相互衔接而形成一层薄膜。真空镀膜是在真空下蒸发材料并在玻璃表面上形成薄膜的工艺。在高温热处理之后，玻璃表面上即形成高黏附性的薄膜层。离子镀是一种将真空镀膜的蒸发过程与溅射过程相结合的新工艺，即对由碰撞反应中形成的离子加速，然后在玻璃板上凝结成薄膜。该方法的优点是适合复杂形状材料的镀膜，膜的附着力高、密度大、镀膜效率高。

9.4.2.4 中空玻璃

中空玻璃是一种由两层或两层以上的平板玻璃组成的新型玻璃，是采用高强度、高气密性复合黏结剂将两块或两块以上的玻璃黏合密封，中间填充干气，框架内填充干燥剂，保证玻璃片之间的空气干燥。中空玻璃具有保温、隔热以及隔音等特点，特别适用于寒冷地区的建筑用玻璃，在湿度较大的建筑内、玻璃幕墙、飞机以及汽车等方面也有一定的应用。中空玻璃如图 9-12 所示。

图 9-12 中空玻璃及其切断面

制造中空玻璃的方法有粘接和焊接。采用焊接方法生产的中空玻璃具有较高的耐久性，而采用粘接法制备的中空玻璃则较为常见。粘接工艺制备中空玻璃的工序主要有玻璃切割下料、清洗与干燥、铝条式中空玻璃的组装、玻璃合片、打双组分胶、放置等。

（1）玻璃切割下料　原玻璃一般为无色浮法玻璃或其他有色玻璃，厚度一般为 3～12mm。玻璃切割可以用手工或机器按尺寸要求进行，但操作过程中玻璃表面不能有划伤，玻璃内部均质，无气泡、渣等明显缺陷。

（2）玻璃清洗与干燥　由于手工清洗不能确保清洗彻底，所以必须进行机器清洗。为保证密封剂与玻璃的黏合和清洁，最优选择是利用去离子水并且循环使用。清洁后的玻璃应戴无油白手套拿取，并对其进行灯光检查。玻璃清洗后应在 1h 内组装成中空玻璃。安装时要确保玻璃和玻璃之间没有磨损和划伤等缺陷。

（3）铝条式中空玻璃的组装　安装玻璃的环境温度应在 10～30℃之间，并且相对湿度较低。中空玻璃干燥剂应为孔径为3Å的分子筛，在开瓶后应尽快使用，并进行双道密封。用丁基胶作为第一道密封，起到阻隔气体的作用，用聚硫胶作为第二道密封，起粘接和隔气作用。用于装配的铝垫片壁厚应大于 0.3mm，避免使用有弯曲裂纹的铝垫片，垫片要切开，切口光滑，无毛刺，不变形。

（4）玻璃合片　拼接人员应戴清洁无油手套，避免玻璃二次污染。根据型号尺寸选择合适的铝垫片架，使用定位系统进行正确安装。两块或两块以上的玻璃和垫片准确定位，玻璃边缘对齐。铝条式中空玻璃，合片后铝框外边部和玻璃边部应有5～7mm的距离，用于涂第二道密封胶。聚硫胶应均匀沿一侧涂布，以防止气泡，涂完后刮去玻璃表面残余，完成铝条式中空玻璃的加工。

（5）打双组分胶　双组分密封胶机应用于中空玻璃的双向密封胶。密封操作前应进行蝶形试验和硬度试验，检查双组分密封剂的混合均匀性和硬度。喷胶压力连续可调，均匀喷入玻璃密封胶区域，完全填满空间框。双组分密封胶应配备独立的控制阀，易于混合和胶枪清洗。应沿一侧均匀涂敷，防止产生气泡。涂布完毕后，将玻璃表面残余刮掉，第二封胶宽度≥5mm。

（6）放置　放置是否正确影响中空玻璃的最终质量。中空玻璃成品应在通风、干燥的环境下垂直放置。堆垛架的设计要考虑到中空玻璃的特点，要有一定的倾斜度，但是底部平面与侧部应始终保持90°，从而保证中空玻璃的两片玻璃底边能垂直地放置在堆垛架上。此外，需要注意的是，玻璃底部不要沾上油渍、石灰及其它溶剂，避免对中空玻璃第二道密封胶的侵蚀，影响密封性能。

9.4.2.5　玻璃马赛克

玻璃马赛克又称玻璃锦砖或玻璃纸皮砖，是一种彩色面漆玻璃。天然矿物质和玻璃粉是玻璃马赛克的主要材料，具有耐腐蚀性、不掉色、安全、环保等特点[19]。玻璃马赛克的组合变化非常多，从而形成漂亮的装饰材料。

玻璃马赛克的制备有熔化法和烧结法。熔化物质主要由石英砂、石灰石、长石、纯碱、着色剂和乳化剂组成。在高温下熔化后，对其进行轴向或平面压延，最后进行退火而形成成品。烧结法是以废玻璃、胶黏剂等为原料，经过压块、干燥、烧结和退火等手段而获得。

参考文献

[1] 田英良，孙诗兵．新编玻璃工艺学［M］．北京：中国轻工业出版社，2009：10-15．

[2] 陈敏，陈建华．玻璃制造工艺［M］．北京：化学工业出版社，2006：78-82．

[3] 戴金辉，葛兆明．无机非金属材料概论［M］．哈尔滨：哈尔滨工业大学出版社，2004：64-66．

[4] 姜洪舟．无机非金属材料热工设备［M］．武汉：武汉理工大学出版社，2009：72-75．

[5] 刘辉敏．无机材料工艺教程［M］．北京：北京工业出版社，2015：23-25．

[6] 武汉轻工业学院．玻璃工艺原理［M］．北京：中国建筑工业出版社，1981：12-16．

[7] 何秀兰．无机非金属工艺学［M］．北京：化学工业出版社，2016：36-40．

[8] 林宗寿．无机非金属材料［M］．武汉：武汉理工大学出版社，2008：35-38．

[9] 梁德海，陈茂雄．玻璃生产技术［M］．北京：中国轻工业出版社，1984：68-71．

[10] 曹文聪，杨树森．普通硅酸盐工艺学［M］．武汉：武汉工业大学出版社，1996：55-57．

[11] 肖秋玉．浮法玻璃成形中的锡液对流控制技术［J］．玻璃，2018，(45)：35-37．

[12] 赵海东，杨海丰．浮法玻璃成型的常见问题及解决措施［J］．商品与质量，2017．

[13] 陈政树．浮法玻璃［M］．武汉：武汉理工大学出版社，1997：153-162．

[14] 姜宏．浮法玻璃全氧燃烧技术发展 [J]．玻璃与搪瓷，2018，(46)：20-35.
[15] 朱雷波．平板玻璃深加工学 [M]．武汉：武汉理工大学出版社，2002：172-185.
[16] 李胜杰．爆炸载荷下夹层玻璃的动态响应及裂纹扩展的研究 [D]．太原理工大学，2015.
[17] 彭寿．现代玻璃材料产业状况与展望 [J]．中国材料进展，2015，(34)：545-557.
[18] 刘志海．我国玻璃深加工行业的现状与发展方向 [J]．中国建材，2001 (3)：39-42.
[19] 方久华．玻璃深加工 [M]．武汉理工大学出版社，2011：132-141.

10 水泥生产

10.1 概述

10.1.1 定义

水泥（cement）是一种粉状水硬性凝胶材料，加水搅拌会成为塑性浆体，随后在水和空气中的硬化过程能把砂石等物质牢固、均匀地胶结成一个整体[1]。水化是水泥和水混合后其成分与水的反应[2]。水泥在加入水之后先是变为水泥浆，然后通过凝结、硬化变为水泥石。水泥的凝结是其失去塑性的过程，在凝结过程中水泥浆体的塑性会随时间的延长而逐渐降低，而强度会逐渐增加。然而仅仅是凝结过程并不能使水泥具有足够的强度，因此还需要硬化过程。硬化使水泥的强度继续提高，以达到生产方面的要求。凝结硬化产物中水化硅酸钙（calcium silicate hydrated，C-S-H）凝胶的含量可以达到70%左右，此外还有$Ca(OH)_2$晶体等。

10.1.2 分类

水泥的分类方法很多，包括按性能与用途分类、按水硬性物质分类、按技术特性分类等。

（1）按性能与用途分类　按性能与用途对水泥进行分类，包括通用水泥、专用水泥、特种水泥等。通用水泥是以硅酸盐水泥熟料、适量石膏和其他混合材料制成的水硬性胶凝材料。土木建筑工程主要使用的通用水泥有硅酸盐水泥、普通硅酸盐水泥、矿渣硅酸盐水泥、火山灰质硅酸盐水泥、粉煤灰硅酸盐水泥和复合硅酸盐水泥[3]，称为六大水泥。它们的相同之处是主要成分都是硅酸盐水泥熟料之中的几种，不同之处在于生产过程中所使用的混合材料的种类和比例不同，因此它们的名称来源于所使用的混合材料的名称。和用途广泛的通用水泥相比，专用水泥的特点是其特有的“专用性”，是指单一用途，在此特定的用途范围内，专用水泥能充分发挥其特性，取得最佳的使用效果，如大坝水泥、道路水泥、基准水泥、油井水泥等。不同于专用水泥和通用水泥，特种水泥的某一种性能相较于其他性能而言较为优良，因此一般也是按照其最优秀的性能命名，如低热矿渣硅酸盐水泥、快硬高强水泥、耐酸水泥、膨胀水泥、自应力铝酸盐水泥、防辐射水泥、白色水泥和彩色水泥等。

（2）按水硬性物质分类　因为不同的水泥拥有不同的进行水化反应的物质。依据不同的水硬性物质，把水泥分为五类，即硅酸盐水泥、铁铝酸盐水泥、硫铝酸盐水泥、铝酸盐水泥和氟铝酸盐水泥。CaO 和 SiO_2是硅酸盐水泥熟料的主要化学成分，另外还有微量 Al_2O_3和 Fe_2O_3。铝酸钙为铝酸盐水泥熟料的主要矿物成分，将石灰石和铝矾土的混合物煅烧可得到铝酸钙。硫铝酸盐水泥和铁铝酸盐水泥的主要区别是其添加成分分别为硫铝酸钙和铁铝酸钙。氟铝酸钙是氟铝酸盐水泥的主要添加物，这种水泥的特点是硬化速度快，适合应用于抢修、堵漏等工程。

（3）按技术特性分类　按技术特性对水泥进行分类，包括快硬性（水硬性）水泥、水化热性水泥、抗硫酸盐性水泥、膨胀性水泥、耐高温性水泥等。快硬性（水硬性）水泥又可以分为快硬性水泥与特快硬性水泥两类。水化热性水泥包括中热性水泥和低热性水泥两类。抗硫酸盐性水泥分中抗硫酸盐腐蚀性水泥和高抗硫酸盐腐蚀性水泥两类。膨胀性水泥又可以将其分为膨胀性水泥与自应力性水泥两类。

10.2 水泥组成与制备原理

10.2.1 生料组成

水泥生料的化学成分的比例是有一定要求的，目前没有这样一种物质能够同时满足不同水泥的成分需求，因此需要采用不同的原料进行配料加工[4]。不同品种的水泥熟料所采用的原料差异很大，因此需要根据所生产水泥的种类和性能进行原料的合理搭配。常见几种水泥的主要原料如表 10-1 所示。

表 10-1 常见水泥的原料[5]

水泥种类	原料
硅酸盐水泥	钙质原料、硅铝质原料、校正原料
铝酸盐水泥	钙质原料、铝质原料（铝矾土，Fe_2O_3<5%）
硫铝酸盐水泥	钙质原料、铝质原料（铝矾土）、硫质原料（石膏）
铁铝酸盐水泥	钙质原料、铝质原料（铝矾土，Fe_2O_3>5%）、硫质原料（石膏）
氟铝酸盐水泥	钙质原料、铝质原料（铝矾土）、萤石（或再加石膏）
抗硫酸盐水泥	钙质原料、铁质原料、高硅质原料
防辐射水泥	钡或锶的碳酸盐（或硫酸盐）、硅铝质原料
道路水泥	钙质原料、硅铝质原料、铁质原料或少量矿化剂
白水泥	钙质原料、硅铝质原料、少量矿化剂或增白剂
彩色水泥	钙质原料、硅铝质原料、着色原料、校正原料及矿化剂

硅酸盐水泥的原料主要是钙质原料和硅铝质原料，还有石膏和一部分校正原料，这些校正原料主要有天然火山灰、废渣、煤矸石和粉煤灰等。钙质原料的作用是提供 CaO，硅铝质原料提供 SiO_2、Al_2O_3 和 Fe_2O_3[5]，而校正原料的作用是在前两种原料的基础上弥补水泥生产原料中缺少的组分，使水泥的成分比例更加均匀。硅酸盐水泥的主要原料如表 10-2 所示。

表 10-2 硅酸盐水泥生产原料[5]

类别		名称
主要原料	钙质	石灰石、泥灰岩、白垩、贝壳、电石渣等
	硅铝质	黏土、黄土、页岩、粉砂岩、河泥、粉煤灰等
校正原料	铁质	硫铁矿渣、铁矿石、钢渣、转炉渣、赤泥等
	硅质	河砂、砂岩、粉砂岩、硅藻土、铁选矿碎屑等
	铝质	炉渣、煤矸石、铝矾土、铁矾土、粉煤灰等

10.2.1.1 钙质原料

凡是以 $CaCO_3$ 为主要成分的物质都可作为钙质原料。工业生产过程中经常使用的天然钙质原料包括石灰岩、泥灰岩、贝壳和白垩等，其中使用最多的为石灰岩和泥灰岩[6]。石灰岩是一种化学或生物化学的沉积岩，主要化学成分为 $CaCO_3$，主要矿物是方解石（$CaCO_3$），并常含有石英（结晶 SiO_2）和白云石（$CaCO_3 \cdot MgCO_3$）等，纯石灰岩的 CaO 含量为 56%，而自然界中石灰岩原料的氧化钙含量一般不低于 45%，所以它能有效地为水泥生产提供 CaO。泥灰岩是一种均匀混合的沉积岩，由碳酸钙与黏土同时沉积而成，属石灰岩和黏土之间的过渡类型，这些天然钙质原料于 950℃左右煅烧都会产生石灰。

《水泥工厂设计规范》（GB 50295—2016）中对用于水泥生产的钙质原料做了规定。主要质量指标如表 10-3 所示。

表 10-3 钙质原料的主要质量指标[7]

钙质原料	含量/%
氧化钙	＞48.00
氧化镁	＜3.00
碱	＜0.60
三氧化硫	＜0.50
游离氧化硅	＜8.00（石英质）＜4.00（燧石质）
氯离子	＜0.030
五氧化二磷	＜0.80

10.2.1.2 硅铝质原料

硅铝质原料也被称为黏土质原料，它在水泥中的作用主要是提供 SiO_2、Al_2O_3 和 Fe_2O_3。通常含水铝硅酸盐矿物都可作为硅铝质原料，最常用的硅铝质原料是黄土与黏土。黄土是没有层理的黏土与微粒矿物的黄褐色天然混合物。黄土的主要矿物成分是伊利石，除此之外还有蒙脱石、长石和方解石、白云母、石英以及石膏等。黄土的硅酸率在 3.5～4.0 之间，铝氧率在 2.3～2.8 之间，粗粉砂粒约占 25%～50%，细粉砂粒约占 20%～40%。黏土是多种微小的呈疏松或胶状密实的含水铝硅酸盐矿物的混合体，一般由含有长石等铝硅酸盐矿物的岩石经漫长的风化而成。黏土类又分为红土、黑土等，区别在于两者主要成分分别为伊利石与高岭土和水云母与蒙脱石。黏土的特点是黏粒占 40%～70%。红土硅酸率较低，约为 1.4～2.6，铝氧率约为 5。黑土含碱量约 4%～5%。

作为水泥原料，除了天然黄土与黏土外，赤泥、粉煤灰和煤矸石等工业生产中产生废渣也可作为硅铝质原料。赤泥是制铝工业提取 Al_2O_3 时产生的固体废物，其中的 Fe_2O_3 含量大，其外观为赤红色的泥土，因此被称为赤泥，每生产 1t Al_2O_3 约产生 1.5～1.8t 赤泥。煤矸石为采煤时排出的、煤含量较少的黑色石头，与天然煤炭相比只是含煤量较低，自燃后呈粉红色。

《水泥工厂设计规范》（GB 50295—2016）中对用于水泥生产的硅铝质原料做了规定。主要质量指标如表 10-4 所示。

表 10-4 硅铝质原料的主要质量指标[7]

硅铝质原料	指标	硅铝质原料	指标
硅酸率	3.00～4.00	三氧化硫	＜1.00%
铝氧率	1.50～3.00	氯离子	＜0.030%
氧化镁	＜3.00%	五氧化二磷	＜0.80%
碱	＜4.00%		

10.2.1.3 校正原料

校正原料是用来弥补水泥生料中某种成分的材料。水泥原料化学组成如表 10-5。

表 10-5 硅酸盐水泥原料的化学组成[7]

名称	化学成分	常用缩写	大致含量/%
氧化钙	CaO	C	63～67
氧化硅	SiO_2	S	21～24
氧化铝	Al_2O_3	A	4～7
氧化铁	Fe_2O_3	F	2～4

生产水泥使用的硅铝质原料和煤炭灰分中含氧化铝比较多，而氧化铁含量比较少。如果生料中氧化铁含量不足，可以添加黄铁矿渣这种富含铁的物质。如果二氧化硅含量不足，可以添加含硅量很高的硅藻土。如果氧化铝含量不足，可以添加铝矾土废料等。

《水泥工厂设计规范》（GB 50295—2016）中对用于水泥的校正原料做了规定：以钙质原料的质量指标为主，以钙质原料中有害成分的含量调整其余原料中相应有害成分的含量，最终应达到熟料规定的率值且有害成分应限制在一定范围内。

铁质校正原料宜符合下列规定：三氧化二铁（Fe_2O_3）含量＞40.00%；氧化镁（MgO）含量＜3.00%；碱（K_2O＋Na_2O）含量＜2.00%。

硅质校正原料宜符合下列规定：二氧化硅（SiO_2）含量＞80.00%，或硅酸率 SM＞4.00；氧化镁（MgO）含量＜3.00%；碱（K_2O＋Na_2O）含量＜2.00%。

铝质校正原料宜符合下列规定：三氧化二铝（Al_2O_3）含量＞25.00%；氧化镁（MgO）含量＜3.00%；碱（K_2O＋Na_2O）含量＜2.00%。

在煅烧过程中除了钙质原料、硅铝质原料和校正原料，通常还会加微量的萤石和石膏等作为矿化剂。使用矿化剂是为了提高生料的易烧性，降低液相出现的温度，降低液相黏度，使石灰的吸收更加充分，提高产量并降低能源消耗。

10.2.2 制备原理

硅酸盐水泥熟料的形成包含一系列物理化学反应，六个环节分别是干燥（自由水蒸发）、黏土质原料脱水、碳酸盐分解、固相反应、熟料烧结和熟料冷却。

10.2.2.1 干燥

生料中自由水分的排除过程称为干燥[5]，在回转窑内自常温升温至150℃左右，自由水分不断蒸发直至全部排除，蒸发过程的热耗十分巨大。由于耗热过多，成本过高，熟料湿法烧制工艺已基本被淘汰而采用干法烧制工艺。干法生料粉体并非绝对干燥，而是水分较少，一般含水 1%以下。新型干法生产中干燥过程不在窑内进行，而是在预热器内完成。

10.2.2.2 黏土质原料脱水

黏土质矿物中的水主要以配位水和层间水的形式存在。配位水是黏土中的离子状态的水（OH^-），也叫晶体配位水或结构水。层间水与配位水的不同之处与风化程度有关，层间水是吸附在晶层结构之间的水分子。当温度升到 450℃左右，高岭土发生脱水，水泥生料的反应为：

$$Al_2O_3 \cdot 2SiO_2 \cdot 2H_2O = Al_2O_3 + 2SiO_2 + 2H_2O$$

高岭土不仅失去了结构水，而且它的性质也发生了变化，从高岭土转化为游离的无定形三氧化二铝和二氧化硅。继续升温至 900～950℃时无定形物质转变为晶体，同时放热。

10.2.2.3 碳酸盐分解

碳酸盐分解是水泥生料制备的第三个过程。碳酸盐的成分主要是碳酸钙和杂质碳酸镁，这两种碳酸盐都会分解生成二氧化碳，且碳酸镁的分解要早于碳酸钙，因为其需要的反应温度较低，400℃便可以分解。碳酸钙是在碳酸镁基本分解完成之后，才逐渐开始分解，温度一般为600℃左右，之后分解速度随温度上升而加快，812～928℃分解高速进行。分解反应式如下：

$$MgCO_3 = MgO + CO_2$$

$$CaCO_3 = CaO + CO_2$$

10.2.2.4　固相反应

窑炉内温度上升到800℃时，碳酸钙分解速度已比较可观，产物主要有氧化钙、生料中黏土质物料在前三个过程中生成的二氧化硅和氧化铝，以及铁质原料所引入的氧化铁等。这些物质通过下述一系列复杂的反应，逐渐形成水泥熟料。

炉温＜800℃：

$CaO + Al_2O_3 = CaO \cdot Al_2O_3$　　（CA 开始形成）

$CaO + Fe_2O_3 = CaO \cdot Fe_2O_3$　　（CF 开始形成）

炉温 800～900℃：

$2CaO + SiO_2 = 2CaO \cdot SiO_2$　　（C_2S 开始形成）

$7(CaO \cdot Al_2O_3)+5CaO = 12CaO \cdot 7Al_2O_3$　　（$C_{12}A_7$ 开始形成）

$CaO \cdot Fe_2O_3 + CaO = 2CaO \cdot Fe_2O_3$　　（C_2F 开始形成）

炉温 900～1100℃：

$12\,CaO \cdot 7Al_2O_3 + 9CaO = 7(3CaO \cdot Al_2O_3)$　　（C_3A 开始形成）

$7(2CaO \cdot Fe_2O_3)+2CaO + 12CaO \cdot 7Al_2O_3 = 7$　　（$4CaO \cdot Al_2O_3 \cdot Fe_2O_3$）

（C_4AF 开始形成）

固相反应在一定的温度区间内进行，往往是在几种材料间交叉发生。固相反应是一个放热的过程，释放的热量足以使参与反应的原料温度上升。在固相反应过程中，有时也有气相和液相的参与，但是参与反应的物质和反应生成的物质都含有固相。固相反应通常发生在两个组分的界面上，往往存在着化学反应和物质迁移两个过程。固相反应的热力学条件是必须克服固体原子、分子或离子之间的相互作用力，因此温度是影响固相反应的因素之一。如果温度较低，此时固态物质的活性低，扩散过程较慢，不利于界面处的反应，使固相反应过程难以继续。因此为了保证固相反应成功进行，反应过程要求保持相对较高的温度。在实际的水泥工业生产中，影响固相反应的速率的因素还有反应时间、水泥原料的均匀性、原料的细度等。除此之外，水泥原料自身的性质也会对固相反应的速率产生影响。

10.2.2.5　熟料烧结

熟料烧结是在最低共熔温度以上发生的过程。固相反应生成的铝酸钙和铁铝酸四钙等物质会转变为一定量的液相。硅酸二钙和氧化钙从之前的固相慢慢变成液相，继续逐渐生成硅酸三钙。在烧结过程中，反应温度越来越高，氧化钙和硅酸二钙持续转变成液相，黏度慢慢下降，生成的硅酸三钙越来越多，会逐渐产生微小的晶核，晶核缓慢长大，成为几十微米左右的阿利特晶体。在熟料烧结的过程中，矿物会从稀松逐渐变得致密，这种变化与晶体结构的转变有关。

化学成分适当且稳定的生料，经煅烧升温至 1250～1280℃开始出现液相，继续升温最高达到1450℃左右，然后开始降温至最低共熔温度。熟料的烧结是一个循环过程，是指从1300℃升温至1450℃再降温至1300℃的循环。通常，这个循环所需要的时间在10～20min之间。熟料烧结这个过程的目的是尽量减少游离氧化钙的含量，增加硅酸三钙晶体的含量。

10.2.2.6　熟料冷却

冷却目的有三个：其一是回收余热，提高热效率；其二是提高熟料质量：其三是降低熟料温度，以便于熟料后续的运输储备等。冷却的方式有两种：一种是平衡冷却，也被称为慢冷；

另一种是快速冷却，也被称为快冷。慢冷是在极慢的冷却速度下的一种接近平衡状态的冷却方式，所以固液相反应可以缓慢而充分地发生。和慢冷相比，快冷的不同之处是会形成更多的玻璃相，因此得到的产物中结晶的物质减少。在实际的工业生产中主流方式是快冷，可以改善熟料的易磨性，提高熟料质量，回收余热，改善水泥的抗硫酸盐性能和凝结时间。提高熟料质量是指在实际的水泥生产中，因为快速冷却使硅酸二钙和游离氧化钙转变成硅酸三钙的逆反应难以发生，所以粗大晶粒的硅酸三钙含量较少，而大部分硅酸三钙的晶粒细小。除了硅酸三钙，其他晶体的颗粒也会减小，玻璃相增多，内应力增加。因此，快冷还可以增强水泥的易磨性。水泥的抗硫酸盐性能与铝酸三钙的含量有关，和慢冷相比，快冷能有效降低铝酸三钙的含量，提升水泥的抗硫酸盐的能力。除此之外，结晶性的铝酸三钙会使水泥的凝结时间变短，导致水泥快速凝结，通过快冷减少结晶性的铝酸三钙的含量，易于控制凝结时间。回收余热是指快冷可以使窑内的热量再次利用。如果采用慢冷，窑内温度从 1100℃缓慢降至室温，这部分热量会被浪费，采用快冷回收预热可以降低能源消耗，提高热效率。

10.2.3 熟料组成

10.2.3.1 化学组成

硅酸盐水泥熟料中占 95%的四种化学成分是 CaO、SiO_2、Al_2O_3 和 Fe_2O_3，其他 5%的成分主要是 Na_2O、MgO 和 K_2O。如果煅烧硅酸盐水泥熟料过程中添加了用作矿化剂的萤石或其他金属尾矿，熟料中还会存在微量的氟化钙（CaF_2）或其他金属成分。在实际的水泥工业生产过程中，硅酸盐水泥熟料中四大主要成分的含量并不是一成不变的，而是在一定范围内变化的。CaO 含量的波动范围是 62%～67%，SiO_2 是 20%～24%，Al_2O_3 是 4%～7%，Fe_2O_3 则为 2.5%～6%。当使用矿化剂或某些原料中 MgO 等含量较高时，次要氧化物的总和也有可能高于 5%。

10.2.3.2 矿物组成

硅酸盐水泥熟料由多种熟料矿物所组成，主要有 CaO、SiO_2、Al_2O_3 和 Fe_2O_3 等氧化物。熟料矿物不以单独的氧化物的形式存在，而是两种或多种氧化物在高温下通过化学反应而生成的多种矿物的集合体。硅酸盐水泥熟料有四种主要矿物，分别是硅酸三钙（C_3S）、硅酸二钙（C_2S）、铝酸三钙（C_3A）和铁铝酸四钙（C_4AF）。它们的晶粒微小，在 30～60μm 之间，是水泥熟料中的主要晶粒。此外，熟料中还有微量的游离石灰、玻璃体、含碱矿物以及方镁石等。如果煅烧硅酸盐水泥熟料时使用萤石作矿化剂或萤石-石膏作复合矿化剂，熟料中还可能会有氟铝酸钙及硫铝酸钙矿物。

熟料烧成的关键是硅酸三钙的生成。硅酸三钙可通过高温下 CaO 和 SiO_2 的固相反应生成，也可由硅酸二钙和 CaO 反应生成。通常，水泥熟料中硅酸三钙和硅酸二钙的总含量在 75%左右，合称硅酸盐矿物，而铝酸三钙和铁铝酸四钙的含量约占 22%。水泥熟料中的硅酸三钙并不是纯 C_3S 晶体，这是因为水泥熟料在烧制过程中总会固溶少量的 Al_2O_3、Fe_2O_3 和 MgO 等氧化物，人们将这种硅酸三钙固体称为“阿利特”（Alite），简称 A 矿。阿利特加水搅拌会发生水化反应，水化速度快，早期强度高，但水化热较高，抗水性能差，因而在水化热较低或要求抗水性较好的场合需要减少其含量。

硅酸二钙是由氧化钙和二氧化硅化合而成，纯硅酸二钙晶体在 1450℃以下出现同质多晶现象，其中，γ-C_2S 由于其结构中 Ca^{2+} 的配位数相当规则，几乎不具有水硬性，生产中应当回避。生产实践中硅酸二钙并非纯净的晶体矿物，大多会固溶少量 Al_2O_3、Fe_2O_3、MgO、R_2O 等氧化物，人们将这种硅酸二钙固体称为“贝利特”（Belite），简称 B 矿。硅酸二钙矿物相较于硅酸三钙水化反应慢很多，早强低，但 28 天后强度增长较快，一年后超过“阿利特”。贝利特水化热小，抗水性能好，所以大体积或侵蚀性大的工程中要增加其用量。

铝酸三钙和铁铝酸四钙总含量约占 22%，称为熔剂性矿物，在熟料煅烧过程中会吸收氧化钙生成硅酸三钙而完成烧结。铝酸三钙在冷却过程中也会固溶少量 MgO、SiO_2、R_2O 和 Fe_2O_3 等而以固溶体存在，在反光显微镜下呈点滴状，反光能力较弱，色度灰暗，在 A 矿与 B 矿之间夹杂分布，因此也称之为黑色中间相，这些特点决定了其不适合用于制造抗硫酸盐水泥或大体积混凝土工程用水泥。

铁铝酸四钙（C_4AF）并非一种熟料矿物，而是代表硅酸盐水泥熟料中从 CA_2F 到 C_6AF_2 一系列连续的铁相固溶体。通常熟料煅烧结束退火过程中熔剂性矿物铁铝酸四钙结晶时会夹杂原来溶入的少量 SiO_2、MgO 等氧化物而形成固溶体，称其为“才利特”（Celite）或 C 矿。铁铝酸四钙是一种抗冲击性能和抗硫酸盐能力很好的矿物。虽然铁铝酸四钙的早强性能接近铝酸三钙，但其水化速度较慢，且水化热比铝酸三钙低，这些优良的性能使铁铝酸四钙可以应用到需要抗硫酸盐腐蚀的工程上。

10.3 水泥生产工艺

10.3.1 生产方法

水泥的生产以石灰石和黏土为主要原料，经破碎、配料、磨细制成生料，然后置于窑中煅烧成熟料，再加适量石膏（有时还掺加混合材料或外加剂）磨细而成。水泥生产的工艺流程如图 10-1 所示。依据原料的制备方法差异，有干法和湿法两种生产过程。

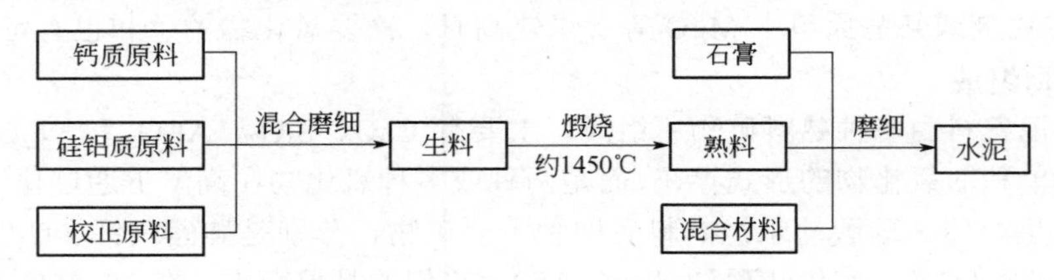

图 10-1 水泥生产基本工艺流程[8]

10.3.1.1 湿法生产

湿法生产是指通过加入水将原料研磨成原料浆，然后将其送入回转窑以煅烧成熟料的方法。半湿法也属于湿法生产，是把湿加工的原料浆脱水，于窑中煅烧成熟料的过程。湿法制备的水泥浆含 32%～36%的水，粉磨能耗约降低 30%。水泥浆易搅拌，原料成分稳定，有利于烧成优质熟料。然而与干法工艺相比，湿法工艺对球磨机的易磨部件损耗较大，因此钢材消耗量也比干法工艺高，回转窑的热量消耗也高于干法窑，并且熟料出口温度较低，所以不宜烧高硅酸率和高铝氧率的熟料。上述的局限性使得湿法生产目前已很少应用。

10.3.1.2 干法生产

近几十年来，国内外常常以窑外分解技术为核心，将现代技术和工业生产成果充分用于水泥干法生产过程中，如原料预均化、新型干磨、耐磨、耐火材料、自动控制技术和各种节能技术等，使得水泥的生产低耗、优质、高效、环保，从而形成新型干法水泥生产。干法水泥生产步骤包括矿山采运（矿山开采、破碎、均化）、生料制备（物料破碎、原料预均化、原料配比、生料粉磨和均化）、熟料煅烧（煤粉制备、熟料煅烧和冷却）、水泥粉磨与包装等。新型干法生产的主要工序如图 10-2 所示。干法生产与湿法工艺不同的是生料在粉磨之前并没有加水环节，其他环节基本类似。其中从原料开采到贮存均化为生料的制备阶段，从煅烧到熟料冷却属于熟料的制备阶段，从配料到装运属于水泥的制成阶段。

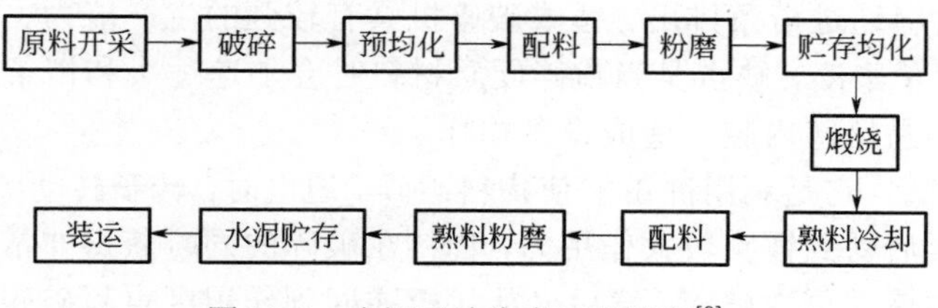

图 10-2　水泥干法生产工艺流程[8]

近年来，随着新型干法工艺的进一步优化，水泥生产的环境负荷进一步降低，各种替代原料、燃料的开发和废物降解技术得到了成功发展。在工业生产中，可以将裂解炉或窑尾管置于悬浮预热器和回转窑之间，加入30%～60%的燃料加热燃烧，燃料燃烧和原料吸热分解的过程同时进行。在悬浮或流态化下快速进行，使原料在引入回转窑前基本完全分解，从而大大提高了回转窑系统的煅烧效率。由于物料在原料阶段就已经粉碎和烘干，所以干法生产最大的优点是节能。其次，无需将湿法生产中多余的水蒸发，因此产量更高且稳定，生产效率更大，可以满足大批量生产的需求。此外，没有或者极少量污水、废水排放也利于环境保护。总之，新型干法生产工艺环保，生产效率高，产量大，质量稳定且节约能源。

10.3.2　工艺流程

水泥的湿法生产工艺基本已被淘汰。新型干法生产工艺的生产过程分为三个阶段，即原料准备、熟料煅烧和水泥生产。在生产过程中可以在线监测，包括对质量进行监控，还可以通过中控室集中监测，观测各操作工序阶段的数据，以便快速充分地反映生产状况，及时准确地进行判断和自动控制。

10.3.2.1　原料破碎与预均化

（1）破碎　物料破碎是水泥生产过程中的一个重要环节。破碎是指将大尺寸的物料变成小尺寸的物料。一般而言从矿山开采的石料尺寸偏大，都会超过粉磨设备所允许的进料尺寸，从而难于配料和粉磨，因此需要将它们在入磨之前破碎成均匀的小块状（最好控制在 30mm 以下），这样便于预均化以提高其化学成分的均匀性，也便于其进一步的粉磨。

原料破碎采用破碎机进行。破碎机有多种类型，根据受力方式可以分为挤压式和冲击式两类，按工作原理和结构特征可分为颚式破碎机、辊式破碎机、圆锥破碎机、冲击式破碎机和磨碎机等。通常水泥厂都采用颚式破碎机、锤式破碎机、冲击式破碎机和圆锥式破碎机作为初碎机，使破碎粒度能满足粉磨要求。近年来，随着水泥生产技术的提升，生产设备向大规模方向发展，并实现了自动化功能，进一步降低了生产成本，提高了生产效率。

① 颚式破碎机　颚式破碎机主要用于采矿、建材和基础设施的初级破碎。根据供应端口宽度的不同，颚式破碎机可以分为大型、中型和小型。颚式破碎机的结构简单，易于制造，运行可靠。颚式破碎机有简易摆动颚式破碎机（单摆颚式破碎机），复合摆动颚式破碎机（复摆颚式破碎机）等类型。这些颚式破碎机虽然结构不同，但是功能基本相同。可动钳口周期性地相对于固定钳口往复运动，有时分离有时闭合，分离时材料进入破碎室，从底部排出成品，闭合时两个钳口之间的材料会被弯曲、折叠或折断。

② 锤式破碎机　锤式破碎机是通过冲击等方式，粉碎进入腔体的材料的一种设备，结构主要包括腔体、转子、筛板等零件，其中核心工作部件是带有锤头的转子。转子具有非常高的

圆周速度，通常为 20～40m/s，当具有较大体积的物料进入到破碎机的内部时，与高速旋转的锤头相互撞击致使物料破碎。物料在撞击后具有较高的能量，以较高的速度撞击衬垫时再次破碎，粉碎成较小的材料通过桁条排出。锤式破碎机具有较强的生产能力、较高的破碎比、较低的单位能耗，结构简单紧凑，缺点是当粉碎硬质材料时会加速锤头和桁条磨损，且加工的物料具有较高含水率时容易堵塞内腔，造成设备损坏。

③ 反击式破碎机　它是利用冲击能使物料破碎。通电时，转子转动的同时带动板锤旋转，大型物料进入作用区后受到锤头较大作用力，物料在破碎的同时获得非常大的动能，与反击衬板或其他运动物料碰撞并再次破碎，然后又从衬板弹回到作用区重新破碎，最终得到具有合格粒度的产品，从出料口排出。

（2）预均化　在水泥生产过程中要保证生料的质量均匀、化学组成适当，从而确保煅烧时物料的稳定，烧制出高质量的熟料。但由于矿山开采之后进厂的原料及煤的水分、灰分并非均匀，有时还具有很大的波动，会给制备合格的生料、生产高质量的熟料造成困难。为了扩大矿山资源的利用、降低生产成本，工厂需要在原料的存取过程中应用科学的堆取料技术，实现物料的初步均化，同时使原料堆场具备贮存与均化功能，这个过程便是预均化处理。对于石灰石及其他辅助原料（如砂岩、粉煤灰、钢渣等物料），破碎后和入磨前的均化处理过程是在预均化堆场内进行。“平铺直取”是预均化的基本原理。原料经过堆料机的层层堆积后，用取料机在垂直的方向上同时切取所有料层，这样便在取料的同时完成了物料的混合均化，减小了化学成分的波动范围，对稳定熟料煅烧、确保水泥质量有着重要作用。预均化方式多种多样，堆放层数越多，切取层数越多，就会得到越好的预均化效果。事实上库内均化仅是物料均化的一个环节，就生料的制备过程而言，从原料的矿山开采到磨制成合格生料，整个操作流程就是一个包含多个操作的不断均化的过程，使原料具有均匀的化学成分，最终达到煅烧的要求。

10.3.2.2　配料计算

石灰石、黏土、铁质原料是水泥熟料的主要原料，上述材料按适当比例配制成生料后煅烧冷却便获得半成品。水泥熟料的主要化学成分为 CaO、SiO_2、Al_2O_3 和 Fe_2O_3，主要矿物成分为硅酸三钙（C_3S）、硅酸二钙（C_2S）、铝酸三钙（C_3A）和铁铝酸四钙（C_4AF）。生产过程中常用率值表示水泥生产中熟料化学组成或矿物组成相对含量。率值与熟料的质量及生料的易烧结性有较大的相关性，是生产过程中的重要指标。目前采用的率值主要是硅酸率、铝氧率和石灰饱和系数，将它们作为生产控制指标。

（1）硅酸率　硅酸率也叫硅率，通常用字母 n 或者 SM 表示，它反映的是熟料中硅酸盐矿物（C_3S、C_2S）与熔剂性矿物（C_3A、C_4AF）的相对质量含量，数学表达式为：

$$\mathrm{SM}=\frac{w(\mathrm{SiO_2})}{w(\mathrm{Al_2O_3})+w(\mathrm{Fe_2O_3})} \tag{10-1}$$

式中，$w(\mathrm{SiO_2})$、$w(\mathrm{Al_2O_3})$、$w(\mathrm{Fe_2O_3})$ 分别为 SiO_2、Al_2O_3、Fe_2O_3 的含量（质量分数）。

SM 过低时表示熔剂矿物质量过多，导致煅烧时产生过多液相量，容易使产物结块、结圈，给烧成带来困难，对水泥的产量和质量不利。SM 过高时表明熔剂矿物质量较低，导致煅烧时产生的液相量太少，同样对生产不利。《水泥工厂设计规范》（GB 50295—2016）表明，硅酸率应控制在 3.0～4.0。

（2）铝氧率　铝氧率也称铝率，指的是水泥熟料中 Al_2O_3 与 Fe_2O_3 的含量（质量分数）之比，通常用 P 或者 IM 表示，数学表达式为：

$$\mathrm{IM}=\frac{w(\mathrm{Al_2O_3})}{w(\mathrm{Fe_2O_3})} \tag{10-2}$$

式中，$w(Al_2O_3)$、$w(Fe_2O_3)$分别为Al_2O_3与Fe_2O_3的含量（质量分数）。

铝氧率反映的是熟料中C_3A和C_4AF的相对质量含量。IM值过高时表明煅烧时产生的液相具有较大的黏度，给煅烧带来困难，需要提高石膏含量。当IM值过低时水泥生料具有较窄的烧结范围，窑内物质极易结块、结圈，给工人的操作带来困难。《水泥工厂设计规范》（GB 50295—2016）表明，IM值控制在1.5～3.0。

（3）石灰饱和系数　上述两个指标表示了各氧化物之间的相对质量含量，并没有涉及各氧化物之间的关系，这就需要引入石灰饱和系数KH，也称石灰饱和比。KH表示SiO_2被CaO饱和形成C_3S的程度，数学表达式如下：

$$KH=\frac{w(CaO)-1.65w(Al_2O_3)-0.35w(Fe_2O_3)}{2.8w(SiO_2)} \tag{10-3}$$

KH值越大，表示C_3S的含量越高，熟料强度越高，因此提高KH能显著提高水泥质量。但具有较高KH时会给熟料煅烧带来困难，因此必须延长煅烧时间，同时降低窑的产量、升高热耗。如果KH值偏低，则表明C_2S含量较多，这种情况下水泥熟料所制成的水泥硬化缓慢，早期强度低。实际生产中KH一般控制在0.88～0.96。

在水泥生产过程中，应该根据实际情况合理选择熟料的组成或率值，并计算所用原料和燃料的配合比，这个过程称为生料配料，简称配料。配料计算的目的是确定各种原料的质量比例，经济合理地使用矿山资源，得到符合要求的水泥熟料，同时还为水泥的生产过程创造良好的操作条件，改善水泥的易磨性和生料的易烧性，减少工厂成本，提高经济效益。

配料计算主要包含七个基本步骤，即：①列出原料和燃料的化学成分和工业分析资料；②计算煤灰的掺入量；③选择熟料矿物的组成；④将原料的化学组成换算为灼烧基；⑤计算各灼烧基原料的配合比；⑥将上一步的配合比换算成基料配合比；⑦计算生料的成分。

10.3.2.3　生料粉磨

粉磨是将小块状或者粒状的物料破碎成细粉末（≤100μm）的过程。水泥厂粉磨包括两种工艺流程，分别是生料粉磨与水泥粉磨。前者是将原料配合后粉磨成生料的过程，后者是指将熟料、石膏和混合料配合后粉磨成水泥的过程。合理选择研磨设备和工艺并充分优化工艺参数，可提高水泥质量并降低能耗节约成本。水泥的生料粉磨工艺有湿法和干法两大类，两者都有开路和闭路系统。在生料粉磨过程中，物料经过一次粉碎机后即为产品的系统为开路系统，又称作开流。物料经过一次粉碎机粉碎后，由分级设备选出合格产品，不合格的有着较大尺寸的物料重新返回到粉碎机再次研磨的系统称为闭路系统，又叫做圈流。

立式磨系统是水泥生产的主要生粉料磨系统。相比于球磨机系统，立式磨可以有效避免金属之间的撞击与磨损，从而金属磨损量小，噪声低。此外，立式磨利用选粉功能的风扫式粉磨能够有效避免过粉磨现象，能耗低，效率高，工艺简单且易于智能化控制，从而成为生料粉磨的首选设备。立式磨虽然类型和规格多种，但是基本结构相似，一般都包括传动装置、液压拉伸装置、选粉装置等。立式磨的工作原理是通电后传动装置首先带动磨盘旋转，磨辊在磨盘摩擦作用下围绕磨辊轴自转，落入磨盘中央的物料在离心力的作用向边缘移动，经过碾磨轨道时被啮入磨辊与磨盘间碾压粉碎。粉磨后的小尺寸物料继续朝着磨盘边缘运动直至溢出，尺寸合格的细粉随上升气流到达上部出口并被收集，不合格的粗粉则返回入磨皮带继续入磨粉磨。

10.3.2.4　生料均化

在水泥的生产过程中，通过各种操作使材料具有均匀成分的过程称为均化。水泥的生产全过程便是一个不断连续均化过程，采矿、原料预均化、生料粉磨、生料均化四个环节构成了完整的生料均化链。其中，生料入窑前最后的均化环节是生料均化，对保证生料质量合格起着至关重要的作用。加强对制成生料的均化控制可以确保生料具有均匀的颗粒分布和稳定的化学成分，提高入窑生料的合格率，降低烧成能耗，提高经济效益。

生料均化的方式有机械均化与气力均化。机械均化具有较好的均化效果，因此传统生料的均化常采用此种方式。机械均化的缺点是设备工作容积小、能耗大，不能满足现代水泥大批量生产的要求，因此水泥厂现在大多采用气力均化方式。气力均化是利用空气搅拌和重力作用下产生的“漏斗效应”，使料粉降落时尽量切割多层料面加以混合。气力均化的均化效果好，能耗低，设备简单便于维修，有利于大规模生产。

10.3.2.5 熟料烧成

熟料烧成主要包括生料进入悬浮预热器预热，进入分解炉预分解，回转窑烧成，篦冷机冷却[9]。

（1）悬浮预热　悬浮预热是通过装设悬浮预热器，利用出窑废热气体的能量使进入窑内的低温生料粉迅速升温的过程。悬浮预热器主要包括换热管道、预热器、衬料、出风管、下料管和锁风阀等部件，能够充分利用排出的废热气体加热生料，实现预热和分解部分碳酸盐的功能[10]。悬浮预热器增加了材料和气流之间的接触面积，从而提升了传热速率与传热效率，同时利用了窑尾废热气体，缩短了窑的长度，降低了能量消耗。

（2）预分解　预分解也称窑分解，是在悬浮预热窑基础上发展起来的一种新型水泥生产技术，通过在悬浮预热器和回转窑之间增加预分解炉来实现，具有热效率高、窑内热负荷低、可利用工业废渣和焚烧可燃性废弃物等优点。

（3）熟料烧结　生料在回转窑中煅烧变成熟料的过程即为熟料烧结。当窑内的原料被加热至最低共晶温度时，固相反应生成的铝酸钙和铝酸钙助熔剂矿物质以及杂质熔化并变成液相。温度继续升高时液相量增加，黏度降低，之前未熔的固相开始熔融并扩散。C_3S开始形核并生长至几十微米的阿利特晶体，疏松的生料逐渐转变为灰黑色的压实熟料。

（4）熟料冷却　虽然冷却过程是指液相凝固后（<1300℃）的冷却，但是熟料通过窑内最高煅烧温度区（约 1450℃）后便进入冷却阶段。熟料冷却不仅仅是熟料温度的降低，还包含一系列物理化学变化，伴随有液相凝固和其他相变发生。水泥熟料烧结完成之后 C_3S 的生成便结束，然后运动至冷却带冷却。由于窑具有相对较短的冷却带，致使 C_3S 在冷却带停留时间很短，因此必须进入冷却机进行急冷处理。

水泥熟料在冷却机内的急冷处理过程能够提高熟料质量，例如阻止水硬性良好的β-C_2S变为水硬性差的γ-C_2S，使熔融的 MgO 等以玻璃态存在而提高材料的稳定性，使矿物尺寸降低而提高熟料易磨性，降低熟料粉磨能耗，有效阻止矿物晶体长大或完全结晶而提高水泥的水化速率等。同时，水泥的急冷处理还能回收余热。熟料带走燃料燃烧释放的部分热量，冷却过程便可以重新回收出窑熟料中留存的这部分热量，利用它们提高入窑空气温度和炉内温度，使部分生料在入窑之前便发生碳酸盐分解反应，加快熟料烧成。急冷处理回收的热量还可以用来发电，保障工厂设备运行，降低生产成本。最后，急冷处理还便于熟料的储存和输送的安全运行。当熟料温度过高时会导致存放熟料的圆仓温度过高，产生裂纹，同时水泥温度太高也会造成水泥包装袋破损等。

10.3.2.6 熟料粉磨

水泥熟料粉磨操作是保证水泥成品质量的最后一关。选择合理的粉磨设备，对保证水泥的最终质量、产量、降低单位产品能耗等至关重要。水泥熟料的粉磨能够将熟料粉碎至适宜的粒度，并提高水泥强度。

10.3.2.7 水泥均化与包装

在水泥生产过程的一系列操作中，受多种因素的影响会使得生料的均化效果不理想，降低了水泥质量的稳定性。为保证出厂水泥质量，降低乃至消灭不合格的水泥产品，在生产过程中必须对出厂水泥进行均化控制操作，即水泥均化。水泥均化是发生在水泥储存过程中，操作与生料均化方式相同。经过一系列水泥制造流程和包装之后，最终得到合格的水泥产品。

参考文献

[1] Mark Bediako，Augustine Osei Frimpong. Alternative Binders for Increased Sustainable Construction in Ghana—A Guide for Building Professionals [J]. Materials Sciences and Applications，2013，4 (12A).

[2] 连民杰. 矿山岩石力学 [M]. 北京：冶金工业出版社，2011.

[3] 徐小宁. 中国水泥工业的生命周期评价 [D]. 大连理工大学，2013.

[4] 彭宝利，孙素贞. 水泥生料制备与水泥制成 [M]. 北京：化学工业出版社，2012.

[5] 彭宝利. 现代水泥制造技术 [M]. 北京：中国建材工业出版社，2015.

[6] 杨永利，徐海军. 无机材料生产技术 [M]. 北京：北京理工大学出版社，2013.

[7] 住房城乡建设部. GB 50295—2016 水泥工厂设计规范 [S]. 北京：中国计划出版社，2017.

[8] 张冬梅. 新型干法水泥生产工艺和新设备介绍 [J]. 硅谷，2008 (22)：99.

[9] 杨春华. 新世纪水泥回转窑的燃烧技术和装备 [J]. 新世纪水泥导报，2002 (5)：27～30.

[10] 申爱琴. 水泥与水泥混凝土 [M]. 北京：人民交通出版社，2000.

11 碳材料制备

11.1 第一代碳材料

11.1.1 木炭用途

木炭（wood charcoal）一般多孔且呈深棕色或黑色，其形成途径主要有两种，一是在氧气不充足的情况下，木材燃烧不充分得到，二是在隔绝空气条件下受热发生分解形成。

在人类起源时代木炭就被用作燃料，后来随着科学技术的发展，木炭的应用遍及许多行业。在冶金工业中，虽然木炭可以还原铁和铜等金属，但是木炭和焦炭冶炼得到的生铁，即使化学成分是一样的，其结构和力学性能还是有很大差别。通过木炭冶炼的金属通常具有晶粒细小、微观结构紧凑、铸造结构紧密和无裂纹等优点。木炭可以用来制造渗碳剂，渗碳处理能使某些零件表面硬度提高，耐磨性提高，而零件中心韧性优异。生产二硫化碳最好的原料之一就是木炭。用于生产二硫化碳的木炭应当具有硬度高、体积大、灰分含量小、几乎不含有水分、固定碳含量高等特点。在二硫化碳工业制造领域，每年需要消耗大量的木炭。由于具有疏松多孔的结构，木炭可以吸附空气中的水分，因此可以制成木炭干燥剂。木炭干燥剂无毒无味，呈灰白色颗粒状，并且木炭干燥剂吸湿效率极高，可自行降解，环保无污染。除此之外，木炭还被大量用在烧烤行业上。木炭燃烧时能够释放出很高的热量，燃烧时产生的烟尘少，几乎不产生有毒气体，是一种环保燃料，烧烤的食品对人体的危害小，口感好，因此木炭在烧烤行业扮演着重要的角色。木炭可用于压制木炭砖，压制得到的木炭砖具有许多优点，可用于冶金、移动气化器等。除上述用途外，木炭也可用于住宅供暖。据介绍，木炭的世界总消耗量在 2000 年已经达到约 4400 万吨，制造木炭消耗的电流量也逐年增加。木炭灰分含量低，并且硫、氮和其他有害气体如二氧化硫和二氧化氮的含量也很少，是清洁燃料和还原剂。

11.1.2 生产工艺

木炭生产技术主要包括内热式炭化技术、外热式炭化技术以及循环气流加热式炭化技术三种[1]。内热炭化技术需要消耗大量木材，生产效率低，污染严重。与内热碳化技术相比，外热碳化技术在密封性能、传热效率、炭化速率、木炭产量和质量等方面具有更好的表现。此外，外热炭化技术易于实现连续运行，是木炭生产的一个主要发展方向。循环气流加热炭化技术具有高的热传递效率和短周期炭化能力，得到的木炭具有良好品质，而缺点是设备复杂，运行成本高。

通过加热木质材料使之进行热分解炭化从而产生木炭。在木材热解过程中，会发生一系列复杂的物理和化学变化，木材的物理结构和化学组成发生不可逆的变化。根据热分解过程的温度变化，炭化大致可以分为四个阶段，即干燥阶段、预炭化阶段、炭化阶段和煅烧阶段。干燥阶段的温度范围为 120～150℃。在此阶段，木质材料的热解速率很低，主要依赖于外部供应的热以蒸发在木材中的水分。此阶段木质材料的化学成分几乎不改变。预炭化阶段的温度范围为 150～275℃，木质材料热分解反应开始呈现逐渐加快的趋势，化学成分产生变化。该阶段和上述的干燥阶段都要外界供给热量来保证木材热解温度的提高，所以又称为吸热分解阶段。

炭化阶段的温度范围为 275～400℃，急剧的热分解使木质材料反生剧烈的物理化学反应，生成大量的分解产物。由于本阶段释放大量的热量，所以炭化阶段又被称放热反应阶段。煅烧阶段的温度范围是 450～500℃。在该阶段中，木炭依靠外部供给热量进行煅烧，排出残留在其中的挥发性成分，从而提高木炭中的固定碳含量。以上炭化的四个阶段有着明确的划分，这是因为炭化设备的每个部分的加热区域和热接收能力不尽相同，木质材料的热导能力也不同，并且在炭化设备中木质材料的位置也是不同的，从而形成了界限分明的四个炭化阶段。

11.2 第二代碳材料

11.2.1 炭黑

11.2.1.1 炭黑用途

炭黑（carbon black，CB）是通过许多烃（固体、液体或气体）的不完全燃烧或裂化产生的无定形碳。术语“炭黑”通常是指一系列重要的化学产品，包括炉黑、槽黑、气黑和灯黑[2]。炭黑是一种无定形碳材料，结构疏松，呈黑色粉末状，颗粒极其细小，表面积很大，约为 10～3000m^2/g。炭黑的结构是以炭黑粒子间聚成链状或葡萄状的程度来表示的。按生产工艺可将炭黑分为灯黑、气黑、炉黑和槽黑，按功能炭黑可分为有色炭黑、增强炭黑和导电炭黑，按用途可将炭黑分为色素用炭黑、橡胶用炭黑、导电炭黑和专用炭黑。

除了二氧化钛之外，世界上最重要的颜料就是炭黑。精细控制生产过程可形成约 50 种不同类型的炭黑，其中约 20 种用于橡胶工业。多个品种的炭黑可用于着色和其他领域，包括分散剂、导电复合材料、涂料和粘贴。炭黑已经是现代国民经济和社会发展过程中不可缺少的工业产品[3]。在橡胶制品中加入炭黑，可作为重要的增强剂和填充剂。传统炭黑补强填料最大的特点就是它可以增强橡胶的力学性能。另外，将炭黑加入橡胶制品和塑料制品中还可以大大降低生产成本，橡胶的用量明显减小，并同时获得具有同样优异的力学性能的制品。添加炭黑补强剂的橡胶，可以改善橡胶的功能特性，例如轮胎的耐磨损性等，使产品具有更长的使用寿命。多年来，炭黑一直被用于加强轮胎，但现在沉淀法生产的白炭黑已经逐渐成为其竞争对手。炭黑具有光防护作用。由于炭黑的吸光率较高，因而对塑料受阳光照射而产生光氧化降解的现象能进行有效的抑制。炭黑还具有着色作用。用于生产黑油墨和涂料的重要颜料就是炭黑。此外，经常使用炭黑改变塑料制品的颜色。某些性能良好的特殊导电用炭黑，可以使某些材料的导电性增强，甚至使原本不导电的塑料等聚合物具备导电性。

11.2.1.2 制备方法

实际上炭黑的生产很简单，任何燃烧形成的黑烟都属于炭黑，只是形态不同。例如，在旧的煤油灯罩内的黑烟是炭黑，蜡烛燃烧产生的黑烟也是炭黑。无论是燃烧松树油、重油、煤焦油等，炭黑形成原理都是一样的，都是由含碳化合物的不完全燃烧得到的。现代炭黑生产工艺逐步成熟，不同的产品使用不同的生产工艺，主要有灯黑生产工艺、气黑生产工艺、槽黑生产工艺和炉黑生产工艺四种[4]。

（1）灯黑生产工艺　原料在直径大约 1.5m 的扁平的燃烧铁盘上燃烧，内部的排气罩收集含有炭黑的燃烧气体，冷却后形成具有大粒径的炭黑颗粒。由此形成的炭黑具有宽范围的粒度分布，并且主要以粗颗粒为主。

（2）气黑生产工艺　气黑的名称源于它的生产过程。原料烃类化合物在加热时首先被蒸发，然后被自燃气体作为载体带入燃烧器，气黑在燃烧器中所发出的大量扇形火焰中生成。

气黑颗粒最大的特点就是其粒径非常小。

（3）槽黑生产工艺 生产过程中使用天然气作为原料，和气黑的制造方法类似，都采用天然气为燃料，得到的产品也与气黑有很多的相同点，不同的是使用平坦的水冷 U 形槽作为槽黑沉积槽。该方法不环保，且成本高。

（4）炉黑生产工艺 炉黑在开放的气氛中产生，但是炉黑的生产工艺则是在密闭炉缺氧的条件下进行。与槽黑的生产工艺不同，生产炉黑不使用小束火焰，而是一团大火焰，以油类作为原料，将可燃气体添加到大火燃烧的密闭炉中，达到一定温度后，油被加热和炭化后得到炉黑。在不同的工艺条件下，炉黑可达到较宽范围的平均粒度，从 80nm 到小至 15nm，甚至小到气黑那样小的颗粒。

11.2.2 石墨

11.2.2.1 结构性质

前面介绍的炭黑属于无定形碳，化学性质非常活泼，吸附杂质的能力很强。而作为碳的另一种存在形式，石墨（graphite）是结晶态的。从含碳量看，石墨含碳量最高。从分子排列的有序程度看，石墨中的碳原子排列密实有序。石墨具有六方晶格的碳的晶体形式，原子排列成层状，并且同一层晶面上的碳原子之间的距离为 0.142nm，它们彼此共价键合，层之间的距离为 0.335nm，依靠范德华力结合（图 11-1）。层之间的力很小，以至于在层之间容易发生相对滑动。由于这些结构特征，石墨的强度、硬度非常差，但可以在减少磨损方面起到很好的作用，是良好的固体润滑剂，同时石墨也是电的导体。事实上，石墨是重要的战略资源，其在当代国家建设当中扮演着非常重要的角色。

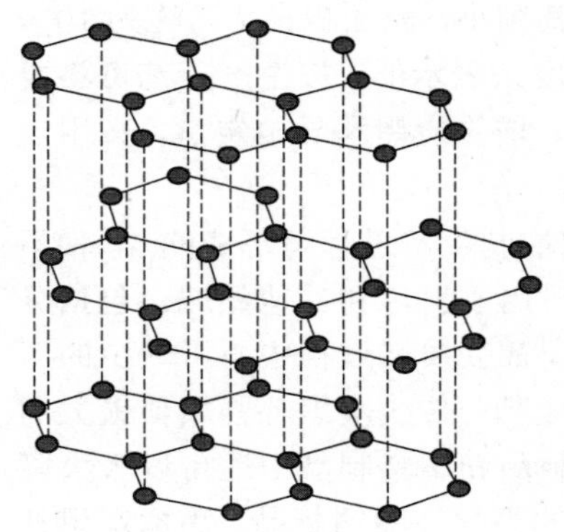

图 11-1 石墨结构示意图[5]

11.2.2.2 制备提纯

从广义上讲，通过有机碳化然后经受石墨高温处理获得的所有石墨材料可称为人造石墨，例如碳纤维、热解碳、泡沫石墨等[5]。狭义上的人造石墨通常是指通过混合、捏合、成型、碳化和石墨化等步骤获得的块状固体材料。人造石墨的晶体发展程度由原料和热处理温度决定，通常石墨的石墨化程度与热处理温度呈正相关。人造石墨存在多种状态，包括纤维状、块状和粉状结构。

石墨提纯是一个复杂的物化过程，方法主要有浮选法、碱酸法、氢氟酸法、氯化焙烧法、高温法等。浮选法是利用矿物表面物理化学性质的不同来分选矿物的选矿方法。石墨具有良好的天然可浮性，浮选法几乎适用于所有种类的石墨提纯。碱酸法包括两个反应过程，即碱熔过程和酸浸过程。碱熔过程是在高温条件下，利用熔融状态下的碱和石墨中酸性杂质发生化学反应，特别是含硅的杂质（如硅酸盐、硅铝酸盐、石英等），生成可溶性盐，再经洗涤去除杂质，使石墨纯度得以提高。对于在碱熔过程中没有发生反应的杂质则可利用酸浸过程去除。酸浸过程是利用酸和金属氧化物杂质反应，使金属氧化物转化为可溶性盐，再经洗涤使其与石墨分离。经过碱熔和酸浸相结合的工艺处理对石墨的提纯有较好的效果。氢氟酸法的主要流程为石墨和氢氟酸混合，氢氟酸和杂质反应一段时间产生可溶性物质或挥发物，经洗涤去除杂质，脱水烘干后得到提纯石墨。氯化焙烧法是将石墨和一定的还原剂混在一起，在特定的设备和气氛下高温焙烧，物料中有价金属转变成气相或凝聚相的金属氯化物，然后与其余组分分离，使石墨纯化。石墨的熔点为（3850±50)℃，是自然界熔沸点最高的物质之一，远远高于杂质硅酸盐的沸点。利用它们的熔沸点差异，将石墨置于石墨化的石墨坩埚中，在一定的气氛下，利用特定的仪器设备加热到 2700℃，即可使杂质气化从石墨中逸出，达到提纯的效果。该技术可以将石墨提纯到99.99%以上。

11.3 第三代碳材料

11.3.1 金刚石

金刚石（diamond）是碳元素的一种同素异形体，也就是人们通常所说的钻石，是自然界中最坚硬的物质。由于其硬度很高，常被用于制造艺术品或某些特殊材料的切割工具。金刚石和石墨都属于碳单质，但是很显然它们并不是同种物质，而是由相同元素构成的同素异形体。石墨原子相互连接形成平面结构的正六边形，片层与片层之间的距离较大，作用力很弱，所以有发生相对滑动的趋势，而金刚石每个碳原子都以 sp^3 杂化轨道与另外 4 个碳原子形成强的共价键，构成正四面体（图 11-2）。因此，金刚石和石墨性质的显著不同源于结构的不同。

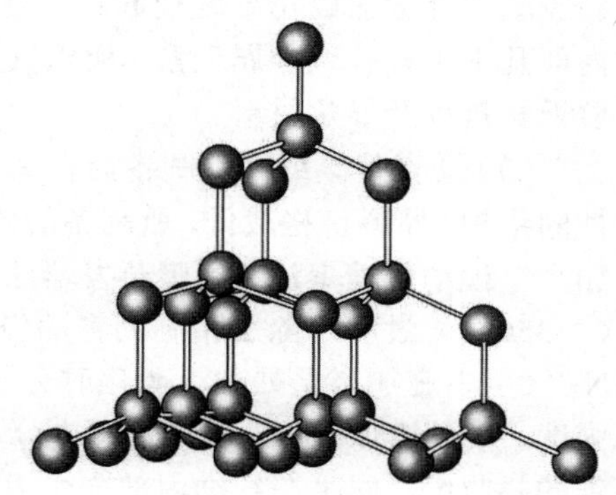

图 11-2 金刚石结构示意图[6]

由于金刚石是碳原子以强的共价键连接而成，而共价键难以变形，所以金刚石硬度和熔点都很高。同时金刚石不导电，这是由于共价键中的电子被制约在化学键中不能自由运动所致。金刚石化学稳定性极好，具有极强的耐酸性和耐碱性，高温下不与浓 HF、HCl、HNO_3 作用，只在 Na_2CO_3、$NaNO_3$、KNO_3 的熔融体中或与 $K_2Cr_2O_7$ 和 H_2SO_4 的混合物一起煮沸时，表面会稍有氧化，或在 O_2、CO、CO_2、H_2、Cl_2、H_2O、CH_4 的高温气体中腐蚀。

金刚石的光学性质主要体现在亮度（brilliance）、闪烁（scintillation）、色散或出火（dispersion）、光泽（luster）等方面。金刚石的反射率非常大，非常容易发生光的全反射，反射光量大，所以钻石在光照下可以产生极大的亮度。当金刚石或者入射光、人相对移动时其表面对于白光的反射和闪光，即为闪烁。色散又称出火，是入射光通过折射、反射和全反射进入晶体的内部可以分解成红色、橙色等多种色光。金刚石坚硬的、平坦有光泽晶面或切割表面对于白光反射较强，这种特殊的反射被称为金刚石光泽[4]。

11.3.2 碳纤维

碳纤维（carbon fiber，CF）是一种新型的特种高性能纤维材料，如图 11-3 所示。由于石墨微晶结构沿纤维轴的优先取向，使得碳纤维沿纤维轴向具有很高的强度和模量。

碳纤维由原丝经高温碳化制备而成[7]。制备碳纤维原丝的前驱体种类有很多，例如聚丙烯腈（polyacrylonitrile，PAN）、沥青、黏胶纤维等。但到目前为止，仅有 PAN 基碳纤维、黏胶基碳纤维和沥青基碳纤维能够实现工业化生产。

（1）PAN 基碳纤维　以丙烯腈（acrylonitrile）为前驱体的碳纤维可以通过溶液聚合来制备，以形成聚丙烯腈（PAN）。使用 PAN 制得的碳纤维性能优异，且生产工艺简单。聚丙烯腈首先在溶液中发生聚合，然后进行纺丝，方法主要有干法纺丝、湿法纺丝和干喷湿纺。目前采用较多的聚丙烯腈纺丝溶液是二甲基亚砜（dimethyl sulfoxide，DMSO）纺丝溶液，影响纤维性

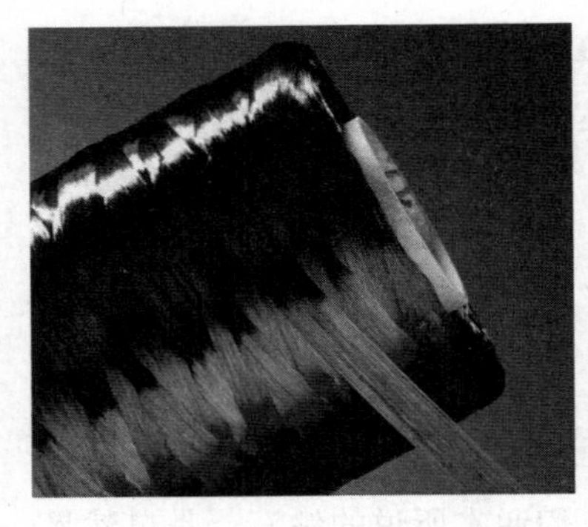

图 11-3　纺织专用增强碳纤维

能的主要因素是生丝质量。碳化过程在惰性气氛中进行。在此过程中，预氧化的长丝在高温下完全热解以去除大部分非碳元素，并发生大分子的进一步交联。碳化过程中应及时消除小分子，否则很容易引起纤维内部孔隙等缺陷。为防止纤维碳化时发生收缩，可给予适当的拉伸力。将碳纤维进行石墨化处理可以制备石墨纤维。石墨化指的是无定形的无序碳结构向有序碳结构的转变。在更高的热处理温度下，碳纤维转变成具有三维结构的石墨，从而显著提高性能。

（2）黏胶基碳纤维　黏胶基碳纤维是通过纺丝纤维素纤维作为原料得到的，然后经过酸化和碳化以形成黏胶基碳纤维。黏胶基碳纤维的碳化温度较低，一般为700～1000℃，碳化后纤维中的石墨微晶不发达，而且内部几乎不含有碱金属元素，所以具有优异的耐烧蚀性能。它的用途主要包括烧蚀材料、航空航天材料以及导热材料。

（3）沥青基碳纤维　制备沥青基碳纤维首先是纺丝沥青的准备。通用纺丝沥青具有各向同性的结构，原料价格较低，所制备的碳纤维力学性能出色。许多方法可用于制备各向同性沥青，如真空搅动热缩聚法、刮膜蒸发器法、吹气氧化法、硫化法、添加法等，这些方法均在热缩聚（>350℃）过程中除去精制沥青的轻组分。碳化是指在低于 1800℃的温度中，预氧化纤维在 N_2 气氛中施加高温处理。碳化时分子间产生缩聚、交联，非碳原子不断被脱除，单丝的拉伸强度、模量增加。由于碳化过程中分子间的缩聚反应会产生小分子化合物，脱除它们会导致纤维的热收缩，同时在纤维内部产生内应力，从而出现缺陷，降低纤维的性能。将沥青基碳纤维进行高温石墨化处理同样可得到石墨纤维。在接近 3000℃的无氧条件下，碳纤维形成类石墨结构。不同种类碳纤维进行石墨化处理，其力学性能会存在差异。对于各向同性的沥青基碳纤维，机械强度与石墨化程度呈负相关，而模量有小幅度提高。

11.3.3　碳/碳复合材料

碳/碳（carbon/carbon，C/C）复合材料是一类新型复合材料，它是由两部分制备而成的，一部分是以碳纤维为增强体，另一部分是以碳为基体。作为增强体的碳纤维包括短切纤维和连续长纤维。C/C 复合材料密度很低，具有比强度和比模量高，韧性强不易断裂，导热性优异，高温下膨胀幅度极小，耐磨性能好等优点。C/C 复合材料的强度在温度升高时不仅不会降低，反而还会有所升高，是所有已知材料中耐高温性能最好的材料之一。C/C 复合材料广泛应用于制造火箭外壳、汽车内衬以及运动防护装备等领域。图 11-4 给出了碳/碳复合材料的制备工艺流程。

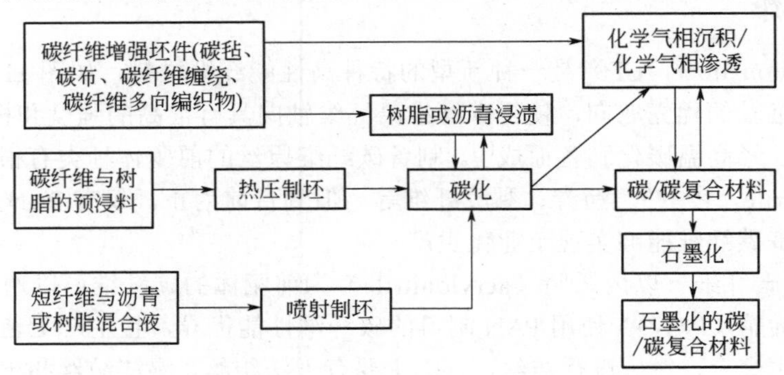

图 11-4　C/C 复合材料制备工艺流程[8]

11.4 新型碳材料

11.4.1 富勒烯

富勒烯（fullerene）是以建筑学家巴克明斯特·富勒（Buckminster Fuller）的名字命名的。富勒烯是一种由60个碳原子构成的空心笼状材料，又因为其结构特征与足球类似，故也常称之为“足球烯”。从结构角度来看，富勒烯与石墨的空间结构有一定的差异，石墨具有三维立体结构，其组成成分为单层的片状石墨烯，而 C_{60} 具有稳定的类球状结构，其组成成分为60个碳原子。这种中空球状结构可分成32个面，其中正五边形为12，同时正六边形的数量为20，这也与足球的结构相对应。富勒烯的空间结构十分稳定，加上纳米尺寸级别又赋予了其特殊的综合性能，同时碳材料还有环保、节能等天然优势，故富勒烯在高新技术领域拥有巨大的应用潜力，被业界称为“纳米王子”。事实上，C_{60} 与其他富勒烯（图11-5）是碳材料领域的重大科研成果，在碳材料发展历程中有特殊意义。

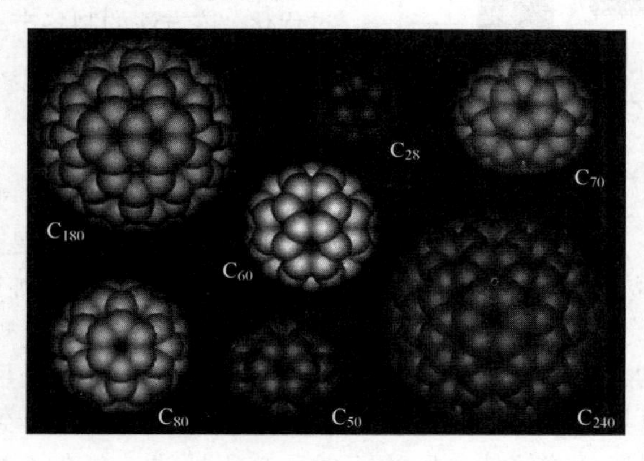

图11-5 富勒烯及其家族成员

11.4.1.1 制备方法

制备富勒烯可采用石墨蒸发法、石墨激光法、电弧放电法等。

（1）石墨蒸发法 石墨蒸发法有很多驱动方法，例如激光、电弧、等离子体、磁力溅射等，这使得石墨蒸发法可在实验室中广泛应用[9]。在富勒烯的生产发展过程中，石墨蒸发法经历了多次优化，目的是为提高反应条件，使碳源蒸发更彻底，为富勒烯的后续合成做好充分的前驱准备。

（2）石墨激光法 采用激光蒸发石墨法首次发现了 C_{60}，图11-6为反应装置示意图。在装置中通入保护气体（通常为氦气），使装置内压强达到1MPa。将制备装置调节为工作条件后，使设定好的激光束垂直射入到处于旋转状态的靶材上，碳源靶材受激光蒸发出碳蒸气。碳蒸气在保护气流中迅速冷却并在保护气的携带之下进入反应区，碳源气体间即发生物理反应形成 C_{60} 及其他碳簇，最终在喷嘴处收集这些含有富勒烯的碳簇。利用激光蒸发石墨法首次成功制备得到了 C_{60}，因此在富勒烯的制备上有里程碑的意义。该方法在诸多方面都存在一定缺陷，需进一步的优化和改进，其中之一是使反应区域不断升温，当达到1000～1200℃时，C_{60} 的产率明显提高，但与电弧法相比，富勒烯的产率仍不高。

（3）电弧放电法 在反应管中充满惰性气体，两根高纯度石墨作为反应电极保持适当距离，

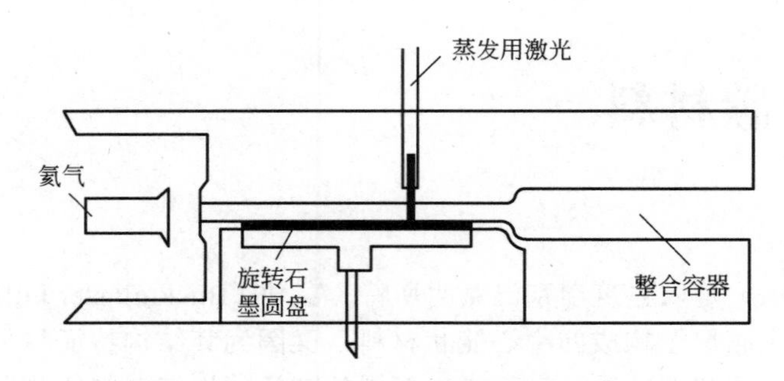

图 11-6　激光蒸发石墨装置示意图[10]

调节弹簧使两电极间产生稳定的直流电弧，将石墨电极蒸发（图 11-7）。在惰性气氛下，高温等离子体间会发生相互碰撞并冷却，生成一定比例的 C_{60}。此方法可进一步优化，例如调整两石墨电极的反应区间、电流大小、反应管中压强、反应装置中的热对流情况、石墨电极的尺寸等。通过优化，该方法的制备产率可以得到明显提高[11]。电弧放电法的局限性是设备不可长时间运行，总体生产效率不高。

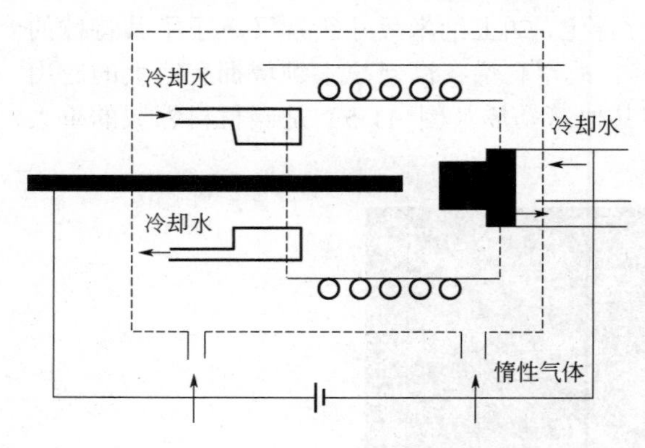

图 11-7　电弧放电法装置示意图[9]

11.4.1.2　分离提纯

富勒烯的分离提纯过程十分复杂，包括大量的物理化学过程，主要是分离后的纯化以保证富勒烯的纯度。富勒烯的纯度大大影响其在诸多领域的应用，故需先进行初步提取，使 C_{60} 等碳簇分别集中，然后将 C_{60} 从其他碳产物中分离。富勒烯的提取常采用萃取法。该方法利用了富勒烯在有机溶剂中具有较大溶解度的特点，主要过程是将收集到的初步产物放置于抽滤器中，采用有机溶剂充分溶解使之回流，然后减压抽滤，并在乙醇体系下离心干燥，最终得到深棕色物质富勒烯[12]。实验室中常采用液相色谱法纯化富勒烯。首先将富勒烯溶于有机溶剂中（常用溶剂为甲苯），然后在体系中加入十八烷基键合硅胶作为稳定相。该种提纯方法的局限性很大，成本很高，同时具有复杂的实验周期，故极大地提高了 C_{60} 等碳簇的提纯难度。

11.4.1.3　性能应用

富勒烯与石墨等其他碳材料均由碳元素构成，但富勒烯特殊的中空球状结构使其具有特殊的物理化学性能。例如球状 C_{60} 刚性分子具备超高的抗压抗拉强度，其中空笼状结构具有优异的稳定性，同时还可以提供大量的反应位点，能够进行一系列加成、配位、周环等反应等。

富勒烯拥有广泛的应用，C_{60} 与环芳烃等形成的复合物在纳米化学、人工仿生领域拥有巨大发展潜力。此外，在某些特定条件下 C_{60} 还可以转变为金刚石。同时，在 C_{60} 的中空球形结构中存在大量的反应位点，可以进行一系列反应，从而得到具有特殊功能的 C_{60} 衍生物。富勒烯家族及其复合材料在纳米材料、耐磨润滑材料、催化剂载体、高能电池材料、医学影像剂以及抑制病毒等方面具有广阔的应用前景。

11.4.2　石墨烯

石墨烯（graphene）是一种二维碳纳米材料，物理化学性能突出，在材料科学、纳米级加工、新型能源、生物医学等方面具有广阔的应用前景，是一种极具潜力的新型材料[12]。图 11-8 为单层石墨烯的结构示意图。

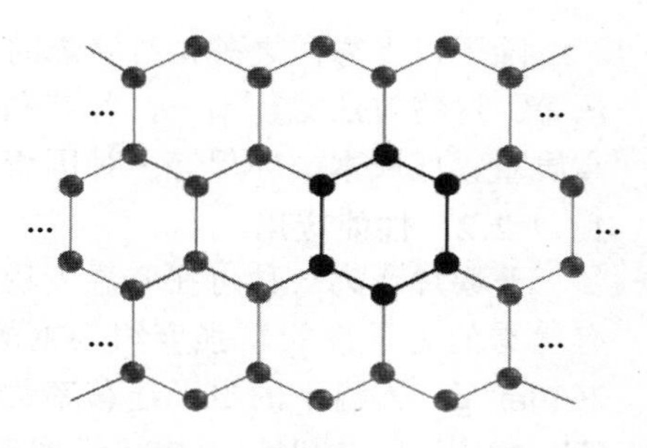

图 11-8 单层石墨烯的结构示意图

从结构角度分析，单层石墨烯是一个二维碳原子片层，由一个碳原子与周围三个邻近碳原子结合形成[12,13]。单层石墨烯呈六边蜂窝网状结构，各原子间以强的共价键结合，结构十分稳定。单层石墨烯可以通过多种方式，例如包裹、卷曲、堆叠等，作为基本组成单元形成不同类型的碳材料，如图 11-9 所示。

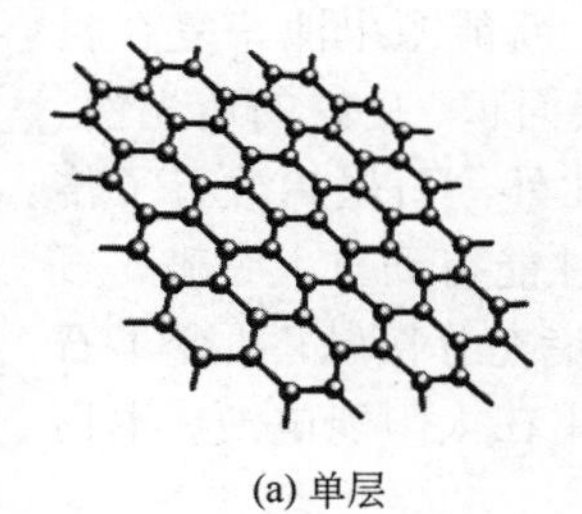

(a) 单层

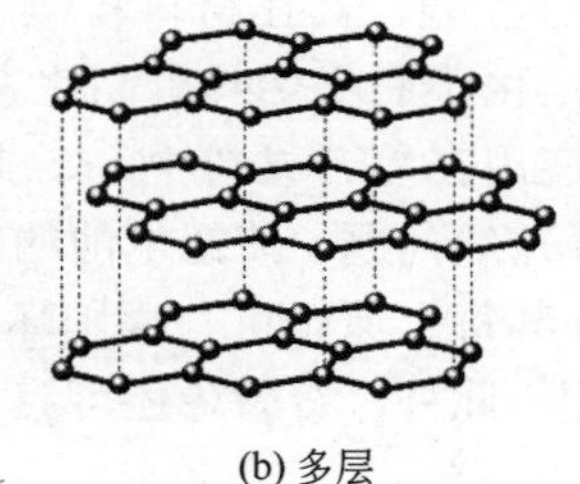

(b) 多层

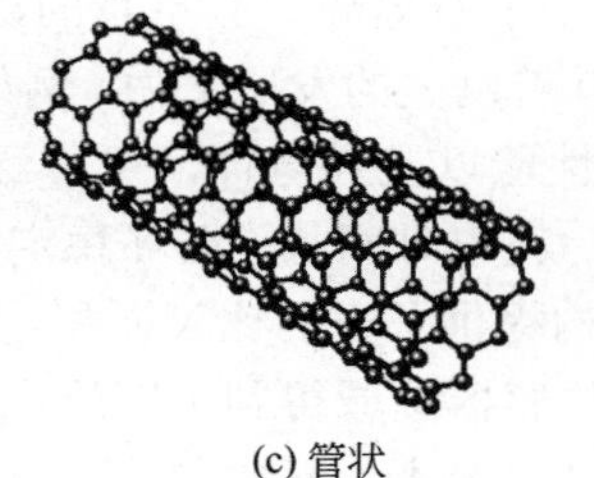

(c) 管状

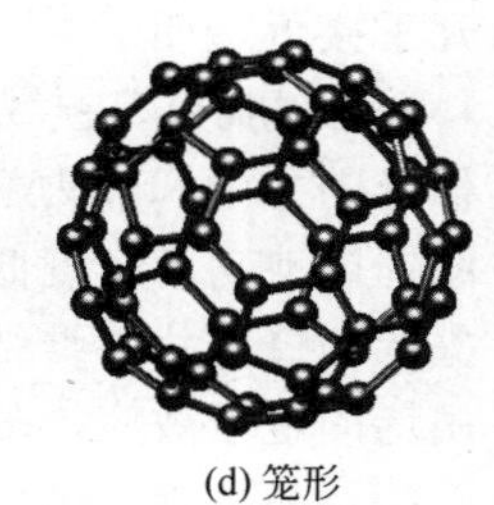

(d) 笼形

图 11-9 石墨烯及其它维度的碳材料结构示意图

11.4.2.1 制备方法

目前可用于制备石墨烯的方法大致分为两类：一类是利用外力破坏石墨层间作用力，从而将石墨片层剥离，如机械剥离法、氧化还原法、液相剥离法等；另一类则从化学合成角度出发，包括化学气相沉积法、SiC 外延法、有机合成法等。

（1）机械剥离法　机械剥离法是利用机械力（剪切力、摩擦力等）的作用，将石墨剥离成石墨烯片的制备方法。研究人员使用胶带反复粘贴高定向热解石墨，首次通过机械剥离法成功制备了石墨烯。机械剥离法的原理是借助石墨与胶带间的摩擦力，通过对具有片状结构的石墨不断黏附与撕扯，直至出现石墨烯结构。然后依靠胶带与基片间的摩擦力，将石墨烯从胶带转移到硅基片上[12,14]。机械剥离法操作简单，仅通过反复黏附撕扯即可制备质量优良的石墨烯。但是此法制备效率很低，难以实现石墨烯的大规模制备。

（2）氧化还原法　氧化还原法是迄今为止最有希望实现石墨烯工业化批量生产的方法[15]。与其他方法相比，氧化还原法具有所需成本低、制备过程简单、设备要求低、产量大等诸多优点。该方法主要分成三步，第一步是利用强氧化剂将石墨氧化为氧化石墨，氧化石墨中各片层间的间距会显著提高。第二步，利用超声波的作用将氧化石墨逐层剥离，从而得到氧化石墨烯。第三步，利用各种还原反应将氧化石墨烯携带的含氧官能团还原，从而最终得到石墨烯。氧化还原法的应用广泛，但是在制备过程中石墨烯结构中的 π 电子共轭结构常被破坏，出现还原不完全的情况。总体来说这种方法制备过程简单，可实现石墨烯的大规模制备。

（3）化学气相沉积法　化学气相沉积法（chemical vapor deposition，CVD）是以碳氢气体化合物为原料，在 1000℃的高温条件下气体混合物分解成 C、H 原子，C 原子在基底表面沉积形成一层致密、均匀、稳定的固体薄膜，然后再通过化学腐蚀刻蚀掉基底而得到石墨烯。化学气相沉积法可较大规模地制备高质量石墨烯，石墨烯的层数可以由温度来控制，产率较机械剥离法大大提高。化学气相沉积法的局限性是成本较高，制备条件苛刻，环境影响大，故常用于中高端科研领域的石墨烯制备。

除了以上方法之外，石墨烯的制备方法还有电化学剥离法、超临界流体剥离法、SiC外延法等。这些方法原理不一，各有利弊，在未来的发展中石墨烯的制备方法必定要综合大规模、高质量、低成本、环保等多种因素[16]。

11.4.2.2 性能应用

石墨烯作为一种可在室温下稳定存在的二维平面材料具有特殊的物理化学性能。石墨烯具有优秀的力学性能，强度约为钢的 100 倍。石墨烯的电学性能卓越，其理论比表面积可达 $2630m^2/g$，常温下的电子迁移率约为 $1.5\times10^4cm^2/$（V•s），而硅的电子迁移率仅为 $1350cm^2/$（V•s）[13,14]。同时，石墨烯还拥有优异的热传导性能，其热导率可高达 5300W/（m•K），这是铜的 10 倍。不仅如此，石墨烯还在光学性能上表现突出，具有高的光折射率，可达 97.7%，几乎接近透明[12~15]。由于石墨烯具有卓越的综合性能，其在材料科学、新能源电池、复合材料、航空航天等领域有着巨大的发展潜力。例如，由于石墨烯具有高比表面积、良好的透光性、优异的力学和热力学性能以及导电性，可广泛应用在复合材料中[17]。此外，石墨烯改善了传统锂电池功率密度低、充电时间长、循环稳定性差等问题，使锂电池的性能得到重大突破。石墨烯的蜂窝状二维结构提供了大的比表面积，使其每个原子可与周围环境充分接触，改变了石墨烯的电子效应，在传感器领域得到了广泛应用。此外，石墨烯还可应用在太阳能电池、生物医药、晶体管、电化学电容器、环保材料等方面[18,19]。

11.4.3 碳量子点

碳量子点（carbon quantum dots，CQDs）是新型零维碳纳米材料，其粒径一般小于 10nm，由C、H、O等元素组成，内核一般由 sp^2 或 sp^3 杂化碳构成，可含有N、P、S等杂质原子（图 11-10）。2004 年，美国南卡罗来纳大学 Xu Xiaoyou 等人在电弧放电制备碳纳米管的过程中率先发现了具有荧光效应的碳量子点[20]。

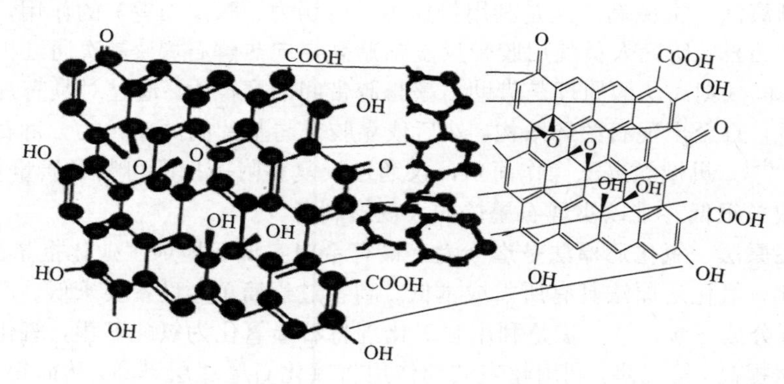

图 11-10 碳量子点结构示意图[20]

11.4.3.1 结构性质

碳量子点的成分主要是分散的类球状碳颗粒，粒径极小，具有卓越的荧光特性。碳量子点表面存在的大量反应基团使其在有机溶剂及水中表现出良好的分散性，同时其表面的羧基、氨基为进一步表面修饰和功能化提供大量的反应位点。CQDs的一个明显异于其他材料的特点是其拥有明显的紫外吸收峰，另外一个特点是其发光性，并且具有极强的稳定性与持续性[21]。CQDs的高电子迁移率、宽的光学吸收以及光致发光的特性，为其在光电器件中的应用提供了更多可能。此外，碳量子点还具有上转换发光的性质。上转换发光即反斯托克斯发光。斯托克斯定律规定材料被高能光激发后会发射出低能光，而碳量子点的性质正好与上述定律规定的发光效果相反，故称之为反斯托克斯发光。凭借其尺寸和波长优势，碳量子点的发光光学稳定性好，无光漂白现象，明显优于有机染料。由于碳量子点具备了以上诸多优点，故其从被发现以来就受到了广泛的关注。

11.4.3.2 制备方法

碳量子点的制备方法主要有“自上而下”的大分子裂解法和“自下而上”的小分子合成法[21]。“自上而下”合成法是指将大尺寸碳源作为原料，经过裂解过程使其形成小尺寸的 CQDs，主要方法有水热法、电化学氧化法、强酸氧化法、电弧放电法、激光销蚀法、化学剥离法等。“自上而下”合成法的优点是副产物较少，操作简单，可重复性较强，缺点是产率较低，产物需要进行表面修饰才能表现出良好的荧光性能。“自下而上”合成法的理念则与上述方法不同，其使用小尺寸的微观粒子碳材料合成出碳量子点。该方法多以有机小分子为碳源，合成方法有微波法、燃烧法、氧化还原法、CVD 法等。“自下而上”合成法的优势在于产物表面富含官能团，无需表面修饰即可获得具有良好溶剂分散性和荧光性能的碳量子点[22]。

（1）水热法　水热法是碳量子点的实验室常见制备方法之一，其主要制备过程是在高温高压的水热气氛下，通过氧化切割石墨烯片来获取碳量子点。目前已可通过此方法制备尺寸小、结晶度高的碳量子点，但总体来说产物的荧光量子效率普遍较低。虽然水热法制备碳量子点的产率较高，但是还需要后续钝化处理，导致整个制备周期长、步骤多、成本高[20,21]。

（2）激光销蚀法　该方法的主要机理是在激光束的作用之下，使碳源靶材蒸发出微观碳纳米颗粒，后续加以处理并得到碳量子点。其主要过程是选择合适的惰性气体作为保护气体，在 900℃、75kPa 的条件下将产物置于硝酸中，回流 12h 后再将有机物连接到碳量子点表面，以达到钝化目的。最后将碳量子点酸化处理，使其具有荧光效应。这种制备方法相对简单，但需要对产物表面进行官能团修饰才能生成具有荧光效应的碳量子点。

（3）电化学法　电化学法是制备碳量子点的常见方法，其主要过程是在电化学池中将导电碳材料当工作电极，并选择合适的辅助电极、参比电极以及电解液，施加循环电压后，待观察到溶液逐渐变深即表明有碳量子点产出。这种方法干净环保且制备出的碳量子点产率较高，粒径均匀，稳定性好，无需进一步修饰，缺点是制备步骤繁多，效率较低[22]。

（4）燃烧法　该方法主要是将碳源进行烧制处理，并将烧制后产物在特定催化剂下进行后续处理，即通过燃烧有机物，收集产生的炭粉，再经氧化处理后得到碳量子点的方法。其操作过程为将原料置于蜡烛火焰处并收集烧后产物，然后对产物进行后处理并进行过滤、提纯、分离等处理，得到粒径在 1～5nm 范围内的 CQDs。这种方法制备 CQDs 的产量较小，产率很低，粒径大小不均一，但操作简单，设备要求低，原料易得，如常见的炭黑、油烟、石蜡油灰等都可作为原料[20~22]。

（5）微波法　微波法是通过微波加热小分子使其迅速碳化的一种方法。其采用的原料多为低聚物或糖类。在水热条件下，糖类分子结构中的官能团会发生元素脱离，残余物则在表层形成钝化层，经过进一步处理后即可得到具有良好水溶性和荧光性的碳量子点。这种方法生产出来的 CQDs 的光学稳定性比较好，制备难度也相对较低，但是制得的 CQDs 较难从产物中分离[20~22]。

11.4.3.3 主要应用

由于碳量子点具有较高的量子产率、可调带隙、溶剂分散性好、电子迁移率高、成本低廉等优势，故其在新型工业领域拥有广阔的应用前景，例如发光二极管、可见光通信、聚合物太阳能电池、化学传感器等领域。例如在发光二极管（light emitting diode，LED）应用领域中，稀土荧光粉由于成本大、稀土资源不可再生等缺点正逐渐失去竞争力。相比之下，碳量子点具有可控的发光颜色、卓越的光学稳定性、抗光漂白、无毒、原料来源广等优点，可作为光致发光荧光粉应用于白色发光二极管（white light emitting diode，WLED）[23]。由于碳量子点具有宽的发射光谱，发光层厚度易受控制，故还可作为发光层应用在量子点发光二极管（quantum dots light emitting diode，QLED）。

11.4.4 碳气凝胶

碳气凝胶是一种新型多孔碳材料，其内部呈纳米网格状，与其他固体凝聚态材料相比质量很轻。碳气凝胶除了具有纳米材料的相关性质外，还具有高比表面积、高孔隙率和优良的导电特性，在电极材料、储能材料、隔热材料、负载材料等领域中发挥重要作用。

11.4.4.1 制备方法

碳气凝胶制备方法主要有溶胶-凝胶法和模板导向法[24]。前者可用于样品的大量制备，但是可控性相对较差。后者可以制备特定结构的碳气凝胶，但过于依赖于模板的结构和尺寸，一般难以进行大量制备。

（1）溶胶-凝胶法　溶胶-凝胶法制备碳气凝胶一般包括三个步骤，即有机凝胶制备、超临界干燥和碳化。将特定网格状结构的凝胶孔内的溶剂脱出并碳化，即可得到碳气凝胶。利用超临界干燥技术可以保持凝胶原有的空间结构，且不破坏材料内部结构。此法使凝胶结构稳定性大大提高，且使断裂和扭转等结构破坏的概率显著降低，同时减少凝胶团聚现象的发生。典型的制备过程为在碱性条件下，以甲醛为主要合成原料，以间苯二酚做交联物质，通过溶胶-凝胶法制备目标产物。将产物置于特定的碳源气氛下进行干燥，升温并保持一定时间的碳化得到碳气凝胶。溶胶-凝胶法的优点为操作过程简单、孔径尺寸容易控制、设备要求低、产品纯度高等，缺点为制备工序复杂、周期较长、工艺可控性较差。

（2）模板导向法　溶胶-凝胶法虽然可以用于大批量合成，但是生产过程的可控性较低，常常受到环境和人为因素的干扰。相比之下，模板导向法是一种相对容易控制的方法。常用模板为泡沫镍、多孔微球以及一些易消除的物质。例如以泡沫镍为模板，使用 CVD 法在泡沫镍表层沉积一层目标沉积物，然后使用特定比例的盐酸等进行刻蚀，把泡沫镍模板消除，便可得到多孔气凝胶。采用模板导向法可得到有序、致密、多孔的气凝胶，是实验室经常采用的方法。

11.4.4.2 主要应用

碳气凝胶具有很多优点，如高比表面积、形状和尺寸可任意调节、孔隙率高、导电性好等。碳气凝胶是常见的催化剂载体，其三维网络结构牢固，孔状结构多，密度相对较低。同时，碳气凝胶纳米尺度结构均匀，耐蚀性良好，电阻系数低，使其成为化学电容器的理想材料。碳气凝胶的多孔结构且孔尺寸较小、与外界相通的特点，使得它具备优异的吸、放氢性能，是一种良好的储氢材料。此外，碳气凝胶还在污水处理、海水淡化、吸附和分离材料等领域拥有广阔的应用前景。

11.4.5 碳包覆纳米金属颗粒

碳包覆纳米金属颗粒主要包括碳和金属元素，是一种新型的复合材料。碳包覆纳米金属颗粒的核心为纳米金属颗粒，外层有序包覆数层石墨片，形成一种洋葱状结构，如图 11-11 所示。由于包裹的纳米金属颗粒种类不同，碳包覆纳米金属颗粒性能各异。碳层对所包覆的金属粒子拥有一定的保护作用。

11.4.5.1 制备工艺

碳包覆纳米金属颗粒的制备方法主要有电弧放电法、化学气相沉积法、低温热解法等。

（1）电弧放电法　电弧放电法是制备碳包覆纳米金属颗粒的最基本方法[25]。该方法的主要过程是先将反应管充满惰性气体，使惰性气氛中的电极发生电弧放电，通过电流作用使碳源阳极蒸发出相应的蒸气。这种受蒸发的阳极本身就是碳源和金属的复合物，故在蒸发的过程中碳源和金属微粒同样经历蒸发沉积过程，但由于重量差异，金属率先沉积，碳层在外部包裹，从而形成了碳包覆金属纳米颗粒。

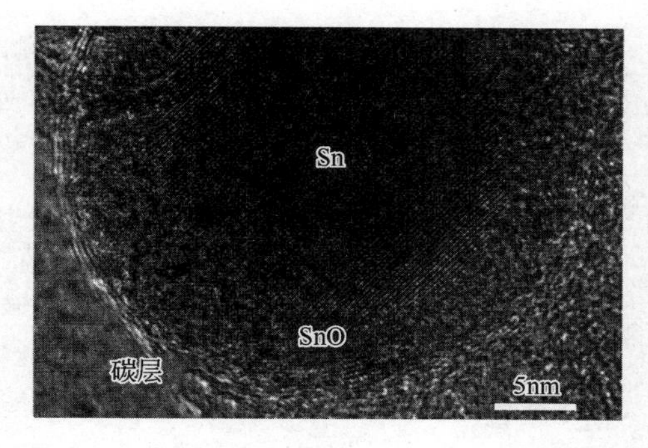

图 11-11 碳包覆 Sn 纳米金属颗粒 TEM 图

（2）化学气相沉积法 化学气相沉积（CVD）法是实验室制备碳包覆纳米金属颗粒最为常用的方法。该方法的主要过程是将纳米金属颗粒均匀分布在基板上，在特定的温度下通入碳源，当碳源为过饱和状态时，通过气相沉积使碳包覆到金属颗粒表面以形成碳壳[26]，进而生成碳包覆纳米金属颗粒。CVD 法要求催化剂可以高度溶解碳源，并且在反应过程中可以保持活性稳定以控制反应速度。

（3）低温热解法 低温热解法是指将碳源和金属的复合物作为原料，在相适应的反应气氛中，在特定催化剂的作用之下，使体系发生原位聚合反应，从而使碳源裂解以形成碳壳层的方法。低温热解法操作简单，设备损耗低，一次制备可得到较多产物，在制备碳包覆纳米金属颗粒方面具有很大的发展空间。

除了上述方法之外，还可以采用其他一些方法制备碳包覆纳米金属颗粒[26]。例如液相浸渍法，其原理是使用金属盐溶液浸渍碳源，然后进行过滤干燥，进一步在充满惰性气体的反应装置内高温热处理，最终得到碳包覆纳米金属颗粒。磁控离子溅射法则是在磁作用力下通过两种物质的溅射沉积逐渐形成目标产物。

11.4.5.2 主要应用

作为一种功能复合材料，碳包覆纳米金属颗粒凭借其独特的核壳结构和特殊的性质在许多领域应用前景广阔[27]。电容器在缩小尺寸的同时需要保证其具有高电容量，碳包覆纳米金属材料的高介电性能可满足电容器的这种要求。此外凭借其优异的电学性质，该材料在传感器、金属晶体管等微电子器件中也有广阔的应用前景。碳包覆磁性纳米金属颗粒后赋予其磁性分离的特性，可用于催化剂的分离和回收再利用。此外，碳层包覆后可大大降低临近纳米颗粒间的电磁干扰。碳壳层可以将金属颗粒包裹在一个较小的空间内以避免周围环境影响纳米金属颗粒的性能，这种方法降低了纳米金属粒子的不稳定性。由于保护碳层的存在，提高了一些不稳定的金属颗粒的生物相容性，从而在医学上发挥作用。

参考文献

[1] 黄博林，陈小阁，张义堃，等．木炭生产技术研究进展［J］．化工进展，2015，34（8）：3003-3008.

[2] Meng-Jiao，Wang，郭隽奎，等．炭黑的性质、生产方法及其应用［J］．炭黑工业，2006（4）：4-9.

[3] 李炳炎．炭黑生产与应用手册［M］．北京：化学工业出版社，2000.

[4] 朱永康．炭黑的应用研究进展［J］．橡塑技术与装备，2009，35（4）：24-30.

[5] 刘洪波．天然石墨与人造石墨刍议［J］．高科技与产业化，2014，10（2）：44-49.

[6] 史美超，程雅军，侯国栋，等．金刚石人工合成进展［J］．辽宁化工，2013（10）：1198-1199.

[7] 谢发勤，张乾．碳纤维的制备方法与性能研究进展［J］．材料导报，2001，15（9）：49-52.

[8] 杨茜．二维碳布叠层 C/C 复合材料弯弯疲劳性能研究［D］．西北工业大学，2007.

[9] 闫小琴，张瑞珍，卫英慧，等．富勒烯制备方法研究的进展［J］．新型炭材料，2000，15（3）：63-69.

[10] 魏贤凤，龙新平，韩勇．富勒烯制备与分离方法研究进展［J］．含能材料，2011，19（5）：597-602.

[11] 李文治，解思深．纳米碳管催化热解方法的制备及其微观结构的研究［J］．电子显微学报，1998，17（3）：243-247.
[12] 吴洪鹏．石墨烯的制备及在超级电容器中的应用［D］．北京交通大学，2012.
[13] 王雅珍，庆迎博，孟爽，孙瑜．石墨烯制备及应用研究进展［J］．化学世界，2019（4）：0367-6358.
[14] 姜丽丽，鲁雄．石墨烯制备方法及研究进展［J］．功能材料，2012，43（23）：3185-3189.
[15] 迟彩霞，乔秀丽，赵东江，等．氧化-还原法制备石墨烯［J］．化学世界，2016，57（4）：251-256.
[16] 陈旭东，陈召龙，孙靖宇，等．石墨烯玻璃：玻璃表面上石墨烯的直接生长［J］．物理化学学报，2016，32（1）：14-27.
[17] 张玲，张谦．功能化石墨烯在第三代电化学生物传感器中的应用研究［J］．中国科学：化学，2016，46（08）：745-758.
[18] 李贺军，张守阳．新型碳材料［J］．中国科学：技术科学，2016，6（1）：15-37.
[19] 吕鹏，冯奕钰，张学全，等．功能化石墨烯的应用研究新进展［J］．中国科学：技术科学，2010（11）：1247-1256.
[20] 漆光骎，罗志敏．碳量子点的制备及其应用研究［J］．南京邮电大学学报（自然科学版），2015，35（5）：122-130.
[21] 张川洲，谭辉，毛燕，等．发光碳量子点的合成、性质和应用［J］．应用化学，2019（04）.
[22] 许并社，许佳聪，郑静霞等．碳量子点在光电器件中的应用进展［J］．科学通报，2013，4：1000-0518.
[23] 魏燕宏．发光碳量子点的合成、性质和应用［J］．应用化学，2013，4：1000-0518.
[24] 耿艳敏．多功能碳气凝胶的结构与性能研究［D］．四川师范大学，2018-04-01.
[25] 刘同冈，邹学壮，钱子航，等．电弧法制备碳包覆金属纳米微粒的研究进展［J］．材料工程，2011（12）：91-96.
[26] 宁金宇．碳包覆过渡金属化合物纳米晶的制备及其储能研究［D］．北京化工大学，2017.
[27] 孙玉峰．碳包覆金属纳米颗粒的制备及其应用研究［D］．大连理工大学，2006.

第三篇
高分子材料

12 高分子聚合

12.1 概述

高分子材料是以高分子化合物为主体成分的材料，大部分的高分子材料是人工合成的，合成橡胶、塑料及合成纤维等是社会生活中不可或缺的重要材料，高分子材料的聚合是研究合成材料制备及机理的重要步骤。

12.1.1 聚合物概念

聚合物是以小分子单体（monomer）为原料合成的。单体是指能够进行聚合反应并生成聚合物的简单化合物或小分子原料，例如乙烯单体通过加聚生成聚乙烯，氨基酸单体通过缩聚生成聚酰胺等。单体从结构上来看应具有至少两个活性原子或官能团，来满足聚合反应进而相互连接形成高分子这一要求。满足这一要求的化合物主要有三类：一是至少带有两个官能团的化合物；二是具有多重键的化合物，如含烯基的氯乙烯和丙烯酸、含炔基的乙炔和取代乙炔、含羰基的醛类化合物等；三是环状化合物，如环氧乙烷、四氢呋喃、己内酰胺、内酯等。烯类化合物和环状化合物虽然只有一个官能团，但在聚合时可以通过打开 π 键和环形成两个新键，从而满足聚合反应的要求。单体的来源主要有石油化工、煤炭和农林副产品，其中石油化工是重要的单体合成来源，生产的单体产量大且种类繁多。

高分子聚合物（polymer）是由许多相同结构单元（structure unit）以共价键重复连接而成的分子量通常在 $10\sim10^6$ 以上的化合物。以聚氯乙烯为例，可表示为：

$$\sim\sim CH_2CHCl-CH_2CHCl-CH_2CHCl-CH_2CHCl-CH_2CHCl \sim\sim$$

其中 $\sim\sim$ 代表高分子骨架。为了方便上式也可简写为：

$$\left[CH_2CHCl \right]_n$$

其中，n 代表重复单元数，又称聚合度（degree of polymerization），是衡量高分子聚合物的重要指标。低聚物的聚合度很低，一般为 1～100 分子量的聚合物，而高分子聚合物的分子量则高达 $10^3\sim10^6$。

12.1.2 聚合物分类

聚合物的分类可以从多个角度进行，例如单体来源、合成方法、最终用途、加热行为、聚合物结构等。根据制备时的聚合反应类型，可以把聚合物分为加聚物（addition polymer）和缩聚物（condensation polymer），而对应的聚合反应也存在着链式聚合和逐步聚合的两种聚合机理。

12.1.2.1 根据组成和结构分类

1929 年 W. H. Carothers 基于聚合物和相应单体组成的差异，将当时为数不多的聚合物分为加聚物和缩聚物。加聚物由不脱出小分子的聚合反应获得，其结构单元与单体相同，主要的加聚物是通过烯类单体的加聚反应制得的，反应过程伴随着双键向饱和键的转化：

$$nCH_2 = CHY \longrightarrow -\!\!\!\!(CH_2CHY)_n$$

式中，Y 为取代基，如氢、烷基、酯基、羧基、醚基和卤原子等。表 12-1 列举了一些典型的加聚物及其重复单元。

缩聚物是由多官能团单体通过缩聚反应制备的，该反应伴随着小分子如水等的脱出，因此其结构单元要比单体少若干原子。例如，由二胺和二酸合成聚酰胺，同时脱出水：

$$nH_2N—R—NH_2+nHOOC—R'—COOH \longrightarrow$$
$$H(NH—R—NHCO—R'—CO)_n OH+(2n-1)H_2O$$

式中，R 和 R′为脂肪基或芳香基。由于水的脱出，重复单元与单体结构不同。

随着各种新型聚合反应及聚合物的出现，W. H. Carothers 的分类方式已不能对某些聚合物进行分类。例如聚氨酯是二元醇和二异氰酸酯通过加成聚合合成：

$$nHO—R—OH+nOCN—R'—NCO \longrightarrow$$
$$HO(R—OCONH—R'—NHCO—O)_{n-1} R—OCONH—R'—NCO$$

该过程并不能放出小分子，按照 W. H. Carothers 的分类方式，应将聚氨酯归为加聚物，因为该聚合物元素组成与两种单体之和相同，但从结构上看聚氨酯与缩聚物更为接近。

表 12-1 典型加聚物及其重复单元[1]

聚合物	重复单元	聚合物	重复单元
聚乙烯	$—H_2C—CH_2—$	聚丁二烯	$—CH_2—CH{=}CH—H_2C—$
聚丙烯	$—H_2C—CH(CH_3)—$	聚甲基丙烯酸甲酯	$—CH_2—C(CH_3)(COOCH_3)—$
聚异丁烯	$—CH_2—C(CH_3)_2—$	聚乙酸乙烯酯	$—CH_2—CH(OCOCH_3)—$
聚丙烯腈	$—CH_2—CH(CN)—$	聚丙烯酸	$—CH_2—CH(COOH)—$
聚氯乙烯	$—CH_2—CH(Cl)—$	聚四氟乙烯	$—CF_2—CF_2—$
聚苯乙烯	$—CH_2—CH(C_6H_5)—$	聚异戊二烯（天然橡胶）	$—H_2C—C(H_3C){=}CH—CH_2—$

G. Odian 提出了下面的分类原则，如果某一聚合物能满足如下标准之一，则可归于缩聚物：①反应时消除小分子；②主链上含有—OCO—、—NHCO—、—S—、—OCONH—、—O—、—OCOO—、$—SO_2—$等官能团；③与单体相比，聚合物重复单元缺少了某些原子。如果不能满足上述标准之一，则可归为加成物。按照这样的标准，聚氨酯和采用加成缩合反应合成的酚醛树脂都可归于缩聚物。

$$n\,C_6H_5OH + n\,CH_2O \longrightarrow HOC_6H_4CH_2\left[C_6H_3(OH)CH_2\right]_{n-1}OH + (n-1)H_2O$$

12.1.2.2 根据聚合机理分类

1953 年，P. J. Flory 提出了更为合理的分类方法，他以聚合物的合成机理为分类依据，将聚合反应分为链式聚合（chain polymerization）和逐步聚合（step polymerization）两大类。反应物之间能否相互反应和聚合物分子量随转化率的变化情况是它们之间的主要区别。烯类单体的链式聚合可表示为：

$$R^* \xrightarrow{CH_2=CHY} R-CH_2-\underset{Y}{\overset{H}{C^*}} \xrightarrow{CH_2=CHY} R-CH_2-\underset{H}{\overset{H}{C}}-CH_2-\underset{Y}{\overset{H}{C^*}} \dashrightarrow$$

$$R\left[CH_2-\underset{Y}{\overset{H}{C}}\right]_m CH_2-\underset{Y}{\overset{H}{C^*}} \xrightarrow{\text{链终止}} *\left[CH_2-\underset{Y}{\overset{H}{C}}\right]_n *$$

链式聚合通过引发剂产生活性中心（自由基、阳离子或阴离子）来引发，活性中心以 R*表示。链式聚合的链增长步骤为活性中心快速加成大量单体，并且单体加成到活性中心后，都会重新生成活性中心。链式聚合的链中止步骤为通过破坏反应活动中心进行链终止，使其链增长过程中止。链式聚合的一个特征是单体只与活性中心起反应，但链增长反应不能在单体相互之间和聚合物相互之间进行。链式聚合的链增长有很高的反应速率，几秒就可以形成大分子。

逐步聚合通过反应物所带官能团之间的相互反应来进行聚合，即从单体逐步转变为 n 聚体（n=2,3,4…），所有官能团都参加反应时才能形成高分子量的聚合物。在逐步聚合中，单体与聚合物之间可相互反应。逐步聚合的聚合物分子量增加速率比较缓慢。

在聚合物分子量与转化率的相互关系上，两种反应机理也有很大不同，链式聚合一开始就能产生高分子量的聚合物，除了聚合物、单体和少量引发剂，在反应体系中不存在中等大小的分子。随着转化率的增加，聚合物的分子数逐渐增多，单体分子数逐渐减少。对于逐步聚合，分子量随反应时间缓慢增加，只有当官能团的转化率接近 100%时才能形成高分子量的聚合物。环状单体的开环聚合机理符合链式聚合，聚合速度比较慢。从结构上看，聚合物主链上一般具有杂原子如氧原子等，因此开环聚合产物可归于缩聚物，如环氧丙烷的开环聚合：

$$n\,CH_3-\overset{O}{HC-CH_2} \longrightarrow \left[CH_2-\underset{CH_3}{CH}-O\right]_n$$

12.1.3 聚合物性能

12.1.3.1 力学性能

聚合物的力学性能可通过测定聚合物的应力-应变曲线来获得，主要的性能指标有应力、应变、模量、弹性伸长率等。应力以材料单位面积所承受的最大载荷来表示。作用的应力可以是拉伸力、冲击力、压缩力或剪切力，得到的强度分别为拉伸强度（抗张强度）、冲击强度、压缩强度或剪切强度。应变是材料形变时尺寸的变化量与原尺寸之比，以断裂伸长率表示。模量是对形变的抵抗力，以起始应力除以应变来表示，即应力-应变曲线的斜率。模量反映了材料的刚性，数值越大则刚性越大，越不易变形。弹性伸长率以可逆伸长率来表示。随着聚合物结晶度、交联度或链的刚性增加，聚合物的机械强度增加，断裂伸长率减小。通过调节结晶度、交联度、玻璃化转变温度（T_g）、熔融温度（T_m）等，可以获得具有不同力学性能的聚合物。

常见的聚合物主要有橡胶、纤维和塑料。橡胶具有高弹性，很小的应力就能产生非常大的可逆伸长率（可达1000%）。为使聚合物具有高的链段运动能力，要求聚合物为完全或几乎完全无定形，并具有低的 T_g 和分子间相互作用。橡胶的初始模量很低（<100N/cm^2），随着伸长率的增加，模量增加很快，这是拉伸诱导结晶的结果。为了使形变快速回复，还需具有一定的交联度。通过交联和添加增强无机材料（例如炭黑），大多数橡胶可以获得适当的强度。橡胶的交联程度取决于最终用途，可在很宽范围内变化，例如用作汽车轮胎的橡胶比橡胶带具有更高的交联度和更多的增强填料，但过多的交联将使橡胶转变为硬塑料。

纤维不易形变，它具有很高的模量（＞35000N/cm^2）、拉伸强度（＞35000N/cm^2）和很低的断裂伸长率（＜10%～50%）。用作纤维的聚合物具有非常高的结晶度和较强的分子间作用力，不具有支链和结构不规则的侧基。通过定向拉伸可赋予纤维非常高的结晶度。纤维的结晶熔融温度应高于200℃，以使其能耐热水洗涤和熨烫，而它的 T_m 不应超过300℃，否则难以熔融纺丝。纤维用聚合物应能溶于纺丝剂中，不能溶于干洗剂中。纤维的玻璃化转变温度应适中，过高将影响拉伸和熨烫处理，过低则不具有褶皱保持性。

塑料的力学性能处于橡胶和纤维之间，包括软塑料和硬塑料两类。软塑料一般指热塑性塑料，具有中到高的结晶度、拉伸强度（1500～1700N/cm^2）、模量（15000～350000N/cm^2）和断裂伸长率（20%～800%）。尼龙-66 可同时用作纤维和软塑料，当具有中等结晶度时它是一种塑料，经拉伸后转变为纤维。虽然许多软塑料也具有很高的断裂伸长率，但与橡胶不同的是只有小部分形变（＜20%）可以回复，当应力消除后塑料将保持拉伸后的形状。硬塑料一般指热固性塑料，具有高的模量、中高的拉伸强度和小的断裂伸长率。这类聚合物增加刚度的机理有两类，例如聚苯乙烯和聚甲基丙烯酸甲酯因有较大侧基而使刚性增加，而酚醛树脂和脲醛树脂是通过交联来获得刚性。

12.1.3.2 其他性能

与小分子相比，高分子具有高分子量、高弹性、高黏度、低结晶度和无气态，即“三高一低一消失”的特点。由于结构的多样性，聚合物的性能可在很宽范围内进行调节。聚合物具有如下所述的一般性能。

（1）低密度和高强度　聚合物的密度较低，通常在1g/cm^{3}左右。泡沫塑料的密度仅为0.01～0.5g/cm^3。相对于金属和陶瓷，聚合物要轻得多，非常适合要求减轻重量的场合，例如汽车的轻量化。聚合物的密度虽小，强度却很高，某些聚合物的比强度（强度与密度之比）要比一般的金属材料高。例如，尼龙的密度只是铁的1/10，但尼龙丝的断裂强度仅比钢丝小一半，因此尼龙绳可用作渔网和缆绳。基于此特性，聚合物在汽车、航空航天、家用电器、军事等方面得到了广泛应用。

（2）优良的绝缘性和保温性　高分子链是以共价键连接而成的，分子既不能电离，也不能在结构中传递电子。因此绝大多数聚合物是电的不良导体，绝缘性能好，因此被广泛用于电子工程、电子技术领域，例如电线的包皮、电插座等均是由塑料制成的。一般来说材料热导率由高到低的次序大致为金属、无机非金属、聚合物。聚合物低的热导率使得它具有良好的保温性，特别是泡沫塑料，其热导率与空气相当，特别适合用于保温隔热场合，例如可用于冷藏、隔热等。

（3）优良的耐腐蚀性和化学稳定性　聚合物的化学稳定性好，可用作防腐蚀材料。在金属表面涂上一层防腐蚀聚合物涂层，就能防止金属的腐蚀。塑料包装器皿可以储存腐蚀性液体。

（4）良好的透光性和耐磨性　许多聚合物特别是无定形聚合物具有优良的透光性，聚甲基丙烯酸甲酯的透光率高达92%，超过普通无机玻璃，因此以聚甲基丙烯酸甲酯制备的有机玻璃可用作航空玻璃、标牌、仪表牌、光导纤维、相机镜头等。醋酸纤维素可用作照相胶卷，聚碳酸酯可用作塑料光盘和光纤，聚乙烯和聚氯乙烯薄膜可用作塑料大棚等。聚合物还具有良好的耐磨性，常用于制造轴承、齿轮、叶片、叶轮等，在机械工程上有着广泛的应用。

（5）优异的加工和介质阻隔性能　聚合物可以采用多种成型方法进行加工，且加工温度多在300℃以下，多数情况下加工部件无须经过铸造、车削、铣、刨等工序，可一次成型。由于多数聚合物具有很低的透水、透气特性，可作为包装材料保存食品和物品。

与传统金属和无机非金属材料相比，聚合物材料也存在一些缺陷，主要表现在以下几方面：耐热性差，易燃烧；性能随温度变化大，热膨胀系数远大于金属和无机非金属材料；易产生蠕变，不易加工成精密制品；长期使用后易出现老化现象；废弃高分子材料很难处理，容易造成环境污染等。

12.2　高分子的聚合工艺

高分子聚合的研究对象具有一定特殊性，每个分子不仅庞大而且局部链节十分灵活，同时分子又横跨较为宽泛的时间和空间尺度，这就使得在其研究复杂困难的同时也让其拥有了很多其他材料无可比拟的优异性能，而这些性能特征又与它的聚合工艺有着密不可分的关系。因此根据高分子的特征和用途需求，选择合适的聚合工艺，才能获得满足应用需求的高分子材料。

12.2.1　聚合工艺特征

（1）单体　用来合成高分子的单体一般要求具有双键或者多个带有活性的官能团，通过分子中双键的打开或活性官能团的相互反应生成高聚物。单个双键或双官能团的单体在不存在严重链转移的情况下，通常会形成线型结构的高分子。两个双键的单体主要生成线型结构的弹性体，也可再进一步转化成交联型的聚合物。这两种线型的高分子可用来加工成纤维和塑料。单体化合物中若存在三个以上官能团，则可制成热固性的合成树脂。单体的纯度、用量比及反应条件的控制将影响生成的高分子的结构及性能。

（2）机理　聚合反应的热力学和动力学不同于一般有机化学反应，例如加成聚合属于连锁反应，包括链引发、链增长、链终止和链转移等步骤。每个步骤的动力学因素是不同的，但都直接影响分子量、分子结构和转化率。有的聚合反应速率很快，如自由基聚合反应，过了引发剂的诱导期后，链增长非常迅速，瞬间可将分子量升得很高。有的聚合反应速率相对较慢，如缩聚反应，单体的转化率可在很短的时间内达到很高，但其分子量的增长存在明显的时间依赖性。有些聚合反应对催化剂的依赖性很强，如乙烯的定向聚合，不同的 Ziegler-Natta 催化剂对乙烯的催化活性相差很大。

（3）聚合实施方式　用来实施聚合反应的方式很多，同一种聚合物可采用多种聚合实施方法，如氯乙烯可采用本体聚合、悬浮聚合和乳液聚合。各种实施方法过程不一样，传质和传热的情况不一样，所得产品的特征也不一样，因此必须深入理解各种实施方式的原理以及它们之间的差异。

（4）聚合设备　用于高分子聚合的设备对传热、搅拌能力、压力、生产规模等都有一些特殊的要求。随着反应的逐步进行，体系黏度随转化率的升高而增加。由于一般的聚合反应大多是放热反应，因此对于有些聚合方式（如本体聚合和熔融缩聚）到反应后期因高黏度的影响，传质和传热困难，反应较难控制，因此对设备的传热有特别的要求。乳液聚合和悬浮聚合除依赖于乳化剂和分散剂使聚合体系稳定外，还强烈地依赖于设备的搅拌能力。有些聚合反应对压力的要求很高，如聚乙烯在高压、中压和低压等不同压力下得到不同的产品，而缩聚反应通常又要求在高真空的条件下进行，对设备的压力要求当然也不一样。有的品种连续聚合生产，规模大，年产达数十万吨，而有些品种是应用小批量间歇法生产的。不同品种的生产工艺流程差别很大，对反应器及辅助设备的要求是不同的。

（5）产品形态　不同的聚合实施方式，得到产品的形态通常也不一样。如氯乙烯悬浮聚合所得产品为粉状树脂，而乳液聚合所得为聚氯乙烯糊。又如甲基丙烯酸甲酯在乳液共聚时，产物可以乳液的形式直接使用，而其本体浇铸聚合可用来生产有机玻璃板。聚合物的分子量具有多分散性，分子量的分布不同，产品的性能差别很大，对加工性能也有很大影响。分子量的大小在合成反应中极为重要，影响工艺因素较多，如单体配比、反应时间、温度、催化剂及各种添加剂等。因此生产中必须控制好工艺配方及聚合操作条件，才能有效地控制分子量。不同的产品、不同的聚合实施方式，控制分子量和分子结构的方法也不一样。

12.2.2　自由基聚合

自由基聚合（free radical polymerization）是由链引发、链增长、链终止组成的反应，又称为游离基聚合。例如自由基聚合中的加成聚合，就是以含不饱和双键的烯类单体为原料，然后通过打开单体的双键，在分子间进行反复的加成反应，把许多单体连接起来，最后形成大分子。自由基聚合的实施方法有本体聚合、悬浮聚合、乳液聚合和溶液聚合四种，由于不同的聚合方法的特点不同，所以最后得到产品的形态及用途也不尽相同。

除苯乙烯本体聚合和悬浮聚合可以受热引发聚合外，其他单体的聚合反应都是在引发剂的存在下进行的。引发剂是聚合反应的重要试剂，但用量很少，一般仅为单体用量的千分之几。为了使活性液态低分子量合成树脂或合成橡胶转变为体型结构，需要加入引发剂或催化剂使其发生加聚或缩聚反应，将其形态转变为固体物，工业上称此过程为“固化”，固化所用引发剂或催化剂称为“固化剂”。可以作为引发剂的化合物主要是过氧化物，尤其是有机过氧化物，其次为偶氮化合物和氧化还原引发体系。引发剂必须在适当的聚合温度范围内使用，因为它的分解速率常数与温度有关。引发剂在适当的分解速率常数下产生的自由基必须有适当的稳定性，这样才能够有效地引发乙烯基或二烯烃单体发生链式聚合反应。根据引发剂的溶解性能，可分为油溶性与水溶性引发剂。水溶性引发剂一般用于乳液聚合和水系溶液聚合，油溶性的引发剂则用于本体聚合、悬浮聚合与有机溶剂中的溶液聚合。

12.2.2.1　本体聚合

所谓本体聚合就是在单体中加入少量引发剂或不加引发剂而通过热引发的方式，在没有其他反应介质存在的情况下进行的聚合反应。本体聚合在聚合过程中没有其他反应介质，工艺简单，在单体转化率很高的情况下可省去单体回收和分离工序，直接造粒得到粒状树脂，例如甲基丙烯酸甲酯经过本体聚合可直接浇铸成有机玻璃。本体聚合所得高聚物的产品纯度很高。本体聚合只用于合成树脂的制备。具有代表性的是甲基丙烯酸甲酯（methyl methacrylate，MMA）、苯乙烯（styrene，ST）、氯乙烯（vinyl chloride，VC）和乙烯四种单体的本体聚合生产工艺，其工艺流程如图 12-1 所示。MMA 和 ST 两种单体室温下为液体，氯乙烯和乙烯两种单体室温下为气体。氯乙烯气体须压缩为液体后才能进行本体聚合，所以在工业生产中前三种单体都是在液态下进行聚合。为了脱除一部分反应热，三者都需经过预聚合步骤，但在聚合工序和后处理方面则不相同。MMA 在模型中聚合以生产 PMMA 的板、棒、管等制品，ST 经预聚合后送入塔式聚合釜进行连续聚合，然后挤出造粒制得粒状聚苯乙烯树脂。在这两种聚合物生产过程中要求单体尽可能转化完全，无单体回收工序。

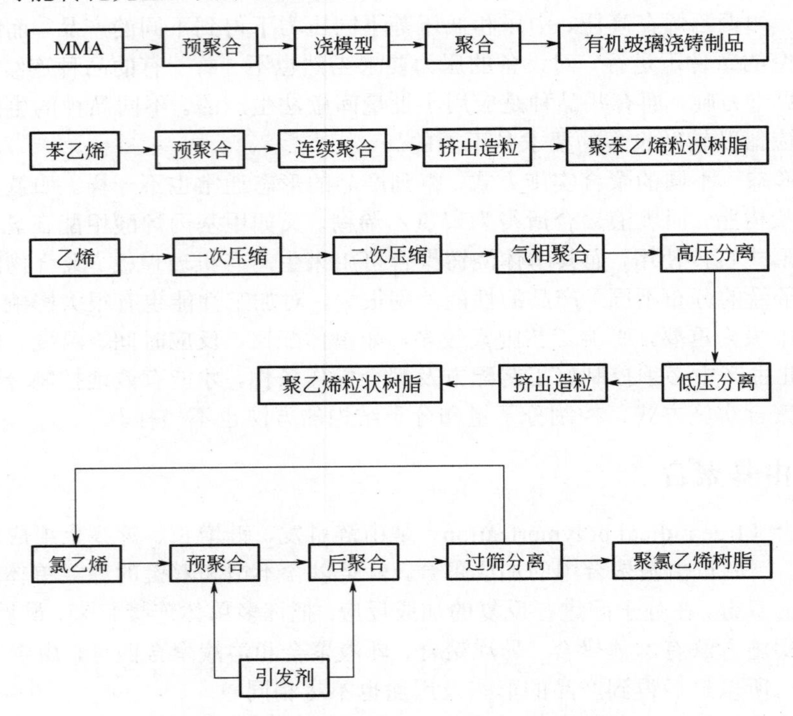

图 12-1　四种单体的本体聚合工艺流程[2]

本体聚合时相对放出的热量较大，而单体和聚合物的比热容一般又比较小，传热系数低，因此反应过程中散热困难，温度容易升高，甚至失去控制而造成事故。为了解决本体聚合的散热问题，在设计反应器的形状和大小时应考虑传热面积对反应的影响，此外还可以在单体中添加适当的聚合物以降低单体含量，降低单位质量反应物放出的热量。由于本体聚合的温度难以控制恒定，所以产品的分子量分布较宽。单体在未聚合前大多数是液态的，易流动且黏度低。聚合反应生成的产物大多可溶于单体而形成黏稠状溶液，且随着聚合程度越深入即转化率越高，物料越黏稠。当转化率超过一定数值时聚合物黏度会急速上升，产生凝胶效应，使得单体反应进行不完全，残存的单体需要进行后处理等工序去除。

12.2.2.2　悬浮聚合

单体以小液滴状悬浮在分散介质中的聚合反应称为悬浮聚合。悬浮聚合是单体以小液滴悬浮在水中的聚合。单体中溶有引发剂，一个小液滴就相当于本体聚合的一个小单元。从单体液滴转变为聚合物固体粒子，中间经过聚合物-单体黏性粒子阶段，为了防止粒子相互黏结在一起，体系中须加有分散剂，以便在粒子表面形成保护膜。悬浮聚合物的粒径为 0.05～2mm，主要受搅拌和分散控制。悬浮聚合的反应机理与本体聚合相同，也有均相聚合和沉淀聚合（非均相）之分。均相聚合是在分散剂的作用下，单体在单体液滴里聚合，最终形成均匀坚硬透明的球珠状粒子。非均相聚合时引发剂在单体液滴引发聚合而形成最初的相分离物即原始微粒，体系变浑浊。悬浮聚合一般体系黏度低，散热和温度控制比本体聚合、溶液聚合容易。悬浮聚合的后处理比溶液聚合和乳液聚合简单，生产成本较低，产品分子量及分布比较稳定，聚合速率及分子量比溶液聚合要高一些，杂质含量比乳液聚合低。悬浮聚合时必须使用分散剂，且在聚合完成后很难从聚合产物中除去，会影响聚合产物的性能（如外观，老化性能等）。悬浮聚合产物颗粒会包藏少量单体，不易彻底清除，影响聚合物性能。

12.2.2.3 乳液聚合

由于乳液聚合具有独特的优点，且在高分子材料生产中具有重要的地位，所以乳液聚合的理论研究和新技术开发备受关注。乳液聚合主要有非水介质乳液聚合、无皂乳液聚合、微乳液聚合、种子乳液聚合等方法。

（1）非水介质乳液聚合　传统的乳液聚合通常把水作为分散介质，把不溶于水（或微溶于水）的单体作为分散相（油相），一般采用水溶性引发剂。但对有些水溶性单体，像丙烯酸、丙烯酰胺等，采用以水为分散介质的传统乳液聚合法难以聚合，而要采用非水介质进行聚合。非水介质中的乳液聚合有两种类型，即反相乳液聚合和正相乳液聚合。反相乳液聚合是以与水不相溶的有机溶剂为介质，采用油溶性引发剂和溶于水的单体。这与传统的乳液聚合刚好相反，用油作为分散介质，而水为分散相，故称之为反相乳液聚合。非水介质中的正相乳液聚合即非水介质中的常规乳液聚合，这时仅仅用非水介质代替水作分散介质，其他仍如传统乳液聚合一样，即单体仍为非水溶性，仅只用极性物质代替水。

（2）无皂乳液聚合　无皂乳液聚合（emulsifier-free emulsion polymerization）是指在反应体系中先不加或只加入微量乳化剂的乳液聚合。乳化剂一般是在反应过程中自发形成的。通常采用可离子化的引发剂，它分解后可生成离子型自由基。在引发聚合后，生成的链自由基和聚合物链带有离子性端基，它的结构类似离子型乳化剂的结构，所以可以起到乳化剂的作用[3]。

（3）微乳液聚合　微乳液聚合（microemulsion polymerization）是用单体与分散介质、乳化剂和助乳化剂配成微乳液，在引发剂的作用下发生聚合反应。微乳液聚合是在乳液聚合基础上发展起来的一项重要聚合新技术，微乳液体系在光化学反应、光引发聚合、药物微胶囊化、纳米材料制备等方面具有重要的应用前景[4]。

（4）种子乳液聚合　种子乳液聚合（seeded emulsion polymerization）又叫核壳乳液聚合或多步乳液聚合。聚合时首先将单体乳液聚合成为乳胶粒即种子，在种子存在的情况下进行乳液聚合。由于用这种方法也可以制得核壳结构的乳胶粒，所以也叫做核壳乳液聚合。同时这种乳液聚合通常是分步进行的，即首先用乳液聚合法制备种子，然后再进行第二步或者第三步等的聚合，从而形成了多步乳液聚合（multi-stage emulsion polymerization）[5]。种子乳液聚合的一般工艺是首先将单体Ⅰ（或混合单体）按照常规的乳液聚合进行聚合，得到聚合物Ⅰ即种子乳液。然后在制得的种子乳液中加入单体Ⅱ（或混合单体）和引发剂，但是不加或仅加入少量乳化剂以使体系稳定。最后通过升高温度使单体Ⅱ进行聚合，得到具有特殊结构的聚合物Ⅰ/聚合物Ⅱ复合乳胶粒。这种方法制得的乳胶粒通常是聚合物Ⅰ为核、聚合物Ⅱ为壳的核壳结构，当聚合物Ⅱ为核、聚合物Ⅰ为壳时则叫做“翻转”核壳结构。使用不同的反应单体和不同的反应条件制得的乳胶粒的形态结构也常不一样，通常把具有非正常核壳结构的乳胶粒称为异形结构乳胶粒。

（5）悬浮态乳液聚合　悬浮态乳液聚合（suspended emulsion polymerization）是从悬浮聚合和乳液聚合衍生出来的一种新的聚合方法，兼有悬浮和乳液聚合的部分特征。从聚合机理来说，悬浮态乳液聚合是水相成核的乳液聚合，自由基在水相生成并引发溶于水相的单体聚合，但产物颗粒大小及结构则类似于悬浮聚合[6]。

12.2.2.4　溶液聚合

把单体溶解在适当溶剂中，通过引发剂作用使之发生聚合反应的方法称为溶液聚合。当生成的聚合物能溶解于溶剂时，称为均相溶液聚合，反之则叫做非均相溶液聚合。溶液聚合所用的溶剂可以是水，也可以是有机溶剂。以水为溶剂得到的聚合物具有广泛的用途，根据制备的聚合物的种类不同可以应用于洗涤剂、分散剂、增稠剂、皮革处理剂、絮凝剂及水质处理剂等。通过有机溶剂得到的聚合物产品主要用作黏合剂和涂料。因为溶液中聚合物的成分、分子量大小、分子量分布等对产品的性能和应用有较大的影响，因此它们是生产过程中的主要参数。溶液聚合工艺流程如图 12-2 所示。

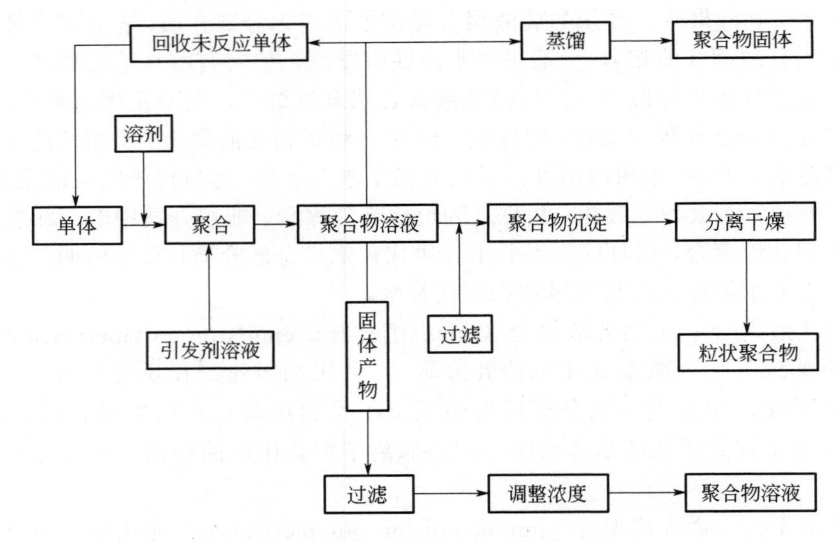

图 12-2　溶液聚合工艺流程

在溶液聚合反应过程中使用的溶剂除了可以用作传热介质之外，还有抑制凝胶效应的作用，因此通过选择适当的溶剂就可以控制反应进程，调节聚合物分子量大小及其分布。采用溶液聚合的方法生产固体聚合物，反应器的体积和时间效率降低，需要的冷凝器冷却面积增加，所得产品的分子量分布较本体聚合狭窄。如果所制备的聚合物溶液直接用作涂料、黏合剂、增稠剂、分散剂等时，通常还需要经过浓缩或稀释等工序，使产品达到所需要的浓度，必要时还需要经过过滤以去除溶液中的不溶性沉淀。

12.2.2.5　聚合方法比较

对四种自由基聚合方法即本体聚合、悬浮聚合、乳液聚合和溶液聚合进行归纳总结，表 12-2 给出了它们的工艺特点，表 12-3 给出了生产聚合物及其产品特征。

表 12-2 四种自由基聚合方法工艺特点

聚合方法		本体聚合	悬浮聚合	乳液聚合	溶液聚合
聚合过程	操作方式 温度控制 单体转化率	连续 困难 高（低）	间歇 容易 高	连续 容易 高	连续 容易 不高
分离回收及后处理	工序复杂程度 动力消耗	单纯 少	单纯 稍大	复杂 稍大	溶液不处理则单纯 溶液不处理则少
产品纯度		高	有少量分散剂混入	有少量乳化剂混入	低
废水废气		很少	废水	乳胶废水	溶剂废水

表 12-3 四种自由基聚合方法生产的高聚物种类及特征

聚合方法	高聚物品种	操作方式	产品形态	产品用途
本体聚合	高压聚乙烯 聚苯乙烯 聚氯乙烯	连续化 连续化 间歇法	颗粒状 颗粒状 粉状	注塑、挤塑、吹塑、成型用 注塑成型用 混炼后用于成型
乳液聚合	聚氯乙烯 聚醋酸乙烯 聚丙烯酸酯 丁苯橡胶 丁腈橡胶 氯丁橡胶	间歇法 间歇法 间歇法 连续化 连续化 连续化	粉状 胶乳液 胶乳液 胶粒、 胶乳液 胶乳液	搪塑、浸塑、制人造革 黏合剂、涂料 表面处理剂、涂料 胶粒用于制造橡胶制品 胶乳液用于黏合剂原料 电缆绝缘层
悬浮聚合	聚苯乙烯 聚氯乙烯 聚甲基丙烯酸甲酯	间歇法 间歇法 间歇法	粉状 珠粒状 珠粒状	注塑成型 混炼后用于成型 汽车灯照、假牙齿、牙托等
溶液聚合	聚丙烯腈 聚醋酸乙烯	连续化 连续化	颗粒 聚合物溶液	直接用于纺丝或溶解后纺丝 直接用来转化为聚乙烯醇

12.2.3 离子聚合

（1）阴离子聚合　反应单体为烯类单体，并且单体中存在吸电子基团，从而使双键带有正电性，这类单体发生的聚合反应叫做阴离子聚合。阴离子聚合和其他聚合的机理是可以相互转换的，该转换可大致分为两种，即大单体法和大分子引发剂法。大单体法利用阴离子聚合增长链末端容易与亲电试剂发生亲核加成的原理，从这些活性端基出发可进行各种变换聚合反应，例如向阳离子聚合的变换以及利用活性端基制备接枝共聚物和特异结构的星状聚合物等。大分子引发剂法是用分子链上带有可分解成可引发单体聚合的活性中心（主要为自由基）的高分子化合物来引发聚合反应的方法。

（2）阳离子聚合　阳离子聚合的主要单体有环状醚、乙烯基醚、苯乙烯和异丁烯等，用于变换聚合的主要是环状醚类的四氢呋喃（tetrahydrofuran，THF）。阳离子变换聚合主要包含两类，一类是阳离子聚合向自由基聚合的变换，另一类是向活性/可控自由基聚合的变换。阳离子聚合向自由基聚合的变换一般是利用含官能基团的自由基引发剂，此种引发剂又可以分为两类：一类是采用含引发剂基团的正离子聚合终止剂，用它终止阴离子聚合活性链，进而引发自由基聚合；另一类是双功能引发剂，它是通过引发阳离子聚合而进一步引发自由基聚合。阳离子聚合向活性/可控自由基聚合的变换是将乙烯基醚的活性阳离子聚合与活性/可控自由基聚合结合起来，先用 $Tr^{+}BF_4^{-}$和四氢噻吩在甲醇介质中进行阳离子聚合，得到含三苯甲基（Tr）端基的聚合物链，此端基是一个引发剂，可引发 MMA 单体进行活性/可控自由基聚合，无均聚物生成，可得到嵌段共聚物。

12.2.4 配位聚合

近年来随着研究的进展，配位聚合正在向其他聚合机理转换，借此可以制备不同的嵌段和接枝共聚物。例如利用活性配位聚合可制得一系列大单体，采用合适的方法聚合这种大单体，从而实现配位聚合向其他聚合机理的变换，制得各种接枝共聚物。配位聚合向其他聚合机理的转换主要包括以下几种。

（1）配位聚合向自由基聚合的变换　例如用钒催化剂使丙烯进行活性配位聚合，在-78℃时把甲基丙烯酸甲酯加入活性聚丙烯的甲苯溶液，然后把温度升到 25℃，使增长链末端的V—C 键均裂，形成自由基，引发甲基丙烯酸甲酯的聚合，这样就得到了 AB 型嵌段共聚物。这一方法也可用于其他乙烯基单体与丙烯嵌段共聚物的合成。

（2）配位聚合向阳离子聚合的转换　例如首先以配位聚合合成具有碘端基的聚丙烯（polypropylene，PP），将其溶于 THF 中，于 0℃加入 $AgClO_4$，使 PP 的端基变成为碳阳离子，从而引发 THF 阳离子的开环聚合，最后再加入水使聚合终止，这样就得到了丙烯与 THF 嵌段共聚物。

（3）配位聚合向阴离子聚合的变换　例如丙烯与苯乙烯的嵌段共聚物（PP-PSt）的合成是将具有碘端基的 PP 与活性 PSt 阴离子进行偶合反应而得。

（4）大单体法合成接枝共聚物　采用钒系催化剂体系，利用活性配位聚合可制得各种大单体，再进行聚合可获得各种接枝聚合物。例如在加工过程中可形成 PBT-PP 嵌段共聚物，增加 PP 与聚对苯二甲酸丁二酯（polybutylene terephthalate，PBT）的相容性，明显提高该共混材料的拉伸强度和表面剥离强度。

12.2.5 缩合聚合

12.2.5.1 熔融缩聚

当反应温度高于单体的熔融温度，并且高于所制备的聚合物的温度，这样的缩聚反应叫做熔融缩聚。熔融缩聚是目前应用较为广泛的工业缩聚方法。

（1）反应体系组成　熔融缩聚过程中原料配方不仅包括单体，一般还需添加催化剂、分子量调节剂、稳定剂等，当用作合成纤维时一般还需加入消光剂，在有需要时还会加入着色剂。考虑到线型缩聚物的熔融黏度比较高，一般将制备合成纤维或热塑性塑料制品时用到的所有物料在原料配制过程中就加入聚合系统中，而不会再次进行熔融混炼来添加其他成分。

① 单体　少数单体同一分子中含有两种官能团，如 ω-氨基己酸、乳酸等。这一类单体的两种官能团物质的量之比总是相等的，不存在配料问题，但仍需加入一元官能团的分子量调节剂。聚酯生产中可以用二元酸与二元醇直接酯化反应，也可先将二元酸转化为低级一元醇的酯，之后再与二元醇发生酯交换反应。聚酰胺生产中可以使二元酸与二元胺生成相应的盐，用它作原料时羧酸基团与氨基基团物质的量之比将完全相等，不会产生过量的问题。

② 催化剂　为了加快缩聚反应速率，在缩聚生产过程中有时要加入适当的催化剂，催化剂的种类繁多，需要依据缩聚反应的类型和反应条件等因素挑选适合的催化剂。在聚酯生产过程中，如用二元酸与二元醇直接缩合时，可用路易斯酸或是质子酸作催化剂，但是在高温酯化过程中为减少不良的副反应，可用碱性催化剂如醋酸钙、三氧化二锑、四烷氧基钛等。若使用

酯交换反应合成聚酯时，则可用弱碱盐作催化剂，如醋酸锰、醋酸钴等。合成聚酰胺时酰胺化反应速率快，不需要加入催化剂。

③ 分子量调节剂 线型缩聚物主要用于合成纤维及热塑性塑料。由于它们的用途不同，对产品的平均分子量的要求也不同，因此要加入一定量的一元酸作为分子量调节剂来控制产品的分子量。分子量调节剂的用量应根据残存基团的活性来确定，如酰胺化反应比酯化反应速率高2～3个数量级，其残存的端基很活泼，需多加些一元酸来稳定残存的端基，否则在后续的熔融加工过程中，会进一步反应使得黏度增加而难以成型，故分子量调节剂也是黏度稳定剂。

④ 热和光稳定剂 线型缩聚物在熔融加工过程中易受热而温度过高，为了防止热分解需要加入热稳定剂。同时为了防止缩聚物在使用过程中受日光中紫外线的作用而降解，还需要加入紫外线吸收剂。聚酯用热稳定剂通常为也具有光稳定作用的二油醇酯，三丁醇酯、三辛醇酯等亚磷酸酯类。聚酰胺用热稳定剂不仅包括与聚酯所用相同的亚磷酸酯，还有酸类和胺类，例如作为抗氧剂和紫外线吸收剂的癸二酸四甲基哌啶酯和作为聚碳酸酯的紫外线吸收剂的2-羟基苯并三唑。

⑤ 消光剂 纯粹的聚酰胺树脂或聚酯树脂等经熔融纺丝得到的合成纤维制成织物后，具有强烈的光泽，在缩聚原料中添加很少量与合成纤维具有不同折射率的物质作为消光剂，可消除其光泽，如钛白粉、锌白粉和硫酸钡等白色颜料。

（2）缩聚生产工艺 熔融缩聚的生产工艺分为两种，分别是间歇操作和连续操作。当缩聚物的产量比较少时通常应用间歇法进行生产，而连续法通常应用于大规模缩聚物的生产。由缩聚釜生产的线型高分子缩聚树脂，根据树脂种类和用途的不同而有不同的后处理方法，一般有直接纺丝制造合成纤维或是进行造粒生产粒料两种。缩聚反应前后反应物料的状态发生明显变化，反应开始前物料受热熔化为黏度很低的液体，反应结束时则转变为高黏度流体。反应前期有较多量的小分子化合物逸出，而反应后期小分子化合物脱除困难，特别是聚酯生产过程平衡常数小，必须采用高真空，而且接近结束时的转化率对产品分子量产生重要影响。因此缩聚反应生产工艺一般采用数个缩聚釜，主要是2～3个缩聚釜进行串联，充分利用聚合设备并稳定操作条件，同时减少聚合釜的体积，节约投资成本。熔融聚合的反应温度（200～300℃）较高，而且一般的缩聚反应时间比较长，为了改善缩聚物在高温下氧化的弊端，通常在惰性气氛（N_2、CO_2或过热蒸汽）的保护下进行反应。为了把反应生成的副产物与产品分离，通常缩聚反应的后期要在高真空的条件下进行。熔融缩聚的工艺流程比较简单，制备得到的聚合物的质量比较高，不需要洗涤及其他后处理过程。但熔融聚合对设备要求很高，过程工艺参数指标（高温、高压、高真空、长时间）要求高。

12.2.5.2 溶液缩聚

在溶剂中进行的缩合反应称为溶液缩聚。当单体熔点过高或者在高温下易分解时，通常选用溶液聚合的方法。随着耐高温缩聚物的发展，溶液聚合法的重要性日益突出，溶液缩聚主要适用于生产一些产量少、具有特殊结构或性能的缩聚物，如聚砜、聚酰亚胺、聚苯并咪唑、芳杂环树脂、聚芳酰胺等新型耐高温材料。

溶液缩聚的基本类型可按不同的方法来划分。按照反应温度可将溶液缩聚分为高温溶液缩聚和低温溶液缩聚，后者通常用于活性较大的单体。根据反应是否可逆，可把溶液缩聚分为可逆和不可逆的溶液缩聚。根据缩聚产物的溶解状况（即是否产生沉淀），可分为均相和非均相溶液缩聚。在溶液缩聚过程中单体与缩聚产物均呈现溶解状态时称为均相溶液缩聚，如产生的缩聚物沉淀析出则称为非均相缩聚。均相溶液聚合过程的后期通常是将溶剂蒸出后继续进行熔融缩聚。

（1）均相溶液聚合　均相溶液缩聚法主要用于产量较少且结构比较复杂的一些芳香族聚合物、杂环聚合物的生产，一般采用间歇法操作方式，聚合过程中的溶液缩聚、脱溶剂以及后续的熔融缩聚过程都是在同一个釜式反应器中完成。一些树脂品种如聚酰亚胺难以熔融成型，则利用其中间产品可溶解的特点分阶段完成缩聚过程：首先由原料四元芳酸或其酸酐与二元芳胺（如4,4'-二氨基二苯醚）在适当溶剂（如二甲基甲酰胺）中，生成可溶的聚酰胺酸；然后经流延使溶剂蒸发后生成薄膜；待溶剂挥发除去后进一步进行高温处理（270～380℃），使之生成耐高温的聚酰亚胺。

在溶液缩聚过程中因为存在溶剂，单体浓度下降，因而缩聚反应速率与产品的平均分子量下降，且可能产生副反应，例如若单体能生成环状物时则环化反应速率上升。如果单体浓度过高，则反应后期的反应釜中物料的黏度太大，不利于继续反应，所以各品种树脂的溶液缩聚过程中溶剂的用量都存在一个最佳范围。

（2）非均相溶液缩聚　如果溶液缩聚生成的缩聚物不溶解在溶剂中，而将沉淀析出，叫做非均相体系，也称为沉淀缩聚。非均相溶液缩聚生产工艺较简单，反应结束后过滤、干燥即可得到缩聚树脂。由于缩聚物沉淀析出后，在固相中大分子的端基易被屏蔽，难以继续产生缩聚反应，所以其分子量受到限制，不能得到分子量很高的缩聚树脂，仅限于少数无适当溶剂可溶解的缩聚树脂生产或用来生产分子量较低的缩聚物，作为中间产物以便于进一步缩合。实际上在非均相溶液缩聚过程中，产品的分子量取决于链增长过程与沉淀过程之间的竞争。沉淀析出速率大于增长速率则产品分子量小，若沉淀析出速率小于增长速率，则大分子链有较长的增长时间，产品分子量较高。当析出的缩聚物呈结晶状态，其分子结构的有序程度高、密度大，因而链增长基本停止，如果缩聚物以无定形状态析出，则在溶剂中可能溶胀，其大分子链仍可能进一步增长。例如在聚芳酯合成过程中，加入沉淀剂反而会使分子量提高。因此当进行非均相缩聚时可改变一些反应条件和因素，如单体浓度、反应温度、溶剂性质或加入适当盐类以提高缩聚物的溶解度，或者改变搅拌速度、加入沉淀剂等来控制反应以获得最佳的缩聚结果。非均相溶液缩聚主要用来制备耐高温的芳香族缩聚树脂。

12.2.5.3　界面缩聚

界面缩聚反应可发生在气液相、液液相、液固相界面之间，工业上以液液相界面反应为主。气液界面缩聚是指一种单体为气体，另一单体可溶于水相或有机相中，缩聚反应发生在气液相的界面处的反应。液液界面缩聚是指参与界面缩聚的两种单体通常分别溶解于水相和有机相中，缩聚反应发生在两液相的界面的反应。液固相界面缩聚是指一种单体为液相，另一种单体为固相，缩聚反应发生在液固的相界面上的反应。界面缩聚反应过程中，不同的反应在不同的相中进行。在静态条件下，如二元胺与酰氯在有机相一侧进行界面缩聚，而双酚盐与酰氯则在水相一侧进行界面缩聚。一般界面缩聚反应在界面上倾向于在有机相一侧进行。

界面缩聚反应过程中扩散速率决定了界面缩聚反应速率和反应区的单体浓度比。影响缩聚反应扩散速率的因素主要有溶剂极性、水相的酸碱性质、水解及其他副反应（成盐等）的相对速率、聚合物从溶液中沉淀的速率、反应副产物排除速率等。影响单体扩散速率的主要因素有表面张力、单体在相间的分布系数、单体从一相转移到另一相的速率、有机相对聚合物的溶解能力、聚合物薄膜对单体的渗透性、聚合物薄膜对单体的吸附性质、系统的黏度等。由于相互反应的两种单体在反应区的浓度比决定于两种单体的扩散速率，故扩散是控制步骤。在反应区域，扩散到该区域的单体立即反应掉，使得单体总是达不到平衡浓度，缩聚反应持续向正反应方向进行。

界面缩聚为非均相反应体系，一般具有反应速率快、扩散速率比反应速率慢等工艺特点。由于单体具有高反应活性，因此界面缩聚反应速率快，反应在界面上可以迅速完成。界面缩聚通常为不可逆反应，故易获得高分子量产物。单体的总转化率与界面更新（聚合物移出速率）有关。界面缩聚时两种互不相溶的液体会产生界面且具有一定的接触面积，聚合物在界面处生成，如不及时除去会限制进一步反应，故不断更新或扩大界面对反应有利，并可利用界面处的反应直接进行纺丝或成膜。由于界面处反应速率快，单体供应由扩散速率决定，整个界面缩聚反应速率受扩散控制，因此影响扩散的因素也影响界面缩聚。

12.2.5.4 乳液缩聚

乳液缩聚是非均相缩聚反应的实施方法之一，其缩聚是在两液相体系中进行，而聚合物的形成则是在其中一个相内进行的。就整个体系的相态而言，乳液缩聚是多相体系，但从聚合物形成的反应而言它又属均相反应。与界面缩聚相比，界面缩聚形成聚合物的反应是在两相界面，属扩散控制；而乳液缩聚形成聚合物的反应是在一相中进行的，属动力学控制。乳液缩聚与溶液缩聚不同的是乳液聚合存在单体中一相向另一相进行质量传递的过程，因而各组分在两相间的分配情况起着重要作用。与界面缩聚的扩散性质不同，乳液缩聚的聚合物的形成反应在一个相中进行，聚合物的分子量主要受链终止反应的限制，通常有水解反应使聚合物分子量降低，原料单体在反应区的非等当量比（如二元胺的分布系数小或酰氯水解等），聚合物链从有机相中析出后不再增长等。

乳液缩聚主要有如下的工艺特征。单体反应活性高，属不可逆平衡缩聚，故反应热量大，且反应中有低分子副产物析出。可以使不溶于水的两种原料单体用乳液缩聚法制得聚合物，如4,4′-二氨基二苯醚和4,4′-二氨基联苯，这两种单体均不溶于水（0.0002mol/L），不能用界面缩聚法，但它们可溶于水-有机溶剂的介质中，故可以用乳液缩聚法进行生产，且这种体系黏度小易搅拌，有利于传热和传质过程，主反应和副反应各在不同区域进行，互不干扰，产物分子量高。采用乳液缩聚法可合成共缩聚物，具有起始混合物的理想结构。由于分布系数起很大作用，可选用分布系数相近的两种二元胺制备交替结构的共缩聚物。由于过程反应速率很大，可以采用有机溶剂及其混合物（包括与水的混合物在内）作为反应介质，扩大应用范围，另外还可以改变工艺控制聚合物分子量。乳液缩聚过程中的聚合物分离、溶剂回收再生等一系列过程工艺复杂，生产效率较低，且单体需精确计量加料，生产中需强烈搅拌等，目前主要用于高熔点难熔聚合物的合成。

12.2.6 基团转移聚合

1983年杜邦公司O. W. Webster研究小组在美国化学会第186次全国会议上，宣布发现了一种新的聚合反应方法[7,8]，称作“基团转移聚合”（group transfer polymerization，GTP），被称为第五种聚合类型（其他四种分别为自由基聚合、阳离子聚合、阴离子聚合和配位聚合），在高分子聚合领域引起了极大关注，该方法也因此得到了快速发展，在汽车面漆、合成液晶以及制造特种聚合物方面得到应用[9]。所谓GTP是以单体（酮、酰胺、腈类和α，β-不饱和酯）、引发剂（带有硅、锗、锡烷基基团的化合物）、催化剂（路易斯酸型化合物或阴离子型）在有机溶剂中进行的聚合反应。例如以甲基丙烯酸甲酯（methyl methacrylate，MMA）为单体，二甲基乙烯酮甲基三甲基硅烷基羧醛（dimethylketene methyl trimethylsilyl acetal，MTS）为引发剂，在阴离子型催化剂（HF_2^-）作用下发生加成反应：

$$H_2C=C(CH_3)-C(=O)OCH_3 + (H_3C)_2C=C(OCH_3)(OSiMe_3) \xrightarrow{HF_2^-} H_3CO-C(=O)-C(CH_3)_2-CH_2-C(CH_3)=C(OCH_3)(OSiMe_3)$$

上述加成物的一端仍含有与 MTS 相似的结构，即末端为：

$$>C=C(OCH_3)(OSiMe_3)$$

它可继续与 MMA 加成，直至所有的单体耗尽，所以聚合过程事实上就是活性基团—$SiMe_3$不断转移的过程。基团转移聚合主要包括两种聚合过程，一种是以硅烷基烯酮缩醛类为引发剂、MMA 等为单体的聚合反应，在聚合过程中活性基团从增长链末端转移到加进来的单体分子上，如上述聚合反应。另一种是醛醇基转移（aldol group transfer）聚合：

$$\sim C(H)=O + H_2C=C(H)(OSiMe_3) \longrightarrow H_3C-CH(OSiMe_3)-CH_2-CH_2-C(H)=O$$

基团转移聚合反应的机理与其他加聚反应一样，GTP 过程也可分为链引发、链增长和链终止三步。

聚合物链末端含有活性—$SiMe_3$末端基，具有与单体加成聚合的能力，因此是一种活性聚合物。若聚合体系中存在活性氢（质子）一类杂质，可将活性聚合物链“杀死”而终止反应。例如以甲醇为终止剂，终止反应为：

$$CH_3O-C(=O)-C(CH_3)_2-CH_2-C(CH_3)=C(OCH_3)(OSiMe_3) + CH_2=C(CH_3)-C(=O)OCH_3 \longrightarrow$$

$$CH_3O-C(=O)-C(CH_3)_2-CH_2-C(CH_3)(COOCH_3)-CH_2-C(CH_3)=C(OCH_3)(OSiMe_3) \xrightarrow{(n-1)MMA}$$

$$CH_3O-C(=O)-C(CH_3)_2-[CH_2-C(CH_3)(COOCH_3)]_n-CH_2-C(CH_3)=C(OCH_3)(OSiMe_3)$$

$$\boxed{活性聚合物链} + CH_3OH \longrightarrow OH_3C-C(=O)-C(CH_3)_2-[CH_2-C(CH_3)(COOCH_3)]_n-CH_2-C(CH_3)(COOCH_3)-H + Si(CH_3)_3OCH_3$$

12.2.7 开环易位聚合

开环易位聚合（ring-opening metathesis polymerization，ROMP），亦称开环置换聚合或开

环歧化聚合，是N.Calderon[10]于1967年首先提出来的，可视为烯烃易位反应的一种特例。烯烃易位反应可表示为：

$$2R^1CH=CHR^2 \rightleftharpoons R^1CH=CHR^1+R^2CH=CHR^2$$

烯烃易位反应以过渡金属化合物为催化剂，过渡金属碳烯为活性中心。碳碳双键既可在链烯上也可在环烯上，若在环烯上则易位反应发生的是聚合反应。种类不同的烯烃也可进行交叉易位聚合反应，例如链烯烃与环烯烃的交叉易位反应：

$$RCH=CHR + n\,(\text{环戊烯}) \longrightarrow RCH \left[CH-CH_2CH_2CH_2-CH \right]_n CHR$$

在反应中链烯烃起链转移剂的作用，可用来控制聚合物分子量。

开环易位聚合条件温和，反应速率快，多数情况下反应中几乎没有链转移反应和链终止反应，因而是一种活性聚合。利用开环易位聚合可制得许多结构特殊、性能优异的聚合物，如反应注射成型聚双环戊二烯、聚降冰片烯、聚环辛烯等并实现工业规模生产，而开环易位聚合也已成为制备高分子的重要方法[11,12]。

12.3 高分子聚合新技术

研发新型高分子材料或具有高性能或是特殊结构的高分子材料，许多都与高分子材料聚合的新技术密切相关。通过了解高分子聚合新技术，有助于理解和掌握高分子材料聚合工艺。

12.3.1 模板聚合

模板聚合（matrix polymerization）是指单体通过特定相互作用能与单体或增长链在模板上聚合形成高分子的聚合反应。这些特定相互作用包括共价键、离子键、氢键、疏水/范德华力作用、配位作用、冠醚与离子作用、π-π作用等。不同类型的作用专一性不一样，共价键限制性最强，即它只对专门的功能基有专一的结合作用，而离子键和疏水作用可适用很多化合物，专一性较差。因此共价结合的方法应能产生最好的模板聚合物，然而模板分子或模板类似物分子与单体及聚合物的相互作用是快速及可逆的，因此共价键的生成是不利的，而离子交换和疏水作用则是极为快速的。利用π-π作用（常有一定的方向性）和氢键作用（常有很好的方向性）可以提供一个较好的折中方案，而后者具有更大的利用范围，尤其是它可以通过多重相互作用提供专一性很高的结合作用。模板结合在生物大分子的形成中具有重要的作用[13]。

模板聚合基本上分为三类。当模板与单体的相互作用比增长链的作用更强时，模板先与单体作用，然后随着聚合的进行，单体不断从模板上脱落而加成到增长链上。此时模板的作用与催化剂的作用相同。在模板聚合过程中，当增长链的作用大于模板的作用时，增长链与模板作用处于综合状态。当单体、模板与链增长的相互作用相差不多或相同时，此时的聚合方式是单体沿着模板进行聚合，得到的聚合物与模板缔合。在实际使用中随着单体和模板不同，三种情况都可能出现。

与一般聚合相比，模板聚合具有反应速率快、聚合反应结构可控的特点。由于模板与聚合过程的单体、聚合过程的中间体及聚合产物之间的作用复杂，模板聚合的理论发展还不完善。模板聚合可以选择不同的模板试剂，可以作为模板试剂的原料有很多，例如低分子化合物、聚合物、低聚物、分子聚集体、金属络合物及金属离子。模板可以是可溶的，也可以是具有特定孔道的不溶的材料。可以利用模板聚合制备可溶的特定构象的高分子如印迹高分子，也可以在特定的空洞中制备特定形状的高分子如三维有序高分子材料。模板聚合还可以制备特定复合材料，如导电聚合物一般较难溶解及加工，利用可聚合的单体在聚合物模板上聚合，可以原位制备复合导电聚合物。

12.3.2 超临界聚合

超临界聚合反应是单体以超临界流体作为反应介质或反应单体在超临界条件下的聚合反应。在众多的超临界流体中比较常用的有二氧化碳和水，二氧化碳低毒，不燃，无污染，价格便宜，且超临界条件温和，在众多领域被广泛应用。1992 年 J. M. Desimone 在 Science 上首次报道了以超临界二氧化碳作溶剂[13]，以偶氮二异丁腈（2-methylpropionitrile，AIBN）为引发剂进行 1,1-二氢全氟代辛基丙烯酸酯的自由基均聚，获得的聚合物分子量达 27 万，开创了超临界二氧化碳在高分子合成中应用的先河，成为高分子合成与制备领域的一项绿色技术。超临界聚合研究涉及氟代单体的均相自由基聚合与调聚反应、甲基丙烯酸甲酯的分散聚合、丙烯酸的沉淀聚合以及丙烯酰胺的反相乳液聚合等，反应涉及自由基聚合、阴离子聚合、阳离子聚合及配位聚合，反应类型涉及加聚反应和缩聚反应。

二氧化碳虽然是一个较惰性的化合物，但它是一个含氧化合物，既具有一定的酸性又具有路易斯碱性，容易与一些碱性化合物反应，也可以与路易斯酸化合物反应，而这些化合物往往是有机反应、高分子聚合反应的催化剂。因此利用超临界二氧化碳作聚合反应的介质，就要考虑到其对聚合可能产生的影响。在阴离子聚合中，二氧化碳会与微量的负碳离子（活性中心）作用而干扰破坏聚合反应，甚至能终止阴离子聚合，因此选择合适的引发剂及聚合条件非常重要。目前大多数单体在超临界二氧化碳中的聚合都是分散聚合、乳液聚合、溶液聚合和沉淀聚合。在分散聚合、乳液聚合中一个关键问题是选择合适的乳化剂。传统的乳化剂由于其乳化的机理是电荷排斥，在超临界二氧化碳中不适用，大多数乳化剂在超临界二氧化碳中的溶解性很小。在超临界二氧化碳中，乳化剂主要靠立体阻隔作用实现稳定化，即通过吸附及化学键合的方式与生成的聚合物链相连，起到立体阻隔的稳定化作用。许多二氧化碳可溶的聚合物表面活性剂，如均聚物、嵌段共聚物、接枝共聚物及分子刷等被合成出来，并应用在超临界二氧化碳的分散聚合中，这类聚合物大多数是含氟、硅的聚合物[14]。

超临界技术在聚合物的合成中可对高聚物的形状、粒度加以控制，此外超临界二氧化碳在高分子复合材料、高分子加工中也都有着广泛的应用前景，可用在聚合物的改性或修饰，例如薄膜、微小颗粒、极细纤维或多孔材料的研究与加工领域。超临界流体技术制备和加工材料温度较低，可应用于热敏材料[15]。超临界二氧化碳对聚合物有较好的塑化作用，可降低熔融体的黏度，内在的混合剪切作用力使二氧化碳可以控制挤出物的形态结构，因此超临界二氧化碳可以应用在超高分子量及高熔点聚合物如聚四氟乙烯聚合物、四氟乙烯丙烯共聚物、间规聚苯乙烯的加工过程中。超临界二氧化碳技术也可以应用于共混体系中，其原理为某一基体聚合物（如高密度聚乙烯）在超临界二氧化碳作用下溶胀，溶在二氧化碳中的单体（如苯乙烯）和引发剂也通过溶胀过程渗入该聚合物中，加热引发聚合后降压除去二氧化碳，即得两种聚合物在分子水平上的共混物（PE / PS）。超临界二氧化碳还可以用于导电聚合物的合成与掺杂中。在 40℃、10.5 MPa 的超临界二氧化碳中，吡咯可渗透到聚苯乙烯中，将所得聚合物在金属盐溶液中浸泡形成导电聚合物，其导电性能较好。此外将聚氨酯的膜与碘或铁盐在超临界二氧化碳中处理，再将膜材料在吡咯的蒸气中处理，可得到较高导电性的导电聚合物。美国 Georgia 大学的学者将聚噻吩及聚噻吩与聚苯乙烯的复合材料在超临界二氧化碳中进行碘掺杂，可大大提高掺杂效率，提高聚合物导电性[16]。

12.3.3 辐射聚合

辐射聚合的方法有气相聚合、液相聚合和固相聚合，反应可在均相或非均相中进行，可以是单组分体系也可以是二组分，甚至多组分体系。不同聚合方式各有特色，其聚合机理也不尽相同。这里主要介绍固相辐射聚合和辐射乳液聚合。

（1）固相辐射聚合　用普通方法引发固相单体的聚合反应是很困难的。首先引发剂不易进入单体结晶内部，如果用某种方法引入了引发剂，则单体内晶格次序也会被扰乱。热引发聚合的方法也不可取，因为加热会导致固态单体熔融，难以使单体在固态下聚合。固态单体在室温下比液态单体稳定得多，易于保存。紫外光可以引发固态单体发生聚合反应，但光容易被单体结晶散射。电离辐射引发可克服上述困难，具有独特的优越性。

按单体在固态时的特征，固相单体辐射聚合可分为结晶态辐射聚合和玻璃态辐射聚合。结晶态单体辐射聚合中的一些有机单体在熔点以下呈晶态固相。电离辐射如射线等具有较强的穿透力，可在晶态固相中形成均匀分布的活性基团（自由基或离子），进一步打开晶态固体的双键或开环进行聚合。结晶单体可分为三种类型：某些乙烯基单体室温下就是结晶固态；另一些乙烯基单体室温下是液态或气态而在低温下为结晶固态，如丙烯腈、丁二烯等；第三类不属乙烯基单体，而是环状结晶单体如三聚甲醛等，在射线作用下可以开环聚合。一些单体当温度降低到软化点以下时并不生成结晶固态，而是在温度降到玻璃化温度（T_g）时开始形成非晶态固体即玻璃态。具有这种特征的单体被称作玻璃化单体[17]。由这些单体进行的固相聚合称为玻璃态辐射聚合。

（2）辐射乳液聚合　相较于普通乳液聚合中，由过氧化物引发剂产生的自由基要引发单体聚合，需要先进入胶束与乳胶粒作用，温度和时间影响整个聚合反应进程，辐射引发乳液聚合过程中的电离辐射提供的自由基源基本不受温度与时间影响。在乳化剂浓度远低于临界胶束浓度条件下，过氧化物和紫外线都难以引发乳液聚合，但是辐射能够顺利引发聚合，如氯乙烯、丙烯腈、甲基丙烯酸甲酯等在离子乳化剂浓度0.002%～0.04%内就可以有效引发聚合。辐射引发乳液聚合得到的高聚物分子量高且分布范围窄，如用此法得到的聚苯乙烯膜强度比一般聚苯乙烯膜大5～10倍，又如聚丙烯腈制成的纤维比普通这类纤维的强度大30～50倍。辐射引发乳液聚合不仅使用剂量小，而且转化率高，可达99%以上。

参考文献

[1] 潘祖仁. 高分子化学：增强版 [M]. 北京：化学工业出版社，2007.

[2] 程广楼，胡春圃，应圣康. 以零价铜为催化剂的"活性"/可控自由基聚合反应 [J]. 华东理工大学学报，1999（05）：480-484.

[3] 张莉，陈桐，陈梦瑜，张雪. 无皂乳液聚合反应机理和制备方法的研究进展 [J]. 中国胶粘剂，2008（04）：47-52.

[4] 徐相凌，殷亚东，葛学武，叶强，张志成. 微乳液聚合研究进展 [J]. 高等学校化学学报，1999（03）：151-158.

[5] 邵谦，王成国，郑衡，王建明. 种子乳液聚合的研究进展 [J]. 高分子通报，2007（10）：57-61.

[6] 魏真理，包永忠，翁志学，黄志明. 悬浮态乳液聚合 [J]. 高分子通报，2002（2）：56-60，78.

[7] 邓自正. 合成高分子新型材料的聚合反应 [J]. 安徽工学院学报，1986（04）：134-141.

[8] 邱志平，邹友思. 基团转移聚合新进展 [J]. 高分子通报，1998（04）：36-42，75.

[9] 朱佩芬，施良和. 基团转移聚合反应及其应用 [J]. 涂料工业，1990（05）：38-40，58.

[10] Calderon Nissim，Chen Hung Yu，Scott Kenneth W. Olefin metathesis- A novel reaction for skeletal transformations of

unsaturated hydrocarbons [J]. Pergamon, 1967, 8 (34).
[11] Chauvin Y. Olefin metathesis: the early day (Nobel Lecture) [J]. Angew. Chem. Int. Ed, 2006, 45 (23): 3740-3747.
[12] Grubbs R H. Olefin-metathesis catalysts for the preparation of molecules and materials (Nobel Lecture) [J]. Angew. Chem. Int. Ed, 2006, 45 (23): 3760-3765.
[13] 沈家瑞. 模板聚合的发展和应用 [J]. 化工进展, 1985 (02): 20-22.
[14] 徐安厚, 耿兵, 夏攀登, 张书香. 超临界 CO_2 中的高分子合成研究进展 [J]. 山东化工, 2004 (06): 19-22.
[15] 任杰, 田征宇, 滕新荣. 超临界 CO_2 在聚合反应中的应用 [J]. 合成树脂及塑料, 2004 (02): 79-82.
[16] 张怀平, 陈鸣才. 超临界二氧化碳中的聚合反应 [J]. 化学进展, 2009, 21 (09): 1869-1879.
[17] 刘钰铭. 辐射聚合的进展 [J]. 核技术, 1980 (06): 17-22.

13 工程塑料成型

13.1 概述

13.1.1 定义

工程塑料（engineering plastics），全称是工程用途塑料，是指能长期作为结构材料承受机械应力，并在较宽的温度范围内和较为苛刻的化学物理环境中使用的塑料材料[1]。相对于通用塑料，工程塑料有三大特点，即物理稳定性、化学稳定性、结构稳定性[2]。物理稳定性能主要包括力学稳定性与电稳定性，有高强度与硬度、高耐冲击性以及良好的耐热和耐寒性能，一般耐热达 150℃以上。化学稳定性能包括材料化学性质稳定性与热稳定性，即有高耐热性、高抗老化性、耐磨损及耐疲劳性，熔点较高，热膨胀系数较小，以及耐化学药品性、电绝缘性、耐燃性。结构稳定性即有精确的尺寸加工性能与稳定的构件组合性能。

工程塑料拥有优良的耐热性、高强度、高硬度以及优良的耐化学腐蚀性等优点，可被用作工程结构材料，其作用完全可以代替部分金属的功能。工程塑料的性能评价参数主要有抗冲击强度、拉伸强度以及耐热性等。市面上常见的工程塑料，其抗冲击强度为 $60J/m^2$ 左右，拉伸强度大约为 50MPa，耐热性可达 100℃以上，弯曲模量一般在 2GPa 以上。按照用量、性能和使用范围划分，工程塑料可分为通用工程塑料和特种工程塑料，而其中的特种工程塑料力学性能基本与通用工程塑料相似，但其综合性能更高，尤其是耐温等级更高，长期使用温度可在 150℃以上 有的还可在 150～250℃甚至 300℃以上使用[3]。

13.1.2 用途

相比于金属材料，工程塑料具有密度小、成型能耗小、电绝缘性能好和尺寸稳定等优点，容易加工，工序简单，可以达到提高生产效率、节省费用等效果。与通用塑料相比，工程塑料的使用上限和下限温度范围要更广一些，并且工程塑料在力学性能、电性能、耐久性以及耐腐蚀性等方面可以达到更高的要求[4]。由于工程塑料具有优良的使用性能，因此在一定程度上，工程塑料的发展趋势决定了塑料行业的发展前景，应用范围越来越大，可以代替木材和部分金属材料。

① 在电子电气领域，工程塑料凭借优异的电绝缘性能以及密度小、易加工等优点，被广泛地应用于电线的绝缘外包壳、印刷线路板、绝缘薄膜等绝缘材料和电气设备结构件。

② 在家用电器领域，工程塑料广泛用于洗衣机外壳、电视机外壳、冰箱外壳、电饭煲外壳以及内部电线和绝缘线圈等。较小塑料应用品包括防爆手机外壳、插排等，十分普遍[5]。

③ 在化工领域，工程塑料充分发挥了其优良的耐化学腐蚀性能，在各种化工设备上可以说是处处可见。像实验室中的各种管道，各种酸、碱废液桶，实验室的聚四氟乙烯水热釜内衬、搅拌子、离心管等实验工具也都是工程塑料的制品。

④ 在汽车工业上，工程塑料的应用也非常广泛，工程塑料的密度小这一优点降低了汽车整体的重量，使汽车在使用过程中的消耗大大降低。汽车领域中的工程塑料应用常见于保险杠、

灯罩、各种仪表盘、门把手等，同时也包括各种装饰品。由于工程塑料在汽车中的应用大大降低了汽车的自重，从而起到了节约能源、提高汽车安全性和稳定性等作用。

⑤ 在机械制造领域，工程塑料主要应用于齿轮、轴承、保护架、罩体、滑块、阀门、螺旋桨以及叶片等[5]。这些应用主要是因为工程塑料的高强、质轻、良好的加工性能、优良的力学性能等优点。

由于其优异的性能，工程塑料的应用远不止这些，还有很大的发展利用空间。随着科学技术的进步和工程塑料工业的发展，工程塑料在国民经济中发挥着越来越重要的作用，工程塑料的应用研究更加深入，应用领域更加广泛[6]。目前，我国工程塑料有效生产能力仍不能满足市场需求，是全球最大的工程塑料进口国[7]。在未来，工程塑料依然是先进基础材料的重点发展领域。

13.1.3 分类

13.1.3.1 通用工程塑料

（1）聚酰胺　聚酰胺（polyamide，PA），俗称尼龙（nylon），是由二元酸与二元胺或由氨基酸经缩聚而得，是大分子主链重复单元中含有—NHCO—官能团的树脂总称。发展初期，聚酰胺由于其优良的拉伸性能被广泛地应用于纺织业。后来，人们发现了聚酰胺优良的力学性能，被尝试应用到工程结构件中，取得了良好的效果。聚酰胺作为第一种合成纤维，在广泛的应用中展示了其密度小的特点，同时其拥有高拉伸强度、优良的自润滑性、高耐磨性、冲击韧性优异等性能，且聚酰胺加工简单，生产效率高，可加工制成各种产品来替代金属，被广泛地应用于汽车制造业和交通运输。聚酰胺主要商品化品种有尼龙-6、尼龙-66、尼龙-12、尼龙-11、增强尼龙-66、增强尼龙-610、增强尼龙-1010 等。聚酰胺的改性主要是在维持原有性能基础上，对部分性能进行增强，具有重要的应用实践价值。例如，填充聚酰胺的主要目的是降低聚酰胺的成本，提高强度和模量。市面上常见的玻璃纤维聚酰胺，是采用共混的方法将玻璃纤维加入聚酰胺中，提高聚酰胺的强度以及耐热性等性能。另外，还有增韧聚酰胺、阻燃聚酰胺、聚酰胺合金等。

（2）聚碳酸酯　聚碳酸酯（polycarbonate，PC）是指主链重复单元中含有—O—CO—O—官能团的一类高聚物，根据酯基的结构可分为脂肪族、芳香族等多种类型，目前仅双酚 A 型芳香族聚碳酸酯获工业化生产。作为五大通用工程塑料之一，聚碳酸酯产量和消费量在工程塑料中也很高，是国内消费量最大的工程塑料品种。从需求角度看，未来电子和电气行业将引领 PC 需求增长[8]。聚碳酸酯具有较高的强度、优良的延展性、透光性、韧性和冲击强度[5]。其中，由双酚 A 制得的聚碳酸酯具有无毒无味的特点，强度高、透光性好，并且具有优良的耐化学腐蚀性，对酸或碱都很稳定，使用温度可达 140℃左右，因而有着广泛的应用。但是双酚 A 由于其具有一定的毒性，在食品级的应用中受到了一定的限制。由于聚碳酸酯具有透光性好、耐紫外线辐射等优点，被广泛应用于汽车车窗、灯罩等。此外，聚碳酸酯具有突出的抗冲性能，可用于制造机械、汽车和精密仪器等零部件。

（3）聚甲醛　聚甲醛（polyoxymethylene，POM），全名聚甲醛树脂，为甲醛的聚合物，被誉为“超钢”或者“赛钢”，又称聚甲醛塑胶，是一种直链型、高密度、高结晶性聚合物。作为一种热塑性结晶聚合物，聚甲醛具有良好的耐蠕变性能以及突出的耐疲劳性能，同时具有比较宽的使用温度范围和良好的耐化学腐蚀性、电绝缘性，是一种综合性能优良的工程塑料[9]。聚甲醛一个突出的优点就是它的低成本性能。由于具有密度小、力学性能优良等特点，聚甲醛正在取代一些由传统金属所主导的市场，比如以锌、铝、黄铜和钢为原材料制造的许多部件。

聚甲醛已经广泛应用于电子电器、机械、仪表、日用轻工、汽车、建材、农业等领域，以及一些新领域如医疗器械、运动器械等方面[7]。

（4）聚苯醚　聚苯醚（polyphenylene oxide，PPO），又称作聚亚苯基氧化物，是由2,6-二甲基苯酚单体氧化聚合而成的，是一种非结晶热塑性塑料，无毒，使用安全性好。聚苯醚最大的特点是在长期负荷下，具有优良的尺寸稳定性和突出的电绝缘性，使用温度范围广，可在-127～121℃范围内长期使用。同时，聚苯醚还具有优良的耐水、耐蒸汽性能，制品具有较高的拉伸强度和抗冲强度，抗蠕变性也好，广泛应用于电子电气以及机械方面[10]。聚苯醚的主要缺点是流动性能差，故其加工性能差，在加工时投入成本较高。其次，聚苯醚的抗氧化性能差，容易老化，使用寿命短。据此进行的改进如聚苯醚/聚苯硫醚（PPO/PPS）合金、聚苯醚/聚酰胺（PPO/PA）合金等[11]。

13.1.3.2　特种工程塑料

特种工程塑料又称为耐热工程塑料和高性能工程塑料，是指综合性能较高，长期使用温度在150℃以上的一类工程塑料[12]。特种工程塑料主要包括以下几种。

（1）聚苯硫醚　聚苯硫醚（polyphenylene sulfide，PPS），即聚亚苯基硫醚，分子式（C_6H_4S）$_n$，在颜色上呈现白色或者米黄色[13]。聚苯硫醚较易合成，通常使用溶液聚合和自缩聚法，其主链由苯环和硫醚键交替连接，苯环为分子链提供了一定的刚性，而硫醚键则提供柔性，分子链具有规整性，易结晶。在化学性能上，聚苯硫醚疏水，具有很强的化学稳定性和热稳定性。聚苯硫醚的一大化学特点是具有自阻燃性，这使其在防火材料上拥有广阔的市场。聚苯硫醚具有优良的耐高温、耐腐蚀、耐辐射、阻燃性，均衡的力学性能和极好的尺寸稳定性，以及优良的电性能等特点，被广泛用作结构性高分子材料，通过填充、改性后广泛用作特种工程塑料，涉及的应用领域包括汽车、电子电气、环保以及建筑材料等[7]。

（2）聚酰亚胺　聚酰亚胺（polyimide，PI），是主链重复单元中含有酰亚胺基的一大类聚合物，是目前已经工业化的聚合物中使用温度最高的材料之一，其分解温度达到550～600℃，长期使用温度可达200～380℃，短期在400℃以上。聚酰亚胺根据热性质，可分为热固性和热塑性聚酰亚胺，根据加工特性可分为可熔性聚酰亚胺和不熔性聚酰亚胺[14]。聚酰亚胺具有高耐热性、强度高、耐化学腐蚀等优点，同时具有耐极低温、耐辐照、良好介电性能等特点，可应用在航空、航天、微电子、液晶、分离膜、激光等领域。市面上常见的是聚酰亚胺的复合材料，主要包括聚合改性聚酰亚胺、增强聚酰亚胺、填充聚酰亚胺以及聚酰亚胺合金，主要产品形式是塑料薄膜，主要应用于绝缘和柔性印刷领域。聚酰亚胺纤维可用于过滤材料和增强剂等[14]。

（3）聚芳酯　聚芳酯（polyarylate，PAR），又称作芳香族聚酯，是指分子主链上带有芳香族环和酯键的热塑性特种工程塑料[3]。聚芳酯的使用温度范围十分广，低至-70℃，高至180℃，阻燃性良好，并可长期使用。因聚芳酯的耐热性与电性能好，故主要用于耐高温的电气、电子和汽车工业方面的元件和零部件，也常用作医疗器械。聚芳酯还具有高冲击强度、绝缘性优、耐冲击性、耐紫外线照射性、耐热性好、阻燃性优良等特点。除此之外，聚芳酯也可应用于日常生活品[7]。

（4）聚砜　聚砜（polysulfone，PSF或PSU），是分子主链重复单元中含有砜基（$—SO_2—$）的一种热塑性树脂。聚砜通常分为双酚A型聚砜、聚芳砜和聚醚砜。聚砜具有非晶型结构，独特的分子结构使得它具有优异的力学性能，例如抗冲击性、耐磨性等，但加工性差、寿命短[15]。聚砜力学性能优异，刚性大、耐磨、强度高，即使在高温下也保持优良的力学性能，主要应用于电子电气、航空、医疗和食品加工等领域[16]。

13.2 成型工艺与设备

13.2.1 注射成型

所谓注射成型是指塑料在注塑机加热料筒中塑化后，由柱塞或往复螺杆注射到闭合模具的模腔中形成制品的塑料加工方法[17]。

13.2.1.1 成型原理

注射成型的原理是将颗粒或粉状原料经过加热塑化，使其具有一定的流动性。然后通过柱塞或者螺杆的推动将物料挤压到注射口，注射口具有一定的大小，注射口的温度要略低于料筒的温度。随后通过注射口的物料被挤压到闭合的模具之中，模具的温度较低，方便物料的固化成型，此时的物料具有良好的流动性，以便较好地填充到模具之中（图 13-1）。经过一定时长的挤出，停止给料，闭合模具进行一定时长的保压和冷却，使得制品成型。最后脱模取出，即可得到制品。注射成型要求物料加热后具有良好的流动性，适合加工形状比较简单的制品[18]。

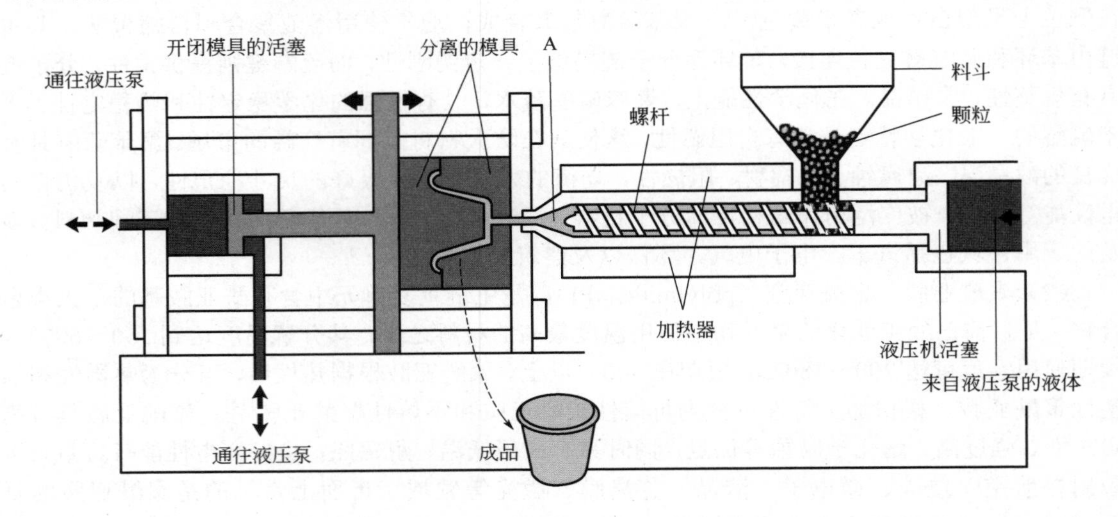

图 13-1　注射成型原理示意图

注射成型有很多优点。例如，它可以通过调整不同的模具，加工外形复杂、尺寸精确或带嵌件的制品。它生产的制品不受形状大小的约束，大小制品都可以生产。注射成型法可加工的塑料种类多，大多数热塑性塑料和某些热固性塑料（如酚醛塑料）均可加工。最后，注射成型过程自动化程度高，一般制品的成型周期比较短，生产效率很高[18]。但是注射成型设备的一次性投资比较大，操作较复杂，用于注塑的物料须有良好的流动性，才能充满模腔得到制品。几乎所有的热塑性塑料都可通过注射成型加工，但是不包括少部分的氟塑料。由于不同的聚合物具有不同的物理化学性能，因此对注射成型设备、模具、工艺条件、操作过程的要求也差别很大。聚合物中以热塑性塑料注射成型制品最普通，所占数量比例也最大。此外，近年来热固性塑料和橡胶的注射制品也有很大发展。

13.2.1.2 成型设备

注射成型设备由主机和辅助装置两部分组成。主机部分包括一台注射成型机、一个注射模具和一台模具温度控制装置，这三个部分直接影响加工过程并决定最终制品的质量和性能。辅助装置的作用主要是干燥、输送、混合、分离、脱模、后加工等，它们必须与主机部分相协调，一般放置在注射机的延伸工作台里[19]。注射成型机根据外部形状可分为立式注射成型机、卧式注射成型机。按塑料在料筒中的塑化方式可分为两种，一种是柱塞式注射成型机，另一种是螺杆式注射成型机。注射成型机主要由注射系统、锁模系统、电气控制系统和液压传动系统四个部分组成。

（1）注射系统　注射系统主要由加料装置、料筒、柱塞、分流梭或者螺杆和喷嘴等零部件组成的，主要作用是使塑料均匀地塑化成熔融状态，并以足够的压力和速度将一定量的熔料注射到模腔内。加料装置主要有料斗、计量装置和一些辅助装置[19]。注射机加料的料斗形状一般为倒圆锥形或倒方锥形，其容量一般可供注射机 1～2h 之用。料斗内部可以设搅拌桨，从而可以进行定量加料或强制加料。注射机的加料一般不是连续加料，通常情况下，一次所加的料与注入模具中的料相同，间歇性成型，在一料筒的料注射完之后再进行第二次加料。所以计量装置的用处就是固定加料的量，控制系统用来控制每次加料的时间。

料筒的作用是将物料进行加热塑化，使其具有一定的流动性。不同的物料由于其玻璃化转变温度不同，加热的温度和时间也不相同，这取决于物料的基础性能以及颗粒大小。料筒的结构材料具有耐高压、耐热性、耐腐蚀、传热快等优点。料筒内壁所有转角处都会做成流线型，这样的目的是防止存料间接影响到产品质量。料筒的各部分的间隙配合或过盈配合必须具有精密性。在料筒外部，通常有二到三段加热装置，每段的加热功率不同，由控制系统控制，各段温度可以得到精确控制。一般来说，靠近料斗一端的料筒温度相对会低一些，中间的温度最高，靠近喷嘴的温度比最高温度略低，这是为了避免物料温度过高而出现滴流现象。柱塞式注射机的料筒容积约为最大注射量的 5～8 倍，容积过大会使物料在高温料筒中受热的时间过长，会引起塑料的降解、变色，影响产品质量，甚至中断生产。容积过小会使物料在料筒中受热的时间太短，导致塑化不均匀，此时便需要螺杆在料筒中对物料进行搅拌，以达到塑化均匀的效果。

柱塞和分流梭都是柱塞式注射机料筒中的重要部件，在原料的塑化和传输中起着重要作用。柱塞通常是一根表面硬度很高的金属圆柱体，其作用是将注射油缸的压力传递给物料，并使熔料注射入模腔中。柱塞的直径通常在 20～100mm 范围内，注射油缸与柱塞截面积的比例一般在 10～20 之间，柱塞的推动距离约为其直径的 4～6 倍。分流梭也称鱼雷头，呈现鱼雷体的形状，也像织布的梭子，作用是用来分流导流，表面的流线型凹槽可以增大摩擦力，加大与物料的接触面积。分流梭的表面还具有凸起流筋，用来起到固定和导热的作用，使物料均匀受热。

螺杆是螺杆式注射机的重要传动部件，它的作用是对物料进行搅拌、加热塑化，并对其施加压力，起到传送物料、压实注射的作用。螺杆分为单螺杆和双螺杆，单螺杆成本低，操作简单，适合易塑化、流动性好的物料。双螺杆可以塑化不易塑化的物料，塑化时间周期短。单螺杆的挤出是依靠与物料之间的摩擦力，使塑料能够快速注射入模具中，双螺杆依靠的不仅仅是摩擦力，还有两个螺杆相互旋转时的定向传动，主要的缺点就是成本较高。喷嘴是连接料筒和模具的重要部件，作为塑炼单元的一个组成部分，它在注射前被用力紧压在模具的浇口套上。

（2）锁模系统　锁模系统的作用是保证成型模具进行可靠的闭合和开启，因为在注射时，进入模腔的熔料具有一定的压力，这就要求锁模装置给予模具足够的锁模力。作为注射成型机的一个重要组成部分，锁模系统有液压式、轴杆式两种形式。主要由导杆、固定模板、移动模板、调模装置、顶出装置和传动装置等部件组成。现有的锁模技术通常分为机械手动夹紧系统、液压夹紧系统和电磁夹紧系统。

（3）液压传动和电气控制系统　注射成型是由多种工序所组成的连续生产过程，液压传动和电气控制系统是为了保证注射成型机按照预定的工艺要求准确进行工作而设置的系统。液压部分主要有动力油泵、方向阀、流量阀以及附加装置等部分。电气系统主要由动力、动作程序和加热等控制所组成。

13.2.1.3　成型工艺

注射成型的工艺过程主要包括成型前的准备、注射过程和制件的后处理，如图 13-2 所示。成型前准备的目的是保证成型的过程顺利，提高产品的质量。内容包括对物料的筛选、对料斗料筒以及模具的清洗等。在脱模时选择合适的脱模剂，防止物料的粘连，使制品的尺寸不准确。注射过程一般包括加料、加热塑化、注射、冷却、脱模。加料是指由于注塑过程是间歇的，需要定量加料，以保证操作稳定。塑化是指成型物料经加热、压实、混合变成连续的均匀熔体，塑化过程对制品的质量起着关键性作用。注射是指通过施加高压将塑化好的塑料熔体快速送入封闭模腔。冷却是指通过卸除压力，在模具内通入冷却水、油或空气等冷却介质进行冷却。脱模是指塑件冷却到一定温度后进行开模。制件的后处理一般包括退火和调湿处理，根据制品的不同性能选择不同的后处理方式。后处理可以消除制品的内应力，提高制品的尺寸稳定性，改变塑件的颜色，延长使用寿命等。

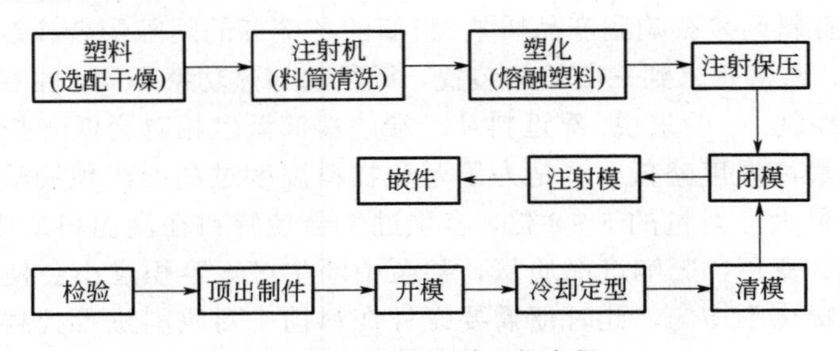

图 13-2　注射成型工艺流程

在注射成型的工艺过程中，影响制品质量的主要成型因素包括温度、压力和成型生产周期。通过调节这些参数，可以得到性能良好的制品，提高成品率和生产效率，节约资源。注射成型的主要几个控制温度包括料筒温度、喷嘴温度和模具温度[19]。料筒温度即物料的塑化温度，一般分为两个大区域，靠近料斗的一段温度偏低，靠近喷嘴的一端温度要高一些，也是塑化温度。这个温度根据物料的玻璃化转变温度而定，因此不同的物料有不同的塑化温度。同一种物料，由于颗粒大小和状态的不同，塑化温度也略有差异。喷嘴温度要略低于靠近喷嘴料筒端的温度。如果温度过高，物料的流动性过于良好，在注射时会产生滴流的现象，造成物料浪费，注入模具中的物料不足，影响制品的质量。但是喷嘴的温度也不宜过低，要保证物料具有良好的流动性，可以注射到模具中，不然会在喷嘴处提前凝固，堵塞喷嘴，使设备停工。模具的温度应略低于喷嘴温度，既要保证物料熔体具有一定的流动性，在注射压力下可以充满模腔，提高制品表面的光洁度，还应考虑制品的冷却时间，使制品在冷却的过程中容易固化成型，易于脱模而且脱模的过程不会造成二次变形，保证制品的尺寸精度。

注射成型的压力大小取决于注射机类型、塑料特性、喷嘴大小和形状以及模具的尺寸和形状复杂程度等。注射压力要确保物料熔体能克服流动过程的阻力，使之在冷却前充满型腔。保压阶段压力能压实物料，对尺寸的收缩进行补充，保证制品尺寸精度。成型周期即完成一次注塑成型所用的时间。包括塑化时长、注射时长、冷却时长等。每步的时间根据物料的不同做出不同的选择，但是注射的时长理论上应该越短越好。

13.2.2 挤出成型

挤出成型，又称为挤塑，是指高聚物经加热塑化之后，在一定的挤出压力作用下通过特定形状的挤出口，从而制得与挤出口形状相同的制品，适用于生产管材、板材等半制品的生产。

13.2.2.1 成型原理

挤出成型的原理与注射成型的原理相似，物料经过料斗加入料筒内进行加热塑化，再由螺杆或者柱塞挤出，挤出口由普通喷嘴换成具有一定形状的挤出口。不同的是挤出成型的物料是连续加入的，挤出也是连续进行的[18]。挤出成型的设备一般不具有大的模具系统，挤出口一般就是它的模具，而且挤出系统一般带有牵引、冷却、切割等辅助系统。挤出成型面板的控制系统包括控制加料的速度、塑化温度以及物料的传输速度等。挤出口的温度一般较低，物料在经过挤出口时会由黏流态向玻璃化转变，获得一定程度的冷却固化，制品初步成型。在前端牵引装置的作用下，制品被切割装置按尺寸切割，从而生产出所需的制品。

挤出成型能够连续化生产，可根据需要生产不同长度的管材、板材、棒材等制品。挤出成型生产效率高，单机产量高，一台设备就可生产大量制品，同时还可通过更换不同的螺杆和机头，加工生产多种物料和制品。此外与注塑相比，挤出成型设备简单、成本低、应用广泛，例如可加工塑料、橡胶、纤维等多种类型的制品，还可采用挤出法进行混合、塑化、造粒、着色、坯料成型等。这就使得挤出成型在聚合物加工中占据着重要的地位。完全使用或在工艺中含有挤出过程的塑料制品的生产约占热塑性塑料制品总量的一半，挤出成型也因此在农业、建筑业、石油化工、机械制造、医疗器械、汽车、电子、航空航天等领域广泛应用。

13.2.2.2 成型设备

挤出成型的成型设备主要由主机系统、控制系统和辅机系统三部分组成，如图 13-3 所示。主机主要是由物料的传输控制系统、加热塑化系统、挤出系统、传动系统和冷却系统几部分构成。作为挤出机的关键部分，挤出系统的作用主要是通过加热装置将物料进行加热塑化，另一个作用是通过螺杆或者柱塞、分流梭等构件给物料施加一定的压力，将具有良好的流动性的物料通过挤出口挤出。辅机是由机头、冷却定型装置、牵引装置、卷取装置以及切割装置组成，主要起到辅助作用，是样品的后处理过程。控制系统主要由仪表、电器以及相关执行机构组成。控制系统的作用是控制主机辅机的温度、传输速度等参数的设定，使其可以连续生产出质量较好的制品。主要动力系统是电动机和电热板等器件，各个部分在控制系统的调配下合理分工，协调搭配，保证制品质量。

图 13-3 挤出成型设备

13.2.2.3 成型工艺

挤出成型的工艺流程包括原料准备、预处理、挤出、冷却定型、冷却牵引、卷取、切割以及后处理等工序，如图 13-4 所示。

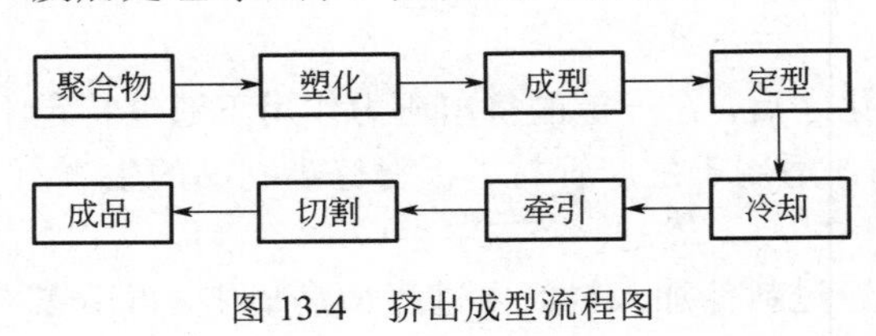

图 13-4 挤出成型流程图

（1）原料准备和预处理　用于挤出成型的原料大部分是颗粒状或粉末状。原料本身一般都含有一定的水分，在塑化过程中不易排出，随着压力一同挤出时会给制品造成气泡等缺陷，造成制品表面粗糙暗淡，制品力学性能严重下降，甚至有可能会使挤出过程无法进行[18]。在挤出成型前应对原料进行预热干燥，目的是使含水量降至 0.5%以下。原料干燥一般是在烘箱或烘烤房内进行的。除了干燥之外，原料中的杂质也应尽可能地去除。

（2）挤出成型　首先对挤出塑化系统进行加热，然后通过传输料斗进行加料。不同的物料玻璃化转变温度不同，以及塑化后的流动性和黏性也不相同，所以每次生产不同的塑料制品时，要重新设定工艺参数，同时还必须根据物料在每个阶段的需求适当地选择温度范围。为了强化对物料的剪切作用，可增大螺杆转速，从而更好地使物料混合并塑化。需要指出的是初期挤出制品的质量和外观均很差，这是受塑化温度和传输速度影响的结果，可根据样品反馈来对工艺参数进行调整。

（3）挤出物冷却定型　通过挤出口的制品温度仍然很高，具有很强的柔软性，容易二次变形，如果出现凹陷或扭曲的现象，将会严重影响制件的质量。一般情况下，挤出之后会立刻进行冷却定型。不同的塑料制品对应有不同的定型方法，在挤出管材、板材或其他异型材料时有独立的定型装置。未经定型的挤出物需要进行冷却定型，使物料的形状基本固定，已定型的挤出物也需要进一步冷却处理。最后，对样品进行退火等后续处理，消除样品内应力，改善使用性能[18]。

（4）制品牵引和卷取　将制品从口模中挤出后，应当匀速地牵引出挤出物，目的是保证挤出过程的连续进行，还可调节挤出型材的截面尺寸。在牵引时，牵引速度与挤出速度相互配合，对制品进行适度的拉伸，有效改善制品在牵引方向上的强度。牵引速度直接影响挤出制品的外观尺寸和尺寸精确度，不同类型制品的牵引速度是不同的。通常情况下，挤出薄膜、单丝等材料需要较快的牵引速度，目的是增大牵伸度，从而减小制品的厚度和直径，提高制品的纵向断裂强度，挤出硬制品的牵引速度则需要小一些。

（5）后处理　不是所有制品都需要后处理，只有一部分制品在挤出成型后为提高性能而进行后处理。后处理主要是指热处理和调湿处理。在挤出较大断面尺寸的制品时，常因挤出物内外部冷却速率相差较大而导致制品出现较大的内应力，此时应对其进行热处理。在低于塑料的热变形温度 10～20℃或高于制品使用温度 10～20℃的条件下保持一定时间，从而达到消除内应力的目的。对于一些吸湿性较强的挤出工程塑料制品如聚酰胺等，在空气中使用或者存放的过程中都会因吸湿而膨胀，而且吸湿达到平衡的周期较长。此时就需要将成型后的制品浸入水中加热，进行调湿处理，加速吸湿平衡，同时消除制品内应力，改善制品性能[18]。

典型工程塑料的挤出成型有很多，如聚酰胺、聚苯硫醚、聚碳酸酯、聚苯醚、氟塑料等的挤出成型。例如，聚酰胺的挤出成型主要包括三大工序，即干燥、成型和后处理。聚酰胺的吸湿性大，为保证制品质量，在成型之前应对物料进行干燥，从而可以将其含水量控制在 0.1%以下。鼓风干燥的温度一般为（100±5）℃，时间约 6～10h，真空干燥的温度为（90±5）℃，时间 4～6h。干燥温度偏高会使 PA 变黄，氧化降解。特别是阻燃 PA，由于添加的低分子助剂会使 PA 的耐热性能下降，因此最好采用真空干燥法。加热塑化是成型中的重要步骤，故塑化温度需要严格控制。在挤出成型 PA 时，应当保证物料稳定进入螺杆并沿螺杆轴向方向进行输送，通常情况下进料段的温度稍微要比 PA 的熔点低，从而使 PA 呈现半熔融状态。在压缩段，螺杆的剪切混合作用会使 PA 产生较大的剪切热与摩擦热，到达该区末端时 PA 应完全熔融，在该区段使挤出量保持恒定。后处理包括冷却定型和牵伸。对于挤出 PA 薄膜，冷却定型主要靠空气冷却，必要时可采用介质冷却。对于挤出 PA 管材，在冷却的同时还应通过定径装置定型，以保证管材的厚薄均匀。牵伸时牵伸速度应根据挤出量或产品规格来调整。

13.2.3 热成型

热成型是将热塑性塑料片材加工成各种制品的塑料加工方法。它是借鉴金属成型技术而发展起来的，虽然用于塑料加工成型的时间不长，但是和注射成型相比，热成型具有生产效率高、设备投资少、能制造表面积较大的产品等优点，因此已广泛应用于各种壁薄、大面积制品的生产。

13.2.3.1 成型原理

热成型原理是利用热塑性塑料（一般为片材）为原料的二次成型技术，其中片材大都采用挤出成型和压延成型[12]。热成型方法有多种，但基本上都是以真空、气压、机械压力为基础加以组合改进而成的。真空热成型是热成型方法中具有代表性的一种方法，其原理是通过真空使片材能贴在模具表面而成型。该方法最为简单，但是压差小，故而只能用于外形较为简单的制品。气压热成型的原理是采用压缩空气或蒸汽压力使片材贴在模具上而成型，可制造外形较复杂的制品。此种方法可以造成较大压差。对模热成型时，首先对片材进行加热，再将片材放在配对的阴、阳模之间，对其进行成型。此法的成型压力比气压热成型更大，模具费用较高。双片材热成型是将两个片状材料放在一起，在中间吹气成型，可生产大型中空制件。

13.2.3.2 成型设备

热成型设备包括加热系统、夹持系统、真空系统、压缩空气系统以及成型模具等。薄片材的加热方式主要通过电热或红外线辐照加热，加热时间与片材厚度有关，占成型周期的大部分时间。为了减轻成型机的负荷，提高生产效率，厚的薄片还需配备烘箱进行预热。成型机的加热器一般都采用红外线辐照式[12]。成型时模具温度一般保持在 45～75℃，温度过高会使片材表面热分解，过低则会使制品表面粗糙。加热后的冷却一般是风冷。夹持系统通常由上机架、下机架以及两根横杆组成。上机架在压缩空气的控制下将片材均衡而有力地压在下机架上，夹持压力通过控制系统来调整。为了使物料分布均匀，必须要通过框架上附有的自动补偿压力装置保持均衡的夹持，从而使得夹持压力不会因片材厚度的不同而出现不均。夹持的片材必须具有可靠的气密性，避免成型时板材的滑动、弯曲等。真空系统由真空泵、贮罐、管路、阀门等组成。真空泵多采用叶轮式，能达到的真空度通常是 0.067～0.08MPa。成型设备的大小决定真空泵的功率，较大的成型设备中常有 2～4kW 的真空泵。压缩空气系统的结构主要有空气压缩机、管路、阀门、贮压罐等，有自给和集中供应两种形式。中等大小的热成型设备中所附的空气压缩机多数都是单级或双级的，额定容量为 0.15～0.3m^3/min，压力范围为 0.6～0.7MPa，并附有贮压器以平稳所施压力。

13.2.3.3 成型工艺

热成型的工艺过程包括片材的准备、夹持、加热、成型、冷却、脱模、制品的后处理等，如图 13-5 所示。其中影响制品质量的主要因素有加热、成型和冷却。

（1）加热　将片材加热到成型温度所需要的时间一般占整个成型工作周期的 50%～80%左右。片材的厚度和比热容的增大都会使加热时间加长。在一些较薄的或者比热容较小的片材加热过程中，片材从加热结束到开始拉伸变形，因工位的转换有一定的时间间隙，片材会因散热而降温，特别是较薄的、比热容较小的片材散热降温现象十分显著，所以片材的实际加热温度一般比成型所需要的温度稍高一些。片材的热成型温度段一般为材料熔点的50%～80%，该温度段的材料处于高弹态，成型性能好[20]。

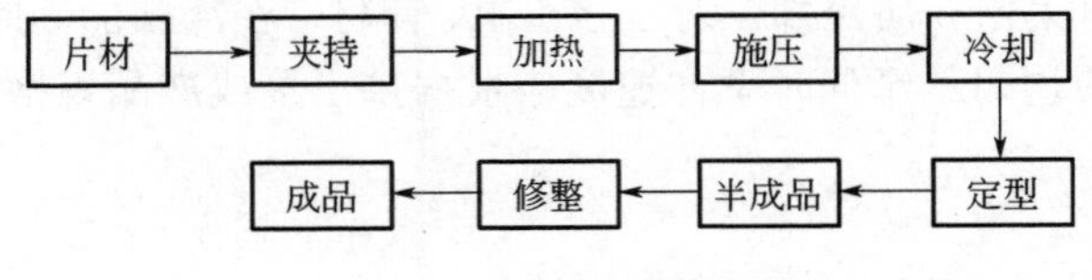

图 13-5　热成型工艺流程

（2）成型　成型过程是指对软化后的片材施加压力使其紧贴模具型面，经过冷却和修剪后获得与型面一致的制品，压力一般为液压或者机械压力。在成型时会出现制品薄厚不均匀的现象，原因主要是牵伸或拖拽片材速度的不同，或者片材各个位置受到的牵伸或拖拽程度不同。成型时如果在所有方向上的牵伸都是均匀一致的，则制品在各个方向上的性能就不会出现不同，但是实际情况中很难遇到。如果成型中的牵伸偏重在一个方向上，则制品会出现各向异性。生产实践表明，在合适的成型温度下，如果单向牵伸的数值和双向牵伸的差值都保持在一定范围内，则制品的各向异性程度就不会很大。

（3）冷却　为了缩短成型周期，必须使用人工冷却。人工冷却法分为内冷和外冷，通常大多数采用外冷，具有简单易行的特点。

13.2.4　压缩模塑

13.2.4.1　成型原理

压缩模塑又称模压成型或压制成型。这种成型方法是先将粉状、粒状或纤维状等塑料放入成型温度下的模具型腔中，然后闭模加压使塑料原料成型，并将成型的塑料原料固化。在压力作用下，材料先由固体变为半流体并在半流体状态下流满型腔，从而根据型腔获得具有一定形状的制件，最后脱模制成塑料制品。

压力是压缩模塑成型过程中模塑料充模流动的动力，同时成型压力还对压缩模塑料制品的内部结构产生影响，从而影响材料的力学性能[21]。在压缩模塑过程中，由于模塑料吸附的小分子物质如水等的汽化及成型过程中带入的空气，会在材料内部形成气泡，其数量及尺寸是影响材料性能的重要因素。通常提高成型压力有利于气体的逸出或分散，减小气泡的尺寸。成型压力过低时，模塑料充模流动困难，材料内部难以形成致密结构，容易形成大尺寸气泡及其它缺陷，制品力学性能较低。适当提高成型压力，不仅可以提高模塑料的充模流动能力，而且可提高材料的致密度，减少缺陷，降低气泡尺寸，从而可改善制品力学性能。压缩模塑可用于热固性塑料和热塑性塑料。模压热固性塑料时，塑料在压力作用下，先由固体变为半流体，并在这种状态下流满型腔而取得型腔所赋予的形状。随着交联反应的进行，半流体的黏度逐渐增加而变为固体，最后脱模成为制品。热塑性塑料的模压在前一阶段的情况与热固性塑料相同，后续由于没有交联反应，所以在流满型腔后须将塑模冷却使其固化，才能脱模成为制品。

压缩模塑的主要优点是可模压较大平面的制品，可利用多槽模进行大批量生产，缺点是生产周期长、效率低，不能模压尺寸准确性要求较高的制品，这一情况尤以多槽模较为突出，主要原因是在每次成型时制品毛边厚度不易保持一致。

13.2.4.2　成型设备

压缩模塑的成型设备主要包括压机和模具。压机是压缩模塑成型的主要设备，在一些情况下还可以起到开启模具或顶出制品的作用。压机可分为下压式液压机和上压式液压机。下压式液压机由于工作油缸在压机的下部，其工作方式是由下往上压。上压式液压机的工作油缸设置在压机的上方，因此压力主要依靠柱塞的自重下行来实现，上行则需借助液压传动。

模具是压缩模塑成型的主要工具，一般由钢材制成，分为上下模，又称为阴阳模。按照阴阳模局部闭合形式的特征分为溢式压模、半溢式压模和不溢式压模三种[18]。不溢式压模的优点是物料不会从模具型腔中溢出，这样就可将全部的模压压力都施加在物料上，不会出现压力分散，从而可以成型牵引度非常大的塑料制品。使用不溢式压模成型的制品压实性好，密度较高且比较均匀，溢流痕迹几乎没有。但是使用这种模具成型时要求加料量准确，且模具结构复杂、阴阳模闭合要求准确，从而制造成本高。

13.2.4.3　成型工艺

压缩模塑成型的工艺过程分为预压、预热、模压三个部分[19]。预压是将模塑粉、颗粒等预先压制成一定形状，目的主要是改善制品质量以及提高压缩模塑成型法的效率。预压一般只用于热固性塑料。预热是把模塑料在成型前先行加热，借以提高模塑料的加工性能并缩短成型周期，降低成本。预热可用于热固性和热塑性塑料。预压和预热不但可以提高模压效率，而且对制品质量也起到积极作用。模压过程是将塑料物料加入模具型腔中，然后闭合模具，排放气体，在设定的模塑压力和温度下保持一段时间，脱模获得制品。图 13-6 给出了压缩模塑成型工艺流程。

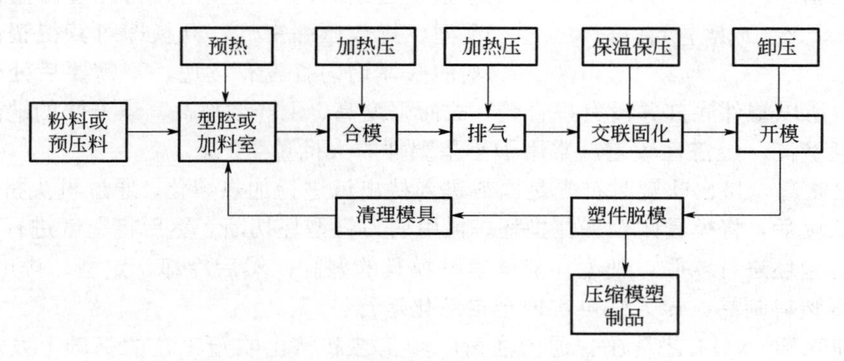

图 13-6　压缩模塑成型工艺流程

13.2.5　中空成型

13.2.5.1　成型原理

中空成型又称吹气成型、吹塑成型，是形成中空塑料部件的制造工艺，适用于生产中空塑料及薄膜制品。中空成型的原理是利用聚合物达到玻璃化转变温度之后的黏弹性，管状或块状坯料通过挤出口后被吹入气体使坏料充模，然后在一定的时间内冷却脱模，达到符合模具外形和中空的需求。按照不同配料，中空成型可以生产多层中空制品。中空成型的模具只有阴模，没有阳模。中空成型成本低廉，工艺流程简单，效益高，可以生产形状较为复杂的产品，缺点是较难控制产品壁厚度的均匀性，精度一般没有注塑成型制品的高。

13.2.5.2　成型设备

中空成型的设备主要包括挤出装置、机头、模具、锁模装置、供气装置等。其中，作为挤出吹塑成型中最重要的设备，挤出装置是成型的关键。模具一般有两套，分别用来注射型坯和吹胀。图 13-7 给出了挤出吹塑设备原理图。

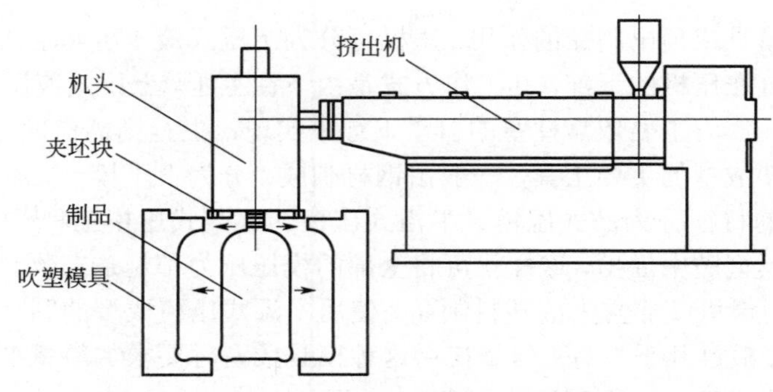

图 13-7　挤出吹塑设备原理图

13.2.5.3　成型工艺

采用吹塑进行中空成型的主要方法有注射吹塑、挤出吹塑、拉伸吹塑等。

（1）注射吹塑　注射吹塑是中空成型法的一种，主要加工有金属型芯的型坯[22]。工艺过程如图 12-8 所示，首先将原料在注塑机中加热熔化，然后利用注射机将熔融塑料注入注射模内以形成管坯。管坯是在周壁带有微孔的空心金属型芯凸模上成型的，然后被转移至吹塑模内，合模并从芯棒的管道内通入压缩空气，使型坯吹胀并能够紧贴在模具的型腔壁上，再经过保温保压、冷却定型、排放压缩空气，开模即可获得塑件。注射吹塑的壁厚均匀且没有飞边，不需要后处理。由于注射型坯有底，所以塑件底部并没有拼合缝，故而强度高、生产效率高。该方法的缺点是设备与模具的资金耗费高，经济性较差，常用于小型塑件的大批量生产。

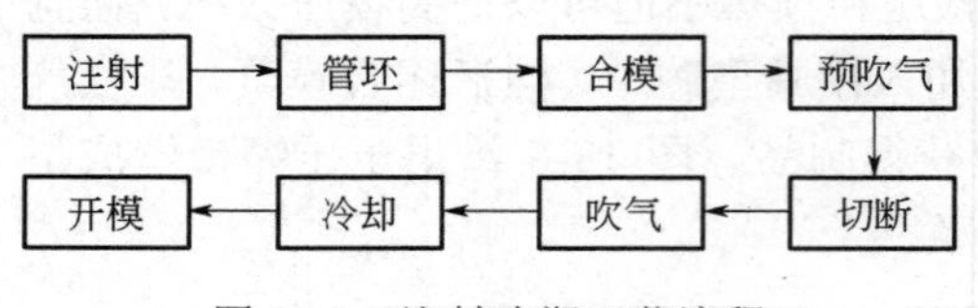

图 13-8　注射吹塑工艺流程

（2）挤出吹塑　挤出吹塑时首先是原料进入挤出机进行加热熔化，通过机头挤出型坯。在型坯有一定长度后，将模具闭合夹住型坯，再用切刀将型坯切断。然后将空气进行压缩，导进型坯之中，对型坯进行吹胀，使型坯能够紧贴模具的型腔，然后冷却、定型、排出压缩空气，最后开模获得塑料制品。该方法可实现全自动化运行。

（3）拉伸吹塑　该工艺是在普通的注射吹塑工艺和挤出吹塑工艺的基础上发展起来的一种中空成型的吹塑成型工艺[19]。拉伸吹塑工艺采用双轴定向拉伸成型，首先使用挤出法或注射法制成型坯并升温，通过拉伸夹具在外部进行纵向拉伸或同时进行横向拉伸而获得制品（图 13-9）。拉伸吹塑能够提高中空制品的刚性、韧性、透明度，降低产品厚度，生产效率高，缺点是模具和设备要求较高，从而生产成本较高。

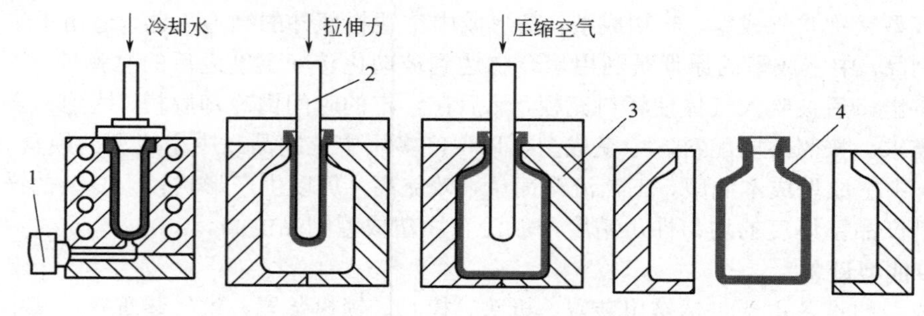

图 13-9　注射拉伸吹塑成型示意图

1—注射机喷嘴；2—拉伸棒；3—吹塑模；4—塑件

13.3 工程塑料改性

工程塑料具有优异的性能，在日常生活中应用广泛。然而单一的工程塑料一般不足以满足人们生产和生活的需要，因此需要采用相应的手段进行改性，以进一步提高性能，拓宽其应用。工程塑料改性是生产新型工程塑料制品的主要途径，是指在某种塑料基体材料中添加改性剂或者使用化学方法进行改性，从而生产出符合人们生产生活需要的、具有全新结构和功能特征的新型工程塑料制品。工程塑料的改性主要包含共混改性、填充改性、增韧改性、阻燃改性等。

（1）共混改性　工程塑料的共混改性主要是将各类工程塑料进行混炼，使混炼后的工程塑料的性能发生实质性变化，最终形成新的聚合物体系。工程塑料共混改性有嵌段共聚、接枝共聚、机械共混、反应共混、相容化技术等[23]。工程塑料在混炼过程中，原本的聚合物会在化学反应的条件下产生接枝共聚物或嵌段共聚物，继而还会发生交联反应。不论是嵌段共聚还是接枝共聚，都能将合金的力学性能充分体现出来，是典型的化学法合金生产技术。嵌段共聚和接枝共聚的缺点是造价较高。机械共混是把两种或两种以上的工程塑料在熔融的状态中混合，达到分子层次上的互容状态。事实上这种方法难有显著的性能改善，主要是聚合物与聚合物之间往往并不相容，因此常常要添加相容剂。

（2）填充改性　工程塑料的填充改性主要是将填充材料适量加入工程塑料中的改性方法。无机粉体材料是塑料的主要填料，一般在填充前需要先活化颗粒表面，使无机粉体材料的颗粒表面有机化，让原本的亲水性向亲油性转变。工程塑料的填充改性主要有一步法和两步法。一步法是指将树脂与填充材料按照一定的比例混合，搅拌均匀，然后将其投入成型加工设备中一步到位地完成物料的混炼与成型加工。两步法指按照比例将树脂与填充材料混合，先在加工设备上进行浸渗、混炼，然后再借助成型设备将混炼的物料加工成型成制品[24]。工程塑料的填充改性能有效提升制品的力学性能。在对树脂进行填充改性时，为强化相关力学性能，可选择片状或纤维状的填充材料。为改善工程塑料的韧性和刚性，可选择粉粒状的填充材料。在不影响工程塑料性能的前提下，对工程塑料进行填充改性，可减少生产成本。这是因为不论是有机填充材料还是无机填充材料，其价格都远低于合成树脂。

（3）增韧改性　在工程塑料成型和加工过程中，在原料中加入某种组分，或者使用化学方法使聚合物发生接枝、交联等反应，使得其在光、电、磁、杀菌防霉方面具有独特的性能，都可以称为工程塑料的改性。其中，提高工程塑料的抗冲击韧性即增韧是一个重要的改性方面。一些工程塑料的韧性不够，可以通过加入韧性较好的材料或者超细无机材料，从而增加材料韧性。例如在聚酰胺中加入 5%～25%的橡胶或热塑性弹性体，可使聚酰胺的抗冲击强度增加很多。研究表明，增韧剂用量对聚酰胺力学性能的影响很大，弹性体用量小于 10%时增韧效果不明显，弹性体用量持续增加则共混产品的冲击性能增加很多，但是弯曲强度下降。

（4）阻燃改性　对于特种工程塑料如聚砜、聚苯硫醚、聚酰亚胺等，它们本身的阻燃性能即可满足很多应用领域的需要，可不进行阻燃处理。然而对于一些广泛使用的通用工程塑料如聚酰胺、线型聚酯等，它们的阻燃性能并不好，需要进行阻燃处理。针对工程塑料阻燃改性，普遍使用的方法是添加阻燃剂来提高材料的阻燃性能，如溴系阻燃剂、氯系阻燃剂和磷系阻燃剂[25]。溴系阻燃剂效率高、用量少，对材料的性能影响小，性价比高。

参考文献

[1] 张丽. 我国工程塑料产业现状分析与发展建议［J］. 化工新型材料，2018，46（12）：16-22.

[2] 郭永峰．工程塑料“飞入寻常百姓家”[J]．石油知识，2016（06）：24-25.
[3] 陈鑫岳．特种工程塑料 [J]．化工新型材料，1992（1）：39-43.
[4] 刘亚青．工程塑料成型加工技术 [M]．北京：化学工业出版社，2006：20-25.
[5] 王晶．工程塑料材料的研发和应用 [J]．环球市场，2017（6）：184-184.
[6] 孙安垣，闫恒梅，叶坚．我国工程塑料加工应用进展 [J]．工程塑料应用，2001（03）：48-52.
[7] 深圳塑协．我国工程塑料行业发展前景“一片光明”[J]．塑料制造，2012（9）：46-46.
[8] 许江菱，钟晓萍，朱永茂等．2015～2016 年世界塑料工业进展 [J]．塑料工业，2017，45（03）：1-44，108.
[9] 李传江．优异的工程塑料——聚甲醛 [J]．煤炭与化工，2010，33（2）：18-19.
[10] 蒋智杰．聚苯醚/弹性体复合材料的制备及性能 [D]．广州：华南理工大学，2013.
[11] 邢秋，张效礼，朱四来．改性聚苯醚（MPPO）工程塑料国内外发展现状 [J]．热固性树脂，2006，21（5）：49-53.
[12] 石安富，龚云表．工程塑料手册 [M]．上海：上海科学技术出版社，2003，9-12.
[13] 万涛．聚苯硫醚的合成与应用 [J]．弹性体，2003，13（1）：38-43.
[14] 李敏，张佐光，仲伟虹等．聚酰亚胺树脂研究与应用进展 [J]．复合材料学报，2000，17（4）：48-53.
[15] 吴忠文．特种工程塑料聚醚砜、聚醚醚酮树脂国内外研究、开发、生产现状 [J]．化工新型材料，2002，30（6）：15-18.
[16] 杜江华，韩非，杨鹏元．民族高校《塑料成型工艺实验》课程的教学探索研究 [J]．山东化工，2018（2）：101-102.
[17] 肖作良．聚碳酸酯注射成型工艺及热氧老化稳定性研究 [D]．青岛：青岛科技大学，2014.
[18] 钱泉森，刘华，陈智刚．《塑料成型工艺与模具设计》精品课程建设的实践 [J]．职业技术教育，2007（23）：16-17.
[19] 杨世英．第三章 工程塑料的成型加工 [J]．塑料开发，1991，37（4）：234-238.
[20] 庄靖东．聚醚醚酮板材热成型性能研究 [D]．武汉：华中科技大学，2015.
[21] 周晓东，张春光，潘伟等．粉末浸渍长玻璃纤维增强聚丙烯的压缩模塑 [J]．复合材料学报，2003（02）：19-24.
[22] 薛成．高密度聚乙烯小中空专用料的加工成型研究 [D]．北京：中国石油大学，2018.
[23] Glassert W G．Engineering Plastics from Lignin．Ⅷ．Phenolic Resin Prepolymer Synthesis and Analysis [J]．Journal of Adhesion，1984，17（2）：157-173.
[24] 杨勇，张师军．PBT 共混改性研究最新进展 [J]．塑料，2004（4）：39-46.
[25] Kalacska G，eteghem A V，Parys F V．The tribological behaviour of engineering plastics during sliding friction investigated with small-scale specimens [J]．Wear，2002，253（5）：673-688.

14 橡胶合成与加工

14.1 概述

橡胶是一类柔性聚合物，室温下具有高弹性。橡胶制品在生活中较为常见，例如汽车轮胎、橡胶手套、橡胶垫片等，它们作为一种工业和民用物资，在生产生活中发挥着重要作用。

14.1.1 定义与特性

橡胶是一类聚合物材料，在常温下具备高弹性，其形变可逆。橡胶在较小的外力下产生较大的形变，而当撤掉外力后，其形变又会恢复。橡胶是由不同单体聚合而成的，属于非晶态聚合物，玻璃化转变温度（T_g）较低，其分子链排列方式随机，分子量范围很大，平均分子量一般可达到几十万甚至更多。

作为高分子聚合物的一种，橡胶具备很多特性，其中高弹性是它的最主要特征。橡胶弹性模量很小，伸长变形很大，伸长率可达百分之百甚至更高。橡胶在变形后，其变形仍有可恢复的趋势，而且其高弹性的特点可以表现在较大的温度区间。橡胶之所以具有此特性，是由它本身的分子结构决定的。橡胶分子是长链的高分子，由链节相连接而成。分子链柔软，玻璃化温度低于室温，所以室温下链段可以进行充分的活动。橡胶分子之间的吸引力小，容易产生相对运动。橡胶分子间也可以通过交联相连接形成体型结构，从而限制大分子链的活动幅度[1]。

橡胶也是黏弹性体，在外力作用下分子内部活动会随时间、温度等条件改变而发生改变，从而使橡胶的力学性质变化，如出现应力松弛与蠕变现象[2]。橡胶的形变保持不变，其受到应力随着时间延续而逐渐降低的现象即为应力松弛，如图 14-1 所示。线性聚合物的应力最终会趋于零，所以线性橡胶不适合做传送带。

蠕变是指对材料施加的外力保持不变，其形变随着时间的延续逐渐增加的现象。如图 14-2 所示，理想弹性体的形变与时间无关，对其施加一个应力，会立即产生一个相应的形变。理想黏性体在受到外力作用后，随着时间的延续，其形变保持线性增加。而橡胶则是介于两者之间的材料。

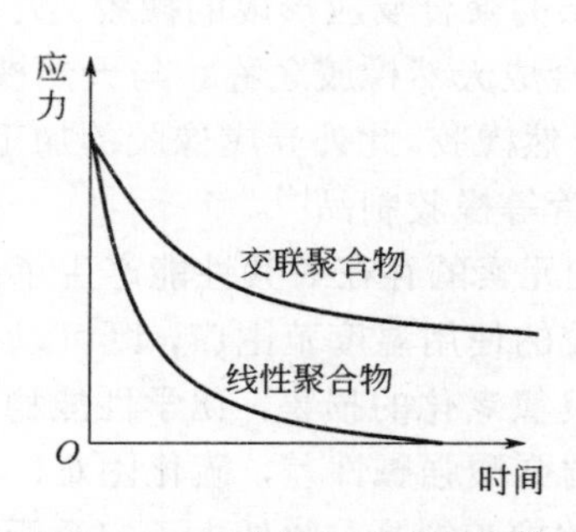

图 14-1 聚合物的应力松弛[2]

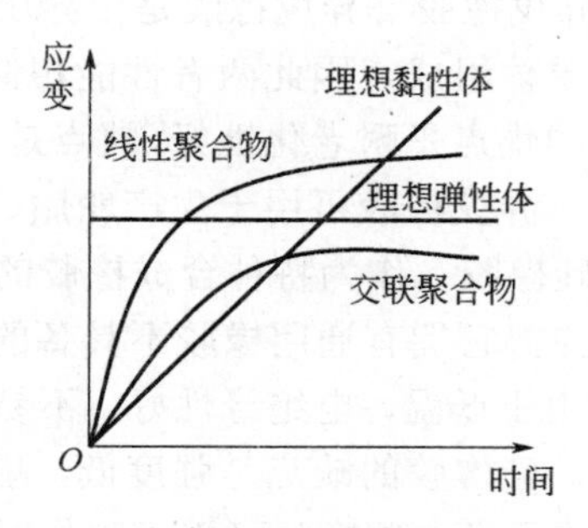

图 14-2 聚合物的蠕变[2]

橡胶具有减缓冲击、减弱震动的特点。和普通塑料一样，橡胶是电绝缘材料。和其它高分子材料一样，橡胶也具有温度依赖性，在一定温度范围内使用橡胶才能保持良好的性能。橡胶在低温时不具有高弹性，在高温时橡胶会发生化学和物理变化，失去原有的性能，即温度过高时橡胶会失去弹性，可通过改性措施来扩大橡胶的温度使用范围。此外，橡胶会因各种外界因素而发生老化，使其性能变坏、寿命缩短。线性结构的橡胶在实际应用中往往性能很差，几乎没有使用价值，必须选用配合剂进行改性才可投入使用。例如通过硫化处理，赋予橡胶一定的强度和弹性，得到分子结构为体型的橡胶，但是对于具有特殊用途的热塑性橡胶来说，硫化不是必须进行的。

14.1.2 常用橡胶介绍

通常橡胶可以按照来源分为天然橡胶和合成橡胶两大类。天然橡胶是通过收集橡胶树胶质并经过特定处理而成，其中橡胶烃的含量一般达到 90%以上。合成橡胶是由多种单体通过聚合反应而得到的高聚物，其单体主要来源于石油化工产品中的低分子量不饱和烃。按橡胶性能及用途进行分类，有通用橡胶和特种橡胶两大类。通用橡胶在使用上无特殊性能要求，产量大，应用范围广。特种橡胶一般具备耐油、耐酸碱、耐高低温等特殊性能，常用于特殊用途[3]。生产生活中常用的橡胶主要有天然橡胶、丁苯橡胶、顺丁橡胶、异戊橡胶、硅橡胶、氟橡胶等。

（1）天然橡胶　天然橡胶的成分是以橡胶烃为主，即异戊二烯的聚合物，其中橡胶烃含量高达 90%以上，而非橡胶成分较少。天然橡胶可以轻易地溶解在油中，同时作为非极性橡胶也可在非极性的溶剂中溶解。天然橡胶的优点是弹性优异，加工性能好，易与其他材质黏结，电绝缘性优良，耐磨性能极佳。缺点是易老化，耐热性差，高温时容易失效，耐油性不好，耐溶剂性差，容易受到酸碱腐蚀。天然橡胶是生产轮胎等常见橡胶制品的主要原料，也可以用来制作减震零件。

（2）丁苯橡胶　丁苯橡胶是由丁二烯和苯乙烯聚合而得到的共聚体，性能和天然橡胶类似，是最早合成的橡胶，同时也是现在产量最大的合成橡胶。和天然橡胶相比，它的耐磨性、耐热性以及耐老化性优异，缺点是弹性不高，周期性形变产生的热量大，耐油、耐溶剂、耐高温性能差，加工性不好，生胶强度很低。丁苯橡胶与天然橡胶类似，主要用来制作一些日常橡胶制品，如轮胎、胶鞋、胶带等。

（3）顺丁橡胶　顺丁橡胶是由丁二烯顺式聚合得到的橡胶，制备它不需要经过塑炼操作。顺丁橡胶的优点是具有较大的弹性形变，耐老化性、耐磨性、耐低温性优异，周期性负载产生的热量小，可以抵抗化学药品的侵害（强酸强碱除外），缺点是强度不高，加工性能差，常用于制作轮胎、传送带和特殊用途的耐寒橡胶制品。

（4）异戊橡胶　异戊橡胶是由异戊二烯单体通过复杂的聚合反应形成的橡胶。天然橡胶也是由这种单体组成，因此两者性能相似，异戊橡胶也有合成天然橡胶之称。与天然橡胶相比，异戊橡胶的优点是耐老化性好，缺点是弹性与强度不如天然橡胶。此外异戊橡胶的加工性能差，成本较高。异戊橡胶可用于生产轮胎、胶带、胶鞋、胶管等橡胶制品[4]。

（5）硅橡胶　作为特种合成橡胶的一种，硅橡胶中硅元素的存在对其性能产生了巨大的影响，从而使得它拥有通用橡胶不具备的特殊性能。硅橡胶的使用温度范围广，既可以在高温下使用又可用于低温，电绝缘性好，不易受到热氧老化和臭氧老化的损害，化学性能稳定，不易发生反应。硅橡胶的缺点是强度低，耐油性、耐溶剂、耐强酸强碱性差，硫化困难，加工性能不好，价格不菲。硅橡胶可用于制作对温度有特殊要求的橡胶制品。此外由于安全无毒害，硅橡胶也常用于医疗、卫生、工业及食品等领域[5]。

（6）氟橡胶　氟橡胶是由含氟单体共聚而成的橡胶。它可以在很高的温度下保持优异的性能，耐溶剂性好，可以抵抗酸碱和油性溶剂的侵害。此外氟橡胶的电绝缘性好，化学性质不活泼。它的缺点是价格不菲，加工性能差，耐低温性差，主要用于现代航天航空、导弹火箭等高精尖技术领域以及汽车机械等工业部门。

14.2 单体合成与聚合及后处理

生胶是未经硫化的橡胶，从类型上可分为天然橡胶和合成橡胶。天然橡胶是从橡胶树等植物提取胶质加工而成的，而合成橡胶是由人工合成的，其合成工艺由单体的合成和精制、聚合以及后处理等组成。

14.2.1 单体合成与精制

组成橡胶大分子的结构单元即为单体。因为橡胶的种类有很多，所以橡胶的单体种类也很多。橡胶的单体主要是拥有共轭双键的二烯烃、烯烃及其衍生物。以最为常见的七种通用橡胶为例，它们一共包含了 8 种主要单体，其中乙烯、丙烯、丁二烯、异戊二烯、异丁烯直接来自石油裂解，苯乙烯、氯丁二烯和丙烯腈则是以石油的裂解产物为原料来合成的。为满足需要，合成橡胶的性能有时候仍需要继续完善，改善的方法之一是添加一些特殊单体，这些特殊单体也都可以通过加工石油裂解的基本产品而得到。

石油裂解产物主要是芳香烃、环烷烃和烷烃等。采用炼油厂常用的常压、减压分馏等物理分离方法虽然可从石油混合物中分离出一些重要的工业应用物质，但是要想从中直接提取合成橡胶的单体物质却很困难，所以必须将石油轻馏分进行热裂解或催化裂解来制取生产橡胶所需要的各种单体物质。得到单体后需要进行精馏、洗涤、干燥等工艺过程。

14.2.2 聚合过程

得到橡胶单体后需要进行聚合。将一定量单体加入反应容器中，添加催化剂、引发剂等，混合均匀并按照一定的聚合原理进行聚合反应。

14.2.2.1 聚合工艺

橡胶中的聚合工艺主要包括乳液聚合和溶液聚合。乳液聚合速度快，聚合物分子量高，残余单体容易去除，得到胶乳即可投入使用，缺点是聚合物杂质如乳化剂会影响产品性能。溶液聚合的聚合物分子量低，聚合速度较慢，单体浓度低，热量易扩散，不易凝聚，聚合后可以以溶液的方式直接使用。以丁苯橡胶为例，比较乳液聚合和溶液聚合得到的产品性能差异。乳液聚合的丁苯橡胶的分子链支化程度较高，凝胶含量大，性能较差，应用范围日趋减少。溶液聚合的丁苯橡胶支化少，分子量分布集中，顺式含量高，非橡胶成分低。由于每种合成方法所用单体以及引发剂、催化剂、乳化剂等助剂的不同，可以合成出结构不同和性能迥异的橡胶材料。

14.2.2.2 聚合原理

根据聚合原理可将聚合过程分为加成聚合、缩合聚合和开环聚合。加成聚合时，聚合物由烯烃和二烯烃单体通过打开双键相互连接而成，如异戊橡胶、氯丁橡胶等多数合成橡胶，反应机理主要是连锁聚合反应。缩合聚合时聚合物由单体间官能团脱去小分子聚合而成，如硅橡胶、聚硫橡胶等特种橡胶，反应机理主要是逐步聚合反应。开环聚合时聚合物由环状化合物经开环聚合而成，如氯醚橡胶。

14.2.3 后处理

对物料脱除未反应单体是得到性能良好橡胶的首要步骤，之后物料继续经过一系列凝聚、脱水、干燥等处理。在乳液聚合过程中，可以添加电解质或者高分子凝聚剂，破坏乳液使得胶粒析出，达到凝聚析出的目的。溶液聚合以热水凝析为主，凝聚后析出的胶粒含有大量的水，需脱水、干燥。经过后处理即可得到生胶。

14.3 橡胶材料的配合体系

单纯的天然橡胶和合成橡胶，其性能都难以满足使用要求，必须加入多种配合剂，通过复杂的化学和物理作用产生微观结构变化，才能达到材料的性能要求。橡胶材料的组分构成比其他高分子材料复杂，需要添加的配合剂种类多、数量大，根据各组分在橡胶材料中的作用大体可以将其分为七类，如表 14-1 所示。

表 14-1 橡胶材料的基本组分构成[3]

类别	组分构成	主要作用
母体材料	天然橡胶、合成橡胶	赋予材料弹性、基本性能和特性
硫化体系	交联剂、促进剂、活性剂等	结构由线性变为体型，调整交联结构，提高交联反应活性
防护体系	化学防老剂、物理防老剂	阻滞老化过程
补强填充体系	补强剂、填充剂	提高材料的力学性能，降低成本改善性能
软化增塑体系	增塑剂、软化剂	改善加工性能、提高柔韧性
加工助剂体系	均匀剂、分散剂等	少量加入可提高加工性能
其他助剂	着色剂、发泡剂、阻燃剂等	满足材料特殊性能要求

14.3.1 母体材料

橡胶的母体材料也就是橡胶的基体，是影响胶料的使用性能、力学性能和生产成本的重要因素。对于橡胶基体的选择通常首先要确保其性能满足要求，然后尽量降低生产成本。通常会采用两种以上的橡胶共混作为基体，或者橡胶与塑料共同使用，从而克服单一橡胶存在的性能缺点。在实施共混操作时，要依据共混组分的相容性以及共交联特性，采用合适的共混方法，以达到良好的共混效果，当前有近 75%的橡胶都是共混的。合成橡胶的重要原材料绝大部分都是由石油工业制造的。不同单体通过聚合反应得到的橡胶称为生胶，它是决定橡胶的使用、加工性能好坏和产品成本高低的主要因素。生胶是橡胶母体材料。

14.3.2 硫化体系

硫化是橡胶结构由线型变成体型的过程，从而使橡胶成为性能优异的材料。未经硫化的橡胶结构呈线型，存在强度低、弹性差、遇冷变硬遇热则软、易溶于溶剂等缺陷，使橡胶产品使用价值低。经过硫化的橡胶既可以具有一定的强度，同时还可以保持原有的高弹性。硫化体系包括硫化剂、促进剂、活性剂、防焦剂等，有时也将硫化体系中硫化剂之外的配合剂统称为硫化助剂。

14.3.2.1 硫化剂

橡胶经硫化后其结构发生改变，从而导致橡胶在物理及化学性质等方面发生变化，如图 14-3 所示。随硫化时间的增加，拉伸强度、回弹性、硬度增大，伸长率和溶胀性能下降。过长的硫化时间会使得橡胶性能下降。

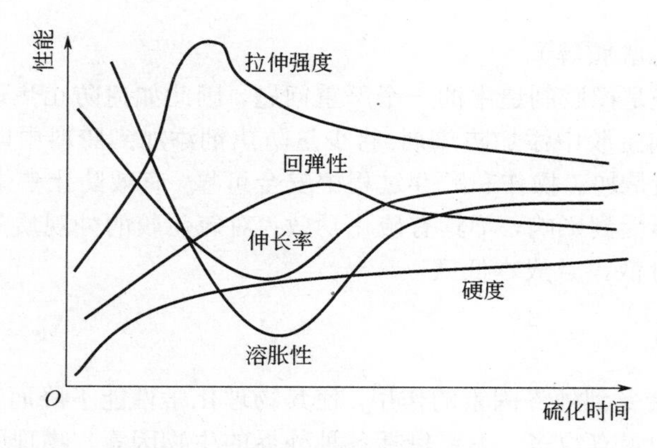

图 14-3 硫化过程中橡胶性能的变化[3]

硫化剂是使橡胶发生硫化的物质，橡胶用的硫化剂种类很多。橡胶硫化体系可分为硫黄硫化体系和非硫黄硫化体系两大类。硫黄、硒、碲及含硫化合物均属于硫黄硫化体系范畴，主要用于天然橡胶和不饱和二烯类通用合成橡胶（异戊橡胶、丁腈橡胶、丁苯橡胶等）的硫化。低不饱和度的丁基橡胶和三元乙丙橡胶有时也可使用硫黄硫化，而饱和程度较大的合成橡胶及特种橡胶需要用非硫黄类硫化剂硫化。尽管新型硫化剂种类多样，硫黄仍是二烯类通用橡胶的主要硫化剂。这是由于硫黄不仅比其他新型硫化剂价格便宜，而且通过硫黄与促进剂、活性剂并用，硫化胶具有良好的性能。所以普通橡胶制品仍以硫黄硫化为主，而具有特殊性能的橡胶制品或特种橡胶则采用特殊的硫化剂。

硫黄之所以能和二烯类通用橡胶反应是与其特性有关的。室温时硫黄不与橡胶分子反应。当温度升到 159℃时，硫黄环被活化裂解，一方面均裂成自由基，使橡胶中的双键自由基化，另一方面异裂成离子，使橡胶中的双键离子化。二烯烃类橡胶分子链中存在大量双键，它的 π 电子云反应活性很高，当受到自由基影响时会产生双键自由基化；当受到外界离子影响时，双键电子云偏移产生离子化。自由基机理和离子化机理是硫黄与二烯类通用橡胶反应的机理。

14.3.2.2 硫化助剂

（1）促进剂　促进剂是可以促进硫化进程的物质，它可以减少硫化时间、降低硫化温度，使硫化工艺得到更好的控制，此外还可以减少硫化剂用量。使用无机促进剂硫化后得到的硫化胶性能较差，已经逐渐被有机促进剂替代。有机促进剂可以提高硫化的生产效率，此外对提高橡胶制品的物理性能等有重要贡献。有机促进剂主要有噻唑类、硫脲类、秋兰姆类、胍类、醛胺类、黄原酸盐类、二硫代氨基甲酸盐类和次磺酰胺类。促进剂又可按酸碱性分类。其中酸性促进剂包括黄原酸盐类、秋兰姆类、二硫代氨基甲酸盐类和噻唑类等。中性促进剂包括次磺酰胺类和硫脲类等。碱性促进剂包括醛胺类和胍类等。

单一的促进剂往往不能得到较好的效果。为进一步提高硫化速率，使橡胶达到全面的、较高的使用价值，在橡胶配方中硫化体系通常含有两种或三种促进剂，以达到取长补短或相互活化的效果，从而满足工艺及产品质量的需要。促进剂合用通常以一种或几种促进剂为主，另一种或几种为辅。主促进剂用量较大，辅促进剂用量较少，一般为主促进剂用量的 10%～40%。

（2）活性剂　活性剂是充分发挥促进剂活性的物质，一方面可以缩短硫化时间，另一方面也可以改善硫化胶性能。活性剂可分为无机活性剂和有机活性剂。无机活性剂有金属氧化物（氧化铅、氧化钙、氧化锌、氧化镁等）、金属氢氧化物（氢氧化钙等）以及碱式碳酸盐（碱式碳酸锌、碱式碳酸铅等）。有机活性剂有脂肪酸类（软脂酸、硬脂酸、油酸、月桂酸等）、皂类（硬脂酸锌、油酸铅等）、胺类（二苄基胺等）、多元醇类（二甘醇、三甘醇等）以及氨基醇类（乙醇胺、二乙醇胺、三乙醇胺等)。

(3)防焦剂　焦烧是橡胶制造中的一个严重问题，因此如何防止焦烧需要重视。防止焦烧最简单的一个方法是向生胶中添加防焦剂。将少量防焦剂添加到胶料中即可阻绝或抑制胶料焦烧。理想的防焦剂应该是加工操作和贮存过程中安全可靠，有效防止焦烧的同时保证总硫化时间不变、硫化速率不会受到影响，不具有硫化功效；对硫化胶的外观质量、化学性能及力学性能无破坏，无毒、易分散，且成本低廉。

14.3.3　防护体系

生胶或橡胶制品会受到外界因素的作用，使其物理化学性能下降而导致失效，即橡胶的老化。导致橡胶老化的因素有很多，主要包括各种外界的生物因素、物理因素和化学因素等。这些因素通常相互影响，协同加速橡胶老化。橡胶老化最常见的种类有热氧老化、臭氧老化、疲劳老化等。橡胶在热和氧的协同作用下的老化称为热氧老化。橡胶暴露在空气中与氧接触，在使用时会产生部分热量。这部分热量会促进氧化，加快热降解。尽管空气中臭氧浓度较低，但在静电放电、动态疲劳、紫外线照射等条件下可产生臭氧，同样会引起橡胶老化，不容忽视。橡胶在力的反复作用下会丧失使用价值，此时橡胶的各项性能遭受破坏，即疲劳老化。汽车轮胎、防震垫片、橡胶输送带等橡胶制品在使用过程中都会产生疲劳老化现象。橡胶的疲劳老化与施加的周期性应力及应变、橡胶结构、配方组成及所处的环境因素有密切的关系。

针对橡胶在使用过程中发生老化而导致的性能降低并丧失使用价值，可以在橡胶制备过程中加入防老剂，以减缓其老化过程，延长使用寿命。橡胶老化的防护方法主要包括物理及化学两种方法。物理防护法是使橡胶与外界物质相隔离，两者不发生直接接触，例如添加石蜡和光屏蔽剂、橡胶和塑料共混、表面镀膜等。添加化学防老剂来阻止或延缓橡胶老化是化学防护法的常用手段。

14.3.4　补强填充体系

橡胶中通常要加入某些物质来提高胶料强度、增加胶料体积或降低制品成本，这些物质统称为填料，也称补强填充剂。填料分为补强型和非补强型两种。补强剂一方面可以提高橡胶力学性能，另一方面还能增加橡胶使用年限。常用的补强剂有炭黑、白炭黑等。炭黑是一种纯黑色固体粉末，结构松散，表面积大。在空气中，利用碳物质和氧气不完全氧化燃烧就可以得到炭黑。炭黑可用于对黑色橡胶制品的补偿。事实上炭黑是重要的填料，在制备橡胶产品时加入的炭黑量接近生胶用量的百分之五十，而橡胶产业中炭黑的消耗量可达全世界炭黑总量的90%～95%。炭黑可以较大幅度地提高橡胶强度，并使橡胶获得优异的加工性能。此外炭黑在延长橡胶产品使用寿命方面也有巨大贡献[6]。

白炭黑是由一系列硅酸和硅酸盐构成。白炭黑呈白色，质地很轻，松散，安全无毒害，不溶于一般的酸，但溶于氢氟酸以及其他的强酸，还溶于氢氧化钾等强碱。白炭黑有吸湿性，耐高温性能和绝缘性能好，在彩色橡胶制品中进行补强，满足产品颜色及性能要求。白炭黑也可用于黑色橡胶制品中。

非补强型填料又称填充剂。填充剂可以降低橡胶制品成本，改善加工操作性能，常用的填充剂有滑石粉、硅土、硫酸钡、黏土等。

14.3.5　软化增塑体系

软化增塑剂用来增加橡胶的塑性，使橡胶的可塑性、流动性得到极大提高，并提高加工可操作性，同时还降低混炼温度及胶料黏度，使配合剂各自发挥作用。此外，软化增塑剂还能使橡胶伸长率提高，耐寒性变好，产热减少。软化增塑剂包括软化剂和增塑剂。软化剂是应用于非极性橡胶中的一类非极性物质，可以从自然界中直接获取。软化剂分子可以渗透或者溶胀到橡胶分子链中，使其活动性增加，从而使橡胶塑性增加。软化剂主要包括化学软化剂和物理软化剂两大类。化学软化剂可以割断部分烃的大分子链。物理软化剂对橡胶的分子链起到润滑作用，加入后可以降低硬度，提高耐低温性，在工业上较为常用。增塑剂是应用于极性橡胶材料中的一类极性物质，主要来源于人工合成。一方面极性橡胶中有极性基团，使分子链间作用增强。当加入增塑剂时，极性增塑剂会按照一定的取向到达橡胶的极性分子，使得橡胶链与链间的较强作用力减弱。另一方面，增塑剂中非极性部分掺杂在极性橡胶分子链中，把分子链隔离开来，进一步降低分子链之间的作用力。增塑剂包括物理和化学增塑剂两大类。

14.3.6 其他助剂

橡胶合成过程中的其他助剂主要包括均匀剂、分散剂、着色剂、发泡剂、阻燃剂等。均匀剂的功能是解决不同胶种共混分散不良的问题。由于不同胶种的黏度不同，两种胶共混时会出现不均匀现象，可以通过在配合剂中加入均匀剂来使其分散均匀。分散剂的作用是使橡胶均匀、塑解、分散，其主要成分是表面活性剂。着色剂是加入胶料中改变制品颜色的物质。通过对橡胶着色增加了橡胶的观赏性，另一方面还能提高制品的耐光老化性能，对制品起到防护作用。发泡剂是可以使橡胶内部产生大量气孔的物质。它主要用于制备有均匀孔隙的制品。作为发泡剂的物质不能和橡胶分子发生化学反应，可产生安全无害的气体。橡胶属于一类含有大量碳氢元素的聚合物材料，受热后很容易发生燃烧。加入橡胶中用来防止橡胶制品着火或使火焰延迟蔓延、易被扑灭的物质称为阻燃剂。目前常用的阻燃剂是卤化合物、含磷化合物及一些无机化合物。

14.4 橡胶制品的生产

在橡胶的生产过程中，生胶的预处理为橡胶提供进行后续处理的条件，塑炼和混炼帮助橡胶获得一定的塑性或其他特定性质，成型使橡胶呈现特定的形状，而硫化改变橡胶链段的相互作用。图 14-4 是橡胶加工生产的工艺流程。

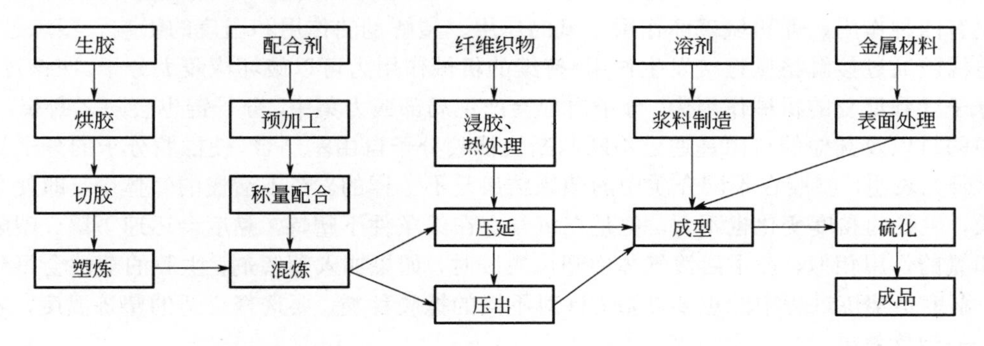

图 14-4 橡胶加工生产工艺流程[7]

14.4.1 生胶预处理

生胶是一种聚合物材料，是制备橡胶的母体材料，高弹性是生胶最原始的性质。生胶在加工之前胶块外表面会有木屑、沙粒等轻细物质附着。部分生胶还会老化、发霉，而处于低温环境中的胶块也会发生硬化、结晶、冻结等不良现象。如果不对生胶进行处理，硫化胶的力学性能会很差，生产加工过程也会变得复杂，所以生胶需要进行预处理加工。生胶的预处理包括洗胶、烘胶、切胶、破胶等。

（1）洗胶　在清水环境中用刷子对仓库送来的生胶进行冲刷，除去生胶外表面黏附的杂质，同时去除老化、发霉的胶块。表面损坏严重的生胶，还需要进行剥外皮操作，保证生胶符合生产加工的要求。

（2）烘胶　通常情况下生胶的黏度高，多以块状形态存在，对其进行切割加工有一定的复杂性。在温度过低时，硬化的生胶结晶导致切割过程更加困难，而烘胶过程则可以破除生胶的结晶状态，从而软化生胶，简化加工工艺。大规模的烘胶过程是在烘房中进行的，而一些比较先进的烘胶工艺则是在红外线、高频电流下进行的。不同季节，加工生胶的烘胶房内需要不同的保温温度与保温时间。如果保温温度过低或者保温时间过短，会导致软化程度不够。烘胶温度太高或时间太长也不可取，会导致胶块老化，使胶块表面的黏度增加，破坏生胶的力学性能。

（3）切胶　烘胶房中取出的生胶需要用切胶机切成更小的块体，不同的胶种需要被切成不同大小的块体。最常用的切胶仪器有单刀液压立式切胶机和多刀卧式切胶机，前者主要用于中小规模的切胶，后者则主要用于大规模生产。

（4）破胶　切成小块的橡胶仍然不足以满足生产工艺对橡胶尺寸的需求，需要用破胶机进行进一步的破碎成细小颗粒，提高加工效率。通过破胶机的 7～8 次辊压后，将生胶打卷送入下一工序进行塑炼加工[7]。破胶过程中要注意投料不能中断，连续投料可以避免胶片弹出对工作人员造成伤害，同时投料的数量也要合适，防止对设备造成损坏。在温度比较高的情况下，胶块硬度低，有时候也可以不经过破胶工序直接塑炼。

14.4.2　塑炼

塑炼是橡胶生产过程中一个非常重要的工序，通过采用机械加工或者加入化学助剂的方法，破坏生胶的大分子链，降低其分子量，使得橡胶具备一定流动性和可塑性，以满足混炼和成型等进一步加工的需要。

14.4.2.1　影响橡胶大分子链断裂的因素

在塑炼过程中，橡胶大分子链断裂并趋于均匀化，使橡胶塑性增加。导致橡胶大分子链断裂主要有四种作用，即机械破坏作用、氧的作用、塑解剂的作用和温度的影响。塑炼过程中，滚筒与橡胶通过接触挤压直接发生作用，持续的机械作用力可以破坏橡胶大分子。在该过程中，橡胶分子受到反复的机械作用力，分子内部会产生局部应力集中，分子链也会随之断裂。同时，滚筒中的氧以及其他的自由基通过不断与断裂橡胶分子自由基结合，使橡胶分子的分子量不断减小。研究表明，生胶在不同介质中的塑炼结果是不一样的。在不活泼的气体中，即使塑炼时间延长，生胶的黏度变化也不大，但是在氧气存在的条件下塑炼，黏度会迅速下降。塑解剂的作用和氧的作用相似，在不活泼气体中塑炼生胶时，如果加入塑解剂，生胶的塑性会得到显著提高。温度是塑炼过程中的重要参数。针对不同的橡胶种类，要选择合适的塑炼温度，才能得到最好的塑炼效果。

14.4.2.2　塑炼加工方法

以塑炼过程中生胶受到的实际作用力的不同，可以将塑炼加工分为机械塑炼法、物理塑炼法和化学塑炼法。

（1）机械塑炼法　机械塑炼的本质是力-化学反应过程，分子链在机械破坏和氧的作用下不断发生断裂。在非晶态橡胶中，范德华力使橡胶大分子缠绕、卷曲在一起，难以伸缩，导致塑性较小。在机械加工下，橡胶大分子不断受到摩擦、挤压、剪切的作用，当应力超过了大分子链上某一个键或者几个键的断裂能时，大分子链发生断裂，分子量减小，从而使生胶获得一定的可塑性。按照机械塑炼法所用的仪器设备的不同，可又具体分为开炼机塑炼、密炼机塑炼和螺杆机塑炼。

① 开炼机塑炼　开炼机塑炼应用较早，属于低温塑炼。炼胶机两个旋转辊筒相对速度不同［常用速度比为 1：（1.25～1.27)］,生胶在两个辊筒之间受到剪切力促使橡胶大分子链断裂，完成橡胶增塑过程[8]（图 14-5)。温度对开炼机塑炼来说是一个很重要的参数，因此开炼机的辊筒要定期进行冷却处理。辊筒通常设有带孔眼的水管，以便通过直接向辊筒表面喷水的方法降低辊筒温度，并可以较为方便地满足不同胶料对辊温的不同要求。过高的塑炼温度会引起分子链进一步软化，分子滑动和机械降解效率降低，使橡胶塑炼效果大大降低，橡胶塑性只在小范围内变化。另外，开炼机的滚筒速比也是一个重要参数，两个滚筒的速比越高，切割效果越强，塑炼效果越好，通过减小辊之间的距离也可以增加机械剪切效果。开炼机塑炼的生产效率不高、劳动强度大、操作环境差，仅在小规模生产中有使用价值，但开炼机加工的橡胶收缩小、质量好，很适合对小量、多种橡胶加工需求的工厂。

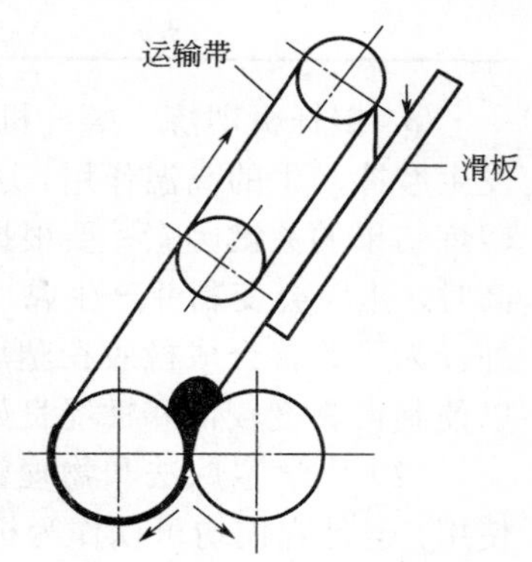

图 14-5　爬架循环式塑炼机[8]

② 密炼机塑炼　密炼机塑炼时，生胶受到转子、腔壁以及密炼室上顶栓三方面的同时作用，机械作用力使橡胶大分子断裂。密炼机工作时密闭室会产生大量的热量，材料始终处于高温状态，温度通常高于 120℃，甚至在 160～180℃之间。混合器中高温的强氧化有利于破碎橡胶大分子的长链，从而提高橡胶的可塑性。温度是密炼机中进行橡胶塑炼的重要因素，在一定范围内塑炼效果随温度的增加而上升。密炼机塑炼的生产率高，省电，劳动强度低，但是密闭系统使得清理过程十分复杂，通常只用来塑炼胶种少的橡胶。表 14-2 给出了开炼机和密炼机在密炼过程中常会出现的一些质量问题、可能的原因及改进措施。

表 14-2　开炼机和密炼机塑炼时的质量问题分析[9]

塑炼方法	质量问题	产生原因	改进措施
开炼机塑炼	可塑度太低	塑炼时间短 辊距大 塑炼温度高 未加化学塑解剂	调整塑炼条件（时间、温度、辊距） 检查化学塑解剂的用量和使用情况
	可塑度太高	塑炼时间长 生胶初始黏度低 化学塑解剂用量过多	调整塑炼时间 减少塑解剂用量
	可塑度不均匀	装胶容量过大 翻炼不均匀 化学塑解剂分散不均匀 塑炼时间短 塑炼温度过低	减少装胶容量 进行补充塑炼，翻炼均匀 化学塑解剂制成母胶使用 调整塑炼条件（时间、温度）
密炼机塑炼	可塑度过低	上顶栓压力不够 化学塑解剂未加或用量不足	增加上顶栓压力 检查化学塑解剂用量
	可塑度过高	塑炼时间长 塑炼温度高 化学塑解剂用量过多	调整塑炼条件 减少化学塑解剂用量

续表

塑炼方法	质量问题	产生原因	改进措施
密炼机塑炼	可塑度不均匀	塑炼时间短 装胶容量太大 化学塑解剂分散不均匀 压片机上冷却捣和时间不足	增加塑炼时间 减少装胶容量 化学塑解剂制成母胶使用 增加压片机上冷却和捣和时间

③ 螺杆机塑炼　螺杆机塑炼中，生胶在被螺杆强烈搅拌的同时，还受到因螺杆和筒内壁发生摩擦产生的高温作用，这使得橡胶大分子不断发生氧化裂化。螺杆机中的温度也是影响其塑炼结果的关键因素，要根据具体的塑炼流程确定合适的温度，一般不高于 110℃。当温度太高时，生胶会变黏并产生黏性辊，不利于后续处理，而过低的温度则不能使生胶塑炼完全。另外，为了改善合成橡胶在塑炼后的性能，优选在合成过程中检查和调节分子量的大小和分布，以便制得黏度较低和性能良好的品种，如软丁苯等品种可直接用于混炼[8]。

（2）化学塑炼法和物理塑炼法　化学塑炼法和物理塑炼法都不能在生胶塑炼过程中单独使用，但是它们均可以作为机械塑炼的一种辅助塑炼法。化学塑炼法利用化学物质实现降低橡胶大分子的分子量的目的，常用手段是在塑炼过程中添加化学塑解剂。在塑炼过程中，化学塑解剂的加入可以增加塑炼效果，提高塑炼效率并节省能量。为了避免配合剂的分散损失以及在塑炼过程中增加分散性，化学塑解剂应以母料的形式使用，并应适当增加轧机辊的温度，提高塑炼效率的同时缩短塑炼时间，减少橡胶的弹性回复和收缩。通常，塑解剂的用量为生胶量的 0.5%～1.0%，塑炼温度为 70～75℃。

物理增塑法是通过在生胶中加入低分子增塑剂以增加生胶可塑性的方法。增塑剂主要有三种作用机制：①隔离作用，小分子增塑剂通过溶解在大分子链之间，使橡胶大分子分离，削弱大分子间作用力；②相互作用，极性增塑剂通过竞争性连接，削弱大分子链之间的极性连接作用，从而使大分子链分离，塑性增加；③遮蔽作用，非极性增塑分子通过遮蔽橡胶大分子极性基团，削弱基团间作用力，使橡胶塑性增加。图 14-6 给出了上述的三种作用形式。

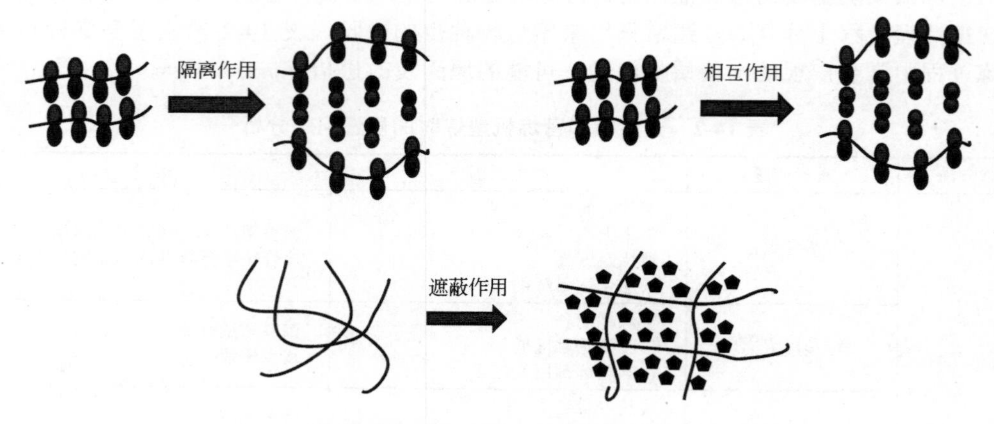

图 14-6　物理增塑法的三种作用机制

14.4.3　混炼

混炼是机械作用力下生胶和各种添加剂混合的过程。塑炼后的生胶产品虽然有了一定的塑性，但其性能仍远没有达到工业实用的要求，因此必须通过进一步的工艺继续完善生胶产品的性能。混合剂要与生胶充分混合，如果混合不良，则可能导致产物的可塑性达不到标准要求，使后续工艺难以正常进行，并最终导致成品的性能很差。混炼分为四部分，即混入、分散、混合和塑化。在混炼机中进行混炼的橡胶会发生形变，与此同时各种配合剂开始在橡胶上附着，与橡胶混合在一起形成聚集体，即混入过程，又称为浸润阶段。分散是聚集体在机械作用力的作用下不断裂解和分散，形成更小的颗粒。混合是各种添加剂与生胶进行混合，并不断趋于均匀。在混合后的其他阶段也有着混合作用的存在。塑化是橡胶分子性质发生改变，分子量不断减小，黏度降低，可塑性增加。通常情况下，上述四个阶段都是同时存在、互相影响的。混炼总的来说是一个混入、分散和塑化的过程，根据使用的设备不同，又有开炼机混炼和密炼机混炼的分类。

14.4.3.1 开炼机混炼

开炼机混炼是最早进行工业应用的混炼方法，由于劳动强度大、生产效率低、不安全、不环保和生产的胶料质量不过关等因素，已经逐渐被淘汰。但是开炼机混炼方法的灵活性大，能够适应小批量、小规模和多品种的生产，尤其适合对海绵胶、硬质胶、彩色胶料和某些特殊胶料的塑炼。

开炼机混炼过程中，生胶需要经过包辊、吃粉和翻炼三个工艺流程。包辊减小橡胶的硬度，利于后续处理。吃粉过程是将各种粉末加入橡胶中进行混合。翻炼是通过不断的机械混合作用，使生胶和添加剂充分混合。生胶经过开炼机三步处理以后就变成了质量更佳的混炼胶。混炼时添加顺序和混合过程对产品质量有很大影响，不同的橡胶化合物有着不同的进料顺序。通常的加料顺序是塑炼胶（再生橡胶或母料）—固体柔软剂—小材料—大材料—液体柔软剂—硫黄—促进剂。在实际生产中，添加顺序通常需要根据具体情况进行部分更改。另外，通常将单一混合剂与橡胶混合以制备母料，或者将软化剂配制成糊状物，这些都可以改善混合过程中橡胶和混合剂的均匀性，减少粉尘损失，提高生产效率。开炼机混胶时按照胶料类别、性能、实用性要求不同，工艺操作条件也不同。在混合过程中，要注意进料量、混合时间、添加顺序、辊速度和速度比、辊距离和辊温度等因素。不能混炼不足，也不能混炼过度。例如制备海绵胶料时，因为生胶的可塑性大，软化剂用量和加入就要按具体情况进行调整，因为如果胶料流动性增加，其他配合剂的使用也会相应受到一定程度的影响，所以该过程需要最后加入软化剂。相反，当制备硬质胶材料时，硫黄用量较高，此时应该先加硫黄再加促进剂。

14.4.3.2 密炼机混炼

密炼机在混合过程中通常与压片机一起使用，首先将添加剂和生胶按一定顺序加入密炼机的混合室中均匀混合，然后将混合物排出到机器上进行排胶，最后压入片材，此时必须降低混合物的温度（不高于 100℃），然后加入硫化剂和低温下使用的混合剂，并反复按压捏合装置以实现均匀混合。密炼机混炼分为一段混炼与二段混炼，一段混炼指机器和压片机在混合中可以实现橡胶混合物均匀混合的方法。一些橡胶化合物在密炼机中混合后，必须在压片机下冷却，停放一段时间后转移到密闭式混合器中混合，然后将各种混合剂加入配合剂，均匀分散，这种混合方法称为二段混炼[10]。

密炼机混炼时要根据橡胶材料的性质来确定适当的用量、添加顺序、混合时间、温度、顶盖的压力等，以获得高质量的橡胶化合物。部分胶料在密炼机混炼工艺过程中，塑炼和混炼两种工艺可以同时进行，这种方法可以提高效率并简化生产过程。但是如果在配方中使用大量不易分散在橡胶中的配合剂，则该方法不适用，仍然需要先进行塑炼然后混炼以避免不均匀混合。密炼机相较于开炼机有着封闭的混炼环境，因此粉料损失少，炭黑分散度相对高，混炼胶质量好，操作安全，更易实现混炼自动化，缺点是炼胶温度不宜控制，胶料易烧焦烧坏，冷却过程需要消耗大量的水，胶料配方不能随意改变，特殊的热敏材料不易混炼等。密炼机混炼适合于大规模制造炭黑混炼胶。除了开炼机和密炼机两种混合方法之外，还有一种混合方法是螺杆混炼机或转移式混炼方法，可连续混炼，生产效率高，更有利于实现自动化生产[11]。

14.4.4 成型

橡胶成型是改善混炼胶外形、尺寸以及其它物理性质的过程，成型后得到橡胶半成品，主要方法有挤出成型、压延成型、注射成型、模压成型、压注成型等。

（1）挤出成型　挤出成型是最基本的橡胶成型工艺之一。挤出成型时，胶料在挤出机中塑化和熔融，并在螺杆推动下不断向前运动，连续均匀地通过机头模孔挤出，成为具有一定截面形状和尺寸的连续材料。依靠橡胶挤出机，可以制备得到均匀致密的橡胶半成品，且操作容易，适用于连续生产。挤出成型一般用于制造轮胎外胎面、内胎胎圈、胶管、电线电缆和一些端面形状复杂的半成品。

（2）压延成型　压延成型依靠机械剪切力和温度变化使橡胶成型，可制备薄片型橡胶产品。压延成型前需对橡胶与织物等原材料进行预加工处理。橡胶材料须在热熔机上加热，通过预热改善橡胶均匀性，而均匀混合和升高温度都可以进一步增加橡胶的可塑性。为了改善橡胶和织物的黏合性能并保证压延的质量，织物必须经过干燥，控制水分含量处于1%～2%。过高的水分含量会降低橡胶材料的黏附性，含水量太低的话，织物会硬化并容易在压延过程中损坏。压延成型工艺流程包括如下步骤：首先是压片，即在一定厚度和宽度的光滑表面上连续预热和压制薄膜。随后将两种相同或者不同的薄层胶片压延在一起合成一层即贴合，且合成的一层胶片中不能有气泡。接着是贴胶，在织物上贴上一定厚度的胶层。再将胶料挤入织物纤维组织内即擦胶，增加橡胶和基布的附着力。随后压型，可以使用辊筒制造带图案的胶片。最后，在成型的带芯上贴上一定厚度的覆盖胶片，完成带芯包胶。压延成型示意图如图14-7所示。压延成型具有生产效率高、产品厚度精确、表面光滑、内部强度大的优点，但同时也需要较高的技术要求并严格控制工艺条件。

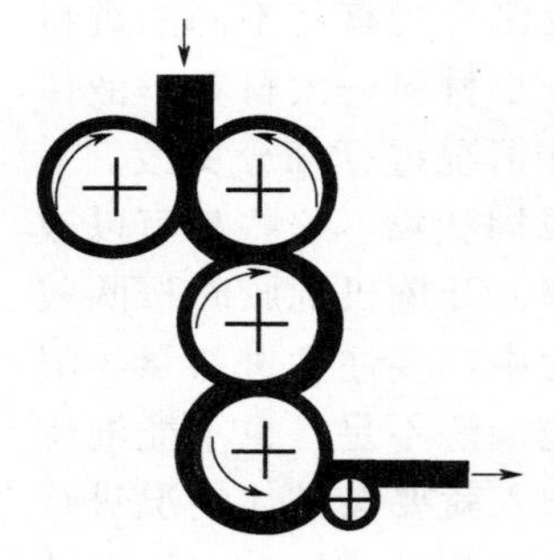

图14-7　压延成型示意图

（3）注射成型　注射成型是通过进料装置将胶料加入料筒中，橡胶混合物在经过加热和塑化之后，通过螺杆或柱塞将胶料注入喷嘴，进而注射到模具中，最后在模具中硫化成型。注射成型所用设备是橡胶注射机，注射机的工作压力一般为100～140MPa，硫化温度为140～185℃[12]。注射成型有着硫化时间短、制品尺寸精确、生产效率高、硫化质量好的优点，因而广泛应用于生产橡胶密封圈、减震制品、胶鞋以及带有嵌件的橡胶制品等。

（4）模压成型　模压成型时一般需要预先将橡胶加工成具有大致形状的半成品，然后再进行进一步加工，即将初步成型后的橡胶混合物放置在模具的开口腔中，关闭模具并将其置于平板硫化机或液压机中加压加热。平板硫化机的结构有单层式和多层式，其平板内部开有互通管道以通入蒸汽加热平板，被加热的平板再将热量传给模具。液压机多为油压机，采用外部电热元件加热平板，并通过时间继电器控制加热和硫化时间，工作压力控制在10～15MPa[12]。

模压成型具体操作可分为三步，如图14-8所示。首先是将定量的小块橡胶放入模具中。然后加热模具后闭合模具，橡胶小块在高温模具和压力的作用下，依模具形状成型。最后打开模具脱模，将成品进行打磨修边。模压成型是橡胶制品生产应用最早的成型方法，具有操作简单、实用性强的优点，目前在橡胶制品的生产中仍占据主要的地位。模压成型可以用于生产橡胶垫片、密封圈等橡胶制品。

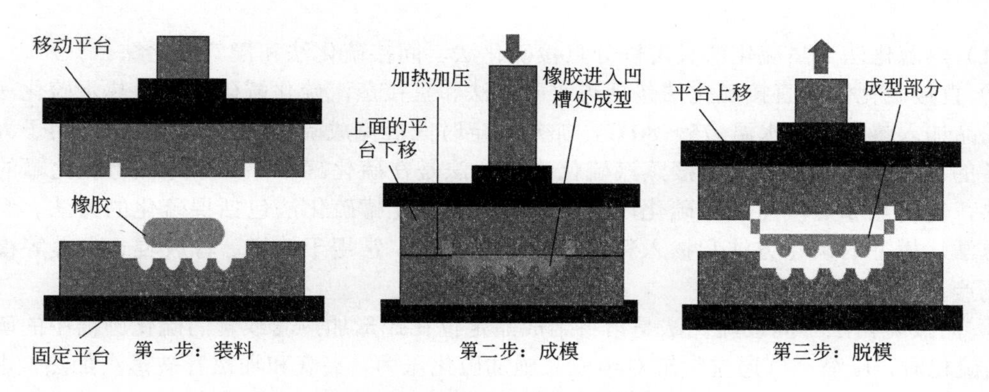

图 14-8 模压成型示意图[12]

（5）压注成型　压注成型类似于塑料的压注成型。首先，定量切割橡胶混合物并将小块放入注塑模具的进料室中，然后通过穿透器挤压橡胶，最后橡胶混合物通过铸造系统进入模腔，进行硫化和成型。压注成型主要适于制造普通的模压成型所不能生产的薄壁、细长易弯的橡胶制品以及形状复杂难于加料的橡胶制品。压注成型所得制品有着致密性好、质量优良的优点。

14.4.5 硫化

14.4.5.1 硫化原理

硫化过程对提高橡胶性能有着重要意义。硫化可以改善橡胶半成品强度不足、低弹性、不耐老化等缺陷，提高橡胶半成品力学性能，帮助橡胶产品获得某些特定性能，是生产橡胶产品的必需步骤。从微观来看，硫化前，橡胶大分子因为范德华力的作用而连接在一起，在外力的作用下这些橡胶大分子容易发生移动，力学性能不完善。经过硫化后，橡胶大分子间的作用力由范德华力变成了化学键的连接作用，大分子间相互作用力加强，大分子间运动受限制，力学性能上升且不易渗入腐蚀介质，化学稳定性增加。硫化过程也可以减小橡胶产品的变形量，降低溶解度并且仅实现有限的膨胀，使橡胶产品在拉力、硬度、抗老化、弹性等性能上都有提升，让橡胶产品变得更有使用价值。硫化前后橡胶大分子结构变化如图 14-9 所示。

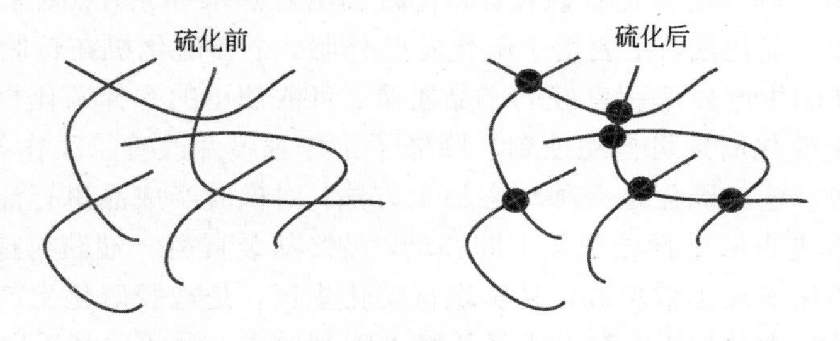

图 14-9 硫化前后橡胶分子结构变化示意图

14.4.5.2 硫化工艺

硫化是橡胶制品生产中的最后步骤，对橡胶性质具有决定性影响。橡胶硫化需要在合适的温度、压力下进行，硫化时间也需要合理控制。只有采用合适的方法并合理控制硫化参数，才能将具备了一定塑性的橡胶加工成具有高性能的产品。橡胶硫化可以按照所需产品性质的不同，选择不同的硫化工艺和条件。当前采用的硫化工艺有很多种，根据硫化温度的不同分为热硫化、室温硫化及冷硫化。热硫化工艺需要加热条件，冷硫化是在一氯化硫溶液中进行，室温硫化则是在室温条件下进行[2]。此外还有加压硫化法、连续硫化法等。

（1）热硫化法　热硫化法又可以分直接硫化法、间接硫化法和混气硫化法。

① 直接硫化法　直接硫化法包括热水硫化法和直接蒸汽硫化罐硫化法。热水硫化法是指将半成品加入热水中，水温 75～80℃，加热一定时间后完成硫化工艺。该方法适用于大型化工设备的橡胶涂层的硫化。直接蒸汽硫化罐硫化法是在硫化罐中添加半成品，硫化罐的内部被加热，使用热和蒸汽压力来硫化产品。直接蒸汽硫化罐硫化法包括裸硫化的方法、织物的硫化方法、模型的硫化方法和掺入粉尘的硫化方法等，常用于管道、橡胶辊、电缆等橡胶产品的生产。

② 间接硫化法　间接硫化法是指将半成品定位在蛇形加热套或管的硫化圆筒中的硫化方法。当硫化时，压缩空气通过汽缸对半成品施加硫化压力，夹套和加热管被蒸汽加热，进而得到硫化产品，常用于橡胶鞋硫化。空气中的氧气为橡胶的硫化过程提供氧化条件，热空气也有加热橡胶的作用，橡胶固化后用热空气辅助硫化成型，然后蒸汽加强硫化。

③ 混气硫化法　只用热空气作为介质进行硫化时，当热空气的导热性、蓄能能力、硫化效率不能满足产品的质量要求，可以采用热空气和饱和蒸汽混合气体共同作为硫化介质。硫化过程首先在热空气中进行，使得制品定型，然后在饱和蒸汽中进行第二阶段的硫化，加强硫化作用，使制品的物理化学性能更加优异。

（2）室温硫化法　室温硫化法对硫化温度和硫化压力没有要求，可以在一般环境下进行硫化。可对室温硫化型硅橡胶或者经处理后的天然橡胶、合成橡胶进行加工。该工艺形成大分子交联结构不需要加热，天然橡胶或合成橡胶需加入促进剂。这类胶浆常用于硫化胶的粘接、制品修补工艺等。

（3）冷硫化法　冷硫化法是将橡胶在 2%～5%的一氯化硫的溶液中浸渍的方法，不同的样品、不同的过程所需的硫化时间不同，因使用此法制得的制品耐老化性不好，现在已经很少使用[10]。

（4）加压硫化法　加压硫化指使用模具对橡胶进行加压和加热，可获得具有一定形状的硫化橡胶。加压硫化有罐式硫化机硫化法和个体硫化机硫化法两种方法。罐式硫化机主要部件是蒸汽硫化罐和水压机，通过蒸汽逐步升温，并由罐底下部的柱塞水压筒通入高压水，使硫化罐中待硫化的轮胎不断升降和压紧进行硫化。硫化时利用过热水补充外热的不足，同时也起到一定内压作用，属于加压硫化法，主要用于硫化轮胎外胎。个体硫化机在轮胎硫化过程中需要恒定的温度，有着较高的生产效率和良好的产品质量。目前使用的个体硫化机，除硫化部分轮胎操作仍需手动，整个硫化周期可自动控制，降低了工作强度并改善了工作条件[13]。

（5）连续硫化法　连续硫化是一种动态加工方法，对橡胶半成品进行流水线式的加工，半成品从硫化装置一端进入后进行处理并不断移动，最终从装置另一端获得橡胶成品。随着橡胶制品的发展。连续硫化法加工效率高，易实现自动化生产，是橡胶硫化生产中的常用手段。另外，由于连续硫化是流水线加工，对半成品长度无限制要求，因此尤其适用于长条大件橡胶半成品加工。连续硫化法又可分为热空气连续硫化室硫化法、蒸汽管道连续硫化法、液体介质连续硫化法、微波连续硫化法等。

① 热空气连续硫化室硫化法　橡胶半成品在硫化室内进行加工，通过蒸汽、电、红外线等方式产生热空气，对半成品进行处理。加工过程主要由三个部分组成，即预热过程、恒温过程和降温过程。在预热过程，随着温度升高，产品被加热至硫化温度。恒温过程期间温度保持恒定，可通过调节半成品移动速率来控制此阶段的加工时间。降温过程使得制品成功收卷。

② 蒸汽管道连续硫化法　该方法是在封闭环境下进行的，即产品是在密封的硫化管道进

行硫化的，可以通过控制产品移动速率来控制硫化程度。硫化管道前端与压出机相连，制品在压出机中压出后直接进入密封的一系列硫化管道，管道中通入 1～2.5MPa 的高压蒸汽，管道尾部装有高压冷却水装置进行冷却。硫化管道的两端都安装有防止高压蒸汽发生泄漏的密封装置，并通常采用迷宫式垫圈或水封法密封。这种硫化方法主要用于生产胶管、电缆、电线等两端易于密封的橡胶制品[14]。

③ 液体介质连续硫化法　硫化介质可以是熔融合金或者熔盐，硫化时先将硫化介质以电加热的方法加热至 180～250℃，半成品停留时间依据胶料的硫化条件而定，可进行连续硫化。由于熔融合金或熔盐密度很大，所以必须用钢带将半成品压住使其浸入熔融液中，熔融液体传热速度很快，半成品迅速受热硫化。该方法的缺点是易使薄制品和空心制品及其他型材产生硫化变形的缺陷[10]。

④ 微波连续硫化法　该方法是让橡胶不断吸收一定频率的微波，导致橡胶本体发热进而进行硫化的过程。该方法能量转化率高，加热介质廉价易得，是较为环保的加工方法。微波连续硫化法中，橡胶半成品本体温度连续性好，表面温度与环境温度差异小，这些特质都有利于提高硫化质量以及缩短硫化时间。

14.4.5.3 主要参数

硫化过程中，需要重点关注的参数主要有硫化温度、硫化压力与硫化时间。硫化温度是橡胶硫化过程的基本参数，因为硫化过程由众多复杂的化学反应组成，所以温度对硫化过程的影响和对普通化学反应的影响是相似的，能够直接影响硫化速率以及产品的质量。温度越高，反应越快，大分子交联速度加快，生产效率升高，温度低则反之。一般的生产工艺中，硫化温度的选择不是越高越好，而是应该根据制品的类型和硫化体系来确定。

硫化压力要适宜，否则橡胶产品容易在硫化过程中产生气泡，影响产品致密性和产品质量。合适的硫化压力可以改善橡胶和织物层的黏合性，改善产品的耐挠曲柔韧性，并有助于改善硫化产品的力学性能。橡胶产品通常使用以下方法选取硫化压力：用塑性大的橡胶生产厚度较小的产品，硫化时应该采用较低的压力；如果橡胶产品厚度足够，且需要加工成较复杂的结构，则可以适当升高硫化压力。对于厚度较小的产品，较低的压力更为合适，一些情况下常压也可以。

硫化时间决定反应进行的程度，时间越长反应越充分。但如果时间过长则又会降低生产效率，因此硫化时间也要适当选择。当硫化温度和硫化压力都合适时，要基于产品的各种物理化学性质调节硫化时间，确保获得合格的橡胶产品。

参考文献

[1] 汪怿翔，张俐娜．天然高分子材料研究进展［J］．高分子通报，2008（07）：66-76．

[2] 李宁宁．对橡胶材料结构与黏弹性的分析探讨［J］．中国石油和化工标准与质量，2016，36（14）：95，104．

[3] 田明，李齐方，刘力，等．热塑性硫化橡胶的加工与应用［J］．合成橡胶工业，2002（01）：54-56．

[4] 姚臻，张景，屠宇侠，等．高顺式聚异戊二烯橡胶的研究进展［J］．化工进展，2015，34（01）：160-165，182．

[5] 诚春．特种再生橡胶的生产工艺及配方［J］．中国橡胶，2016，32（20）：43-48．

[6] 何燕，李海涛，马连湘．炭黑/橡胶复合材料热导率的计算［J］．玻璃钢/复合材料，2010（02）：24-26．

[7] 赵卓，谷媛媛．SBS 橡胶凝聚生产工艺的改进［J］．石化技术（03）：47-48．

[8] 张涛，邹云峰，车浩，等．乙丙橡胶生产工艺与技术［J］．化工进展，2016，35（08）：2317-2322．

[9] Tuampoemsab S，Sakdapipanich J．Role of naturally occuring lipids and proteins on thermal aging behaviour of purified natural rubber［J］．KGK rubberpoint，2007，60（12）：678-684．

[10] 吕玉相. 国外乙丙橡胶合成新技术进展 [J]. 弹性体，2003（01）：47-52.
[11] 赵万臣. 本体法 ABS 生产工艺研究 [J]. 炼油与化工，2007，03（06）：20-26.
[12] 刘伯南. 氟橡胶的加工应用和我国氟橡胶发展现状 [J]. 有机氟工业，2001（02）：8-13.
[13] 董为民，姜连升，张学全. 合成橡胶工业的发展趋势 [J]. 当代石油石化，2007，15（12）：22.
[14] 李玉芳，李明，伍小明. 氯化聚乙烯橡胶的生产及应用研究进展 [J]. 橡胶参考资料，2017，47（03）：51-55.

15 合成纤维制备

15.1 概述

15.1.1 定义与分类

纤维（fiber）是指由连续或不连续的细丝组成的细长的、具有良好柔韧性的物质，其最主要的特点是长径比（长度与直径的比值）很大，断裂伸长比很小。纤维的长径比至少大于10，目前日常可供纺织使用的纤维的长径比至少为1000。只有长径比够大，纺织时才越容易。

纤维可以分为两大类，第一类是像棉、毛、丝、麻等这种自然界中存在的纤维，被称为天然纤维。它们的主要成分是蛋白质或者纤维素。第二类是用自然界存在的物质或人工合成的物质作为原料，经过化学或物理机械的方法制得的化学纤维。化学纤维根据原料来源不同又分为人造纤维、合成纤维、无机纤维三种。人造纤维与天然纤维不同的是其需要通过人为化学加工才能成为纤维，原料来源于自然界，例如木材、竹材以及甘蔗渣[1]。这些原料要经过合适的溶剂溶解制成纺丝原液，然后经过纺丝制成纤维，例如再生纤维素纤维、黏胶纤维等。合成纤维的化学组成与天然纤维完全不同，其原料主要来自石油化工产业的裂解产物[2]。这些从石油、矿产中得到的原材料再经过一系列复杂的化学反应得到高分子聚合物，最后通过相应的物理化学方法得到纤维，例如聚酯纤维（涤纶）、聚丙烯腈纤维（腈纶）等。无机纤维是以天然无机物或含碳高聚物为原料，经过人工抽丝或直接碳化制成，例如玻璃纤维、碳纤维等。

纤维是高分子材料最重要的应用形式之一，尤其是合成纤维，与塑料、橡胶并称为三大合成材料。合成纤维与天然纤维和无机纤维相比有许多优点。首先，其性能更优异，强度高、弹性好、耐腐蚀，价格更便宜，更重要的是合成纤维很少受蛀虫以及霉菌的危害。其次，合成纤维较人造纤维相比，其原料更容易获得，不受自然条件的影响。合成纤维的缺点是安全性比天然纤维低，使用化工产品为原料，容易裂解挥发。合成纤维自出现以来便很快应用于服饰产业，目前使用量已经超过天然纤维。

鉴于合成纤维性能突出，应用广泛，因此需要对它的分类做进一步的介绍。合成纤维可按照主链化学结构、纤维形态、纤维功能进行分类。合成纤维一般都为碳链高分子，如果高分子的主链上只有碳链或碳环组成则称之为碳链纤维，如果主链上除了碳键之外还有其他基团，例如碳氧键，则称这类纤维为杂链纤维。前者主要有聚丙烯纤维、聚乙烯醇纤维和聚丙烯腈纤维，后者主要有聚对苯二甲酸乙二醇酯纤维和聚酰胺纤维。在制备合成纤维时，为了获得不同性能的纤维或者为了纺织方便，通常获得的纤维的长度是不同的。其中有的合成纤维长度较长，长度达到数千米，这类纤维称为长丝；有的合成纤维在制备完成后被切断为较短的长度，一般为几十厘米，这类合成纤维称为短纤。通常来讲，棉型和毛型纤维都属于短纤维。不同品种的合成纤维都具有不同的性能，特别是一些近年来研发的特种纤维，它们具有一些特殊的性能。如果按照纤维的功能分类可以分为三类，即高性能纤维、功能纤维以及差别化纤维。高性能纤维指强度很高且模量很大的合成纤维，这类纤维主要用于防弹产品以及防割产品，它们的主链中常含有苯环，强度很高，例如聚苯硫醚纤维、聚苯并咪唑纤维等。功能纤维指具有一些特别功能的纤维，它们一般是通过掺杂或者改性制成，例如导电纤维、防辐射纤维、保温纤维等。差别化纤维指其性能与普通的合成纤维性能有很大差别，例如易染纤维、异性纤维、阻燃纤维等[3]。

15.1.2 “六大纶”简介

目前人们常用的合成纤维一般是六类，即聚丙烯腈纤维（腈纶）、聚酯纤维（涤纶）、聚丙烯纤维（丙纶）、聚氯乙烯纤维（氯纶）、聚乙烯醇纤维（维纶）和聚酰胺纤维（尼龙），被称为“六大纶”。合成纤维的主要品种如表 15-1 所示。

（1）聚丙烯腈纤维（腈纶） 聚丙烯腈（polyacrylonitrile，PAN）纤维的商品名称为腈纶，是丙烯腈单体和聚丙烯腈聚合物的总质量分数占 85%以上的纤维聚合物。如果丙烯腈单体和聚丙烯腈聚合物的总质量分数占 35%～85%，其他的单体或者高分子聚合物占 15%～65%，则称这种纤维聚合物为改性聚丙烯腈纤维。腈纶外表以及质感非常像羊毛，故以人造羊毛著称。腈纶主要特点是质量很轻，保暖性能非常好，染色容易，上色均匀、牢固。腈纶还具有合成纤维防虫蛀、防霉菌的特点。腈纶较其他合成纤维的显著优点是良好的耐光性，经过日晒后其强度损失与使用性能降低最少。腈纶的缺点是吸湿性较低，因此常与吸湿性较好的棉、毛或黏胶纤维混纺。

（2）聚酯纤维（涤纶） 聚酯（polyester，PET）纤维即涤纶，是由有机二元酸和二元醇通过缩聚，形成酯基相连的大分子杂链合成纤维。涤纶是目前产量最大的合成纤维，性能优异（弹性好、耐磨性好、较易染色），制备工艺简单。与其他合成纤维相比，涤纶最大的特点是保温性、耐热性好。由于聚酯纤维在制备时是用熔融纺丝方法制成的，所以具有热塑性的特点。

（3）聚丙烯纤维（丙纶） 聚丙烯（polypropylene，PP）纤维的商品名称为丙纶。丙纶密度小且耐磨性好，可用来制蚊帐、地毯等。丙纶的吸水性很差，可用来制成纱布用于医疗，也可用来制尿不湿。丙纶的耐光性和耐热性很差，不能长时间暴晒，也不能高温烘干与熨烫。由于丙烯的原料丰富廉价，所以丙纶价格便宜，产量较大。

（4）聚乙烯醇纤维（维纶） 聚乙烯醇（polyvinylalcohol，PVA）纤维的商品名称是维纶，又叫维尼纶，性能与聚丙烯纤维相似，但是吸水性大，有“人造棉花”的称号。目前，大多数的手术缝合线都是使用这一合成纤维。维纶虽然吸水性大，但是染色困难，很难获得鲜艳亮丽的色彩，只能染得较浅的颜色。

（5）聚氯乙烯纤维（氯纶） 聚氯乙烯（polyvinyl chloride，PVC）纤维又称氯纶，是以聚氯乙烯为原料，通过湿法或干法纺丝制得的合成纤维。氯纶原料来源广泛，价格便宜，热塑性好，弹性好，抗化学药品性好，电绝缘性能好，耐磨并有较高的强度，特别是纤维阻燃性好，难燃自熄，缺点是耐热性差，主要用于室内织物、消防用品等。

（6）聚酰胺纤维（锦纶或尼龙） 聚酰胺（polyamnide）纤维商品名称为锦纶，即日常生活中的尼龙。锦纶最主要的特点是耐磨性很强，所以可以用来制备缆绳与帘子布等。锦纶回弹性好且密度较小，可用于生产一些运动服饰和袜子。锦纶的缺点是耐光性很差，长时间曝晒会改变力学性能。另外，锦纶手感不好，不如涤纶和腈纶柔软舒适。

表 15-1 合成纤维的主要品种[4]

类别	学名	单体	主要重复单元的化学结构式	商品名称
聚酯纤维	聚对苯二甲酸乙二酯纤维	对苯二甲酸或对苯二甲酸二甲酯、乙二醇或环氧乙烷	$-\underset{\underset{O}{\Vert}}{C}-C_6H_4-\underset{\underset{O}{\Vert}}{C}-O-(CH_2)_2-O-$	涤纶、Terylene

续表

类别	学名	单体	主要重复单元的化学结构式	商品名称
聚酯纤维	聚对苯二甲酸丙二酯	对苯二甲酸或对苯二甲酸二甲酯、1,3-丙二醇	$—CO—C_6H_4—CO—O—(CH_2)_3—O—$	Corterra
	聚对苯二甲酸丁二酯	对苯二甲酸或对苯二甲酸二甲酯、1,4-丁二醇	$—CO—C_6H_4—CO—O—(CH_2)_4—O—$	Finecell、Sumola
脂肪族聚酰胺纤维	聚己内胺纤维	己内酰胺	$—HN—(CH_2)_5—CO—$	尼龙-6
	聚己二酰己二胺纤维	己二胺、己二酸	$—HN(CH_2)_6NHOC—(CH_2)_4CO—$	尼龙-66
芳香族聚酰胺纤维	聚间苯二甲酰间苯二甲胺纤维	间苯二胺、间苯二甲酸	$—CO—C_6H_4—CO—NH—C_6H_4—NH—$	芳纶 1313、Nomex
	聚对苯二甲酰对苯二甲胺纤维	对苯二胺、对苯二甲酸	$—CO—C_6H_4—CO—NH—C_6H_4—NH—$	芳纶 1414、Kevlar
聚丙烯腈纤维	聚丙烯腈纤维	除丙烯腈外，第二、第三单体有：丙烯酸甲酯、醋酸乙烯、苯乙烯磺酸钠等	$—CH_2—CH(CN)—$	腈纶、Cashmil-an、Orlon、Courtelle
聚丙烯纤维	聚丙烯纤维	丙烯	$—CH_2—CH(CH_3)—$	丙纶、Pylen、Meraklon
聚烯烃纤维	聚乙烯纤维	乙烯	$—CH_2—CH_2—$	Spectra 900、Dyneema
聚乙烯醇纤维	聚乙烯醇缩甲醛纤维	醋酸乙烯酯	$—CH_2—CH(OH)—$	维纶、维尼纶、Uralon、Mewlon
聚氯乙烯纤维	聚氯乙烯纤维	氯乙烯	$—CH_2—CH(Cl)—$	氯纶、Leavil、Rhovyl
弹性纤维	聚氨酯弹性纤维	聚酯、聚醚、芳香族二异氰酸酯、脂肪族二胺	$—HN(CH_2)_2NHOCNH—$ $R—NH—COO—X—$ $—OOCNH—R—NHCO—$ R：芳基；X：聚酯或聚醚	Lycra、Dorlustan、Vairin

15.2 合成纤维制备工艺

合成纤维制备的工序通常可以分为四步。首先是化工原料的聚合，这一步是将低分子量原料制成高分子聚合物。第二步是纺丝熔体（或者纺丝溶液）的制成，这一步是将合成的高分子聚合物制成易纺丝成形的状态，根据聚合物的状态不同可以分为溶液纺丝和熔融纺丝。第三步是纺丝，根据纺丝时凝固介质的不同又可分为干法纺丝或者湿法纺丝。最后一步是后加工，目的是改变纤维的使用性能或者消除缺陷与应力。

15.2.1 原料制备

可以用来生产化学纤维的高分子聚合物都具有许多相同的性质。首先，高分子聚合物的分子结构尽量是直的、线型的，最好是没有侧链的交联，这是由纤维的性质决定的，否则制成的纤维强度和结晶度会降低。其次，高分子聚合物的分子量应该较大，这样制成的纤维刚性才会更强。然后，分子之间要有一定的结合力，分子结构最好具有一定的空间结构规律。最后，高分子聚合物的稳定性应该尽可能好，特别是热稳定性（不至于热分解）。

合成纤维的原料来自石油化工产业的单体，按照一定的聚合方法合成高分子聚合物。聚合方法和其他高分子的聚合相似，有本体聚合、乳液聚合、溶液聚合和悬浮聚合四种，在反应时要根据不同的反应体系加入不同引发剂和终止剂。

15.2.2 纺丝

纺丝是指将经过反应得到的高分子聚合物溶液或者熔体经过喷丝头在外力拉伸或者挤压形成纤维细丝的过程。根据高分子聚合物的状态不同可以分为溶液纺丝和熔融纺丝。溶液纺丝根据冷却介质的不同又可分为干法纺丝和湿法纺丝。干法纺丝是在气氛中冷却，通常为空气或者氮气。湿法纺丝是在溶液中纺丝，一般为水溶液。

15.2.2.1 传统纺丝

目前在合成纤维的生产中，以熔融纺丝最多，湿法纺丝其次，干法纺丝和其他纺丝法较少。

（1）熔融纺丝　熔融纺丝是将合成的高分子聚合物熔体在牵引或者拉伸力作用下流出喷丝头，在空气中逐渐固化成纤维，如图 15-1 所示[4]。一般来说可以分为两种，一种是熔融直接纺丝，是将纺丝熔体直接进行纺丝。第二种是熔融间接纺丝，即先将纺丝熔体经过铸带、切粒、干燥等工序制成切片，然后将切片制成熔体进行纺丝。直接纺丝较间接纺丝简化了很多流程，节约能源，但是对纺丝原液的要求很高。

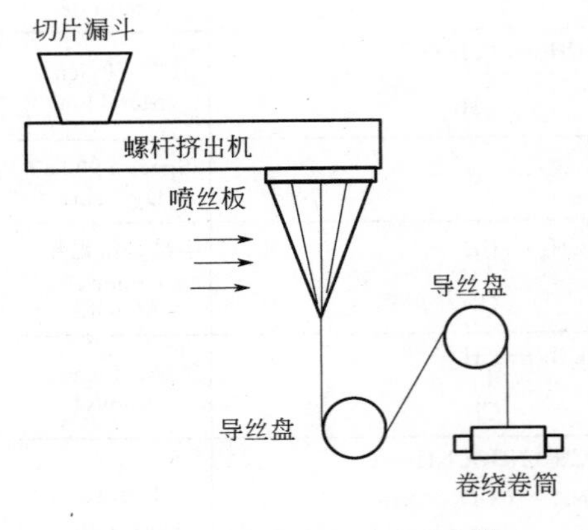

图 15-1　熔融纺丝工艺过程[4]

熔融间接纺丝法进行纺丝时切片要进行干燥处理，目的主要有三个：第一个目的是除去水分。经过铸带得到的切片含水率一般在 2%～3%，这一部分水对纤维的质量会造成很大的影响。水在高温时汽化会使一些含有易水解化学键的纤维发生水解，使分子量下降，纤维的强度降低。其次如果切片中含有大量水分，这些水分会形成气泡，使其在纺丝时造成断头，导致纺丝难以进行。所以经过干燥后切片的含水率一般控制在 0.05%左右，纤维品种的不同有微小差别。第二个目的是使得切片中的水分均匀，这样可以保证生产出的纤维质量分布均匀。第三个目的是提高纤维结晶度以及软化点，软化点太低会导致在纺丝时发生粘连。

熔融纺丝速度较快，一般为 1500～2000m/min，如果是生产高速的预取向丝和全取向丝时速度可以达到 3500～5000m/min。熔体纺丝的喷丝头孔数较少，纺丝效率较低，可根据实际要求调控喷丝头的孔数或者喷丝孔的形状，一般来说生产短纤时的喷丝孔的孔数比长丝时多。熔体纺丝适用于那些分解温度高于熔融温度且在熔融时具有很好的流动性的高分子聚合物。

（2）溶液纺丝　溶液纺丝是将高聚合物用某些特定溶剂（有机或者无机溶剂）溶解配成溶液，然后经过纺丝计量泵，按照一定量喷出细流，在一定介质中冷却凝固成纤维，介质可以是气体也可以是液体。根据介质的不同，可将溶液纺丝分为湿法纺丝和干法纺丝。这种方法适用于无法使用熔融纺丝的纤维，即分解温度低于熔融温度或者熔体流动性不好的纤维。因此无论湿法还是干法纺丝，首先要制备纺丝原液。

① 纺丝原液的制备　纺丝原液的制备有两种方法，一种是均相溶液法，也称为一步法，

另一种是非均相溶液法，也称为两步法。均相法是将反应单体和聚合物制成溶液直接进行纺丝，非均相溶液法是先将反应得到的聚合物以沉淀方式析出，然后再用其他溶剂将所得的沉淀物溶解，作为纺丝溶液进行纺丝。采用溶液纺丝法生产的主要化学纤维品种，只有腈纶是可以使用均相溶液法或者非均相溶液法两种方法进行生产，其他品种的成纤聚合物无法采用均相溶液法进行生产。均相溶液法工艺简单，但是制备的纺丝原液的纯度不够高，生产的合成纤维的品质相对于非均相溶液制备的纤维有较大差别，主要是由于使用均相溶液法时会引入一些单体或者其他溶剂。使用非均相溶液法时，需要选择合适的溶剂将成纤聚合物溶解，并在将溶解后所得到的溶液送去纺丝之前经过混合、过滤、脱泡等工序，该阶段的操作称为纺前准备。线形聚合物的溶解需先经历溶胀过程，即溶剂先向聚合物内部渗入，使聚合物的体积增大。溶胀过程使得大分子之间的距离不断增大，最后聚合物分子以分子状态进入溶剂，完成整个溶解过程。混合是为了使各批纺丝液的性质如浓度、黏度等均匀一致。过滤的目的是除去纺丝液中的杂质和没有溶解的高分子物质。纺丝液的过滤根据过滤条件不同分为两种：一是恒压过滤，即纺丝液的过滤是在恒定压力条件下进行；另一种是恒量过滤，即单位时间内由压滤机流出的原液量保持恒定。恒量过滤是目前原液过滤最常使用的方式。脱泡是将纺丝液中的残留气泡除去。脱泡过程分为两种，一种是在常压下进行脱泡，这种方法时间长。另一种是在真空条件下进行脱泡，特点是速度快。

② 湿法纺丝　湿法纺丝是在溶液中凝固，溶液一般为水或者溶剂的水溶液，如图 15-2 所示。湿法纺丝的速度较熔融纺丝慢很多，通常在 100～200m/min，但是湿法纺丝的喷丝孔的孔数多，一般在 5000～25000 孔，最高可达到 45000 孔以上。湿法纺丝的缺点是纤维截面与喷丝孔形状有一定差别，存在皮芯结构。湿法纺丝可用于不能熔融但能溶解于非挥发性或对热不稳定溶剂中的聚合物，如聚丙烯腈纤维，其熔点高于分解温度，在还没有达到熔点以前聚合物已经因为热分解而被破坏了[5]。

③ 干法纺丝　与湿法纺丝不同，干法纺丝是将纺丝溶液的细流喷在含有热空气的纺丝甬道中通过热空气将细流中蒸发出的溶剂带走，使其中的高聚物成为纤维[5]。这是与熔融纺丝凝固介质的不同之处。如图 15-3，加热气体从下部进入，使溶液中的溶剂挥发并在上部排出，因此需要溶剂是易挥发的。干法纺丝生产出的纤维品质好，颜色较白，但是由于溶剂挥发速度较慢，导致纺丝速度较低，约为 250～500m/min。由于该方法还需要考虑挥发气体的回收，因此纺丝成本也较高。

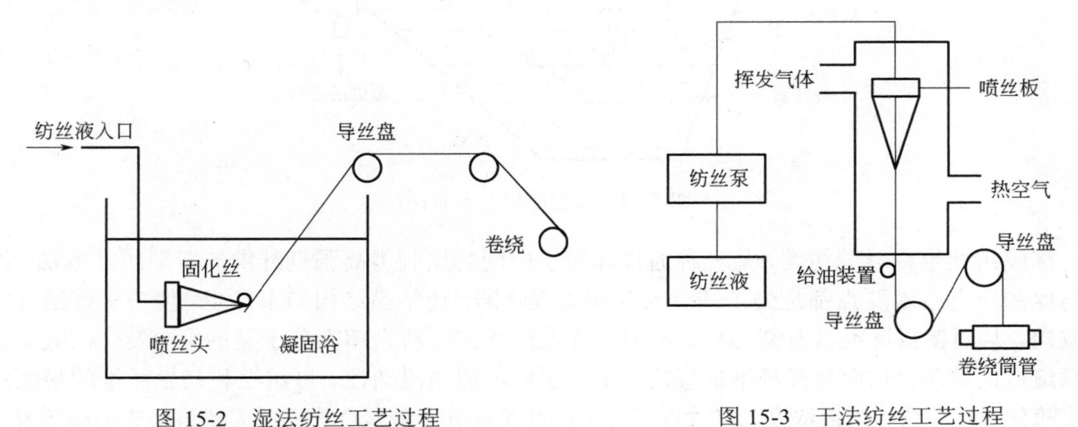

图 15-2　湿法纺丝工艺过程　　图 15-3　干法纺丝工艺过程

表 15-2 列出了熔融纺丝、干法纺丝及湿法纺丝法的特征。

表 15-2　三种纺丝方法的基本特征[6]

项目	熔融纺丝	干法纺丝	湿法纺丝
纺丝液状态	熔融	溶液	溶液或乳液
纺丝液质量分数/%	100	18～45	12～16
纺丝液黏度/Pa·s	100～1000	20～400	2～200
喷丝孔直径/mm	0.2～0.8	0.03～0.2	0.07～0.1
凝固介质	冷却空气，不回收	热空气或氮气，再生	凝固浴，回收
凝固机理	冷却	溶剂挥发	脱溶剂

15.2.2.2　新型纺丝方法

在熔融纺丝、干法纺丝及湿法纺丝的基础上，人们还开发出了新型纺丝方法，如干湿法纺丝、冻胶纺丝、液晶纺丝、化学反应纺丝、复合纤维纺丝、乳液纺丝、悬浮纺丝、相分离纺丝等。

干湿法纺丝是将干法纺丝与湿法纺丝结合起来的一种新型溶液纺丝方法，又称干喷湿纺。干湿法纺丝时是将纺丝溶液从喷丝头压出，经过一段时间后进入凝固浴，因此这种方法也被称为气隙纺丝（air gap spinning）[7]。干湿法纺丝示意图如图 15-4 所示，从凝固浴中导出的初生纤维的后处理过程与普通湿法纺丝相同。干湿法纺丝时，纺丝溶液挤出喷丝孔后先通过一段空气层，这导致喷丝头至丝条固化点之间的距离增大，因此拉伸区长度可达 5～100m，远超过液流区。在这样长的距离内发生的液流轴向形变，其速度梯度不大，形成的纤维能在空气层中经受喷丝头拉伸，而液流区却没有很大的形变，这就可以大大提高纺丝速度。而湿法纺丝喷丝头拉伸在很短的范围内发生，这样就导致产生很大的拉伸速度，导致液流区发生强烈的形变，使黏弹性的液体受到过大的张力，在较小的喷丝头拉伸下就发生断裂。因而在湿法纺丝时要借增大喷丝头拉伸面提高纺丝速度是有限制的。因此，干湿法纺丝的速度通常可比湿法纺丝高 5～10 倍。

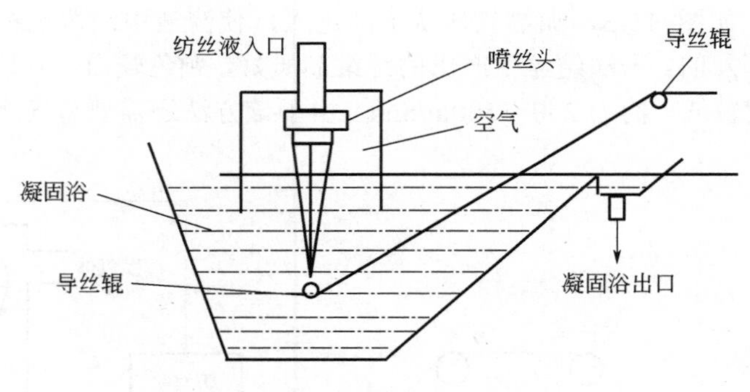

图 15-4　干湿法纺丝示意图

冻胶纺丝也称凝胶纺丝，是一种通过冻胶态中间物质制得高强度纤维的新型纺丝方法。冻胶纺丝的所有技术要点都是为了减少宏观和微观缺陷，使结晶结构趋于理想，使分子链沿纤维轴取向，从而使得纤维具有高强度高模量。冻胶纺丝的原料为超高分子量的聚合物，以减少链末端造成的缺陷，从而提高纤维的强度。由于纺丝溶液的流动性、可纺性和初生纤维的最大拉伸比随分子量和纺丝溶液浓度的增大而下降，因此超高分子量聚合物通常需要溶解成半稀溶液进行冻胶纺丝。冻胶纺丝的关键技术之一是将喷丝头出来的丝束引入到低温凝固浴中，以保持大分子的解缠状态。为抑制挤出细流与凝固浴发生双扩散，提高纤维的均匀性，凝固浴的浓度一般很高。挤出细流在低温、高浓度的凝固浴中发生热交换而被迅速冻结发生结晶，同时使双扩散受到抑制，从而得到含大量溶剂的、力学性能稳定的冻胶体。该冻胶体经过超拉伸后大分子高度取向，并促进应力诱导结晶，从而成为高强纤维。

液晶纺丝是成纤维聚合物在液晶状态下制得高强度纤维的一种新型纺丝方法。具有刚性分子结构的聚合物在适当的溶液浓度和温度下可以形成各向异性的溶液或熔体。在纤维制造过程中，各向异性溶液或熔体的液晶区在剪切和拉伸流动下易于取向，同时各向异性聚合物在冷却过程中会发生相变，形成高结晶性的固体，从而可以得到高取向度和高结晶度的高强纤维。

15.2.3 后加工

15.2.3.1 后加工工序

纺丝流体从喷丝孔中喷出的刚固化的丝称为初生纤维。初生纤维虽然已经是丝状，但其结构还不完善，力学性能比较差，例如伸长大、强度低、尺寸稳定性差、沸水收缩率高、纤维硬而脆，缺乏使用价值，因此不能直接在纺织加工过程中使用。为了将纤维的结构和性能进一步完善，得到能够在纺织过程中使用的性能优良的纤维，初生纤维必须经过一系列的后加工。后加工随着化纤品种、纺丝方法和产品要求不同存在一定差异，主要的工序是拉伸、热定型、上油等。

拉伸是指在初生纤维的微观结构尚未完全固定以前，在特定的张力下使卷曲无序的大分子沿轴向排列和伸展的过程，目的是使纤维的断裂强度提高，断裂伸长率降低，耐磨性和对各种不同形变的耐疲劳强度提高。拉伸的方式有多种，按拉伸次数不同可以分为一道拉伸和多道拉伸，按拉伸介质不同可以分为干拉伸（介质是空气）、蒸汽拉伸（介质是水蒸气和冰浴）和湿拉伸（介质是油浴或其他溶液），按拉伸温度又可分为冷拉伸和热拉伸。总拉伸倍数是各道拉伸倍数的乘积，一般熔纺纤维的总拉伸倍数为3～7倍，湿纺纤维可达8～12倍，生产高强度纤维时，拉伸倍数更高，甚至可达数十倍。

热定型是拉伸后的合成纤维在定形装置中加热状态下停留的过程，目的是消除纤维的内应力，提高纤维的尺寸稳定性，进一步改善其力学性能[8]。经过定形的纤维，外观形态能在定形温度以下长期保持稳定而不变，纤维的性能也更为稳定，沸水收缩率降低，染色性能也得到改善。热定型可以在张力下进行，也可以在无张力下进行，前者称为紧张热定型，后者称为松弛热定型。热定型的方式和工艺条件不同，所得纤维的结构和性能也不同。

在合成纤维生产中，无论是纺丝还是后加工都需要上油，目的是提高纤维的平滑性、柔软性和抱合力，减小摩擦和静电的产生，改善化学纤维的纺织加工性能。上油的形式有油槽或油辊上油及油嘴喷油。不同品种和规格的纤维需采用不同的专用油剂。化纤油剂可分为纺丝油剂和纺织油剂，一般化纤油剂包括平滑柔软剂、乳化剂、抗静电剂、渗透剂和添加剂等。平滑柔软剂起平滑、柔软作用，乳化剂起乳化、吸湿、抗静电、平滑等作用，抗静电剂起抗静电作用，渗透剂起渗透作用，添加剂起防氧化、防霉作用。

除上述工序外，在用溶液纺丝法生产纤维和用直接纺丝法生产聚酰胺纤维的后处理过程中，还要进行水洗工序，以除去附着在纤维上的凝固剂和溶剂，或混在纤维中的单体和低聚物。在黏胶纤维的后处理工序中，还需设置脱硫、漂白和酸洗工序。生产短纤维时，需要进行卷曲和切断。生产长丝时，需要进行加捻和络筒。加捻的目的是使复丝中各根单纤维紧密地抱合，避免在纺织加工时发生断头或紊乱现象，并使纤维的断裂强度提高。络筒的目的是便于运输和纺织加工。还可以通过某些特殊处理赋予纤维特定的性能。

随着合成纤维生产技术的发展，纺丝和后加工技术已从间歇式的多道工序发展为连续、高速一步法的联合工艺，如聚酯全拉伸丝可在纺丝牵伸联合机上生产，而利用超高速纺丝（纺速达 5500m/min 以上）生产的全取向丝，不需进行后加工，便可直接用作纺织原料。

15.2.3.2 短纤维后加工

短纤维的后加工通常是在一条相当长的流水作业线上完成的，包括集束、拉伸、水洗、上油、卷曲、干燥定型、切断、打包等工序。根据纤维品种的不同，后加工工序的内容和顺序也有所不同。集束是将几个喷丝头喷出的丝束以均匀的张力集合成一定线密度的大股丝束，便于后加工。集束时要求张力均匀，否则在拉伸时会造成纤维的线密度不匀，而产生超长纤维[9]。拉伸是将集束后的大股丝束通过多辊拉伸机进行拉伸。拉伸的形式随着纤维品种的不同而不同。通过拉伸，能够使纤维中大分子沿纤维轴向取向排列，同时可能发生结晶或结晶度和晶格结构的改变，从而使纤维的分子结构进一步完善，改善纤维的力学性能。所以拉伸是后加工过程中最重要的工序。拉伸倍数小，则制得的纤维强度低，伸长率大，属低强高伸型；拉伸倍数大，则制得的纤维强度高而伸长率小，属高强低伸型。

上油是将丝束经过油浴，在纤维表面覆上一层薄膜。上油可使纤维具有平滑柔软的手感，改善纤维的抗静电性，降低纤维之间及纤维与其他物体之间的摩擦，使加工过程能够顺利进行。此外，化纤上油还可提高纤维的耐磨性、匀染性和固色性等。化纤上油一方面是纺丝工艺本身的要求，另一方面是化纤纺织加工的需要。为了使化学纤维具有类似天然纤维的卷曲性能，增加纤维之间的抱合力，提高纺织加工性能，改善织物的服用性，通常要对拉伸后的纤维进行卷曲加工。化学纤维的卷曲加工有机械卷曲法和化学卷曲法。在生产中多数采用机械卷曲法。机械卷曲法是利用纤维的热塑性，将化纤丝束送入有一定温度的卷曲箱挤压卷曲。该法得到的是纤维外观的卷曲，卷曲数多，呈波浪形，但卷曲稳定性较差。化学卷曲法则是利用特殊的纤维成型条件，造成纤维截面的不对称性，从而形成一种较为稳定的卷曲。这种卷曲数量较少，但呈空间立体状，卷曲牢度也好。纤维的化学卷曲必须控制在适当的范围内，卷曲数太少，纤维抱合性差；卷曲数过多，则会使纤维的强力降低。

干燥定型一般在帘板式或圆网式热定型机上进行。热定型的方式分为紧张热定型和松弛热定型。干燥的目的是除去因拉伸、上油等过程中所带入的水分，使纤维达到成品所需的含水量。热定型是为了消除纤维在前段工序中产生的内应力，提高纤维的尺寸稳定性，进一步改善其力学性能，从而使拉伸、卷曲的效果固定，使成品纤维符合使用要求。切断是将干燥定型后的丝束根据纺织加工和产品的要求切成规定长度的短纤维。切断时要求刀口锋利、丝速张力均匀，以免产生超长纤维。纤维通常可切成棉型、毛型或中长型。最后将纤维在打包机上打包，以便运输出厂。

15.2.3.3 长丝后加工

由于长丝后加工不能以大股丝束进行，而需要一根根丝条在各工序中分别加工，并且要求各根丝束经受相同条件的加工处理，所以长丝的后加工工艺和设备要比短纤维后加工复杂得多。长丝的后加工过程一般包括牵伸、加捻、后加捻、水洗、干燥、热定型、络筒、分级包装等工序。此外，由于织物性能的要求，长丝在各项指标均匀性方面的要求比短纤维更为严格。

黏胶长丝的后加工包括水洗、脱硫、漂白、酸洗、上油、脱水、烘干、络筒等工序。水洗是除去黏胶丝条上存在的硫酸和硫酸盐、二硫化碳等。脱硫是为了脱除丝条中经水洗后剩余的硫黄，如果不脱硫则纤维会泛黄、发黑。漂白是为了提高纤维的白度。酸洗的目的是除去纤维中的其他杂质，以免改善纤维的性能和外观。上油是为了使纤维柔软平滑，以适应纺织加工的要求。

涤纶和锦纶长丝的后加工包括拉伸加捻、后加捻、压洗、热定型、平衡、倒筒等工序。拉伸加捻是在一定的温度下，将长丝进行一定倍数的拉伸，改善纤维的结构，提高纤维的力学性质。拉伸后的丝条再加上一定的捻度。后加捻是对拉伸加捻后的丝条再追加一定捻度，从而使复丝中各根单丝紧密地结合，避免在纺织加工时发生断头或紊乱现象，并可提高复丝的强度。压洗是用热水对丝条进行循环洗涤，以除去丝条上的单体和齐聚物。热定型是为了消除前段工序中产生的内应力，改善纤维的物理性能，并使捻度稳定。平衡倒筒是将热定型后的丝筒先保持在一定温湿度的存放室内放置一定时间，使丝筒内、外层吸湿均匀，并达到规定的回潮率，然后在络丝机上将丝筒退绕至锥形纸管，形成双斜面宝塔形式卷装，以便运输和纺织加工。此外，倒筒时还需上油，使丝条表面润滑，减少纺织时的静电效应，改善纤维手感。最后将宝塔筒子分级检验即可包装出厂。

15.2.4 染色

15.2.4.1 染色原理

纤维在经过纺丝后还要经过染色才可以使用。染料之所以能够上染纤维，并在纤维织物上具有一定牢度，是因为染料分子与纤维分子之间存在着各种引力的缘故。各类染料的染色原理和染色工艺，因染料和纤维各自的特性而有很大差别，但就其染色过程而言大致都可以分为三个基本阶段，即吸附、扩散和固着。将纤维放入染浴中，染料渐渐由溶液扩散转移到纤维表面，这个过程称为吸附。随着时间持续进行，纤维上的染料浓度逐渐增加，溶液中的染料浓度逐渐减少，经过一段时间后达到平衡状态。在染色过程中还存在解吸过程，是吸附的逆过程，在染色过程中吸附和解吸是同时存在的。吸附在纤维表面的染料向纤维内部扩散，直到纤维各部分的染料浓度趋向一致。由于吸附在纤维表面的染料浓度大于纤维内部的染料浓度，促使染料由纤维表面向纤维内部扩散。此时，染料的扩散破坏了最初建立的吸附平衡，溶液中的染料又会不断地吸附到纤维表面，吸附和解吸再次达到平衡。固着是染料与纤维结合的过程，随染料和纤维不同，其结合方式也各不相同。上述三个阶段在染色过程中往往是同时存在不能截然分开的，只是在染色的某一段时间某个过程占据优势而已。

15.2.4.2 染色方法

合成纤维多种多样，故其适用的染料和染色工艺也各不相同。

涤纶的化学组成是聚酯纤维，亲水性很低，纤维结构较紧密，主要用分散染料，有时也可用不溶性偶氮染料等染色。在分子链中引入磺酸基等阴离子基团而得到的变性聚酯纤维，还可用阳离子染料染色。但是涤纶在100℃以下用分散染料染色，不但上染速率低，而且难以染得浓色，所以涤纶的染色一般在高温（180～220℃）下进行。

锦纶的化学组成是聚酰胺，分子末端有氨基和羧基，分子链中有许多酰胺基。用于锦纶染色的染料有酸性、活性、分散、直接和各种金属络合染料等，其中酸性、活性染料的色泽最鲜艳，分散染料对纤维本身条干不匀的覆盖性较佳，金属络合染料的色牢度最高，直接染料的染深性较强。

腈纶的主要组成是聚丙烯腈，在合成时加入第二和第三单体，分子链带有阴离子基团，可用阳离子染料染色。腈纶也可用分散染料染色，有较好的水洗和日晒牢度，匀染性能良好，但在常压下很难染得深色，仅适用于浅、中色的染色。染色在pH值为5左右的染浴中进行，从60℃开始逐渐升温至95～100℃，续染60～90min，然后逐步降温至50℃左右，再在50～60℃进行水洗。如采用高温染色，上染速率和平衡上染量都可提高，但温度过高会使纤维发生收缩。

维纶的化学组成是聚乙烯醇缩醛，是一种亲水性较高的合成纤维，可用分散、还原、硫化、直接、硫化缩聚染料以及 1∶2 型酸性染料染色。用分散染料染色，匀染性良好，但水洗牢度差，应用较少。用还原、硫化染料等染色，工艺与纤维素纤维染色相似。用 1∶2 型酸性染料染色，染色工艺与羊毛、锦纶相似。

丙纶的化学组成是聚丙烯，结晶度很高，在大分子结构上不含有能与染料结合的化学基团，亲水性很低，所以很难染色。用某些分散染料只能染得浅色。通常采用熔体着色法，将颜料制剂和聚丙烯聚合体在螺杆挤压机中均匀地混合，经过熔纺得到有色纤维，色牢度很高。经过化学改性的丙纶可用酸性染料染色。

15.2.5 主要品质指标

纤维的品质是指对纤维制品的使用价值有决定意义的诸多指标的总体而言。反映纤维品质的主要指标有物理性能指标，包括纤维的长度、细度、密度、光泽、吸湿性、热性能、电性能等；力学性能指标，包括断裂强度、断裂伸长、初始模量、回弹性、耐多次变形性等；稳定性能指标，包括对高温和低温的稳定性、对光和大气的稳定性、对化学试剂的稳定性以及对微生物作用的稳定性等；使用性能指标，包括纤维的染色性、阻燃性、导电性等。

15.2.5.1 物理性能

（1）线密度　线密度（linear density）是描述纤维粗细的程度。单纤维越细，手感越柔软，光泽柔和且易变形加工。纤维的粗细可用纤维的直径和截面积表示，但纤维的截面积不规则，且不易测量。在合成纤维工业中，通常以单位长度的纤维质量，用线密度（旧称纤度）表示，法定单位为特克斯（简称特，符号 Tex）。以前使用的纤度单位旦尼尔（Denier，简称旦）和公制支数（简称公支）为非法定计量单位，不再单独使用。旦尼尔数是 9000m 长纤维的质量（g），公支为单位质量纤维的长度，即 1 公支= 1m/g。它们与特克斯之间的换算关系为：

$$\text{特克斯数}=\frac{1000}{\text{公制支数}} \tag{15-1}$$

$$\text{特克斯数}\approx 0.11\times\text{旦尼尔数} \tag{15-2}$$

（2）密度　密度（density）是指单位体积纤维的质量。由于物质组成、大分子排列堆砌以及纤维形态结构不同，各种纤维的密度是不同的。测定纤维密度的方法很多，有液体浮力法、比重瓶法、气体容积法、液体温升悬浮法和密度梯度法等。其中密度梯度法的精确度较高，也较简单。

（3）吸湿性　吸湿性（moisture absorption）是指在标准温湿度（20℃、65%相对湿度）条件下纤维吸收或放出气态水分的能力。吸湿性一般用回潮率（moisture regain）或含水率（moisture content）表示。前者是指纤维所含水分的质量与干燥纤维质量的百分比，后者是指纤维所含水分质量与纤维实际质量的百分比。化纤行业一般用回潮率来表示纤维吸湿性的强弱：

$$\begin{aligned}\text{回潮率}&=\frac{\text{试样所含水分的质量}}{\text{干燥试样质量}}\times 100\%\\ \text{含水率}&=\frac{\text{试样所含水分的质量}}{\text{未干燥试样质量}}\times 100\%\end{aligned} \tag{15-3}$$

（4）光泽　光泽（luster）是化学纤维的重要外观性质。纤维的光泽与正反射光、表面漫射光、来自内部的散射光和透射光密切相关。光泽的主体是正反射光，但表面的漫反射光和来自内部的散射光也是不容忽略的，因此纤维的光泽取决于它的纵向表面形态、内部结构和横截面形状等。纤维纵向表面形态主要与纤维沿纵向表面的凸凹情况和表面粗糙程度有关。如纵向光滑，粗细均匀，则漫反射少，镜面反射高，表现出较强的光泽。化学纤维中添加的消光剂不但会造成纤维表面的不平整，使漫反射增强，而且这些小颗粒的消光剂也会增加纤维吸收光线的能力。纤维横截面的形状很多，它们的光泽效应差异很大，其中有典型意义的是圆形和三角形。以相同的入射光量比较，三角形截面纤维存在部分全反射现象，光泽较强，同时进入纤维内部的光线也会在纤维的内表面产生镜面反射和平行透射。像棱柱晶体一样转动时或不同视角观察时，会产生光泽明暗相同的现象，称为“闪光”效应。常用的闪光丝，就是一种具有三角形截面的合纤长丝。近年来，在化纤生产中，由两种或两种以上的聚合物制成的双组分纤维和多层结构纤维等复合纤维，以及利用特殊形状的喷丝孔生产的各种断面的异形纤维得到迅速发展。简单的异形纤维如三角形纤维、星形纤维、多叶形纤维、Y 形纤维等，都可获得特殊的光泽效应。

（5）热收缩　热收缩（heat shrinkage）是纤维热性能之一，指受热条件下纤维形态尺寸收缩，温度降低后不可逆。纤维产生热收缩是由于纤维存在内应力，热收缩的大小用热收缩率表示，它是指加热后纤维缩短的长度占原长度的百分比。根据加热介质不同，纤维热收缩分为沸水收缩率、热空气收缩率和饱和蒸汽收缩率等。对纤维进行热收缩处理，品种不同则采取的热处理条件也不同，主要纤维的热处理条件见表15-3[10]。用纤维热收缩测定仪测量纤维热收缩前后的长度。纤维热收缩率的大小，与热处理的方式、温度和时间等因素有关，一般情况下，纤维的收缩在饱和蒸汽中最大，在沸水中次之，在热空气中最小。氯纶在 100℃热气中收缩率达 50%以上，维纶的沸水收缩率约为 5%，正常加工涤纶短纤维的沸水收缩率约为 1%。

表 15-3　纤维的热收缩处理条件[10]

名称	处理条件	处理时间/min
涤纶、锦纶	180℃干热空气	30
腈纶	沸水或 120℃蒸汽	30
维纶	沸水	30

（6）导热性　化学纤维的导热性（thermal conductivity）是纺织纤维的热学性质之一，与纺织染整加工和服用性能有密切关系。纤维材料的导热性用热导率 λ 表示，法定单位为 W/（m・℃）。λ 值越小，表示材料的导热性越低，它的绝热性或保暖性越高。

15.2.5.2　力学性能

（1）拉伸性能　合成纤维受到外力拉、压、折、磨、弯的作用下，会发生变形。在使用过程中，合成纤维主要受到拉应力和摩擦力的作用。纤维受到的拉应力会使合成纤维发生变形，因此拉伸性能是表征其力学性能的一个重要指标。拉伸曲线是表征材料在受到拉应力时变形与外力大小关系的曲线，即应力-应变曲线（stress-strain curve）。图 15-5 是合成纤维的应力-应变曲线[11]。

应力-应变曲线分为三个阶段。首先是初始弹性阶段，特点是受到外力无变形或者变形很小，在去除外力后可恢复。第二个阶段是延伸区域，外力会使材料发生较大形变，且形变不会因外力去除而完全消失。第三个阶段是补强区域，材料因受力产生较小形变，但是材料的强度会增加，直至材料断裂。断裂是一个重要指标，用来表征合成纤维力学性能，它的定义是受一定速度增加的外力直至合成纤维断裂时纤维的强度。

（2）回弹性　材料在外力作用下（拉伸或压缩）产生的形变，在外力除去后，恢复原来状态的能力称为回弹性。纤维在负荷作用下，所发生的形变包括三部分，即普弹形变、高弹形变和塑性形变。这三种形变不是逐个依次出现，而是同时发展的，只是各自的速度不同。当外力撤除后，可恢复的、松弛时间较短的为普弹形变，是急回弹形变。留下的一部分形变即剩余形变包括松弛时间长的高弹形变（缓回弹形变）和不可恢复的塑性形变。剩余形变值越小，纤维的回弹性越好。合成纤维的回弹性不仅与舒适感有关，还与纤维制品的抗皱性和衣服的尺寸保持性有关，回弹性大的纤维制服不易起褶皱，具有高挺括性等特性。

（3）耐疲劳性　耐疲劳性是合成纤维在受到反复的外力载荷时抵抗损伤和破坏的能力。耐疲劳性越大的合成纤维，衣服更耐穿，且更不易起皱。通常用抗折次数来表示耐疲劳性，抗折次数越大则合成纤维的耐疲劳性也就越好。

（4）耐磨性　磨损是经机械作用不断地在纤维表面发生接触并且产生来回相对运动，一般都伴随着质量下降。合成纤维的耐磨性与很多因素有关，其中最重要的是合成纤维分子链的结构以及其表面微观形貌。通常来讲，具有极性键的合成纤维取向度较高，聚合度一般也较大，故其结晶度大，耐磨损性能也好。当纤维的断裂强度高时其耐磨性也较好，这是由于其表面的硬度较高，且回弹性也较好的缘故。另外，合成纤维使用时的环境（温湿度）以及纤维的截面形状都会对它的耐磨性产生一定的影响。

15.2.5.3　使用性能

（1）染色性能　纤维的染色性能主要与三个方面相关。第一个方面是染色的亲和力，亲和力越高则合成纤维染色越牢固。第二个方面是染色速度，染色速度越快则纤维越易染色。第三个方面是染色牢度，纤维和染色剂之间稳定性越高，则越不易变色。染色亲和力主要与纤维本身化学结构有关，例如具有亲水键时较不具有亲水键更易染色。一些不具备亲水键的纤维还可以通过其他化学键相结合，例如阴阳离子键、范德华力以及氢键。有一些使用活性染料染色的合成纤维，染料和纤维之间通过共价键结合。所以要想对一些难以染色的纤维进行染色，最根本的方法是在自身结构中引进一些亲染料基团，或者将其与其他易染纤维进行共纺。染料从染浴进入纤维的表面及内部是一个扩散驱动的过程。染色均匀性也是检测合成纤维染色性能的另一个指标，主要与染色工艺及合成纤维的制备工艺有关。例如腈纶的染色一般在高温下进行，若在低温下染色容易产生不均匀现象。

（2）阻燃性能　阻燃性是合成纤维的使用性能之一，用以描述材料阻止延续燃烧的程度。造成纤维的燃烧主要有两个原因，一个是在高温下发生燃烧，另一个是在高温下发生降解。要正确判断纤维的阻燃性能好坏，才能选择材料合适的应用领域，通常用着火点温度、极限氧指数、火焰温度以及燃烧时间来描述纤维的阻燃性，其中着火点温度和极限氧指数是使用较广泛的两个指标。着火点温度是刚开始失效燃烧时的温度，极限氧指数是指合成纤维完全燃烧所需要消耗的氧气，一般在氧指数测量仪中测量。合成纤维自身结构产生的阻燃性能较差，一般是通过物理或者化学改性来提高纤维阻燃性，也可在纤维制备过程中加入一些阻燃剂。

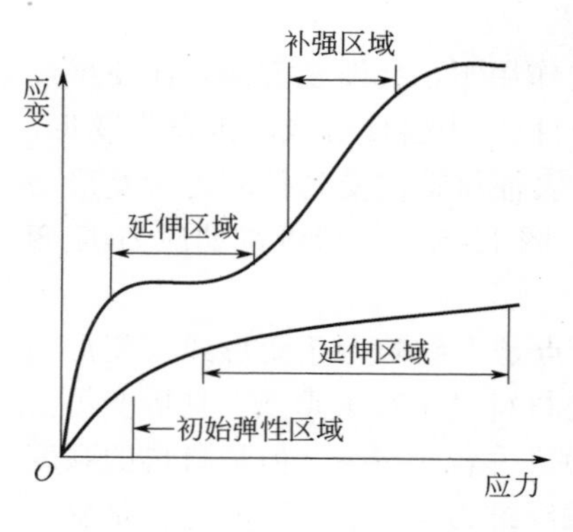

图 15-5　纤维应力-应变曲线图[11]

（3）导电性质　纤维的导电性反映合成纤维传导电荷的能力，也是使用性能的体现。描述合成纤维导电性的一个重要指标是质量比电阻，其定义是一定质量（通常取 1g）材料在一定温度（室温）下所具有的电阻值。由于合成纤维的截面积不同，因此相比体积比电阻，用质量比电阻测量和计算起来更加准确。一般使用比电阻测量仪测定，数值越大则导电性能越差。影响合成纤维导电性的因素主要是合成纤维的吸湿性，纤维含水量上升则质量比电阻会下降。

（4）含油率和上油率　合成纤维的含油率和上油率也是其使用性能的指标之一。含油率是指合成纤维的油剂占上油后合成纤维的比值，上油率是指合成纤维油剂占未上油合成纤维的比值。含油率和上油率的数值大小主要与制服的穿着舒适性有关，例如当两者过低时就会特别容易起静电，但如果过高则在纺丝时会发生粘缠，纺丝过程更加困难。所以合成纤维油剂一般要同时满足抗静电与不粘缠的要求，既要符合静电要求，又要保证纺丝性能。常见合成纤维的含油率一般都有具体要求。

15.2.5.4 稳定性能

描述合成纤维稳定性的指标主要有耐热性、耐光性、耐化学性、耐生物性等。合成纤维的耐热性表示其在高温下机械使用性能的变化，这种变化在回到正常使用温度时通常可以恢复，所以又称为物理耐热性。合成纤维在使用过程中不可避免地要接触高温，例如熨烫和烘干，在某些特定环境下使用的合成纤维制品还可能要受到长时间的高温辐射，因此耐热性是合成纤维稳定性之一。影响合成纤维耐热稳定性的因素主要是高聚物的化学结构。天然纤维一般比合成纤维的耐热性要高，这主要是因为天然纤维的结构不呈现热塑性，所以在高温下不会发生软化。在目前所使用的合成纤维中，黏胶纤维和涤纶的耐热性最好。制备耐热纤维主要有两个方法：一个方法是加入一些抗氧化剂和阻滞剂，使合成纤维的热裂解程度减少；另一个方法是使高分子主链形成交联，例如聚乙烯醇的醛化。

耐光性是合成纤维的另一个稳定性指标。耐光性的定义是合成纤维在经过一段一定强度的自然光照射后其力学性能变化的程度。力学性能变化越少，其耐光性越好。合成纤维的耐光性与其高分子聚合物的分子结构有很大关系，例如分子链的化学组成，分子链中是否存在大分子基团和交联结构，合成纤维的聚集态结构等。合成纤维耐光性还与外部条件有一定关系，如温度、光照强度和时间等。一些气候条件的变化也会引起合成纤维力学、使用性能的变化，例如一些合成纤维在不同气候带与温度下的服役时间有很大差别，这主要是由于不同气候条件下的日光与温度不同。在目前所常用的合成纤维品种中耐光性和耐热性能最优异、气候条件对力学性能变化影响最小的是聚丙烯腈纤维，这是由于聚丙烯腈中含有氰基，能十分有效地把紫外线中的光能转换为热能，有效保持其分子结构的稳定性，不至于被光降解而产生老化现象。所以如果想要获得耐光纤维，在制备过程中引入氰基是一个行之有效的方法。表 15-4 给出了几种常见合成纤维经日晒后的强力损失程度。由表 15-4 可知，在经受日晒后其强力损失由小到大为腈纶、黏胶纤维、涤纶、锦纶。即在长时间日晒后，腈纶仍能保持较好的原始力学性能。

表 15-4　常见纤维经日晒后的强力损失程度[12]

纤维名称	日晒时间/h	强力损失/%
黏胶纤维	900	50
腈纶	800	10～25
锦纶	200	36
涤纶	600	60

合成纤维的耐化学性是指经过化学试剂侵蚀后机械稳定性能改变的程度，主要是抗酸碱的能力。通常纯碳链的合成纤维较杂链的合成纤维具有更好的耐化学性，而某些具有氰基的纤维不耐强碱。合成纤维的耐微生物性主要是抗蛀虫、耐霉菌的作用，一般化学纤维比天然纤维耐

生物性能要好很多。

15.3 常见合成纤维制备

15.3.1 腈纶制备

聚丙烯腈纤维即腈纶的制备对原料的要求特别高，如果原料的纯度（除水外纯度应高于99.5%）不符合要求，那么生产出的腈纶制品机械强度和染色性能会很差。腈纶的主要生产工艺流程如图15-6所示[13]。

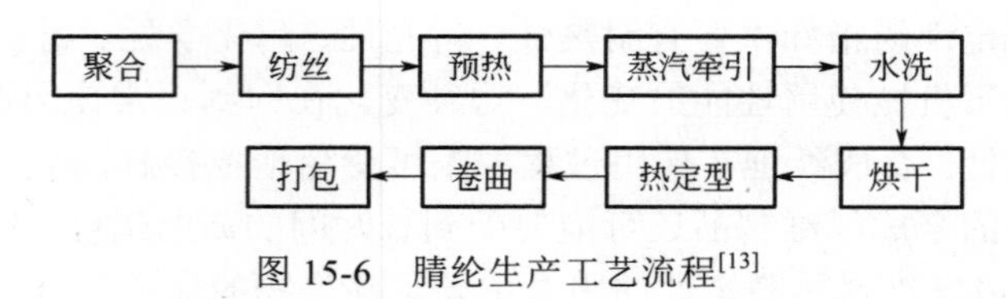

图15-6 腈纶生产工艺流程[13]

15.3.1.1 聚合

目前通常采用溶液聚合法生产腈纶。溶液聚合过程中需要加入引发剂，使整个体系在溶液中反应聚合。溶液聚合又分为均相溶液聚合与非均相溶液聚合，这两种聚合方法都适用于腈纶的生产。均相溶液聚合法是将聚丙烯腈和丙烯腈溶于溶液，得到均匀混合溶液以作为纺丝原料。非均相溶液聚合法需选用合适的溶剂，要求不仅能够溶解丙烯腈，还要避免所制备的聚合产物聚丙烯腈溶于其中，从而能够分离出沉淀，以通过合适的溶剂溶解用作纺丝原液。均相溶液聚合法虽然简单，但是对纺丝原液的要求较高；非均相溶液聚合增加了溶解沉淀的步骤，但是所得纺丝原液的纯度更高。溶液聚合中广泛使用的引发剂有三类，即偶氮类、有机过氧化物类和氧化还原体系引发剂。在腈纶制备过程中，因溶剂路线和聚合方法的不同对引发剂种类的选择也有差异，如硫氰化钠（NaSCN）溶剂路线常采用偶氮类引发剂，水相聚合法则常采用氧化还原引发体系[14]。

目前使用的聚丙烯腈纤维都是三元共聚物，这是由于纯聚丙烯腈纤维不易染色，且弹性很低，无法满足正常的生产生活需要，因此在生产聚丙烯腈纤维时通常要加入其他一些共聚物以改善性能。其中第一单体是丙烯腈，是纤维的主要成分，质量占比达89%～94%；第二单体是一些高分子聚合物，质量占比5%～9%，加入后可降低聚丙烯腈纤维的结晶度，从而使纤维成品质地柔软，机械强度高，手感舒适，常用的是甲基丙烯酸甲酯（methyl methacrylate，MMA）等；第三单体通常含有部分亲染料基团，只占比0.4%～2.1%，用以克服聚丙烯腈纤维不易染色的缺点。例如丙烯磺酸钠含有阴离子基团，可采用阳离子染料对纤维进行染色，从而使得染色更加容易、牢固。为了控制聚丙烯腈纤维分子量，在聚合过程中还需加入分子量调节剂（如异丙醇）、浅色剂（如二氧化硫脲）和终止剂（如乙二胺四乙酸四钠盐）等。

15.3.1.2 纺丝

纺丝液一般是三元共聚的混合液，其中大部分成分是聚丙烯腈，其分子量控制在54000～117000之间，这样才能保证产物聚丙烯腈纤维具有良好的光泽和白度。由于聚丙烯腈纤维的熔点是330℃，分解温度是210～240℃，所以在进行纺丝时不能选用熔融纺丝法，只能进行溶液纺丝。溶液纺丝又分为干法纺丝和湿法纺丝。干法纺丝时纺丝速度快，且聚丙烯腈纺丝原液容易发生粘缠固化，容易堵住喷丝口，造成纺丝困难，所以不能使用较多孔数的喷丝头。干法纺丝制成的聚丙烯腈纤维适合用作仿真丝，结构致密，手感光滑。湿法纺丝制成的聚丙烯腈纤维是短纤维，特点是柔软蓬松，是仿羊毛制品的首选。湿法纺丝的溶剂可选择的种类较多，常用的有 *N*，*N*-二甲基酰胺（*N*，*N*-dimethylformamide，DMF）、碳酸乙烯酯（ethylene carbonate，EC）、丙酮等。

15.3.1.3 工艺特征

首先是采用一定浓度（质量分数通常为 55%）的氯化锌水溶液作为溶剂，将丙烯腈溶解，然后加入过硫酸铵或者双氧水作为引发剂，进行自由基反应。为了使氯化锌溶解得更充分，还需要加入其他的中性盐，如氯化钠等。由于盐溶液对仪器设备具有很强的腐蚀性，因此需要采取防腐和保养措施以增加设备的使用寿命，如在碳钢材质的板框过滤机表面覆上环氧树脂涂层等。

在腈纶生产过程中，各步反应需要在各自的反应釜中独立进行。首先在第一反应釜中进行反应，控制溶剂的 pH 值为 10，在 40℃温度条件下反应 0.5h，这时转化率达到 55%～65%。然后将反应物转到第二反应釜中，在 40℃温度条件下反应 0.5h，这时反应物的转化率提高到 75%～80%。最后将反应物转到第三反应釜中，在 40℃温度条件下反应 0.5h，可将转化率提高至 93%～97%。

原液经反应后还要进行脱泡处理，首先在加热器上升温至 60℃，再置于脱泡机上处理，脱泡完成后即可进入喷丝头进行纺丝，喷丝头的孔数根据产品需要进行调节。凝固浴的条件选择与溶剂有关，一般其组分与溶剂相同，浓度为溶剂的 10%～15%，温度为 30℃。经过凝固后的纤维还要经过再凝浴以脱出多余溶剂。再凝浴的另一个作用是给予一定的拉力，使纤维具有一定的强度。最后经过再凝浴处理的纤维还要进行水洗脱盐，然后进入滚筒式干燥机进行干燥，温度为 80～85℃。

15.3.2 涤纶制备

聚酯纤维是由各链节通过酯基相连构成的大分子链成纤聚合物纺制而成的纤维。我国将含聚对苯二甲酸乙二酯组分大于 85%的合成纤维称为聚酯纤维，商品名为涤纶。涤纶的强度高，模量高，不易吸水，大量应用于制造民用织物及工业用织物。作为纺织材料，涤纶短纤维不仅可以纯纺，而且适合与其他纤维混纺；不仅可与天然纤维如羊毛、棉麻混纺，也可与其他化学短纤维如黏胶纤维、醋酯纤维、聚丙腈纤维等短纤维混纺。涤纶纯纺或混纺制成的仿棉、仿毛、仿麻织物一般可保持聚酯纤维原有的优良特性，如织物的抗皱性和褶裥保持性、耐磨性、尺寸稳定性、洗可穿性等，而聚酯纤维原有的一些缺点，如纺织加工中的静电现象和染色困难、吸汗性与透气性差、遇火星易熔成空洞等问题，可通过与亲水性纤维混纺得到一定程度上的改善。优良的抗皱性和保型性是涤纶作为衣用纤维的最大特点。涤纶纤维衣物制品穿戴于身上挺括不皱，外形美观。这是由于一方面涤纶应对拉伸、压缩、弯曲等形变的恢复能力高即弹性好，另一方面涤纶本身分子结构使得纤维刚性大，不易变形。

涤纶的强度比棉花高一倍，比羊毛高三倍，更难得的是在湿态和干态时强度并不会发生变化，而其它纤维如锦纶在湿态时的强度比干态时低 10%～15%。由于强度高，涤纶制成的衣物结实耐用，并且还能应用于工业和农业等方面。涤纶的耐磨性虽然仅次于锦纶，但它在潮湿和干燥两种不同状态下的耐磨性很接近，而锦纶湿态时耐磨性比干态时低 40%～50%。涤纶同其它合成纤维一样不受霉菌和微生物的作用，因此其织物不易发霉，不怕虫蛀。涤纶的耐热性也很好。在温度达到 238～240℃时，涤纶纤维才开始软化，在 260℃下才开始熔化。试验表明，涤纶在 180℃下加热 1000h 仍能保持原来强度的 50%，而其它一些纤维如锦纶、腈纶等人造纤维以及天然纤维在 150℃经过 70～336h 即遭破坏。

涤纶的缺点是染色性能差，织物需采取高温、高压染色工艺，染色设备比较复杂，产品成本较高。由于涤纶的吸湿性差，纺织加工时易产生静电，给生产带来困难。纯涤纶服装穿着时会感到气闷、不舒服。改进这些缺点的方法有纺织复合纤维、异形纤维等，从而改善染色性能、吸湿性能、抗起球性能、抗玷污性能等。

在涤纶纤维的生产过程中，预取向丝的生产工艺包含气送系统和纺丝卷绕系统。气送系统包括切片吊装、切片筛选检测和切片输送等几部分。常规气送流程首先是自切片厂运来的包装切片用电动葫芦吊运至切片料仓，并在自重下进入振动筛。切片在振动筛内抖动，同时筛选去除超常切片、杂质、粉尘等。经筛分后的切片再靠自重下落，经金属检测器时去除其中的金属杂质。因切片内部含水一般在0.4%左右，而要达到纺丝要求的小于30mg/kg的含水，还需除去一部分内部水分，这样才可避免在纺丝过程中聚酯分子在高温下产生剧烈水解导致分子量降低，可纺性变差，引起大量的气泡或造成毛丝、飘丝甚至引起断头。切片进入螺杆挤压机内，沿螺槽向前运行，同时安装在螺杆套筒上的加热元件对切片进行加热，使切片受热熔化，并且因由挤压机压缩输送产生一定的熔体压力。螺杆各区温度按照由低到高再平稳的规律设定，通常熔化温度调整在286～294℃范围内。

15.3.3 锦纶制备

聚酰胺纤维即锦纶或尼龙，有尼龙-6和尼龙-66两种。锦纶的耐磨性居纺织纤维类首位，强度高，弹性优良，但初始模量低，织物保型性、耐热性不及涤纶，因此在棉、麻毛型外衣面料中的应用并不多见，而在丝绸织物中则可充分发挥其细而柔软、弹性伸长大的优良特性。在合成纤维中，锦纶的吸湿性仅次于维纶，且染色性相对较好。锦纶的耐光性和耐热性较差，初始模量比其他大多数纤维都低，在使用过程中容易变形，从而限制了锦纶在服装面料领域的应用。

尼龙-66是目前最主要的尼龙品种之一，1939年由美国杜邦公司实现工业化生产，也是最早研制成功的尼龙品种。尼龙-66结晶度中等，熔点高（265℃），能溶于甲酸、苯酚、甲酚，有高强、柔韧、耐磨、易染色、低摩擦系数、低蠕变、耐溶剂、机械强度较高等优点，是世界上第二大类合成纤维[15]。尼龙-66的耐热性、结晶度比尼龙-6高，强度和吸水性优于尼龙-6。与铸铁、铜、铝等金属材料相比，尼龙-66虽然刚性逊于金属，但强度却高于部分金属，在某些应用上可代替金属材料。

尼龙-66可采用连续缩聚法、间歇缩聚法和溶剂结晶法制备。连续缩聚工艺中有两个重要的参数，即反应温度和压力。尼龙-66盐的缩聚反应实际上是在熔融状态下进行的，因此反应的初始温度应比尼龙-66盐的熔点高10℃，宜控制在214℃左右。为了提高分子活化能，加快反应速率，逐渐升高温度到后期达到280℃左右，即高于聚合物熔点温度15℃左右。设置反应压力参数时，为了防止己二胺挥发，初期反应压力选择1.76MPa左右。随着反应的进行，为了除去体系中的水，进一步提高聚合物的分子量，反应中后期将压力降至常压乃至负压进行缩聚。相关的工艺控制参数是 SiO_2 含量小于 0.2μg/g，Fe 含量小于 0.01μg/g，精制盐溶液浓度50%±0.2%，pH值7.5～8，温度50℃。

间歇缩聚法与连续缩聚法的原理相同，反应条件基本一致，只是连续缩聚不同反应过程是在不同的反应设备中连续进行的，而间歇缩聚法相关的反应过程均在高压缩聚釜中完成。先形成的尼龙-66盐在溶解槽内溶解，质量分数为50%，溶液温度为50℃，经两次过滤后进入浓缩槽循环加热，在压力0.2MPa、温度150℃的反应条件下质量分数增加至80%实现浓缩，同时向盐溶液中加入4%的消泡剂和催化剂次磷酸钠[16]。为了提高耐热和纺丝能力，往聚合釜中加入一定量碘化钾和己内酰胺的混合液。浓缩后的盐溶液依靠重力及氮气加压进入聚合釜，经升温升压、保压（1.71MPa）缩聚、降压缩聚、常压缩聚等一系列过程后其相对黏度达 2.7 左右，平均分子量为 17000 左右。此法生产的纤维的最大分子量取决于在最后阶段停留反应的时间。

溶剂结晶法是将纯己二酸溶解于乙醇溶剂中，两者质量比为 1∶4。待溶质完全溶解后，移入带搅拌的中和反应器中并升温到 65℃，缓慢加入配好的己二胺溶液，控制反应温度在 75～80℃。在进行至反应终点时有白色结晶析出，继续搅拌直到反应完全。将混合液冷却并过滤，用乙醇洗涤数次除去杂质。采用离心操作分离产物，尼龙-66 盐的总收率可达 99.5%以上。一般每吨尼龙-66 盐消耗己二胺 0.46t，己二酸 0.58t，乙醇 0.3t。原料纯度、结晶温度、机械损失、溶剂的浓度和用量等都对尼龙-66 盐的收率和质量有影响，另外残存于己二胺中的 1,2-二氨基环己烷、1-氨基甲基环戊烷、氨基乙腈等杂质也影响尼龙-66 盐的稳定性。

15.3.4 维纶制备

聚乙烯醇缩醛纤维是合成纤维的主要品种之一，其产品大多是切断纤维即短纤维，特征与棉花颇为相似。常规产品是聚乙烯醇缩甲醛纤维，简称维纶。维纶是一种耐酸、耐碱的环保型产品。利用聚乙烯醇的水溶性，通过化学交联等方式改性的水溶性纤维、中空纤维、阻燃纤维等功能纤维都很有特色。聚乙烯醇纤维的纺丝方法有湿法纺丝、干法纺丝、熔融纺丝、凝胶纺丝以及含硼碱性硫酸钠纺丝等多种工艺。选用不同的纺丝工艺，可以赋予纤维不同的特殊性能。

15.3.4.1 湿法纺丝

湿法纺丝可选用无机盐水溶液、氢氧化钠溶液和有机液体为凝固浴，由于凝固浴成分不同导致成型过程和适用产品类型也存在差异。无机盐通常能够在水中离解，生成的离子对水分子有一定的吸附能力，因此会被大量水分子围绕，形成具有水化层的水合离子。当大量的水分子被凝固浴中的无机盐离子所获取，大分子就会脱除溶剂并互相靠拢，最后凝固成为纤维。因此可以认为，聚乙烯醇原液细流在无机盐水溶液中合成纤维是一个脱水-凝固的过程。而无机盐水溶液的凝固能力取决于无机盐离解后所得离子的水合能力和该无机盐组成的凝固浴浓度。由于 Na_2SO_4 廉价且容易制备，所以一般情况下聚乙烯醇湿法纺丝均使用接近饱和浓度的 Na_2SO_4 水溶液组成的凝固浴。在这种凝固浴下生产的绝大多数纤维的截面都接近弯曲的扁平状，具有明显的皮芯结构，皮层和芯层的结构和形貌也有明显的差异。凝固浴中除含有硫酸钠外，还添加少量硫酸锌等组分。

若选择氢氧化钠溶液做凝固浴，当原液细流在其中凝固时，聚乙烯醇的含量基本不变。随着凝固浴中的氢氧化钠渗入细流内部，原液的含水量只是稍有下降。凝固历程不是以脱水为主，而是大量氢氧化钠渗入原液细流，使得聚乙烯醇水溶液发生凝胶化而最终固化[17]。以氢氧化钠水溶液为凝固浴制备的纤维结构较为均匀，截面形状基本为圆形。当浴中氢氧化钠的含量超过一般标准时（大于 450g/L），脱水效应渐趋明显，截面也趋于扁平。

以有机液体为凝固浴时，可纺制不能水洗的水溶性聚乙烯醇纤维。虽然有机液体对聚乙烯醇水溶液的脱水能力较弱，但其凝固历程仍主要为脱水-凝固过程。由于脱水能力较弱，所得纤维的截面形状比较圆整，但也存在皮芯结构，且随着有机液体脱水能力下降而逐渐消除。在生产中采用凝固能力低的凝固浴时，必须增加原液细流在凝固浴中停留的时间，以保证能够充分凝固，相应地需要增加纺丝的浸浴长度或降低纺丝速度。初生纤维在进行加工之前，需先用硫酸钠和硫酸等组成的酸性浴中和，使得生产过程复杂化，所以目前生产一般用途的聚乙烯醇纤维仍以氢氧化钠溶液凝固浴为主，低凝固能力的凝固浴仅用于生产某些特殊用途的聚乙烯醇纤维。

15.3.4.2 后处理

纤维的热处理方法根据所在介质种类分为湿热处理和干热处理两种。在实际生产中常用干热处理，一般以热空气作为介质。在热处理过程中需要控制的主要参数为温度时间和松弛度。热处理温度是热处理过程中最重要的工艺参数。在 245℃以下进行热处理时，随着温度的上升，纤维的结晶度和晶粒尺寸有所增大，在水中软化点也相应提高。但当热处理温度超过 245℃时，效果相反，纤维的耐热水性呈下降趋势。这主要是由于高温下纤维结晶区的破坏速度大于其建立速度，并且氧化裂解速度的大大加快使纤维的平均分子量减小，这些都会使纤维的性能下降。热处理时间和热处理温度密切相关，温度越高，所需的热处理时间就越短。在一定时间范围内，随着热处理时间的增加，纤维的结晶度会增加。但达到一定数值后，随着时间的增加结晶度几乎不再变化。长束状聚乙烯醇纤维的热处理温度以 225～240℃为宜，短纤维的热处理温度以 215～225℃为宜，所需时间较长，约为 6～7min。

松弛度又称收缩率，指纤维在热处理过程中收缩的程度。适当的热收缩处理不仅可以提高纤维的结晶度，改善纤维染色情况，而且会显著增加纤维结构的强度。但松弛度过大，不仅强度损失大，纤维的结晶度也会趋于减小，所以生产中一般控制松弛度在 5%～10%之间。

经过热拉伸和热处理的丝束还有很大的内应力，导致纤维在使用过程中易于变形。如果纤维表面平直则抱合性差，因此为制成合格的产品，必须对其进行卷曲处理。卷曲是在松弛状态下，用加热的方法消除纤维的内应力。由于纤维内分子的收缩程度不一致，纤维具有一定的卷曲度，这可以提高纤维的加工性能。卷曲有热风和热水两种方式。热风卷曲在热卷曲机中进行，切断后的丝片用送棉机送入卷曲机中。卷曲机是一个具有固定倾斜度、内壁带有角钉的大圆筒。当圆筒转动时，纤维也相应翻动。圆筒中空气由电加热，温度在 200℃以上，纤维在热空气循环条件下自由卷曲。这种设备体积庞大，耗电量很大，易发生火灾，已很少使用。热水卷曲是把切断后的丝片投入热水中，使丝片受热均匀收缩。这种卷曲较稳定，已得到普遍应用。采用这种工艺，需选择合适的热水温度，如果处理温度太低则卷曲效果不理想，温度太高则纤维强力损失过大。

参考文献

[1] 关晓宇等．合成纤维的湿法非织造技术及其应用［J］．纺织学报，2016：89-93．
[2] 陈荣祈．新合成纤维与分散染料染色［J］．染印，2013：47-51．
[3] 何龄修．粗切短纤维的关键技术研究［J］．纺织服装周刊，2017：117-120．
[4] 肖长发，尹翠玉．化学纤维概论［M］．3 版．北京：中国纺织出版社，2015．
[5] 蓝清华，吴文莺．合成纤维生产基本知识［M］．北京：烃加工业出版社，1990：29-30．
[6] 曹敏等．化纤分类和命名的探讨［J］．纺织导报，2009：88-90．
[7] 张艳艳．圆柱形纤维的反光性能及其在纺织中的应用研究［D］．无锡：江南大学，2006．
[8] 韦炜．尼龙电纺纤维的制备及其应用研究［D］．上海：上海交通大学，2011．
[9] 韩英波等．聚酯纤维改性方法的探讨［J］．聚酯工业，2003：156-157．
[10] 陈月君．尼龙 56 纤维的制备及其性能研究［D］．上海：东华大学，2014．
[11] 胡玮．聚酯/蚕丝蛋白高功能复合面料研究［D］．重庆：西南大学，2013．
[12] 孟瑾，崔志英．日晒对织物（纤维）色牢度和力学性能影响的研究［J］．国际纺织导报，2013，41（04）：67-68，70，78．
[13] 徐以强．聚丙烯腈纤维湿法纺丝成形过程中的结构性能变化［D］．上海：东华大学，2016．
[14] 王曼玲．超支化聚合物改性聚丙烯腈纤维稳定金纳米粒子的制备及其异相催化［D］．天津：天津大学，2013．
[15] 颜琳琳．酸性可染聚酯（PTT）纤维的研究［D］．上海：东华大学，2006．
[16] 吴卫星．熔融静电纺丝制备 PE/PP 纤维的研究［D］．天津：天津大学，2005．
[17] 郭淼．新兴纺织面料在产品设计中的应用与研究［D］．上海：东华大学，2011．

16　涂料和胶黏剂制备

16.1　涂料制备

16.1.1　定义与分类

涂料（paint）是在不同的施工过程中被均匀地施加到物体的表面上以形成固体膜的材料。该膜牢固地附着在物体表面上，具有一定的强度和连续性，通常被称为涂层，也称为涂料或油漆膜[1]。生活中常见的油漆就是涂料的一种。涂料不一定是液态的，粉末涂料是涂料的品种之一。当今，涂料正演变为一种多功能的工程材料，其主要功能是保护、装饰、标识等，提升产品附加值[2]。

涂料品牌繁多[3]。同一类的涂料品种，它的功能和用途也不尽相同。可以根据是否添加颜料将涂料分为清漆和色漆。根据施工方式可以将涂料分为建筑漆、汽车漆、木器漆等。根据用途可以将涂料分为浸漆、喷漆、烘漆。根据效果可以将涂料分为防污漆、防锈漆、绝缘漆等。根据产品形态可以将涂料分为粉末涂料、液态涂料、固体涂料。

16.1.1.1　水性涂料

以水作为主要溶剂或分散介质的涂料被称为水性涂料（图 16-1），突出的优点是大大减少有机溶剂的使用量[4]。水性漆的优点是环保、无毒、无异味、安全、施工方便，是传统涂料的良好替代品。目前市场上的水性木器漆主要分为以下三类：

① 以丙烯酸为主要成分的水性木器漆。其优点是无更深层次的木色，附着力好，缺点是耐磨性差，硬度低。因其成本低且工艺简单，是市场主推产品。

② 以丙烯酸与聚氨酯的混合物为主要成分的水性木器漆。除具有丙烯酸漆的优点外，还有耐磨性好、抗化学侵蚀强、硬度高、丰满度较好的优点，综合性能可与油性漆媲美。

③ 以聚氨酯为主要成分的水性木器漆。聚氨酯漆的综合性能非常出色，耐磨性比油性漆更好，是水性涂料中的先进产品。

相比于溶剂型涂料，水基涂料使用水作为溶剂，有机溶剂占比约 10%，极大地改善了施工环境质量，节约资源，减少了对环境的污染。水基涂料能够在潮湿物体的表面直接进行施工，能够很好地适应物体的表面，涂层的附着能力好。水基涂料的施工工具可直接水洗，避免使用清洗溶剂。

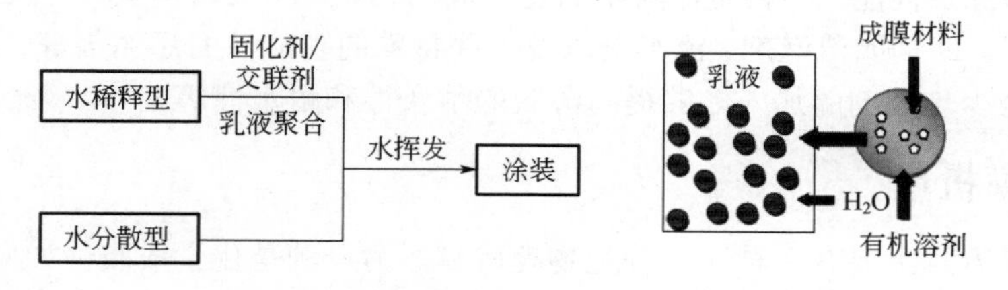

图 16-1　水性涂料制备及其组成

16.1.1.2　乳胶漆

乳胶漆是由颜料和水分散体系混合而成的。为了便于成膜和加工，通常加入增稠剂、分散剂等助剂。乳胶漆主要包括水溶性内墙乳胶漆、通用类型乳胶漆、抗污乳胶漆、抗菌乳胶漆等，在建筑物装饰领域应用广泛。水溶性内墙乳胶漆色彩柔和，水作为分散介质完美解决了环境污染问题，漆膜透气性良好，可用于未完全干透的新墙面。通用类型乳胶漆是市场中的一大类，市场范围广，份额大。最常用的是亚光乳胶漆，呈白色，没有光泽效果，涂覆在墙上的整体效果好，具有一定的覆盖效果。另外一种典型乳胶漆被称作丝绸墙面漆，像丝绸缎面一样具有光滑、细腻的手感。丝绸墙面漆的墙面要求极为严格，施工要求高，需要施工工人细致操作，才能达到典雅、细腻的效果。抗污乳胶漆具有抗污效果，可以容易地除去水溶性污渍，如水性笔、指纹、铅笔的污渍等。抗菌乳胶漆具有防水、防霉的特性，能够在一定程度上改善居住生态环境。

16.1.1.3 粉末涂料

不含溶剂且全部为固体粉末状的涂料为粉末涂料。粉末涂料一般无毒，不含有溶剂或挥发性有毒物质，符合国家环保要求。粉末涂料的原料利用率高，粉末的利用率高达99%以上。涂敷粉末涂料时一次施工，无需底涂，获得的涂层致密。另外，粉末涂料的储存运输也方便安全。

采用静电喷涂的方法进行粉末涂料的涂敷，施工过程包括表面预处理、静电粉末涂装、熔融流平或交联固化、冷却、成品等。表面预处理的目的是最大限度地提高粉末涂料的性能并延长涂膜的寿命。喷涂时应将被涂物完全接地，从而增加喷着率。当物体表面有较大缺陷时，刮涂导电腻子能够提升涂膜平整性和光滑感。喷涂后要加热固化，固化时间和温度要充分以保证质量，喷涂后立即检查。对于回收的粉末涂料要经过筛选以去除杂质，然后按照一定的比例与新的粉末混合后使用。

16.1.1.4 特种功能涂料

按照功能组分不同可以将特种功能涂料分为本体型和复合型，前者是树脂发挥作用，后者的功能是靠添加小分子的有机或无机功能材料实现的。目前常见的特殊功能材料有电功能涂料、光功能涂料、热功能涂料。常见的电功能涂料主要有导电型、防静电型、绝缘型、印刷电路型等，常见的光功能涂料主要有荧光涂料、发光涂料、变色涂料等，常见的热功能涂料有阻燃涂料、耐热涂料等。

16.1.2 主要组成

涂料主要由四部分组成[5]，即成膜物质、溶剂、颜料和助剂。涂料中的主要组成部分为成膜物质，如油脂、树脂或不挥发活性稀释剂等。溶剂主要有有机溶剂（烃类、醇类等）和水。溶剂可以让涂料有一定的黏稠度，所形成的液体中的基料均匀分散并且能够适应各种施工条件，提高涂料的综合性能。颜料是涂料中的重要成色物质，主要有两类，一类为着色颜料，另一类是体质颜料。助剂如消泡剂、流平剂以及一些特殊的功能性的添加剂等。助剂的存在并不能够成膜，但是少量助剂的加入能够提高薄膜的耐久性和耐水性等。

16.1.3 成膜机理

涂料的成膜方式主要有两种，一种是物理成膜，另一种是化学成膜，如图 16-2 所示。涂料中溶剂的蒸发或热熔所得到的干而硬的涂膜的过程称作物理成膜。这一过程是干燥的过程，是可塑性涂料的一般成膜形式。溶剂的选择十分重要，直接影响涂膜的平整性。溶剂挥发过快，浓度变高会导致涂料失去流动性，所得到的涂膜就会失去平整光滑的效果。化学成膜是将涂在物体表层的聚合物（可溶或可熔的、低分子量聚合物）经加热或其他特殊工艺处理后，分子间发生化学反应，导致分子量增大、发生交联，从而形成坚固薄膜的过程。

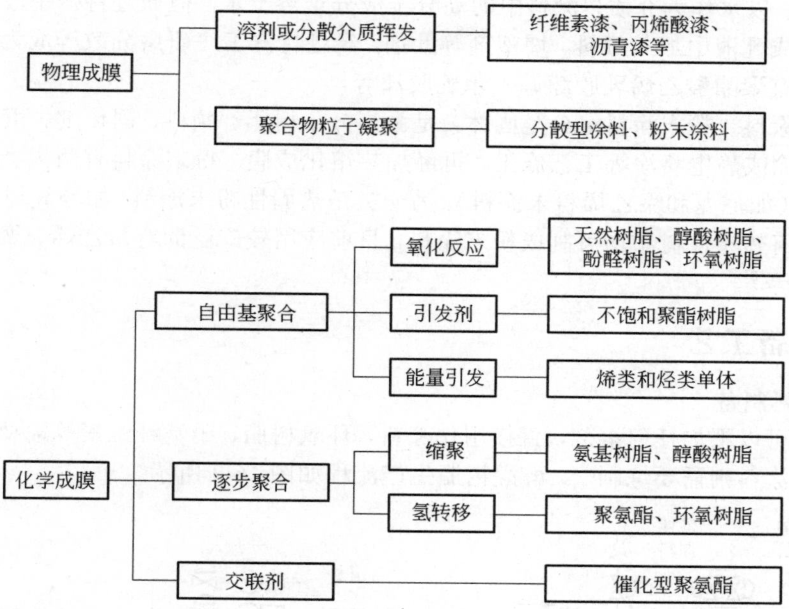

- 物理成膜
  - 溶剂或分散介质挥发 — 纤维素漆、丙烯酸漆、沥青漆等
  - 聚合物粒子凝聚 — 分散型涂料、粉末涂料
- 化学成膜
  - 自由基聚合
    - 氧化反应 — 天然树脂、醇酸树脂、酚醛树脂、环氧树脂
    - 引发剂 — 不饱和聚酯树脂
    - 能量引发 — 烯类和烃类单体
  - 逐步聚合
    - 缩聚 — 氨基树脂、醇酸树脂
    - 氢转移 — 聚氨酯、环氧树脂
  - 交联剂 — 催化型聚氨酯

图 16-2 涂料成膜机理

16.1.4 主要品种

（1）醇酸树脂涂料　醇酸树脂涂料的主要成膜物质是醇酸树脂，它是多元酸（如邻苯二甲酸酐）和多元醇（如甘油、季戊四醇）的缩聚产物，属于体型的热固性树脂，进行干性油改性不仅能提高醇酸树脂的不溶性，还能提高成膜性能。醇酸树脂涂料具有较好的光泽和较高的机械强度，可以在室温下进行干燥，具有强光泽保留性、良好的户外耐久性、平滑度、韧性和黏附性。醇酸树脂涂料广泛用于木材、金属的表面涂覆工艺领域。

（2）氨基类树脂涂料　氨基类树脂涂料的成膜物质是三聚氰胺甲醛树脂、脲醛树脂或它们的混合物。氨基树脂涂料都是热固性的，必须在加热条件下才能固化成膜（烘漆）。氨基树脂涂料的特性是色浅光亮，加入颜料后颜色鲜艳丰满，坚硬，保光性好，户外耐久性优于醇酸树脂涂料。氨基树脂涂料主要用于对装饰性能要求高的工业制品，如汽车等金属表面。

（3）环氧树脂涂料　环氧树脂涂料可以用作胶黏剂，对金属表面的黏着力极强，能耐化学腐蚀，因此也是重要的涂料品种。环氧树脂涂料主要的类型有胺固化环氧树脂、酯化环氧树脂、粉末环氧树脂，主要应用于造船、航空、汽车、电气等工业领域。

（4）聚氨酯涂料　聚氨酯涂料的品种繁多，这是由于它是异氰酸酯与不同的聚酯、聚醚或与其它树脂配制形成。聚氨酯涂料主要特性是耐腐蚀性好，有保护和装饰作用。聚氨酯涂料可采用多种方式固化，能和其他树脂配合制漆，可制成多种形态。

（5）聚丙烯酸酯涂料　聚丙烯酸酯分为热塑性和热固性两大类。热塑性聚丙烯酸酯涂料广泛应用于纺织物、木制品及合金件。如果在涂料中加入荧光材料就形成了发光漆，多用于航天产业和建筑行业。热固性聚丙烯酸酯涂料经固化后性能大幅提升，多用于装饰性要求高的轻工业产品当中。

（6）水性涂料　水性树脂涂料分为两种，一种是水溶性聚合物涂料，以水为溶剂。另一种是乳胶型涂料，以水作为介质，涂料中的高分子成分难溶于水，但通过特殊手段可以达成。乳胶涂料是在合成乳液中加入颜料、增塑剂等助剂，经过特殊工序研磨分散等成为乳胶漆。乳胶漆的主要品种有聚醋酸乙烯乳胶漆、丁苯乳胶漆等。

（7）粉末涂料　粉末涂料组分是固体，是由高分子树脂、颜料、固化剂、填料和各种助剂组成。采用喷涂或静电喷涂等工艺施工，再经加热熔化成膜。粉末涂料有两大类，一类是热塑性的粉末涂料（如尼龙和聚乙烯粉末涂料），另一类是热固性粉末涂料（如环氧树脂粉末涂料）。一般来说，任何热塑性树脂均可制成粉末涂料，目前应用较广泛的有聚乙烯、聚酰胺、聚苯硫醚、线型聚酯等[6]。

16.1.5　制备工艺

16.1.5.1　漆料制备

醇酸树脂可以不加任何溶剂，直接用作漆料，环氧树脂、硝基纤维素等需要进行溶解，酚醛树脂漆料等涂料则需要炼制[7]。醇酸树脂生产流程如图 16-3 所示。

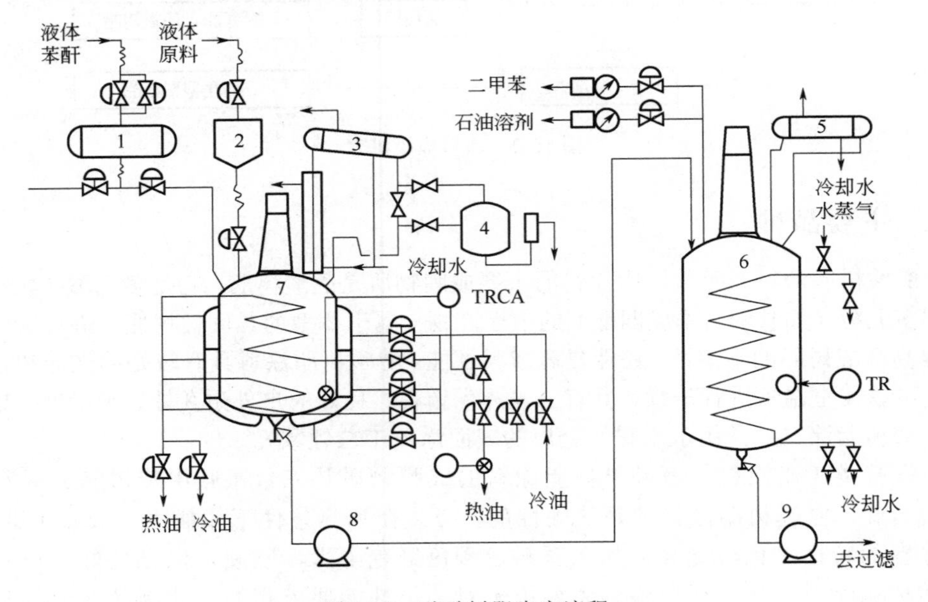

图 16-3　醇酸树脂生产流程

1—液体苯酐计量罐；2—液体原料计量罐；3—冷凝器；4—分水器；5—冷凝器；6—兑稀（稀释）罐；7—反应釜；8—高温齿轮泵；9—内齿泵

16.1.5.2　颜料分散

一般地，颜料颗粒的粒径比较大，涂料的最终性能很大程度上取决于颜料均匀分散的、持久的稳定性，以及无结露，没有沉降等[8]。颜料的分散过程为润湿、研磨与分散、稳定。颜料的表面张力差与黏度越小越容易润湿。把颜料中的颗粒从团聚中分离出来是剪切力和撞击力共同作用的结果[4]，图 16-4 是剪切力作用下的颜料分散示意图。提高剪切力可通过提高体系黏度和剪切速率来实现，在涂料工业中常用提高体系的黏度来提高剪切力。分散之后颜料粒径小，接触面积增大，十分不稳定，颗粒容易团聚[5]。因此对分散后的颜料进行稳定很有必要[9]。稳定是使颜料颗粒在准稳定状态下，颜料团聚体经分散、润湿后使其粒径大小和粒径分布控制在一定的范围之内。

16.1.5.3 色漆配制

色漆是由基料、溶剂、颜料和助剂等组成的，制备步骤如图 16-5 所示。

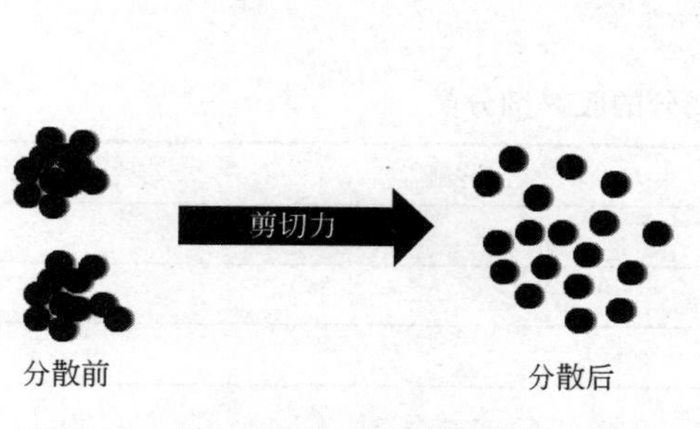

图 16-4 剪切力作用下的颜料分散示意图

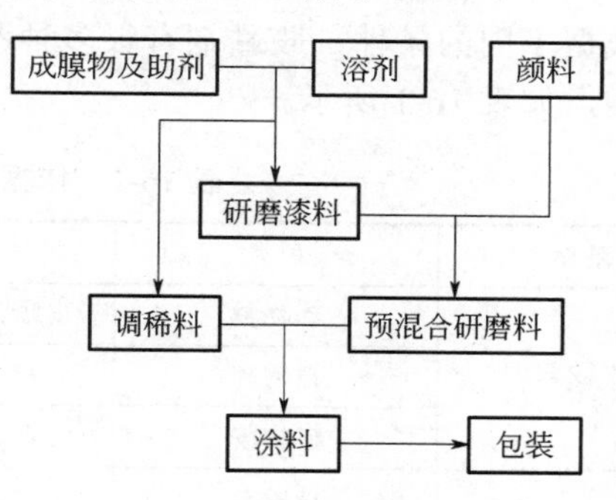

图 16-5 色漆的制备步骤

16.1.6 生产过程

涂料的生产工艺流程如图 16-6 所示。树脂的制备过程就是将植物油、甘油、酸酐、溶剂等物质加入高温酯化反应釜中进行酯化反应，最终制得树脂。配料润湿是将溶剂、树脂、纯填料及助剂加入盘式高速分散机中，加入分散剂进行搅拌润湿。研磨分散设备决定了涂料的分散程度，因此要选用高效设备，提高涂料稳定性，改善色漆和涂层的质量。兑稀调色是将细度合格的颜料浆、稀释剂、树脂按配方量补足并分散均匀，调色和调整黏度。

制备的涂料还需要进行抽样检验，检验内容如图 16-7 所示，检验涂料是否符合设计标准要求。抽样检验合格后，经过检验包装桶密封性、包装桶贴产品标识、打印防伪标识三个步骤之后，涂料便可出厂。

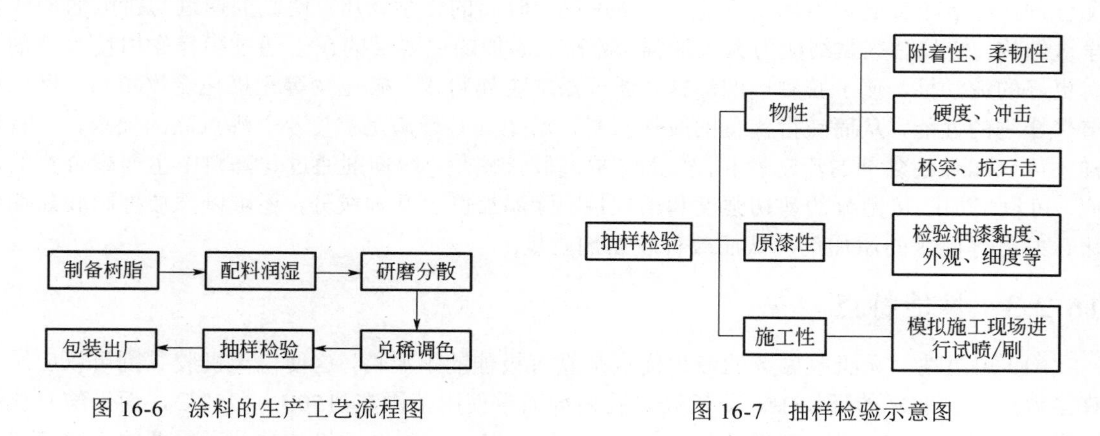

图 16-6 涂料的生产工艺流程图

图 16-7 抽样检验示意图

16.2 胶黏剂制备

16.2.1 定义与分类

胶黏剂是利用化学力和物理力把同种或不同种材料紧密胶接在一起的物质，也称作粘接剂或胶合剂，或者简称为“胶”[10]。胶黏剂通常由基体材料和各种辅料加工而成。合成胶黏剂作为一种广泛使用的工业制品，可以应用在诸多领域，比如建筑业、制造业、微电子工业等国民经济的各个领域。

根据不同的条件，胶黏剂有很多种不同的分类方法[11]。依据基料的化学成分对胶黏剂进行分类，如表 16-1 所示。

表 16-1　依据基料化学成分的胶黏剂分类

基料	种类	举例
天然胶黏剂	动物胶	皮胶、骨胶
	植物胶	淀粉、松香
	矿物胶	沥青、地蜡、硫黄
合成胶黏剂	橡胶类	丁腈、氯丁、聚硫
	混合型	环氧-酚醛、环氧-丁腈、酚醛-缩醛、酚醛-丁腈
	热固性树脂	酚醛、环氧、聚氨酯、丙烯酸酯
	热塑性树脂	聚乙烯醇缩醛、聚乙酸乙烯酯、聚丙烯、聚酰胺

按形态和固化反应类型，胶黏剂可分为溶剂型、乳液型、反应型（热固化、紫外线固化、湿气固化等）、热熔型、再湿型以及压敏型等[11]。

16.2.2　主要组成

胶黏剂的组成成分包括基料、固化剂、促进剂、偶联剂、稀释剂、填料和其它可以改善胶黏剂性能的添加剂[10]。基料作为胶黏剂必不可缺的一种物质，主要是各种合成高聚物，例如环氧树脂和酚醛树脂等。基料必须具有黏合的功能。固化剂和促进剂均为胶黏剂中非常重要的配合剂，是指能够促进固化反应速率、缩短反应时间的化学物质。偶联剂通过与接触面构成化学键结构，使胶黏剂黏结能力大大加强。稀释剂添加的主要目的在于通过稀释作用使胶黏剂具有更好的流动性，便于胶黏剂的涂抹。通过添加金属粉末、矿化物等无机化合物填料，可以调节聚合物的性能，从而获得优良的胶接质量。增塑剂必须满足黏度小、沸点高的要求，只有这样才可以加强胶黏剂的流动性和浸润性，提高胶接质量。增韧剂通过与基料中主要聚合物的反应，可以增加胶接部分的剪切强度和柔韧性。除添加以上几种成分，还可以添加抑制胶黏剂老化、发霉等问题的添加剂，从而改善胶黏剂质量。

16.2.3　性能特点

（1）耐温性　无机胶黏剂的最大优点是具有极佳的耐温性，这使得无机胶黏剂可以应用在许多温度条件恶劣的环境中。无机高温胶粘剂通常使用范围在 1500～1750℃，而磷酸氧化铜胶黏剂的耐温范围更广，可在 180～1400℃范围内使用。制造无机胶黏剂所需要的主要基料为锆英砂和耐火土，但是这两种材料的获取并不方便。随着对胶黏剂科学研究力度的加大，许多提高胶黏剂耐温性的办法被不断提出，例如对有机胶黏剂来说，可以通过聚合物改性来提高胶黏剂的耐温性，其中酚醛树脂用 B_4C 改性后可以适应 1500℃的高温[12]。

（2）环保性　尽管相对于其他大规模应用的化工产品来说，胶黏剂的环境危害并不大，但是在一些重要的应用领域，胶黏剂对周围环境的危害也不能忽视。例如，之前大量应用的聚乙烯甲醛胶黏剂（俗称“107 胶”）由于挥发后含有游离甲醛，会污染周围环境，对人体健康造成极大威胁，所以用量逐年减少。可以通过改变聚合物性能，使胶黏剂的使用性能不变而减少其对环境的污染。

（3）无损性　连接材料的方式有很多，比如可以采用螺栓对材料进行连接，也可以运用焊接的方法，把材料焊接到一起。但是这些方法都有一个弊端，那就是会对材料进行破坏，并在使用中产生应力集中，进而改变材料性能。例如通过螺栓进行连接会在材料上打孔，可能引起材料力学性能的变化；采用焊接对材料进行连接，会对材料局部进行加热，可能引起材料的热变形问题。因此，和这些材料连接方法相比较而言，利用胶黏剂对材料进行粘接可以不对材料进行破坏，从而不会改变材料本身性能。

（4）轻质性　由于胶黏剂大多都是各种聚合物，具有密度小的特点。在同体积下，胶黏剂的重量较轻，可以显著降低连接件的重量。因此，在航空航天、航海、武器及飞机制造等领域上，胶黏剂都有减轻自重，节省能源的重要价值。

16.2.4　胶黏理论

同种或不同种聚合物之间，聚合物与固体材料之间，金属与金属和金属与非金属之间均可以发生胶接现象。因此，胶黏理论涉及不同材料之间的界面接触问题。诸如被粘物与粘料的界面张力、表面自由能、官能团性质、界面反应等都影响胶接。不同界面的性质与相互作用的结果是复杂多样的，而目前所提出的胶黏理论并不是唯一的，下面介绍几种以主要影响因素为出发点的胶黏理论。

（1）化学键理论　化学键理论认为胶黏剂与被粘物体表面的分子之间受到化学键产生的力的作用，例如硫化橡胶与镀铜金属的胶接界面的化学键生成。这种化学键的形成增大了胶黏剂的粘接能力。但是化学键的形成只有在特殊的条件下才会产生。因此，化学键所产生的力并不具有普遍性，黏附强度的提高更多是由于分子间的作用力。化学键合力比分子间力要高 1～2 个数量级，如果能形成化学键，则会获得高强度、抗老化的胶接。化学键理论在木材等的胶接中扮演重要作用[12]。

（2）吸附理论　吸附理论认为胶黏剂的胶接作用原理是因为所连接的固体材料和胶黏剂之间存在吸附作用。这种吸附作用是由于分子间的范德华力和氢键所产生的。胶黏剂分子通过布朗运动向被粘物表面移动，使二者的极性分子基团和链段靠近，当分子间距小于 0.5～1nm 时，便产生分子间力即范德华力，而形成粘接。吸附理论认为胶接作用是物理吸附与化学吸附共同作用产生的，物理吸附占主导地位。如改性乳胶在胶接玻璃和金属时，随着共聚物中－COOH 的量的增加胶接强度提高；环氧树脂胶接铝合金，胶接强度跟－OH 的量呈正向变化[13]。这些现象均证明了吸附理论。通过联系胶接力和分子间力的作用，在一定程度下对材料之间的胶接作用可进行合理的解释。不过吸附理论并不能有效解释所有的胶接现象，比如无法解释测定的胶接强度的大小与剥离速度有关的现象。

（3）扩散理论　扩散理论认为当两种相容性较好的聚合物密切接触在一起的时候，就会发生分子间的布朗运动，这直接导致了扩散现象的形成。并且随着分子间的布朗运动继续下去，会在胶黏剂和被粘物的接触面上出现分子互换，最终出现界面消失的现象。另外，这种扩散现象也可以导致在接触面附近产生过渡区，从而固化后形成牢固的胶合。由于扩散理论应用的前提条件是两种接触的聚合物具有相容性，所以一切不相容的两接触物之间的胶接用扩散理论都无法进行正确的解释，比如聚合物胶黏剂与玻璃等不相容的物质之间的粘接。

（4）静电理论　静电理论认为胶黏剂与被粘物之间出现了电子的输出体-接受体，电子会从供给体（如金属）转移到接受体（如聚合物），这有利于胶黏剂与被粘物之间的电子转移。当二者之间发生电子转移时，伴随产生的还有双电子层，并最终形成了静电引力。由于一般材料之间的静电力很小，所以静电力对物质之间的胶接作用产生的影响是微乎其微的，并不能对性能类似的聚合物之间的胶接进行解释。

（5）机械锚合理论　机械锚合理论认为胶黏剂之所有具有连接作用是由于胶黏剂渗入到接触面的缝隙或者凹陷处，经一段时间固化后，产生锚合、钩合、楔合等机械力的作用，从而使物体被连接在一起。该理论把胶接看成是纯粹的机械嵌定作用，实际上机械锚合作用产生的力并不是胶黏剂能够连接物体的主要原因，但是该作用力可以显著提高胶黏剂的粘接效果。机械锚合作用力实际上是摩擦力，所以在黏合多孔材料等表面比较粗糙的物体时，机械锚合作用力是非常关键的。机械锚合理论也存在一定的局限性，比如不能解释空隙多的木材比孔隙少的木材胶接强度低，表面粗糙的比经刨床精加工的胶接强度低等现象。同样无法解释非多孔性材料，如玻璃、金属等物体的胶接现象。许多事实证明，机械结合力与物理吸附和化学吸附作用相比，它是产生胶接力的第二位主要原因。

16.2.5　制备工艺

16.2.5.1　聚醋酸乙烯胶黏剂制备

聚醋酸乙烯胶黏剂是以乙酸乙烯酯作为反应单体在分散介质中经乳液聚合而制得的，俗称白乳胶或白胶，是合成树脂乳液中产量最大的品种之一。制备聚醋酸乙烯主要有自由基聚合和负离子聚合两种方法，应用最多的是自由基聚合，其中又以乳液聚合为主。制备聚醋酸乙烯胶黏剂选择的引发剂主要为水溶性引发剂[12]，如焦硫酸钾（$K_2S_2O_7$）等。将醋酸乙烯与不饱和单体进行共聚生成接枝或互穿网络的共聚物胶黏剂，如醋酸乙烯与丙烯酸丁酯共聚。其反应式如下：

$$x\,\underset{\displaystyle COOC_4H_9}{H_2C=\underset{|}{C}H} + y\,H_2C=\underset{\substack{|\\ O\\ |\\ C=O\\ |\\ CH_3}}{CH} \xrightarrow{K_2S_2O_7} \left(H_2C-\underset{\substack{|\\ COOC_4H_9}}{CH} \right)_x \left(CH_2-\underset{\substack{|\\ O\\ |\\ C=O\\ |\\ CH_3}}{CH} \right)_y$$

16.2.5.2　聚氨酯胶黏剂制备

聚氨酯胶黏剂是目前正在迅猛发展的聚氨酯树脂中的一个重要组成部分，具有优异的性能，是八大合成胶黏剂中的重要品种之一。聚氨基胶黏剂的主要成分为聚氨基甲酸酯，含有氨基甲酸酯基（－NHCOO－）。因为聚氨基甲酸酯主链中存在极性基团异氰酸酯基（－NCO），使得聚氨基胶黏剂对各种材料的粘接性能显著提高，且可在常温下短时间固化。聚氨基胶黏剂固化以后，具有优良的韧性和耐温性，可应用于粘接金属等材料。

聚氨酯的分子链结构中含有硬段相和软段相，硬段相由异氰酸酯结构单元段组成，软段相由聚醚或聚酯单元段组成。硬段相区之间由分子间作用力及氢键作用力集结一起成为固化物网状结构中的网点，软段相区分散于网点之间。相对环氧固化物中由固化剂分子组成网点，聚氨酯固化物中网点强度较低，网点间距离比环氧的长，从而使聚氨酯的机械强度比环氧低，柔韧性比环氧好，耐高温性也比环氧差。聚氨酯胶黏剂生产工艺流程如图 16-8 所示。

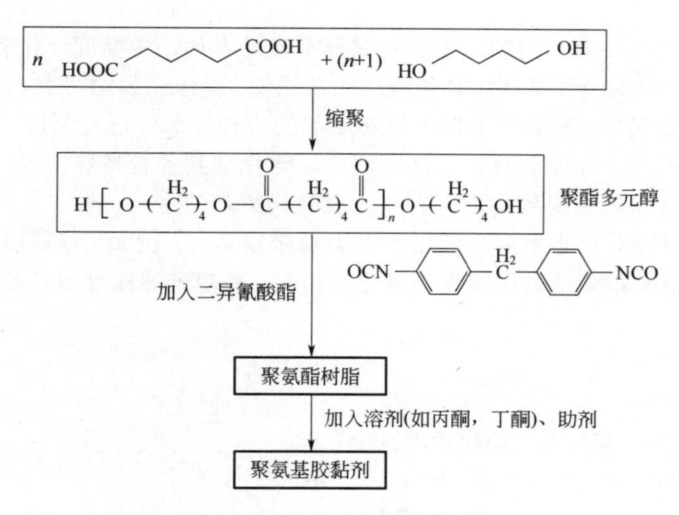

图 16-8 聚氨酯胶黏剂生产工艺流程

16.2.6 主要应用

随着社会经济的持续发展和科学技术的不断进步，胶黏剂在国民经济建设的各个重要领域的应用越来越广泛和深入。从高新技术到工农业生产再到日常生活，胶黏剂已成为不可缺少、无法替代、使用简单方便的常用材料。胶黏剂除了能粘接普通材料之外，还可以应用在一些崭新的领域[13]。

（1）汽车工业应用 胶黏剂凭借工艺简单、性能优良和价低高效的优点，在汽车的制造生产过程中发挥着巨大的作用。它既可以用于金属材料之间的粘接，也可以应用于橡胶等材料自身或相互之间固定和密封等方面。汽车生产制造过程中大量采用胶黏剂的部位主要有车体与车顶加固板、车盖内外板、玻璃钢车身壁板、散热器水箱等部位，以及汽车内饰的小范围使用胶黏剂。胶黏剂的使用极大方便了汽车高效的生产和制造。

（2）建筑工业 胶黏剂也被广泛应用在建筑工业，尤其是在建筑工业结构和装饰方面，以及建筑构件的生产，例如三合板、层压木板等。另外，在墙面与木框架的粘接、地板与天花板的安装等方面也经常用到胶黏剂。

（3）电子电气工业 在电子、电气工业上也有许多使用胶黏剂的地方，小到电子器件的定位，大到电机线圈的粘接都少不了胶黏剂的身影。应用在电子、电气工业上的胶黏剂除了需要满足粘接的基本作用外，还需要具有一定的特殊功能，比如导电、耐热和保护基材等功能。胶黏剂已经应用在了绝大多数的电子、电气设备上，为电子电气工业领域中材料的连接提供了高效便捷的方法。

（4）航空航天 胶黏剂在航天产品中的使用已经越来越广泛，主要是因为航天产品大多采用轻合金、蜂窝结构和复合材料。由于航天产品使用环境苛刻，对胶黏剂的要求也更高，例如要求能够适应太阳紫外线的照射、真空和极端温度条件等恶劣环境。满足胶黏剂在航空航天领域应用的特殊条件，目前使用的胶黏剂主要有聚氨酯类、酚醛树脂类和丙烯酸酯类三种。这些胶黏剂为进一步发展航空航天事业提供了便利，有利于航空航天事业获得更大的发展。

（5）造船工业 在胶黏剂出现以前，修复船舶主要是采用焊接等连接固定的方法。采用焊接方法，对工人的焊接技术水平要求比较高，也容易对船体造成破坏，且维修成本高。胶黏剂已在逐渐取代这些传统的固定方式，而船舶长期航行于江、河、湖、海等复杂恶劣环境中，对胶黏剂也提出了更高的要求。例如，要求胶黏剂不容易老化、受温度变化影响小和不易燃烧。此外，在造船工业中应用的胶黏剂还必须满足工艺简便、操作性强的特点。对于造船工业来说，胶黏剂也具有不可替代性。胶黏剂不但可以对船舶的各种零部件进行粘接，还可以对船舱等特殊部位进行密封。另外，船舶航行于大江大海中，难免遇到各种特殊情况，例如船舱漏水等，这时胶黏剂的密封作用就会得到显现，有利于及时化解险情。

（6）娱乐器具　胶黏剂也被广泛应用于各类娱乐器具上。例如，弓箭可以用环氧胶来实现高强度的粘接，皮划艇船桨可以用胶黏剂来进行密封，高尔夫球杆可用胶黏剂粘接层压木材和热塑性塑料而制成。

参考文献

[1] 居滋善．涂料工艺［M］．北京：化学工业出版社，1994：2-3．

[2] 倪玉德．涂料制造技术［M］．北京：化学工业出版社，2004．

[3] 武利民．涂料技术基础［M］．北京：化学工业出版社，1999：1-2．

[4] 苑金生．国外建筑涂料的发展趋势［J］．装饰装修天地，1995，（10）：3．

[5] 张俊智，刘泽曦，然玉书．我国涂料的发展及趋势［J］．化工管理，1999，（4）：35-37．

[6] 薛福连．形形色色的功能性涂料［J］．上海涂料，2006，4（7）：32-35．

[7] 燕来荣．我国涂料市场的发展现状及趋势［J］．新材料业，2000，（4）：9-14．

[8] 洪啸吟，冯汉保．涂料化学［M］．北京：科学出版社，1997．

[9] 黄楚填．环保型喷刷万能胶及其配制和使用方法．CN1451708［P］，2003．

[10] 贺曼罗．我国胶粘剂及其应用技术的发展［J］．粘接，1999，20（1）：19．

[11] 孙乐芳．酚醛树脂胶的技术现状及发展对策［J］．化工科技市场，2002：26．

[12] 丁著明，范华．低毒酚醛树脂胶粘剂的研究进展［J］．北工技术与开发，2004，33（4）：22．

[13] 周文瑞，李建章，李文军，等．酚醛树脂胶粘剂及其制品低毒化研究新进展［J］．中国胶粘剂，2004，13（1）：54．

第四篇
复合材料

17 复合材料及增强体制备

17.1 复合材料及其效应

材料复合技术随着当今社会的发展而迅猛发展。由于环境的要求越来越严苛和复杂，人们对材料性能的要求因此也更加严格。复合材料作为除了金属材料、无机非金属材料、高分子材料之外的第四大材料体系，已经逐渐成为新材料发展的重要方向。

17.1.1 复合材料概述

17.1.1.1 定义和特点

复合材料具体的定义方法有多种，最为权威与标准的是国际标准化组织（International Organization for Standardization，ISO）对复合材料的定义。复合材料是由两种或两种以上的物理和化学性质不同的物质组合在一起而形成的一种多相固体材料[1]。在复合材料中，其中一相为连续相，称为基体；另一相为分散相，称为增强体或者增强材料[2]。

由复合材料的定义可知，复合材料是由多种不同的材料复合而成的，因此复合材料具有很多独特的特点。复合材料与其他材料相比最大特点在于其性能具有可设计性。对于复合材料的组分和组分间的比例，人们可以自由地组合与设计，具有很强的灵活性。复合材料根据人们的需要可制成任意形状，从而避免了多次加工[3]。复合材料的性能跟各组分的组成有关，组分间存在界面，是一种多相材料，且各组分在形成复合材料后依然可以保持其复合之前的优异物理和化学特性。复合材料是人工制备的，并非天然形成的，具有更多天然材料所没有的优良性能。

17.1.1.2 命名和分类

由于复合材料是由不同组分复合形成的多相材料，其中各种不同组分在复合材料中的存在形式主要有两种，一种是基体相，呈连续分布状态；另一种为分散相，呈不连续状态。分散相又称增强相或者增强体，具有使复合材料性能增强的独特性能。

根据基体和增强体的名称，复合材料的命名有三种方式。当强调增强体时，复合材料以增强体的名称命名。例如陶瓷颗粒增强复合材料、碳纤维增强复合材料和晶须增强复合材料分别强调增强体陶瓷颗粒、碳纤维和晶须。当强调基体时，复合材料以基体的名称命名。如金属基复合材料、陶瓷基复合材料、聚合物基复合材料分别强调金属、陶瓷和聚合物基体。当二者并重时，复合材料以增强体和基体共同命名，通常用于表示某一具体的复合材料，例如复相颗粒（Al_2O_3+TB_2）增强铝基复合材料等。书写格式一般为增强体在前，基体在后，两者间由“/”分开。如玻璃纤维增强环氧树脂复合材料，或简称为玻纤/环氧树脂复合材料，其中玻璃纤维为增强体，环氧树脂为基体。

复合材料按基体种类不同可分为金属基复合材料、聚合物基复合材料、无机非金属基复合材料。复合材料的增强体种类多种多样，按增强体纤维种类分类一般有 5 种，分别为玻璃纤维复合材料、碳纤维复合材料、有机纤维复合材料、金属纤维复合材料、陶瓷纤维复合材料。按增强体形态分类，复合材料可分为纤维增强复合材料、颗粒增强复合材料和编织复合材料等，其中纤维增强复合材料根据纤维分布不同又可以分为连续纤维复合材料和非连续纤维复合材料。连续纤维复合材料是分散相的长纤维的两个端点都位于复合材料边界处，非连续复合材料是短纤维和晶须无规则地分散在基体材料中。复合材料按其用途可分为结构复合材料与功能复合材料。通过材料复合来满足力学性能、改善材料的机械性能的属于结构复合材料，通过材料复合来实现某种功能、改善材料的其他性能的属于功能复合材料。例如，通过材料复合使材料具有导电、超导、半导、磁性等功能。

17.1.1.3 用途

复合材料由于自身的优点众多，应用范围很广泛。当前复合材料在许多领域发挥着越来越重要的作用，如航空航天、建筑、能源、医药、汽车等领域。具有良好力学性能、耐腐蚀性能和透波介电性能的玻璃纤维复合材料可以用于生产飞机配件[4~6]。质量较轻的树脂基复合材料用于建筑行业，可以减轻建筑的自重改善建筑的使用性能[7]。石墨烯复合材料具有很高的电导率，因此可以用作锂离子电池负极材料[8]。生物复合材料和纳米复合材料具有很好的生物相容性，可以用于人工心脏或支架的研究[9]。铝基复合材料具有高比强度、高比模量、高热导率、低热膨胀系数、良好的耐磨和耐疲劳性等优点，现已广泛应用于汽车行业[10]。

17.1.2 复合效应

复合材料的复合效应的特别之处在于它使得复合材料不仅可以基本保持原有组分的优异性能，而且还具备了原本不具备的其他优良性能。复合效应大致可分为线性效应和非线性效应，线性效应和非线性效应又可分为若干小类[11]。

17.1.2.1 线性效应

线性效应包含平均效应、平行效应、相补效应和相抵效应。平均效应也被称作混合效应，可表达为复合材料的某项性能等于各组分的这种性能乘以该组分体积分数之和：

$$P_c = P_m V_m + P_f V_f \tag{17-1}$$

式中，P 是材料性能；V 是材料体积分数；角标 c、m 和 f 分别表示复合材料、基体和增强体。平行效应是指复合材料的某种性能大致与其中某一组分的该种性能相同，常常指增强体（如纤维）与基体界面结合很弱的复合材料所显示的复合效应。相补效应是指各种组分复合后相互补充，弥补各自的弱点，产生优异的综合性能。相抵效应是一种负的复合效应[12]，指各组分之间出现性能相互制约，导致其性能低于混合物定律预测值。如当脆性的纤维增强体与韧性基体组成复合材料时，若两者间界面结合很强，则复合材料整体显示为脆性断裂。

17.1.2.2 非线性效应

非线性效应包含相乘效应、诱导效应、共振效应和系统效应。相乘效应指具有能量转换功能的两种组分复合，相同的功能被复合，而不同的功能被新的转换，表示为：

$$(X/Y)*(Y/Z)=X/Z \tag{17-2}$$ [13]

式中，X、Y、Z 分别表示三种不同的功能。诱导效应指在两种相的界面上，其中一相对另一相在一定条件下产生诱导作用（如诱导结晶），形成相应的界面层，复合材料从而具有了原来不具备的特殊性能[3]。另外，通过诱导作用，一组分还可使另一组分的结构改变从而改变整体性能或产生新效应[3]。共振效应也叫做强选择效应，是指某一组分 A 具有一系列的性能，与另一组分 B 复合后，能使 A 组分的大多数性能受到抑制，从而使其中某一项性能充分发挥。如实现导电不导热、一定几何形态均有固有频率、适当组合产生吸振功能等[3]。系统效应是指把不具备某种性能的各组分通过特定的复合状态复合后，复合材料产生单个组分不具有的某种新性能。如彩色胶卷能利用蓝、绿、红 3 种感光剂层，可记录宇宙中各种绚丽色彩。

17.1.3 界面效应

17.1.3.1 界面概念

材料特性不连续的区域叫界面。如元素浓度、晶体结构、原子配位、弹性模量、密度、热膨胀系数等特性不连续。基体与增强体之间化学成分有显著变化的、能够彼此结合、传递载荷的微小区域也被称为界面。由于组分材料的不同，在界面处通过元素的扩散溶解或化学反应产生不同于基体和增强体的新相称为界面相。显然，界面的组成、结构直接影响载荷的传递和复合材料的性能，因此非常有必要对复合材料界面进行控制、设计和改进研究[12]。

17.1.3.2 界面效应及影响因素

界面效应主要包括传递效应、阻断效应、不连续效应、散射和吸收效应、诱导效应等。传递效应指复合材料界面在基体和增强物之间起着桥梁作用，可以把外力传递给增强物。阻断效应指当材料受到外力冲击时，界面具有阻止裂纹扩展、中断材料破坏、减缓应力集中的能力。不连续效应指在界面上产生物理性能的不连续性和界面摩擦出现的现象，如抗电性、电感应性、磁性、耐热性、尺寸稳定性等。散射和吸收效应指界面可以散射和吸收光波、声波、热弹性波、冲击波等。诱导效应指一种物质（通常是增强物）的表面结构使另一种（通常是聚合物基体）与之接触的物质的结构由于诱导作用而发生改变。复合材料界面效应的影响因素有很多，如环境条件和工艺条件等，其界面效应还会影响复合材料的力学及物理特性，三者的主要关系如图 17-1 所示。

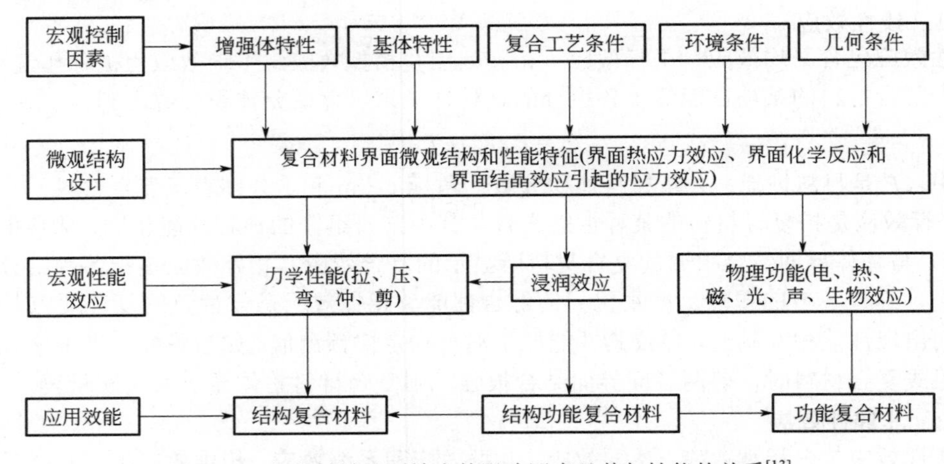

图 17-1 复合材料界面效应的影响因素及其与性能的关系[13]

17.2 增强体制备

增强体是复合材料中提高基体的强度、韧性、模量、耐热、耐磨等性能的部分。增强体的种类、性能、含量及使用状态对复合材料的性能起决定性作用。复合材料的增强体大致可分为纤维、颗粒、晶须、微珠等。

17.2.1 纤维

17.2.1.1 玻璃纤维

玻璃纤维（图 17-2）是无机纤维的一种，非晶态，主要成分包括 Si、O、Ca、B、Na、Al、

Fe 等元素[13]。玻璃纤维的组成原料中，SiO_2 具有高熔点的特性，其作用主要是形成骨架；BeO 能提高玻璃纤维模量，但毒性大，这限制了其实际应用；B_2O_3 可以降低熔点、黏度，降低模量和强度，提高玻璃纤维耐酸性，改善电性能[13]。

图 17-2　玻璃长纤维及短纤维

（1）性能　玻璃纤维具有很多优异性能，如耐高温、不燃、耐腐蚀、隔热、隔声性好（特别是玻璃棉）、抗拉强度高、电绝缘性好（如无碱玻璃纤维）等特性，缺点是质脆、耐磨性较差。玻璃纤维应力与应变曲线为直线，特征为无屈服、无塑性，呈脆性。对玻璃纤维而言，其拉伸强度很高，3～9μm 的纤维拉伸强度可达 1500～4000MPa。玻璃纤维的模量较低，一般为 70GPa，而其他高模量纤维可达 130GPa。玻璃纤维的密度约为 2.5g/cm³，热膨胀系数为 4.7×10^{-6}/K，强度随着纤维直径的减小而增强、随湿度的增加而减小[13]。玻璃纤维耐热性表现较好，软化点为 550～580℃。对玻璃纤维进行升温再降温的热处理过程，会使微裂纹增加，强度降低[13]。玻璃纤维是电绝缘材料，但是如果在玻璃纤维中加入大量的氧化铁、氧化铅、氧化铜、氧化铋等，会改变其电导率使其具有半导体性能。此外，在纤维表面涂覆石墨或金属也可改变其电导性，使其成为导电纤维。另外玻璃纤维具有高频介电性能，其介电常数较小，介电损耗低。玻璃具有良好的耐酸（HF 酸除外）、碱、有机溶剂的能力。玻璃纤维由于比表面积的增加，耐蚀能力比块体玻璃差。需要注意的是玻璃纤维在水中浸泡时强度会降低，干燥后其强度可部分恢复。但玻璃纤维与水发生化学作用时强度损失是永久性的（不可逆）[14]。

（2）制备工艺　玻璃纤维的制备方法有多种，目前主流工业制备方法有坩埚法和池窑法。坩埚法拉丝工艺也被称为二次成型，其步骤是先把玻璃配合料经高温熔化制成玻璃球，再将玻璃球二次加热至熔点后使其熔化，最后将其高速拉制成一定直径的玻璃纤维原丝。坩埚底部漏板上有数百个很小的孔洞，其作用是作为喷丝孔。玻璃纤维在重力作用下流出，经集束器、拉丝器收集至转筒。牵拉速度为 600～1200m/min，最高达 3500～4800m/min，所使用的坩埚一般为铂铑坩埚，也可为刚玉坩埚。这种生产工艺工序繁多，能耗高，成型工艺不稳定，产品质量不高，劳动生产率低。坩埚法制备玻璃纤维工艺流程如图 17-3 所示。

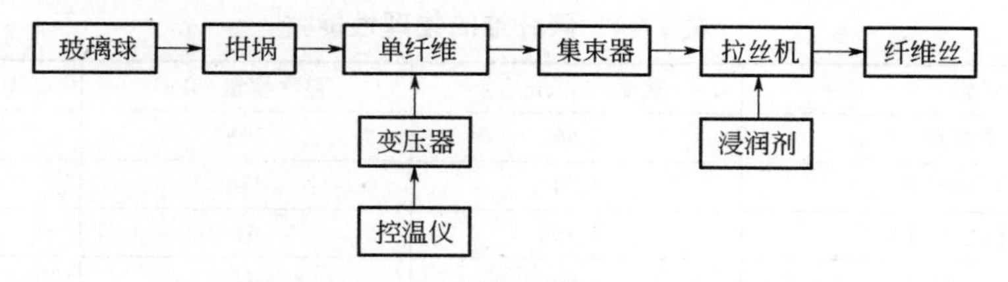

图 17-3　坩埚法制备玻璃纤维工艺流程[15]

池窑法是混合的玻璃成分在窑中熔化、澄清和均匀化，并直接流入装有许多铂铑合金的成型通道。然后，玻璃液经漏板流出，再拉丝制成玻璃纤维。与坩埚法相比，池窑法少了玻璃球的制备过程及二次熔化过程，能够大大节省能源消耗，可节能 50%左右。池窑法制备玻璃纤

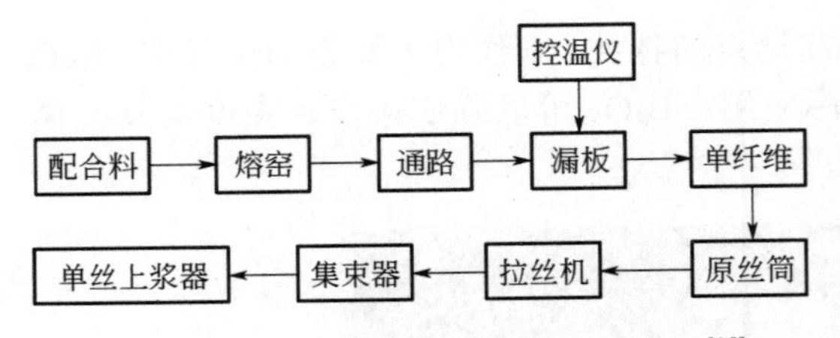

图 17-4 池窑法制备玻璃纤维工艺流程[15]

维流程如图 17-4 所示。玻璃纤维的直径受坩埚内玻璃液的高度、漏板孔直径和绕丝速度的控制。在纤维绕丝前需要给纤维上浆，即将浸润剂（石蜡、聚乙酸乙烯酯等两种乳化聚合物）涂在纤维上。浸润剂除了能防止纤维间互相摩擦、划伤外，还具有黏结作用，即将单丝集束成原纱或丝束；防止纤维表面有静电荷堆积；为纤维进一步加工提供所需的性能；进行表面改性，使纤维便于与基体结合。

17.2.1.2 碳纤维

碳纤维是有机纤维发生固相反应转变形成的一种多晶纤维状聚合物，碳含量大于 95%，具有高强度、高模量的性能特征，是一种高性能纤维材料[16]。在自然界里，碳元素占据着很重要的地位，常见的碳单质是金刚石和石墨，其中石墨是一种结晶型碳，属六方晶系，为铁墨色至深灰色，当石墨六边形层面结构沿纤维轴向堆砌时，则可获得高性能的碳纤维。

（1）碳纤维性能　碳纤维的强度高，模量大，密度小，因此具有很高的比强度和比模量。几种碳纤维的力学性能如表 17-1 所示。碳纤维的拉伸破坏方式属于脆性破坏，抗冲击性差。碳纤维的密度在 1.5～2.0g/cm^3 之间，主要取决于原材料性质及热处理温度。碳纤维模量取决于碳化过程处理温度，随着碳化温度提高，结晶区长大，碳六元环规整排列区域扩大，结晶取向度提高，碳纤维模量随之增大。

表 17-1　碳纤维的力学性能[17]

碳纤维	拉伸强度/ MPa	弹性模量/ GPa	延伸率/%
聚丙烯腈（高强度）碳纤维	3430	225	1.5
聚丙烯腈（高弹性模量）碳纤维	2450	392	0.6
黏胶（低弹性模量）碳纤维	686	39	1.8
黏胶（高弹性模量）碳纤维	2741	490	0.6
沥青（低弹性模量）碳纤维	781	39	2.0
沥青（高弹性模量）碳纤维	2450	343～490	0.5～0.7

碳纤维的物理性能如表 17-2 所示。碳纤维具有优良的耐高温性能，在隔绝空气（惰性气体保护）条件下，即使温度达到 2000℃，碳纤维仍可使用，在液氮条件下也不会发生脆断。此外，碳纤维的导热性良好，热导率随温度的升高而减小。碳纤维热导率存在方向性，即沿纤维轴向方向热导率远大于垂直纤维轴向方向热导率。

表 17-2　碳纤维的物理性能[17]

碳纤维	密度/（g/cm^3）	弹性模量/GPa	电阻率/$10^{-1}\Omega\cdot cm$
黏胶碳纤维	1.66	390	10
聚丙烯腈碳纤维	1.74	230	18
沥青碳纤维（LT）	1.60	41	100
沥青碳纤维（HT）	1.60	41	50
中间相沥青碳纤维（LT）	2.1	340	9
中间相沥青碳纤维（HT）	2.2	690	1.8
单晶体石墨纤维	2.25	1000	0.4

注：HT—高温热处理；LT—低温热处理。

碳纤维的化学性能优良。硫酸、硝酸、次氯酸钠均可侵蚀碳纤维，但其耐化学药品性还算优异。碳纤维吸水率一般在 0.03%～0.05%，基本不吸水。在 400℃左右时碳纤维会被氧化剂氧化生成 CO、CO_2，但若不接触空气或氧化气氛时具有很好的耐热性能，故在中等温度以上工作时应注意气氛保护。石墨纤维具有优异的耐高温性能，还耐油、抗辐射，能吸收有毒气体、减速中子等。

碳纤维的电阻率不固定，其电阻率受纤维的类型影响。由于摩擦系数比较小，类似于石墨，碳纤维具有自润滑性。碳纤维耐冲击性较差，容易损伤，并且在强酸环境下氧化现象比较严重。碳纤维的电动势为正值，铝合金的电动势为负，因此当碳纤维与铝合金组合在一起时会发生电化学腐蚀。所以，碳纤维在使用前须进行表面处理。

（2）制备工艺　碳纤维一般通过有机纤维作为先驱丝进行碳化获得。有机纤维需满足一定条件才能通过碳化制得碳纤维，包括在保持纤维形态下碳化且不能熔融，碳化的产率要高（碳纤维量/原丝质量），碳纤维强度、模量必须符合设计要求，纤维长丝需要稳定且连续。符合条件的常用有机纤维有聚丙烯腈、沥青纤维和黏胶纤维（人造丝）。有机纤维碳化法的一般步骤包含数个过程。首先是拉丝过程，运用湿法、干法或熔融法进行纺丝。然后是牵引过程，在 100～300℃时进行。使纤维定向化（杂乱的主链取向化分布），对纤维的最终模量影响极大。接着在 200～400℃加热氧化，使先驱丝不熔不溶，以防止高温时粘连，又称为预氧化。然后是碳化过程，即在 1000～2000℃条件下进行碳化，除去多余杂质元素，使其形成碳纤维。最后是石墨化过程，在 2000～3000℃条件下通过热处理使其石墨化，将碳纤维处理得到石墨纤维，使得纤维模量提高，但裂纹或缺陷增多，纤维强度有所下降。

以聚丙烯腈为先驱丝制备碳纤维，其制备工艺如下。聚丙烯腈纤维（PAN）的分子式为$\text{+}CH_2\text{-}CHCN\text{+}_n$，密度为 0.91g/$cm^3$，弹性模量大于 3.5GPa，拉伸强度大于 420MPa，熔点大于 160℃，耐酸、耐碱且无毒无味[18]。以聚丙烯腈为先驱丝制备碳纤维的工艺流程包括拉丝、牵伸、稳定（预氧化）、碳化和石墨化，工艺流程如图 17-5 所示。

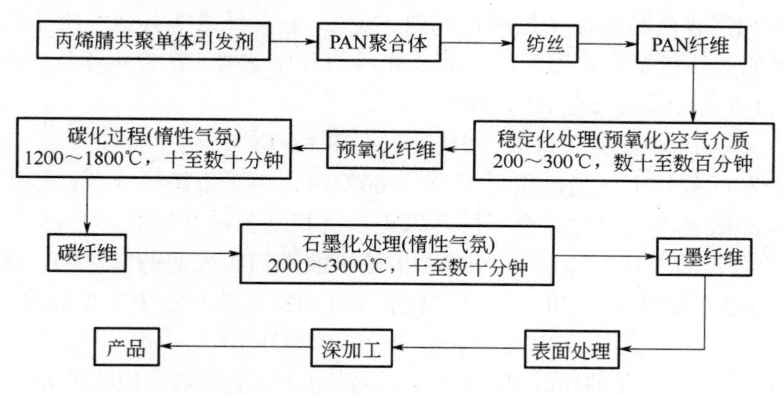

图 17-5　以聚丙烯腈为先驱丝制备碳纤维的工艺流程[18]

纺丝方法有干法、湿法、熔融纺丝法 3 种，因聚丙烯腈受热（28～300℃）分解而不熔，故不能熔融纺丝，只能采用湿法纺丝在水中挤压成丝，或干法纺丝在空气中挤压成丝。预氧化过程需满足氧化性的气氛条件，需使聚丙烯腈纤维表现为牵引状态，温度需升至 300℃（升温速率为 1～3℃/min）。当温度由 200℃升至 300℃的预氧化过程中，牵引力由大（牵伸率 4%～5%）到小（牵伸率 0）[18]。碳化处理过程中有害的闭环和脱氢等放热反应可通过预氧化处理而避免，预氧化还防止了在后续过程中纤维的熔融合并。

聚丙烯腈的碳化过程需要高纯氮气或氩气来作为保护气，以防止在高温条件下发生氧化。碳化温度范围在 1000～1500℃，碳化过程中聚丙烯腈纤维依次经历以下阶段：300～700℃，线型高聚物断链开始交联；400～700℃，碳的含量得到增加，H/C 的值变小；600～700℃，N/C 和 O/C 比值减少，形成碳素缩合环，且环数逐渐增加；700～1300℃，逐步形成碳素环状结构并长大，随碳化温度的提高，其强度和模量均提高，但当碳化温度高于 1500℃时，强度逐渐下降，而模量继续增加[18]。因此，应在低于 1500℃的条件下碳化制取高强度 PAN 碳纤维。此外，因碳化过程需要一定的时间，故升温速率不宜过快，当然过慢则会延长生产周期和降低生产率。纤维在碳化处理过程中被热分解，碳纤维中碳含量达到 90%以上，排除大部分非碳原子（N、O、H 等），使近似石墨的循环层面结构得以逐渐形成。

纤维的石墨化处理温度在 3000℃左右，氩气气氛下，值得注意的是该过程不可使用氮气，否则 C 与 N_2 在 2000℃时生成 碳与氮的化合物氰。高温下，纤维在牵引作用下，可借助于多重滑移系的运动和扩展引起塑性变形，并发生石墨化结晶，层平面方向平行于纤维轴方向，形成石墨纤维。随着温度的提高，石墨化程度相应提高，模量也随之提高，但裂纹与缺陷在纤维中逐渐增加，纤维的强度下降。纤维在石墨化处理后，还需通过表面处理（氧化、上浆）来提高表面活性，使复合材料的性能得以提高。

17.2.1.3 硼纤维

硼纤维（boron fiber）是一种高性能无机纤维，属于复合纤维。硼纤维通常是以钨丝和石英为芯材，采用化学气相沉积法制取。硼的原子量 10.8，熔点为 2050℃，具有半导体性质，硬度仅次于金刚石，因此很难制成纤维。硼纤维是通过在钨丝或碳丝，或者有涂敷层的直径一般为 3.5～50μm 的石英纤维上沉积硼原子而形成无机复合纤维，直径为 100～200μm。硼纤维属于脆性材料，抗拉强度约 3.10～4.13GPa，弹性模量为 420GPa，剪切弹性模量为 165～179GPa，密度只有钢材的 1/4，约 2.6g/cm^3，泊松比为 0.21，热膨胀系数为（4.68～5.0）×10^{-6}/℃，抗压缩性能好，高温下其在惰性气体中性能良好，在超过 500℃的空气气氛下，其强度会显著降低[19]。

通过化学气相沉积法将硼原子沉积在钨丝、碳丝、石英纤维等其他纤维状芯材表面上制得连续单丝，常用的方法包括卤化硼反应法和氢化硼热分解法等。在卤化硼反应法中，由硼砂先制成三卤化硼（BX_3），再由气态 BX_3 与氢气反应：

$$2BX_3 + 3H_2 \longrightarrow 2B + 6HX$$

生成的硼沉积在芯丝载体上。当沉积温度为 1160℃时，需采用钨丝或碳丝等耐高温芯材，制备过程在以钨丝和碳丝为芯材时略有不同。以钨丝沉积制备硼纤维时，芯材钨丝直径为 10～12μm。首先将钨丝放置于清洗室，用 NaOH 溶液来清洗钨丝表面的氧化物，将钨丝直径降至 13μm 左右。然后进入温度在 1120～1200℃的第一沉积室，此时室中发生的化学反应为：

$$2BCl_3 + 3H_2 \longrightarrow 2B + 6HCl\uparrow$$

值得注意的是该阶段仅有少量的硼沉积。随后进入第二沉积室，将温度控制在 1200～1300℃左右，加快沉积速度以制得硼纤维。最后将硼纤维置入涂覆室，通入 H_2、BCl_3、CH_4 等气体，在涂覆室发生反应：

$$4BCl_3 + 4H_2 + CH_4 \longrightarrow B_4C + 12HCl\uparrow$$

该过程有 B_4C 产生并沉积在硼纤维的表面，涂层厚度一般在 3μm 左右。B_4C 涂覆表面的目的主要是便于与基体结合。一般情况下，根据沉积温度的不同，在芯材钨丝沉积硼纤维时，芯材表面会产生一系列 W 与 B 反应生成的化合物，如 W_2B、WB、W_2B_5、WB_4 等。这些硼钨化合物均是通过 B 在 W 中扩散形成的，当加热过长时将完全转化为稳定的 WB_4。此时，钨丝纤维的直径由 10～12μm 增至 17.5μm 左右。以碳丝作为载体在表面沉积制备硼纤维，芯材碳丝直径为 33μm 左右。碳丝沉积制备硼纤维的流程与使用钨丝相似，不同之处只是清洗室改为了裂解石墨室以及预先在碳纤维上涂上一层 1～2μm 厚的裂解石墨以缓冲硼在沉积过程中产生的残余应力。由于 C 与 B 的热膨胀系数差异大，会在碳芯中产生较大的拉伸残余应力，若不及时释放，严重的情况下可使碳芯断裂。卤化硼反应法制备硼纤维的缺点是原料价格昂贵，成本高，同时转化效率低，每次仅有 10%，原料需回收。

氢化硼热解法制备硼纤维，芯材一般为涂覆了碳或钨涂层的石英纤维，其沉积温度不会很高。相比于卤化硼法，该法具有反应温度相对较低，产物热膨胀性能好、密度低、比模量高等优点，但外层硼与芯材之间有气体的存在，结合不紧密，故其强度不高。

17.2.1.4 氧化铝纤维

氧化铝纤维以氧化铝为主要纤维组分，一般将含氧化铝大于 70%的纤维称为氧化铝纤维，而将氧化铝含量小于 70%（其余为二氧化硅和少量杂质）的纤维称为硅酸铝纤维。氧化铝纤维的弹性模量高，抗拉强度大，化学性质稳定，耐高温，多用作高温结构材料，也可用作高温绝缘滤波器材料，在航空、宇航空间技术方面有着广泛的应用前景。氧化铝纤维的性能主要取决于它的微观结构，如纤维的气孔、瑕疵及晶粒的大小等对纤维的性能有着显著的影响，而纤维的微观结构主要取决于纤维的制备方法和工艺过程。氧化铝纤维的制备主要包括短纤维和长（连续）纤维的制备。

（1）氧化铝短纤维的制备　氧化铝短纤维主要的生产方法有熔喷法和离心甩丝法，可以批量生产，成本较低。熔喷法主要用来大批量生产硅酸铝纤维。该方法是将一定配比的氧化铝和氧化硅在电炉中熔融（约 2000℃），然后用压缩空气或高温水蒸气将熔体喷吹成细纤维，冷却凝固后成为氧化铝短纤维。这种纤维主要用于加热炉保温和绝热耐火材料，也可用作增强体增强金属基复合材料，尤其是用于增强铝基复合材料，能在保证复合材料质量轻的前提下，大大提高其使用强度，使其在汽车行业得到广泛应用[20]。离心甩丝法制备氧化铝短纤维的工作原理是将熔融的氧化铝陶瓷熔体均匀流落到高速旋转的离心辊上，甩成细纤维。另外，由于氧化铝纤维的熔点很高，因此也可用铝盐水溶液与纺丝性能好的聚乙烯醇混合成纺丝液，采用高速气流喷吹纺丝，得到的短纤维再在空气中高温烧结成含氧化铝 95%的氧化铝短纤维。该种纤维可耐 1600℃的高温，适用于增强铝基复合材料。

（2）氧化铝连续纤维的制备　氧化铝连续纤维的制备方法目前主要有烧结法、先驱体法和熔融纺丝法。将 Al_2O_3 细粉（＜0.5μm）与 $Al(OH)_3$ 及少量 $Mg(OH)_2$ 混合，达到一定黏度后即可作为纺丝原料，通过干法纺丝过程，纺成丝在 1000℃以上的高温下烧结成纤维。为减少表面缺陷提高纤维的强度，常在纤维表面涂覆一层 0.1μm 的 SiO_2 涂层。先驱体法是将烷基铝或烷氧基铝等水解缩合，转化为聚铝氧烷后，再与某些有机聚合物混合制成浆液，干法纺丝后在空气中逐步加热，最终形成 α-Al_2O_3 纤维。熔融法是将 Al_2O_3 加热到 2400℃左右高温熔融，坩埚中熔融的氧化铝通过喷丝板以一定的速率均匀拉出，冷却凝固直径达到 50～500μm，此时的氧化铝纤维即连续纤维。此方法得到的纤维中 Al_2O_3 的含量高，纤维耐高温性能和力学性能好，缺点是直径较粗而应用受限。

17.2.2 颗粒

颗粒状填料也是一种有效的增强体。按照颗粒增强体的变形性能，颗粒可分为刚性颗粒与延性颗粒。刚性颗粒的特点是弹性模量高、拉伸强度高、硬度高、热稳定性和化学稳定性好，可显著改善和提高复合材料的高温性能、耐磨性能、硬度和耐蚀性能。延性颗粒的主要应用是加入玻璃、陶瓷等脆性基体中以增强基体材料的韧性。常用颗粒增强体的性能如表 17-3 所示。

表 17-3 常用颗粒增强体的性能[20]

颗粒名称	密度/(g/cm³)	熔点/℃	热膨胀系数/(10⁻⁶/℃)	热导率/[W/(m·K)]	弯曲强度/MPa	弹性模量/GPa
SiC	3.21	2700	4.0	75.31	400～500	—
B_4C	2.52	2450	5.73	—	300～500	260～460
TiC	4.92	3200	7.4	—	500	—
Al_2O_3	3.2～3.35	2050	9.0	—	—	—
Si_3N_4	—	2100（分解）	2.5～3.2	12.55～29.29	900	330
$3Al_2O_3\cdot 2SiO_2$	3.17	1850	4.2	—	1200	—
TiB_2	4.5	2980	—	—	—	—

颗粒状填料的制备方法有很多，主要有液相法、气相法，其中液相法包括溶胶-凝胶法、沉淀法、界面反应法和溶剂蒸发法等，气相法根据加热方式可分为等离子合成法、激光合成法、金属有机聚合物的热解法等。

17.2.2.1 SiC 颗粒

根据制备方法的不同，SiC 可分为 α、β 相两种结构。一般采用艾奇逊（Acheson）法合成 α-SiC 颗粒，工艺流程为：将固定在炉壁上的电极用石墨颗粒联通成为芯棒，电极通电后将产生高温，使充填在其周围的配料如硅石和焦炭等发生氧化反应生成 SiC。同时，芯棒表面向外形成一个温度梯度，α-SiC、β-SiC 以及未反应区将在芯棒外侧形成梯度分布。生成 α-SiC 后，选出合适的 α-SiC 晶块，通过破碎、清洗、除碳、脱铁、分级等步骤，即可获得粒度不同的 α-SiC 颗粒。上述的破碎过程通常采用球磨机或粉碎机在干或湿的状态下进行，也可在液体或一定气氛如氩气中进行。分级过程也有干法（通过气流）、湿法（通过水流）两种，分级后若再经两次盐酸处理和氢氟酸处理，将能获得粒度更细的 α-SiC。β-SiC 颗粒的制备同样采用碳还原 SiO_2，生成的 SiC 颗粒中有少量的游离态碳、氧化铁、石英砂等杂质存在。当碳化硅含量为 96%左右时颗粒呈绿色，当碳化硅含量为 94%左右时颗粒呈黑色。当需要制备纯度高、粒度细小的碳化硅时，还可采用硅烷与碳氢化合物反应、三氯甲基硅烷热解、聚碳硅烷热分解（1300℃以上）等方法。

17.2.2.2 Si_3N_4 颗粒

Si_3N_4 颗粒有低温 α 型和高温 β 型两种晶型，均属六方晶系，制备方法有硅粉直接氮化法、二氧化硅还原和氮化法、亚胺硅或氨基硅分解法、卤化法等。硅粉直接氮化法制备 Si_3N_4 的反应为：

$$3Si + 2N_2 \longrightarrow Si_3N_4$$

原料可以是气、液、固三种状态的 Si，由于 Si_3N_4 的熔点高于氮化反应的温度，生成的凝结成块的 Si_3N_4 需要经研磨才能获得 Si_3N_4 颗粒。该法主要应用于工业生产 Si_3N_4 颗粒。在反应的初期控制 N_2 流量同时要避免局部过热，当温度超过 Si_3N_4 熔点后，β 型的颗粒将会增多。此外，若在 N_2 气氛中加入氨（5%～10%）和铁用来生成 SiO 中间相，挥发性的 SiO 会加速 Si 在初期的氮化，但该方法生产 Si_3N_4 颗粒的成本较高。

二氧化硅还原和氮化法制备 Si_3N_4 颗粒，反应式为：

$$3SiO_2 + 3C + 2N_2 \longrightarrow Si_3N_4 + 3CO_2$$

该法所需温度较低（不超过 1450℃），过量的碳与高比表面积的 SiO_2 原料在 N_2 气氛下反应。过量的碳能提高 SiO_2 的反应速率，使反应进行得更彻底，可制备粒度较小的 Si_3N_4。该方法反应过程较为复杂，体系易产生纤维状物质，需要控制反应速率，避免 SiC 的生成。为了进一步促进反应进行，可在反应体系中预先加入晶种 Si_3N_4 颗粒，有效控制颗粒的形状和尺寸。该方法生产成本较低，是目前生产 Si_3N_4 颗粒的主要方法。

亚胺硅或氨基硅分解法制备 Si_3N_4 颗粒，当原料为亚胺硅时的反应式为：

$$3Si(NH)_2 \longrightarrow Si_3N_4 + 2NH_3$$

原料为氨基硅时的反应式为：

$$3Si(NH_2)_4 \longrightarrow Si_3N_4 + 8NH_3$$

该法主要用于实验室小剂量制备。

卤化法制备 Si_3N_4 颗粒是通过硅烷与 NH_3 直接进行气相反应，反应式为：

$$3SiCl_4 + 4NH_3 \longrightarrow Si_3N_4 + 12HCl$$

$$3SiCl_4 + 16NH_3 \longrightarrow Si_3N_4 + 12NH_4Cl$$

该方法也适合于实验室制备。除了上述方法之外，近年来也出现了许多 Si_3N_4 的新型制备方法，如溶胶-凝胶转化法、金属有机氨化物的液相还原法、等离子体或激光催化气相反应法、聚合物热解法等[21]。

17.2.2.3　Al_2O_3 及 B_4C 颗粒

Al_2O_3 颗粒也是常见的颗粒增强体之一，其熔点高达 2050℃，硬度也很高。虽然 Al_2O_3 晶型众多，但常见的 Al_2O_3 粉体的晶型主要有 α 和 γ 两种。α-Al_2O_3 最稳定，属六方刚玉结构，可在较高温度下使用，γ-Al_2O_3 可用于催化领域。当前商业 Al_2O_3 颗粒主要有工业用普通颗粒和高纯、超细、活性氧化铝颗粒两种供应形式。制备普通 α-Al_2O_3 颗粒工业上主要采用天然铝矾土（$Al_2O_3 \cdot 2H_2O$）作为原料，经碱液浸取、煅烧来制取[21]。碱液中金属离子的存在会导致氧化铝制品产生气孔和玻璃相，故需进行除碱处理（200℃水浸 2h），使得碱含量降低至 0.03%～0.05%；或用煅烧法来制取，即在约 1400℃下加入 1%的硼酸混合煅烧，与碱反应生成挥发性强的偏铝酸钠或偏铝酸钾来除去粉体中的碱，可将杂质含量降低至 0.05%左右。合理选择煅烧温度与时间，可使粉体中的 γ-Al_2O_3 转化为 α-Al_2O_3[20]。

制备高纯、超细、活性 Al_2O_3 颗粒可采用铝铵矾热解法、高压釜法和低温化学法。铝铵矾热解法的反应式为：

$$Al_2(NH_4)_2(SO_4)_4 \cdot 24H_2O \longrightarrow \gamma\text{-}Al_2O_3 + 4SO_3 + 2NH_3 + 25H_2O$$

将硫酸铝铵结晶体快速加热至 1000℃分解并重复多次，首先得到的是比表面积大且分散性好的 γ-Al_2O_3，然后经 1100～1300℃的高温煅烧，将 γ-Al_2O_3 转化为更为稳定的 α-Al_2O_3。高压釜法制备时是将高纯铝（99.99%）置入高压釜中，在 300～500℃下，直接氧化生成 γ-Al_2O_3，而后经高温煅烧转化为更稳定的 α-Al_2O_3。在低温化学法中，将一定浓度的 $Al_2(SO_4)_3$ 溶液喷入由干冰或丙酮冷却的乙烷液内，使液滴速冷成珠状，再将该冻珠脱水干燥，在 1050～1300℃的高温下热分解产生 γ-Al_2O_3，后经高温煅烧转化为 α-Al_2O_3 颗粒粉体。

B_4C 颗粒主要有立方体和斜方六面体两种结构，通常以斜方六面体结构最常见。制备方法主要由 B_2O_3 与碳单质在熔炉中反应生成，或者 Mg 作还原剂制备 B_4C，后者反应式为：

$$2B_2O_3 + 6Mg + C \longrightarrow B_4C + 6MgO$$

反应温度为 1000～1200℃，反应剧烈，放热量大，产物需先用 H_2SO_4 或 HCl 酸洗，再用热水洗涤、烘干后可获得细小而纯度高的 B_4C 颗粒。

17.2.3　晶须

晶须是指直径细小的单晶体短纤维。与常见纤维相比，晶须在尺寸上直径小（＜0.1μm）、长径比大（L/d 大于数十），在性能上由于缺陷少而强度高、模量大。高度一致的取向结构不仅使晶须具有高强度、高模量和高伸长率，而且还带来了介电、导电、超导电等性质。晶须的强度远高于其他短切纤维，主要用作复合材料的增强体，用于制造高强度复合材料。常见的晶须类型有陶瓷晶须如氧化物（Al_2O_3）及非氧化物（SiC）晶须，金属晶须如 Cu、 Fe、Cr、Ni 等[21]。制造晶须的材料按类别分为金属、氧化物、碳化物、卤化物、氮化物、石墨和高分子化合物。晶须的制备方法主要有焦化法、气液固法（vapor-liquid-solid growth method，VLS）、化学气相沉积法、气相反应法、气固法（vapor-solid growth method，VS）、电弧法等。

（1）焦化法　焦化法以稻谷为原料制备 SiC 晶须，其中稻谷能够从土壤中吸收大量的以单硅酸形式存在的 SiO_2 并将其保存在纤维素结构内。焦化法制备 SiC 晶须的工艺流程如图 17-6 所示。焦化过程在 700℃、隔绝氧气的条件下进行，生成 SiO_2 和碳单质，然后在惰性气氛或还原性气氛下加热到 1600℃以上持续 1h，发生反应：

$$SiO_2 + 3C \longrightarrow SiC + 2CO$$

反应体系中 SiC 晶须、自由碳和 SiC 颗粒三者并存，其中 SiC 晶须与自由碳在 800℃下被分离出，然后晶须再与稻谷残余分离，分离后的 SiC 晶须中还含有少量 SiC 颗粒，通过湿处理使得两者分离，最终获得长径比约为 50 的 SiC 晶须。

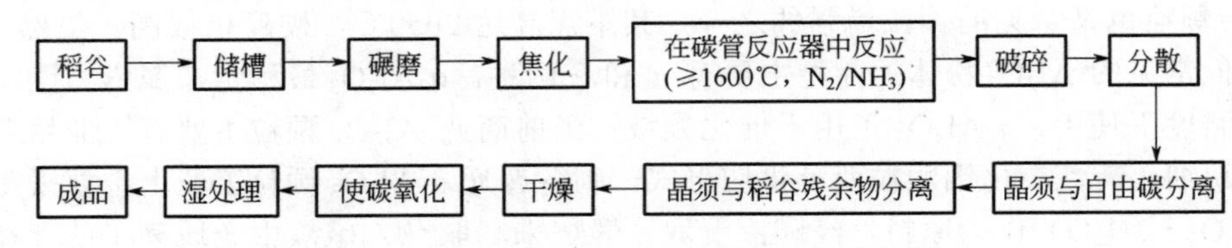

图 17-6　焦化法制备 SiC 晶须的工艺流程[21]

（2）气液固法　作为组合方法的气液固法，在制备过程中有气、液、固三种物质形态同时存在。如在制备 SiC 晶须时，气体物质成分主要包括 CH_4、H_2 和 SiO，其中 SiO 的生成反应为：

$$SiO_2(s) + C(s) \longrightarrow SiO(g) + CO(g)$$

基质板上放置固态过渡族金属催化剂球，加热至 1400℃并通入原料蒸气，固态催化剂逐渐成为熔球，从过饱和的原料蒸气中萃取出 C 和 Si 原子，在基板上反应并生长成 SiC 晶须。该法制备的 SiC 晶须长度约 10μm，拉伸强度 1.7～23.7GPa，等效直径约 5.9μm。该方法还可制备 Al_2O_3 晶须。

（3）化学气相沉积法　采用化学气相沉积法制备 SiC 晶须，一种方式是有机硅化合物在 1000～1500℃的 H_2 气氛下发生热分解：

$$CH_3SiCl_3 \longrightarrow SiC + 3HCl$$

生成的 SiC 会沉积在基底上并进一步生长成为晶须。另一种方式以 H_2 在 1200～1500℃的高温下与 $SiCl_3$ 和 CCl_4 的混合物反应，分别还原出 Si 与 C，再经高温反应生成 SiC。得到的 SiC 在基板上生长成晶须，直径为 0.2～1.5μm。

（4）气相反应法　该方法主要用于制备 Al_2O_3 晶须。首先在炉中装入铝和氧化铝的混合粉末，然后通入 H_2 与 H_2O 蒸气的混合气体，发生反应：

$$2Al + H_2O \longrightarrow Al_2O + H_2 \text{（1300～1500℃）}$$

$$Al_2O_3 + 2H_2 \longrightarrow Al_2O + 2H_2O \text{（1300～1500℃）}$$

生成的 Al_2O 易挥发，转移到炉的另一端发生反应：

$$3Al_2O \longrightarrow Al_2O_3 + 4Al$$

气相反应法得到的 Al_2O_3 晶须，拉伸强度可达到 21GPa，弹性模量为 434GPa。气相反应法还常用于制备石墨晶须，即以低沸点烃为碳源，在氩或氮气氛下或与过渡金属（Fe、Co、Ni）相互作用于 500～1000ºC 反应而得。

（5）气固法　气固法常用于制备石墨晶须。将孪晶的 β-SiC 在 CO 气氛中加热至 1800℃以上，高活性的热解碳将以高度旋转的 β-SiC 为基质垂直生长或平行堆积（薄层）生成晶须，其过程可分为两步：首先得到非晶态柱状体，直径约 3～6μm，长约 1mm，正锥角为 141°，下锥角为 40°；然后在温度达到 2000℃时，由于碳过饱和度的提高，非晶质碳柱上将会有气态碳凝结进而生成石墨晶须。

（6）电弧法　采用电弧法可制备石墨晶须，即以石墨作为电极在半惰性的气氛中通高压直流电，石墨在电弧的作用下升华，凝结后得到石墨晶须。

17.2.4 微珠

除了常用颗粒作为增强体外，还有微小球形颗粒增强体，简称微珠增强体，包括空心和实心微珠。实心微珠的制备相对简单，一般通过块体粉碎、表面光滑化形成，如将玻璃击碎成粉而后用火焰进行表面熔融，在表面张力的作用可使颗粒光滑、球化，形成实心微珠。空心微珠制备起来相对复杂，根据生产原料可分为无机、有机和金属三种类型，常见的制备方法有多种。喷气封入法是将原料加热熔融后，向其中喷入空气，冷却后凝固或析出，形成空心微珠。在气化原料中加入挥发成分，通过加热气化挥发性成分，将产生的气体固定在空心小球中而形成空心微珠。芯材被覆成型法是将微米级的粒子用原料涂覆，加热熔融，再除去芯材形成空心微珠。发泡剂法是通过加热使得加入原料中的发泡剂分解而产生气体，在原料熔融的同时形成空心微珠。碳空心微珠法是把含有碳的有机物珠体在惰性气氛中加热分解，形成碳空心微珠。

17.2.5 其他增强体

（1）碳纳米管　碳纳米管是由一层或数层碳原子卷曲而成，根据层数的不同可分为单壁管和多壁管两种，根据碳六边形网格沿管轴取向的不同可分为锯齿形、螺旋形和扶手椅形。单壁管的外部直径约为 0.75～3nm，长度为 1～50μm，多壁管的外部直径和长度分别为 2～30nm 和 0.1～50μm。由于单壁管直径小，缺陷少，通常具有更高的均匀一致性[3]。碳纳米管可采用电弧放电法、激光蒸发法、化学气相沉积法等方法制备。在电弧放电法中，采用石墨电极在直流电源作用下引弧放电，形成高温（2700～3700℃），渗有过渡金属 Fe、Co、Ni 催化剂的阳极石墨蒸发，碳原子在催化剂的作用下在阴极重组形成碳纳米管。该方法虽然可得到比较完整的单壁和多壁碳纳米管，但是纯度不高，产率较低。激光蒸发法是将激光作用于渗有过渡金属 Fe、Co、Ni 或其合金的碳靶，在低压惰性气氛下产生高温蒸发来形成碳纳米管。化学气相沉积法制备碳纳米管所需的碳源一般为碳原子数小于或等于 6 的碳氢化合物及 CO、CO_2 等，经高温裂解得到碳原子，附着在过渡金属催化剂纳米颗粒上，并在催化剂的作用下形成碳纳米管。

（2）超高分子量聚乙烯纤维　超高分子量聚乙烯纤维一般需要分子量在 10^6 以上的聚乙烯来制备，方法主要有高牵伸比熔融纺丝和冻胶纺丝。高牵伸比熔融纺丝法是在热牵引作用下，以熔融纺丝的方法制得聚乙烯分子链按纤维轴取向完全伸直，从而制得高弹性模量的纤维。冻胶纺丝法是在凝胶状态下将高分子聚合物充分解缠，再纺丝，在高牵引比下进行热牵伸，获得超高分子量聚乙烯纤维。

（3）金属丝　以高强度和熔点高的金属丝作为增强体，其制备工艺流程主要包括金属熔炼、铸造成盘条、热拔粗丝和冷拔退火四部分。金属丝一般易与金属基体发生作用，在高温时容易发生相变，较少用作金属基复合材料的增强体，不过钨丝增强镍基耐热合金是比较成功的金属基复合材料。

参考文献

[1] 尹洪峰，魏剑．复合材料［M］．北京：冶金工业出版社，2010.

[2] 郝元恺，肖加余．高性能复合材料学［M］．北京：化学工业出版社，2004.

[3] 贾成厂，郭宏．复合材料教程［M］．北京：高等教育出版社，2010.

[4] 马明明，张彦．玻璃纤维及其复合材料的应用进展［J］．化工新型材料，2016（2）：38-40.

[5] 宋清华，肖军，文立伟，等，玻璃纤维增强热塑性塑料在航空航天领域中的应用［J］．玻璃纤维，2012（6）：40-43.

[6] 雷瑞，郑化安，付东升．高性能纤维增强复合材料应用的研究进展［J］．合成纤维，2014年，43（7）：37-40.

[7] 杨建明，钱春香，荀勇，等．玻璃纤维增强磷酸镁水泥复合材料的耐久性［J］．建筑材料学报，2009（05）：90-94.

[8] 曲春浩，王军，屈孟男，等．石墨烯复合材料的制备及其在能源领域的应用［J］．应用化工，2013（04）：151-153.

[9] 蒋海洋，常华健，蒋勇．复合材料的力学性能研究及其在医学领域中的应用［J］．医疗卫生装备（11）：50-52.

[10] 兖利鹏，王爱琴，谢敬佩，等．铝基复合材料在汽车领域的应用研究进展［J］．稀有金属与硬质合金，2013，041（002）：44-48.

[11] 韦进全，张先锋，王昆林．碳纳米管宏观体［M］．北京：清华大学出版社，2006.

[12] 吴人杰，复合材料［M］．天津：天津大学出版社，2000.

[13] 汤佩钊．复合材料及其应用技术［M］．重庆：重庆大学出版社，1998.

[14] 张玉龙，先进复合材料制造技术手册［M］．北京：机械工业出版社，2003.

[15] 黄丽，聚合物复合材料［M］．北京：中国轻工业出版社，2012.

[16] 冯小明，张崇才．复合材料［M］．重庆：重庆大学出版社，2007.

[17] 张以河，复合材料学［M］．北京：化学工业出版社，2011.

[18] 胡志强，无机非金属材料科学基础教程［M］．北京：化学工业出版社，2004.

[19] 杨序纲，复合材料界面［M］．北京：化学工业出版社，2010.

[20] 王荣国，武卫莉，谷万里．复合材料概论［M］．哈尔滨：哈尔滨工业大学出版社，2012.

[21] 益小苏，杜善义，张力同．中国材料工程大典——复合材料工程［M］．北京：化学工业出版社，2006.

18 聚合物基复合材料制备

18.1 概述

18.1.1 定义和分类

有机聚合物为基体，纤维、晶须或颗粒等为增强体构成的复合材料被称为聚合物基复合材料（polymer matrix composites，PMCs）。其中基体材料一般是热塑性聚合物或热固性聚合物，具有黏结性好的特点，因此可以固结增强体。增强体纤维通常是碳纤维、玻璃纤维、有机纤维、硼纤维、混杂纤维等，由于上述纤维通常具有高强度、高模量以及低密度的特性，使得聚合物基复合材料具有高比强度和比模量的突出优点。增强体主要决定聚合物基复合材料的力学性能，如拉伸性能。聚合物基复合材料的耐热、耐磨、耐腐蚀性能等则与基体材料性能有关。聚合物基复合材料性能优异，在先进材料领域中具有不可替代的重要的地位[1]。

聚合物基复合材料的分类方法有多种。按照基体材料类型的不同，可将聚合物基复合材料分为热塑性聚合物基复合材料和热固性聚合物基复合材料。根据增强物的外形，聚合物基复合材料包括纤维织物或片状增强聚合物基复合材料、连续纤维增强聚合物基复合材料、短纤维增强聚合物基复合材料、粒状填料增强聚合物基复合材料。根据增强体和基体材料的性质，聚合物基复合材料可分为同质复合与异质复合的复合材料。同质复合的聚合物基复合材料包括不同密度的同种聚合物的复合等。异质复合材料的增强体和基体的材料不同。

18.1.2 性能特点

聚合物基复合材料具有许多优异的性能。聚合物基复合材料的突出优点是比强度（强度与密度之比）及比模量（模量与密度之比）高。它的比强度达到铝合金的四倍、钛合金的三倍之高，比模量是钛、铝、铜的四倍之多。这些优异的性能，使其在航空航天领域的应用中具有不可替代的地位，可以大大减轻航天器的重量，对于飞行器的发展非常有利[2]。相比于金属材料，聚合物基复合材料由于界面的存在使得裂纹不能进一步扩展，不会由于耐疲劳性不好而突然发生损坏。聚合物基复合材料的破坏是有征兆的，因为疲劳损坏先从纤维的薄弱部分发生，进一步延伸到界面。一般来说，不同材料的疲劳强度极限是不一样的，甚至差距很大，比如金属的能够达到其拉伸强度的30%～50%，而碳纤维增强聚合物基复合材料的疲劳强度极限是金属的两倍[3]。聚合物基复合材料具有性能的可设计性及各向异性。可以按照使用要求和环境条件要求，对组分材料的选择和匹配以及界面控制等进行设计，以改变其物理、化学性能，最大限度地达到预期目的。各向异性虽然使材料性能的计算变得更为复杂，但有了更多的选择来设计材料。聚合物基复合材料还具有多种功能性，如高频介电性能、优异的电绝缘性能、摩擦性能、电学、磁学等特性。

18.1.3 聚合物基体和增强体

聚合物基复合材料的基体有多种分类方法，按聚合物基体的热行为可分为热固性和热塑性两类。热塑性基体是线性或者有支链的聚合物，可溶可熔，可多次反复加工而无化学变化，如尼龙、聚烯烃类、聚苯乙烯类、聚氯乙烯、聚醚、聚苯硫醚等。热固性基体经过一次加热成型固化以后，形成不熔不溶的三维网状聚合物，形状稳定，不具有再次加工性和再回收利用性，常见的有不饱和聚酯、环氧树脂、酚醛树脂等。聚合物基体在复合材料中的作用主要是黏结增强体而赋予制件形状，保护增强体不受或少受环境的不利影响，向增强纤维传递分散载荷而阻止裂纹扩展，决定复合材料的加工性能等。

聚合物增强体是一种填充于聚合物基体中起增加强度、改善性能作用的组分材料。按形状有颗粒、薄片和纤维状增强体。纤维又分连续纤维和短切纤维，连续纤维有单向纤维、单向织物和织物增强等形式。纤维增强体是聚合物基复合材料中最广泛采用的，主要有玻璃纤维、碳纤维、芳纶纤维、硼纤维、碳化硅纤维、超高分子量聚乙烯纤维等类型。纤维增强复合材料中，其增强效果主要取决于纤维的特征、纤维与基体间的结合强度、纤维的体积分数、尺寸和分布。纤维具有高强度的原因是晶体排列的完善程度较高，或者是产生的微裂纹少和裂纹方向大致沿着纤维轴向。同时由于纤维与基体之间的相互作用，受基体的保护，不易损伤，也不易产生裂纹。即使产生裂纹，基体也能阻碍裂纹扩展并改变裂纹扩展方向。

18.1.4 工艺特点

聚合物基复合材料的加工成型工艺与传统材料有着明显的区别。一方面，聚合物基复合材料的形成与其制品的形成是同时完成的，也就是说，聚合物基复合材料的生产过程就是制品的生产过程。复合材料的工艺水准将直接影响材料或者制品的性能。例如在聚合物基复合材料制备中，纤维与基体树脂之间的界面黏结得好坏是影响纤维力学性能的重要因素，纤维的力学性能除了与纤维的表面性质有关外，还与制品中的孔隙率有关，它们都直接影响到复合材料的层间剪切强度。另一方面，树脂基复合材料的成型相对来说比较简便。原因在于树脂在固化前具有一定的流动性，纤维很柔软，依靠模具比较容易制得需要的形状和尺寸。一种复合材料可以采用多种成型方法来进行成型。在选择成型方法时应该根据制品的结构、用途、产量、成本以及生产条件进行综合考虑，权衡利弊，选择最简单和最经济的成型工艺[4]。

聚合物基复合材料的制备包括预浸料的制造、制件的铺层、固化以及制件的后处理与机械加工等。聚合物基复合材料的成型方法有几十种，每一种成型方法之间存在着共性又有各自的特点，从原材料到制品形成的过程如图 18-1 所示。

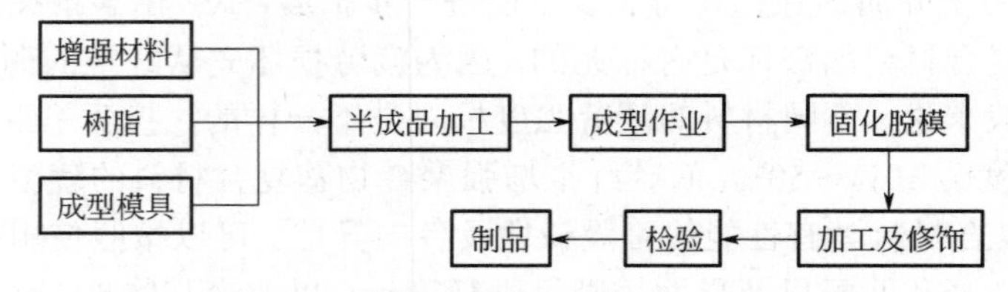

图 18-1　聚合物基复合材料制备工艺流程[5]

18.2 热塑性聚合物基复合材料制备

18.2.1 热塑性聚合物基复合材料的特性

热塑性聚合物基复合材料的性能指标、加工成型方法等与热固性聚合物基复合材料有比较大的差异，有些性能如柔韧性、加工成型速度、废弃原料的回收利用等比热固性复合材料更加优异。热塑性聚合物基复合材料的性能如表 18-1 所示。

表 18-1 热塑性聚合物基复合材料的性能[5]

对象	优点	缺点
复合材料性能	①材料密实度小	①刚性较差，抗蠕变性差
	②耐侵蚀，水中稳定性好	②耐候较差
	③抗击穿电压高	③耐高温性能差
	④柔韧性好	
预浸料贮存和使用	①贮存时间无限制	①预浸料刚性大、韧性小
	②存储条件无限制	②预浸料没有黏性
复合材料加工	①制造过程中只有物理变化	①制造技术尚不成熟
	②制备时间短，成本低	②不能低温加工
	③加工次数无限制	③提高密封性的成本高
	④加工剩余材料可以回收	④制造设备投资大
	⑤产品质量稳定性好	

相较于热固性聚合物基复合材料，热塑性聚合物基复合材料密度小，强度高，种类多，设计自由度大，可以通过合理选择原材料种类、配比、加工方法、纤维体积含量和铺层方式设计物理性能、化学性能及力学性能。热塑性聚合物基复合材料的基体材料种类比热固性复合材料更多，选材设计的自由度也更大。热塑性聚合物基复合材料比热固性聚合物基复合材料耐水。热塑性聚合物基复合材料可采用一次注射成型技术等工艺成型，其生产效率远远高于热固性聚合物基复合材料，加工成型的价格成本更低，产品质量稳定性也更好。

18.2.2 短纤维增强热塑性聚合物基复合材料制备

大多数增强纤维与树脂的相容性较差，因此要在复合之前先进行短纤维的表面处理，然后再进行混合、熔融挤出，做成颗粒料，获得中间产品，随后是模压成型工艺制造型材，注射成型工艺制造复杂部件。

（1）粒料制备　短纤维增强热塑性粒料制造方法是玻纤增强热塑性塑料生产的一个重要方向。如图 18-2 和图 18-3 所示，树脂从加料口加入，连续玻璃纤维定量从进丝口加入双螺杆混炼挤出机，挤出料条后，再经过水槽进行冷却，最后切粒。不同种类的热塑性树脂和不同种类的纤维制造的复合材料，其性能差别很大。

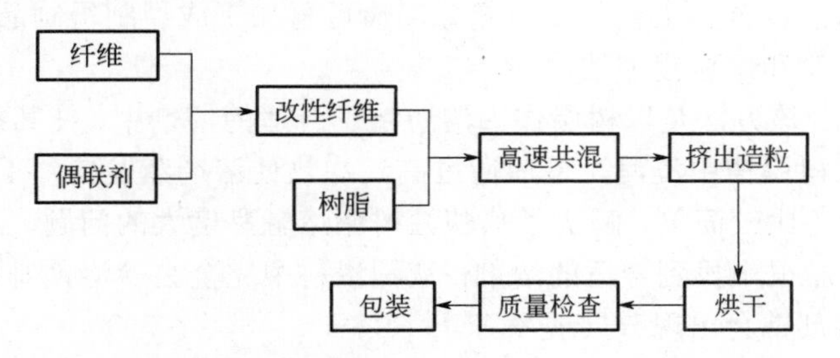

图 18-2 短纤维增强热塑性粒料制备工艺流程[5]

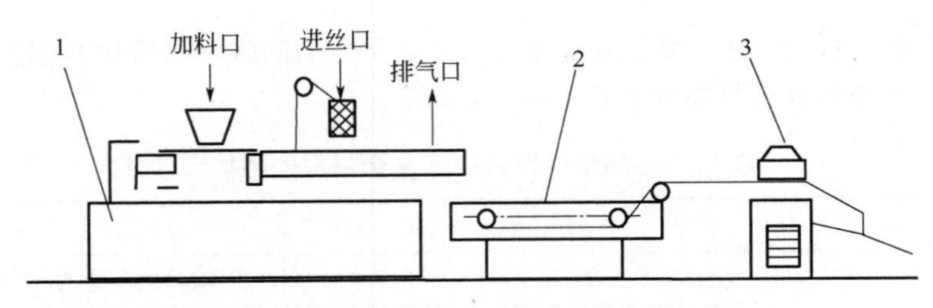

图 18-3 短纤维增强热塑性粒料生产原理示意图[5]

1—双螺杆混炼挤出机；2—冷却水槽；3—牵引切粒机

（2）型材制造 热塑性树脂常用的成型工艺是模压成型。该工艺是将经过预处理的模压料放进预热的压模内，增大压力使模压料充满模腔。在设定的温度条件下，模压料在模腔内逐渐固化，然后将制品从压模中取出，再进行必要的辅助加工[6]。制备流程如图 18-4 所示。

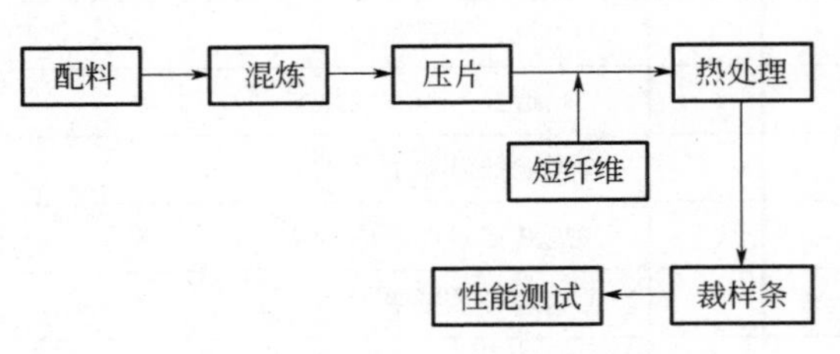

图 18-4 模压成型制造型材工艺流程[5]

（3）复杂部件制造 注射成型方法是制造短纤维或片状增强材料复杂部件的常用方法。首先将增强材料加入基体中，将基体加热塑化为熔融形态，经过高压作用，快速注入到模具中，与熔体模腔完全贴合，后经冷却便得到固化的热塑性聚合物基复合材料。然后打开模具，将制品取出，从而完成一次注射成型，获得复杂部件。

18.2.3 长纤维增强热塑性聚合物基复合材料制备

和短纤维增强相比，长纤维增强热塑性聚合物基复合材料具有诸多优点。长纤维的尺寸远长于短纤维，性能优异，纤维在基体中各向异性好，可以显著提高复合材料的力学性能，如拉伸性能、弯折性能等。长纤维增强热塑性聚合物基复合材料的比刚度和比强度远高于短纤维增强复合材料，能抗更大的冲击力，适用于制作汽车部件如顶梁等。长纤维增强时耐变形性能优异，加工成特定形状后尺寸稳定性非常好，制件的加工精度可以大大提高。长纤维增强热塑性聚合物基复合材料的抗疲劳性能优异，长时间使用仍能保持大部分性能，在高温高热和湿润潮湿的环境中拥有更好的稳定性。长纤维增强热塑性聚合物基复合材料的制备主要包括浸渍工艺和成型工艺。

18.2.3.1 浸渍工艺

由于热塑性树脂基体均为黏度较高的高分子聚合物，因此纤维很难获得好的浸润效果，导致树脂分布不均匀，所以制备复合材料最大的技术难题是浸润问题。浸渍法是采用热塑性高聚物与增强纤维在特殊的设备与工艺条件下充分浸渍后再加工成型制得制品的一种方法[7]。浸渍法主要包括溶液浸渍法和熔融浸渍法。

（1）溶液浸渍法 该方法是以树脂作为溶质溶于合适的溶剂中，使其黏度处于适合浸润的范围。然后将纤维在树脂槽中浸润，最后通过高温加热使溶剂蒸发掉，工艺流程如图 18-5 所示。该技术工艺与设备比较简单，解决了热塑性树脂熔融黏度大的问题。该方法的缺点是费时费力，一些热塑性树脂很难找到合适的溶剂；从预浸料中完全去除溶剂难度大，从而得到的产品耐溶剂性能差；溶剂常会出现分层现象等。

（2）熔融浸渍法 与溶液浸渍法相比较，熔融浸渍法工艺过程没有树脂溶剂，可以大大减小对生态环境的危害，降低生产成本；纤维含量的控制准确度高，因此可以极大地提高产品的质量与生产效率。熔融法有直接熔融浸渍法和热熔胶膜法（图 18-6）。

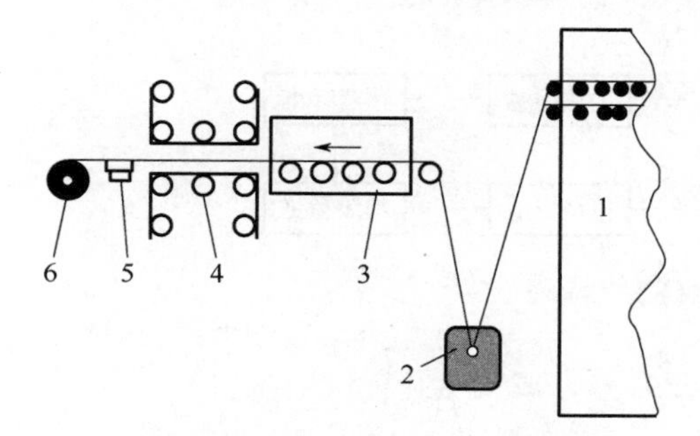

图 18-5 溶液浸渍工艺原理示意图[7]

1—喂丝架；2—树脂浸渍槽；3—干燥箱；4—压辊；5—光检测系统；6—预浸料

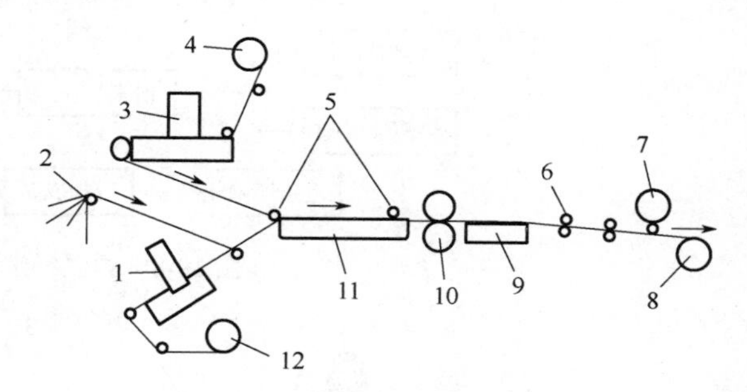

图 18-6 热熔胶膜法预浸原理示意图[7]

1—下刮刀；2—纤维；3—上刮刀；4—顶纸放卷；5—压辊；6—牵引辊；7—顶纸收卷；8—产品收卷；9—冷却板；10—夹辊；11—加热板；12—底纸收卷

18.2.3.2 成型工艺

长纤维增强热塑性聚合物基复合材料制备的成型工艺主要包括冲压成型和拉挤成型两种。

（1）冲压成型 该工艺首先按照成型模具的尺寸裁切好树脂基复合材料，然后将切好的板材预浸润，再将板材放入模具，之后放入炉内，加热升高炉温至高于聚合物树脂基体熔点或软化点温度（低于基体树脂黏流温度 10～20℃）后，投入到温度为 50～70℃的模具型腔中，快速合模压制成型，工艺流程如图 18-7。

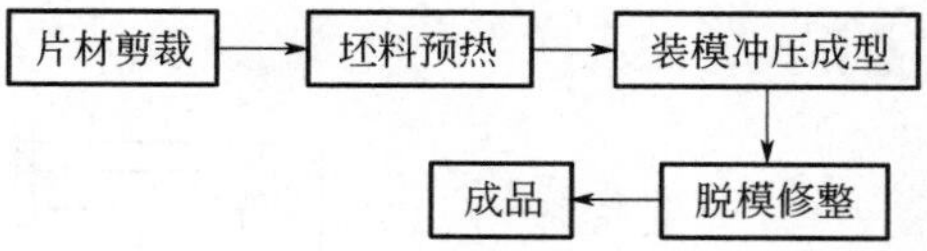

片材剪裁 → 坯料预热 → 装模冲压成型 → 脱模修整 → 成品

图 18-7 冲压成型工艺流程图[7]

冲压成型的特点是可在低温下成型，不要求高温高压环境，一次成型的周期很短，对能源的耗费以及生产所需的费用相对于其他成型工艺要低得多。此外，该方法操作流程简单，在固定投入量下车间的实际产出与最大产出之间的比值达到最大，片状模塑料可长期贮存，废料能回收利用。该方法的不足之处是只适用于热塑性树脂基复合材料，成型形状比较简单的制品[8]。

（2）拉挤成型 拉挤成型是在拉挤模具中边浸渍边拉挤，将增强材料经树脂浸渍，再经过具有一定截面形状的成型模具进行成型，是制备特定横截面型材的工艺方法。拉挤成型的生产过程可完全实现机械化和自动化控制，生产过程可以不间断，大大提高了生产效率，理论上制备的产品可以无限长；增强纤维含量可高达 90%，浸润纤维的树脂胶在张应力作用下，能充分发挥增强材料的作用，使产品达到很高的强度；产品各个方向的强度可任意调整，可以满足在不同力学环境条件下的使用规范要求；产品性能稳定，可以制备高相似性的产品，根据所需长度进行切割。

常见的拉挤成型工艺有预浸纤维拉挤成型和直接纤维拉挤成型，前者如图 18-8 和图 18-9 所示。采用粉末浸渍法制备预浸纤维的基本原理是使聚合物粉末吸附于纤维表面，然后加热使聚合物熔融并浸渍纤维。玻璃纤维无捻粗纱经导向辊进入粉末槽，经粉末槽中的分散辊使纤维分散，吸附树脂粉末，玻璃纤维进入加热段使树脂熔融，经辅助浸渍辊及加压辊使树脂充分浸渍纤维，冷却后得到预浸纤维。这种预浸纤维也可以用于缠绕成型工艺。在预浸润纤维进入拉挤模具之前，要使树脂基体处于黏流态，在牵引设备的牵引作用下，熔融状态的预浸润纤维在成型模腔内拉挤成型，刚从模具内出来的热塑性复合材料是软弹体，通过冷却液冷却使其固定成形，具有一定强度和硬度，之后再切出具有特定长度要求的制品。

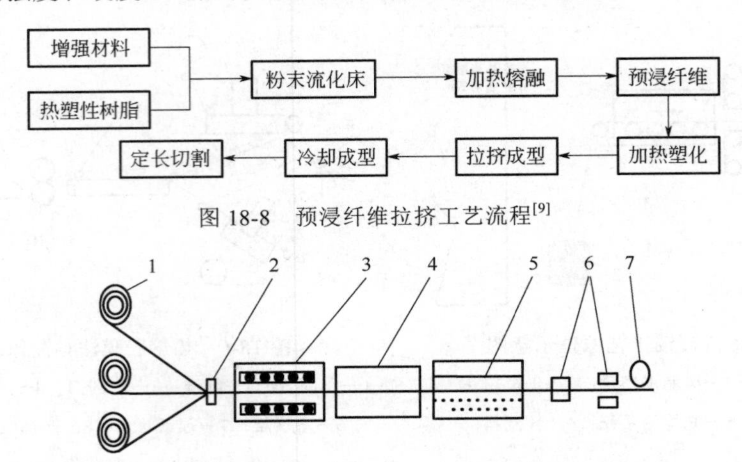

图 18-8　预浸纤维拉挤工艺流程[9]

图 18-9　预浸纤维拉挤成型原理示意图[9]

1—预浸纤维；2—集束板；3—加热箱；4—成型模具；5—冷却液；6—牵引机；7—切割机

用纤维直接进行拉挤成型如图 18-10 所示。长纤维经过纤维分配器进入模具，热塑性树脂注入模具内，纤维和热塑性树脂在模具内浸渍后制成固定型送出模具，再经降温后形成固定形状，之后再切割出具有特定长度要求的制品。生产流程各个阶段的温度必须严格精准控制，以保证纤维能被浸透。

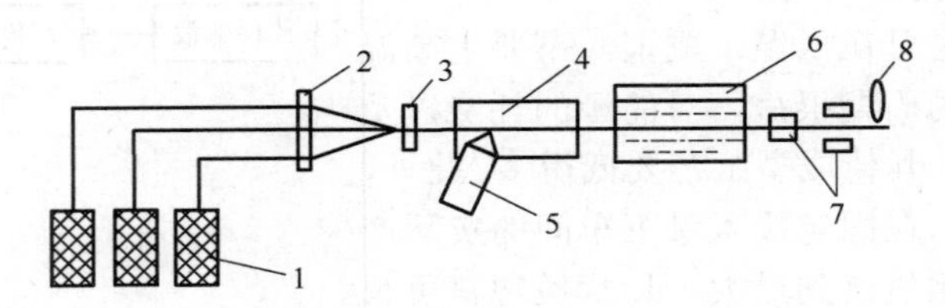

图 18-10　直接纤维拉挤成型原理示意图[9]

1—增强材料；2—分纱板；3—纤维分配器；4—成型模具；5—树脂注射机；6—冷却液；7—牵引机；8—切割机

拉挤成型可以用于制造各种杆棒、平板、空心管及型材，应用范围非常广泛。电气材料市场是拉挤玻纤材料最早应用的市场，目前已经成功应用的产品有电缆桥接支架、梯子架、轮船设备舱外壳、变压器、路灯柱等。拉挤成型产品在化学和耐蚀市场成功应用的有玻璃钢桅杆、冷却塔支架、海上采油设备平台、各种电化学和物理腐蚀环境下的结构支架等。在建材市场中，通过拉挤成型所制的长纤维增强热塑性材料已得到广泛应用，主要包括增强体筋材和装饰用材料。

18.3　热固性聚合物基复合材料制备

热固性聚合物基复合材料广泛应用于制造结构材料，如船舶的壳体等。按填料的类型，热固性聚合物基复合材料可分为粒子填充热固性聚合物基和纤维增强热固性聚合物基复合材料两大类。长纤维或织物增强热固性聚合物基复合材料成型工艺主要包括浸渍、赋予形状和固化。浸渍是一个将纤维与纤维之间的空隙中的空气替换为基体树脂的过程，按其机理可分为脱泡和渗透两部分。浸渍的难易程度与好坏程度，主要由基体树脂的粘连度、高分子树脂与增强纤维材料的成分比、增强纤维材料的种类和形貌状态、增强纤维材料与树脂的相互作用等所决定的。赋予形状主要分为预先成型和最后成型两阶段，预先成型赋予加工品的形状程度与最终形状近乎相同，最后成型通过成型模具得到。固化是基体树脂发生了化学变化，分子结构由线形变成网状结构，分子量增加。加工品得到了所需要的特性状态。固化要采用固化剂、引发剂、促进剂，这一过程往往需要加热。

18.3.1 手糊成型

手工裱糊成型就是在涂好脱模剂的模具上，进行纯手工作业，即一边铺设增强材料，一边涂刷树脂直至达到所需制品的厚度为止，然后通过固化成型和脱去模具而取得产品的一种成型工艺。手工裱糊成型工艺制造材料一般要经过剪裁增强材料、准备模具、涂刷脱模剂、喷涂胶衣、糊制成型、固化、脱模、修边、装配、制品验收等工序。手糊成型制得的复合材料制品的典型结构如图 18-11 所示。

（1）原材料准备　在手糊成型之前必须准备好所用的原材料。玻璃纤维织物的裁剪设计很重要，一般小型和复杂的织物应预先裁剪，以提高工效和节约用布。树脂液体是将树脂、各种化学助剂、填料和助剂等均匀混合。由于室温下树脂凝固很快，最佳使用时期很短，所以要保证在凝固化发生之前完成使用，其中最主要的是最佳使用时间长短和固化深度控制。

（2）复合材料制品的糊制及固化　待胶衣层不粘手时就可以进行裱糊。先在模具上刷一层树脂，然后铺一层玻璃布，将层间由于空气产生的气泡排出。人工涂刷树脂时要用力沿布的径向从中间向两头把气泡赶净，让玻璃布紧密贴合在一起，保证胶含量均匀。铺设一、二层玻璃布时，有机聚合物含量要相对高些，这样有利于浸透织物和排出气泡。重复以上步骤以最终达到产品设计的厚度。图 18-12 为手糊成型工艺的示意图。

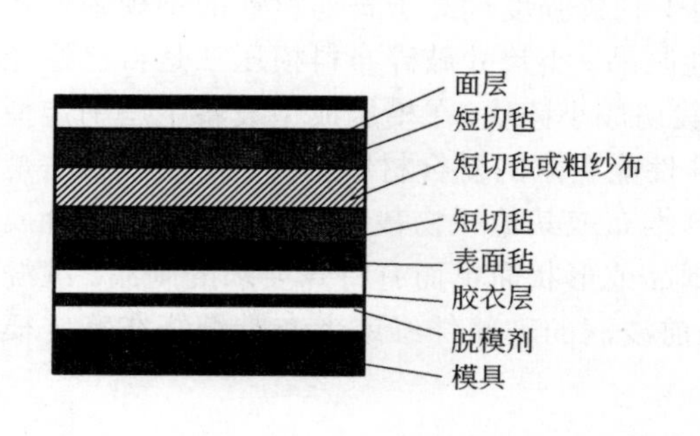

图 18-11　手糊成型复合材料制品结构示意图[10]

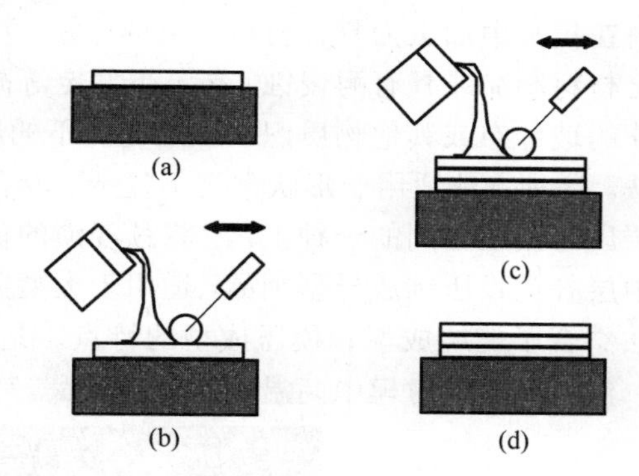

图 18-12　手糊成型工艺[10]

（a）脱模剂、胶衣和纤维布；（b）倒树脂并赶匀；（c）重复纤维布和树脂过程；（d）固化

固化常在室温进行。在裱糊过程中，室温需要稳定在 18℃以上，空气含水量不高于 75%。当温度低于 18℃、空气含水量高于 75%时都会影响聚酯树脂的固化品质。制品在凝固后需要固化到一定程度才可脱模，脱模后继续在大于 18℃的室温条件下进行固化或加热处理。升高环境温度能够加速玻璃钢制品的固化反应，缩短脱模时间，提高模具的利用率。

（3）脱模、修整及装配　当制品固化到脱模强度时便可进行脱模。脱模最好用木制或铜制工具，以防将模具或制品划伤。向预埋在模具上的管接头送入压缩空气或水，同时用木锤敲击制品进行脱模。当用压缩空气或水不能使制品脱模时，可用刮板等把制品边缘撬开一点间隙，然后插入楔子，把加工制品从模具中分离。脱模后的制品要进行机械加工，去除边缘的参差不齐与毛刺，修整制品表面和内部缺陷。

（4）制品中产生缺陷的原因及解决办法　胶衣层的缺陷主要有褶皱、针孔和气泡、光泽不好、胶衣剥落、色斑、起泡、裂纹和泛黄等。褶皱产生的原因是胶衣层未足够固化就进行了糊制，使得树脂中的交联剂部分溶解胶衣从而产生褶皱。预防褶皱的产生，首先要检查胶衣层的厚度，如果胶衣层太薄，交联剂的挥发将使胶衣树脂固化不彻底。然后检测胶液配比是否准确无误，溶液是否完全混合。最后若车间温度低于 18℃，则需将车间温度升高到 18℃以上。针孔和气泡的产生是由于胶衣树脂溶液中存在空气气泡或模具表面有粉尘颗粒。通常采用以下措施来进行预防：一方面是裱糊前对模具表面用空气吹刷，将模具表面清洗干净，确保无粉尘颗粒，并检查树脂黏度，过高则用有机溶剂进行稀释；另一方面如果最佳使用时间太短，可调整添加的化学引发剂、促进剂的用量，适当延长最佳使用时间。光泽不好是由于制品脱模过早以及石蜡脱模剂使用不当所致。预防措施是石蜡脱模剂不能擦得过多，还要掌握好制品脱模的时机。颜料分散不均匀、模具表面的灰尘等都会引起色斑缺陷。预防措施是在使用胶衣前应确保模具表面清洁，保证胶衣树脂在使用前充分搅拌，在涂刷或喷涂时厚度均匀。鼓泡是涂刷时在胶衣层和强度层之间夹杂着空气或溶剂而使胶衣层鼓起，一般在脱模以后的短时间内或后固化期出现。预防措施通常有两个，一是在糊制时应充分浸透玻璃毡或布，二是要有良好的非固体特性，在压制条件下具有较好的流动性，使模压料能均匀地充满压模模腔。

18.3.2　模压成型

模压成型的原理如图 18-13 所示，其工艺大致可分为短纤维料模压法、小尺寸破碎布料模压法、层压模压法、缠绕模压法。短纤维料模压法是将预先混合或预浸后的短粒料纤维状态的材料在模具中加工为复合材料产品的方法，主要用于制备强度远高于普通材料的不规则形状的复合材料制品或具有耐侵蚀、高温下稳定等高性能制品。小尺寸破碎布料模压法是将已经经过浸渍的玻纤布或其他物质织物加工完剩下的废料裁切成小碎块，在模压成型设备中压制定型的方法。这种方法适用于形状常规不复杂、没有特殊性能要求的复合材料制品。层压模压法是介于层压与模压之间的一种工艺，将预浸渍的玻璃纤维布或其他织物裁剪成所需形状，在金属对模中层叠铺设压制成异型制品，适用于大型薄壁制品或形状简单而有特殊要求的制品。缠绕模压法结合了缠绕成型和模压成型的特点，是将提前浸润的玻璃纤维或者布带缠绕在特定模具上，然后在金属对模中高温压制定型制品。

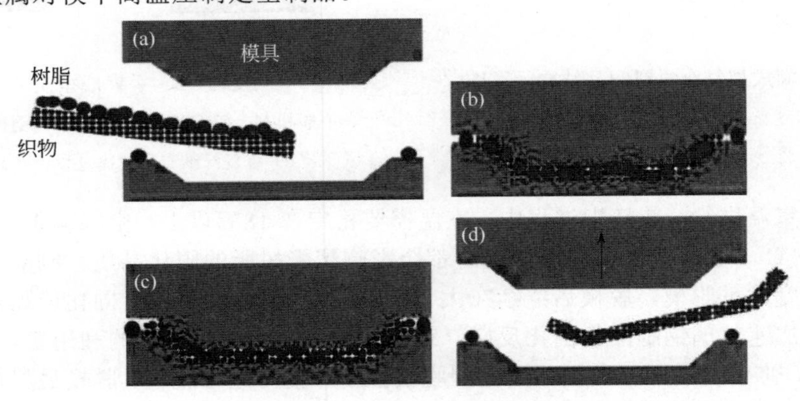

图 18-13　模压成型原理示意图[10]

（a）树脂预浸润织物移入模具；（b）合模、预浸润；（c）固化；（d）脱模

18.3.2.1 模压料制备

短纤维模压料的基本组分是树脂、短纤维增强材料和辅助材料等。模压成型工艺对树脂的基本要求是达到模压制品所要求的性能要求，有适宜的固化速率且固化过程中副产物少，体积收缩率小。在模压成型工艺中，主要采用纤维型增强材料，辅助材料主要包括各种稀释剂、偶联剂、增稠剂、脱模剂及颜料等。

短纤维模压料的制备方法有预混法（图 18-14）、预浸法（图 18-15）和浸毡法三类。预混法是先将玻璃纤维切成长 17～33mm 的短纤，与树脂搅拌混合均匀，再经撕扯蓬松、烘干而得到模压料。这种模压料的特点是纤维比较蓬松且方向不定，在制备过程中纤维强度损失较大。预浸法是将整束玻璃纤维通过浸胶、烘干、短切而制得模压料，特点是玻璃纤维成束状比较紧密，在备料过程中纤维强度损失较小，模压料的流动性稍差。浸毡法是将短切玻璃纤维均匀撒在玻璃底布上，然后用玻璃面布覆盖再使夹层通过浸胶、烘干、剪裁而制得模压料，特点是使用方便，纤维强度损失小，模压料中纤维的伸展性好，但由于有两层玻璃布的阻碍，树脂对纤维的均匀渗透较困难，大量消耗玻璃布使得成本增加，应用受限。

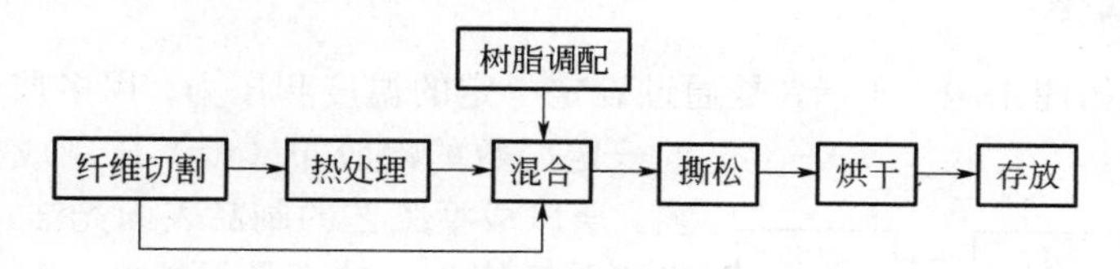

图 18-14 预混法制备短纤维模压料工艺流程[10]

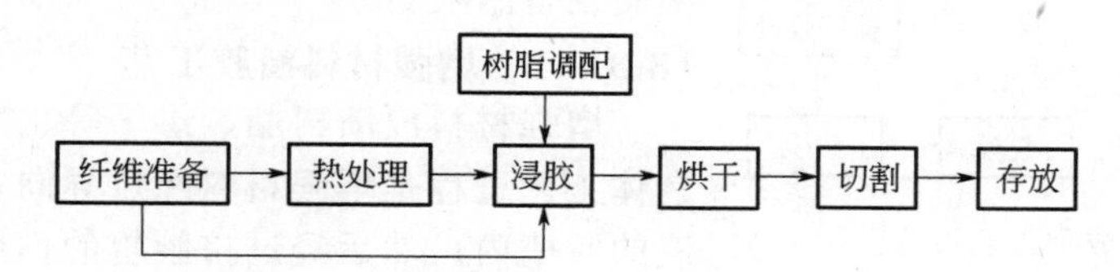

图 18-15 预浸法制备短纤维模压料工艺流程[10]

18.3.2.2 短纤维模压料成型工艺

模压成型的过程是先将压模预热，然后再放入一定量的模压料，设定压力和温度，使模压料充满型腔后再进行固化，最后取出制品，进行修整及必要的辅助加工，即获得产品[11]。模压成型工艺流程如图 18-16。

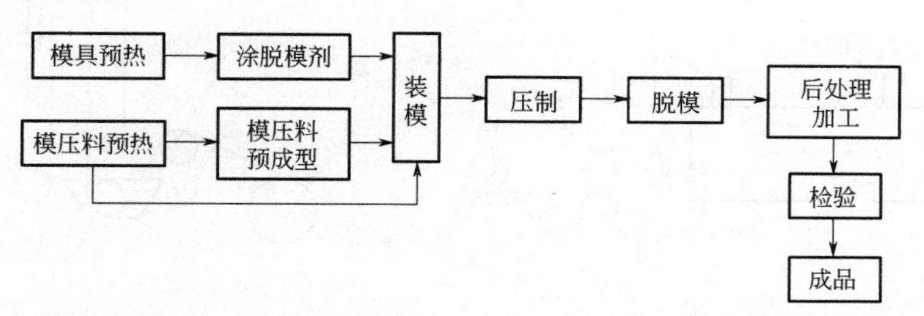

图 18-16 模压成型工艺流程[10]

在模压成型之前，先要进行准备工作，例如成型压力的计算、脱模剂的涂覆、模压料及模具的预热等。成型压力是指制品在水平投影面上单位面积所承受的力。成型压力的大小取决于模压料的品种和制品结构的复杂程度。投入比与产出比效率的提高、加工制品的大小和形状的控制等都需要对装料量进行准确的计算。此外还需进行脱模剂的使用和涂覆。常用的外脱模剂有石蜡、硬脂酸、硬脂酸盐、硅橡胶等。如果已经达到预想的脱模效果情况下，应尽量减少脱模剂的使用。外脱模剂涂覆要均匀，否则会影响制品表面光滑程度和脱模效果。模压料的预热能改善料的工艺性能，如增加流动性，使料松散不易结团，简化装模流程，降低制品收缩率，提高制品品质等。

完成准备工作后即是装模和压制。装模操作要合理，这样既能补偿模压料流动性差的特点，提高制品成品率，又可获得较理想的性能。纤维的取向要根据制品的受力情况来排布，尽可能使纤维沿着流动方向，从而能够充分发挥纤维的增强作用；铺设物料时要尽可能均匀，从而能够使得到的制品更均匀。压制的温度以及压力的选择和控制对压制操作是至关重要的。压制速度随模压料的类型、产品的构造和尺寸大小等条件的不同而改变，对于外形尺寸小、非复杂形状、大数量的制品，一般采用快速压制工艺，慢速压制工艺常用于数量较少、规格较大、形状较复杂的制品。完成压制并脱模后，还需要进行后处理工作，包括修整和辅助加工，如去除制品成型时在边缘部位的毛刺、飞边。

18.3.3 层压成型

层压成型工艺如图 18-17 所示，是通过设定一定的温度和压力，用多层液压机把叠在一起的一定层数的浸胶布（纸）压制成板材的一种成型工艺。层压成型工艺的制品表面光洁，质量较好且稳定，生产效率较高，缺点是只能生产板材，产品的尺寸大小受设备的限制。

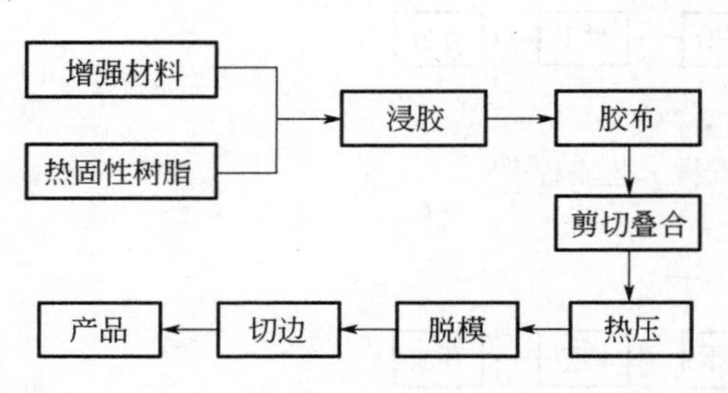

图 18-17 层压成型工艺流程[10]

18.3.3.1 增强材料浸胶工艺

增强材料浸渍树脂、烘干等工艺过程称为浸胶，具体工艺过程是增强材料经过导向辊进入盛有树脂胶液的胶槽内，然后经过挤胶辊的作用使树脂胶液均匀地浸渍增强材料，再连续地通过热烘道干燥以除去溶剂，最后将制成的胶布或胶纸剪裁成块[12]。制备胶布的主要设备是浸胶机，由浸胶槽、烘干箱和牵引辊三部分组成，一般有卧式（图 18-18）和立式（图 18-19）两种。

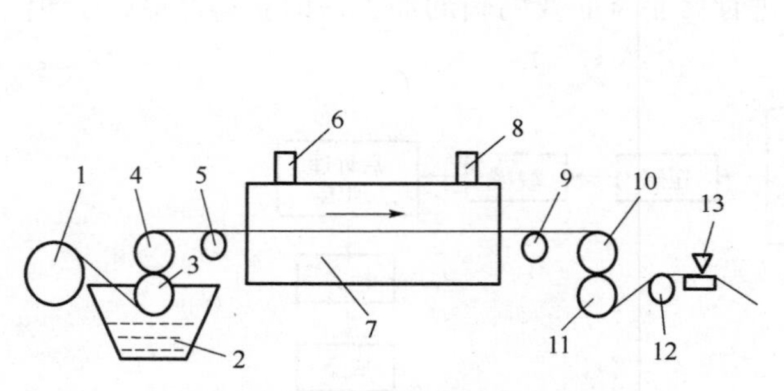

图 18-18 卧式浸胶机原理示意图[10]

1—玻璃布卷；2—浸胶槽；3—上胶辊；4—挤胶辊；5,9,12—导向辊；6,8—抽风口；7—烘干箱；10,11—收卷辊；13—裁剪刀

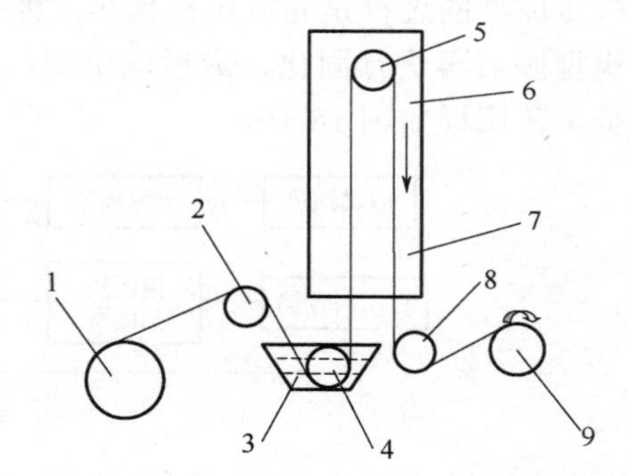

图 18-19 立式浸胶机原理示意图[10]

1—玻璃布卷；2,5,8—导向辊；3—浸胶槽；4—上胶辊；6—抽风罩；7—烘干箱；9—牵引辊

18.3.3.2 层压板成型工艺

层压板成型工艺是在两块不锈钢模板之间放入一定层数的经过叠合的胶布，进行加热加

压，在多层液压机中经固化成型，再将冷却脱模的成型制品进行修整，即可得到层压板制品。层压工艺过程包括叠料、进模、热压、冷却、脱模、加工、热处理等。叠料包括备料和装料两个操作过程，前者是装料前准备料的过程，后者是将备好料的每块板料按一定的顺序叠合的过程。进模是在多层压机的加热板之间装入叠合好的板料组合，并调整板料的位置，等待升温加压即可。热压应从树脂所具有的固化特性入手来选定热压工艺参数，同时还要考虑制品的厚薄程度、大小以及性能的要求。保温结束后即可关闭热源，通冷水冷却或自然冷却，当温度降至60～70℃时可以降压出模。根据制品厚度选择不同加工机器进行加工，然后在烘房中进行热处理以进一步提高制品性能。

18.3.4 缠绕成型

缠绕成型是先将连续纤维浸渍树脂胶液，然后将预浸带或纱按照一定的规律缠绕到芯模上，固化成型后脱模，最后获得制品。采用热固性树脂浸胶的纤维缠绕工艺来生产的壳体不但具有较高的比模量和比强度、优异的耐腐蚀性、良好的设计性之外，还能够较好地实现低成本和高效率的结合，从而成为复合材料壳体的主要制备技术之一。根据树脂基体状态的不同，缠绕成型工艺分为干法、湿法和半干法缠绕。干法缠绕是将预先制备的浸胶带进行加热软化，再缠绕到芯模上。它的优点是预浸的纱或带是经过专门生产的，树脂的含量能够控制严格；具有较高的生产效率，缠绕速度可以达到110～220m/min；缠绕机能够保持得较清洁，卫生条件相对较好。干法缠绕的缺点是缠绕设备比较昂贵，预浸带制备也需要设备投入，投资较大。

湿法缠绕是先将纤维集束，然后浸胶，在张力的控制下直接缠绕到芯模上，然后固化成型。这种方法设备简单，对原材料的要求不高，成本比干法缠绕低很多。张力的施加会使多余的气泡挤出，产品的气密性较好。该方法的缺点是张力不易控制，设备要经常洗刷、维护，操作环境较差，树脂浪费较大，含胶量及成品质量不易控制。相比于湿法，半干法缠绕增加了一道烘干工序，即将纤维浸胶后在缠绕至芯模时，增加一套烘干设备将溶剂除去，如图18-20所示。相比于干法，半干法缠绕进一步缩短了烘干时间，可以在室温下进行缠绕。半干法缠绕成型工艺过程包括树脂胶液的配制、纤维的烘干和热处理、浸胶、胶纱的烘干、在一定张力下进行缠绕、固化、检验、加工成制品等。

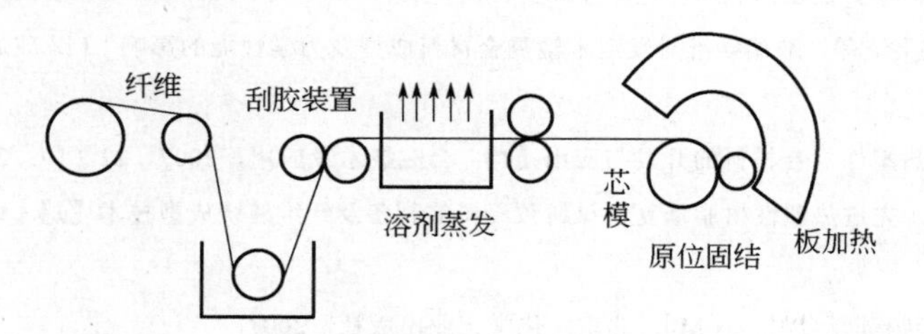

图18-20　半干法缠绕成型原理示意图[9]

18.3.5 树脂传递成型

树脂传递模塑（resin transfer molding，RTM）成型工艺采用的是封闭模式的成型技术，克服了手糊成型车间有机试剂浓度高的缺点，符合环保要求[13]。RTM成型设备如图18-21所示，成型时先将纤维层状物铺设在模腔中，然后进行加热。当达到注入温度时，再用氮气加压使得树脂胶液从不锈钢压力容器中注入模腔中。当树脂充满模腔后聚合，降温固化开模即可获得制品。

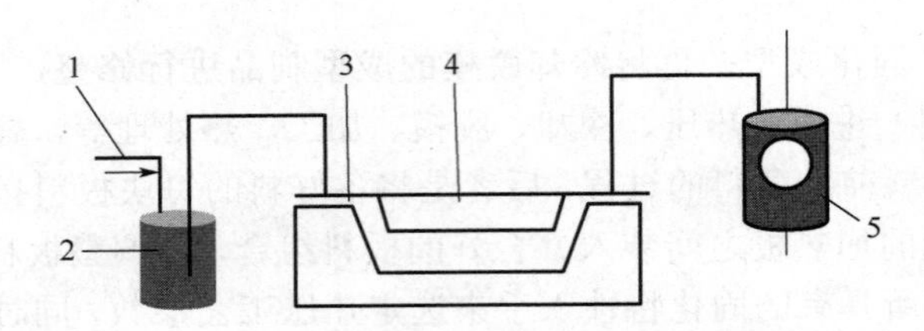

图 18-21　树脂传递模塑成型原理示意图[10]

1—压缩空气；2—树脂罐；3—制品；4—模具；5—树脂接收器

真空树脂传递成型是一种使用敞开式模具，在注射树脂的同时于排出口抽真空的闭模工艺[10]。该工艺成型装置如图 18-22 所示，能够进一步改善树脂传递成型工艺注射时模腔内树脂的流动性、浸润性，更好地排尽气泡。

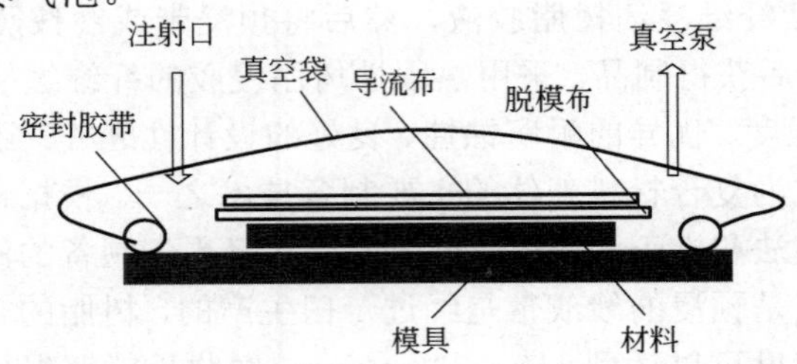

图 18-22　真空树脂传递成型原理示意图[10]

参考文献

[1] 黄丽．聚合物复合材料［M］．北京：中国轻工业出版社，2012．

[2] 任杰，陈勰，顾书英．聚乳酸/天然纤维复合材料成型加工研究进展［J］．工程塑料应用，2014（42）：102-105．

[3] 何亚飞，矫维成，杨帆，等．树脂基复合材料成型工艺的发展［J］．纤维复合材料，2011（2）：7-13．

[4] 乐小英，黄世俊，翟苏宇，等．酚醛树脂复合材料成型条件的正交实验优化［J］．广州化工，2015（20）：64-67．

[5] 张东兴．聚合物基复合材料科学与工程［M］．哈尔滨：哈尔滨工业大学出版社，2017．

[6] 刘永纯，新型复合材料成型设备的进展［J］．纤维复合料，2011（1）：33-34．

[7] 张民杰，晏石林，杨克伦，等．玻璃纤维对发泡木塑复合材料成型及力学性能的影响［J］．玻璃钢/复合材料，2014（1）：24-27．

[8] 姜润喜．长纤维增强热塑性复合材料的开发与应用［J］．合成技术及应用，2007，22（1）：24-28．

[9] 孙宝磊，陈平，李伟．先进热塑性树脂基复合材料预浸料的制备及纤维缠绕成型技术［J］．纤维复合材料，2009（1）：43-48

[10] 顾书英，任杰．聚合物基复合材料［M］．北京：化学工业出版社，2007．

[11] 王英男，潘利剑，刘国峰．复合材料湿法模压成型工艺参数研究［J］．航空制造技术，2018，61（14）：56-60．

[12] 张夏明．酚醛树脂表面改性碳纤维界面行为与碳化工艺研究［D］．哈尔滨：哈尔滨工业大学，2013．

[13] 沃丁柱．复合材料大全［M］．北京：化学工业出版社，2000．

19　金属基复合材料制备

19.1　概述

19.1.1　定义与特性

金属基复合材料（metal matrix composites，MMCs）是把金属或合金作为基体，加入增强相通过人工合成的复合材料。金属基复合材料的增强材料可以是无机非金属如陶瓷、碳石墨等，还可以是金属丝。金属基复合材料与聚合物基复合材料、陶瓷基复合材料、碳/碳复合材料等共同构成现代复合材料的体系[1]。

金属基复合材料的性能特点取决于所选基体和增强体的性能特点、比例含量以及分布情况等。通过人工的优化组合可制备的金属基复合材料具有较高比强度、较高比模量以及低膨胀系数、好的耐热性、高韧性、耐老化性、高导电导热性，同时还可以抗辐射、阻燃、不吸潮等。

材料在固体状态下，利用加热、保温、冷却等方法，来获得预期组织和更好性能的加工工艺被称为热处理工艺。金属基复合材料的基体是纯金属或者合金，因此它的热处理是否可行，取决于基体的性能。绝大多数金属合金基体的非连续增强金属基复合材料均可进行热处理工艺，主要热处理方法有退火、正火、固溶处理等。热处理的具体选择一般是根据复合材料的基体成分、性能要求等。纯金属基体的非连续金属基复合材料一般可通过退火处理来改善成品的塑韧性，也可通过加热淬火在基体中产生高密度位错，进而改善基体力学性能。

19.1.2　分类

可以按照基体类型、增强材料类别以及材料特性对金属基复合材料进行分类[1]。

（1）按基体类型分类　常用的金属基复合材料有黑色金属基的复合材料和有色金属基的复合材料两大类。钢铁基复合材料是黑色金属基复合材料最常见的一类。钢铁基复合材料是通过在钢铁基体中加入不同种类的增强体，以此来提高复合材料整体的强度、弹性模量等性能。由于其成熟的设备及操作、性能好、价格低廉等使得钢铁基复合材料近几年得到了迅速的发展[2]。铝基、镁基和钛基复合材料是生活中常见的有色金属基复合材料。铝基复合材料质轻，强度高，韧性好，制备方法较多，可以通过塑性加工制备，成本低。镁基复合材料比起铝基复合材料，最大的优点是质量比铝基的更轻，常用于航空航天领域。航空构件对质量有严格要求，而镁基复合材料更加适合。钛基复合材料相比前两者而言具有更高的耐热性，但制备钛基复合材料的成本更高，因此应用领域较窄，常应用于性能要求较高的场合。

（2）按增强材料类型分类　金属基复合材料的增强材料通常是形状不一的金属或非金属。在增强体中颗粒型的如碳化硅、碳化硼等，丝状如钨、铍、硼、钢等。根据形状的不同，金属基复合材料可分为连续纤维增强金属基复合材料、非连续纤维增强金属基复合材料、混杂增强金属基复合材料三大类。连续纤维增强的金属基复合材料是利用增强体如无机纤维（或晶须）、金属细线等所制备出的质轻且高强的材料[3]。连续纤维增强金属基复合材料相对于其他类型，具有良好的增强效果和各向异性。但是连续纤维增强金属基复合材料的复合制备较为复杂，导致其成本较高，所以常常应用在尖端科技等相关领域。与连续纤维增强金属基复合材料相比，非连续纤维增强金属基复合材料的生产成本相对较低，具有较高的比强度和比模量、高疲劳强度、高耐磨性、高蠕变抗力、低热膨胀率等特点。非连续纤维增强金属基复合材料因其良好特性使其在航空航天、汽车工业及民用工业等领域受到广泛关注。混杂增强的金属基复合材料是通过组合单一增强形式而形成的复合材料。根据加入的增强体类型又可将混杂增强金属基复合材料分为连续纤维/颗粒、颗粒/短纤维（或晶须）、连续纤维/连续纤维。混杂增强金属基复合材料的增强相在一定程度上能改善材料的力学性能。

（3）按材料特性分类　根据复合材料的性能进行分类，可将金属基复合材料大体分为功能型金属基复合材料、结构型金属基复合材料、智能型金属基复合材料三类[2]。

19.2　金属基复合材料制备

金属基复合材料的制备工艺较为复杂，具有较高的技术难度，研究开发良好的制备工艺是决定金属基复合材料迅速发展以及广泛应用的关键。目前，金属基复合材料的制备方法主要有固态法、液态法等。

19.2.1　固态法

固态法是以金属基体为固态，直接把金属或合金与增强体粉末或短纤维、晶须进行充分混合，有时可加入少量如石蜡等润滑剂，然后进行冷压预成型、烧结，或者热压、热挤压、热处理等。固态法的增强体配比含量易于准确控制，增强体的分布比较均匀。常见的固态法制备金属基复合材料的方法有粉末冶金法、热压法、热轧法等。

19.2.1.1　粉末冶金法

粉末冶金法（powder metallurgy，PM）是制备颗粒增强金属基复合材料的重要方法，在颗粒增强镁、铝基复合材料制备中具有重要的地位。图 19-1 所示为 PM 的工艺流程图。首先把增强相粉末和基体金属颗粒作为原料按照一定的比例均匀混合，然后在粉末冶金装置中进行冷压预成型，最后在真空条件下除去气体并进行热处理、加压烧结成型。PM 是最早用于制备金属基复合材料的工艺方法，其优点是在制备过程中可自由选择基体和强化颗粒的种类和大小。PM 的制备温度较低，使得基体金属与强化颗粒不容易发生反应，可充分发挥原材料的特点。PM 的颗粒选择范围较大，可通过加入多种不同的颗粒实现共同强化。

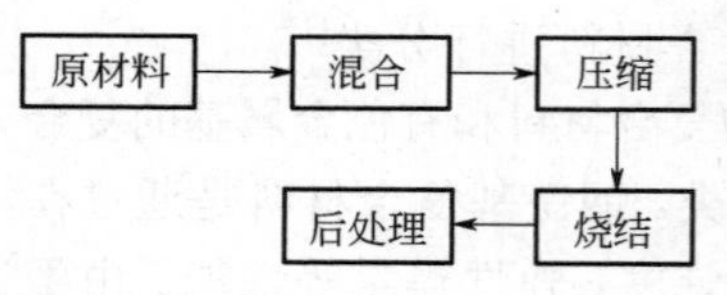

图 19-1　粉末冶金法工艺流程[3]

PM 的烧结温度不高，通常在基体合金的两相区温度以下，所以界面反应不强烈，经过致密化处理之后的材料可以达到较高强度和塑性的匹配。PM 制备金属基复合材料时需要保证基体合金粉末的连续性，因此要求增强体的体积分数不宜太高，一般体积分数为30%以下容易获得较理想的材料性能[4]。随着 PM 的发展，利用它来制备金属基复合材料已经渐渐成了一种广泛应用的技术。PM 技术的缺点是制备较大尺寸的材料较难，材料内部容易形成气孔，同时所需设备复杂，成本高，甚至有爆炸危险。

19.2.1.2　热压法

热压法（hot pressing，HP）是加压焊接方法的一种，故也称为扩散黏结法。HP 是在长时间高温、较小的塑性变形力下通过接触部位的原子之间的彼此扩散完成的。使用 HP 法制备金属基复合材料，通常首先要将纤维同金属基体制备成复合材料的预制片，然后将此预制片根据具体的要求制备成想要的外形及叠层。依据对不同纤维体积参数的要求，在叠层中加入基体，把此叠层加入模具里面，然后进行加热加压处理，最后得到所需要的复合材料，图 19-2 是 HP 的工艺流程图。

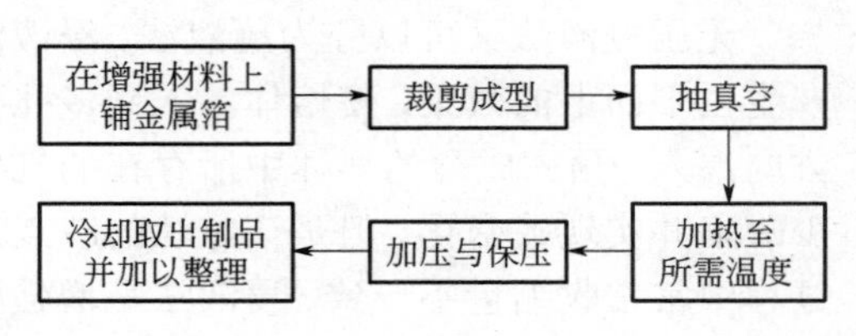

图 19-2 热压法工艺流程

19.2.1.3 热轧法

热轧法（hot rolling，HR）可以把金属基体和连续纤维制备的预制件再加工成板材，比如铝箔与钢丝、铝箔与硼纤维等。HR 具有挤压产品所具有的组织均匀性，缺陷较少，短纤维和晶须具有明显的择优取向，所制备的制件往往具有很好的轴向拉伸强度。

19.2.2 液态法

液态法是制备金属基复合材料的主要制造技术，是将液态金属渗入增强体孔隙中然后加工形成复合材料的工艺。液态法可分为搅拌铸造法、无压浸渗法、真空吸铸法、挤压浸渗法、真空压力浸渗法、喷射沉积法等，一般需要根据复合材料增强体状态和体积含量选择合适的制备工艺方法。例如，对于颗粒度小的粉末状颗粒增强体和长径比较小的晶须或短纤维，在含量较小时可以将增强体直接加入合金液中，搅拌均匀再进行铸造成型。若是增强体含量较高，则需要把增强体制成预制体模块，再把熔融金属液渗入并凝固成型。

19.2.2.1 搅拌铸造法

搅拌铸造法（stirring casting，SC）也称为搅拌复合工艺，是将颗粒增强体与液态金属通过机械搅拌装置互相混合，然后在重力的作用下，或利用挤压法、压铸法得到所需复合材料[5]。SC 所制备出来的材料性能良好。依据铸造时基体合金形态的不同，又可以把 SC 分为液态法和半固态法两种。如图 19-3 所示，液态法是通过搅拌器的搅拌叶片的旋转对金属液体进行充分的搅拌，使得增强相的颗粒分散在金属液体中，达到均匀分散的效果[6]。半固态法又称为液固两相法，是利用半固态合金液的触变性，即合金液在高剪应力作用下黏度迅速降低的特性，使得合金液黏度降低而有利于搅拌。当颗粒加入其中时，固相颗粒在合金液中具有抑制增强体颗粒产生上浮、下浮或者是结团现象，从而达到良好的均匀分散[6]。

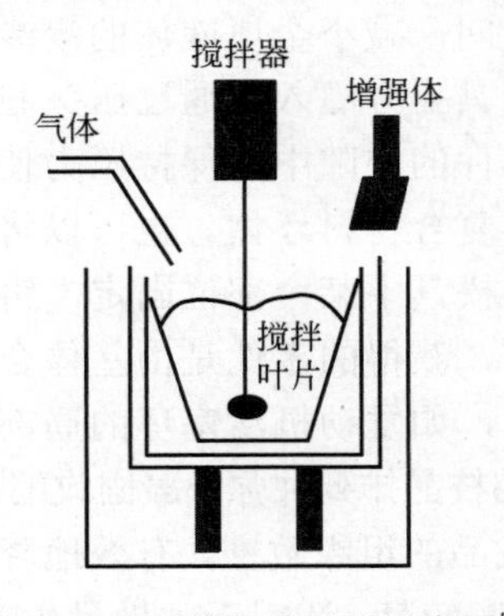

图 19-3 搅拌铸造法装置示意图[5]

随着制造技术的发展，SC 法在机械搅拌的基础之上又开发出了超声搅拌、磁场搅拌、熔铸搅拌等方法。SC 法制备金属基复合材料制备工艺简单灵活，设备投入少，制备成本低廉，缺点是大部分时候增强体颗粒与合金液不润湿，从而使得颗粒较难均匀分散。

19.2.2.2 无压浸渗法

无压浸渗法（pressureless infiltration）是在无外界有效压力时产生了浸渗的效果。无压浸渗法是先利用适当的黏结剂把相应的增强相结合起来制成预制品，然后将基体合金放置于含有可以控制气氛的加热炉中加热，以达到基体合金对应的液相线温度以上，合金熔体可在不加压力的状态下自动渗入到预制件内部，最终制得所需的复合材料制品[7]。无压浸渗法制备金属基复合材料的工艺较为方便简单，设备要求低，生产成本较低，可制备大型和复杂构件，增强材料的体积分数可调。但是当增强相与基体金属的润湿性能较差，或者增强体与基体之间有较强的界面化学反应，都会对无压浸渗制品的性能造成不良影响。

无压浸渗法又可以分为蘸液法、浸液法和上置法三种。蘸液法是熔体通过毛细管压力作用产生由下而上的效果，使熔体渗入到多孔预制件之中。渗透的最前端可以沿着较为简单的几何方向渗入，预先成型的坯体中所存在的气体将会随着渗透前端蔓延其中而排出，从而有效地减少缺陷并实现致密化。但是该方法的缺点是在重力作用下的渗透程度往往不均匀，并且在凝结过程中常常收缩量不一致。浸液法是增强相浸入熔体中，并且金属液体在表面张力作用下从增强相的四周穿透渗入。这种方法操作简便，可实现规模生产。上置法是将渗透金属固体放置在支架支撑着的预制件试样上面，加热熔化后熔体自上而下渗入预制件内部。上置法可避免重力作用下产生的不均匀性，但凝固补缩及渗流方向的可控性较差。

19.2.2.3 真空吸铸法

真空吸铸法（vacuum suction casting，VSC）也叫负压铸造法，它的工艺步骤是先把预制品放入铸型内部，把金属液灌入铸型的一端，而真空装置与铸型的另一端进行连接，从而制备出所需的制件[8]。真空吸铸法适用范围大，可用于多种金属基体和连续纤维、短纤维、晶须、颗粒等增强材料的复合，也可以用来制备混杂复合材料。VSC 法可直接制成复合材料零件，特别是形状复杂的零件基本无需进行后续加工。

19.2.2.4 挤压浸渗法

挤压浸渗法（pressure infiltration）是向放置有增强体预制件的模型里面浇入熔融的金属液，利用外加压力把金属液强行向预制件的间隙中压入，然后凝固制得复合材料的方法。如图 19-4 所示，在挤压浸渗时先用增强体制备出复合材料的预制件，将其预热到适当温度，置于模具下部，预制件的保温温度通常要高于模具温度，以延迟液态金属凝固的时间，减小金属液体的浸渗阻力。再将液态的基体合金从模具上方灌入，通过压头施加的压力使液态金属渗入到预制件的空隙中，保持压力使复合材料在等静压下凝固，获得复合材料坯体。也可以将预制件做成一定的形状，放置在模具中某个部位固定，铸入基体合金，在压力下铸造成型，获得的零件是由基体合金和复合材料局部强化的镶嵌体，如发动机活塞环的局部强化。在挤压浸渗法中，液态金属的凝固液相线持续移动，促使生长的枝晶排列并弥补凝固收缩[9]。挤压浸渗法散热良好，冷却较快，液态金属可充分填充预制件，成品的组织致密，有效地降低了制品孔隙率，同时该方法工艺操作简单，制造成本较低，生产效率较高，适用于大批量生产。挤压浸渗法的缺点是材料处于高压下容易造成纤维损伤，从而降低材料性能，所以不适用于制备连续增强体金属基复合材料型材或生产大尺寸零件。

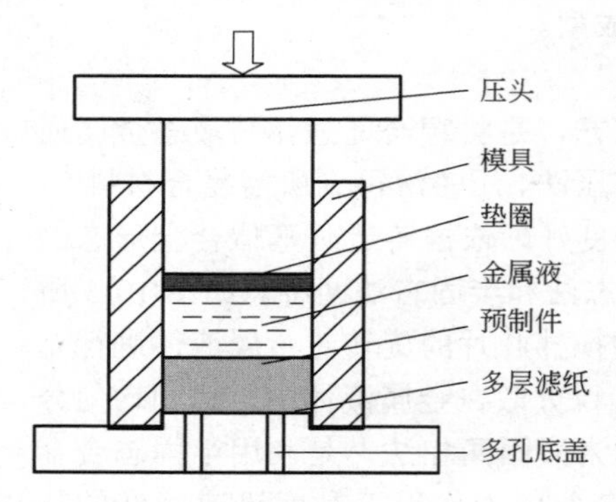

图 19-4 挤压浸渗法装置示意图[9]

19.2.2.5 真空压力浸渗法

真空压力浸渗法（vacuum pressure infiltration，VPI）是先对预制件进行抽真空，然后将气体排放到预制件中，利用惰性气体压力促进液态金属渗透到增强预制件内部，从而形成金属基复合材料的方法。液态金属向预制件中浸渗方式有三种，即底部压入式、顶部注入式和顶部压入式。顶部压入式的原理装置如图 19-5 所示，是由耐高压壳体、坩埚、加热炉、真空系统、控温系统、气体加压系统和冷却系统组成。

如图 19-5 所示，顶部压入式真空压力浸渗法的工艺过程是先将复合材料预制件置于坩埚的底部，其上放置待熔化的基体合金块体，抽真空而排出预制件和炉腔内的气体。将炉腔加热到预定温度，基体金属熔化并将预制件全部覆盖密封。随后通入高压惰性气体，在高压作用下液态金属向预制件中浸渗，直到充满增强体的孔隙，冷却凝固后即获得复合材料。真空压力浸渗法对增强体形态和种类以及合金种类几乎没有限制，浸渗在真空中进行，材料由于在压力下凝固而组织致密，通过改变模具形式可以实现复杂零件的净成型，减少后续工序。真空压力浸渗的局限是设备复杂昂贵；复合材料的尺寸受到炉腔大小的限制；工艺周期长，效率较低；高温保持时间过长时容易产生较多的界面反应[11]。

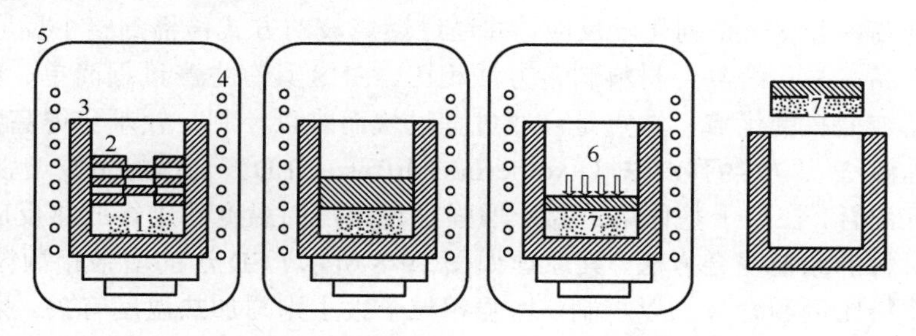

图 19-5　顶部压入式真空压力浸渗法装置示意图[10]

1—复合材料预制件；2—基体合金；3—坩埚；4—炉腔；5—箱体；
6—高压惰性气体；7—复合材料制品

19.2.2.6　喷射沉积法

喷射沉积（spray forming，SF）是将熔融金属雾化喷射，利用金属的快速凝固直接得到坯件。该过程主要包含三个部分，即熔融金属的液化、利用惰性气体雾化熔融金属、液滴沉积并快速凝固在基板上[12]。熔融金属或合金液是在保护性气氛中雾化成弥漫分布的液滴，在高压气体或离心力作用下喷射到具有不同运动方式的金属基体表面，形成半固态薄层。经过雾化喷射过程中雾滴与气体的对流换热和沉积层与基板的热传导，金属或合金液迅速冷却，从而凝固成具有不同形状且具有较高致密度的喷射沉积金属实体。喷射沉积时也可以把增强体和基体制备成预制件，然后熔融并进行喷涂。喷射沉积的装置如图 19-6 所示。

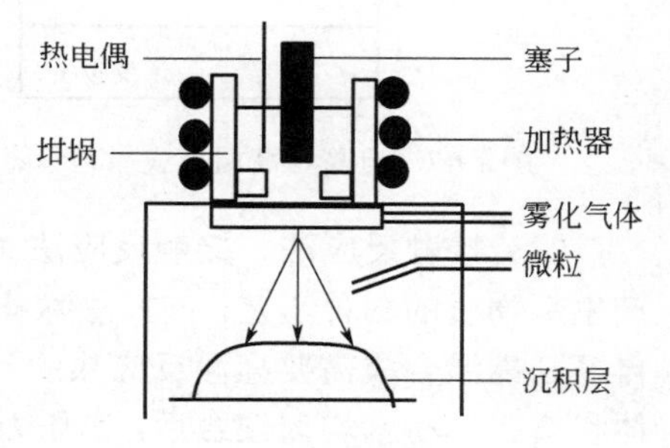

图 19-6　喷射沉积装置示意图[11]

喷射沉积的快速沉积工艺可以有效抑制晶粒粗大和金属大范围偏析现象，在凝固条件控制得当的情况下能够保证增强相的分布更加均匀，因此适于制备高质量的大型薄壁零件和连续带材。但是在喷射沉积过程中，当增强相与基质合金长时间接触时常会由于产生界面反应而损害复合材料性能，另外该方法生产成本也较高，故常用于高性能材料领域的产品制备。

19.2.3　其他制备方法

19.2.3.1　原位复合法

原位复合法（in-situ synthesis，IS）又称作反应合成技术，是一种制备复合材料的新型方法。与传统制备复合材料工艺不同，IS 不需要外加增强相，而是利用一些特殊的反应使增强相在基体中自发生成。IS 法制备颗粒增强金属基复合材料，自生的增强体在基体中热力学稳定，增强体与基体的界面清洁性与结合性更好；增强体和基体之间是原子级的结合，结合力强，界面稳定，不会发生化学反应；相对于外加的增强颗粒 IS 法制得的增强相颗粒更小，分散也更加均匀，材料的性能优势明显[10,13,14]。常见的 IS 法有自蔓延高温合成法、放热弥散法、接触反应法、定向凝固法。

（1）自蔓延高温合成法　自蔓延高温合成法（self-propagation high-temperature synthesis，SHS）是利用高化学反应热和迅速蔓延的传热机制来合成复合材料的方法，反应原理如图 19-7 所示。SHS 法中，将粉末压坯于一定气氛中点燃，化学反应所产生的热量传递给周围的材料，使其温度迅速升高，引发一系列化学反应，并通过燃烧波的方式传播到整个反应物，化学反应的生成物即为产品。与传统复合材料制备方法相比，SHS 具有生产过程简单、能量利用充分、反应迅速、产品纯度高的优点，缺点是合成过程过快而难以控制，较难获得高致密度的产品。

（2）放热弥散法　放热弥漫法（exothermic diffuse，ED）是指将生成增强体的两种粉末及基体粉末进行混合，在低于基体熔点高于增强材料熔点的温度下进行放热反应，在基体中形成亚显微增强材料的原位复合方法，其原理如图 19-8 所示。ED 法的增强相颗粒体积分数可通过增强相组分物料比例和含量加以控制，增强相粒子大小则与加热温度有关。采用 ED 法可以制备各种金属基复合材料，但制品孔隙率较大，可进行直接压实以提高致密度。

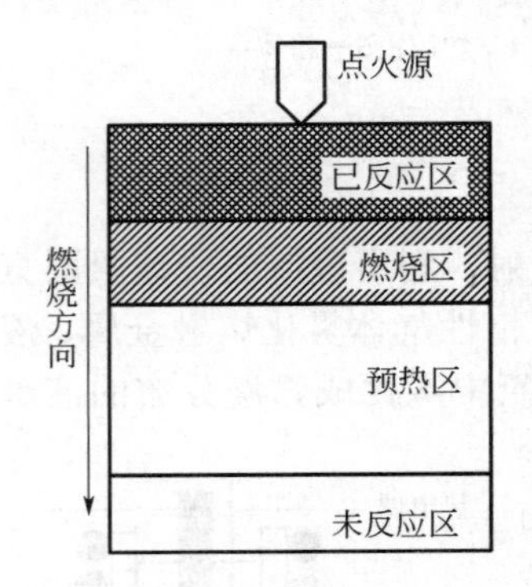

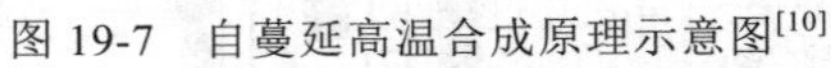
图 19-7　自蔓延高温合成原理示意图[10]

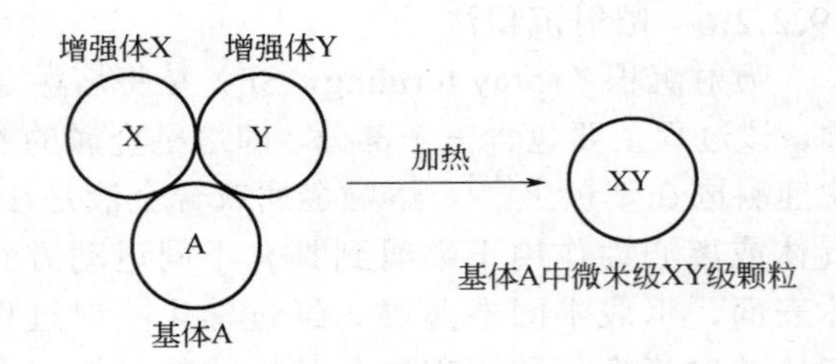

图 19-8　放热弥散法原理流程图[13]

（3）接触反应法　接触反应法（contact reaction，CR）是通过两种不同的物质接触反应而产生新物质的一种工艺。该方法弥补了在放热弥散法中增强体大小较难控制的问题，也弥补了自蔓延高温合成需要高温反应热的问题，是两种方法优化后的技术。CR 制备过程是将金属基体和增强体粉末均匀混合后，在压力的作用下形成具有一定密实度的坯料，然后把上述坯料压入金属液体使其充分反应。CR 的装置要求较低，使用成本低，同时增强体和基体结合紧密，容易调控复合材料形状，从而应用前景光明。

（4）定向凝固法　定向凝固法（directional solidification，DS）是指在某固定方向上的温度梯度作用下金属熔体凝固的过程，如共晶反应 $L \longrightarrow \alpha+\beta$。DS 法的成本低、工艺简单、产品质量高，但是凝固过程中参数较难控制，从而很难保证在凝固过程中只有单向传热[14]。另外，该方法制备复合材料重复性较差，难以生产高质量的制品，因此只适用于小型产品的制作。图 19-9 为 DS 装置示意图。

19.2.3.2　金属粉末注射成型法

金属粉末注射成型法（metal power injection molding，MIM）是一种利用金属粉末流动性注射加工成型材料的方法，它与超声复合法、喷射沉积法等粉末冶金技术相比具有很大的优势。MIM 法能够制造各种形状复杂的零件，制品强度高，硬度高，组织结构均匀。同时，MIM 除了是一种材料制备方式，其本身还包含着材料的加工和处理过程，具有无切削步骤的特点。事实上，金属粉末注射成型是粉末冶金和注射成型相结合的材料制备方法，其过程包含混料、注射成型、脱脂和烧结四个工艺步骤，可采用机械化连续作业的方式，有着极高的材料重复利用率以及生产效率[15]。图 19-10 给出了金属粉末注射成型的工艺流程。

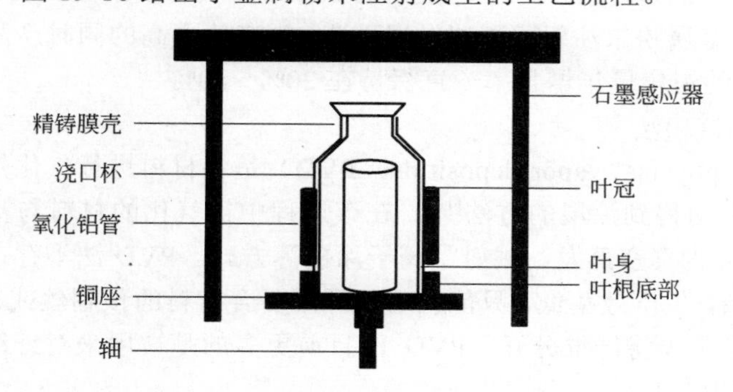

图 19-9 定向凝固法装置示意图[10]

金属粉末注射成型的原料包括金属粉末和黏结剂，它们的选择是整个加工过程中最重要的。这是由于后续制作过程中两者需要充分混合，能够在混炼、注射、成型等一系列操作后不产生缺陷，一旦形成缺陷则在后续的步骤中很难去除，因而对原料要求很高。MIM 法中使用的金属粉末可用高压雾化法制备，更加细小的粉末有利于合成的材料强度、硬度等性能的提高。黏结剂的选择要求是塑性好，绿色清洁无污染，它的作用是在与金属粉体混合后增强塑性，使之易于成型，便于制备形状复杂的零件。黏结剂由不同的组元组成，其中小分子组元起到增强流动性易于去除的功能，大分子组元能够提高黏度，保持成型强度[16]。进行合理的原料选择后即进行混炼，即将金属粉末和黏结剂均匀混合以得到可以注射的喂料。喂料是通过加热和搅拌金属和黏结剂得到的，在该过程中的热效应和剪切力使得金属粉末和黏结剂两相混合。加热过程中温度过高或者过低，会对喂料的质量产生很大的影响，温度过高会使黏结剂分解，温度过低则使得黏结剂和粉末无法充分混合。喂料的质量决定成品中缺陷的多少，因此混炼工艺好坏的标准就是检验所得到材料的黏合性和均一性。在混炼过程中，通常是先在高温下加入大分子组元，熔化后降温，以避免后续加入的小分子分解，最后加入金属粉末。

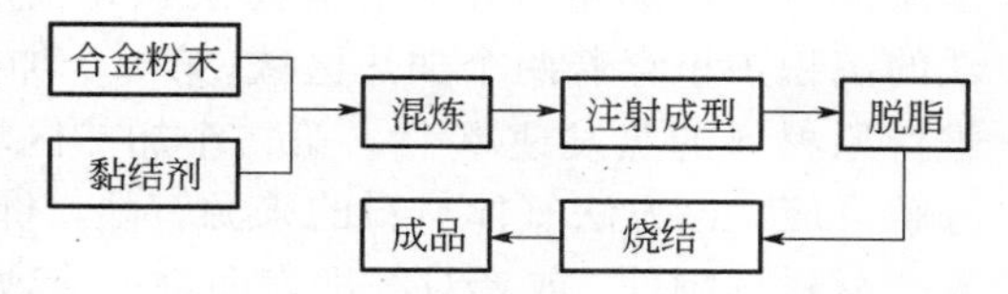

图 19-10 金属粉末注射成型工艺流程图[15]

注射成型步骤是将混炼的原料流体通过高压注射到模具中使之定形的过程。加热混炼的原料使其熔化，具有流动性的流体在压力注射下注入模具中，保压冷却后即得到所需的工件。与传统的塑料注塑相比，如果不能很好地控制工艺参数，金属粉末注射成型法很容易在注塑后产生较大的缺陷。MIM 产品中常见的缺陷包括裂纹、孔隙、焊缝和分层等，都是由于注射成型中应力分布不均导致的。这些缺陷通常在之后的操作中很难去除，所以在注射成型阶段就需要改善工艺参数来减少缺陷的形成。通常工艺参数的改进包括两个方面，一是合理设置注射机成型温度、压力和保压时间，二是合理设计模具结构，使流体在模具内能得到充分的流动。由于在混炼过程中使用了大量的黏结剂，在烧结过程中会使工件产生收缩，严重影响成品质量，所以需要在烧结前进行脱脂以去除黏结剂。在进行脱脂工艺时，要保证脱脂是从工件中坯体的间隙中流出，不影响产品的强度和形貌。黏结剂排除速度不宜过快，否则会使产品产生气泡、裂纹等缺陷。脱脂完成后即可进行烧结。高温烧结能够消除工件中颗粒之间的间隙，使之更加致密化，从而最终获得 MIM 产品。由于在混炼过程中混合了金属粉末和黏结剂，所以烧结过程中通常会产生较大收缩，需要预留额外的量来控制制品尺寸精度[17]。

金属粉末注射成型法能够大规模发展起来，主要原因是只要能够制成粉末的金属都可以作为这种方法的原料，而通过注射加工工艺生产的工件可以拥有复杂的结构，组织和性能也能达到较高的标准。目前金属粉末注射成型法发展迅速，生产速度高的同时产品质量也能够得到保障，全球 MIM 产品的销售量年增长率一直保持在 20%～40%[18]。

19.2.3.3 物理气相沉积法

物理气相沉积（physical vapor deposition，PVD）是将材料进行气化然后使材料在基底上冷凝，最终在基底表面得到涂层的方法[19]。在该过程中被气化的材料与基底及其他组分不发生化学反应。PVD 分为真空蒸发、溅射、离子涂覆等方式。PVD 法不存在界面反应问题，但其设备相对比较复杂，生产效率低，只能制造长纤维复合材料的预制丝或片，如果是一束多丝的纤维，则涂覆前必须先将纤维分开。PVD 法目前更多的是被用来对纤维作表面处理，如涂覆金属或化合物涂层[19]。

19.2.3.4 化学气相沉积法

化学气相沉积是（chemical vapor deposition，CVD）是通过气相化合物反应生成薄膜或者涂层的方法，通常气相中含有待沉积元素，能够反应沉积生成所需要的薄膜或者涂层。CVD 法的沉积炉里存着两个加热区域，第一个加热区域温度相对较低，其作用只是保持蒸气压稳定，维持原材料的蒸发速率[20]。第二个加热区域温度较高，满足反应气体的分解温度，使其发生分解反应。该方法气体材料的来源有限，价格昂贵，利用率也不高，因此一般用来制备长纤维复合材料预制件，或者对纤维表面进行涂敷金属或者化合物涂层的表面处理，以保护纤维不受损伤或者改善纤维和基体的润湿性。

19.3 金属基复合材料加工

金属基复合材料制备完成后，后续还需要对其进行加工工艺处理，但是由于金属基复合材料中含有一定体积分数的增强体，增大了后续加工工艺的难度，例如颗粒、晶须增强金属基复合材料的增强体较硬，复合材料难以切割，使得机械加工过程不易进行。不同类型金属基复合材料部件的加工工艺大不相同，带有连续纤维增强的金属基体复合材料部件一般在复合过程中通过少量切割和连接部件完成成型，晶须、短纤维和颗粒增强的金属基复合材料可以通过二次加工在实际的复合构件中进行成型加工。

19.3.1 半固态铸造成型

铸造成型具有零件复杂、成本低、易于同时成型、设备简单的特点，使其十分适合于大规模生产。将铸造工艺应用到金属基复合材料的加工制造中来，需要额外考虑增强相引入带来的影响，例如因为增强相的引入，金属液体的黏度或者其他的一些流体性质会发生变化，基体和增强相在高温加工的时候会发生一些不利的化学反应，增强颗粒下沉等。因此，在选择金属基复合材料成型工艺时，必须要结合金属基复合材料的性质来选择合理的加工方法并拟定合适的工艺步骤。

半固态铸造法又称为液固两相法，是利用半固态合金液的触变性，即合金液在高剪应力作用下黏度迅速降低的特性，使得更加有利于搅拌。在添加颗粒之后，合金液体中的固相颗粒起到防止增强颗粒漂浮、下沉和附聚的作用。半固态加工和全固态加工类似，但是和全固态加工相比，复合材料在半固态下具有低的抗变形性和良好的可成型性，其变形量仅为固态挤出件的

1/5 至 1/3，对材料微观结构和性能的损害较小。例如碳纤维增强金属基复合材料在半固态加工中碳纤维的损伤较小，最终长度也大于固态加工，同时液态金属的流动桥接了纤维与基体之间的细孔，消除了裂纹来源，因此更适于采用半固态搅拌铸造法加工生产。虽然半固态加工许多时候优于全固态加工，但是由于熔体的高黏度而气体去除困难，因此该方法制备复合材料时由于易于产生孔隙和夹杂等缺陷从而损害复合材料性能的现象也不容忽视。图 19-11 是半固态搅拌铸造法装置示意图。

热电偶
搅拌器
电阻炉
坩埚
控温仪

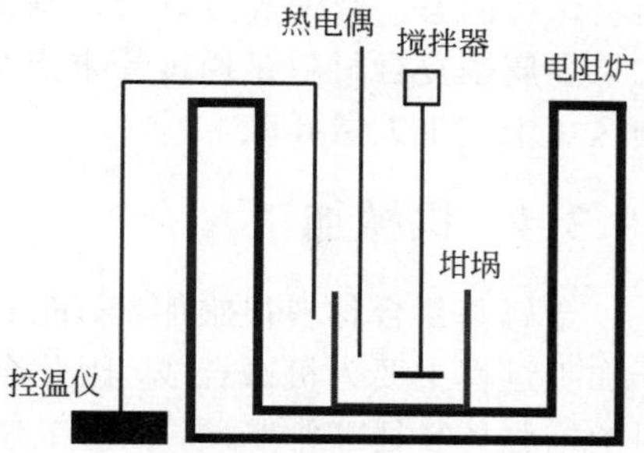

图 19-11　半固态搅拌铸造法装置示意图[21]

19.3.2　塑性加工

塑性加工是金属基复合材料的主要后续加工方法，其主要目的是改善颗粒分布，消除孔隙，使材料致密化，或者使材料获得指定形状。随着金属基复合材料应用范围的不断扩大，塑性加工越来越受到关注。塑性加工的主要方法是拉拔、压缩、挤压、轧制等，其中热挤压为较常用的加工方法。热挤压技术是金属基复合材料加工工艺中的典型方法，其在给定温度下预热坯料，然后在模具中通过压力机压制形成复合部件。通过热挤压形成复合部件，可以消除熔合缺陷，例如在晶须破裂等区域中填充基础合金，并提高界面机械强度。热挤压还可以使得高剪切应力作用下导致大尺寸颗粒破裂，从而细化增强颗粒。因此，热挤压技术可以显著提高复合材料的强度。轧制是通过两个辊轮的挤压作用使材料或工件的厚度减小、长度增加的加工方法。轧制的步骤是退火处理、表面处理、热轧和冷轧。由于金属基复合材料的可塑性差，轧制加工温度、轧制间距、轧制压力、中间加热和保温时间等工艺参数是轧制过程中的重点。如果坯料温度太低，轧制次数太多，压入量太大，导致坯料会破裂。轧制之前常进行预挤压变形，目的是通过挤压使材料具有初步的冷变形能力。例如，轧制 15%的碳化硅颗粒增强铝基复合材料时，如果不进行预挤压变形，厚度减小 16%时就会出现开裂现象，但当经过 9∶1 的预变形挤压步骤后，厚度减小 70%才会开裂[23]。轧制工艺原理如图 19-12 所示。

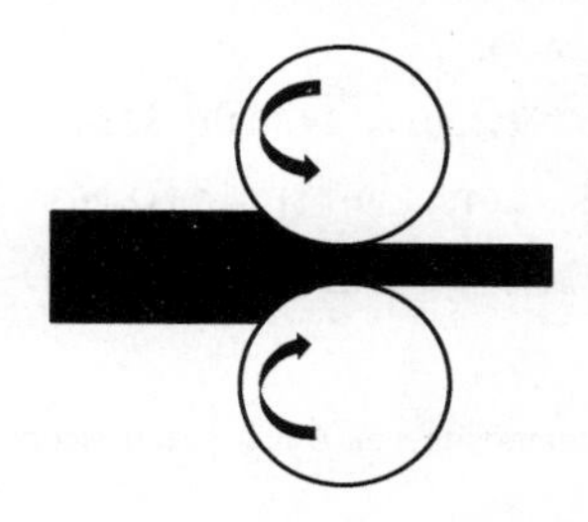

图 19-12　轧制原理示意图[22]

19.3.3　连接

大多数非连续纤维增强金属基复合材料具有可焊接性能。由于增强体不能熔化，因此复合材料连接主要指基体的连接。对于高强度基体和异质材料基体的焊接，通常采用施加中间过渡层的方法进行焊接。常用的焊接技术主要有钨极惰性气体保护焊、熔化极惰性气体保护焊、电子束焊接等。钨极惰性气体保护焊是在惰性气体的保护下，在钨电极和工件之间产生电弧以部分熔化并连接该部件，如果需要也可添加焊丝。工件连接到电源的正极，焊枪中的钨极用作负极。惰性气体可以是氩气、氦气或氩气-氦气的混合物。熔化极惰性气体保护焊是在惰性气体的保护下，小直径导线作为电极放置在工作场所，通过施加电流使外加导线熔化在工件上，从而完成焊接过程。焊接时温度更高，但相比钨极保护焊来说真空度不高。电子束焊接是由阴极产生的真空电子束撞击焊料材料的表面，通过撞击释放大量的能量，熔化材料表面使之焊接在一起。对电子枪中的阴极加热，电子获得高能后发出，再通过电子枪中的高压静电场加速，由磁场聚焦后撞击在工件表面。经过高能加速和聚焦后的电子束能量极大，产生的热量熔化材料，完成焊接步骤。电子束焊接属于熔焊，要求在高温下进行焊接，而高温会使复合材料基体和增强体之间发生界面反应，产生其他物质而影响焊接质量。当基材被加热到高于熔点时，增强材料仍保持固态，焊池高度黏稠，基体和增强材料难以良好融合，会造成增强体的剥离。此外，如果金属基复合材料是通过粉末冶金生产的，则当熔池凝固时材料中的气体会导致焊池和热影响区域中产生大量孔隙。

19.3.4 机械加工

金属基复合材料很难加工，而加工的高成本限制了发展。连续纤维增强金属基复合材料由于加工过程主要为机械合成，因此会出现分层和脱黏现象，而短纤维或颗粒增强金属基复合材料的增强体往往非常坚硬，在加工过程中会严重磨损加工工具。克服以上困难的方法主要集中在两个方面，一是采用新的加工方法如激光束加工、电火花加工、超声波加工等，二是使用新的刀具材料如金刚石、聚晶金刚石、金刚石薄膜刀具等[24]。图 19-13 给出了碳化硅颗粒增强的铝基复合材料 SiC_p/Al2024 航空器零件的典型铣削加工方法。其中第一次热处理（淬火+时效）的目的是使构件达到最佳性能，第二次热处理可以去除或大幅降低构件不同部位间或材料内部微区的残余应力，第三次热处理是高低温稳定化处理。在高低温循环过程中较高的加热温度和较长的保温时间都有利于应力松弛。

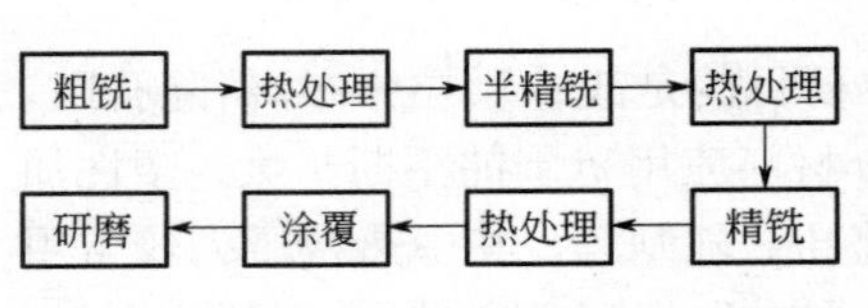

图 19-13 铣削加工工艺流程图[24]

参考文献

[1] 邱彩云．金属复合材料在机械制造中的应用研究［J］．中国金属通报，2019，(01)：104-105.

[2] 秦偲杰，张朝晖，刘世锋，等．钢铁基复合材料的研究现状及发展前景［J］．钢铁研究学报，2017，29（11）：865-871.

[3] 郭广达，刘恩洋，刘甫，等．颗粒增强镁基复合材料的制备技术与展望［J］．铸造技术，2018，39（11）：2632-2636.

[4] 郑小秋，谢世坤，易荣喜，等．低压铸造法制备铝基复合材料的研究现状［J］．有色金属材料与工程，2018，39（05）：51-57.

[5] Badini C，Ferraris M，Marchetti F．Interfacial reaction in AZ61/AZ91/P100 Mg/graphite composite：an Auger spectroscopy investigation［J］．Materials Letters，1994，21（1）：55-61.

[6] 王俊英，杨启志，林化春．金属基复合材料的进展、问题与前景展望［J］．青岛理工大学学报，1999（4）：90-95.

[7] 邢亚娟，孙波，高坤，等．航天飞行器热防护系统及防热材料研究现状［J］．宇航材料工艺，2018，48（04）：9-15.

[8] 王韬．高体分 SiC_P/Al 基复合材料的粉末冶金法制备及其性能研究［D］．西安：西安理工大学，2018.

[9] 祝国梁，王瑞，王炜，等．颗粒增强镍基复合材料的研究进展［J］．材料科学与工程学报，2018，36（03）：496-503，486.

[10] 管丹丹．粉末冶金法制备陶瓷颗粒增强 316L 不锈钢基复合材料及其性能［D］．北京：北京科技大学，2018.

[11] 许慧．层状结构铝基复合材料近终形制备与性能研究［D］．北京：北京科技大学，2018.

[12] 王琳．SiC_p/Al 复合材料不良界面反应及其对性能的影响［D］．北京：北方工业大学，2018.

[13] 聂文君．CNTs/Al 复合材料组织与摩擦性能相关性研究［D］．南昌：南昌航空大学，2018.

[14] 刘伟国．颗粒增强铝基复合材料的制备工艺及性能研究［D］．南昌：南昌航空大学，2018.

[15] 梁朝．铁基/SiC 陶瓷复合材料的制备及其组织结构研究［D］．太原：太原理工大学，2018.

[16] Chen G Z，E．Gordo，Fray D J．Direct electrolytic preparation of chromium powder［J］．Metallurgical & Materials Transactions B，2004，35（2）：223-233.

[17] Chen C X，Jin T N，Zhang Y F．Progress in Improvement Methods of Carbon Nanotube/Metal Contact［J］．Journal of Inorganic Materials，2012，27（5）：449-457.

[18] 关玉芹．Mg_2Si/富 Fe 再生铝基复合材料中合金相变质技术研究［D］．广州：华南理工大学，2016．
[19] 练勇，姜自莲．机械工程材料与成型工艺［M］．重庆：重庆大学出版社，2015．
[20] 谭建波，于淑苗，李祎超．颗粒增强钢铁基耐磨表面复合材料制备技术的研究［A］．中国机械工程学会：中国机械工程学会铸造分会，2015：66．
[21] 任富忠．短碳纤维增强镁基复合材料的制备及其性能的研究［D］．重庆：重庆大学，2011．
[22] I．Gheorghe，Rack H J．3.25-Powder Processing of Metal Matrix Composites［J］．Comprehensive Composite Materials，2000：679-700．
[23] 刘海．机械搅拌法制备 SiC 颗粒增强铝基复合材料技术研究［D］．重庆：重庆大学，2007．
[24] Geiger A L，Walker J A．The processing and properties of discontinuously reinforced aluminum composites［J］．JOM，1991，43（8）：8-15．

20 陶瓷基复合材料制备

20.1 概述

20.1.1 定义与分类

广义的陶瓷是以天然黏土以及各种天然矿物为主要原料，通过将这些原料的混合物依次粉碎、混炼、成型和煅烧，从而制得具有一定形状和特性的无机非金属材料。由于复合材料制备技术和工艺的发展以及市场对陶瓷新材料的要求，促进了以陶瓷为基体的复合材料的产生和发展及其成型技术工艺的完善。陶瓷基复合材料（ceramic matrix composites，CMCs）指的是以陶瓷作为基体材料，以高强度的颗粒、晶须和纤维为复合材料的增强体，通过适当的复合工艺将这些增强体复合到陶瓷基体中所制备的材料。

从材料的用途分类，陶瓷基复合材料可分为功能材料和结构材料。结构陶瓷复合材料具有卓越的力学性能和耐高温性能，因此可以用作承力和次承力构件。它的典型特征是质量较轻、具有超高的强度和硬度以及具有高的刚度。另外，因为大多数陶瓷本身的原子结合键为共价键或离子键，所以结构陶瓷复合材料具有耐高温、低膨胀和耐腐蚀等性能。功能陶瓷复合材料是指通过使用特殊的陶瓷基体或增强体，从而制得具有特殊的物理化学性能如导电性、压电性能、吸波性能以及耐火性能等的陶瓷复合材料。

20.1.2 性能与应用

陶瓷基复合材料因为其本身的组成和结构特点，尤其是纤维增强的陶瓷基复合材料，通常具有较高的强度和断裂韧性。连续纤维增强的陶瓷基复合材料的断裂不仅需要的能量较高，而且一般不发生突然性的断裂，基体发生断裂时的应变能也较高，在温度较高的情况下也可以保持常温时的性能，且其抗动态疲劳性能优异。陶瓷基复合材料的应用温度区间大，在温度较高情况下可以保持较高的强度和稳定性，不发生断裂，同时可以在反复变化的温度环境中保持优异的耐冲击性能。陶瓷基复合材料还具有良好的耐热性和传热性，其热膨胀系数较低，耐化学环境的腐蚀性好。相比于有机高分子材料和金属材料，陶瓷材料是理想的耐高温应用的结构材料。陶瓷基复合材料经过发展已经成功应用的领域包括刀具、刹车系统、电机及能源结构件等。例如法国在高速列车制动上应用了长纤维强化的碳纤维复合材料，又如碳/碳化硅复合材料（carbon/silicon carbide，C/SiC）是一种理想的航天用绝热结构材料，具有耐高速气流冲刷和耐腐蚀的能力，能够在高温、高应力的震动负荷等恶劣环境中正常工作。C/SiC 的复合材料在多种导弹设备的喷射管、航天飞机等设备的热防护器件和固体火箭引擎导流管等领域都有广泛的应用[1]。

20.2 陶瓷基复合材料增韧机理

陶瓷整体表现为脆性，为了提高它的韧性，可以采用增强体与基体结合的方法，从而得到陶瓷基复合材料。陶瓷基复合材料韧性主要通过使材料断裂时消耗能量的方式来进行提升。所以，当不论是静态还是动态的载荷作用时，陶瓷基复合材料都会通过材料变形和形成新的表面的方式来增加能量消耗。陶瓷基复合材料制备中常用的增强体有纤维、晶须、ZrO_2 以及颗粒四种，相应的增韧机制也各不相同。

20.2.1 纤维增韧

对于脆性陶瓷基体和纤维形成的陶瓷基复合材料来说，由于脆性基体受力所产生的形变非常微小，所以导致在变形过程中吸收的能量也少。增加吸收能量的原理是利用增加断裂表面的数量，进而增加断裂产生裂纹的扩散路径。在基体材料中引入纤维不仅可以增加材料的韧性，还可以使材料的断裂行为发生根本性变化，甚至从脆性断裂变为非脆性断裂。纤维增韧机制有很多，主要包括纤维拔出、纤维桥联、裂纹偏转等。纤维拔出是纤维类陶瓷基复合材料的主要增韧机理，其原理是在纤维拔出的过程中产生摩擦，消耗能量，从而使得材料的断裂功变大。纤维拔出的长度和脱粘面的阻力决定了拔出过程所消耗的能量。纤维拔出过程中，滑移阻力过大则造成拔出长度短，增韧效果不好。但是如果滑移阻力过小会造成拔出长度过长，摩擦力做功相对很小，增韧的效果也不佳，且材料强度也不够高。

20.2.2 晶须增韧

陶瓷晶须是一种具有一定长径比的细小单晶，缺陷少、强度高，是陶瓷基复合材料比较理想的增韧增强体。目前常用的陶瓷晶须有 SiC 晶须、Si_3N_4 晶须和 Al_2O_3 晶须，常用的基体有 ZrO_2、Si_3N_4、SiO_2、Al_2O_3 等。晶须增韧机制包括晶须拔出、裂纹偏转、晶须桥联等，其增韧机理与纤维增韧陶瓷基复合材料类似，但晶须增韧效果不随温度而变化，因此被认为是高温结构陶瓷复合材料的主要增韧方式。制备晶须增韧陶瓷复合材料主要有两种方法，一是外加晶须法，即通过晶须分散、与基体混合、成型、煅烧制得增韧陶瓷，是一种较为普遍的方法。另一种是原位生长晶须法，即将陶瓷基体粉末和晶须生长助剂等直接混合成型，在一定条件下原位生长合成晶须，制备出含有该晶须的陶瓷基复合材料。

20.2.3 相变增韧

相变增韧 ZrO_2 陶瓷是一种极具发展潜力的陶瓷材料，其主要是利用 ZrO_2 相变特性来提高陶瓷材料的断裂韧性和抗弯强度，使陶瓷具有优良的力学性能、低的热导率和良好的抗热震性，是复合陶瓷中重要的增韧剂。ZrO_2 在常压及不同的温度下，具有立方（c-ZrO_2）、四方（t-ZrO_2）及单斜（m-ZrO_2）三种不同的晶体结构。ZrO_2 的增韧机制一般认为有应力诱导相变增韧、微裂纹增韧、压缩表面韧化三种。应力诱导相变是在应力作用下使得 ZrO_2 发生相变，即发生亚稳态的四方相向室温下稳定存在的单斜相转变。此过程中伴随着体积膨胀，松弛裂纹尖端应力场，促使微裂纹发生闭合，从而提高材料断裂韧性，如图 20-1 所示。

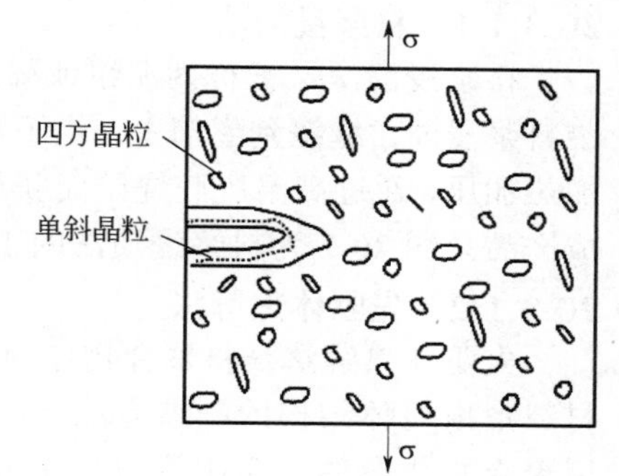

图 20-1 ZrO_2 应力诱导相变增韧模型

室温下不同基体中 ZrO_2 颗粒保持四方相的临界尺寸不同，当某颗粒大于临界尺寸时，室温四方相已转变为单斜相并在其周围的基体中形成微裂纹。当主裂纹扩展到 ZrO_2 颗粒时，这种均匀分布的微裂纹可以缓和主裂纹尖端的应力集中，或使主裂纹分叉而吸收能量，从而提高材料断裂韧性。此外，通过磨削相变增韧的 ZrO_2 表面，可以将表面层的四方 ZrO_2 颗粒转变为单斜相，并产生体积膨胀形成压缩的表面层，进而实现陶瓷强韧化。

20.2.4 颗粒增韧

颗粒增韧陶瓷基复合材料在均匀分散和烧结致密化方面优于短纤维和晶须复合材料。因此，虽然颗粒的增韧效果不如晶须和纤维，但如果适当选择颗粒类型、粒径、含量和基体材料，仍有一定的增韧效果，同时还可以提高材料的高温强度和蠕变性能。因此，颗粒增韧陶瓷基复合材料也备受关注。颗粒增韧可分为非相变第二相颗粒增韧、延性颗粒增韧、纳米颗粒增韧。非相变第二相颗粒增韧主要是通过添加颗粒使基体和颗粒间产生弹性模量和热膨胀失配来达到强化和增韧的目的。延性颗粒增韧是在脆性陶瓷基体中加入第二相延性颗粒来提高陶瓷的韧性，通常加入的是金属颗粒。金属颗粒被引入到陶瓷基体中，不仅提高了陶瓷的烧结性能，而且在钝化、偏转、钉扎裂纹和拔出金属颗粒等方面阻碍了裂纹在陶瓷中的扩展，从而提高复合材料的弯曲强度和断裂韧性。纳米颗粒增韧是把纳米颗粒作为增强相弥散分布在基体材料之中，从而提高陶瓷材料的力学性能。纳米颗粒增韧可以通过组织的细微化，来抑制晶粒长大，也可以通过残余应力的作用破坏晶粒结构，或者通过纳米微粒与基体材料形成次界面来钉扎位错，从而提高陶瓷材料的力学性能。

20.3 陶瓷基复合材料制备

陶瓷基复合材料的制备分为两个步骤，即首先将增强材料与还未固结的基体材料均匀地混合或成顺序排列，然后在不破坏增强材料性能的前提下，通过各种工艺条件制成复合材料制品。在制备陶瓷基复合材料时，应根据使用要求选择相应的增强材料和基体材料及对应的制备工艺方法。例如，对于以连续纤维增强的陶瓷基复合材料通常采用浆料浸渍、化学气相沉积、直接氧化沉积，对于颗粒弥散分布型陶瓷基复合材料，主要采用传统的烧结工艺，包括液相烧结、常压烧结、热等静压烧结。此外一些新开发的工艺如自蔓延高温合成技术等也可用于颗粒弥散型陶瓷基复合材料的制备。

20.3.1 纤维增强陶瓷基复合材料制备

20.3.1.1 料浆浸渍法

料浆浸渍法又被称为泥浆或稀浆浸渍法。它是将经过表面处理的纤维增强材料经容器内所装料浆浸渍，缠绕到卷筒上，烘干后切成纬纱。然后按要求规格裁切，放入模具内叠层，闭模加热加压，通过高温脱胶烧结而获得复合材料。浸渍料浆的纤维也可以直接缠绕到模具上烧结成产品。图 20-2 为料浆浸渍法的工艺流程。

20.3.1.2 先驱体热解法

先驱体热解法是将聚合物作为先驱体进行高温热解，使得聚合物转化为陶瓷并和纤维增强材料形成整体结构的制造方法。增强材料通常是连续纤维多向编织的预成型坯体，基体则采用聚合物先驱体（常用聚碳硅烷）。用聚合物先驱体浸渍预成型坯，充满其孔隙，然后再进行高温热解得到复合材料。为制得致密度高的复合材料，通常要进行重复浸渍热解。该方法最早用于碳/碳（carbon/carbon，C/C）复合材料的制备，后来被用于其他陶瓷基复合材料的制备。图 20-3 给出了 C/SiC 陶瓷基复合材料制备工艺过程。该方法制备过程中热解温度比热压烧结温度低，可以使纤维与基体发生的有害化学反应减少，从而制得性能良好的复合材料。通常在常压下进行热解以减少对纤维的损伤。采用预成型和纤维编织的方法可以制备形状复杂的产品，但是生产周期长，产品致密度不佳。

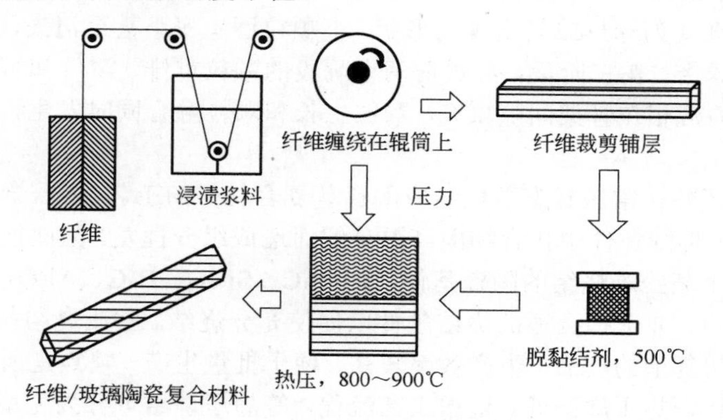

图 20-2 料浆浸渍法工艺流程

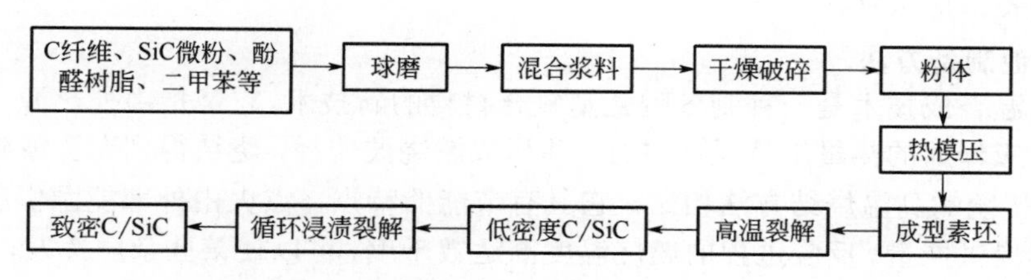

图 20-3 先驱体热解法制备 C/SiC 陶瓷基复合材料工艺流程[2]

20.3.1.3 直接氧化沉积法

直接氧化沉积法是在氧化氛围中，将预成型体放在含添加剂的熔融金属之上，熔融金属蒸气不断与氧化剂进行反应，生成的氧化物在预成型体不断地进行浸渍。这种氧化反应始终在熔融金属与氧化剂界面进行，而金属氧化物沉积于纤维周围，不断填满预成型坯体孔隙，最终可形成含有少量残余金属的、致密度较高的陶瓷基复合材料。直接氧化沉积法操作简单，生产效率较高，成本低廉，纤维均匀分布且无损伤，制备的纤维增强陶瓷基复合材料性能优异。

20.3.2 颗粒增强陶瓷基复合材料制备

20.3.2.1 混料与成型

由于颗粒增强陶瓷基复合材料的增强体和基体原料都是粉料，因此多采用球磨法来混料，干燥后成为坯件。但粉料使用之前必须进行预处理，主要目的是清除原料所吸附的气体、低熔点物质或杂质，采取酸洗等方法清除其中的游离碳和夹杂物质，改变粉料的平均粒度、粒度分布和颗粒形态。预处理的主要工序包括煅烧、混合、塑化和造粒。粉料经过预处理后再进行成型和干燥等其他工序。

20.3.2.2 烧结工艺

烧结是在一个适当的环境或氛围中加热，通过一系列物理和化学变化使粉末颗粒之间的黏结状态发生改变，从而增加产品致密度和强度，以及显著改善其他理化性质的过程。烧结工艺是现代陶瓷和陶瓷基复合材料的主要制造工艺之一。烧结方法主要包括液相烧结、常压烧结、等静压烧结等。液相烧结致密化过程大致可以分为三个阶段。第一阶段，颗粒随液相黏性流动实现重新均匀分布。第二阶段，由于颗粒大小不同在液相中溶解的平衡浓度不相等，不规则的表面形状、不同曲率的颗粒、颗粒间浓度差以及不同部位颗粒物质的迁移也不一致，结果使得固体颗粒的形状逐渐变为球形或其它规则形状，小颗粒逐步变小甚至消失，大颗粒发生逐步长大，颗粒之间更加紧密。第三阶段，经过前两个阶段的颗粒重排、溶解和沉淀后，固体颗粒相互形成骨架，剩余的液相在骨架间隙填充，颗粒生长和颗粒融合同时发生，实现了制品的进一步致密化。

常压烧结是将坯件在常压状态下烧结成陶瓷基复合材料的工艺。常压烧结过程中有时也需要施加气压，是为了抑制坯件中化合物因高温分解而造成组分挥发。因此就本质来说仍为常压烧结。常压烧结对于某些难烧结的陶瓷基体，如 SiC、Si_3N_4、B_4C、Al_2O_3、BeO 等也适用，但尽量使用超微颗粒，并选择合适的烧结条件以促使充分烧结。常压烧结操作简单易行，成本低廉，可以制造形状复杂的产品，生产效率较高，便于批量生产。缺点是所获陶瓷基复合材料的致密度较低，性能较热压烧结低。根据工艺流程，等静压烧结可分为先增压后升温、先升温后加压、同时温升压升等。等静压烧结的主要优点是材料缺陷少，性能均匀，缺点是设备投资大，工艺周期长，成本高。

20.3.2.3 其他制备方法

自蔓延高温合成技术是一种制备陶瓷基复合材料的新技术。它是指由外热源点燃的反应物之间的放热反应释放的热量维持反应进行，并形成燃烧波传播，烧结得到陶瓷或陶瓷基复合材料[2]。与其他传统的高温烧结方法相比，它具有节能的特点，点火由外部能源供应，后续反应由燃烧波持续提供能量。反应过程的燃烧温度高达数千度，可以使某些杂质挥发，产品纯度高。在燃烧过程中，由于材料经历了较大的温度梯度和加热冷却速率，产品中可存在浓度不均匀和非平衡相的缺陷，可作为“高活性”烧结材料使用。若在反应的某一时刻对坯件施加一定的压力，可使制得的材料更密实。

20.3.3 晶须增强陶瓷基复合材料制备

以压力渗滤工艺为例介绍晶须增强陶瓷基复合材料制备。该方法是在注浆成型基础上发展起来的，可以避免一般工艺中出现超细粉末团聚现象，获得较高的致密度。该方法的具体步骤是先将晶须进行表面处理使之所带电荷与泥浆相同，互相之间产生强烈斥力从而达到均匀分散的目的。然后通过静压使得模具腔内液体介质通过多孔模具壁，如图 20-4 所示。当渗滤阻力较大或者压力有损失的时候，制备的陶瓷坯体易出现密度不均匀的现象。

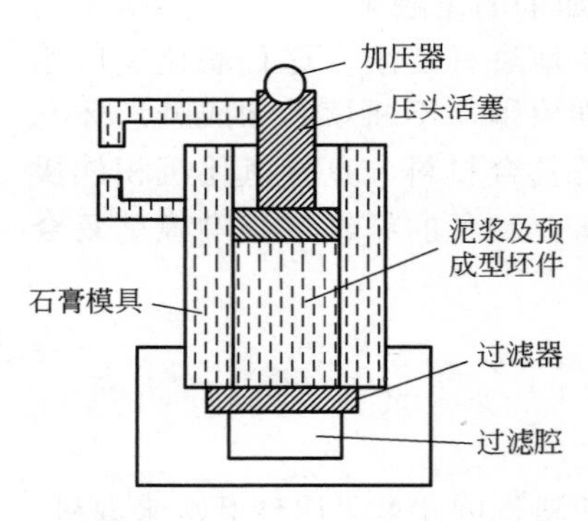

图 20-4 压力渗滤原理示意图

20.4 陶瓷基复合材料制备新工艺

20.4.1 化学气相沉积法

化学气相沉积法（chemical vapor deposition，CVD）可用于陶瓷涂层和纤维制造。如图 20-5 所示，原料反应气体注入反应装置，发生热分解反应、氢还原反应、与底物的复合反应等化学反应，实现在基板表面的材料沉积。CVD 法的主要优点是可以制得形状复杂的制品，缺点是生产周期长，在生产过程中对预成型材料进行加热处理会在一定程度上破坏纤维或晶须等增强体。

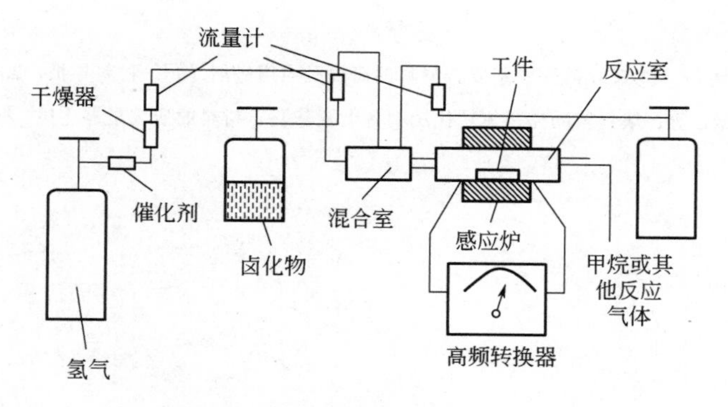

图 20-5 CVD 法装置示意图[3]

20.4.2 化学气相渗透法

化学气相渗透法（chemical vapor infiltration，CVI）作为一种陶瓷基复合材料的制备方法近年来得到了广泛关注。CVI 法的基本原理是在由强化材料组成的预成型体内设置温度或压力梯度，使得在预成型体内部析出基体，如图 20-6 所示。原则上讲，CVD 法中使用的气体在 CVI 法中都可以使用。CVI 法要求预成型体内存在温度梯度、气体浓度梯度和压力梯度。将预成型的模具放入石墨支架中，通过水冷却，并在预成型体的上部施以高温。上部附近就会发生气体反应而析出基体，下部是未发生反应的部分。最后预成型体的空隙全部由析出的基体所填充。温度梯度是该工艺过程中的一个重要参数，析出物的附着状况随温度梯度的变化有很大的差异。与 CVD 法相比，CVI 法生产周期短，析出的表面积大，能够在预成型件内析出，实现对于一定厚度材料的成型。

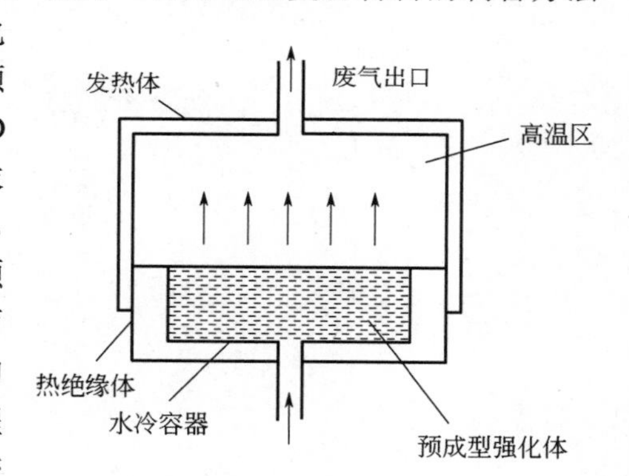

图 20-6 CVI 法装置示意图[4]

20.4.3 定向凝固法

和应用于金属基复合材料的制备类似，定向凝固法也可应用于陶瓷基复合材料的制备，其中研究较多的是作为结构材料的 ZrO_2-MgO、Al_2O_3-ZrO_2 体系和作为功能材料的 UO_2-W 体系。在陶瓷基复合材料的定向凝固中，将陶瓷组分放入由 Pt、Mo 或 BN 制成的坩埚中熔化，再进行缓慢冷却。在凝固的过程中强化相分离析出，从而获得复合材料。在该方法中，固液界面温度梯度（G）和凝固速率（R）是两个重要参数。G/R 值的不同会影响凝固组织，使得凝固组织出现较大差异。在定向凝固过程中，熔点远高于凝固温度的第二相会析出，可控制其排列取向。

参考文献

[1] 徐颖，邵彬彬，许维伟，等. PIP 法制备 C/SiC 复合材料及其微观结构分析 [J]. 安徽理工大学学报（自然科学版），

2016，36（06）：55-60.
［2］王鸣，董志国，张晓越，等．连续纤维增强碳化硅陶瓷基复合材料在航空发动机上的应用［J］．航空制造技术，2014（06）：10-13.
［3］陆有军，王燕民，吴澜尔．碳/碳化硅陶瓷基复合材料的研究及应用进展［J］．材料导报，2010，24（21）：14-19.
［4］王超，朱冬梅，周万城，等．填料辅助先驱体转化法制备陶瓷基复合材料的研究进展［J］．材料导报，2014，28（17）：145-150.

第五篇

材料表面改性及材料防腐蚀

21 材料表面改性

21.1 概述

材料表面改性是利用特殊技术手段来改善材料表面原有性能或产生新性能。材料表面改性技术研究历史悠久，当前研究不断更新，新的技术不断涌现[1]。

21.1.1 表面改性目的

工件的疲劳断裂、腐蚀、氧化、烧损等各种破坏引起的工件失效都是从表面开始的，因此需要采取必要的措施和方法对材料进行表面防护处理。另外，在实际工作中往往需要赋予材料表面某些特殊功能如导电、磁性、催化、耐热、导热、耐磨、减摩等，而不改变材料基体原有的性能。通过对材料表面进行特殊的处理，例如涂覆改性层、镀膜等，使其具有某种功能，实现对材料表面改性、防护或修复失效部件，从而满足材料可以应用在某些特殊环境下的需求，同时延长材料使用寿命，被称为表面改性技术。现代材料表面改性技术涉及表面物理、固体物理、电化学、有机化学、金属材料学、高分子材料学等多门学科，经过技术融合后产生了一系列表面处理技术，用于改善材料表面性能或制备表面功能膜[1]。

21.1.2 表面改性手段与作用

提高材料抵御环境作用能力或赋予材料表面某种功能特性的途径有两种：一是涂覆覆盖层的表面改性技术，包括电镀层、化学镀层、化学转化膜、涂装、粘涂、热浸镀膜、陶瓷涂覆、溅射镀、离子镀、离子束合成膜等技术；二是无覆盖层的表面改性技术，即利用机械、物理、化学等手段对工件表面的形貌、化学成分、微观结构、应力状态等进行改性处理，主要有喷丸强化、表面热处理、化学热处理、等离子扩渗处理、电子束表面处理、离子注入表面改性等[2]。

表面改性的主要作用有提高材料抵御环境作用的能力，如防腐、耐磨、耐热、耐高温；赋予材料表面某种功能特性，包括光、电、磁、热、声、吸附、分离、催化等各种物理、化学及力学性能；实施特定的表面加工技术来制造构件、零部件和元器件等；替代或减少使用贵重材料；增强或者修复材料表面，延长材料使用寿命；制备功能膜材料等[3]。

21.2 表面形变强化

21.2.1 强化原理

在进行机械加工时，通过滚压、内挤压和喷丸等某些特定的机械手段对工件表面进行压缩，使工件表面形成形变硬化层，从而使工件表面的硬度和强度显著提高。工件表面的形变硬化层会产生两种变化：一是在组织结构上，极大地细化了工件表面的亚晶粒，增大了晶格畸变度使位错密度增加；二是产生了高的残余应力。

21.2.2 喷丸强化

21.2.2.1 机械喷丸

利用压缩空气推动弹丸高速撞击工件表面，造成工件表面晶粒破碎、晶格扭曲并产生大量错位。经过一段时间后，利用冷加工使工件表面产生塑性变形，形成许多坑洼沟槽，同时生成压应力并拉伸工件表面结构，而工件表面的塑性变形被内部未受影响的部分所阻挡，所以零件表面产生了残余压应力，从而提高零件的表面性能。喷丸工艺可以用于强化工件的抗疲劳断裂能力，应用广泛，但是也存在着影响喷丸强化工艺的诸多问题，例如工件经受喷丸处理后表面会产生凹坑，影响工件表面粗糙度；使用后的喷丸会产生变形，不能二次利用，造成浪费。

21.2.2.2 激光喷丸

与机械喷丸相比，激光喷丸处理过后的工件表面残余压应力会大几个数量级，工件表面可承受的疲劳强度显著增强，进而减小疲劳裂纹扩展的可能，从而从根源上抑制疲劳裂纹的扩展，延长了工件的寿命。研究表明，与其他处理方法相比，经过喷丸处理的工件断裂时，观察到其断裂处的表面形貌中疲劳条带之间的间距相对较小，这表明经过喷丸处理后的工件表面疲劳裂纹扩展速率降低。激光喷丸对材料表面粗糙度的影响不大。

21.2.2.3 表面性能影响因素

无论是传统喷丸技术还是先进喷丸技术，关注的重点始终是喷丸后的表面质量，主要包括残余应力、表面粗糙度、显微组织结构、表层致密度和表层硬度等，它们是影响材料抗疲劳和抗腐蚀等性能的主要因素。

（1）残余应力　工件表面抗疲劳和抗应力腐蚀能力的提高与残余压应力的存在息息相关，而且工件的疲劳强度和使用寿命会受到工件表面残余压应力的大小和压应力层厚度的影响[4]。所以如何调控工件表面残余应力的大小是表面形变处理的主要研究内容之一。处理后工件表面残余应力的大小和分布与喷丸强化工艺类型和参数及处理前工件的性能等诸多因素有关。影响喷丸强化工艺的参数有弹丸强度、处理过程中弹丸与表面的作用时间和弹丸流量，参数的选择对处理后工件表面的残余压应力的大小和分布有显著影响。弹丸的强度较大时，弹丸具有更大的动能，处理后工件的表面压应力较大、塑性变形层深度更深，所以最大残余压应力值提高、残余压应力层变深。但喷丸强度过大可能适得其反，因为喷丸强度过大会造成工件表面的应力松弛和表面塑性层剥落。喷丸时间要控制在饱和时间之内，处理后工件表面的最大残余压应力和表面塑性变形层厚度与喷丸时间成正相关，当处理时间达到饱和数值时工件表面强度基本稳定不变。在进行喷丸处理时，弹丸流量的大小直接影响工件表面的覆盖率。喷丸压力相同的情况下，弹丸流量与喷丸饱和时间呈负相关，喷丸处理后工件表面的强度发生改变，从而影响工件表面的残余压应力的大小及分布[5]。喷丸所用的弹丸直径越大，对材料表面的冲击力越大，材料表面产生的残余压应力层更深。

（2）表面粗糙度　喷丸处理后增加了工件表面的粗糙度，这是因为在进行喷丸处理时喷丸撞击工件表面，此时工件表面会形成凹坑，进而增加了工件表面的粗糙度。当表面形成凹坑后，这些凹坑会降低表面的完整性，凹坑的形成必然会带来很多尖锐的区域，从而使工件表面产生应力集中，作用时间过长会发展成为裂纹。

喷丸之后工件表面的粗糙度与处理前工件表面的属性和处理时所采用的工艺手段和参数等因素都有关。对于比较软的材料来说，在相同的工艺条件下弹丸在材料表面形成的凹坑比较大，所造成的表面粗糙度也比较大，对于比较硬的材料则相反。在对工件表面进行喷丸处理时，影响工件表面粗糙度的工艺参数有很多，大体上来说影响比较大的是弹丸的强度、喷丸时间和弹丸直径等因素。弹丸种类繁多，不同的弹丸强度不同，强度越大的弹丸，所具有的动能就越大。其他条件一定时，动能越大的弹丸撞击材料表面，所形成的凹坑也就越大，处理过后工件表面的塑性变形就越严重，工件表面的粗糙度变化越大。弹丸在表面的作用时间也是影响表面粗糙度的一个重要因素，喷丸的时间并不是越长越好，也不是时间越短越好，在喷丸处理之前要根据要求选择合适的喷丸时间。当选择的喷丸时间比较短时，处理过后工件的覆盖率较低，会导致工件有些表面不能达到很好的强化效果。被喷丸充分冲击过的工件表面与未被充分冲击过的表面会形成应力的不均匀分布，导致喷丸处理过后的工件表面的性能达不到要求。理论上来说喷丸处理的时间越长，处理过后材料表面的性能是越好的，但是喷丸处理时间越长所需的能量就越高，设备的使用时间越高，经济效益降低。经过喷丸处理一段时间后，整个工件表面的硬度都基本达到要求，当再进行喷丸的时候，凹坑边缘就会承受喷丸的进一步攻击，但是凹坑边缘硬度较小，当喷丸再一次冲击边缘时，凹坑边缘被基体挤出，便会破坏工件表面结构，不利于工件表面整体性能的提高。同时弹丸的大小和类型也会对粗糙度有影响，通常采用直径小、圆整度好的弹丸进行喷丸时，会形成比较光滑、完整性较好的工件表面。

（3）表面硬度　工件的表面硬度是工件表面的重要性能。在大多数情况下材料的硬度与材料的强度有关，强度越大硬度越大。在喷丸处理过后，衡量工件加工好坏的标准就是硬度，工件表面的硬度与喷丸后表面的组织有关，不同的组织有不同的硬度。喷丸处理过后，从工件表面一直到基体，工件的硬度逐渐降低，而基材内部未被影响的区域硬度保持不变。工件硬度的这种变化主要是因为工件表面微观组织结构中相和位错数目的变化，其中位错数目越多则材料硬度也就越大；当材料表面发生相的变化时，如果此相的硬度比基体的硬度大，那么材料的硬度将会大大增加，材料的强度也会增加。

在所有的喷丸参数中，喷丸强度对工件表面的硬度影响是最大的。当弹丸的直径一定时，随着喷丸强度和速度的增加，弹丸所具有的动能也就越大，对材料的冲击越大，工件表面塑性变形越严重，表面强度和表面硬度越大。表面硬度越高，越有利于工件在压应力时的工作状态。

21.2.3　滚压强化

表面滚压强化不改变材料的组成也不改变工件表面的其他性能，只是改变了表面的物理状态。同时，滚压强化工具简单，加工效率高，没有切削加工过程，不会产生废屑、废液，对环境的污染也很少。

21.2.3.1　滚压强化作用机理

（1）滚压强化后工件表面的微观组织　工件表面在经过滚压强化之后，当用显微镜观察工件表面的结构时会发现存在很多凹坑。根据表面改性技术的原理，当工件表面发生塑性变形时，晶体沿某一晶面和晶向发生相对滑移[6]。在对工件进行多次滚压处理之后，工件表面会发生连续的变形，工件表面的晶粒取向变成硬取向，塑性变形部位与没有变形的部位相互影响，对工件的进一步变形形成一定的阻碍作用。由于生产生活中使用的工件很多都是多晶体，所以工件在处理的时候一般不会遭到破坏。工件表面晶粒的移动引起位错密度增加，工件表面变形程度增加，符号相反的位错相互作用后抵消，但是符号相同的位错相互作用后会形成微小的亚晶粒[6]。处理后工件表面的晶粒越细小，产生的位错就越多，变形区域越大，工件表面性能显著提高[7]。

（2）滚压处理之后工件的表面质量机理　表面粗糙度是衡量金属表面质量好坏的重要参数，表面粗糙度越大，工件表面越容易形成尖端切口，造成应力集中并在该处有较大概率产生疲劳源，疲劳裂纹形成并扩展[8]。对工件表面进行滚压处理之后，工件表面会产生塑性变形，表面平整性增加，表面粗糙度减小，同时也因为工件加工时留下刀痕的减少而残余应力减少，提高了工件的疲劳寿命。

（3）残余压应力机理　当工件的表面存在残余拉应力时，表面会因为产生裂纹而被破坏，工件的寿命将会降低。为了减少这种影响，可以利用滚压的方法来增强材料表面性能。工件表面在滚压过程中会产生残余压应力，该压应力可以把工件表面的拉应力状态转变成压应力状态，促使工件表面裂纹闭合，从而延长工件使用寿命。

21.2.3.2　影响滚压效果的工艺参数

影响表面滚压效果的工艺参数有滚压力、滚压次数和滚压速度等。滚压力即为滚轮压到工件表面上的力，其对工件的疲劳强度有很大的影响。在选择滚压力时，需要考虑零件本身的强度、零件大小、滚轮直径等因素，可通过一定的工艺试验来确定最佳滚压力。工件一个位置被压过的次数为滚压次数，滚压次数会影响工件的疲劳强度，次数较少时工件表面未能达到应有的塑性变形，次数较多时工件会产生接触疲劳，严重时会使表面脱落，故在生产中以 8～10 圈为佳。工件的转动速度即为滚压速度，对疲劳强度没有太大影响，但会影响效率。若转速过高，则会引起较大的塑性变形，转速过低又会降低生产效率。

21.2.4　内挤压强化

内挤压加工是指对待处理工件的内孔进行平整，把工件的表面挤得光滑并强化表面的一种工艺。在进行加工时，通常利用压力机推挤作为挤压方式，来加工较短的孔，对小孔、长孔进行拉挤时也可用拉床等。利用滚珠淬硬后抛光的钢球和挤压杆（淬火后抛光的锥状和环状挤压头）作为挤压工具。由于钢球的导向性差，因此多用于挤压较短的通孔，挤压杆的导向性好，应用较为广泛。通常采用碳素工具钢或高速钢制备钢球和挤压杆，经过淬火、精加工后使工作表面粗糙度 $R_a<0.05\mu m$。挤压杆的直径 d 应为实际孔径加上过盈量，前锥角和后锥角一般为 3°～5°；圆柱部分宽度 $b=(d/13+0.3)$mm，圆锥面与圆柱面过渡处，应抛光成圆弧过渡；孔的实际尺寸加上过盈量作为滚珠和压环的直径 d。过盈量一般为 0.05～0.15mm，通常根据工件和孔径来选择合适的过盈量。挤压材料不同，润滑液选取也不同，挤压铸铁时选用煤油，挤压钢材或青铜内孔时一般选用黄油。

21.3　表面相变强化

表面相变强化是对表面进行加热处理，从而使工件的表面组织发生转变，表面性能增强。它可以使表面获得高的表面硬度和强度，提高其耐磨性和疲劳强度，对于承受弯曲、扭转的工件来说尤为适用。

21.3.1　感应加热表面淬火

感应加热表面淬火是在距工件很近的外表面或内表面放置感应圈，外加交变电流，利用感应电流使表面发热，喷水冷却，达到强化目的。感应加热表面淬火时，以感应电流的集肤效应、临近效应和环状效应为原理，施加交变磁场，使金属表面产生磁力线，从而在表面产生电流。如果导体与感应圈间隙足够小，则磁力线全部为导体所吸收，在高频交流电的作用下，表面会在很短时间内产生很大电流，使表面发热，温度达到临界点以上。临近效应是指两个相邻载有高频电流的导体在磁场的相互影响，磁力线将重新分布，当两个导体内电流方向相同时，电流从外侧通过；当电流方向相反时，电流从内侧流过。环状效应是指电流通过环状或螺旋形状的工件时，在工件内侧表面分布有最大电流，而外侧没有电流。

感应加热表面淬火的加热速度范围宽（3～1000℃/s），通常几秒至几十秒就可以完成加热，因此加热时间短，细化晶粒。它的工艺参数容易调节和控制。比如通过调整输出功率、频率和加热时间来准确地控制淬火层深度、硬度等。对于同一批工件来说，一旦工艺参数确定，则淬火层深度、硬度等可以稳定下来。可以实现机械自动化作业，生产效率高，尤其适用于大规模批量生产。感应加热表面淬火的表面质量高，这是因为加热速度快时，表面氧化脱碳量减少，因此提高了表面质量，同时感应加热是局部和薄层加热，因此工件几乎不变形。但是，感应加热表面淬火的工艺灵活性较差，需要很大的设备投入，如专门的中频或高频电源装置，要针对特定的工件制作特定的感应圈，所以单件小批量生产时生产成本较高。此外，感应加热淬火无法对大型工件进行淬火处理，适应性较差。

感应加热表面淬火的工艺流程如图 21-1，要充分考虑诸多影响因素，包括前期预处理、表面硬度选择、硬化层深度选择、加热温度确定、设备输出频率确定和感应圈制作等。

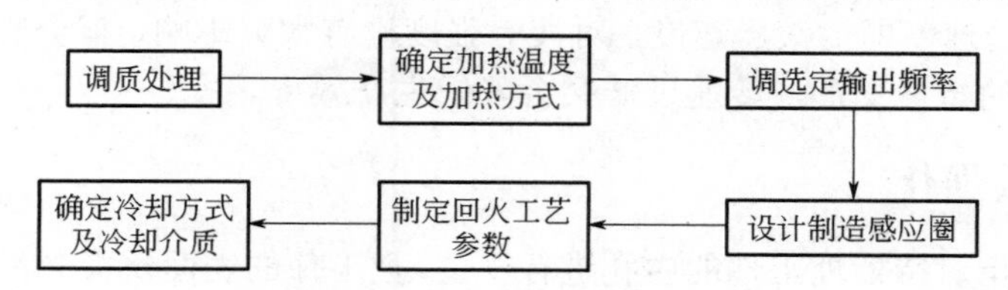

图 21-1　感应加热表面淬火工艺流程示意图

21.3.2　火焰加热表面淬火

利用气体火焰喷射工件表面，使工件的表面温度在短时间内迅速升高到淬火温度，在工件表面喷射一定的冷却介质，或将工件浸入到冷却介质中进行冷却，该工艺方法称为火焰加热表面淬火。火焰加热表面淬火设备简单，操作灵活，适用于形状不规则的超大工件，可以对喷枪行进速度及喷嘴与工件淬火表面的距离进行调整以便获得较为平缓的淬硬层，并可在一定程度上调整淬硬层深度（2～10mm）。该方法的缺点是技术尚不够稳定，工件表面易产生过热缺陷[9]。火焰加热表面淬火方法可分为同时加热法和连续加热法，如表 21-1 所述。

表 21-1　火焰加热表面淬火方法

加热方法	操作方法	工艺特点	适用范围
同时加热	固定法（静止法）	工件和喷嘴固定，加热到淬火温度后喷射冷却液或进入冷却	淬火部位较小的工件
	快速旋转法	一个或几个固定喷嘴对旋转（75～150r/min）的工件表面加热一定时间后冷却（常用喷嘴）	处理直径和宽度不大的齿轮、轴径、滚轮等
连续加热	平面前进法	工件相对喷嘴 50～300mm/min 作直线运动，喷嘴距离火孔 10～30mm 处设有冷却介质喷射孔，使工件淬火	各种尺寸平面型工件表面
	旋转前进法	工件以 50～300mm/min 的速度围绕固定喷嘴旋转，喷嘴距火孔 10～30mm 的孔喷射冷却液介质	制动轮、滚轮、轴轮圈等直径大表面窄的工件
	螺旋前进法	工件以一定速度旋转，喷嘴轴向配合运动，螺旋状淬硬层	螺旋状淬硬层
	快速旋转前进法	一个或几个喷嘴沿旋转（75～150r/min）工件定速移动，加热和冷却表面工件	轴、锤杆和轧辊等

21.3.3 激光表面淬火

工件表面吸收激光能量使温度达到相变点以上，能量从温度较高的工件表面传递到温度较低的工件内部使工件表面温度降低，表面组织由奥氏体转变成为马氏体，即为激光表面淬火。该工艺可以对一些易损工件的表面进行强化改性，尤其是在延长轧辊、齿轮等易损件使用寿命等方面具有很好的经济和社会效益。

激光表面淬火的特点有：①经过激光表面淬火处理的工件，变形量比其他表面处理的工件小得多，整个加热过程需要时间少，循环速度快，尤其适用于一些中碳钢和大型的轴类；②工艺过程清洁、高效，但是设备不够完善，激光器功率有限，形成的淬硬层较薄，不适用于承受重负荷的零件；③工件表面淬火硬度较高，得到的组织更加均匀，具有更好的强韧性，尤其适用于一些高碳合金钢；④属于快速加热、自激冷却的相对环保的加热淬火方式，不需要特定的炉膛对工件表面进行保温，也不需要冷却液对其进行冷却，适合于大型模具的表面均匀化淬火；⑤淬火后的工件表面淬硬层深度一般为0.3～2mm。

激光加热表面淬火的典型应用是齿轮的表面处理。齿轮是制造行业中应用最广泛的零部件，大部分机械中都有齿轮的存在。对于一些精加工的齿轮来说，为了获得更加优异的性能，需要对其进行激光加热表面淬火处理。这是因为一些传统的齿轮硬化处理工艺难以满足使用要求，存在诸多问题[10]。例如，经过表面化学处理、感应表面淬火和火焰表面淬火后，工件表面会产生比较大的变形，且很难获得沿齿廓很均匀的处理层，从而导致齿轮的使用寿命降低。采用激光加热表面淬火即可较好地避免上述缺点。

21.4 高能束表面改性

高能束表面改性主要包括两个方面，一是利用激光束、电子束发生器在短时间内加热和熔化工件表面并迅速冷却，处理后的表面组织可以形成微晶、非晶和亚稳相合金，使工件表面获得特殊的性能；二是利用离子注入技术可把所选择的离子直接注入工件表面，注入的元素种类和数量不受热力学条件的限制[11]。

21.4.1 激光束表面改性

21.4.1.1 原理与特点

激光表面改性技术是利用高能量密度的激光，将金属材料表面瞬间加热或熔化后快速冷却，从而改变材料表面的化学成分和组织结构。激光工程的发展影响着激光表面改性技术的发展。作为一种电磁波，激光的特点是相位具有一致性且波长相同，通过聚焦就可以提高功率密度。用激光对材料表面进行改性处理，处理后工件表面性质会发生转变，表面硬度和耐磨性等性能会被增强，改性后的工件就可以满足使用需求。

和其他表面处理工艺相比，激光表面改性技术具有很多独特的优势。激光束功率密度高，激光处理时对工件加热和自冷却速度极快，与常规淬火相比，利用激光硬化处理后的工件表面的硬度可以提高5%～20%，耐磨性提高1～10倍[12]。激光束表面改性是靠材料未处理部位对处理部位进行冷却的，不需要特定的冷却介质，没有污染，可以一次性生产很多。其他方法很难对形状比较复杂的工件进行处理，这时候就可以用激光束改性技术进行处理，进行灵活的局部强化。利用激光束表面改性的工件热影响区窄，具有小的变形量，几乎不会对基体组织产生大的影响。虽然激光表面改性技术有它独特的优势，但是也存在一定的局限性，例如在进行激光束表面改性时，需要设计特定的设备，需要对操作人员进行相关的培训，而且只能用于工件的表面处理。

21.4.1.2 主要技术

激光束表面改性技术主要有激光相变硬化、激光冲击硬化、激光熔覆和激光合金化等，利用它们处理工件表面可改善材料的表面硬度、强度、耐磨性等性能，延长产品使用寿命。激光束表面改性的理论基础是激光与材料之间的相互作用。

（1）激光相变硬化　激光相变硬化是以激光作为热源，利用其高能量密度和高方向性，使激光束集中在一个很小的区域内，从而改变表面组织结构的淬火技术。该区域功率密度可以达到 10^6W/cm^2，这比太阳光聚焦后的功率密度高1000倍。当用激光束照射工件表面时，工件表面的原子吸收能量，表面温度升高，形成一个很小的温度场，这个温度可以使表面层发生相变。处理完毕后，工件内部吸收表面的热量，产生很大的冷却速度，工件表面组织转变为高硬度的马氏体。

（2）激光冲击硬化　利用脉冲激光对材料表面进行改性，可以提高工件表面的硬度与强度。脉冲激光在工件表面作用时，会产生冲击波，使表面产生塑性变形，受到影响的工件表面会形成很多位错缠结。这种形式的亚结构组织会改善表面的硬度、屈服强度和疲劳寿命等。虽然都是激光表面硬化技术，但激光冲击硬化与激光相变硬化的原理却存在本质区别。冲击硬化技术对环境的要求很低，工件不容易发生畸变，具有很大的使用价值，可用来强化工件的曲面，在许多工业领域有较大发展前景。

（3）激光熔覆　利用激光束照射工件表面时，工件表面迅速熔化、扩展、凝固，处理后的工件表面便可形成耐磨、耐蚀、抗氧化的表层组织。该改性技术与激光表面合金化技术的主要区别在于合金化处理过程中添加的元素在处理完之后会与工件表面全部混合，而熔覆处理是把涂覆在工件表面的预覆层全部熔化，工件表面是微熔的，涂覆层的成分基本不变。根据材料供应方式的不同，激光表面熔覆可以分为预置法和同步送粉法两大类。预置法是先将合金粉末与黏结剂均匀混合后涂覆在工件表面，然后用激光束照射涂覆后的工件表面，工件表面的涂覆层吸收能量使温度升高到熔点以上发生熔化，熔化的基体与涂覆层混合，形成合金熔覆层。同步送粉法是将合金粉末通过传送装置送入激光照射区，使基材和合金粉末一起熔化，在工件表面形成熔覆层。

（4）激光合金化　在激光束的照射下工件表面的合金元素和化合物发生熔渗，经扩散作用在工件表面形成合金化层。熔化层凝固时的冷却速度较快，与急冷淬火时的冷却速度相当，使表层凝固后组织成分达到高度饱和，且这种表面组织与普通合金化方法得到组织大不相同，在加入少量元素的情况下可获得具有特殊性能的表面组织。

21.4.2 电子束表面改性

电子束是由很多电子聚集在一起形成的一种具有高能量密度的加热源。电子发生器发射的电子在高压加速电场中被加速到很大的速度，具有很大的动能。这些电子经过磁场时被聚焦形成高能量的电子束，当高能电子束到达工件表面时，工件表面的原子就会吸收一部分电子的能量。在高功率电子的作用下，工件表面的温度会升高，这时候工件内部的未受处理部分由于温度差的作用会吸收工件表面的热量。但是由于加热速度过快，所以工件表面的能量还没来得及被工件内部吸收，工件表面就熔化了。

相对于其他热处理技术，电子束加热表面改性的加热和冷却速度快，设备相对简单，所用加热源发射的电子束跟工件表面的耦合性比较好，工件表面的能量沉积范围较宽。相对于激光加热表面处理技术，电子束加热表面改性具有更低的液相温度和更小的温度梯度。该方法的缺点是工件尺寸的大小受到真空室环境的限制，无法对工件表面进行大批量生产处理。电子束表面改性主要有以下应用。

（1）电子束表面淬火　电子枪发射的电子电场加速后以很高的速度冲击工件表面，与工件表面中的原子发生激烈碰撞，使工件表面的温度快速升高。当工件表面温度升高到奥氏体温度以上熔点温度以下时，工件未受影响的部分吸收表面的能量使工件表面温度降低，从而工件表面硬度增加。由于工件吸热和冷却速度可以达到 10^5K/s，因此电子束改性工件将会比感应加热、火焰加热等具有更高的表面硬化层硬度，形成的组织也会更加细化。

（2）电子束表面合金化　在工件表面上涂覆合金粉末，利用电子束加热使涂覆元素熔化，或者加入合金粉末的同时利用电子束进行加热，使合金粉末在工件表面熔融，形成一层合金表面层，进而提高工件表面的耐磨、耐蚀及耐热性能。

（3）非晶化　电子束表面处理技术具有功率高、时间短等优点，可在工件表面下层温度变化最小的区域形成小液池，在极快的冷却速度下快速凝固，可以细化工件表面的组织，形成一层非晶态层，改善工件抗腐蚀与抗疲劳的能力。

（4）电子束表面熔覆　从原理上讲，熔覆是一种与焊接中的喷熔和搭接相似的工艺，只不过加热源变成电子束而已。熔覆包括两种方式，即把待熔覆的材料涂敷在基体表面上，或者是通过机械送丝把材料注入电子束位于工件的斑点上。该工艺常用于制造绝热、耐腐蚀及耐磨损的涂层，还可用于修复损坏的机械零件如涡轮机的工作面等。

21.4.3　离子注入表面改性

离子注入的过程是将所要注入工件表面的元素通入离子源中，被离子源电离后形成的正离子进入高压电场中，经高压电场加速后的高能离子被注入工件表面，从而改变工件表面的结构和性能。随着科学技术的发展，离子注入处理工件的类型变得越来越广泛，除了可以对半导体、金属表面改性外，还可以对绝缘材料进行改性处理，甚至可在光纤、高温陶瓷、表面导电聚合物和表面催化剂等方面发挥作用。

21.4.3.1　工艺原理

将要注入的元素加入离子源中，离子源将注入元素离子化，然后将离子引入高压电场，经电场加速后的高能离子便可以注入待处理工件表面。离子注入到工件表面后发生的反应包括开始注入离子时的溅射效应、由于级联碰撞而引起的晶格辐射损伤和表面原子位移、由于工件表面原子吸收离子能量而引发的热效应和增强扩散等[13]。经过加速电场加速获得100keV 能量的离子，一般可穿透工件表面数百到数千个原子层，导致离子注入后工件表面发生强化。

21.4.3.2　技术特点

离子注入改性技术的主要特点有：对注入元素的要求不高，适合于各种稳定的元素；注入离子的浓度范围变化大；可对注入元素和离子注入的深度进行控制；注入层跟基材之间没有差异化的界面，表面结合力较强；既可在常温下进行，也可以在高温或者较低温度下进行，但需要使用真空系统；注入只改变工件的表面性能，工件尺寸基本保持不变，对工件整体性能影响小；具有绿色环保的特征，不会对环境产生污染[14]。离子注入技术的缺点主要有：注入层深度小；由于是直线注入工件表面，所以对注入件的形状有所限制，形状复杂的工件难以注入；设备单一且昂贵，成本高；注入会对晶格产生损伤并难以完全消除[15]。

21.5 表面化学热处理

传统的合金钢材因为其本身存在易腐蚀、硬度低、耐磨性能差、不耐高温等一系列缺点，无法满足人们对高性能材料日益增长的需求。为了弥补这些缺陷，可以利用表面化学热处理的方法来改善传统合金钢材的性能。

21.5.1 工艺流程

表面化学热处理是将金属工件放入特定的介质中进行加热和保温，使活性原子渗入工件表层或形成某种化合物覆盖层，使表层成分、组织和性能发生改变的热处理工艺[16]。金属工件热处理前后对比见图 21-2。

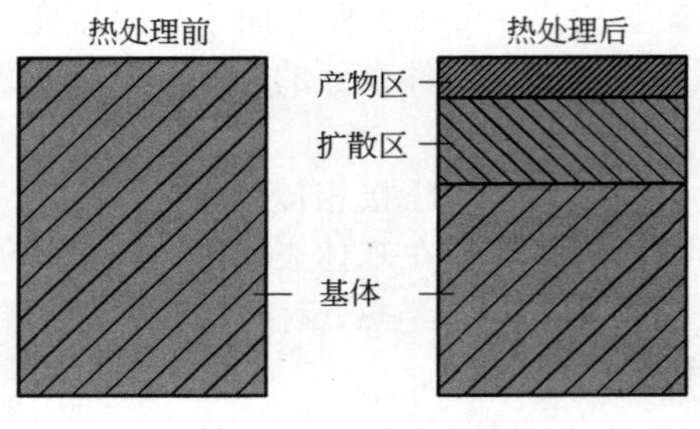

图 21-2 金属工件热处理前后对比图

化学热处理工艺主要是由三部分构成，即化学渗剂受热分解形成活性原子，活性原子被金属表面吸收，以及由于表面和内部的浓度不同活性原子由工件表面向工件内部扩散[17]。

（1）分解过程　在对钢件进行化学热处理之前，化学渗剂中的被渗入元素的存在状态是分子而并非原子，但是想要与钢件表面的金属原子反应形成固溶体，这些分子必须分解为活性原子。另外，在进行气体渗氮处理时一般使用氨气而不会使用氮气，因为与氮气相比，氨气分解出活性氮原子所需的活化能更低。铁、镍、钴、铂等金属都是能够使氨分解出活性氮原子的催化剂，所以当钢件表面存在这些金属元素时会进一步加速氨气分解，比氨气单独存在时的分解速率要快得多[18]。

（2）吸收过程　钢件表面能够吸附周围的气体，被吸附的气体分子会在表面金属的催化作用下分解成为活性原子。活性原子会溶入铁的晶格点阵内形成固溶体。若被渗元素的浓度超过了此元素在铁中的固溶度，则会形成金属间化合物。

（3）扩散过程　被钢件表面吸收和溶解的活性原子的浓度不断增加，使表面和内部形成浓度差，此时活性原子在浓度梯度驱动下从高浓度的工件表面向低浓度的内部扩散。

化学热处理工艺参数包括扩散后工件表面的化学组成、渗剂的用量比、渗剂分解速率、渗透温度和时间等[19]。在化学热处理过程中，根据渗剂在化学热处理炉内的物理状态，可将其可分为固体渗透、气体渗透、液体渗透、液体电解、等离子体渗透和气相沉积。

21.5.2 渗碳

将钢件在碳介质中加热、保温，使碳原子渗入钢件表面的化学热处理工艺即渗碳。低碳钢的工件经渗碳处理、淬火和低温回火后，工件的表面形成了具有高硬度和耐磨性的渗碳层，而工件心部的韧性和塑性并没有发生改变，与原始工件相同[20]。渗碳工艺一般适用于含碳量小于 0.25%的低碳钢或低碳合金钢。渗碳后，钢件表面的化学成分与高碳钢相近。渗碳后的工件表面会产生压应力，因此需要进行淬火处理来提高工件的疲劳强度，同时不会改变原始工件心部淬火后的强韧性。渗碳层深度一般为 0.8～1.2mm，但进行深度渗碳时渗层也可达 2mm 甚至更深[21]。渗碳后的表面硬度可达 HRC58～63，心部硬度为 HRC30～42[22]。因此，在提高零部件的强度、冲击韧性和耐磨性方面渗碳工艺已得到了广泛应用。

21.5.2.1 原理与分类

与其他化学热处理一样，渗碳也包含三个部分，即分解、吸附和扩散。分解是指渗碳介质在高温下分解为活性碳原子。活性碳原子首先被钢件表面吸附，随后溶到钢件表层的奥氏体中，增加奥氏体中含碳量的过程即为吸附。扩散是指活性碳原子经钢件吸附、溶解后，使工件表面含碳量不断升高，从而导致表面与内部的含碳量形成浓度差的过程。活性碳原子在浓度梯度的驱动下，由高浓度的表面向低浓度的内部扩散。碳在钢中的扩散速度主要取决于加热温度，同时与钢中合金元素的含量有关。

按照渗碳介质的不同，渗碳可分为气体渗碳、固体渗碳和液体渗碳。气体渗碳是将工件装入密闭的渗碳炉内，通入气体渗剂如乙烷等后加热，在渗碳温度下使渗碳剂分解出活性碳原子并渗入工件表面，从而获得高硬化表面层的一种渗碳工艺。固体渗碳是将工件和固体渗碳剂（由木炭和促进剂组成）一起装在密闭渗碳箱中，随后将渗碳箱放入加热炉中加热到渗碳温度并保温一定时间，使渗碳剂分解为活性碳原子并渗入工件表面的一种渗碳方法[23]。该方法对工件进行处理后所得到的渗碳层较薄，热处理时间较长，生产效率低，不适用于批量生产[24]。液体渗碳的渗碳介质大多使用的是含有渗碳剂的熔盐。这种渗碳方法的优点有渗碳速度快、保温时间可控、操作简便等。该工艺的缺点是所用熔盐大多有毒且成分不易调控，不易精确控制碳势，容易对零件产生腐蚀，渗碳后工件的后处理比较麻烦，生产效率低[25]。

21.5.2.2 常见缺陷和成因及预防措施

渗碳过程中渗碳件常见的缺陷和成因及预防措施如表 21-2 所示。

表 21-2 渗碳件常见缺陷和成因及预防措施[26]

缺陷形式	可能的成因	预防措施
表面大块或网状碳化物	多为渗碳剂活性太高或渗碳保温时间过长导致表面含碳量过高	降低渗碳剂活性；保温后期适当降低渗碳剂供量；高温加热扩散后再重新淬火
表面粗大马氏体	渗碳温度或淬火加热温度过高使奥氏体粗化，引起淬火后马氏体粗大	降低渗碳温度或淬火加热温度；采用正火细化晶粒后重新淬火
表面大量残留奥氏体	渗碳温度或淬火温度过高，奥氏体中合金元素及碳含量过高	降低碳势，降低渗碳温度或淬火温度；冷处理；高温回火后重新加热淬火
表面脱碳	渗碳后期碳势偏低，固体渗碳后冷速过慢，炉子漏气等	防止炉子漏气；补渗；淬火加热冷却时适当保护
表层托氏体组织	渗碳介质中的氧向钢内扩散，在晶界形成 Cr、Mn、Si 等元素的氧化物，致使该处的合金元素贫化，淬透性下降，生成黑色托氏体组织	控制炉内介质成分，降低氧的含量；喷丸处理（托氏体层≤0.02mm 时）；重新加热淬火，加快冷却速度
心部硬度不足	淬火温度低、加热保温时间不充分或冷速过慢	调整淬火温度、加热保温时间及冷却速度；按照正常工艺重新加热淬火
渗层深度不够	渗碳温度低，碳势偏低，渗碳时间短，炉子漏气，工件表面有氧化皮	调整渗碳温度、时间，防止炉子漏气；补渗；渗碳前清理工件表面
渗层深度不均匀	炉温不均匀，炭黑在工件表面沉积，表面有油污锈迹	保持炉温均匀；尽可能减少炭黑沉积；渗前清理表面
表面硬度低	表面含碳量低，表面脱碳，残留奥氏体过多，冷速过慢导致形成表面托氏体组织	选择适当的渗碳温度、碳势及淬火温度；补渗；表面有托氏体组织时可重新加热淬火，增大冷却速度
畸变过大	夹具及装炉方式不当，工件自重产生畸变，工件厚薄不均，渗碳或淬火温度过高，淬火冷却介质或冷却方法不当	合理吊装工件，对易变形件采用压床淬火或采用预热；调整渗碳或淬火温度、介质、冷却方法

21.5.3 渗氮

渗氮工艺是指在特定的温度和介质下将活性氮原子渗入到金属工件的表面层，改善材料性能的一种化学热处理工艺[27]。常见的渗氮工艺有气体渗氮、离子渗氮和液体渗氮，其中应用历史最长远的是气体渗氮工艺，具体的工艺流程为：将工件放入含有热氨气介质的密封氮化炉中，对氮化炉进行加热并长时间保温，氨气被热分解产生活性氮原子，经钢件表面吸附后渗透进金属原子晶体点阵中，形成金属氮的固溶体。最后由于氮元素在材料表面与内部存在浓度差，活性氮原子在浓度梯度的驱动下逐步向材料内部扩散，改变材料表层的化学组成与结构，获得优异的表面性能[28]。渗氮处理时，渗入合金钢中的氮元素在工件表面和内部会形成不同的铁氮化合物。由于氮化物本身具有高硬度、高热稳定性的特征，因此能够有效地提高材料的硬度、耐高温性和耐腐蚀性。另外，由于渗氮处理时的加热温度相对较低，因此材料变形程度也较小。合金钢的渗透层厚度一般比较薄，常用于满足轻载和中载下的耐磨性和抗疲劳性要求[29]。

（1）气体渗氮　气体渗氮的主要目的是提高合金钢材耐磨性，因此氮化处理后需要得到较高硬度的表面渗层。气体渗氮加热温度较低，工件畸变程度较小，可用于精度要求高且耐磨性好的机械零件。然而由于渗氮层较薄，不适用于承受重载的耐磨零件。

气体渗氮可以分为等温氮化和多级氮化。等温氮化是指在整个渗氮工艺过程中渗氮温度和氨分解率始终保持不变，适合渗透层较薄、对工件畸变程度要求较严格、硬度要求较高的零件，但是处理时间漫长。多级氮化则是指在整个渗氮过程中，在不同的渗氮处理阶段分别采用不同温度、不同氨分解率以及不同时间来进行渗氮。多级氮化工艺适用于渗层深、材料畸变程度大、外硬内韧的零件，处理时间较短。在氮化处理时温度越高，氨分解率就越大，氮势越低，表面硬度越低[30]。当使用气体渗氮来提高金属工件的耐腐蚀性时，氮化温度要控制在550～700℃之间，氨的分解率控制在35%～75%之间，从而表面获得稳定的氮化物。气体渗氮如图21-3所示。

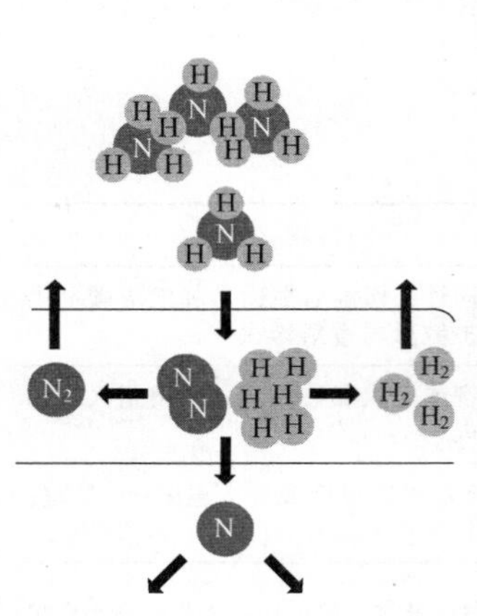

图21-3　气体渗氮示意图

（2）离子渗氮　离子渗氮也被称为辉光渗氮，主要是利用辉光放电所产生的电离态的氮离子冲击金属阴极表面，在阴极表面发生反应形成多种类型的氮化物。被渗金属工件作为阴极，氮化炉的炉壁作为阳极。在氢气和氮气的介质中辉光放电形成带电的H^+和N^+，在阳极和阴极之间形成等离子体区域，H^+和N^+在外界电场的作用下由阳极加速飞向阴极，轰击工件表面，金属工件表面吸附活性氮原子形成金属氮固溶体（图21-4）。氮元素在金属工件表面和内部存在浓度梯度，从而使氮元素发生扩散。

离子渗氮工艺周期较短，经济节能；能够控制渗氮层的组织和厚度，渗氮层脆性较小；可实现局部渗氮，也可通过离子轰击净化金属工件表面或去除表面钝化膜。离子渗氮的缺点有设备的控制系统十分复杂，炉温均匀性难以控制，渗氮层较薄且与基体的过渡层不均匀等[31]。

（3）氮碳共渗　低温氮碳共渗，也被称作软渗氮。该工艺是在低于铁氮共析转变温度的条件下进行渗氮处理，目的是使金属工件在渗氮处理的同时渗入一部分碳元素[32]。碳元素在渗入金属工件之后会形成许多微细的金属碳化物，增大材料内部孔隙，从而促进氮元素的扩散，加速铁氮化合物的形成。另外，形成的铁氮固溶体也能够增加碳元素的溶解度，加快渗透速率。碳元素的存在还能够增强氮化物的韧性。金属部件在经过低温氮碳共渗处理之后获得的化合物层具有更为优异的韧性和硬度、更好的耐磨损性，耐腐蚀性和耐热性也有明显改善。软渗氮工艺设备简单，投资成本低廉，操作工艺简单，工件的畸变程度很低，能够赋予工件美观的外形。

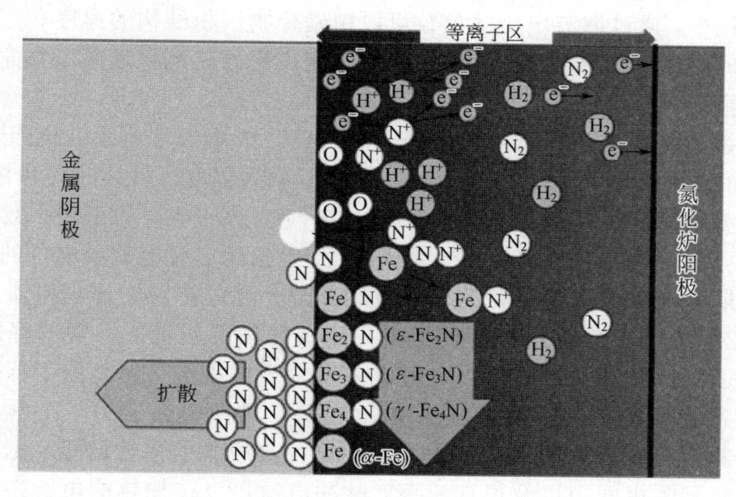

图 21-4　离子渗氮示意图

21.6　表面电镀和化学镀

电镀是一种利用电流来溶解金属阳离子，使其在电极上沉积形成相应金属涂层的工艺。电镀的主要目的是改变物体的表面性质，例如耐磨性、防腐蚀性、润滑性和美观性[33]。不同于电镀，化学镀仅使用一个电极而没有外部电流源，通常使用还原剂形成镀层。

21.6.1　电镀

21.6.1.1　原理与特点

电镀过程称为电沉积，镀层金属作为阳极，待镀工件则为阴极，将它们浸入电镀液中（图 21-5）。电镀液中含有一种或多种溶解的金属盐以及允许电流流动的其他离子。电源向阳极提供直流电，使其包含的金属原子发生氧化反应并溶解于电镀液中。溶解的金属离子在溶液和阴极之间的界面处被还原，沉积到阴极上。为了保持电镀薄膜均匀性，电镀液中被镀金属离子的浓度应保持不变，因此需要阳极连续补充电镀液中的金属离子，以保证阳极溶解速率与阴极沉积速率大致相当[34]。在电镀液中加入一些氰化盐如氰化钾，可以提高镀液导电性，有助于加快阳极溶解速率，使其与阴极沉积速率相一致。

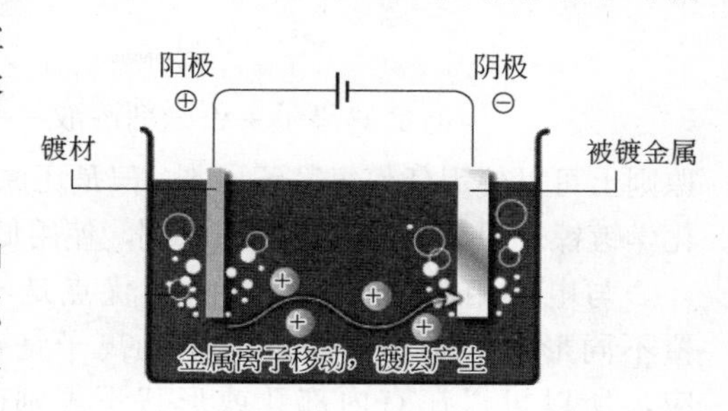

图 21-5　电镀过程原理图

21.6.1.2　主要技术

（1）冲击镀　冲击镀使用的是高电流密度的外加电源和低离子浓度的电镀液，可以在短时间内电沉积出金属薄层。在使用冲击镀时还可以与不同金属镀层结合使用。例如，如果希望将一种沉积物沉积到本身对基底的黏附性较差的金属上以改善耐腐蚀性，便可以使用冲击镀先在基底表面镀上一层黏附性较好的镀层，再将该金属镀于基底，从而提高工件的耐蚀性。

（2）电化学沉积　电化学沉积是一种利用外电场，使电解质溶液中正负离子发生迁移，在电极上发生氧化还原反应形成镀层的电化学技术，通常应用于金属和导电金属氧化物的生长。在电化学沉积过程中，通过调节电化学参数可以精确控制沉积结构的厚度和形态，在基于模板的结构中可以合成相对均匀和致密的沉积物，能够获得更高的沉积速率，不需要高真空或高反应温度，设备价格便宜。

（3）脉冲电镀　脉冲电镀具有可控性好、用途广、成本低等一系列优点[35]，电镀过程涉及两个不同值之间的电势或电流的快速交替，产生一系列幅度、持续时间和极性相等的脉冲，通过改变脉冲幅度和宽度可以改变沉积膜的成分和厚度。脉冲电镀的工艺参数通常包括峰值电流/电位、占空比，频率和有效电流/电位。峰值电流/电位是电镀电流或电位的最大设置值。占空比是指在电镀期间施加电流或电势的有效时间部分，通过将占空比与电流或电势的峰值相乘来计算有效电流/电势。脉冲电镀有助于提高电镀薄膜的质量，并快速释放沉积过程中产生的内应力。低占空比和高频率的组合可以有效减少表面裂缝。但是为了保持恒定的有效电流或电势，需要高性能电源来提供高峰值电流/电势。脉冲电镀的另一个常见问题是在反向电镀期间阳极材料可能被电镀污染，特别是像铂这种高成本的惰性电极。影响脉冲电镀的因素包括温度、阳极和阴极间隙以及搅拌速率。脉冲电镀可以在加热的电镀浴中进行以提高沉积速率。阳极和阴极间隙与它们之间的电流分布有关，会对镀层的质量产生影响。搅拌可以加快金属离子从本体溶液到电极表面的转移/扩散速率，对于不同的金属电镀工艺搅拌速率的设定是不同的。

（4）电刷镀　电刷镀是指利用浸有电镀溶液的刷子对金属工件进行电镀。电镀刷通常使用布料包裹的不锈钢体，使电镀液与被电镀物品的直接接触，连接低压直流电源作为阳极，将待镀物品连接到阴极。将刷子浸入电镀液中，然后将其涂在物品上，连续移动电镀刷，使电镀材料均匀分布。电刷镀与槽板电镀相比最大的优点是其便携性。槽板电镀需要将物品全部沉浸到电镀液中，这对于一些大型设备是非常不方便的。此时，使用电刷镀便能够有效地实现电镀的目的。清洁度对于电刷镀的影响是非常大的，因此表面清洁便变得十分重要。清洁流程包括溶剂清洗、热碱性洗涤剂清洗、电解清洗和酸处理等。电刷镀能够改变金属工件的性能，比如改善金属工件的耐腐蚀性、外观、拉伸强度和表面硬度[36]。

21.6.2　化学镀

在电沉积过程中通常会用到由两个电极、电解质和外部电流源组成的电解池，但是化学镀仅使用一个电极而没有外部电流源，所以化学镀通常使用还原剂，电极反应具有以下形式：

$$M^{z+} + Red_{solution} \qquad\qquad\qquad M_{solid} + Oxy_{solution}$$

$$\text{金属离子} + \text{还原剂溶液} \xrightarrow{\text{催化表面}} \text{固态沉积金属} + \text{氧化剂}$$

原则上可以使用任何氢基还原剂，但是还原半电池的氧化还原电位必须足够高，以克服能量势垒。化学镀镍使用次磷酸盐作为还原剂，使用低分子量醛作为还原剂来电镀其他金属如银、金和铜。

与电镀相比，化学镀最大的优点是不需要外接电源，降低了成本[37]。该技术还可以镀覆不同形状和类型的表面，因为离子是在还原剂均匀分布的电镀液中沿着边缘进行还原反应，所以可以在有内部孔或形状不规则的物体表面上均匀地沉积金属，而这些物体难以通过电镀均匀地镀覆。化学镀也可以在非导体上沉积导电物质使其允许被电镀。化学镀的优点还有镀层均匀、不需要复杂夹具或机架、电镀量和厚度灵活可控等。化学镀的缺点是过程较为漫长，不能形成厚的电镀层。化学镀被广泛应用于装饰领域，在塑料领域的应用也十分普遍。

21.7　表面气相沉积

21.7.1　物理气相沉积

物理气相沉积（physical vapor deposition，PVD）是指在真空条件下采用物理方法使材料从凝聚相变为气相然后冷凝成凝聚相的过程，可用于生产薄膜和涂层。最常见的物理气相沉积工艺是溅射和蒸发[38]。

21.7.1.1　基本步骤

物理气相沉积技术（图 21-6）用于沉积薄层材料的工艺通常包括三个基本步骤，即由高温真空或气态等离子体辅助从固体源蒸发材料、蒸气由真空或部分真空输送到基板表面、蒸气冷凝到基板上产生薄膜。不同的物理气相沉积技术使用相同的三个基本步骤，但用于产生和沉积镀料的方法不同。两种最常见的物理气相沉积工艺是热蒸发和溅射。热蒸发是在真空中使用适当的方法加热使材料蒸发，溅射是通过使用加速的气态离子（通常为氩）对靶材进行轰击使靶材产生蒸气。在蒸发和溅射过程后，将所得的气相通过冷凝机制沉积在所需的基底上。可以利用反应沉积的方法在靶材表面上沉积多组分薄膜，例如多个靶材的共沉积等。

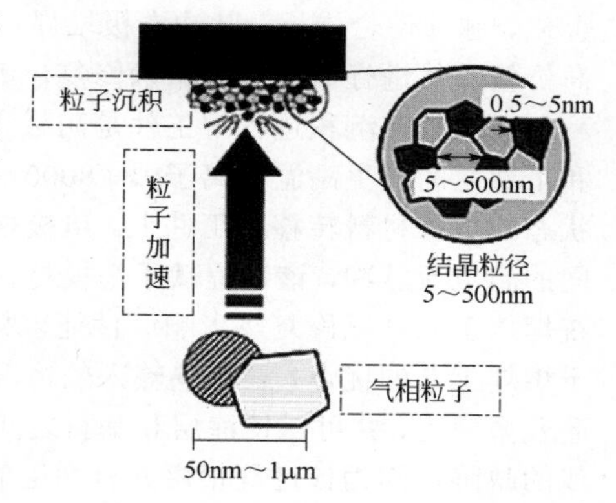

图 21-6　物理气相沉积流程图

21.7.1.2　主要种类

根据沉积层产生方式的不同，物理气相沉积技术主要包括以下几种。真空蒸镀是在高真空条件下，使用电子束、激光束、电阻加热等方法使目标蒸镀物受热蒸发，然后冷凝沉积在基体表面，是物理气相沉积法中应用最早的技术。阴极电弧沉积是在靶材处释放高功率电弧，将材料冲击成电离蒸气以沉积到工件表面。电子束物理气相沉积是通过在高真空中电子轰击待沉积的材料加热成高蒸气压并冷凝沉积在工件上。利用高功率脉冲激光将目标材料烧蚀成蒸气，在温度较低的工件表面上沉积即为脉冲激光沉积。溅射沉积是指通过等离子体放电，轰击目标材料溅射出一些蒸气，随后在工件表面上进行沉积。

21.7.1.3　优缺点

与采用电镀工艺得到的涂层相比，物理气相沉积的沉积层硬度更高且更耐腐蚀，具有耐高温和耐高强度冲击的性能，耐磨性能良好。物理气相沉积能够在各种各样的基材表面上使用多种类型的无机材料和部分有机涂层材料形成沉积层，比传统的涂层工艺更环保。物理气相沉积的缺点是需要在高温和真空条件下操作，设备的使用条件较高，需要冷却水系统来吸收大量的热负荷。

21.7.2　化学气相沉积

化学气相沉积（chemical vapor deposition，CVD）是一种用于生产高质量、高性能薄膜材料的真空沉积方法[39]。在化学气相沉积过程中，衬底暴露于一种或多种挥发性气体中，各种反应气体在衬底表面上发生化学反应或分解以产生所需的沉积物。当气体反应生成挥发性副产物时，可以利用真空泵将其除去。化学气相沉积过程包括反应气体和稀释惰性气体的混合物引入反应室，基材移入反应室，反应物被吸附在基材表面，反应物与基材发生化学反应形成沉积

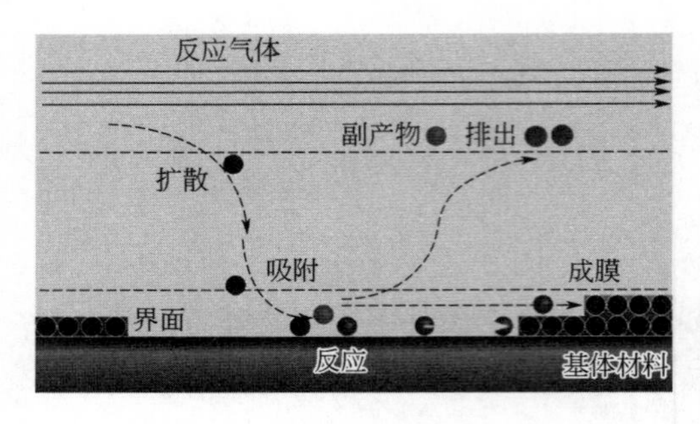

图 21-7 化学气相沉积示意图

物，反应的气态副产物解吸并从反应室中排出，如图 21-7 所示。

与传统的表面改性技术不同，化学气相沉积技术在沉积固态薄膜时能够增强基板表面与薄膜的结合力，特别是在沉积超薄的薄膜时化学气相沉积法得到的原子层沉积薄膜性能优异。使用化学气相沉积能够使超薄涂层具有非常优异的润滑性、疏水性和耐候性等性能，得到的碳化物和氮化物薄膜能够赋予材料更加优异的耐磨性。

21.8 表面电火花沉积

电火花沉积（electric spark deposition，ESD），也称为火花硬化、电火花增韧、电火花合金化、脉冲熔合堆焊、脉冲电极堆焊，是一种脉冲微焊接工艺，用于对存在磨损或制造不良的高价值部件进行小规模和精确修复，工业上可用来修复铸造模具和注塑模具中的缺陷。

在电火花沉积过程中工件是阴极（图 21-8）。当释放电容器能量时，直流电流在电极尖端和工件之间产生高温等离子弧（8000～25000℃）。等离子弧使自消耗电极电离，并将少量熔融状态的电极材料转移到工件上。电极材料的转移速度很快，自淬的速度非常快。基于短持续时间的高电流脉冲，该过程赋予基板材料低的热输入，导致基板微结构很少或没有改变。由于传统焊接工艺难以修复热影响区性能差异引起的液化裂纹、高硬度和低韧性，因此该方法具有优于熔焊工艺的优点，在低热输入的情况下衬底材料保持接近环境温度，避免了热变形、收缩和高残余应力，并可以使涂层和基材之间产生良好的冶金结合。电火花沉积特别适用于修复小而浅的缺陷，因为该过程很慢并且涂层的最大厚度约为 2mm，所以不适用于修复大缺陷。电火花沉积过程也被认为是增加小表面区域的耐磨损性和耐腐蚀性的过程。

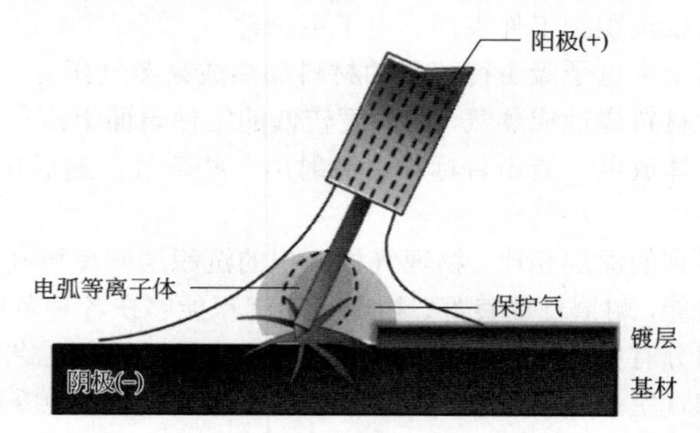

图 21-8 电火花沉积示意图

参考文献

[1] 刘筱薇. 现代表面技术课程教学方法的改革 [J]. 中国冶金教育，2009 (4)：38～39.

[2] 徐桂珍，周仲荣. 表面改性技术在微动摩擦学领域中的应用 [J]. 摩擦学学报，1998，18 (2)：185-190.

[3] 刘伯元. 粉体表面改性 [J]. 塑料技术，2002，35.

[4] 任旭东，张永康，周建忠，等. 工艺参数对激光冲击 TA2 表面残余应力的影响 [C]. 全国功能材料科技与产业高层论

坛，2008.
[5] 张丽. 喷丸表面覆盖率的分析与研究 [D]. 苏州：苏州大学，2015.
[6] 刘萍. 塑性变形过程中的位错动力学分析 [D]. 合肥：合肥工业大学，2010.
[7] 王锐坤，郑志军，高岩. 表面喷丸工艺对 Super304H 奥氏体耐热钢组织与性能的影响 [J]. 中南大学学报（自然科学版），2017，48（4）：903-909.
[8] 刘洁. 超声滚压加工对改善金属表面性能的研究 [D]. 青岛：青岛科技大学，2013.
[9] 陈杨，袁群星. 试析钢表面淬火和化学热处理 [J]. 装备制造技术，2016（09）：124-126.
[10] 石娟. 齿轮激光表面处理的若干关键技术研究 [D]. 上海：同济大学，2006.
[11] 徐振峰. 多元素离子同步注入及离子束动态混合时元素表面层分布的计算机模拟 [J]. 佳木斯大学学报（自然科学版），1999，17（1）：70-75.
[12] 陈晓伟，王文青，赵金，等. 激光处理对铸态钢的影响 [J]. 电子显微学报，2002，21（5）：701-702.
[13] 罗胜阳，苑振涛. 离子注入技术在材料表面改性中的应用及研究进展 [J]. 热加工工艺，2018，47（04）：43-46，50.
[14] 冯凯. 离子注入提高不锈钢耐腐蚀和表面导电性能的研究 [D]. 上海：上海交通大学，2012.
[15] 安娜. 离子注入杂质与缺陷间的相互作用 [D]. 成都：电子科技大学，2004.
[16] 王德华. 金属材料热处理技术的探讨 [J]. 中国金属通报，2016：12-100.
[17] Zenker R，顾剑锋. 电子束淬火与渗氮的复合热处理技术 [J]. 热处理，2012，27（04）：48-53.
[18] 郑小燕. H13 模具钢热处理工艺优化及表面渗氮处理研究 [D]. 长沙，中南大学，2008.
[19] 许川. 高性能轴承钢复合化学热处理组织及性能研究 [D]. 西安：西安建筑科技大学，2014.
[20] 洪桂香. 模具表面化学热处理工艺的透析 [J]. 特钢技术，2015，21（04）：1-7.
[21] 崔忠圻，覃耀春. 金属学与热处理 [M]. 北京：机械工业出版社，2007.
[22] 齐保森，陈路宾，王忠诚，等. 化学热处理技术 [M]. 北京：化学工业出版社，2006.
[23] 孙昊鹏. 浅谈固体渗碳技术 [J]. 华章，2010，28.
[24] 廖西平. 低碳钢固体渗碳的实验与研究 [J]. 重庆工商大学学报（自然科学版），2012，29（07）：82-86.
[25] 杨甜甜. 渗碳工艺的中国专利分析 [J]. 科技风，2019（23）：167.
[26] 侯旭明. 热处理原理与工艺 [M]. 北京：机械工业出版社，2015：255.
[27] 王丽莲. 渗氮技术及其进展 [C]. 首届中国热处理活动周论文集. 2002.
[28] 云腾，周上祺，钟厉，等. 纯氮离子渗氮工艺及机理研究 [J]. 金属热处理，2003，028（004）：68-72.
[29] 钟厉. 纯氮离子渗氮新工艺及离子渗氮机理研究 [D]. 重庆：重庆大学，2004.
[30] 张建国. 渗氮技术的发展及真空渗氮新技术 [J]. 金属热处理，1997（11）：24-27.
[31] 杨裕雄. 国外模具表面处理技术概况 [J]. 模具工业，1994（08）：2-7.
[32] 李继林，高萌，王孟君，等. 铸铁碳氮共渗表面强化技术及其抗磨损性能研究 [C]. 第 16 届 24 省（市、区）4 市铸造学术会议，2015.
[33] 王翠平. 电镀工艺 [M]. 北京：国防工业出版社，2007：32-36.
[34] 曾祥德. 清洁生产型锌铁合金电镀工艺 [J]. 电镀与涂饰，2007，26（5）.
[35] 刘勇，罗义辉，魏子栋. 脉冲电镀的研究现状 [J]. 电镀与精饰，2005，027（005）：25-29.
[36] 徐金来，赵国鹏，胡耀红，等. 铝轮毂电镀工艺应用 [J]. 电镀与涂饰，2009，028（001）：7-9.
[37] 李宁. 化学镀实用技术. 北京：化学工业出版社，2004，25（13）：15-201.
[38] 马李，孙跃，赫晓东，等. 电子束物理气相沉积工艺制备超薄高温结构材料的研究. 材料导报，2006，20（11）：100-103.
[39] 孙爱祥. 化学气相沉积 TiN 薄膜工艺及其性能的研究 [D]. 成都：西华大学，2012.

22 材料腐蚀与防护

22.1 概述

22.1.1 表面破坏与防护

材料在服役过程中并不能始终保持初始状态，随着服役时间的增加，材料受到了外部因素的影响会导致材料表面发生腐蚀、磨损、疲劳和断裂等失效现象，这样材料就不再具备初始的服役状态而发生失效。诸多机械设备和部件的失效、破坏都是从材料的表面开始的。表面工程技术从材料的表面入手，以“表面”为核心，通过运用各种各样的物理方法、化学方法或机械技术，使表面获得基体不具备的、特殊的性能与功能，如表面成分、应力状态或组织结构，从而满足材料的一些特殊使用要求[1]。表面技术不仅在耐腐蚀、耐磨损、修复产品、强化功能和美化环境等方面有广泛应用，在光学、电磁学、声学、热学、化学和生物学等领域也具有较强的存在性。表面技术可按照学科特色进行分类，表面防护就是其中的一个部分。材料的表面防护主要是指材料表面防止化学腐蚀和电化学腐蚀等的能力[1]。针对不同的材料或不同服役环境下的同种材料，运用合理的表面防护技术可显著改善材料的防护能力。目前，材料表面防护主要包括六大方面，即合理设计、正确选材、表面处理、环境介质处理、电化学保护和腐蚀检测。上述技术都是建立在对材料腐蚀过程的基本规律和机理认知的基础上，因此腐蚀规律的认识和防护技术的发展是密不可分互相促进的。

22.1.2 材料腐蚀

材料腐蚀一般表述为材料在周围环境介质的化学、电化学和物理作用下产生的破坏、损坏或变质现象[2]。“环境”是材料在工作或者存放的过程中与材料有着直接接触的介质和气氛，例如水、土壤、应力、微生物等。材料的“破坏”与“变质”是腐蚀作用的结果，“破坏”是指材料开裂、失重和溶解等，“变质”指的是材料的性能降低以至于无法满足使用要求，比如弹性变差、强度降低、塑韧性降低等[3]。当金属材料与环境发生相互作用时，材料界面上会发生化学或电化学多相反应，比如在高温的服役环境中发生氧化，在电解质溶液中发生自动溶解等。金属与环境相互作用的结果是金属失去电子成为金属阳离子，转变为氧化态[2]。例如钢铁零部件或仪器设备在大气中的生锈，海水中船体的局部开裂，地下管道发生穿孔等。金属腐蚀涉及金属学、物理化学、力学与生物学等众多学科。

非金属材料的腐蚀也是材料与环境作用的结果，与金属的不同点在于绝大多数非金属材料一般不会发生电化学腐蚀，通常是物理、化学作用下的腐蚀。当非金属材料与腐蚀介质接触后，腐蚀介质往往会通过材料中存在的空隙向内部扩散，使得材料的内部和表面同时发生腐蚀。非金属材料的腐蚀包括无机材料的腐蚀和有机材料的腐蚀。日常生活中经常见到非金属材料的腐蚀现象，例如建筑用砖和石头的风化，塑料在有机溶剂作用下的溶解和溶胀，橡胶制品的氧化和老化等。

22.1.3 腐蚀分类

材料的腐蚀过程极其复杂。由于材料的多种多样及服役环境的庞杂多变，使得材料的腐蚀类型众多。又因划分的依据不同，使得分类方法不胜枚举。依据材料类型的不同，可将腐蚀分为金属材料腐蚀和非金属材料腐蚀[2]。

（1）金属材料腐蚀

对于金属材料而言腐蚀的分类方法很多，划分依据有机理、形态和环境。

① 按照腐蚀机理分类　可分为化学反应导致的化学腐蚀、金属与电解质构成原电池而引起的电化学腐蚀、物质迁移引起的物理腐蚀和生物活性引起的生物腐蚀四大类（图 22-1）。化学腐蚀是材料与非电解质溶液直接发生纯氧化还原反应，没有中间介质的存在，即周围的环境介质直接同金属材料表面的原子作用形成腐蚀产物，反应过程中没有电流的产生。金属和介质中的氧化还原是在同一时间维度、同一地理位置上发生的，形成的腐蚀产物（一层氧化膜）对基体金属具有保护效果，分布在整个反应的表面，而这层膜在一定程度上决定了化学腐蚀的速率。如果膜具有完整性且与基体金属间有良好的附着力，膨胀系数与基体金属材料相接近，则有利于保护金属材料，降低腐蚀速率。在化学腐蚀形式中常见的是干燥气体腐蚀和高温气体腐蚀，如氧气与金属作用导致的金属氧化和不可逆转的高温腐蚀。

电化学腐蚀是金属材料与电解质溶液满足了构成短路原电池的条件，从而使得材料发生电与化学范畴中的化学反应，即电化学反应，在该过程中同时存在阴极反应和阳极反应。阳极发生金属材料的溶解，阴极（一般只起到传递电子的作用）发生溶液中去极化剂的还原。二者通过电解质溶液构成电回路，反应过程中有电流存在。物理腐蚀是指物质迁移引起的破坏。被腐蚀后溶于溶剂中的金属称为溶质，溶剂是液态金属。固态溶质溶解后转移到液态溶剂中，使材料被破坏。物理腐蚀不涉及化学反应，因此腐蚀过程中没有电流的产生。生物腐蚀是由于微生物、鸟类等生物的生命活动导致材料变质或破坏，分为机械生物腐蚀和化学生物腐蚀。生物腐蚀在海洋能开发利用的过程中普遍存在。硫酸盐还原菌（sulfate-reducing bacteria，SRB）导致的腐蚀是海洋工程中十分严重的一种微生物腐蚀，除对钛合金以外的各种金属都可产生腐蚀，其导致腐蚀的主要原因是 SRB 代谢出的硫化物（如 H_2S），对腐蚀反应既有阴极去极化作用，又有阳极去极化作用。

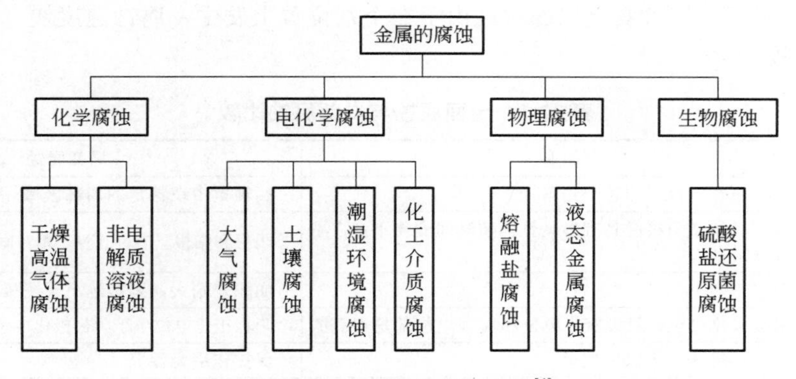

图 22-1　金属材料腐蚀分类[4]

② 根据金属的腐蚀形态分类　金属材料的腐蚀可分为全面腐蚀和局部腐蚀。根据有无应力的作用，局部腐蚀又可以进一步划分为无应力局部腐蚀和有应力局部腐蚀。全面腐蚀又称均匀腐蚀，是指腐蚀在材料与介质接触的表面全方位、多层次的一种破坏形式，其腐蚀具有均一

性。局部腐蚀是腐蚀发生在材料的特定局部区域的破坏形式，一般属于电化学腐蚀。造成局部腐蚀的直接原因不同，局部腐蚀的形态也大相径庭。局部腐蚀涵盖众多类型，一般包括不同电位的金属相接触造成的电偶腐蚀、因相对运动而造成的磨损腐蚀、沿纵深方向发展的点腐蚀、微小缝隙构成的缝隙腐蚀、因成分和组织不同造成的选择性腐蚀和晶间腐蚀等。

③ 根据腐蚀产生的环境分类　可以将腐蚀分为自然环境下的腐蚀和工业介质下的腐蚀。自然环境的构成要素主要是水、空气以及土壤等，因此可划分为大气腐蚀、海水腐蚀和土壤腐蚀。工业环境比较复杂，主要包括石油化工腐蚀、化学化工腐蚀、核电工业腐蚀和航空航天设备腐蚀等[5]。

（2）非金属材料腐蚀　非金属材料以其优秀的综合性能被广泛地应用于诸多领域。一般非金属材料具有较优的耐蚀性，但在某些特定的环境中非金属材料也会发生腐蚀。不同于金属材料，绝大多数非金属材料属于非导电体，不会形成电偶腐蚀，一般不会发生电化学腐蚀，而通常是物理、化学作用下的腐蚀。当非金属材料与腐蚀介质接触后，腐蚀介质往往会通过材料中存在的孔隙向内部扩散或发生非金属材料的溶解，使得材料的内部和表面同时发生腐蚀。高分子材料的腐蚀是指高分子材料在存储和应用的过程中，由于外部和内部因素的综合效用，使其物理、化学和力学性能逐渐向不好的方向发展，导致其丧失使用价值，如塑料在有机溶剂中的溶胀和溶解等。一般情况下，无机非金属材料具有优异的耐腐蚀性能，但在特殊的条件下因成分、结构及腐蚀介质等原因，此类材料也会发生腐蚀。无机非金属材料的腐蚀通常是由物理作用或化学作用引起的，一般化学腐蚀占主导地位。

22.2　金属的腐蚀与防护

22.2.1　金属的全面腐蚀和局部腐蚀

22.2.1.1　全面腐蚀与局部腐蚀

全面腐蚀和局部腐蚀是按照材料的腐蚀形态划分的。全面腐蚀遍及整个金属材料的所有表面，腐蚀作用的深度及变化率在材料表面的所有位置具有同一性，结果是金属材料厚度整体减小，在工业生产过程中比较少见。局部腐蚀则会使破坏集中在特定的局部位置，而其余大部分区域被破坏的程度微弱，甚至不发生腐蚀，在工业生产过程中更常见。全面腐蚀与局部腐蚀的比较如表 22-1 所示[4]。事实上局部腐蚀由于在个别位置上发生，腐蚀速度快、隐蔽性强，更易造成灾难事故。

表 22-1　全面腐蚀与局部腐蚀比较[4]

对比项目	全面腐蚀	局部腐蚀
腐蚀形貌	腐蚀遍布于材料的各个角落	腐蚀集中在特定的局部区域
腐蚀电池	微阴极和微阳极区具有多动性，随时间变化不定，不易区分辨别	阴极和阳极具有静止性，相对固定，容易区分辨别
电极面积	面积差别小	面积差别大，阳极远小于阴极
电　　位	阳极极化电位、阴极极化电位和腐蚀电位都是相等的	阳极极化电位小于阴极极化电位，使阳极遭到破坏
腐蚀产物	可能对基体产生保护效果	保护作用为零
质量损失	严重	微小
失效事故率	概率很小	概率大
可预测性	可预料	难预测
评价方法	失重法等	局部腐蚀倾向性等

除特殊情况外，全面腐蚀和局部腐蚀都是指由电化学范畴中的化学反应引起的电化学腐蚀。全面腐蚀产生的原因可从宏观和微观两方面进行分析。从宏观上看，整个金属材料的表面是均匀的，与金属材料表面接触的腐蚀溶液是一致的，表面各部分都遵循相同的溶解动力学规律。从微观上看，金属材料表面各个位置都有能量起伏，能量高的地方为阳极，能量低的地方为阴极，阴阳极的面积十分微小，对于整个材料表面而言，仅仅是沧海一粟，且微阴极和微阳极的位置随时间变换不定，因而整个表面的腐蚀程度相似。

电化学性质的不均匀性导致了局部腐蚀的发生。这种不均匀性指的是材料与环境接触面上电化学性质的不均匀性，阴阳极区由于这种不一致性而截然分开，导致材料局部遭受腐蚀破坏[6]。局部腐蚀中原电池可由金属材料本身的组织不同、结构不一、成分不均以及应力和温度的差异所引起，也可因材料构件的几何形状或腐蚀产物生成并堆积导致的腐蚀环境组成及状态的差异所引起。

22.2.1.2 无应力状态下的局部腐蚀与防护

根据是否存在应力，可将局部腐蚀进而分为无应力状态下的局部腐蚀和应力与腐蚀介质共同发力导致的局部腐蚀。无应力状态下的局部腐蚀主要有不同电位的金属相接触造成的电偶腐蚀、沿纵深方向发展的点腐蚀、微小缝隙构成的缝隙腐蚀、因成分和组织不同造成的选择性腐蚀和晶间腐蚀。

（1）电偶腐蚀　电偶腐蚀是两种活泼性不同的金属在电解液中接触时，使得电位较负的金属发生变质或破坏的现象[3]。电位低的金属溶解而造成接触处的局部腐蚀，而电位较高的金属基本不腐蚀。电偶腐蚀经常是由于材料选择不当引起的，可以通过适当措施进行控制，例如对于同一设备或部件在选材上要避免活泼性不同的金属相邻，若出现两种活泼性不同的金属相邻近时必须要对接触面进行处理使其绝缘[3]。

（2）点腐蚀　点腐蚀简称点蚀，是在金属表面上产生小孔的一种局部的腐蚀形态[4]。对外界条件反应十分敏锐的部位如位错等缺陷处极易引发点蚀。一般来说，点蚀孔的直径只有数十微米，但由于具有沿纵深方向发展的特点，使得其深度远大于孔径。点蚀孔由于被腐蚀产物覆盖，使得孔的内部极易形成闭塞电池，从而加速了腐蚀进行。点蚀容易造成管道穿孔，导致水、气或产品泄漏，引起停工、停产甚至发生严重事故。金属材料的点腐蚀行为由材料与环境决定，因此防止点腐蚀从这两个方面入手，可以提高合金中的 Cr、Ni、Mo、Ti 和 N 含量或降低合金中 C、S 等杂质元素的含量，也可以降低溶液氯离子浓度，改变溶液介质酸性及环境温度来减轻点蚀危害程度[3]。

（3）缝隙腐蚀　缝隙腐蚀是指金属材料在接触时形成了狭窄的缝隙，使得缝隙内的离子移动无法正常进行，导致浓度不一，进而形成浓差电池，从而使金属材料局部被破坏 [2]。由于缝隙中氧的消耗，使得缝隙内电位较低为阳极区，而缝隙外有充足的氧，电位较高，为阴极区。缝隙腐蚀的形成条件包括缝隙宽度和腐蚀介质。能引起缝隙腐蚀的缝宽一般为 0.02～0.1mm。当宽度大于 0.1mm 时，缝隙内的介质移动畅通无阻，不会产生滞留；当缝隙小于 0.02mm 时，缝隙过窄，介质无法进入，因此不会发生缝隙腐蚀。腐蚀介质主要指的是酸性、中性或淡水介质，含氯离子的溶液更易引起缝隙腐蚀。缝隙腐蚀通常发生在金属结构件的连接处，如法兰衔接面。金属表面上存在砂粒、尘埃、腐蚀产物等异物时也会引起缝隙腐蚀。控制缝隙腐蚀的常用措施有用焊接取代铆接或螺栓连接以尽量避免缝隙结构，选择含 Cr、Mo、Ni 含量较高的不锈钢材料等[6]。

（4）选择性腐蚀　选择性腐蚀可分为成分选择性腐蚀和组织选择性腐蚀。提高合金抗选择性腐蚀的措施有调整和改善合金中组成元素和组织以减小耦合电位差，调节环境 pH 值，降低溶液中主要腐蚀离子的浓度，使用缓蚀剂等。

（5）晶间腐蚀　晶间腐蚀指由于晶粒与晶界之间存在着电化学不均匀性，使得腐蚀沿着晶粒的边界进行的破坏形式[6]。晶界原子排列比较杂乱，易富集杂质原子，因此与晶粒相比具有较大的活性，成为阳极而优先发生溶解。晶间腐蚀会导致材料沿晶界断裂，因此对其控制在实际工业生产中十分重要。避免或防止晶间腐蚀的途径主要有降低合金中 C 含量或加入稳定性元素 Ti 或 Nb 以消除或抑制晶界碳化物的沉淀，对合金进行退火处理使晶界上沉淀的碳化物溶解。

22.2.1.3　应力状态下的局部腐蚀与防护

局部腐蚀有时是在应力和腐蚀介质的共同作用下发生的[2]。应力来源通常有两个：一是金属在服役之前即在冶炼、加工以及装配过程中产生的残余应力和热应力；二是服役过程中承受的工作应力。应力状态下的局部腐蚀有如下形式。

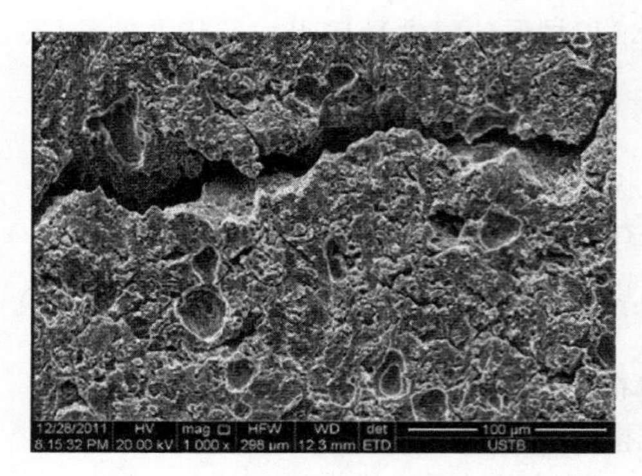

图 22-2　钢发生应力腐蚀后的形貌[7]

（1）应力腐蚀破裂　应力腐蚀破裂（stress corrosion cracking，SCC）是服役环境中的腐蚀介质和非定值应力共同发力导致的一种局部腐蚀破裂[6]，其中应力一般主要是拉应力。应力腐蚀的典型特征是导致裂纹的形成并造成材料的脆断（图 22-2），飞机发生意外、桥梁断裂等大多数失效或事故都与应力腐蚀有关。

应力腐蚀破裂的发生需要拉伸应力、特定的腐蚀环境和敏感材料三个基本条件的特定组合，所以可以通过处理这三个参数之一或全部来控制应力腐蚀，如图 22-3 所示。理想的防治措施是选择应力腐蚀抵抗力强的合金，这也是最常用的方法，然后是对应力或环境的改变。

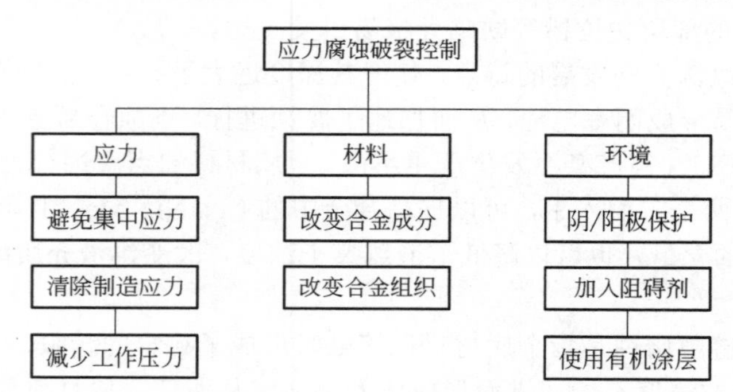

图 22-3　控制应力腐蚀破裂的基本途径[4]

（2）腐蚀疲劳　腐蚀疲劳是材料在循环应力和腐蚀介质的协同作用下引起了材料疲劳性能的显著降低而发生的开裂现象，主要特点是存在循环应力，其中又以交变应力和压应力组成的组合最为常见。影响腐蚀疲劳的因素有很多，例如温度越高腐蚀疲劳越容易发生，疲劳的加载方式也会影响，其中扭转影响最大。当一些金属结构突然发生断裂时，大部分都是因为腐蚀疲劳，如石油行业中的抽油杆。抽油杆在服役环境中承受交变载荷，同时它还与腐蚀性介质原油相接触，构成了典型的腐蚀疲劳。由于腐蚀疲劳是腐蚀环境与循环应力共同作用在具体材料上的结果，因此通常从材料、环境和受力状态三个方面入手。图 22-3 所示的控制应力腐蚀破裂的途径，在原理上也适用于腐蚀疲劳。

（3）氢脆　由于氢的存在或与氢相互作用引起的金属腐蚀破坏统称氢脆[2]。氢脆涉及氢的来源、氢的传输以及由此造成的结构等。金属材料中氢的来源可分为内部氢和外部氢，内部氢是指在冶炼、铸造、焊接等过程中进入材料内部的氢，外部氢是在含硫化氢、氢气的气氛或在其他含氢介质中使用时通过化学或电化学过程进入材料或吸附在材料表面的氢。按氢的存在形式和作用机理，氢脆可分成三类。氢以原子的方式存在，在拉应力的作用下氢原子在裂纹尖端以及位错等缺陷处积聚，导致材料脆化，表现为延塑性降低，甚至发生穿晶或沿晶断裂。氢在材料的内部以分子态氢气聚集，产生高压并使材料发生断裂，如高温熔炼时大量溶解进入的氢在冷却过程中以分子态氢气在钢内析出，产生缺陷并脆性扩展。氢与材料基体或某些组分发生化学反应，生成脆性氢化物，导致脆性破裂。氢脆一旦产生就消除不了，因而对氢脆的控制十分重要，应从选择材料、控制工艺与优化环境等方面入手，例如选择对氢抵抗力强的合金、对合金退火处理适当降低材料强度以减低氢脆、清除介质中的硫化物以提高碳钢和低合金钢对氢脆的抵抗力、尽量缩短酸洗时间或者加入缓蚀剂以减少氢的引入[3]。

（4）磨损腐蚀　磨损腐蚀是腐蚀介质与金属表面之间存在相对运动时会发生的破坏形式[2]。所有影响腐蚀的因素都影响磨损腐蚀，其速度比单纯的腐蚀要快。磨损腐蚀主要的特征是光滑细腻的表面上呈现出槽、沟和山谷等形貌，具有十分鲜明的方向性，按流体的运动方向切入金属表面层。大多数金属和合金都会遭受磨损腐蚀，铅、铜等硬度较低的金属更易发生此类腐蚀。磨损腐蚀涉及的范围较大，又可分为高速的腐蚀流体导致的冲刷腐蚀、流体与构件相对运动导致的空泡腐蚀、小幅度微小震动导致的微动腐蚀等。控制磨损腐蚀的途径有正确的结构设计与合理选材以有效降低或避免冲刷腐蚀，通过阴极保护析出的氢气拦截或缓冲以降低空泡腐蚀，在固体接触面上使用润滑剂、密封胶、涂层、垫片等以降低或者避免微动腐蚀。

22.2.2　金属在自然环境中的腐蚀与防护

（1）大气腐蚀　金属在大气条件下发生腐蚀破坏的现象称为大气腐蚀[7]。大气腐蚀有三个典型特点，即数量最多、波及领域最广和杀伤力最大。据统计，金属的大气腐蚀约占总腐蚀量的一半，主要原因是金属在大气环境介质中比在其他介质中的机会多得多，例如露天堆放钢材的生锈、家用铝制品的表面失去金属光泽等。大气腐蚀的阳极发生的是金属的溶解，阴极反应主要是氧的去极化：

$$O_2 + 2H_2O + 4e \longrightarrow 4OH^-$$

金属的大气腐蚀按潮湿程度一般分为干的大气腐蚀、潮的大气腐蚀和湿的大气腐蚀。其中干的大气腐蚀没有水膜形成，潮的大气腐蚀是由于毛细管作用、吸附作用或化学凝聚作用而在金属表面上形成的，而湿的大气腐蚀则形成了一层可肉眼看见的水膜，发生严重的电化学腐蚀。大气的主要成分如表 22-2 所示[5]。在氧气、氮气和氩气等组分中，对腐蚀影响最大的是 O_2（氧参与阴极去极化）和 H_2O，其次是 CO_2。大气中的杂质会增加大气的腐蚀性。

表 22-2　大气的主要成分[5]

组成	含量/（g/m^3）	占大气总量的体积分数/%
N_2	879	75
O_2	269	23
Ar	15	1.26
H_2O	8	0.70
CO_2	0.5	0.04

防止大气腐蚀的方法，可以从服役环境及对防腐要求进行考虑，在碳钢中加入 Cu、P、Cr、Ni 及稀土元素等以达到改善耐大气腐蚀的目的，在沿海地区腐蚀气氛较强条件下采用镀镉覆盖防护层，内陆地区采用成本较低的镀锌层，采用防锈油、气相缓蚀剂和包装封存有效缓解大气腐蚀[7]。防锈油多用于机械加工工序之间的短期防锈，气相缓蚀剂一般能达到长期防锈的目的。

（2）土壤腐蚀　埋在土壤中的金属材料及其构件的腐蚀统称为土壤腐蚀。埋地金属在土壤中形成腐蚀电池主要有两个原因：一是金属材料本身成分、组织应力或表面状态的不均匀性；另一个是土壤物理化学性质的不均匀性。除此之外，土壤中存在的细菌或微生物也有可能会引起腐蚀[8]。常见的土壤腐蚀如钢管埋在土壤中，阳极区发生铁的溶解反应：

$$Fe + nH_2O \longrightarrow Fe^{2+} \cdot nH_2O + 2e$$

在弱酸性、中性和碱性土壤中，阴极过程主要是氧的还原反应：

$$O_2 + 2H_2O + 4e \longrightarrow 4OH^-$$

金属在土壤中的腐蚀速率与土壤成分、透气性、氧含量、水含量及酸碱度等有关，并由电极过程动力学决定。钢铁因其价格和性能优势而成为地下构件使用最广泛的材料，针对它的土壤腐蚀通常所采取的控制措施有：使用合适的防腐蚀绝缘涂层，如在干燥地带采用价格便宜的石油沥青防护层；使用金属镀层，如铅在土壤中的耐蚀性比碳钢高 4 倍，因此可在其表面镀上一层铅保护层；将电化学保护和涂料联合使用，当涂层遭到局部破坏时阴极保护继续起防腐作用。

（3）海水腐蚀　金属材料制成的构件在海洋环境中发生的变质及破坏现象称为海水腐蚀。海洋环境极其复杂，几乎包含地壳中的所有元素，具有高含盐量和良好的导电性。海水的主要盐类含量如表 22-3 所示[3]。金属发生海水腐蚀的原因主要有：海水是一种电离能力十分强大的溶液；波、浪自带的冲击力对构件会产生低频往复应力；海洋微生物、附着生物及它们的代谢产物对腐蚀产生不同程度的影响。海水腐蚀主要发生的是局部腐蚀。

表 22-3　海水中主要盐类含量[3]

成分	100g 海水中盐的质量/g	占总盐量的百分比/%
NaCl	2.7213	77.8
$MgCl_2$	0.3807	10.9
$MgSO_4$	0.1658	4.7
$CaSO_4$	0.1260	3.6
K_2SO_4	0.0863	2.5
$CaCO_3$	0.0123	0.3
$MgBr_2$	0.0076	0.2

根据环境介质、腐蚀环境的不同，可将海水分为海洋大气区、浪花飞溅区、潮差区、全浸区和海泥区[4]。不同区域的腐蚀速率具有不一致性。通常，金属在飞溅区的腐蚀速率最高，而含氧量少的区域腐蚀则有较大缓解。腐蚀速度的影响因素众多，如相对湿度、温度、风向以及距离等。

目前在海洋环境中用得最多的是钢铁材料。人们为了提高钢铁在海水中的使用寿命，通常采用以下几种控制措施：涂覆防蚀保护性覆盖层，如环氧沥青涂料、氯化橡胶涂料和高聚氯乙烯涂料等，是最普遍的防腐手段；采用低合金钢，尤其在海洋大气和飞溅区的作用明显，使用寿命为碳钢的4～5倍；进行电化学阴极保护与涂料的联合使用[7]。

22.2.3 金属在典型工业环境中的腐蚀与防护

除了自然环境中的腐蚀之外，在很多特殊的环境下也一直存在着腐蚀行为，例如工业介质下的腐蚀。工业环境中的材料往往是在高温、高压、高流速和各种腐蚀介质的环境中服役，从而使得腐蚀问题变得复杂。材料在石油化工、化学工业、核电工业和航空航天等领域的腐蚀是工业介质中的典型腐蚀[5]。

（1）石油化工腐蚀 石油工业是由勘探、钻井、开发、采油、集输、炼制和储存等环节组成的[9]。石油工业的各个环节都与钢铁存在着千丝万缕的联系，这些钢铁结构大多都在非常恶劣的环境下服役，导致石油工业的设备遭受严重腐蚀。石油开采过程中容易发生腐蚀的环节主要包括钻井工程、采油工程和集输工程。开采过程中的腐蚀主要包括应力与环境协同发力的应力腐蚀、应力与介质共同导致的腐蚀疲劳和危害性极大的点腐蚀等。在钻井过程中，腐蚀介质主要来自大气、钻井液和地层产出物，通常几种组分共存。采油过程中使用的工具和零件产生的腐蚀主要由CO_2、H_2S造成。石油的加工过程分为炼油、化工、化纤和化肥等，导致设备腐蚀的主要因素是原油中的杂质和加工过程中的外加物质。

针对金属材料在石油化工中的腐蚀，采取的防护措施主要包括[10]：①合理选材，针对石油加工工业的特点，选用耐蚀级别较高的材料；②石油工业的使用工具要进行合理设计，杜绝复杂的结构以防止应力集中的出现；③合理设计工艺流程可以避免多种腐蚀，例如石油加工中的脱盐、脱水、脱硫和脱重金属等工艺防护措施十分有效；④在不同工艺部位添加适当的缓蚀剂、脱硫剂等化学药剂可以有效减缓腐蚀；⑤控制钻井液的酸碱性，将其pH值控制在10以上，是抑制钻井液对钻具及井下设备的腐蚀最简单、最有效且成本最低的方法。

（2）核电工业腐蚀 核电工业涉及范围宽，产业链比较长。一般核电工业的腐蚀涉及应力腐蚀、流体加速腐蚀、微生物腐蚀等。根据核电工业的特点，该领域的腐蚀主要分为三大类，即核燃料生产过程中的腐蚀如核燃料矿石开采、化学处理、精制浓缩等过程中使用大量的酸碱等腐蚀化学药品，核燃料在使用和存放过程中释放出的α射线、β射线、γ射线和中子流等射线对周围环境介质和材料的辐射，以及放射性核废料处理过程中的腐蚀问题[5]。腐蚀是降低核电工业使用材料寿命、增加维修费用和威胁核电站正常安全运行的重要原因之一。

（3）航空航天领域的腐蚀与防护 该领域腐蚀是指航空航天器及其装备所使用的结构材料的腐蚀。在各种载荷及服役环境作用中，该领域的腐蚀损伤形式和特征明显与其他工业领域不同。航天装备主要有火箭推进器、卫星、飞船、航天飞机等。航空装备使用环境比较复杂，力学因素与腐蚀环境的联合作用非常突出，总是造成比单纯腐蚀危害更大的灾难性破坏。太空是高真空环境，虽然没有水的存在，但是对航天器表面材料产生的危害不亚于地球上的腐蚀。航空装备结构材料常见腐蚀形式如表22-4所示[5]。

表22-4 航空装备结构材料常见的腐蚀形式[5]

腐蚀类型	高强度钢	铝合金	钛合金	复合材料
点蚀	有	有	轻微	—
晶间腐蚀	有	有		—
缝隙腐蚀	有	有	有	有
应力腐蚀	有	有	有	有
疲劳腐蚀	有	有	有	有
电偶腐蚀	有	有	有	有

宇宙辐射、原子氧和温度被称为航空领域的三大杀手[5]。太空到处都存在着人类肉眼所看不见的宇宙辐射。在太空中，航天器完全暴露在强辐射环境中，太阳所释放的紫外线辐射是引起航天器腐蚀失效的主要原因之一，航天器表面的高分子材料在吸收紫外线后会引发聚合物的自我氧化、降解。原子氧是太阳光中紫外线与氧分子相互作用并使其分解而形成的，在低地球轨道约占总组分的80%[5]。当高速运行的航天器与氧化性极强的原子氧发生剧烈的摩擦、碰撞时，航天器表面的聚合物材料会发生高温氧化反应，使其电学、光学以及力学性能等方面发生退化，甚至会引起明显的剥蚀效应。真空环境中缺少空气辅助，无法传热和散热，使得航天器表面受阳光直接照射的一面温度高达一百摄氏度，而阳光照射不到的一面低至零下二百摄氏度。悬殊的温度差异和大幅度的冷热交变可能造成航天器“外衣”的断裂、分层甚至脆化，极大缩短其安全服役寿命。

航天器的腐蚀无法避免，只能采取方法进行控制。航空航天装备的防腐措施主要从两方面考虑，首先是选择和发展高性能的材料，能承受零上一百摄氏度的高温、零下二百摄氏度的低温和循环载荷等。例如对高温、摩擦和腐蚀的承受能力很高的碳纤维或硼纤维增强的环氧树脂基复合材料，以及具有密度低、比强度高的铝、镁等轻合金等材料在航空领域都十分受欢迎，这是因为它们可以极大程度地减轻航天器的重量。其次是结合不同材料的用途及实际服役环境，采用合适的表面处理技术。性能优异的防护涂层对使用寿命、经济消费、综合性能都能做出巨大贡献，其中包括隔热性、导电性、电磁屏蔽性等。航天材料一般采用的表面技术包括化学/电化学沉积、化学/电化学氧化、无机涂层以及特种薄膜制备等。

22.2.4 金属防护技术

由于腐蚀是材料与环境介质相互作用的结果，所以防护技术主要从材料、环境和界面这三个方面考虑[1]。

22.2.4.1 正确选材

正确选材是腐蚀控制道路上需要严格把控的第一步，也是最重要最广泛使用的防腐蚀方法。选材时应遵循以下原则[3]：

① 要清楚了解材料的服役环境。构件出现的腐蚀类型与环境有着直接的关联，所以必须按照使用环境、腐蚀介质种类、浓度、压力和流速等条件选择合适材料。

② 除了耐蚀性能之外，材料的物理、力学和加工性能也要满足服役要求。

③ 考虑的经济成本包括使用寿命、更新周期、加工费用、维护费用等。

④ 尽量选择绿色且便于回收的材料。

完成选材后，合理设计金属结构是保证构件在腐蚀环境中达到人们预期目的关键步骤。在金属结构的设计过程中，要根据腐蚀速率和设备的预设使用寿命计算构件尺寸，预留腐蚀余量。合理设计构件的连接方式，如可考虑用焊接取代铆接或螺栓连接。尽可能避免异种金属直接接触，尤其是避免小阳极大阴极的结构。

22.2.4.2 电化学保护

电化学保护是通过外部电流使金属的电位发生改变从而缓解或防止其腐蚀的一种方法，分为阴极保护和阳极保护[1]。阴极保护是通过降低金属的电位，向免蚀区移动的方法，包括牺牲阳极法和外加电流法。阳极保护是通过提高可钝化金属的电位，使其电位进入钝化区的方法。

（1）牺牲阳极的阴极保护法　当两个电极电位不同的金属构成原电池时，活泼性较高的金属会发生腐蚀。牺牲阳极的阴极保护法便是利用这一现象来实现对材料的保护，如图22-4所示。

镁基、锌基和铝基合金是目前用得最多的牺牲阳极材料，它们的基本性能如表 22-5 所示[4]。虽然它们的用量旗鼓相当，但是三者的性能指标有较大差别。

表 22-5 镁基、锌基和铝基牺牲阳极的性能[4]

阳极材料	密度/（g/cm³）	理论电化当量/（g/A·h）	理论发生电量/（A·h/g）	电位/V	电流效率/%
锌合金	7.8	1.225	0.82	−1.0～−1.1	90
镁合金	1.47	0.453	2.21	−1.2～−1.5	50
铝合金	2.77	0.337	2.97	−0.95～−1.1	80

（2）外加电流的阴极保护法　外加电流保护法是利用外部电源改变电位，使得被保护材料的电位一直处在低于周围环境的状态。它与牺牲阳极保护法的目标相同，都是通过使被保护金属处于高电位来进行保护，不同点在于它依靠外加电流来实现极化，如图 22-5 所示。

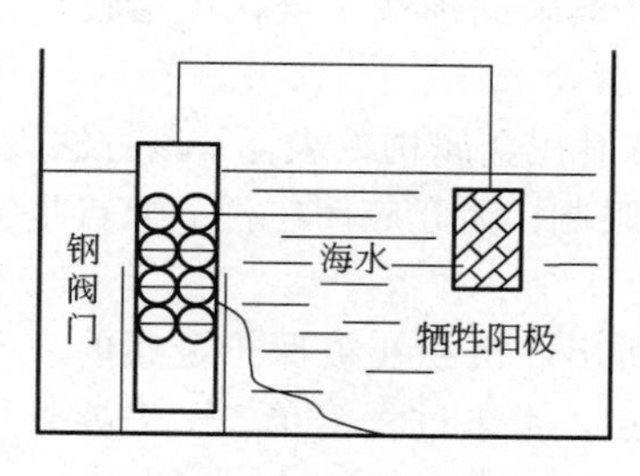

图 22-4　牺牲阳极保护示意图

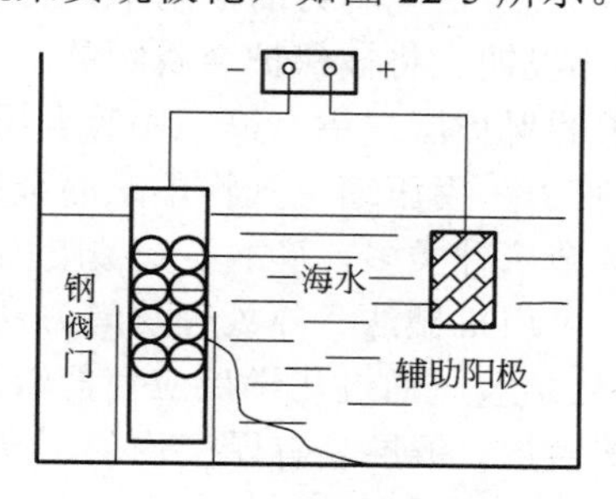

图 22-5　外加电流保护示意图

牺牲阳极法需要根据实际情况更换牺牲阳极材料，因此操作费用高、经济负担大、自动调节电流能力差。外加电流的阴极保护系统具有能自动调节电流和电压、对抗干扰强等优点，若采用可靠的不溶性辅助阳极则保护装置有较长的使用寿命[3]。该方法的缺点主要是需要电源设备且需定期维护，因此成本较高。

（3）阳极保护　将被保护的金属设备与外加直流电源的正极相连，在一定的电解质溶液中将金属进行阳极极化，使得金属建立并维持钝态，则阳极过程受到抑制，金属的腐蚀速度显著降低，设备因此得到保护，即为阳极保护法。阳极保护的使用条件和特点有：某些活性阴离子含量高的介质中不宜采用阳极保护，如氯离子在高浓度下能局部地破坏钝化膜并造成点腐蚀；与阴极保护一样，阳极保护也存在遮蔽效应，若阴、阳极布局不合理，可能会同时存在已钝化、过钝化和未钝化区；需要辅助阴极、直流电源、测量及控制等设备，工艺复杂，保护成本高。

22.2.4.3　缓蚀剂保护

缓蚀剂是抑制金属腐蚀的有效化学物质，在腐蚀环境中少量添加就能有效地阻止或减缓金属的腐蚀速率[3]。操作简单、无高技术要求、使用剂量少、成本低等都是缓蚀剂保护法的优点，目前已广泛应用于石油化工、机械运输等领域。缓蚀剂保护也存在一定的局限性，比如只能在体积量有限的腐蚀介质中使用。

添加缓蚀剂后产生的保护效果与众多因素有关，如腐蚀介质的性质、环境的温度、介质的流动状态、被保护材料的种类和剂量等[2]。因此，缓蚀剂的选择是有严格要求的，选用时要注意到受保护金属及介质的种类、腐蚀体系的控制步骤等。同一缓蚀剂对于异种材料的保护效果不尽相同，在某种条件下的缓蚀剂的保护效果可能很好，但在另外的条件下保护效果可能会很差甚至出现加速腐蚀。另外，选用缓蚀剂时既要考虑其对材料产生的保护程度如何，还要考虑其是否产生副作用，例如是否会影响产品质量、是否破坏环境等。

22.2.4.4 金属表面保护层防护

腐蚀现象的出现以材料和腐蚀介质的同时存在为前提，金属表面的防护方法就是利用这一特点，在金属表面覆盖各种保护层，使金属与腐蚀介质分开，从而实现保护。这种防护方法不仅能提高金属的耐蚀性，改善使用性能，还能减少整体耐蚀金属的消耗。在设计保护层时，应尽量使其具备良好的耐蚀性，与基体金属成为一个整体。保护层要有良好的完整性、均一性和密实性，以及良好的物理和力学性能[2]。保护层可分为金属及非金属保护层、转化保护层和临时保护层。

（1）金属保护层　金属保护层的施工方法一般比较复杂，但是与非金属保护层相比，具有高的稳定性、高的强度、韧性和良好的导电性。金属保护层的形成方法很多，主要包括电镀、热浸镀、喷镀和化学镀等[11]。

① 电镀　在电场力的作用下，带电物质于金属表面形成的金属保护层。

② 热浸镀　将被保护金属制品浸在熔融金属中，在其表面形成一层比电镀镀层更厚从而寿命更长的保护层，铝、锌、锡等金属常被选作液态金属。

③ 喷镀　用压缩空气将熔融的金属雾化成微粒，喷射在金属构件表面。该方法设备简单，可喷镀的金属种类多，基本不受被喷构件尺寸和形状的限制，因此应用广泛。缺点是镀层孔隙度较大，可用机械法、热处理法等方法进行弥补。

④ 化学镀　通过化学反应使盐溶液中的金属离子析出并沉积在被保护金属的表面，形成保护性覆盖层。镀层具有厚度均匀、致密、针孔少的特点。工艺过程简单，不需要外加电源或其他辅助设备，适用于结构复杂、外形繁琐的构件。

⑤ 渗镀　在高温下利用金属原子的扩散，在被保护金属表面形成表面合金层的方法。此方法形成的镀层厚度一致性好，结合紧密，无空隙，热稳定性好，应用最多的是硅、铬、铝等。

⑥ 金属包覆　通过碾压或电焊将耐蚀性良好的金属包覆在被保护金属表面，能够有效消除保护层孔隙度，常见的有铝包覆层、镍包覆层、不锈钢包覆层等。

⑦ 物理气相沉积　在真空中通过溅射或者蒸发的方法，把金属沉积在被保护金属上。该方法 在电工元件中应用较多。

⑧ 化学气相沉积　通过高温气相化学反应使金属沉积在被保护金属表面。

（2）转化保护层　转化保护层是利用化学或电化学方法使金属表面原本的氧化膜发生变化，从而形成转性氧化膜。该技术最大的优点是基体参与成膜反应，因此结合力非常好。常见的转化保护层有以下几种。

① 阳极氧化保护层　以电解法增厚基底金属氧化膜，最常用的金属是铝。

② 铬酸盐处理　把金属或金属镀层放入某些含有添加剂的铬酸或者铬酸盐溶液中，通过一定的化学或电化学处理，使金属表面生成 Cr^{3+} 或 Cr^{6+} 所组成的铬酸盐膜。铬酸盐膜有结合力强、结合紧密、耐腐蚀性好的优点[12]。

③ 磷化处理　将金属浸入磷酸盐溶液中，在一定条件下获得磷酸盐保护层的方法，简称磷化处理[11]。磷化处理可形成 5～15μm 的灰色或暗灰色膜，具有良好的吸附性、润滑性、耐蚀性以及电绝缘性[13]，但是膜的硬度较低。

④ 钢铁氧化处理　在钢铁表面用氧化剂进行氧化以获得氧化铁薄膜，具有良好的致密性和一定的防腐蚀能力。氧化铁薄膜的颜色为黑色或深蓝色，所以工业上钢铁氧化处理又称发蓝或煮黑。

（3）非金属保护层　非金属保护层的施工方法简单，成本较低，形成的防护层具有一定的电绝缘性、绝热性和耐高温性，因此应用广泛。其中比较重要的保护层有涂料、塑料、橡胶以及各种类型的有机涂层[9]。

（4）临时保护层　这种涂层一般采用防锈油、蜡、润滑油、气相缓蚀剂等物质形成，主要起临时性保护作用，往往可以后续去除。

22.3　非金属的腐蚀与防护

工业生产的复杂性和多样性对材料提出了越来越高的要求，单一的金属材料已无法满足要求，非金属材料的应用变得越来越广泛。区别于金属材料，绝大多数非金属材料属于非导电体，不会形成电偶腐蚀，因此一般不会发生电化学腐蚀，而通常是物理、化学作用下的腐蚀。当非金属材料与腐蚀介质接触后，腐蚀介质往往会通过材料中存在的孔隙向内部扩散，使得材料的内部和表面同时发生腐蚀，这一特征也与金属材料不同。非金属材料的腐蚀一般分为硅酸盐类材料的腐蚀高分子材料的腐蚀和木质材料的腐蚀。

22.3.1　硅酸盐类材料的腐蚀与防护

22.3.1.1　混凝土的腐蚀与防护

混凝土是一种复杂的建筑材料，它是碎石或炉渣在水泥或其它胶结材料中的凝聚体，因此是一种多微孔的非均质结构材料，腐蚀介质从孔隙的渗透是其发生腐蚀的主要原因。混凝土长期处于各种复杂的服役环境，腐蚀类型主要包括分解型腐蚀、溶出型腐蚀、膨胀型腐蚀、微生物腐蚀和碱集料反应[14]。

（1）分解型腐蚀　混凝土的分解型腐蚀主要来自三个方面：一是 CO_2 或含有 CO_2 的软水与水泥中的 $Ca(OH)_2$ 反应引起的碳化作用，使得混凝土碱度降低；二是工业生产中大量使用到的酸性溶液与硬化水泥石中的钙离子形成了可溶性钙盐；三是含有 Mg^{2+} 的海水、地下水或工业废水与硬化水泥石的 Ca^{2+} 交换，产生了可溶性的钙盐，导致水泥石分解。

（2）溶出型腐蚀　溶出型腐蚀的发生主要是因为水泥中的 $Ca(OH)_2$ 受到软水的作用下发生了物理性的溶解，从水泥石中溶出，混凝土强度减小，空隙增大。

（3）膨胀型腐蚀　膨胀型腐蚀是在硫酸盐的侵蚀和盐类的结晶膨胀作用下发生的。硫酸盐的侵蚀指的是硫酸盐和混凝土的 $Ca(OH)_2$ 作用，生成硫铝酸钙。盐类结晶膨胀是由于某些盐在水泥石孔隙中产生结晶，体积膨胀。

（4）微生物腐蚀　该腐蚀主要来自硫化菌的作用，即其代谢产物将环境中的硫元素转化为硫酸而发生腐蚀[15]。其反应如下：

$$2S + 3O_2 + 2H_2O \longrightarrow 2H_2SO_4$$

（5）碱集料反应　碱集料反应是混凝土集料中的某些活性矿物（氧化硅、氧化铝等）与混凝土微孔中的碱溶液产生化学反应，反应生成物体积增大，导致了混凝土结构的破坏。反应类型主要包括碱和氧化硅反应、碱和碳酸盐反应以及碱和硅酸反应[14]。

从材料选择和服役环境来考虑，混凝土的防护首先是重视选材。混凝土的主要成分是水泥，应保证水泥的质量，并根据具体的服役环境来选择水泥的种类、碱度以防止碱集料反应的发生和有害离子的入侵。同时还可以加入外加剂、掺和料来提高混凝土的耐久性。其次，要适当提高钢筋保护层的厚度，以降低阴极区的 O_2 和有害离子如 Cl^- 等在混凝土中的扩散。最后，要进行地基处理，如将腐蚀性强的土体清除，换填成无污染土体等[15]。

22.3.1.2 耐火材料、陶瓷的腐蚀与防护

与金属及其合金相比，耐火材料和陶瓷在室温和干燥的空气环境下通常被认为是耐腐蚀的。然而随着温度的上升和特殊的化学、机械和物理变化，耐火材料和结构陶瓷的腐蚀将会加快。耐火材料和陶瓷材料的腐蚀是一个复杂过程，在不同的环境中所表现出的腐蚀机理是不同的，如溶解和侵入性渗透可能是扩散、晶界和应力腐蚀的共同结果，氧化还原反应是吸附、解吸和扩散现象的结合，但通常认为耐火材料和陶瓷在高温下的腐蚀是一个化学过程，而非电化学过程。

材料的耐腐蚀性与微观结构和相组成密切相关，对于耐火材料和结构陶瓷而言，虽然它们都采用高温烧结的方法制备，但是其微观结构的差别是非常大的。耐火材料是一种由多种成分组成的固体，其结晶度、纯度、颗粒尺寸分布范围、颗粒形态差异巨大，并存在相当大的孔隙（孔隙率可达 12%以上），而结构陶瓷正与之相反，它有更细的颗粒、更高的纯度和密度、更低的孔隙率（常小于 2%）。

（1）耐火材料的腐蚀　耐火材料发生的腐蚀破坏形式通常主要有以下几种。

① 化学腐蚀　指耐火材料和周围环境介质之间发生化学反应，以及在其表面和内部形成一些液态或气态的物质。在高温环境下，耐火材料产生化学腐蚀的机理可分为酸碱化学反应和氧化还原反应。在实际选择耐火材料时，应考虑选择化学性质相近，从而提高耐火材料的抗腐蚀性。非氧化物与氧化物复合耐火材料在高温下会被氧化，形成挥发性的物质，造成耐火材料的氧化损耗，含碳耐火材料常发生氧化腐蚀。氧化物系耐火材料在高温环境下可能会被还原，如 SiO_2 被还原成 SiO，甚至形成单质 Si，MgO 被还原成 Mg 单质。

② 渗透　指环境中介质通过耐火材料中存在的气孔侵入到材料的内部，造成材料内部发生腐蚀的现象。渗透可分为物理渗透和化学入侵。物理渗透是指渗入到耐火材料中的介质与耐火材料之间没有溶解过程，由耐火材料内外部的压力差促使介质进入到固体的气孔中。化学入侵是溶解和渗透两个过程的结合。渗透速率与气孔大小、介质特性以及耐火材料表面性质有关。

③ 溶解　指固体耐火材料与液体介质相接触后发生的固体耐火材料向液体介质扩散的现象，包括物理溶解、反应溶解和侵入变质溶解。物理溶解是不发生化学反应的溶解，反应溶解是由于界面处的化学反应导致耐火材料的工作面部分转化为低熔物而溶入渣中，而侵入变质溶解是高温溶液或熔渣通过气孔侵入到耐火材料内部深处，制品的组织结构发生了质变而溶解。

④ 结构剥落　结构剥落是指耐火材料在内应力的作用下产生破裂脱落的现象，是腐蚀渗透直接作用的后果，由耐火材料组织变化造成。当高温熔渣渗透进入到耐火材料的表面时，熔渣会使耐火材料的体积发生改变，同时封闭耐火材料表面的气孔，使表面层材料的性质发生改变，产生很高的内应力。当内应力大于材料断裂强度时就在变质层和原质层之间出现平行于加热面的微裂纹，微裂纹扩展到一定程度就促使表层耐火材料产生剥落。

（2）结构陶瓷的腐蚀　工业耐火材料腐蚀的基本原则也适用于解释结构陶瓷的腐蚀，然而结构陶瓷由于孔隙度比耐火材料低得多，因此其溶解比渗透显得更为重要。

① 熔盐腐蚀　氧化物系和非氧化物结构陶瓷在熔融盐、低温氧化物等介质中的耐蚀性如表 22-6 所示。由于晶体材料的耐蚀性与晶体的纯度有关，纯度低则耐腐蚀性差，表 22-6 所指的陶瓷纯度均在 99.5%以上。表中将陶瓷材料的耐蚀性分为 A、B、C 三种类型，为常压下的定性试验结果，仅用于选择材料时作参考。熔盐对结构陶瓷的腐蚀在化工设备上非常普遍，如水泵和热交换器的腐蚀。

表 22-6 结构陶瓷在熔融盐、碱和低熔点氧化物中的耐蚀性

陶瓷种类	熔融盐、碱和低熔点氧化物					
	氯化钠	氯化钠+氯化钾	硝酸钠	碳酸钠	硫酸钠	氢氧化钾
氧化铝	A1000	A1800	A400	A1000	B500	B500
氧化锆		C800		A1000	B500	C500
碳化硅	B900	C800	A400	C1000	C500	C600
氮化硅			A400	C1000	C500	C500

注：A—能耐该温度腐蚀（℃）；B—该温度下发生一些反应；C—该温度下存在明显腐蚀。

② 热气体的腐蚀　高温气体中常含有还原剂，如 CO、H_2、H_2S。它们会与陶瓷发生氧化还原反应生成低熔点物质并流失和挥发，导致材料产生氧化损耗。工业窑炉和燃气轮机中的陶瓷受到的即是高温气体的腐蚀。结构陶瓷对高温气体的抗腐蚀性见表 22-7。

表 22-7 结构陶瓷对高温气体的抗腐蚀性

陶瓷种类	空气	蒸汽	一氧化氮	氢气	硫化氢	氟（气态）
氧化铝	A1700	A1700	A1700	A1700		
氧化锆	A2400	C1800				
碳化硅	A1200	B300	A>1000	A>1000	A1000	A>800
氮化硅	B1200	A220	A>800		A1000	
氮化硼	C1200	C250	A2000	A>800		

注：A—能耐该温度腐蚀（℃）；B—该温度下发生一些反应；C—该温度下存在明显腐蚀。

22.3.1.3 玻璃的腐蚀与防护

由于玻璃比金属耐腐蚀，故人们认为它是惰性的，不会发生腐蚀。玻璃良好的耐蚀性来自其致密的结构和较高的化学稳定性，但实际上当处在大气、弱酸等介质中时许多玻璃都会发生表面污染、粗糙、斑点等腐蚀现象。玻璃腐蚀是通过接触腐蚀介质，在表面先造成物理或化学侵蚀并逐渐加深，从而导致玻璃本体变质，其腐蚀机理可分为水解、酸侵蚀和碱侵蚀。

（1）水解　含有碱金属或碱土离子 R（Na^+、Ca^{2+}）等的硅酸盐玻璃与水溶液接触时会发生水解，使玻璃结构中的 Si—O—R 化学键受到破坏，R 形成水溶性盐进入溶液，而 Si—O—R 转化为 Si—O—H，由此形成的胶状物有助于阻止水解过程的继续进行。发生水解腐蚀的玻璃表面变得粗糙而不光亮。玻璃中二氧化硅的含量增加则耐水性增加，因此石英玻璃的耐水性能最好。

（2）酸侵蚀　在酸性溶液中（pH<7），玻璃中的 R 易被氢离子所置换，生成的胶状物质能够抑制反应继续进行，因此腐蚀较弱，含有足够量 SO_2 的硅酸盐玻璃对酸侵蚀的抗力较强。但是在光学玻璃中，由于需要获得某些特殊的光学性能，此时便需要降低 SO_2 的含量，增加大量的 Ba、Pb 及其他重金属氧化物，使得这类玻璃易被醋酸、硼酸、磷酸等弱酸腐蚀。

（3）碱侵蚀　在碱性溶液环境中，OH^-破坏了 Si—O—Si 链而形成 Si—O—H 及 Si—O—Na，因此玻璃在碱性环境中的腐蚀比水或酸性溶液严重。碱对玻璃的腐蚀主要由界面反应所控制，因此玻璃的碱蚀不仅与 pH 值有关，还与阳离子的吸附力强弱有关。在相同 pH 值碱溶液中，碱蚀能力为：$Ba^{2+}>Sr^{2+}>Rb^{+}\approx Na^{+}\approx Li^{+}>N(CH_3)_4^{+}>Ca^{2+}$。玻璃腐蚀的防护主要从服役环境来考虑，在碱性环境下可采用 Na_2O—ZrO_2—SiO_2 系统为基础的玻璃来抵抗碱液的侵蚀。在玻璃表面沉积保护层也是一种有效的方法，常用 Zr、Ti、Hf 或 La 等盐类改性处理玻璃纤维

表面以增强其耐蚀性。

22.3.2 木质材料的腐蚀与防护

木材是一种传统材料，在建筑、家具、包装等领域作用巨大。但是木材具有多孔性、湿胀干缩性和生物降解性等，在使用过程中也存在着明显的腐蚀问题。木材所涉及的腐蚀类型主要包括溶液腐蚀（酸碱盐）、气体腐蚀和细菌腐蚀。

（1）溶液腐蚀　木材能耐多数弱酸、稀碱、盐类和大部分有机酸，但是遇到氧化性介质如硫酸或硝酸等，由于其主要构成是有机物（纤维素），因此会发生十分严重的腐蚀，且浓度越高腐蚀性越大。此外，某些盐类例如芒硝的结晶作用也会使木材腐蚀。

（2）气体腐蚀　空气对木材几乎无腐蚀作用。在某些特定的环境下，醋酸等气体对木材会产生较轻的腐蚀，而氯、溴等强腐蚀性气体会产生明显的腐蚀作用。

（3）细菌腐蚀　细菌腐蚀是木材腐蚀的主要类型，由此引起的木材腐蚀即是常说的木材腐朽，其腐蚀机理是木材的细胞壁被真菌分解而引起木材溃烂和解体，通常伴随着变色现象。例如，木材的白腐是由于木质素被分解而仅仅留下了纤维素，木材的褐腐是由于纤维素被分解，仅留下了木质素。

木材的腐蚀防护可从两个方面开展：一是储存时的物理防腐，即通过干存法、湿存法和水存法处理木材；二是化学防腐剂，即通过树脂类防腐剂、油类防腐剂、盐类防腐剂等来保护木材。需要注意的是某些有机防护剂虽然具有防腐、防虫的效果，但是其副产物含有致癌成分，因此要根据具体情况选择合适的防护方法。

22.3.3 有机高分子的腐蚀与防护

有机高分子材料在应用过程中因为物理、化学或生物作用发生了各项性能的退化以致丧失了其使用功能，称为高分子的腐蚀，又称老化。产生腐蚀的高分子材料在外观上常出现污渍、斑点、银纹，物理性能上发生溶解、溶胀等。由于大多数高分子材料除基础聚合物组分外还添加了辅助组分，因此在分析高分子材料耐蚀性时还应考虑添加剂的影响。

22.3.3.1 高分子的腐蚀类型和机理

按腐蚀机理的不同，高分子材料的腐蚀可分为物理腐蚀、化学腐蚀、大气老化和应力腐蚀等。此外和金属材料一样，高分子材料在一定的环境中还会受到细菌腐蚀[16]。

（1）介质的渗透与扩散　高分子材料中的孔隙主要来自两个方面：一是大分子经次价键力相互吸引缠绕结合，聚集态受大分子结构的影响较大，当大分子链节上含有体积较大的侧基或支链时大分子的聚集态结构将变得松散，堆砌密度降低，空隙率增大，为介质扩散提供了条件[17]。二是高分子材料一般添加有各类功能性填料，当树脂不足以包覆所有填料表面时就会使得材料孔隙率增加。环境温度是影响介质在高分子材料内部扩散的重要因素。温度的增加一方面会使得大分子及链段的热运动能量增大，体积膨胀而使空隙增大，另一方面加剧了介质的热运动能力，扩散增强。此外温度的变化还可能造成材料内部产生热应力，促使材料内部孔隙变大，加速渗透和扩散进程。高分子中的极性基团能增大其与介质的亲和力，进一步增加渗透和扩散的概率[18]。一般用增重率来表征介质的渗透和扩散程度，其意义为单位质量的样品所吸收的介质量。

（2）溶胀和溶解　非晶态高聚物的分子结构松散，分子间间隙大，溶剂分子容易渗透到材料的内部。渗入的溶剂进一步使内层的高分子溶剂化，使得链段间作用力减弱，间距增加。聚合物由此发生材料损失，即为溶解。对于大多数高分子材料而言，由于其分子量大且相互缠结，被溶剂化后不易扩散到溶剂中，只能在宏观上造成高分子材料的体积和重量增加，这种现象被称为溶胀。溶胀和溶解属于物理腐蚀，影响因素主要包括高分子的结构、分子量以及温度等[17]。晶态聚合物较难发生溶胀和溶解。判断高分子材料耐溶剂性的能力一般采用极性相似原则和溶解度相似原则。极性大的溶质易溶于极性大的溶剂，极性小的溶质易溶于极性小的溶剂。溶解度相似原则是以溶剂的溶解度参数和高分子材料的溶解度参数之间的差值 $\Delta\delta$ 来表示两者的相容性。耐溶剂腐蚀的级别分为三个等级：$\Delta\delta<1.7$ 为不耐蚀，$\Delta\delta>2.5$ 为耐蚀，$\Delta\delta=1.7\sim2.5$ 时为耐蚀或有条件耐蚀。

（3）水解和降解作用　杂链高分子含有氧、氮、硅等原子，其与碳原子之间构成醚键、酯键、酰胺键、硅氧键等极性键。水与这类极性键发生作用而导致材料降解的现象称为高分子材料的水解。水解过程生成的小分子物质破坏了高分子材料的结构，使得其性能降低。高分子的水解难易程度与引起水解的活性基团的浓度有关，活性基团浓度越高越易发生水解，耐蚀能力越低[18]。高分子处在热、光、机械力、化学试剂、微生物等外界因素作用下时会发生分子链的无规则断裂，聚合度和分子量下降，称为高分子材料的降解。含有相近极性基团的腐蚀介质会使高分子易发生降解，如有机酸、胺、醇和酯等都能使对应的高分子材料发生降解。

（4）氧化反应　聚烯烃类高分子材料如天然橡胶、聚丁二烯等，在辐射或紫外线等外界因素作用下能与氧发生作用，发生氧化降解，出现泛黄、变脆、龟裂、表面失去光泽、机械强度下降等的腐蚀现象。产生氧化降解的原因是这类高分子在其大分子链上存在着易被氧化的薄弱环节如双键、支链等。

（5）应力腐蚀开裂　与金属类似，高分子在一定条件下也会产生应力腐蚀破裂。高分子的应力腐蚀开裂并不会导致材料结合键的直接破坏，而是促进吸附或溶解，例如拉应力作用下会使大分子间距离增大，促使渗透或局部溶解增加。高分子出现应力腐蚀的形态与介质的性质有关。当介质是表面活性物质时，其具有很强的渗透能力，接触后通过渗透和溶解的方式进入到高分子材料内部，溶胀并形成裂纹，如高分子与醇类和非离子表面活性剂接触时造成的应力腐蚀破裂。当介质是溶剂型物质时，高分子会受到较强的溶胀作用，使得大分子链间易于相对滑动，材料强度降低。对于强氧化剂介质，高分子链发生裂解，介质加速渗入，形成大裂纹而破坏[17]。

（6）微生物腐蚀　高聚物在真菌、霉菌和细菌等微生物的作用下的抗生物腐蚀能力较差。微生物自身的代谢产生了各种生物合成酶，可以催化高聚物的降解，降低分子量，使得高聚物的性能下降甚至失去原有性能。

22.3.3.2　高分子的腐蚀防护方法

高分子材料种类繁多，服役的环境复杂。其中，化学环境、热、光照（主要是紫外线）和高能辐射是四种容易诱导高分子材料发生腐蚀的主要环境因素。

（1）选择合适的高分子材料和聚合工艺　高分子的抗腐蚀能力主要取决于其分子结构。在选择高分子材料时，除了考虑材料本身的耐介质腐蚀性外，还需考虑填料的性能。聚合工艺的改进可减少杂质的引入量，控制聚集态结构，从而起到防护作用[19]。

（2）加入抗老化剂　为了提高高分子的耐腐蚀性，可在生产过程中加入热稳定剂、抗氧化剂、光稳定剂、抗臭氧剂以及防霉剂[19]。热稳定剂的最基本性能是热稳定性、耐候性和加工性。用于抑制和延缓氧化过程的添加剂称为抗氧化剂，在橡胶工业中习惯上称为防老剂。用于提高高分子光稳定性的助剂称为光稳定剂，习惯上也称为紫外线吸收剂，作用是屏蔽或吸收紫外线能量以避免或减缓光化学反应，从而阻止或者延迟光老化。抗臭氧剂分为物理抗臭氧剂和化学抗臭氧剂，前者主要是通过物理效应将聚合物与臭氧隔离开而阻止其对聚合物的侵袭，后者实质上也是一种抗氧化剂，通过捕获臭氧并迅速与其反应而转移和延缓对聚合物的破坏作用。防霉剂是一种能杀死或抑制霉菌的生长和繁殖的添加剂。

（3）合理的操作工艺　材料的耐蚀性强弱与工作环境有关，环境因素发生变化将影响到材料的耐腐蚀能力。因此在实际使用过程中应保持环境稳定，将其变化控制在设计范围内。例如对于不耐有机溶剂的材料，使用过程中应避免与有机溶剂接触，对不耐高温的材料应避免环境温度的升高。

参考文献

[1] 李慕勤．材料表面工程技术［M］．北京：化学工业出版社，2010.
[2] 李晓刚．材料腐蚀与防护［M］．长沙：中南大学出版社，2009.
[3] 王保成．材料腐蚀与防护［M］．北京：北京大学出版社，2011.
[4] 韩立荣．金属的腐蚀与防护［J］．管理及其他，2019，20（30）：230-231.
[5] 李宇春．现代工业腐蚀与防护［M］．北京：化学工业出版社，2018.
[6] 皇甫淑君．若干金属材料局部腐蚀新现象的研究［D］．青岛：中国海洋大学，2009.
[7] 赵慧萍，赵文娟，张晓芳．金属电化学腐蚀与防腐浅析［J］．化学工程与装备，2013，16（10）：35-36.
[8] 李晓刚．我国材料自然环境腐蚀研究进展与展望［J］．中国科学基金，2012，（05）：16-17.
[9] 王勋龙，于青，王燕．深海材料及腐蚀防护技术研究现状［J］．腐蚀研究，2018，32（10）：80-85.
[10] 吴则中．我国抽油杆研制工作的现状及发展方向［J］．石油机械，2008，36（2）：63-66.
[11] 张艳敏．抽油杆失效分析［J］．石油矿场机械，2011，40（7）：85-88.
[12] 禹良才，胡舜钦，李旺英．钢铁表面磷酸盐处理的研究进展．益阳师专学报，1999，16（06）：74-77.
[13] 李维维．铝合金铬酸盐化学转化膜的研究［D］．郑州：河南师范大学，2011.
[14] 王增忠．混凝土碱集料反应及耐久性研究［J］．混凝土，2001，（08）：16-18，44.
[15] 张敬书，汪朝成．钢筋混凝土基础的腐蚀与防护措施［J］．中国科学院研究生院学报，2010，27（02）：145-153.
[16] 疏秀林，施庆珊，欧阳友生，等．几种高分子材料微生物腐蚀的研究进展［J］．塑料工业，2009，37（10）：1-4，15.
[17] 风达飞，唐颂超．高分子材料成型加工［M］．北京：中国轻工业出版社，1999.
[18] 朱明华，蒋丽．高分子材料的降解及腐蚀机理［J］．国外医学，1996，19（06）：35-38.
[19] 高维松．高分子材料老化分析与防老化措施分析［J］．通讯世界，2015，（02）：243-244.

第六篇
特种材料制备及 3D 打印技术

23 纳米粉体制备

23.1 概述

23.1.1 定义与性质

按照维度的不同，纳米材料可以分为零维纳米材料、一维纳米材料、二维纳米材料和三维纳米材料。其中制备技术最完善、发展时间最长、存在种类最多的是纳米微粒，它是其他纳米产品制备的基础[1]。纳米粉体也被称为超微颗粒，通常是指尺寸范围为1～100nm的颗粒。

由于纳米材料具有颗粒尺寸小、比表面积大、表面能高、表面原子所占比例大等特点，因此具有以下不同于大块状物体的特有效应。

（1）表面效应 球状颗粒单位体积的表面积与其直径成反比。对于颗粒尺寸在100nm以上的颗粒，表面效应不明显。一般只有尺寸小于100nm，表面增加的原子百分比才快速增长，1g超微粒子总表面积甚至可以达到100m^2，此时表面效果不能忽略。超细颗粒的表面与大物体的表面差异较大，是一种准晶体[2]。

（2）小尺寸效应 当微粒的尺寸等于或小于某些物理化学特性的尺寸时，晶体的性质如光学、热学、磁学、力学等就会发生改变，称为小尺寸效应。例如，金属超微颗粒对光的反射率很低，通常可低于1%，大约几微米的厚度就能完全消光。利用这一特性可将纳米颗粒用作高效率的光热、光电等转换材料。固态物质在其形态为大尺寸时熔点是固定的，而将其超细微化后熔点显著降低，这一性质对粉末冶金工业具有很大的吸引力。小尺寸的超微颗粒磁性与大块材料具有显著的差异。陶瓷材料在通常情况下呈脆性，然而由纳米超微颗粒压制成的纳米陶瓷材料却具有良好的韧性。这是由于纳米材料具有相当大的界面，界面上原子排列混乱，在外力变形条件下很容易迁移，因此表现出优异的韧性与延展性。

（3）量子尺寸效应 量子尺寸效应是指当粒子尺寸下降到某一数值时，费米能级附近的电子能级由准连续变为离散能级或者能隙变宽的现象。当能级的变化程度大于热能、光能、电磁能的变化时，导致了纳米微粒特性与常规材料有显著的不同。

（4）宏观量子隧道效应 在宏观量子隧道效应下，即使超微颗粒中势垒再高，自旋磁化反转也是存在一定概率的，这就是顺磁性的原因，也就是各向异性能垒无法阻碍磁化反转[3]。这种效应和量子尺寸效应一同，对纳米粉体的各种特性起着至关重要的作用。

（5）量子限域效应 当粒子尺寸达到纳米量级时，费米能级附近的电子能级由连续态分裂成分立能级，这种效应被称为量子限域效应。例如半导体或金属材料的尺寸降低到纳米尺寸时，尤其是小于或者等于该材料的激子玻尔半径时，由大块金属中的能级组成的接近连续的能带此时转化为离散的能级，因此对于半导体材料来说，可以通过改变颗粒的尺度来调整其带隙的大小。

23.1.2 分类

纳米粉体制备技术有物理法、化学法和新技术三大类。在制备纳米粉体材料的早期，物理法就被广泛使用，包括机械碎法、物理球磨法等。用这些方法制备纳米粉体材料，可以获得很高的纯度，但是其工序不适于批量生产，成本太高，较难实现规模化生产。化学法是指通过化学合成来制备纳米粉体的方法。通过化学法合成的纳米粉体材料产率较高，生产成本比较低，机械设备也不需要太多投资，非常适用于工厂的批量生产，但是其也具有一定的局限性，如容易混入杂质导致产品不纯。在传统的物理法及化学法制备纳米粉体材料的基础上，延伸出了许多新型的纳米粉体制备技术。为了得到超微粒子，达到有效控制晶粒的生长聚集的目的，可以采用超声技术、等离子体法、超临界流体干燥法等方法。这些方法在分子催化、高科技瓷器、医药学、光敏材料、半导体制备以及日常产品等方面都有重要而广泛的用途。

23.2　物理法

23.2.1　机械法

23.2.1.1　定义与分类

机械法制备纳米粉体主要是通过将撞击、撕裂等机械力作用于物料来实现制备的，最终结果与物料所受各种力的大小和形式有关，同时也与物料本身的性能有关。当物料粉碎至微米或亚微米级时，微粒的单位表面积和表面能迅速增大，纳米粉体颗粒团聚的趋势随着粒度的减小而增大。

机械法制备纳米粉体技术，按机械运动制粉方式可分为湿式粉碎和干式粉碎。按粉碎机械种类可分为高速转动式粉碎法、球磨式粉碎法、搅拌研磨式粉碎法、振动磨式粉碎等，如表 23-1 所示。常用的球磨式粉碎时的工作原理如图 23-1 所示。选择合适的原材料比例、浆料浓度、添加剂使用量、研磨介质的填充量、研磨机转速以及给料流量，对原料进行超细研磨，测试样品的粒度分布。

表 23-1　机械法制备纳米粉体方法分类

分类	粉碎方式
高速转动式粉碎	锤头撞击式；喷射式；涡轮式；离心式；轴流式；剪切式；抛射式
球磨式粉碎	旋转筒式球磨；圆锥式球磨；单筒球磨；旋转搅拌球磨；普通卧式球磨
搅拌研磨式粉碎	塔式搅拌研磨；立式搅拌研磨；立式螺旋搅拌研磨；双轴立式搅拌研磨
振动磨式粉碎	双筒振动磨；单筒振动磨；高幅振动磨；低频低幅振动磨；三维振动磨

23.2.1.2　影响因素

物料研磨主要受到以下因素影响：

① 被研磨物料的物理化学性质，如熔点、沸点、颜色、密度、常温下的状态、化学键特性、原料形状和大小、酸碱度等；

② 物料的晶相组织，如晶体形态、常温下的状态、杂质分布状况等；

③ 被研磨物料的受力方式如冲击、磨剥、劈裂等。

23.2.2　物理气相沉积法

23.2.2.1　热蒸发法

用热蒸发法可以获得金属蒸气，冷却结晶得到纳米粉体，即金属蒸气颗粒结晶法。大多数的金属纳米粉体都可以利用该方法制备，所获得纳米粉体尺寸随着所通入氩气的分压下降而减小。在非常低的分压下金属颗粒在真空室的壁上形成薄膜，分压太高时不利于形成纳米粉体。金属蒸气颗粒结晶法原理如图 23-2 所示。

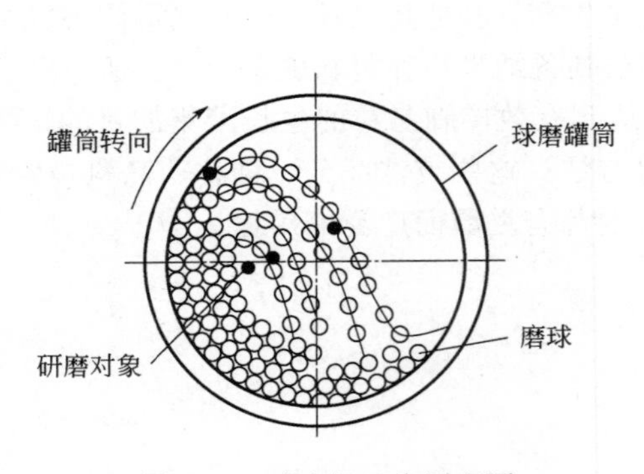

图 23-1 球磨机工作原理图

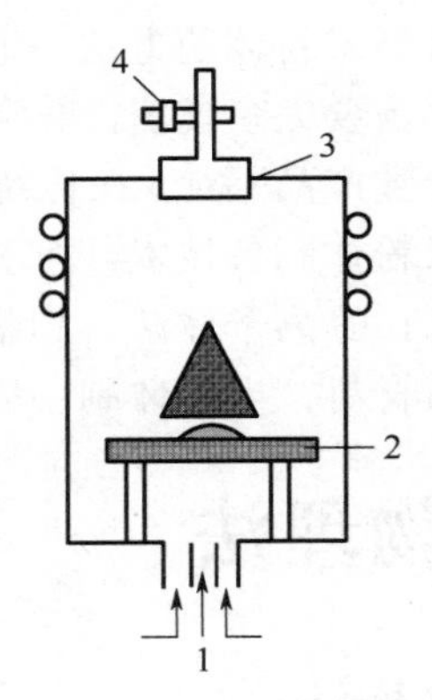

图 23-2 金属蒸气颗粒结晶法原理示意图

1—进气；2—电阻丝；3—收集器；4—排气阀

23.2.2.2 离子溅射法

离子溅射法的原理是靶材原子被氩粒子轰击飞出后沉积在附着面上形成纳米粉体[4]。它的优点是通过控制加热靶的成分可以制备纳米级纯金属，也可以制备多组分的纳米粉体如 CuMn、AlTi 等，高低熔点金属都适用，可以通过加大被溅射阴极的表面提高纳米粉体的获得量，可形成纳米粉体的二维材料等。

23.3 化学法

23.3.1 气相法

化学气相法是在气体状态下发生化学反应生成纳米粉体的方法，是一种制备纳米粉体的常规方法。通过化学气相法制备的纳米粉体质量好、颗粒均匀、杂质较少、颗粒分离状态好，特别适合于氧化物粉体的制备。

化学气相法制备纳米粉体的方法主要包括化学气相沉积法和高温气相裂解法等[5]。化学气相沉积技术适用于众多领域，例如特种材料、核反应堆物质和微纳米材料。该技术可用于制造金属、聚合物和非金属纳米颗粒，例如各种金属硼化物、氮化物、碳化物等。它还可用于净化物质、开发新晶体和沉淀各种玻璃状无机薄膜材料。化学气相沉积方法已成为无机材料发展的指向标。高温气相裂解法是由气体化合反应、表层变化、均匀成核、非均匀成核、聚集及凝聚或熔融六部分组成，各个过程的必要性取决于所要制备产物颗粒的性能。

23.3.2 液相沉淀法

23.3.2.1 定义与分类

通过溶液中的各种反应先生成不溶的沉淀物，然后加热分解沉淀物，最终得到目标纳米粉体，这种方法就是化学液相沉淀法。液相沉淀法反应过程简单、成本低、所得粉体性能良好。液相沉淀法可以分为以下几类。

（1）共沉淀法　共沉淀法是指在混合溶液中加入合适的反应物，让它们共同反应进而得到纳米粉末的一种方法。它是制备含有两种以上元素的纳米粉末的重要方式。由于共沉淀法在制作流程中完成了反应及共沉积过程，因而这种方法得到的纳米粉末成分稳定、粒径小而均匀[6]。

（2）均相沉淀法　均相沉淀法是指通过化学反应从溶液中缓慢沉淀并形成纳米粉末的方法。它的原理是确保溶液中要沉淀的物质处于一种平衡状态，然后逐渐增加沉淀剂浓度，获得目标沉淀物。均相沉淀法反应容易控制，沉淀物能均匀分离[7]。

（3）直接沉淀法　直接沉淀法的原理是在溶液中发生反应直接生成沉淀物，然后过滤清洗干燥煅烧得到纳米粉末。直接沉淀法容易操作，对设备和操作没有特殊要求，不容易引入其他杂质，产品纯度高，成本低。

（4）络合沉淀法　该方法的原理是无机盐离子在室温下与络合剂（如草酸和 EDTA）反应形成络合物。在合适的温度和 pH 值下，氢氧根离子和络合物发生分解反应形成沉淀物，进一步处理得到金属氧化物纳米颗粒。该方法生产效率高，但是工艺复杂，不利于大批量生产，同时所需大量沉淀剂会增加制备成本。

23.3.2.2　影响因素

（1）反应温度和时间　反应温度和时间对沉淀物的生成有着较大的影响。反应温度高才能获得较为理想的过饱和度，但是过高则会导致粉体晶粒粗大，因此需要选择一个合适的反应温度和时间，保证既能获得合适的过饱和度，又能获得合适的颗粒大小。

（2）焙烧温度和时间　经过反应制得的沉淀物干燥焙烧分解成产物。在合成纳米粉末时焙烧温度和时间是关键，焙烧温度太高、时间太长都会使纳米粉体变大，所以采用较低的焙烧温度和较短的时间是符合制备要求的。

（3）反应物配比以及浓度　反应物与沉淀剂的比例直接影响沉淀物的平衡状态。当反应物的浓度较高时，沉淀剂和反应物的量相对较大，这对于形成小颗粒的沉淀物更有利。超出预期量的沉淀剂能确保在给定的时间内与反应物充分反应，有利于提高生产率。

（4）沉淀剂的选择　选择沉淀剂的时候需要考虑以下因素。首先是沉淀剂在水中的溶解度，只有选择合适溶解度的沉淀剂，在加热的时候其浓度才比较容易控制。其次是沉淀剂是否与金属离子快速反应。最后还要考虑沉淀剂是否经济环保。实践中比较常见的沉淀剂有六亚甲基四胺、尿素、硫代乙酰胺等。

23.3.2.3　典型工艺

草酸盐沉淀法制备 ZnO 纳米粉体是以氯化锌、草酸为原料。首先反应合成水合草酸锌沉淀，再经过洗涤及室温干燥后在氧化气氛中 350℃焙烧 2h，得到粒径为 20～40nm 的 ZnO 纳米粉末[8]。液相共沉淀法制备 $ZnTiO_3$ 纳米粉体是以氯化锌、氯化钛为原料，氨水为沉淀剂。首先将氯化锌、氯化钛、盐酸和蒸馏水配制成 A 溶液，将氨水、无水乙醇、蒸馏水配制成 B 溶液，在高速搅拌下将 A、B 溶液混合，同时控制 pH 值为 8.5，得到前驱体料浆。将得到的料浆洗涤、干燥，在 750℃煅烧得到分散性良好、形貌为球形或近球形、粒径为 30nm 的 $ZnTiO_3$ 粉体。

23.3.3　溶胶-凝胶法

23.3.3.1　定义与原理

溶胶-凝胶法通常是以酯类或者金属醇盐类的化合物为前驱体，将前驱体溶解于溶液获得溶胶，在此过程中会发生水解及缩合反应。随后溶胶之间的胶粒逐渐聚合形成凝胶，再经过热处理得到纳米粉体材料[9]。根据 DLVO 理论（Derjguin、Landau、Verwey 与 Overbeek 四人于 1948 年提出）结合斯特恩双电层（Stern Double Layer）理论可知，胶体颗粒发生溶剂化作用，表面吸附了许多带电荷的离子，使得其很难发生聚沉而能够稳定存在。同时，胶粒的布朗运动克服重力因素而避免了沉淀发生。如果采取措施中和胶体颗粒所带电荷、降低溶剂化作用或减弱布朗运动，则会破坏这种稳定性而使得胶体颗粒发生聚沉，形成具有三维网状结构的凝胶。凝胶经过干燥和煅烧后即可得到纳米粉体。

溶胶-凝胶法是制备纳米粉体材料的一种有效方法，它在合成纳米粉体的过程中的优势有：①可以形成均匀分散的体系，以此来制备均匀分散的纳米粉体；②组成成分容易控制，通过添加不同的金属醇盐或无机盐化合物可以制备多组分材料；③合成温度相对较低，安全性高；④工艺设备简单，设备成本低廉；⑤所制备的纳米粉末粒径可控，能制备粒径较小的纳米粉体。

溶胶-凝胶法的局限性主要有原材料成本较高、反应时间较长、有机溶剂有一定毒性等。此外，影响溶胶-凝胶法制备纳米粉体的因素较多，如溶液浓度和 pH 值、反应温度和反应时间、催化剂和添加剂等的种类和添加量等，以及后续热处理温度和时间的精准控制等都使得制备工艺变得复杂而不易控制。最后，纳米粉体制备过程中的粒子团聚现象也不容忽视。

23.3.3.2 反应过程

（1）溶胶及凝胶的形成　将金属有机物均匀溶解在溶剂中形成前驱体，发生水解及缩合反应。通过控制反应条件使颗粒均匀地分散于液相中，即可生成由 1～100nm 的颗粒构成的溶胶[10]。所得的液体中溶胶的浓度小于 15%，这是因为体系中含有大量的溶剂，可以蒸发溶剂浓缩溶液以促进缩合的发生，将溶胶转变成凝胶，也可以通过升降温度实现胶凝作用，或者加入相反电荷的电解质从而引起胶凝化（图 23-3）。胶凝化使得分散体系黏度增大，颗粒或基团发生聚集成为网状聚集体，经过一定时间陈化或干燥处理便会转化为凝胶[11]。

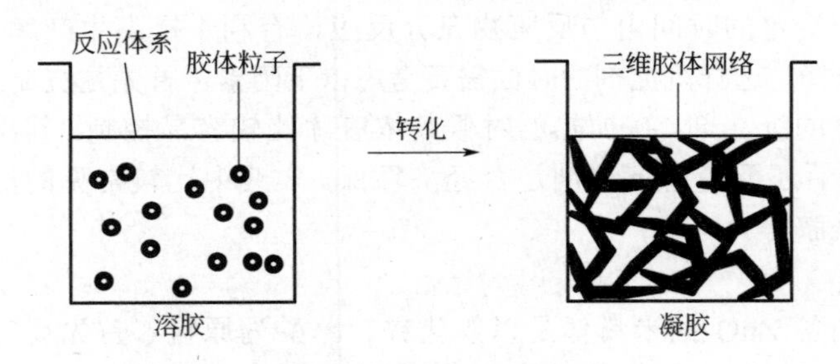

图 23-3　溶胶-凝胶过程示意图

（2）凝胶干燥　凝胶的干燥是制备纳米粉体中一个非常重要的步骤。一般是直接将凝胶暴露在空气中干燥或者使用烘箱进行干燥。但是在使用以上干燥方法的过程中，容易使得液面的弯月面退至凝胶中，使凝胶骨架塌陷。为了解决这一问题，可使用真空冷冻干燥或者超临界流体干燥，避免或者减少表面张力，制得预期颗粒粒径的纳米粉体材料。

23.3.3.3 典型工艺

溶胶-凝胶法是制备组分均匀、粒径可控、分散性好的高纯 $BaTiO_3$ 粉体材料的一种行之有效的方法，具体工艺为：将（$CH_3COO)_2Ba$ 溶于乙二醇溶液中，持续搅拌 30min，得到均匀分散的澄清溶液；将该溶液加入含有 $C_{16}H_{36}O_4Ti$ 的无水乙醇溶液中，120℃温度下回流 24h；在 200℃的温度下干燥得到凝胶粉；将得到的粉末煅烧 5h，获得 $BaTiO_3$ 纳米粉体。工艺流程如图 23-4 所示，图 23-5 为不同煅烧温度下 $BaTiO_3$ 纳米粉体扫描电镜图[12]。

溶胶-凝胶法制备 $LiMn_2O_4$ 正极材料的工艺为：将 $CH_3COOLi \cdot 2H_2O$ 溶于去离子水中制得

A 溶液；将 $Mn(CH_3COO)_2·4H_2O$ 和己二酸溶于去离子水中制得 B 溶液；将 A、B 两溶液混合，于 80℃搅拌 10h，形成含有金属离子的己二酸溶胶；将该溶胶在 90～100℃干燥形成凝胶；烘干后的凝胶置于马弗炉中于 400℃煅烧 8h；将煅烧物研磨后再经 600～800℃灼烧 20h，得到粉末状的 $LiMn_2O_4$ 正极材料[13]。

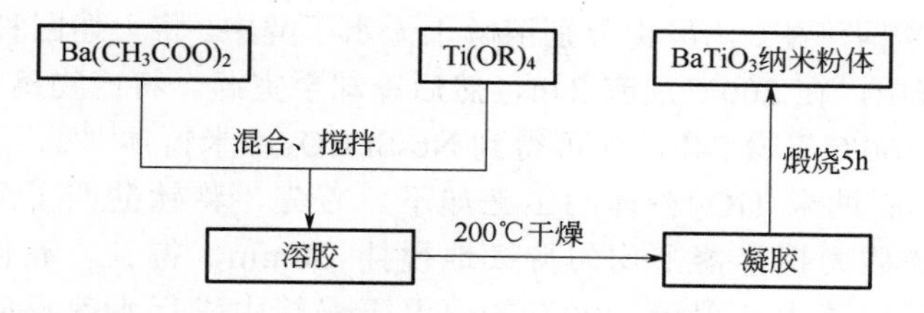

图 23-4 溶胶-凝胶法制备 $BaTiO_3$ 纳米粉体工艺流程

图 23-5 550℃（a）和 650℃（b）煅烧得到的 $BaTiO_3$ 纳米粉体[12]

23.3.4 水热法

23.3.4.1 定义与原理

水热法是以水为反应溶剂，将原料置于特制的密闭反应压力容器（如高温高压反应釜）中，经过加热产生一个高温高压的环境，原料经过溶解、输运以及结晶得到目标产物的一种方法。在制备纳米粉体的过程中，高温高压的环境条件可以加速离子反应并促进水解反应，使在一般条件下无法反应、极难反应或者反应速率很慢的一些化学反应能够顺利进行。另外，在水热法制备纳米粉体的过程中，水作为溶剂或者膨化剂，是化学反应的直接参与者，同时还可以作为压力传递介质，通过加速渗透反应和控制反应过程，实现粉体的形成与改性。根据阿累尼乌斯（Arrhenius）方程式：

$$k = A\exp\left(-\frac{E_a}{RT}\right) \tag{23-1}$$

可知随着温度的升高，反应速率常数 k 会呈现指数规律的增长，离子反应速率增大，因此十分有利于常温下难溶或不溶物质的反应。同时，通过优化实验方案和实验条件，不仅可以实现纳米粉体材料的形成和改性，还可以制备单组分或多组分纳米粉体材料，甚至可以制备一些功能特殊的多组分纳米粉体材料。

与其他化学法制备纳米粉体相比，水热法能够直接制得分散性好、结晶形态优良的纳米粉体，不需要后续的高温处理，同时制备的纳米粉体结晶良好、纯度高、没有或极少出现团聚。但是在水热合成过程中，水热反应是在特制的密闭反应釜中进行的，因此无法直观准确地观察颗粒的生长过程，对于生长机理的研究有一定阻碍作用。水热反应的温度一般是 100～200℃，水蒸气气压较大，需要特殊的反应环境和反应容器，因此对设备要求严格，成本高。水热法的工艺安全性较差，在没有完全冷却至室温的情况下打开水热反应釜，可能会喷出高温高压蒸汽，使操作人员受伤。

23.3.4.2 典型工艺

水热法制备 Nb-$SrTiO_3$ 纳米粉体的工艺如下。首先，将硝酸锶、氢氧化钠分别溶解于去离子水中，将油酸、钛酸四丁酯、乙醇铌分别溶解于无水丁醇中。将上述四种溶液充分搅拌混合，移至高温高压反应釜中，在 200℃反应 24h，然后冷却至室温。将产物离心分离，用无水乙醇和去离子水洗涤后于 60℃干燥 24h，即可得到 Nb-$SrTiO_3$ 纳米粉体[14]。

水热法制备掺 Fe^{3+}纳米 TiO_2 粉体的工艺如下。首先，将钛酸四丁酯溶入含有冰醋酸的无水乙醇溶液中，在磁力搅拌器上均匀持续地搅拌 30min，得到二氧化钛溶液。将该溶液移至高温高压水热反应釜中，置于 200℃的恒温干燥箱中进行水热反应，制得二氧化钛纳米粉体（图 23-6）。控制水热反应时间和反应温度，以及掺杂 Fe^{3+}的摩尔分数，获得掺 Fe^{3+}纳米 TiO_2 粉体的最优制备工艺条件。图 23-7 为在 160℃水热 12h 后制得的掺 Fe^{3+}纳米 TiO_2 粉体，颗粒粒径约 10nm[15]。

图 23-6 200℃反应 24h 制得 Nb-$SrTiO_3$ 纳米粉末形貌

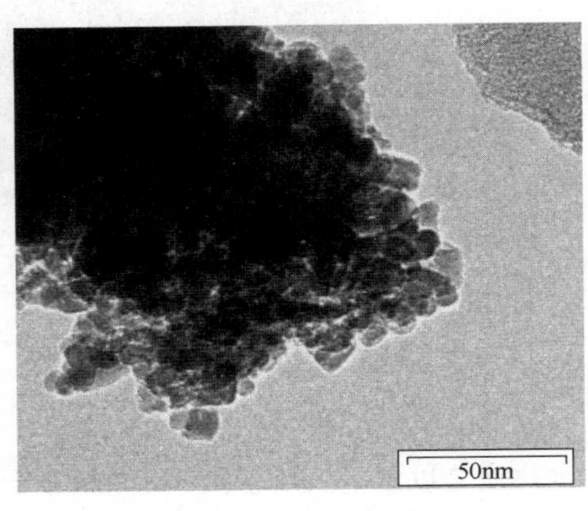

图 23-7 160℃反应 12h 掺 Fe^{3+}（0.1%）纳米 TiO_2 粉体

23.3.5 溶剂热法

溶剂热法是在水热法的基础上发展起来的一种纳米粉体制备技术。与水热法一样，溶剂热法的反应也是在一个密闭的反应容器中以高温高压的状态进行的。这种高温高压的条件可以使得某些不溶解或者很难溶解的物质发生溶解，进而制得纳米粉体材料。采用溶剂热法制备的纳米粉体粒径较小，几乎不发生团聚，颗粒结晶程度高，同时不需要后期的煅烧等热处理工艺。溶剂热法制备 Fe_3O_4 纳米粉体的工艺如下。首先，将九水硝酸铁和氢氧化钾分别溶于乙二醇中，在持续搅拌的状态下将含有氢氧化钾的乙二醇溶液缓慢倒入含有九水硝酸铁的乙二醇溶液中。将上述溶液作为反应前驱体倒入高温高压反应釜中，在 250℃保温 24h，自然冷却室温。最后，对产物进行洗涤，60℃烘干即可得到 Fe_3O_4 纳米粉体[16]（图 23-8）。

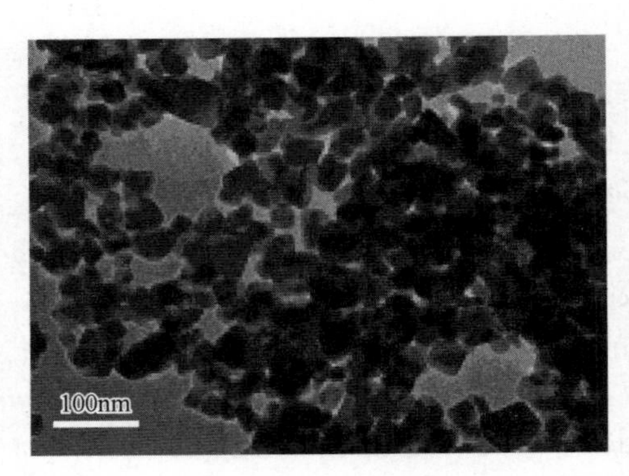

图 23-8 250℃反应 24h 制备的 Fe_3O_4 粉体

23.4 纳米粉体制备新技术

为了能够得到超细且均匀分布的纳米粉体材料，使晶体的生长过程和颗粒的团聚得到有效控制，新的纳米粉体制备技术正在迅速发展。

23.4.1 超声技术法

与传统的搅拌技术相比，超声技术能够使得纳米粉体材料在化学反应的过程中分散得更加均匀，对纳米粉体的团聚也能够起到一定的抑制作用，因此超声技术能够非常有效地制备出性能优越的纳米粉体材料。例如，纳米 Al_2O_3 陶瓷粉体的超声技术制备[17]。首先把硝酸铝溶于无水乙醇中，搅拌 30min 至完全溶解混合均匀，然后将氨乙醇溶液在 25kHz 的超声作用下以每分钟 80 滴的速度匀速滴入硝酸铝的乙醇溶液中。反应结束后将制得的产物进行减压过滤，无水乙醇洗涤，于 100℃的温度下干燥 10h。将制得的粉末粉碎研磨，于 1200℃下煅烧 1h，获得粒度均匀、分散性好的纳米 Al_2O_3 陶瓷粉体。

23.4.2 等离子体法

直流电弧等离子体法是指在惰性气体或者反应性气氛下，通过较高的电流（10～300A）和较低的电压（5～40V）将电能施加到气体上产生等离子体，这种等离子体一般称为热等离子体。热等离子体会使金属和非金属蒸发，遇到周围气体发生冷却或发生反应而形成粉体材料。在惰性气氛下，由于直流电弧等离子体瞬间即可达到上万度的高温，因此通过调控参数，几乎可以制得任何金属、非金属的纳米粉体。可以选择熔点高的阴极材料，通常为钨棒，既不引入杂质，也不会快速熔化。通过选择适当的气体可以调控纳米粉体的尺寸。例如，活性气氛需要根据目标产物进行选择，通常浓度越大则制得的纳米粉体的尺寸越大。惰性气体虽然不参与反应，但是对纳米粉体的形貌尺寸有一定的影响。氢气可通过电离形成氢离子来加快蒸发速度，提高纳米粉体的产率。

23.4.3 超临界流体干燥法

超临界流体干燥法（super critical fluid drying，SCFD）是制备纳米粉体材料的新兴技术。与传统的干燥方法不同的是这种技术能够达到临界温度和临界压力之上，缓慢地释放流体，从而制得纳米粉体。

超临界流体干燥法制备纳米 ZnS 粉体的工艺过程如下。首先将表面活性剂和正丁醇混合均匀制得乳液体系。将此乳液体系以 1mL/min 的速度滴加到将含有醋酸锌和硫化钠的水溶液体系中，在 25℃持续搅拌 30min，然后分别用 H_2O、CH_3COCH_3 和 C_2H_5OH 洗涤，制得硫化锌的乙醇凝胶。将该凝胶移至高压釜中，用氮气置换其中的空气后升温升压到无水乙醇的临界状态。最后，在恒温条件下缓慢释放超临界流体，氮气干燥 10min 后冷却至室温，即可得到 ZnS 纳米粉体材料，如图 23-9 所示[18]。

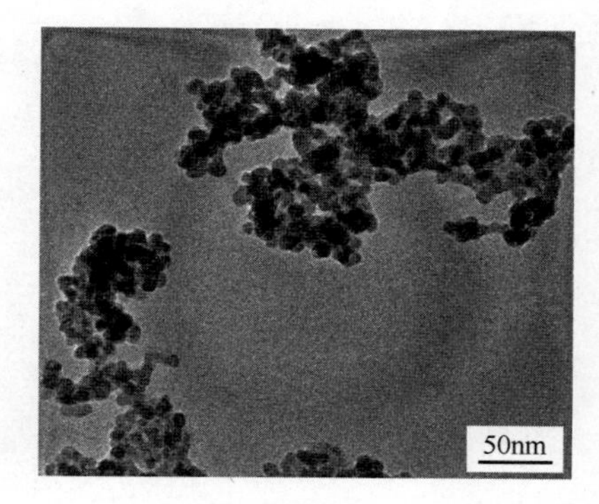

图 23-9 超临界流体干燥法制备的纳米 ZnS 粉体

参考文献

[1] Cao A Y，Zhang X f，Cailu X. et al. Graevine-like growth of single walled carbon nanotubes among vertically aligend multiwalled nanotube arrays [J]. Appl. Phys. Lett. 2001，79（9）：1252.

[2] Wei B Q，Vajtai R，Jung Y，et al. Bold microfabrication technology：Organized assembly of carbon nanotubes [J]. Nature（London），2002，416：495.

[3] 刘勇，孙晓刚. 化学气相沉积法制备大面积定向碳纳米管 [J]. 材料导报，2006，5：120.

[4] 李强，袁玉兰，郭广生，等. 激光悬凝法制备 Zn/ZnO 纳米粒子 [J]. 应用激光，2003，（2）：81.

[5] 张立德. 超微粉体制备与应用技术 [M]. 北京：中国石化出版社，2001.

[6] Bailar J C，Emeleus H J，Nyholm R S，et al. Comprehensive Ingorganic Chemistry [M]. Oxford：Pegamon Press，1973.

[7] 李凤生. 超细粉体技术 [M]. 北京：国防工业出版社，2000.

[8] 李凤生，杨毅. 特种超细粉体制备技术及应用 [M]，北京：国防工业出版社，2002.

[9] 李进，王晓芳. 溶胶-凝胶法制备粉体纳米二氧化钛的研究 [J]. 宁夏大学学报（自然科学版），2012，33（4）：392-395.

[10] Laksbmi B B，Dorhout P K，Martin C R. Sol-gel template synthesis of semiconductor nanostructures. Chem Mater，1997，9：857-862.

[11] Zhu M，Li M S，Li Y L，et al. A review on high temperature oxidation resistant coatings prepared by sol-gel process [J]. Corros Sci Prot Technol，2004，16（1）：33-38.

[12] 凌云，江伟辉，刘健敏，等. 非水解溶胶-凝胶法低温合成钛酸钡粉体 [J]. 人工晶体学报，2016（12）：2801-2806.

[13] 陈彬，傅强，黄小文，等. 锂离子电池正极材料 $LiMn_2O_4$ 的制备及其电化学性能的研究 [J]. 高等学校化学学报，2013，24（12）：2260-2262.

[14] 刘哲廷. 钛酸锶基复合材料的制备及其应用研究 [D]. 成都：电子科技大学. 2018.

[15] 薛丹林，黄金亮，宁向梅，等. 水热法制备掺 Fe^{3+} 纳米 TiO_2 粉体及其光学行为研究 [J]. 电子元件与材料，2019，38（2）：39-44.

[16] 张敏，徐刚，韩高荣. 单分散 Fe_3O_4 纳米粉体的溶剂热合成及磁性 [J]. 硅酸盐通报，2011（4）：813-817.

[17] 宋文植，刘晓秋，孙宏晨，等. 超声波-化学沉淀法制备牙科纳米氧化铝陶瓷粉体 [J]. 口腔医学研究，2006，22（1）：15-17.

[18] 单民瑜，陈卫星，杨觉明. 超临界流体干燥法制备 ZnS 纳米粉体及其表征 [J]. 西安工业大学学报，2012，28（3）：245-248.

24　一维纳米材料制备

24.1　概述

24.1.1　定义

纳米材料通常是指其在三维空间尺度内至少有一维处于纳米尺寸的材料。其中，一维纳米材料是在三维空间内的两个维度上处于纳米尺度的材料，包括纳米带、纳米线、纳米管、纳米棒、同轴纳米电缆等[1~4]。1991 年碳纳米管问世后，以其为代表的一维纳米材料的研究方兴未艾。一维纳米材料具有沿一定方向取向的特性，可以使一维纳米材料在力、声、热、光、电、磁等方面具有优异的性能[5,6]。这使得一维纳米材料在介观尺度研究和纳米器件的实际使用中受到了热切关注，具有广阔的发展前景。

24.1.2　性质与应用

一维纳米材料除了具有表面与界面效应、小尺寸效应、量子尺寸效应和宏观量子隧道效应等纳米材料具有的基本特性外，因其自身独特的高比表面积和多孔结构，还会在电、热、磁、光等方面呈现出异于块状材料的特性，而这些特性是一维纳米材料器件化的重要前提[7]。目前，研究一维纳米材料尺寸、结构与性能之间的关系已经成为相关行业内的一个热点[8]。

（1）热稳定性　当一维纳米材料加热到一定温度时，其存在状态会发生改变。这一特性对于一维纳米材料实现器件化至关重要，与纳米材料加工过程中的工艺条件等因素密切相关。相关研究表明，当材料的尺寸缩小至纳米级时，其热稳定性会发生明显的变化，例如某些材料的熔点会出现很大程度的降低。Zhang 等[9]发现 In 纳米线在一定强度的电子束照射下，熔点会明显降低。因此具有这种特性的纳米线可以在纳米器件中发挥类似于保险丝的功能。材料的熔点降低会改变材料的相图形状，对材料的加工制备具有重要意义。如一些金属纳米线在制备完成后需要对其进行退火处理以消除缺陷，在退火过程中如果熔点大大降低，则退火温度也会大大降低，这一方面可以节省能源，另一方面也是可以在相对温和的条件下完成器件或材料的加工制备，例如可以在相对较低的温度下对纳米线进行切割、焊接等一系列操作，为一维纳米材料的组装器件化提供有利条件。

（2）电子传送特性　器件的轻便小巧化有利于其在生活中更方便快捷地使用。随着单个器件的尺寸变得越来越小，纳米级材料的电导性就显得尤为重要。随着材料的尺寸下降到一个临界尺寸时，一些金属纳米线的电阻会显著增加，出现由导体到半导体转换的现象。Choi 等[10]发现 Bi 纳米线的电导与温度成反比。当温度下降到一定程度时，Bi 纳米线会表现出半导体或绝缘体的一般性质。Chung 等[11]也发现 Si 纳米线在一定条件下可以由半导体转变成绝缘体。

（3）光学特性　纳米线的直径降到一定尺寸时，会对其能级产生影响，这会使其在光学性质上表现出来不同于体相材料的特性。Holmes 等[12]发现 Si 纳米线的吸收峰相对于体相材料出现明显的蓝移现象。这些光学特性可能与纳米材料的量子限域效应以及因为尺寸效应导致材料的表面状态发生改变有关。一维纳米材料发出的光与其结构之间存在很强的关联性，光线会在纳米线的纵轴方向产生偏振。Wang 等[13]发现改变 InP 纳米线的方向时，其对应的光谱强度在平行或垂直于长轴的方向上有很大的差异，利用纳米线的这种光学特性可以方便地组装对偏振有高灵敏度的纳米量级光电探测器。

（4）光电导性和光学开关的特性　在一定条件下，一维纳米材料可以实现由导体向半导体的转换，利用这个特性可以将一维纳米材料作为纳米器件中的电学开关，借助光诱导效应触发开关的转换特性。Kind 等[14]发现通过调节紫外光的强度可以对 ZnO 纳米线电导率进行调控，以实现电学开关的功能。这种纳米线在黑暗条件下是绝缘状态，当有紫外光照射时电阻会迅速下降，这种对光的高度敏感性可以使其应用于紫外光探测器、光电开关等器件中。

24.2　制备技术

24.2.1　生长机制

在制备一维纳米材料前了解其生长机制是必要的。在诸多制备方法中，可以根据不同的生长机制将其分为气相法、液相法和模板法[7]。其中，气相合成法是广泛应用的方法，生长机制也是目前最完善的。气相法的生长机制主要包含了气相-液相-固相（vapor-liquid-solid，VLS）生长机制、气相-固相（vapor-solid，VS）生长机制和氧化物生长辅助（oxide assisted growth，OAG）生长机制，其中最重要、最常用的是 VLS 生长机制。液相生长机制主要包括溶液-液相-固相（solution-liquid-solid，SLS）生长机制和溶剂热法[15]，以及卷曲生长机制。

24.2.1.1　气相-液相-固相生长机制

在制备一维纳米材料的气相方法中，有很多都是应用的气相-液相-固相（vapor-liquid-solid，VLS）生长机制的方法，它可以制备大批单晶一维纳米材料。应用 VLS 机制制备一维纳米材料的条件非常多，比如整个机制要求必须有合适的温度、有催化剂的存在、气相反应物的活性点是液态金属团簇催化剂、加热材料源形成蒸气并充满液态金属团簇催化剂整个表面等。当蒸气的浓度在团簇中达到过饱和之后，一维纳米结构则会在催化剂表面逐渐生长出来[16,17]。

在 VLS 生长机制中，晶须开始形成时需要在固体基板上形成小液滴，两者形成液-固界面。此时由于吸附在熔体表面上，气态原子以液滴形式沉积，当熔体达到过饱和态时，晶体开始从熔体中沉淀出来。当气态原子连续吸附到熔体中时，熔体的过饱和过程持续出现，晶须由此逐渐形成。该生长过程如图 24-1 所示。

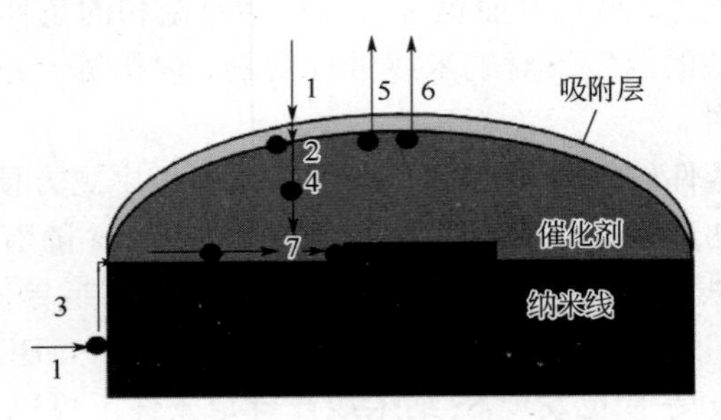

图 24-1　VLS 生长过程示意图[18]

1—前驱体通过气相扩散；2—催化剂表面吸附和 Si 注入催化剂液滴；3—侧壁吸附、表面扩散和 Si 注入；4—扩散穿过催化剂；5—蒸发脱离液滴；6—借助逆反应脱离液滴；7—结晶或纳米线生长而脱离液滴

VLS 生长机制的一个明显特点是催化剂颗粒会附着在纳米线的顶部，生长出来的纳米线

的直径很大程度上由催化剂的尺寸决定。除了催化剂之外，另一个影响纳米线最终长径比的因素是反应时间。尽管 VLS 生长方式可以在平衡条件下通过各种方法改变金属催化剂液滴颗粒的尺寸来改变纳米线尺寸，但是由于获得的液态金属簇的直径通常大于几十纳米，因此生成的一维材料的直径也会较大。

在 VLS 机制下，可以通过化学或者物理方法制备纳米线生长所需的蒸气，因此相应的制备技术有多种，物理方法包括激光烧蚀法、热蒸发法等，化学方法包括化学气相传输法、化学气相沉积法等。此外据报道，还可以利用脉冲激光烧蚀-化学气相沉积（PLA-CVD）独立地控制、交替两种气体源 Si 和 Ge 进入系统，通过 VLS 机制制备了 Si-SiGe 超晶格纳米线，使 Si 与 SiGe 在同一根纳米线上交替生长[19]，如图 24-2 所示。事实上，许多单质、二元化合物及一些结构复杂的单晶都可以利用这种生长机制来制备，具有基本上不会产生位错、生长速率较快等优点。

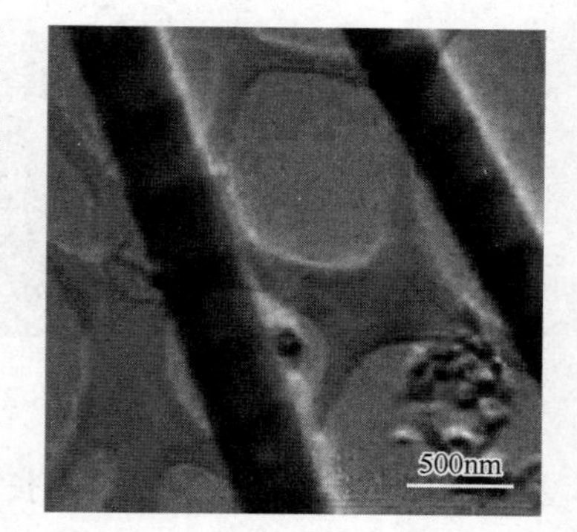

图 24-2 Si-SiGe 超晶格纳米线[19]

24.2.1.2 气相-固相生长机制

除了 VLS 机制外，一维纳米材料还可以利用气-固（vapor-solid，VS）机制生长，也就是说在无催化剂的情况下生长一维纳米材料。在 VS 机制中，利用物理热蒸发、化学氧化还原反应或者气相反应等，可以将高温区域中产生的反应物用惰性气体流输送到反应器的低温区域进行快速冷却，使其沉淀下来并最终获得一维纳米材料。

在 VS 生长机制中，晶体生长的形态很大程度上是由气相的过饱和度决定。低过饱和度会导致晶须生长，而中等过饱和度则导致块状晶体的形成，在极高的过饱和度下则会通过均匀成核产生粉末。另外，改变温度可以控制成核尺寸。在较高的温度下，晶核尺寸变大，由此导致生长纳米线的直径变大。同时高温加快了分子的热运动，使纤维或纳米线可以长得更长更粗，具有更大的直径。在低温时，晶核颗粒较小，分子热运动较慢，故纳米线的生长速度也较慢，所以得到的是直径较小的纳米线。在纳米线的合成中，氮气或氩气是较为常见的承载气体，自身并不一定参与反应，但其流动性对纤维或纳米线的生长有明显的优势。

固体粉末物理蒸发法和化学气相沉积法是应用 VS 机制的两种制备方法。固体粉末物理蒸发法是利用物质的物理蒸发和再沉积过程的方法，属于物理过程。化学气相沉积法是在形成蒸气后产生了化学变化的方法，即产物一维纳米材料与原料前驱体反应物在化学组成上存在差异，通常会通入惰性气体和反应气体。例如 MoS_2 纳米管的合成，第一步加热原料 MoO_3 粉末使其从固态变为气态，第二步是向两个不同的管道中分别同时通入 H_2/N_2 和 H_2S 气体，MoO_3 蒸气在氢气还原气氛下生成 MoO_{3-x}，与 H_2S 在 800～950℃的还原气氛中反应。MoS_2 纳米管是当气流通过低温收集基底上时形成的，整个反应过程如图 24-3 所示。

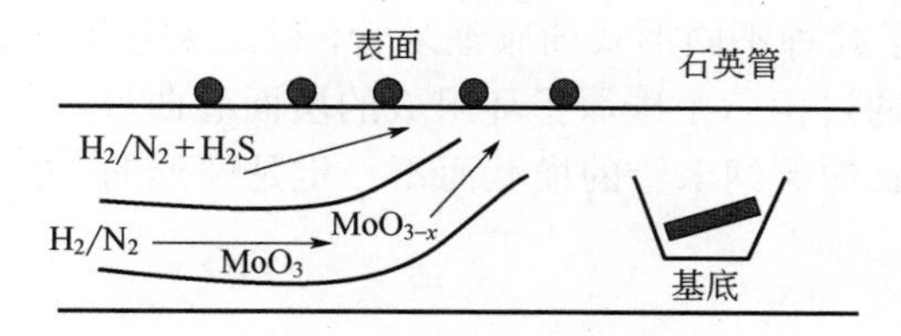

图 24-3 化学气相沉积法制备 MoS_2 纳米管反应器示意图[20]

24.2.1.3 氧化物辅助生长机制

通过激光烧蚀等方法制备硅纳米线时，硅纳米线的成核及生长过程中由氧化物占据主导作用[21]，因此 Lee 等人[22]提出了氧化物辅助（oxide assisted growth，OAG）生长机制，并将其作为一维纳米材料硅纳米线的制备方法。硅纳米线的氧化物辅助生长机理如图 24-4 所示。OAG

机制通过使用金属氧化物替代金属的方法，在纳米材料的成核与生长过程中形成质量优越、纯度极高的一维纳米材料。与 VLS 生长机制相比，OAG 生长机制不需要使用金属催化剂，只需简单的热蒸发就可以得到纯度高、质量好的纳米材料。通过 OAG 生长机制制备得到的 Si 纳米线最小直径小于 VLS 生长机制制备得到的 Si 纳米线（1nm vs. 4nm）。此外，通过 OAG 生长机制不仅可以制备纳米线，还可以制备得到纳米棒、纳米带等不同结构和形貌的一维纳米材料。

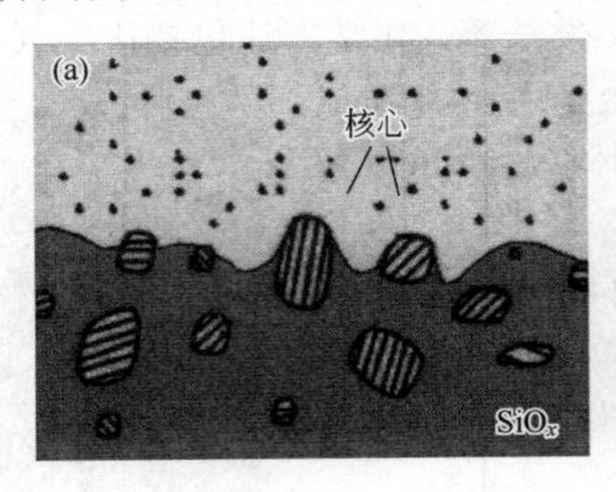

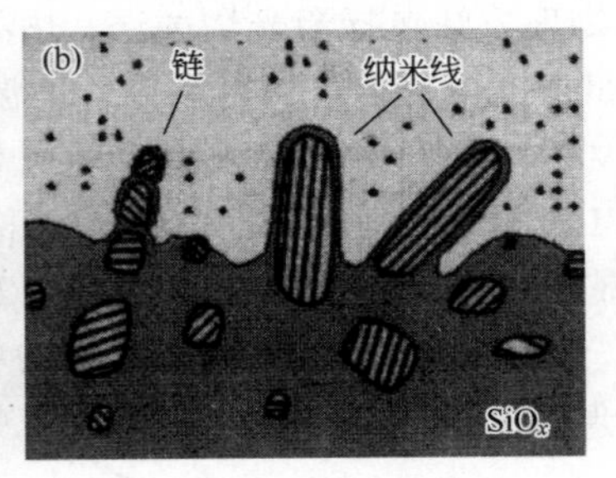

图 24-4　氧化物辅助生长硅纳米线示意图[23]

24.2.1.4　溶液-液相-固相生长机制

溶液-液相-固相（solution-liquid-solid，SLS）生长机制是液相法中的主要机制。SLS 生长机制类似于气相合成法中的 VLS 生长机制，都需要用催化剂作为生长的辅助，但是二者之间也存在区别。在 VLS 生长机制中，生长需要的原材料要从气相中获得，但在 SLS 生长机制中则是由溶液来供给生长所需要的原材料。SLS 生长机制中使用的催化剂一般为低熔点金属如 In、Sn 或 Bi 等，与 VLS 生长机制相似，得到的产物一般是单晶或多晶的晶丝和晶须。SLS 的过程如图 24-5 所示。2000 年，Buhro 等人[24]通过 SLS 生长机制制备得到了长度和直径分别为 10～100nm 和 20nm 的 InN 一维纳米纤维材料。此后，Lu 等人[25]又利用这种生长机制分别将直径为 7nm 的纳米金和二苯基硅烷作为催化剂和硅源，成功地制备得到了直径为 5～30nm、长度微米级的硅纳米线。

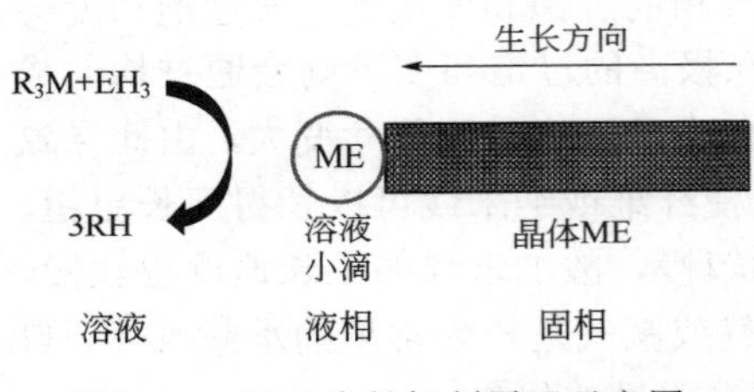

图 24-5　SLS 生长机制原理示意图

24.2.1.5　卷曲生长机制

这种机制在碳纳米管[26]的制备过程中较常见。碳纳米管是由碳原子六元环组成的层面经卷曲后形成的。研究人员使用透射电子显微镜观察了几种不同形式的碳纳米管，以此来分析它们的卷曲生长特征和生长机制，证明了碳纳米管是通过由六个碳原子环组成的层面卷曲形成。卷曲方法分为单层卷曲和多层卷曲，但由卷曲层生长的碳纳米管的横截面不一定是圆形的[27]。

24.2.2　制备方法

根据是发生物理反应还是发生化学反应，一维纳米材料的制备方法可以分为两大类，即物理方法和化学方法。物理方法包括粉碎法和构筑法，化学方法包括气相反应法和液相反应法等。根据生长机制的不同，又可以分为气相法、液相法和模板法等。气相法包括化学气相法和物理气相法，液相法常见的有冷冻干燥法、喷雾法、溶胶-凝胶法、沉淀法和水热法等。此外比较常用的还有模板法等[7,28,29]。

24.2.2.1　气相法

气相合成法通过对气体的直接利用或是将特定物质经过处理变为气体后，在气体状态下使其发生物理或化学反应，然后冷却凝聚形成一维纳米材料[7]。

（1）激光烧蚀法 激光烧蚀法的原理是以掺杂微量金属催化剂的硅源作为靶材料，然后装入充有保护气体氩气的石英管中，再以一定的温度进行激光烧蚀，制备出硅纳米线[30]。金属催化剂有 Fe、Co、Ni 等。激光烧蚀法制备纳米材料的实验装置如图 24-6 所示。

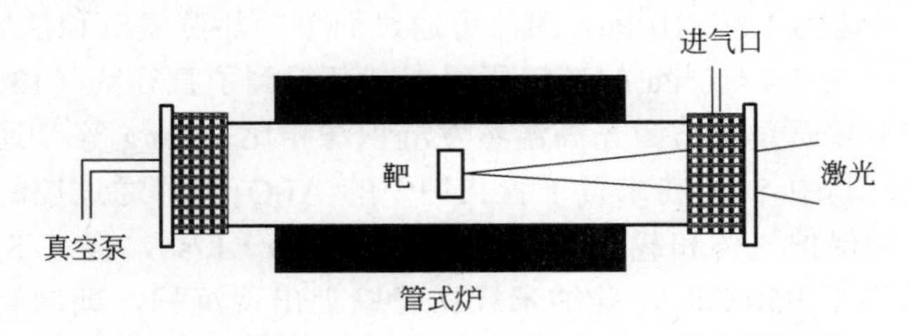

图 24-6 激光烧蚀法制备纳米材料实验装置图[31]

Morales 等和 Yu 等在 1998 年分别报道了通过激光烧蚀目标靶材成功制备 Si 纳米线的技术方法。其中，Morales 等[32]提出纳米线的直径是由液态金属催化剂纳米颗粒进行控制的，并且金属纳米颗粒在生长过程中可以持续吸附反应产物，使得反应产物在纳米线/催化剂界面上过饱和而溢出，促使纳米线持续生长，制备方案如图 24-7 所示。他们将激光烧蚀法与金属 VLS 生长机制相结合，Fe 作为催化剂，制备得到了直径为 10nm、长度大于 1μm 的硅纳米线。将装有 $Si_{0.9}Fe_{0.1}$ 靶材的石英管加热到 1200℃，抽真空后充入氩气后，通过激光烧蚀靶材，氩气将被烧蚀后的靶材输运到石英管尾部，经冷凝后形成硅纳米线。在该过程中存在两个阶段：①$FeSi_2$ 液滴的成核和长大；②基于 VLS 机理的线状生长。通过激光烧蚀，靶材中的硅和铁蒸发为气相，与氩原子碰撞损失热能后迅速冷却而成核。

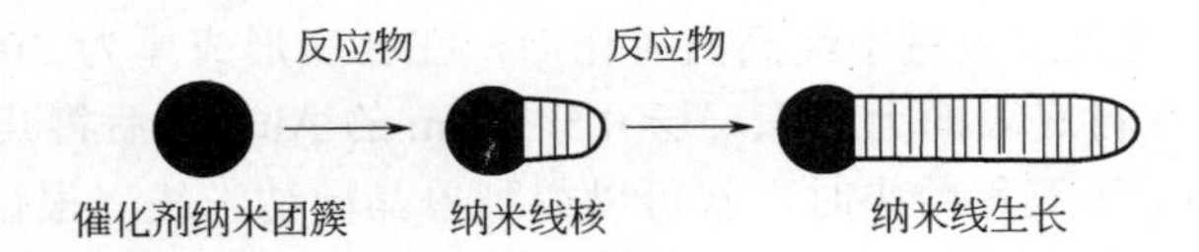

图 24-7 纳米团簇催化剂制备纳米线方案示意图[32]

Yu 等[33]分别将含有 Fe 的 Si 和 Ni、Co 粉作为硅源和催化剂制备得到了直径为 10nm 的硅纳米线。具有催化作用的 Ni 和 Co 作为液相形成剂，可以在气相状态下与 Si 发生反应，生成金属硅化物共熔液滴。该共熔液滴不断地吸收从气相中熔解到共熔液滴中的 Si 原子，达到过饱和状态后析出 Si，从而形成硅纳米线。

2000 年，Shi 等[34]通过激光烧蚀法在较低的烧蚀温度（900℃）下制备了平均直径为 80nm、长度为几十微米的 SiC 纳米线。通过 TEM 和 HRTEM 观察表明（图 24-8），SiC 纳米线中含有

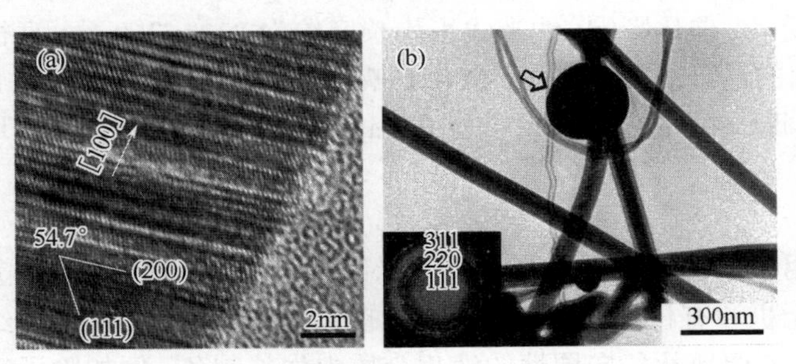

图 24-8 SiC 纳米线的 HRTEM（a）和 TEM（b）图像[34]

的高密度层错被一层薄氧化硅包覆（约 17nm）。生长机理是一种典型的 VLS 生成机制，即纳米铁颗粒作为催化剂作用于 SiC 纳米线的尖端，促使 SiC 不断生长。

（2）固相粉末热蒸发法　热蒸发法是将硅基粉末或者金属氧化物粉末，或是与催化剂的混合物在高温下直接蒸发，氩气作为载气送至冷却端，成核长大以制备一维纳米材料[15,30,31]。在 1200℃，硅的蒸气压可达约 1.86×10^2Pa，因此可通过简单的热蒸发沉积法制备硅纳米线。冯孙齐等[35]采用热蒸发法，在 1.4×10^4Pa 的环境压强下制备得到了直径约（13±3）nm 长度为几十微米的硅纳米线，产率和质量可与激光高温蒸发沉积法相比。Tang 等[36]通过直接热蒸发 SiO_2 制备得到了硅纳米线，其中 SiO_2 粉末置于管式炉中的 Al_2O_3 管，通过控制炉温进而控制 SiO_2 的升华温度，氩气作为保护气体和载气（流速 8.45×10^{-2}Pa・L/s），促进 SiO_2 气体的流动。研究表明，当体系温度小于 950℃时，硅纳米线在管壁上出现沉积，朝向管中心形核生长，生长时间通常为 5h。杨喜宝等[37]通过热蒸发法，将 SiO_2 纳米粉作为硅源，生长出的样品会根据不同的沉积温度而表现出不同的形貌和结构。当温度较低时，样品出现非晶的 SiO_2 纳米线，温度较高时则会得到非晶的 SiO_2 微米颗粒，而中间温区则是非晶的 SiO_2 纳米线/纳米颗粒复合产物。

（3）化学气相沉积法　化学气相沉积（chemical vapor deposition，CVD）是通过蒸气态物质在气相或气固界面上发生反应进而生长固态沉积物，是制备一维硅纳米材料的最常用方法。一般先在衬底表面上沉积金属纳米粒子催化剂，然后置于石英反应器中，在一定温度和真空度下用 H_2、N_2 等载气通入 $SiCl_4$ 或 SiH_4 气态硅源，反应沉积后在衬底表面上生长出硅纳米线。与物理制备方法不同，化学气相沉积法是将气体作为原料，经过化学反应和凝结过程在 VLS 生长机制下得到一维纳米材料[38]。

Hofmann 等人[39]选择单晶硅作为衬底材料，乙醇浸泡清洗 10min 后再用去离子水清洗，之后放入烘箱中烘干，放入反应室中经高温氧化后，在衬底形成厚为 20nm 的 SiO_2 层，当真空度小于 0.001Pa 时，在衬底表面上沉积一层 0.5～5nm 的 Au，然后将其放入等离子增强化学气相沉积室中，在 380℃下沉积数小时，就可以得到单晶硅纳米线。根据 Au 膜的不同厚度，硅纳米线有不同的形态：Au 膜为 5nm 时，硅纳米线直径约 300nm；Au 膜为 1nm 时，硅纳米线的直径小于 100nm；Au 膜为 0.5 nm 时，硅纳米线的直径小于 15nm。Choi 等[40]通过 CVD 法制备得到了 SiC 纳米线，并且可以控制其生长过程。他们先通过直流磁控溅射在硅衬底上沉积一层 2nm 的 Ni 层，然后将衬底放入 CVD 反应装置中，将 H_2 和 CH_3SiCl_3 作为载气和原料，加热到 950℃进行 5min 的催化裂解后，冷却到室温，得到直径 20～50nm、长度几微米的 SiC 纳米线。

王汐璎等[41]将 Ag 纳米颗粒作为催化剂，通过 CVD 在 Si（100）衬底上生长了 β-Ga_2O_3 纳米线。研究发现，β-Ga_2O_3 纳米线的生长机制是 VLS 和 VS 的混合机制。其中，遵循 VLS 生长机制的纳米线受 Ag 催化影响，纳米线平均长度约为 230～260μm，直径约为 150～180nm，而遵循 VS 生长机制的纳米线则不受 Ag 催化影响，纳米线平均长度约为 1.6～1.8μm，直径约为 220～250nm。因此，Ag 的催化作用会使 β-Ga_2O_3 纳米线更细长，从而增加了比表面积，有利于改善材料性能。

24.2.2.2　液相法

气相法一般适用于制备各种无机半导体纳米线或纳米管，难以制备金属纳米线。液相法可以制备包括大部分无机和有机纳米线材料，其中也包括金属纳米线。对于结构高度各向异性的晶体来说，可以非常方便地从各向同性的液相介质中生长制备，例如除了氧以外的硫族单质及化合物。人们常把这种在晶体学结构下自然生长成一维纳米结构的方法称为晶体学结构控制生长方法。金属通常是各向同性晶体结构。因此，为了将金属晶体生长成一维线性结构，必须在金属晶体的成核和生长阶段破坏晶体结构的对称性，限制一些晶面以诱导晶体的各向异性生长（图 24-9）。

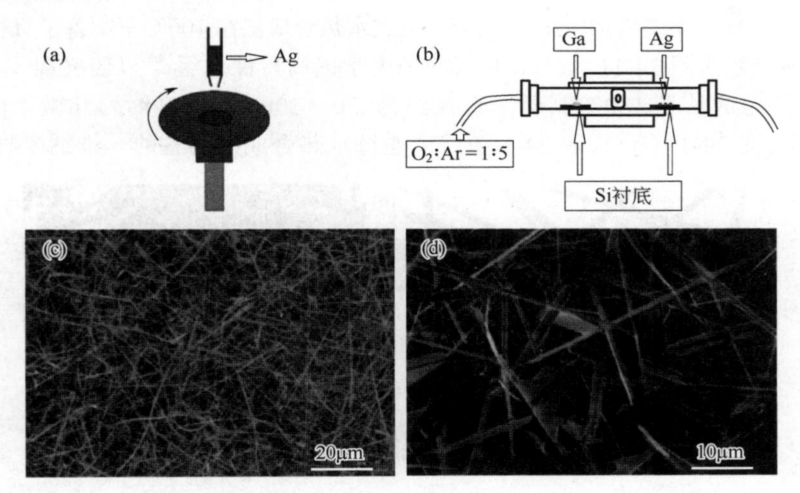

图 24-9 Ag 催化剂旋涂（a）和双温区管式炉（b）及 β-Ga_2O_3 纳米线形貌[41]

（1）晶面控制生长法 多元醇还原法（polyol process）通常用于合成各种类型的金属纳米颗粒。Sun[42]报道了一种金属银纳米线的液相合成方法，通过添加包络剂（capping reagent）以促进晶体的各向异性生长，最终形成银纳米线。Sun 等选择乙二醇作为溶剂和还原剂，附着在 Ag 表面的包络剂选用聚乙烯吡咯烷酮（polyvinylpyrrolidone，PVP），抑制晶面向各个方向的生长速度，从而保证 Ag 纳米颗粒始终以一维线性生长方式生长。先将 0.5mL $PtCl_2$ 溶液（溶剂为乙二醇，浓度为 1.5×10^{-4}mol/L）加入有 5mL 乙二醇的烧瓶中，高温保存 4min（约 160℃）；利用乙二醇作溶剂，$AgNO_3$ 做溶质配出浓度为 0.12mol/L 的溶液；滴加 2.5mL 和 5mLPVP（溶剂为乙二醇，浓度为 0.36mol/L），Ag 纳米线在保温后即可生长出。这种方法合成的 Ag 纳米线的生长机制如图 24-10 所示。

在 $AgNO_3$ 被乙二醇还原时，Ag 会通过均匀成核的方式和 Pt 核上的异相成核形成具有一定尺寸分布的纳米银颗粒。其中，大尺寸的银颗粒逐渐增长，而小尺寸的银颗粒则逐渐消失。PVP 是聚合物表面活性剂，作为封端剂可以选择性地作用于纳米银的晶面，并且在界面上吸收和分解。各个晶面的生长速率被这一步骤控制。纳米银晶体的高度各向异性生长归因于 PVP 覆盖在一些晶面上，使晶面的生长速率大大降低，导致纳米银颗粒逐渐生长成银纳米线。PVP 的浓度是一个重要的影响因素，浓度太高则 PVP 将会覆盖银纳米粒子所有的晶面，各向异性生长将会逐渐减少，主要产物将是银纳米粒子，无法获得一维银纳米线。

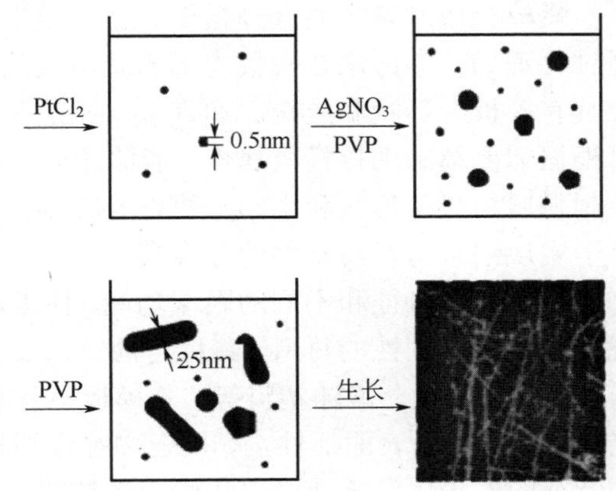

图 24-10 聚乙烯吡咯烷酮包络生长制备 Ag 纳米线生长示意图[42]

（2）水热法 水热合成是在高温（一般在 100～1000℃之间）高压（一般在 1MPa～1GPa

之间）的条件下，以水为介质，通过在水溶液中进行物质的化学反应来制备新材料。水热合成法具有设备简单、易于合成、安全环保、产率高以及产品纯净等特点。2006 年华东理工大学徐建课题组[43]以六亚甲基四胺为还原剂，以季铵盐型阳离子表面活性剂$[C_{16}H_{33}(CH_3)_2N^+(CH_2)_3N^+(CH_3)_2C_{16}H_{33}]\cdot 2Br^-$为稳定剂和结构导向剂，通过水热合成法在100℃下制备了直径约30nm、长约50μm的银纳米线［图24-11（a）］。北京理工大学田周玲课题组[44]以硫酸镍、氢氧化钠等为原料，通过水热合成法在180℃制备了直径约为20～30nm、长度约为几微米的均匀光滑的$Ni(OH)_2$纳米线［图24-11（b）］。表24-1统计了通过水热合成法制备的一维纳米材料及其尺寸。

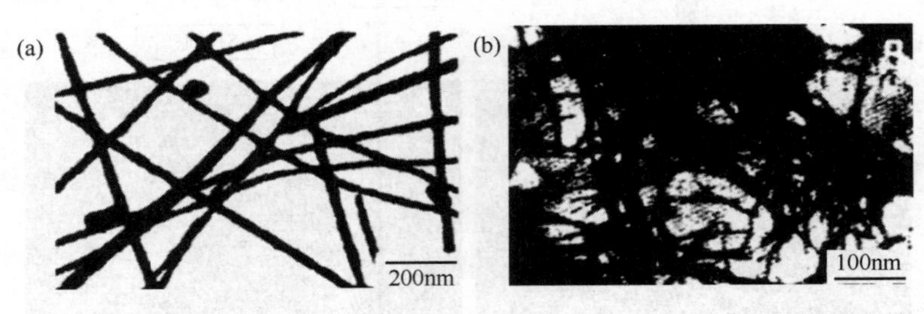

图24-11 水热法制备的Ag纳米线[43]（a）和$Ni(OH)_2$纳米线[44]（b）

表24-1 水热法制备一维纳米材料及其尺寸

材料	直径/nm	长度/μm	参考文献
碳纳米管	20～60	0.2～0.5	[45]
多壁碳纳米管	外径30～40，厚约5	2～16	[46]
WO_3纳米棒	20～30	0.4～0.6	[47]
$CdWO_4$纳米线	12～15	10～20	[48]
Se纳米线	300～350	1.5～2	[49]

24.2.2.3 模板法

模板合成时首先要选择模板。作为模板的物质一般要求包含纳米结构并且形状方便控制，通过物理和化学方法在模板内部的孔中或其表面上沉积相关材料，去掉模板后剩下的纳米材料会具有模板的形状和结构。和许多气相法和液相法相比，模板法制备过程简单便利、成本低，可根据需要精确调控模板属性，能够适应大规模生产；可有效控制纳米材料的生产过程，进而控制材料的尺寸形状和大小；模板孔径小，且孔在内部分布均匀，孔与孔之间的间隙密度大，易于实现纳米材料与基体的分离[50]。

依据自身特征和不同的限域功能，模板法可以分为硬模板法和软模板法。硬模板指的是宏观上具有相对刚性的材料，其稳定的结构直接决定了样品颗粒的尺寸和形貌，例如阳极氧化铝膜、聚合物模板、泡沫塑料等。软模板不具有固定组织结构，但是在一定空间范围内具有限域能力，例如采用表面活性剂、聚合物等作为模板，可以通过分子间的相互作用形成具有一定结构特征的聚集体，并通过电化学或沉淀等方法在模板的表面或内部进行材料沉积[7,17,50]。

（1）硬模板法　在硬模板法中，具有内部孔洞分布较均匀和孔径一致可控等特性的阳极氧化铝膜是目前应用较多的模板（图24-12）。一般而言，多孔氧化铝膜可以通过电化学阳极氧化的方法获得。将退火的高纯铝片（99.999%）除掉有机层和氧化层，置于一定浓度的多元酸中电解一段时间，铝表面上就会产生一层具有孔洞的氧化铝膜，结构特点是垂直膜面的六角柱形孔洞，且呈有序平行排列[51,52]。

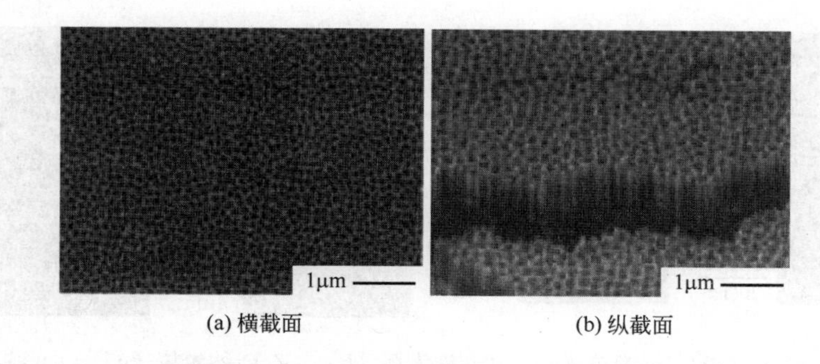

(a) 横截面 (b) 纵截面

图 24-12 多孔氧化铝模板的 SEM 形貌[53]

赵冰等人[54]将处理过后的铝片置于同浓度（0.3mol/L）的草酸溶液和硫酸溶液中进行阳极氧化，然后用硼酸和 $FeSO_4$ 的混合溶液做电解液，铝片和石墨做阳极和阴极，在 15～20V 的交流电压下在多孔氧化铝膜中沉积 Fe，制备得到了 Fe 磁性纳米阵列，其中 Fe 纳米线的长度大于 3μm，半径约为 13nm。张勇等[55]以 SBA-15 介孔二氧化硅和蔗糖作为模板和碳源，制备了 SiC 纳米材料，发现当温度较高、升温速率较低和保温时间较长时介孔模板的限域作用受到了削弱，产物中出现更多的 SiC 纳米线（图 24-13）。

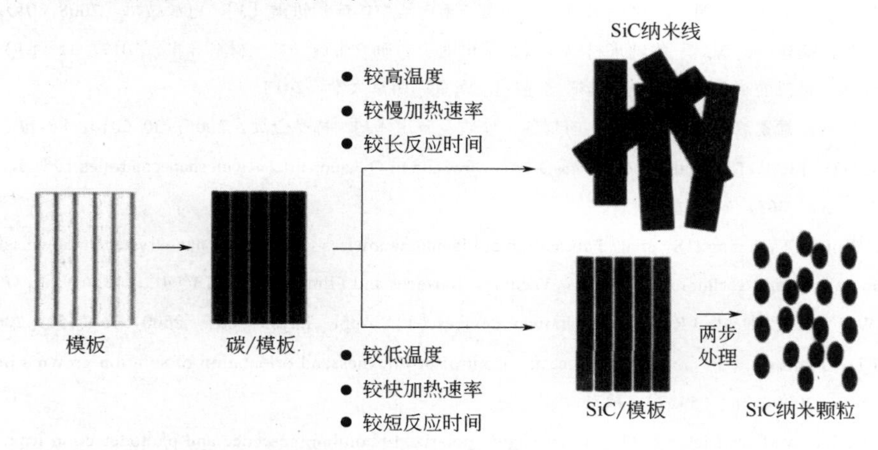

图 24-13 介孔模板限域法制备 SiC 纳米材料示意图[55]

除了多孔氧化铝模板外，二氧化硅模板也是常用模板。二氧化硅模板主要包括多孔二氧化硅、石英玻璃、二氧化硅凝胶等。张先锋等[56]分别将溅射过 Au 膜的石英玻璃和带有刻痕的石英玻璃作为基底模板，对二茂铁和二甲苯混合物进行催化裂解，在基底模板上生成了直径 20～50nm 具有良好方向性的碳纳米多壁管。

（2）软模板法 软模板法尤其是表面活性剂法是一种非常有效的方法。由于表面活性剂分子可以在溶液中自由移动，从而形成多种不同的构型，如球型胶束、棒型胶束、六方构型、胶束、反胶束[57]等。表面活性剂可以控制一维纳米材料的生长方向，从而使其生长成符合人们预期的形状。目前用表面活性剂模板法已经制备了氧化物、硫化合物、聚合物等各种各样的纳米结构材料。Li 等[58]采用反胶束法制备了由纳米粒子组装成的纳米结构。胡长文课题组[59,60]利用表面活性剂十六烷基三甲基溴化铵（hexadecyl trimethyl ammonium bromide，CTAB）制备了一系列金属纳米棒/纳米管，如 PbO_2、Cu、ZnO 纳米棒以及 Cu 纳米管，如图 24-14 所示。软模法相比于硬模法更加灵活，且易于调控，因此可以制备长径比更小的一维纳米材料。

图 24-14　模板法制备的 PbO_2 纳米棒（a）、Cu 纳米棒（b）、ZnO 纳米棒（c）、Cu 纳米管（d）[59,60]

参考文献

[1] 罗振．第四次工业革命-纳米技术［M］．长春：吉林人民出版社，2014．

[2] 巩雄，张桂兰，汤国庆，等．纳米晶体材料研究进展［J］．化学进展，1997（04）：15-26．

[3] 张秀荣．纳米材料的分类及其物理性能［J］．现代物理知识，2002（03）：24-25．

[4] 李嘉，尹衍升，张金升，等．纳米材料的分类及基本结构效应［J］．现代技术陶瓷，2003（02）：26-30．

[5] 张海林，韩相明，王焕新，等．一维纳米材料在锂离子蓄电池中的应用进展［J］．电源技术，2008（01）：63-66．

[6] 彭瑜，许晶晶，胡建臣，等．一维纳米材料在锂离子电池中的研究进展［J］．材料导报，2017，31（S1）：188-194．

[7] 范蕾．低维纳米材料的制备及其光电性能研究［D］．南京：南京大学，2018．

[8] 孙大可，曹立新，常素玲．一维纳米材料的制备、性质及应用［J］．稀有金属，2006，30（01）：88-94．

[9] Zhang Y，Ago H，Liu J．The synthesis of In，In_2O_3 nanowires and In_2O_3 nanoparticles with shapecontrolled［J］．J．Crys．Grow．，2004，264（1-3）：363．

[10] Choi S H，Wang K L，Leung L S，et al．Fabrication of bismuthnanowires with a silver nanocrystal shadowmask［J］．Journal of Vacuum Science and Technology，Part A：Vacuum，Surfaces and Films，2000，18（41）：1326．

[11] Chung S W，Yu J Y，Heath J R．Silicon nanowire devices［J］．Appl．Phys．Lett．，2000，76（15）：2068．

[12] Holmes J D，Johnston K P，Korgel B A，et al．Control of thicknessand orientation of solution grown silicon nanowires［J］．Science，2000，287（5457）：1471．

[13] Wang J，Gudiksen M S，Lieber C M，et al．Highly polarized photoluminescence and photodetection from single indium phosphidenanowires［J］．Science，2001，293（5534）：1455．

[14] Kind H，Yan H，Yang P，et al．Nanowire ultraviolet photodetectorsand optical switches［J］．Adv．Mater．，2002，14（2）：158．

[15] 赵春荣，杨娟玉，卢世刚．一维 SiC 纳米材料制备技术研究进展［J］．稀有金属，2014，38（02）：320-327．

[16] 文玉华，周富信，刘曰武．纳米材料的研究进展［J］．力学进展，2001（01）：47-61．

[17] 曾敏花，郭彩欣，杨宇，等．一维纳米结构材料研究进展［C］．中国仪器仪表学会仪表材料分会，2004，595-599．

[18] Shakthivel D，Raghavan S．Vapor-liquid-solid growth of Si nanowires：a kinetic analysis［J］．Appl．Phys．，2012，112（2）：024317．

[19] Deyu Li，Wu Yiying，Fan Rong，Yang Peidong，Majumdar Arun．Thermal conductivity of Si/SiGe superlattice nanowires［J］．Applied Physics Letters，2003．83（15）：3186-3188．

[20] 徐志昌，张萍．MoS_2 纳米材料化学合成工艺流程的研究［J］．中国钼业，2009，33（06）：11-25．

[21] Fang Sheng，Wang Han，Yang Juanyu，et al．Formation of Si nanowires by the electrochemical reduction of SiO_2 with Ni or NiO additives［J］．Faraday Discussions，2016，190：433-449．

[22] Lee S T，Wang N，Zhang Y F，et al．Oxide-assisted semiconductor nanowire growth［J］．MRS Bulletin，1999，24（8）：

36-42.

[23] Lee S T，Zhang Y F，Wang N，et al. Semiconductor nanowires from oxides [J]. Journal of Materials Research. 1999，14（12）：4503-4507.

[24] Dingman S D，Rath N P，Markowitz P D，et al. Low Temperature，Catalyzed Growth of Indium Nitride Fibers from Azido-Indium Precursors [J]. Angew. Chem. Int. Ed.，2000，39：1470-1472.

[25] Lu X M，Hanrath T，Johnston K P，et al. Growth of single crystal nanowires in supercritical silicon solution from tethered gold particles on a silicon substrate [J]. Nano Letters，2003，3（1）：93-99.

[26] 满玉红. 定向多壁碳纳米管阵列的生长机理与可控制备研究 [D]. 清华大学，2011.

[27] 刘维. 碳纳米管卷层结构的 TEM 研究 [J]. 电子显微学报，2000，(04)：415-416.

[28] 马德琨. 一维纳米结构材料的液相控制合成与形成机理研究 [D]. 中国科学技术大学，2007.

[29] 王俊. 热蒸发法制备 ZnO 一维纳米材料及其表征 [D]. 杭州：浙江大学，2005.

[30] 裴立宅. 硅纳米线的制备技术 [J]. 稀有金属快报，2007，(06)：11-17.

[31] 吴旭峰，凌一鸣. 激光烧蚀法制备准一维纳米材料 [J]. 激光技术，2005（06）：575-578.

[32] Morales A M，Lieber C M. A laser ablation method for the synthesis of crystalline semiconductor nanowires [J]. Science，1998，279：208-211.

[33] Yu D P，Lee C S，Bello I，et al. Synthesis of nano-scale silicon wires by excimer laser ablation at high temperature [J]. Solid State Communications，1998，105（6）：403-407.

[34] Shi W，Zheng Y，Peng H，et al. Laser Ablation Synthesis and Optical Characterization of Silicon Carbide Nanowires [J]. Journal of the American Ceramic Society. 2000，83（12）：3228-3230.

[35] 冯孙齐，俞大鹏，张洪洲，等. 一维硅纳米线的生长机制及其量子限制效应的研究 [J]. 中国科学（A 辑），1999（10）：921-926.

[36] Tang Y H，Zhang Y F，Wang N，et al. Morphology of Si nanowires synthesized by high-temperature laser ablation，Journal of Applied Physics [J] 1999，85（11）：7981-7983.

[37] 杨喜宝，刘秋颖，赵景龙，等. SiO_2 纳米线/纳米颗粒复合结构的制备及光致发光性能研究 [J]. 人工晶体学报，2017，46（05）：885-889.

[38] 张晓丹，曹阳，贺军辉. 一维硅纳米材料的可控制备和机理 [J]. 化学进展，2008（Z2）：1064-1072.

[39] Hofmann S，Ducati C，Neill R J，et al. Gold Catalyzed Growth of Silicon Nanowires by Plasma Enhanced Chemical Vapor Deposition [J]. J Appl Phys，2003，94（9）：6005-6013.

[40] Choi H J，Seong H K，Lee J C，et al. Growth and modulation of silicon carbide nanowires [J]. J. Crys. Growth，2004，269：472.

[41] 王汐璆，庄文昌，张凯惠，等. 化学气相沉积法制备氧化镓纳米线 [J]. 人工晶体学报，2019，48（12）：2174-2178+2185.

[42] Yugang Sun，Yadong Yin，Brian T. Mayers，Thurston Herricks，Younan Xia. Uniform Silver Nanowires Synthesis by Reducing $AgNO_3$ with Ethylene Glycol in the Presence of Seeds and Poly（Vinyl Pyrrolidone）[J]. Chem. Mater.，2002，14：4736-4745.

[43] 徐建，韩霞，周丽绘. 水热合成法制备高长径比的银纳米线 [J]. 过程工程学报，2006，6（2）：323.

[44] 田周玲，矫庆泽. 水热法制备氢氧化镍纳米线 [J]. 无机化学学报，2004，20（12）：1449.

[45] Jose M Calderon Moreno，Srikanta S Swamy，et al. Carbon nanocells and nanotubes grown in hydrothermal fluids [J]. Chem Phys Lett，2000，329（4）：317.

[46] Suchanek W L，Libera J A，Gogotsi Y，et al. Behavior of C_{60} under hydrothermal conditions：transformation to amorphous carbon and formation of carbon nanotubes [J]. J Solid State Chem，2001，160（1）：184.

[47] 宋旭春，郑遗凡，王芸. Na_3PO_4 辅助水热合成 WO_3 纳米棒 [J]. 无机材料学报，2006，21（6）：1472.

[48] 陈友存，张元广．表面活性剂辅助合成 $CdWO_4$ 纳米棒和纳米线 [J]．化学学报，2006，64（13）：1314.

[49] 张炜，许小青，陈元涛．水热法制备 Se 纳米棒 [J]．兰州交通大学学报（自然科学报），2005，24（4）：56.

[50] 王刚，阎康平，周川．阳极氧化铝模板法制备纳米电子材料 [J]．电子元件与材料，2002（5）：27-30.

[51] 熊善新，王琪，夏和生．模板法制备一维聚合物纳米材料的研究进展 [J]．高分子材料科学与工程，2003（06）：42-45.

[52] 陈翌庆．准一维纳米材料的合成及其研究进展 [J]．特种铸造及有色合金，2004（04）：4-7+77.

[53] Rahman S，Yang H．Nano pillar Arrays of Glassy Carbon by Anodic Aluminum Oxide Nano porous Templates [J]．Nano．Lett.，2003，3（4）：439-442.

[54] 赵冰，翟亚，张宇，等．阳极氧化铝膜的制备和磁性纳米阵列 [J]．测试技术学报，2000（04）：231-234.

[55] 张勇，陈之战，施尔畏，等．介孔模板限域法制备 SiC 纳米颗粒 [J]．无机材料学报，2009，24（02）：285-290.

[56] 张先锋，曹安源，孙群慧，等．定向碳纳米管阵列在石英玻璃基底上的模板化生长研究 [J]．无机材料学报，2003（03）：613-618.

[57] Fendler J H，Fendler E J．Catalysis in Micellar and Macromolecular Systems [M]．New York．Academc Press：1975.

[58] Li M，Schnablegger H，Mann S．Coupled synthesis and self-assembly of nanoparticles to give structures with controlled organization [J]．Nature，1999，402（6760）：393-395.

[59] Cao M H，Hu C W，et al．Selected-Control Synthesis of PbO_2 and Pb_3O_4 Single-Crystalline Nanorods [J]．J．Am．Chem．Soc.，2003，125：4982-4983.

[60] Cao M H，Hu C W，et al．A controllable synthetic route to Cu，Cu_2O and CuO nanotubes [J]．Chem．Commun.，2003，1884-1885.

25 薄膜材料制备

25.1 概述

25.1.1 简介

薄膜材料的制备一般是通过特定的方法将处于某种状态的物质，利用物理或者化学方法沉积到基片上，随着时间的持续在基片上慢慢形成一层与原材料性质不同的新物质。简而言之，薄膜是由分子、原子、离子的沉积过程形成的二维材料。薄膜制备技术是综合性的应用科学，近年来随着氧化物功能薄膜在许多领域的广泛应用，薄膜制备技术也得到了很大发展[1]。

25.1.2 薄膜形成机理

（1）核生长型薄膜　核生长型薄膜是最常见的，它只有满足在衬底上沉积的膜晶格和使用的衬底晶格不匹配的条件下才会形成。核生长型薄膜的形成主要有以下四步：首先率先到达衬底的原子会在其表面沉积、凝聚成核；随着时间推移核周围不断沉积并沿着三维方向生长；不断长大的晶核相互连接形成网络；最后当晶核长大到足够大的时候，彼此相互接触连接形成核生长型薄膜。

（2）层生长型薄膜　层生长型薄膜的生长过程是指随着沉积原子的数量加大，原子会在衬底上形成一层单原子层。这个单原子层会均匀地覆盖在衬底的表面，当覆盖成完整的一层后，沉积原子会继续在之前形成的单原子层上继续覆盖，在三维方向上继续生长。只有当沉积原子与基片原子所形成的能量和沉积原子之间的能量相近时，才能发生层生长型薄膜。

（3）层核生长型薄膜　层核生长机制既不是核生长型薄膜，也不是层生长型薄膜，而是介于这两种类型之间的状态。只有满足沉积原子相互之间键能小于沉积原子与衬底原子之间形成的键能的条件，才会发生层核生长。

25.2 传统制膜方法

传统制膜方法很多，主要有气相法和液相法两种。

25.2.1 气相制膜法

气相沉积法制膜即在气相中发生一定的物理或者化学反应，来达到在基片上形成一层薄膜的方法。薄膜的种类通常是非金属、金属或者化合物薄膜。按照气相成膜过程中的反应类型，又可以将气相沉积法分为等离子体气相沉积、物理气相沉积和化学气相沉积。气相沉积适合于制备超硬、耐蚀、抗氧化、超导、光敏、热敏、磁记录、信息存储、光电转换、太阳能吸收等各种功能性涂层，也可用于各种装饰涂层[2]。

25.2.1.1 物理气相沉积

物理气相沉积（physical vapor deposition，PVD）是在一定的环境条件下，通过物理手段来制备薄膜的方法，即将材料源表面气化成为气态分子、原子或者部分电离成离子，通过降低气体压力或者降低基片表面温度在基体表面沉积薄膜的方法。薄膜性质和原材料有所不同，性能通常优于原材料。目前物理气相沉积技术应用已经十分广泛，不仅可沉积陶瓷、聚合物膜，还可以用于沉积金属和合金膜等。

（1）特点　相对于化学气相沉积而言，物理气相沉积具有如下的特点：

① 物理气相沉积必须在加热的条件下使原材料气化成气态物质，因此原材料本身不能是气态，常温下通常是固态物质。

② 在沉积过程中不发生化学反应，在加热条件下原材料性质必须稳定，且需控制环境真空度较低以防止化学反应，原材料变成气态物质过程只能是物理过程。

③ 为了保证原材料在变成气相物质的过程中不被其他杂质气体影响，必须保证一定的真空度，尽可能降低气体环境压力，保证原材料气化和薄膜均一性。

④ 在沉积过程中还要保证在基片上沉积的薄膜物质不与基片发生化学反应。

（2）分类　按照操作方法可将物理气相沉积分为真空蒸镀、离子镀、溅射镀等。

① 真空蒸镀　把真空室抽成真空并把基片置于其中，降低真空室压力直至低于 10^{-2}Pa，排除杂质气体对成膜的影响。通过高温使镀料气化，即由凝聚态转变为气相。加热气化的原子以及分子会在环境气氛中飞行，在蒸发源与基片之间转移运输。在此过程中，气态物质会持续地向衬底附近飞行。当衬底基片的温度较低时，在环境中飞行的气态物质到达基片表面，因为遇冷而在基片表面进行沉积。当在衬底基片上沉积的原子达到一定数量后，就会在衬底上形成一层目标物质薄膜（图 25-1）。

真空蒸发镀膜的设备简单、操作容易，制备的薄膜质量好、纯度高、膜厚可控，成膜速度快、效率高，薄膜生长机制简单，易于理解。真空蒸发镀膜的缺点是产品很难重复，结晶结构的薄膜通常难以制备，薄膜和基板之间由于附着力较小而容易脱落。

② 离子镀　离子镀也是物理气相沉积的一种，即在真空的工作环境下接通高压直流电，通过气体放电的方式把蒸发的气态物质电离。被电离的气态离子会在电场力的作用下冲向衬底表面，轰击并最终在衬底表面上沉积而形成薄膜（图 25-2）。离子镀的特点是绕镀能力强，镀层质量好，镀层附着性能好，设备清洗过程简单。

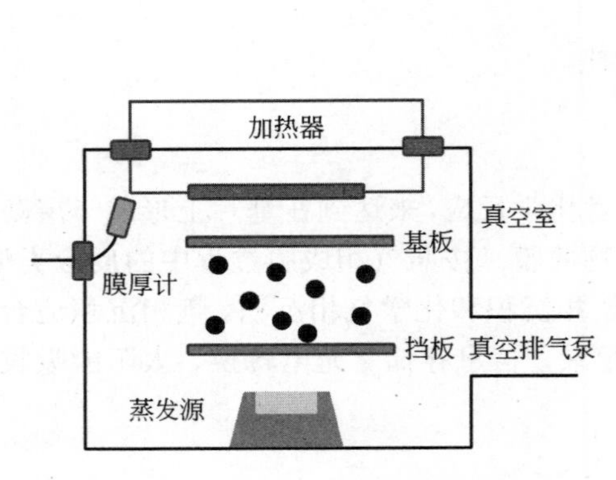

图 25-1　真空蒸镀示意图[2]

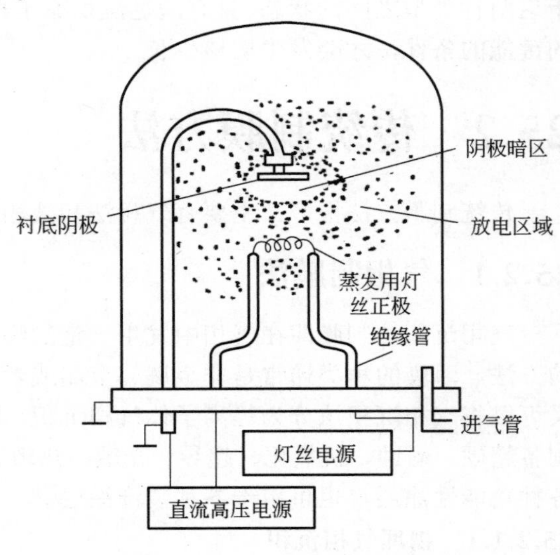

图 25-2　离子镀原理示意图

离子镀的具体过程是将工件接阴极端，蒸发源接阳极端，高压直流电调至三千伏以上，工件与蒸发源之间产生弧光放电。真空罩内的惰性氩气被电离，导致阴极工件附近形成等离子暗区。氩离子带正电荷，受阴极负高压的吸引会向阴极端运动，到达后会对工件表面进行猛烈轰击。将蒸发源交流电源接通，蒸发源会被熔化蒸发，在进入辉光放电区之后被电离。蒸发源离子因为带正电荷，会被阴极吸引，随同氩离子一起在基板表面进行轰击。由于离子在工件表面进行沉积和离子的飞溅是一个动态过程，要想在沉底表面上留下镀层，就必须满足飞溅离子的数量低于在工件表面沉积的蒸发源离子。

③ 溅射镀　该方法采用高能粒子束轰击靶材，使原子溅射出来，在基底表面沉积形成薄膜，如图 25-3 所示。受到高压电场作用，阴极靶材料表面会受到所形成的离子流的不断轰击，固体表面的原子会得到离子的动能，因化学键断裂而飞出，称作飞溅。通常采用的轰击离子是惰性气体氩受到高压电场的作用而电离的氩离子流。

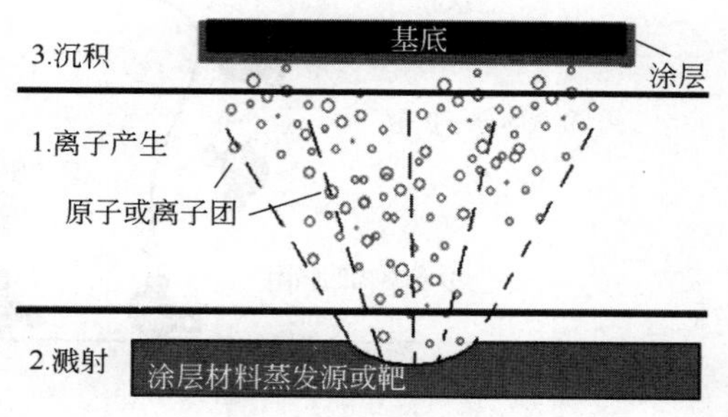

图 25-3　溅射镀示意图

由于在高能原子或者离子团的轰击作用下，沉积原子也会相应提高能量，这样使得溅射法制备的薄膜更加均一，附着力也更高。该方法在制备合金薄膜的过程中可以人为控制成分比例。此外，该方法也可用于制备高熔点物质薄膜，或者用金属元素作为靶材来制备化合物薄膜。

25.2.1.2　化学气相沉积

化学气相沉积（chemical vapor deposition，CVD），是通过一定的方法把反应物气体供给基片，这些气体中包括构成薄膜的必要元素，通过加热等能源供给基片，达到反应活化能之后气态物质在基片表面发生化学反应，反应产物在衬底基片上沉积形成薄膜。CVD 法制膜的设备构成如图 25-4 所示。

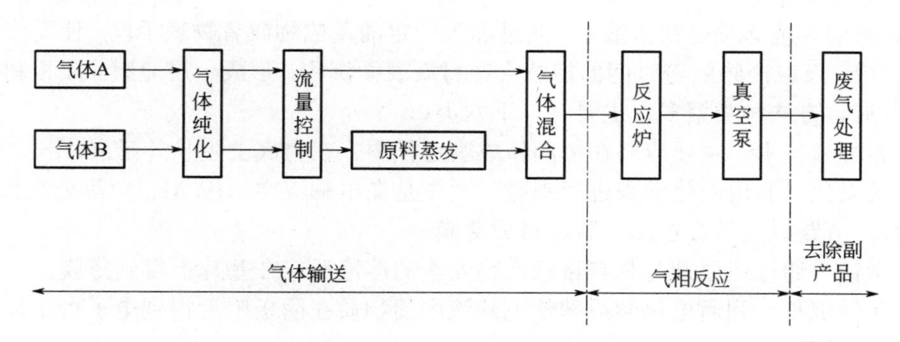

图 25-4　化学沉积设备构成图

CVD 法制膜的主要过程包括包含膜所需元素的气态物质通过扩散穿越扩散层、气态反应物在衬底基片上进行吸附、气态反应物在基片表面发生化学反应、原子进入薄膜晶格等，如图 25-5 所示。为了获得比较纯净的产物，通常会利用真空泵抽走副产物。

化学气相沉积技术制膜的特点有：

① 应用化学气相沉积技术可以按照自身需要制备各种金属和合金薄膜以及非金属薄膜。通过控制原料流量，可以在一定程度上控制产物成分，从而制备各种复杂优质薄膜。

② 制膜速度迅速，能达到几微米甚至几百微米。

③ 在低真空或常压下，镀膜的绕射性十分优异。

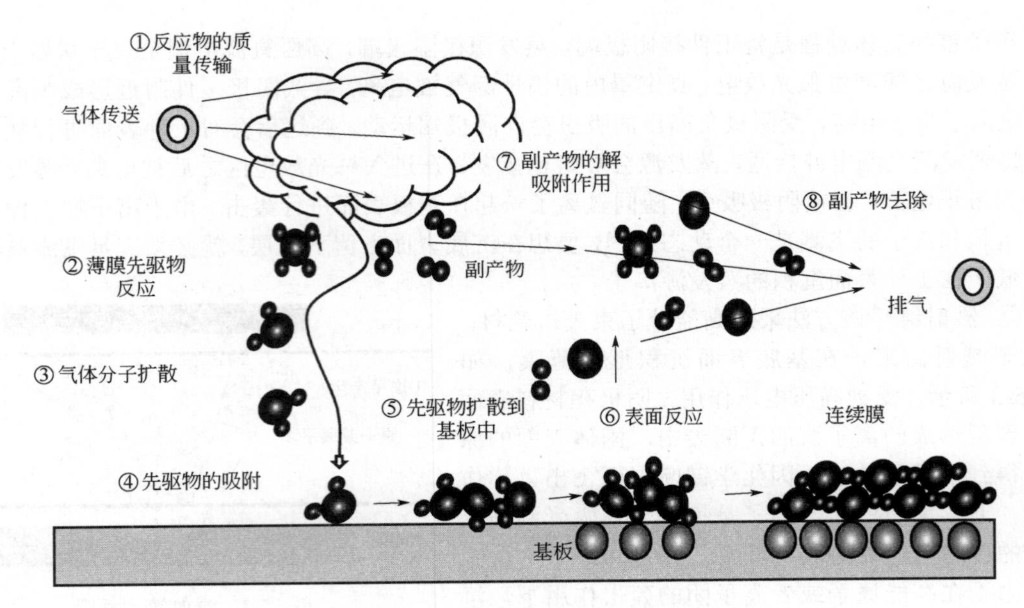

图 25-5　CVD 传输和反应的主要步骤

④ 能制得残余应力小、致密性好、纯度高的薄膜，使得表面增强膜具有抗蚀、耐磨和表面钝化等特性。

⑤ 在比较低的生长温度下获得结晶完全和纯度比较高的薄膜，此时反应容器内反应气体与环境中其他物质不发生反应，很少引入其他杂质。

25.2.2　液相制膜法

25.2.2.1　定义与分类

液相制膜的环境必须是在溶液中，通过加入一定的反应物或者物理手段，使反应物质在溶液中发生反应，反应产物随着时间的持续会在衬底表面沉积，形成一层薄膜。液相制膜法经过几十年的发展，方法种类繁多，主要有以下六类：

① 液相外延技术　主要应用在单晶体成膜过程中，在衬底上生长外延层。

② 阳极氧化　利用电化学来进行制膜，通常是在电解液中，用 Al、V 等金属作为阳极，石墨为阴极，电路联通后会在阳极附近形成薄膜。

③ 化学镀　通过还原剂与具有目标产物元素的溶液反应在基片上得到薄膜。

④ 电化学沉积　利用电化学原理使电解液中的物质在阴极附近得到电子析出反应物，在基片上形成一层薄膜。

⑤ 溶胶-凝胶法　所使用的前驱物为金属有机或者是无机化合物，经过溶液、溶胶、凝胶等过程，最后干燥和热处理，使其转化为氧化物或者其他化合物薄膜。

⑥ LB 膜技术　有机分子的表面存在亲水基团或者疏水基团，在溶液表面就会形成气-液界面的定向排列分子膜。将该分子膜转移到基片表面，达到一定数量时即可在衬底上形成薄膜。

25.2.2.2　溶胶-凝胶法

溶胶-凝胶（Sol-Gel）法是一种由金属有机化合物、金属无机化合物或者二者混合物经过水解缩聚过程，逐渐凝胶化及相应的后处理，从而获得氧化物或其他化合物的工艺。Sol-Gel 法涉及溶胶和凝胶两个概念。溶胶是指分散在液相中的固态粒子足够小（1～100nm），以致可以通过布朗运动保持长期悬浮。凝胶是一种包含液相组分且具有内部网络结构的固体，此时液体和固体都处于一种高度分散的状态。Sol-Gel 法的制膜过程如图 25-6 所示：①首先将原料溶于特定溶剂；②经过水解生成活性单体，随后活性单体聚合成为溶胶；③溶胶持续生成凝胶；④经过多种后处理得到所需要的薄膜。

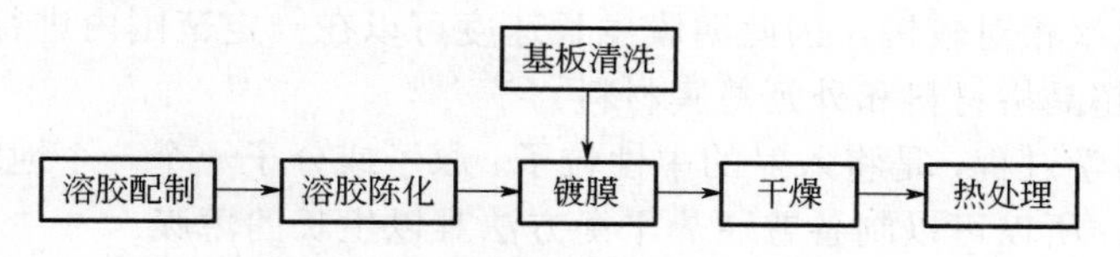

图 25-6　溶胶-凝胶法制膜工艺流程图

溶胶-凝胶法合成温度低，对设备及工艺条件要求不高，产物的多孔状结构使得比表面积大，会使气敏、湿敏特性和催化效率大大提高[3]。

25.3　制膜新技术

25.3.1　分子束外延法

分子束外延法（molecular beam epitaxy，MBE）是一种真空镀膜工艺，是在衬底上生长晶体的方法。它的主要操作方法是将使用的具有半导体功能的衬底放置在超高真空度的腔体中，将需要生长的晶体物质放置在喷射炉体中。加热到某一温度下，相应的元素便会喷在衬底上并生长出一定尺寸的薄膜。如果生长出的薄膜与使用的衬底在组织或者结构上一致，称为同质外延，相反则称为异质外延。分子束外延实质上是一种非平衡条件下的真空沉积[4]，是从真空蒸发基础上发展起来的晶体生长新技术，其设备的基本组成如图 25-7 所示。

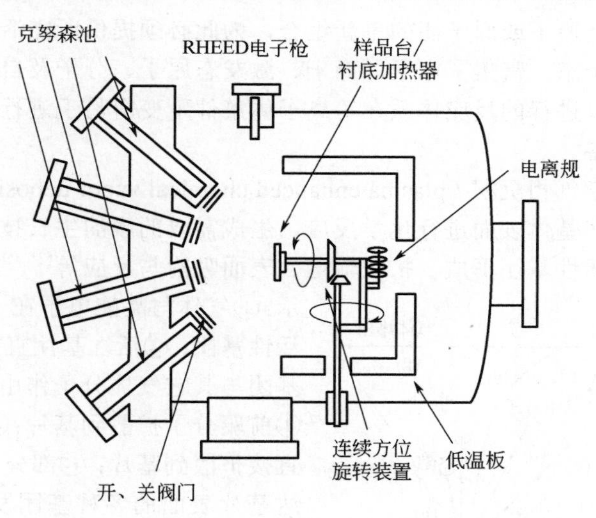

图 25-7　分子束法装置示意图

分子束外延是真空镀膜方法的延伸，薄膜生长明显不同于在液相中的生长[5]。与其他制膜方法相比，分子束外延法具有以下优势：

① 最突出的优点是能生长非常薄的单晶膜层，并且能够精确控制膜厚、组分和掺杂，适合于制作微波、光电和多层结构器件。

② 真空度可达 10^{-8}Pa，此时分子数目小得多，喷射炉体中的粒子几乎不会与衬底上的粒

子相互碰撞，薄膜很难在这种状态下被污染，有利于保持薄膜的清洁。

③ 在较低温度下进行生长，降低了界面上由于温度较高引起的膨胀效果，同时杂质的扩散过程也会减缓，有利于保持界面的清晰有序，可以形成超精细结构。

④ 膜的生长速率相对较慢，因此薄膜生长速度可以在一定范围内进行控制，生长厚度可控，特别适于生长超晶格材料和外延薄膜材料。

⑤ 制膜是动力学过程，是将入射的中性粒子、原子或分子一个一个地堆积在衬底上生长，而不是热力学过程，所以可以制备普通热平衡方法难以生长的薄膜。

分子束外延法在使用过程中的主要问题是设备价格相对比较高，真空度的要求十分严格，需要大量液氮作为支撑，日常维护费用高。此外，分子束外延法生长异质结时界面呈原子级粗糙，较高的生长温度下无法形成边缘陡峭的杂质分布。

分子束外延法在半导体材料制备中应用广泛，是目前制备材料品种最多的晶体生长技术，比较集中的是ⅢA-ⅤA族化合物、三元和四元混晶薄膜、异质结，以及ⅡB-ⅥA族、ⅣA-ⅥA族化合物及其混晶。表25-1列出了采用分子束外延法研究和制备的各种半导体材料。

表 25-1　MBE 研究涉及的半导体材料[6]

元素	半导体材料
ⅢA-ⅤA 族	GaAs、GaP、GaSb、InP、InAs、InSb、AlAs、AlSb、AlP
ⅡB-ⅥA 族	ZnTe、CdTe、ZnSe、CdSe、CdS
ⅣA-ⅥA 族	PbTe、PbSe、SnTe、PbS

25.3.2　等离子体增强化学气相沉积

化学反应的本质是原子或原子团的重新组合，为此必须提供所需活化能。在等离子体中，物质由气态变为等离子态，富集了电子、离子、激发态原子、分子及自由基，它们极其活泼，许多需要活化能高难以进行的反应体系在等离子体条件下变得易于进行，因此引入等离子体可以有效促进薄膜的制备。

等离子体增强化学气相沉积（plasma enhanced chemical vapor deposition，PECVD）是一种使用等离子体与气体在基体表面进行化学反应，生成需要的膜的生长技术。PECVD 制膜时，薄膜的生长主要包含活性基团形成、扩散输运、表面吸附与反应等[7]，具体步骤如图 25-8 所示：①气体与高能电子在一定的气氛下碰撞形成活性基团；②活性基团直接扩散到基片；③活性基团与其它气体分子作用，形成所需前驱分子；④前驱分子扩散到基片；⑤未经活化的气体分子直接扩散到基片；⑥部分气体被直接排出；⑦到达基片表面的各种基团发生反应进行沉积并释放反应副产物。

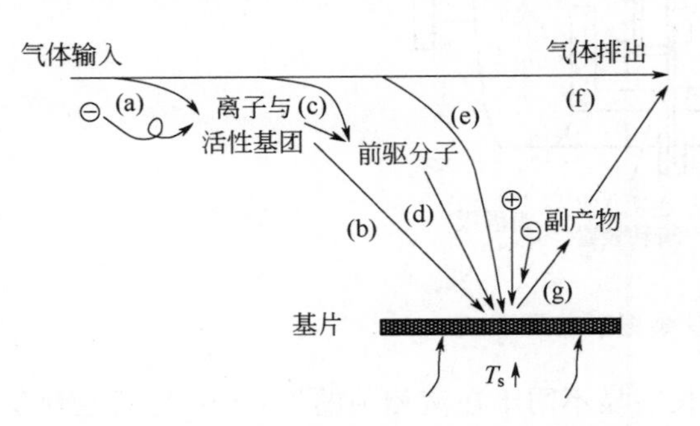

图 25-8　PECVD 沉积薄膜的基本微观过程示意图[8]

和普通 CVD 法比较，PECVD 成膜温度低，耗能少，对基体损害小，得到的薄膜针孔少、组织致密、内应力小、不易产生裂纹，膜层对基体的附着力大，可以在不同的基体上制取各种金属薄膜、非晶态无机薄膜和有机聚合物薄膜。PECVD 成膜所需温度低、压力小，成膜效率高，可用于大量生产。但是 PECVD 法设备投资大、成本高，对气体纯度要求高，涂膜过程中产生的噪声、强光辐射、有害气体、金属蒸气粉尘等对人体有害。此外，PECVD 对小孔内表面难以涂膜。PECVD 法主要包含以下几类。

（1）电容耦合型射频 PECVD 装置　该方法可实现薄膜的均匀、大面积沉积，可形成不对称的电极形式，产生可被利用的自偏压，但在使用过程中存在溅射污染薄膜和输入功率有限等问题。图 25-9 为电容耦合型平行极板式射频 PECVD 装置。

（2）电感耦合型射频 PECVD 装置　该装置是由工作台、加热器、衬底、等离子体和高频线圈构成，如图 25-10 所示。高频线圈置于反应器之外，用来产生高频交变电场以诱发室内气体击穿放电，生成相应的等离子体。衬底在正下方，可以得到沉积的薄膜。该装置能量转换率高，可产生更高密度的等离子体。另外，由于是无电极放电，不存在离子轰击电极/基片而造成的溅射污染，电极表面无弧光放电，不损坏电极。缺点是制备的成品均匀性较差、面积较小。

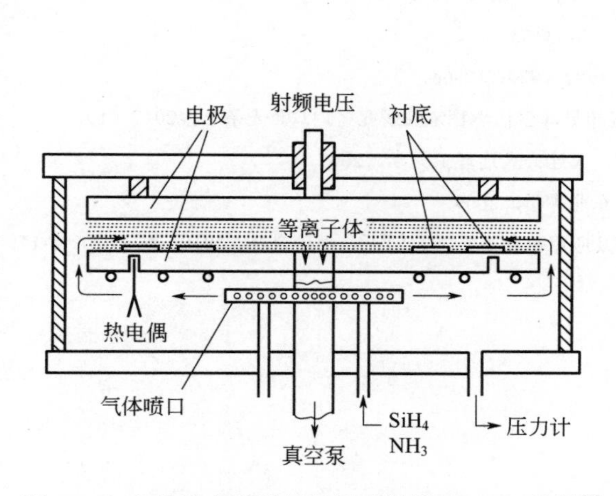

图 25-9　电容耦合型平行极板式射频 PECVD 装置[9]

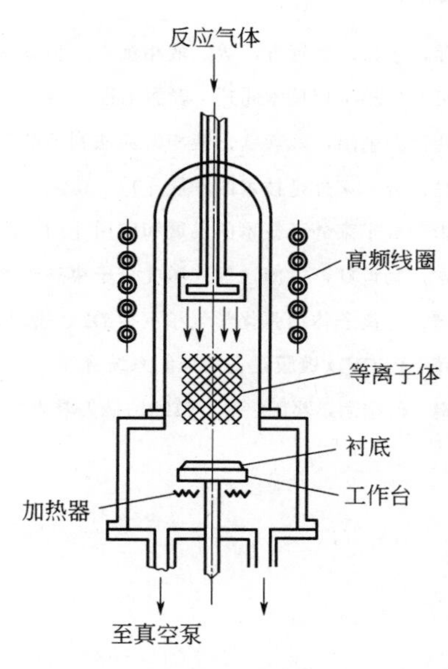

图 25-10　电感耦合型射频 PECVD 装置[9]

（3）直接激发式微波谐振型 PECVD 装置　直接激发式微波谐振 PECVD 装置如图 25-11 所示，谐振腔套在石英管之外，微波天线将微波能量耦合至谐振腔内，在腔内形成微波电场的驻波并引起谐振。通有反应气体的石英管穿过微波电场幅值最大的谐振腔中心部位，当微波电场强度超过气体击穿场强时，气体电离形成等离子体。在等离子体下游放置基片并调节至合适温度，即可获得沉积薄膜。该装置是无电极放电，无污染问题；可在低压下实现气体电离，制品力学性能好；等离子体电荷密度更高，薄膜成分更纯净。

（4）电子回旋共振 PECVD 装置　电子回旋共振 PECVD 装置如图 25-12 所示，该装置是在电场和磁场的共同作用下，通过增大电子路径使其与气体分子发生碰撞概率增加，从而增大等离子体密度，以实现 PECVD 制膜的方法。该装置需要高真空环境（10^{-1}～10^{-3}Pa），产生的等离子体密度大，可被广泛用于沉积硅酸盐、半导体、光学或光伏材料薄膜。另外，电子回旋共振的离子束方向和能量可控，对复杂形状样品覆盖性好，沉积过程具有低温低气压、速率高、无电极污染的特点。

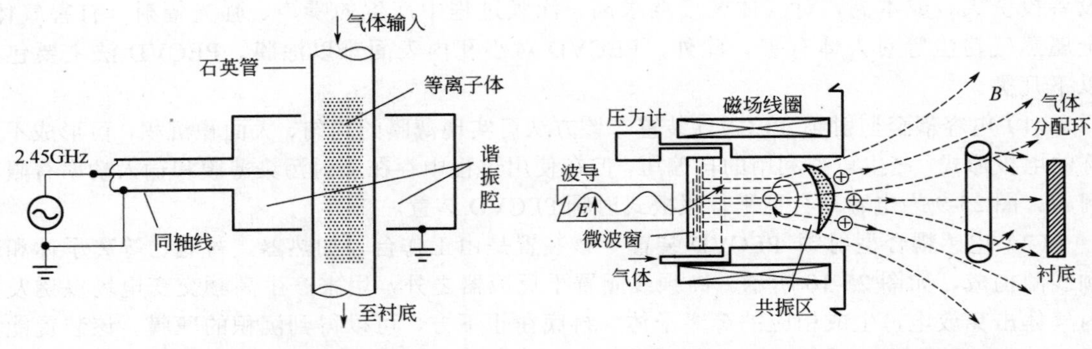

图 25-11　直接激发式微波谐振 PECVD 装置　　图 25-12　电子回旋共振 PECVD 装置

参考文献

[1] 王晓萍，于云，胡行方，等. 液相沉积法制备氧化物薄膜［J］. 功能材料，2000，31（4）：341-343.

[2] 王福贞. 气相沉积技术［J］. 表面工程，1991（1）：48-59.

[3] 方晓明，瞿金清，陈焕钦. 液相沉淀法制备纳米 TiO_2 粉体［J］. 中国陶瓷，2001，37（5）：39-41.

[4] 钟景昌. 分子束外延技术的发展［J］. 真空，1985（02）：29-33+35.

[5] 孔梅影. 分子束外延技术的发展和应用［J］. 稀有金属，1982（02）：61-68.

[6] 熊泽本，马世红，武彪，等. 激光分子束外延制备中高温超导薄膜化学稳定性研究［J］. 激光杂志，2017（1）.

[7] 楚信谱. 等离子体增强化学气相沉积 DLC 膜的研究［D］. 大连：大连理工大学，2007.

[8] 韩凤芹. PECVD 镀膜设备的控制系统开发［D］. 沈阳：东北大学. 2009.

[9] 郑李娟，何醒荣，邓阳，等. 微细钻铣刀具表面涂层制备及应用研究进展（Ⅰ）［J］. 硬质合金，2019，36（02）：8-17.

26 海洋工程材料制备

26.1 概述

26.1.1 海洋环境简介

海洋环境是指地球上广大连续的海和洋的总水域，包括海水、溶解和悬浮于海水中的物质、海底沉积物和海洋生物，具有海洋属性明显的特征。一般来说，海水温度比大陆水体低，海水温度的变化也比较小。另外，含盐是海水的重要特征之一，正常海水的含盐度为 3.5%，高于 3.5%者为咸化海，低于 3.5%者为淡化海。水的含盐度不仅对海洋生物有重要影响，同时对沉积物的性质也有很大影响。海水的 pH 值一般介于 7.2～8.4 之间，呈弱碱性，而大陆湖泊的水体一般呈弱酸性。最后，在海洋环境中不同的海域地带氧的含量也有所不同。上述海洋环境的特征，对生存在海洋中的各类生物以及海洋中的沉积物的存在和分布都有着重要影响，也对涉海材料产生严重影响。

26.1.2 海洋环境对材料的影响

通常所说的海洋工程材料指的是用于进行海洋开发的专用材料，包括金属海洋材料、特种海洋材料、非金属海洋材料。金属海洋材料如海洋工程、船舶机械用特殊钢材、船体以及含钛高性能耐腐蚀合金，非金属海洋材料如船用防污、防腐、防附着涂层材料，特种海洋材料如深潜固体浮力材料、特种船舶涂料等。这些材料在海洋环境下都会受到影响，出现不同程度的腐蚀和污损[1]。

（1）压力　根据公式 $p=\rho gh$（p 为所受压力，ρ 为海水密度，g 为重力加速度，h 为海水深度）可计算得出，海水深度每增加 10m，则相应的压强就要增加一个大气压，而设备的腐蚀速率也会随着水压力的增加而增加。Beccaria A M 等[2]的研究表明，当设备处于深海海域时，由于高压的作用，氯离子会更容易地进入不锈钢表面的钝化膜，导致金属表面更容易腐蚀。同时在高压状态下，材料表面的腐蚀防护层更容易破坏，将诱导局部或者全面腐蚀。

（2）溶氧量　海水中的溶氧量作为金属电化学腐蚀的阴极反应的必要成分，对海洋工程材料的腐蚀起着至关重要的作用。傅晓蕾等[3]的研究表明，氧含量较高的海水环境中的材料有较高的自腐蚀电位，由此形成较大的腐蚀电流密度、较快的腐蚀速率。

（3）温度　海水温度对材料腐蚀最直观的影响是能够促进或减缓电化学腐蚀的阴极和阳极反应速率，同时还可以通过其他因素间接影响腐蚀的发生，比如加快溶解氧的扩散、增大离子电导从而间接加速材料的腐蚀。

（4）盐度　含盐量影响水的电导率和含氧量，因此对腐蚀有很大影响。海水中的所含盐分几乎都处于电离状态，这使得海水成为一种导电性很强的电解质溶液。另外，海水中存在着大量的氯离子，对金属的钝化起着破坏作用。

（5）流速　流速越大的海水其冲击能力越强，从而减薄金属材料表面的氧扩散层，增加溶解氧在海水腐蚀中的作用。发生腐蚀后，部分产物在材料表面附着并不稳定，流速较大的海水能够冲刷下来这些腐蚀产物，失去对材料表面的保护作用。

（6）生物腐蚀　研究表明，硫酸盐还原菌（sulfate-reducing bacteria，SRB）繁殖能力较强，分布广泛，对铜镍合金、碳钢、不锈钢、钛、低碳钢等金属都会造成不同程度的腐蚀现象。硫酸盐还原菌的腐蚀速率较大，甚至能达到一般海域腐蚀速度的15倍以上。Castaneda H等[4]研究了海水中硫酸盐还原菌对碳钢的腐蚀，结果表明这些微生物成膜后结构分布不均匀，形成分布梯度而加剧了腐蚀。

（7）pH值　海水呈弱碱性，当其pH值降低时，铝镁合金点蚀及缝隙腐蚀趋势增加。碳酸盐层对材料具有保护作用，可以使材料腐蚀减少，然而在深海环境下，随着压力增加海水的pH值将降低，材料表面形成碳酸盐保护层的趋势变小[5]。

26.1.3　海洋环境下材料的性能要求

（1）防腐性能　海洋工程的众多设备主要使用的材料包括钢铁、海洋混凝土等。由于这些材料极易受到海水中众多因素的影响而发生腐蚀，所以在使用过程中必须要对这些易受腐蚀材料进行科学防护。海洋中对材料腐蚀起作用的因素主要包括化学和物理两大因素，并且两者相互关联。化学因素主要是氧、盐、碳酸盐、有机化合物、污染物等，物理因素主要包括温度、流速、压力及海洋生物等。通常所指的海洋环境大体分为5个腐蚀区带：海水全浸区、海洋大气区、海水潮差区、海水飞溅区以及海泥区。每个区带都有其特有的腐蚀环境，但一般认为盐雾、紫外、老化是海洋腐蚀环境的特征。海洋环境的腐蚀条件比较严酷和恶劣，再加上接触介质多种多样，不存在任何条件下都能耐腐蚀的材料，因此对海洋工程复合材料的原材料，需要进行适当的取舍。

（2）防污性能　海洋环境中生活着大量的微生物，船舶在航行的过程中，在船舶的船底和舷侧很容易被海洋生物附着，使得船舶发动机的负载增加。随着附着物的不断增加，航行的阻力会不断变大，船舶航行的速度受到影响，消耗的燃油量增加，产生更多的温室气体，增加船舶行业的成本，造成海洋环境和生态环境的污染，因此应当注重海洋环境的防污问题。

26.2　传统海洋工程材料制备

26.2.1　海洋工程用金属材料

海洋工程用金属材料主要应用于海洋环境，需要经受海水冲击、海泥内微生物与海面特殊大气的多重腐蚀。在保证安全可靠的使用条件下，这些海洋工程用钢必须要经过特殊加工，比如冷加工和热加工，同时还要具有优异的可再加工性能如可焊性等。

26.2.1.1　船用结构钢

船舶是世界上最大的人造移动结构。一艘长约220m的中型集装箱船由约7000t钢材、27000块钢板和20000个加强筋组成，焊缝总长约275km。对于大型邮轮，这些数字可以增加一倍甚至三倍。船舶的设计和建造与飞机工业等其他工业领域有着相似之处。为了降低燃油消耗，增加运输量，提高船舶的总体效率，船舶部件需要变得越来越轻，因此除了使用高强度结构钢之外，还可以应用高强度铝合金以及复合材料。

为了满足造船生产发展和产品出口的需要，根据各造船国家的规定，结合我国具体情况制定了《钢质海船入级与建造规范》。该规范规定一般船体结构钢分为A级、B级、D级和E级。随着造船业的发展，造船材料需要量增加很大，因此对于内河、港口船舶和船体或沿海船舶的上层建筑等次要结构，允许用普通碳素钢中的甲类钢或特类钢作为造船专用碳素钢的代用品，如果作船体结构用钢时，除做冷弯、拉伸试验外，还要做化学分析以保证材料的性能。

26.2.1.2 工程用结构钢

在选择合适的钢材料等级时，不仅要考虑材料的强韧性，还要考虑焊接工艺以及抗疲劳、抗腐蚀等性能。防止不稳定的脆性断裂和提升有效的抗裂性能是当今海洋工程材料中工程用结构钢在设计应用方面的主要要求。虽然普通强度的结构钢仍然是海洋工程设备中应用最广泛的钢材料，但是高强度、高硬度的结构钢已经开始在金属材料应用中占据较大比例，尤其是一些采用热机械轧制工艺或者淬火工艺生产的钢材料，其中具有代表性的是表面超细晶粒（surface ultra-fine，SUF）等级钢。这种类型的钢控制表层的显微组织，即使在低温条件下也具有良好的断裂韧性。然而目前工程设备的设计主要是基于经验公式，不能反映现代钢的高韧性等性能。为了利用这些改进钢种，有必要重新评估正常和意外操作条件下对裂纹止裂和韧性的要求，从而制定此类钢种的使用标准。

26.2.2 海洋工程用混凝土材料

混凝土材料是海洋工程设备中必不可少的材料，混凝土同样要遭受海洋环境各种影响，比如温度变化引起的冻融、混凝土支撑钢筋的锈蚀以及海水中酸碱元素侵蚀和海水的冲击等，其中对混凝土使用条件影响最大的是支撑钢筋的锈蚀和海水中盐分的侵蚀。普通混凝土与高性能海洋工程用混凝土的区别主要在于海洋工程用混凝土材料对氯离子渗透性能有更高的要求。

26.2.2.1 海工混凝土

高性能海洋混凝土制备技术要求选择高质量水泥、高质量的集料及合理的混合比例。高性能的海洋混凝土具有很高的耐磨性、实用性和稳定性，尤其是氯离子的抗渗透性。与传统混凝土相比，高性能海洋混凝土优异的力学性能和耐久性，主要是设计了合理的低黏结水、超塑性和活性矿物混合比，通过对结构的相对增强，实现了性能的提升[6]。

26.2.2.2 混凝土原材料

混凝土的耐久性是由许多因素决定的，特别是抗渗性能，与混凝土强度没有直接关系。轻质预应力混凝土适合在恶劣的海洋环境中建造海洋结构物，因此是建造海洋工程的合适材料。为了获得耐用的混凝土，必须仔细考虑材料在施工环境以及在荷载下的使用性能。这涉及许多因素，最终影响结构的耐久性。

开发基于原材料性能的混凝土，可以延长海洋中钢筋混凝土的使用寿命，涉及的原材料主要是凝胶材料。凝胶材料包含化学结合形成硬化浆体的所有材料，包括水泥、硅灰和粉煤灰，合适的选择能抵抗混凝土的劣化。粉煤灰是在过滤系统中收集的，它与氢氧化钙反应，提高粉煤灰的强度和耐久性。由于购买粉煤灰的成本低于硅酸盐水泥，预拌混凝土的成本降低 5%左右。加入粉煤灰对于减少碱骨料反应引起的长期劣化是非常重要的。硅灰可以用来提高抗硫酸盐侵蚀能力，还可以非常有效地提高强度和降低渗透率，减少碱和硅酸反应引起的膨胀。硅灰是一种浓缩的粉末，含 10%或 10%以上硅灰的水泥混合料易产生塑性收缩裂缝，且加工难度很大。此外，硅灰的价格相对较高，添加量不应超过 5%至 7%。拌和水的碱含量要求主要是为了控制混凝土的可溶性总碱含量。除了自来水，当采用其它来源的水时，水的品质应符合规范要求。

26.2.2.3 海工混凝土制备

海洋环境是混凝土结构最具侵蚀性的环境之一，因为这种环境可以加速各种退化过程。由于海水中 Mg^{2+}、CO_3^{2-}和 SO_4^{2-}离子的作用，嵌入钢筋腐蚀、冻融、冰和悬浮颗粒引起的磨损，有时会导致材料软化。另外，暴露的严重程度取决于波浪和冰的作用、气候条件（温度和冻融循环次数）、海水的组成（如盐度）、海水的分布（如全浸、潮汐、飞溅）等。不同海洋暴露条件下，选择的材料和比例是不同的。例如，高质量的粉煤灰和矿渣产生的混凝土具有很高的抗氯化物性能，适用于潮汐带和飞溅区，然而在建筑物的高架遮蔽区域如桥墩顶部，它们可能会使混凝土更容易碳化。因此与普通硅酸盐水泥制备相比，海工混凝土的制备在配料、工艺和设备选择等方面有不同之处。下面以耐侵蚀硫铝酸盐水泥制备为例，说明海工混凝土的制备。

（1）原材料　制备耐侵蚀硫铝酸盐水泥的原材料有硫铝酸盐水泥熟料、石膏、石灰石和高硅钙质混合料。高铁硫铝酸盐水泥熟料（1～3mm）细粉含量为20%左右，颜色深灰，密度950g/L。高铁硫铝酸盐水泥熟料物理性能见表26-1，水泥原材料化学成分见表26-2。

表 26-1　高铁硫铝酸盐水泥熟料物理性能[5]

抗压强度/MPa			抗折强度/MPa			凝结时间/min	
1d	3d	7d	1d	3d	7d	初凝	终凝
30.9	64.9	71.6	5.8	10.0	10.6	30	56

表 26-2　高铁硫铝酸盐水泥原材料化学成分[5]

原料	化学组成/%							
	CaO	SiO_2	Al_2O_3	Fe_2O_3	SO_3	MgO	TiO_2	烧失量
熟料	40.39	5.51	34.51	5.20	9.40	1.29	2.26	0.40
石膏	39.10	1.07	1.11	1.46	50.76	0.92	—	5.14
石灰石	54.45	1.07	0.40	0.05	—	0.74	—	42.52
矿渣	37.53	34.48	16.04	0.74	—	9.93	—	0.5

（2）配料计算　耐侵蚀硫铝酸盐水泥性能主要由熟料与石膏的化学反应所决定，调整石膏掺量可以制成性能不同的水泥。石膏掺量按以下公式计算：

$$C_G = 0.13M\frac{Ac}{S} \tag{26-1}$$

式中　C_G——石膏与熟料的比值，设熟料为1，可算出石膏掺入的质量分数；

Ac——熟料中 $3CaO \cdot 3Al_2O_3 \cdot CaSO_4$ 的质量分数；

S——石膏中 SO_3 的质量分数；

M——石膏提供的 SO_3 量与 $3CaO \cdot 3Al_2O_3 \cdot CaSO_4$ 矿物水化形成高硫型水化硫铝酸盐所需的 SO_3 量之比，称为石膏系数。不同品种的水泥有不同的 M 值。

耐侵蚀硫铝酸盐水泥 M 的取值范围为0.9～1。这是选择若干个配比作小磨试样的强度与自由膨胀率曲线，根据曲线特点选择若干个石膏与熟料配比，再进行小磨试验，验证上一次小磨试验的准确性以及波动范围，在此基础上选出石膏与熟料的最佳配比。矿渣掺量范围为15%～35%，石灰石掺量范围为总量（石膏+熟料+石灰石）的5%～15%，矿渣比表面积控制范围为350～450m^2/kg。生产耐侵蚀硫铝酸盐基海工水泥，水泥原材料配制比例见表26-3。

表 26-3　耐侵蚀硫铝酸盐基海工水泥原材料比例[5]

原料品种	熟料/%	石膏/%	石灰石/%	矿渣/%
比例	48～60	6～9	5～10	15～35

26.2.3 海洋工程用高分子涂料

海洋环境具有很强的腐蚀性，所以生产制备能够有效保护钢铁的涂层至关重要。由于这些设备大多应用于海事中，且维修困难，所以该类涂层通常需要较长的使用寿命，另外，安全和环境问题一起对涂层的性能和可靠性提出了更高的要求。与在使用寿命内更换钢材相比，涂层系统的相对成本较小，然而制备这些涂层所需的时间及其成本和钢制备成本随着比表面积的增加而迅速增加，因此在设计阶段应正确选择涂层材料及其规格以获得较长期的经济效益。此外，在恶劣的海洋条件和船舶可能运行的高温条件下，还需考虑耐候性。

26.2.3.1 防腐涂料

众所周知，海洋环境被认为是对金属材料极具侵略性的环境，其中腐蚀是引起海洋结构物劣化的主要原因。碳钢在海洋环境中的腐蚀变得十分严重，是由于高盐度海水和微生物的高度腐蚀性。为了保护金属材料，特别是避免钢的腐蚀的发生，需要使用各种有机和无机涂层，其中最常用的是高分子防护涂料，能对钢提供更高的耐腐蚀保护。

提高钢耐蚀性的主要有机涂层是环氧树脂涂层，它是在涂层中加入无机粒子或钝化剂，以延缓腐蚀现象的发生。作为热固性聚合物的环氧树脂，在腐蚀环境中具有较高的稳定性，对金属基体具有良好的粘接性能以及良好的力学和热性能，因此应用在防腐涂料工业中的涂料很大一部分属于环氧涂料。近年来，由于纳米黏土具有独特的性能，因此在环氧树脂中加入纳米黏土，形成分子水平上的结合，其阻隔性和防腐性能都有了很大的提高。下面基于一般防腐涂料的制备成分（图 26-1），介绍纳米黏土与环氧树脂的复合防腐涂料的制备。

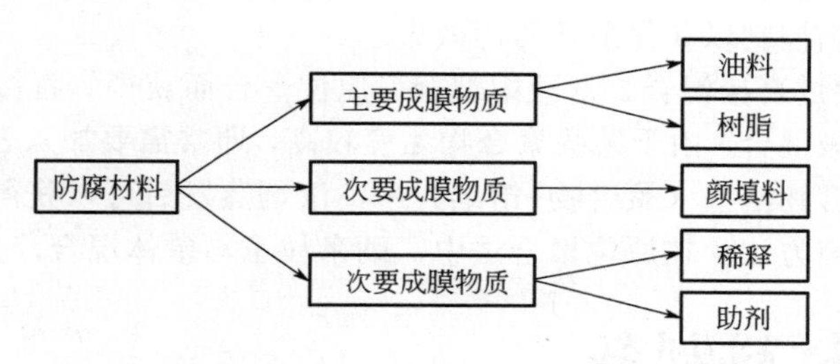

图 26-1 环氧树脂防腐涂料的成分构成

对于纳米黏土（nano.clays，NCs）复合环氧防腐涂料，其制备既可以在溶剂中进行，也可以在不存在溶剂的情况下进行，而为了获得可剥落的结构，通常需要高的剪切力。制备高剥离 NCs 环氧的一种新方法是在丙酮中分散溶胀，用超声波辅助高压混合，然后将黏土/溶剂分散体与环氧树脂和固化剂混合。黏土在低沸点溶剂中膨胀，然后与环氧树脂混合成溶液插层，该方法称为溶液插层法。采用这一方法制备具有一定黏土含量的 NCs 环氧树脂的具体工艺为：由 79%二甲苯、10%正丁醇和 11%丁酮组成环氧涂料的溶胀剂；在转速 1000r/min 下室温搅拌 1h，60℃下搅拌 1.5h，室温下超声 10min，制得黏土/溶剂分散体；选择适量分散体置于磁力搅拌器，室温 150r/min 下搅拌 15min，200r/min 下搅拌 5min；然后加入适量固化剂，150r/min 下搅拌 10min；最后在室温下对混合物进行 10min 的超声处理，置入模具中，制备出的样品在室温空气中固化 3 天，100℃和 150℃的烘箱中加热 1h、150℃下加热 4h，最后在 60℃的真空烘箱中蒸发溶剂残渣。该方法是一种新型的复合防腐涂料制备技术，所制备的复合材料中黏土纳米效应对环氧树脂的热学、力学、吸水率和防腐性能都发挥了一定作用。

26.2.3.2　防污涂料

传统的防污涂料已经使用各种方法来解决微生物污损这个问题，最有效的是基于杀菌剂有机锡和重金属铜的涂料，它们能减缓附着在船体上的生物体的生长，但是这些涂料由于它们的毒性而已被国际海事组织禁止使用。从生态角度来看，防止生物污染涂料中最有前景的是控制涂料的可湿性，产生低表面能。下面以硅基防污涂料为例，介绍无毒发展方向下的防污涂料的制备过程。传统的防污涂料的制备成分主要包括了树脂、防污剂、填充剂、溶剂等，如图 26-2 所示。

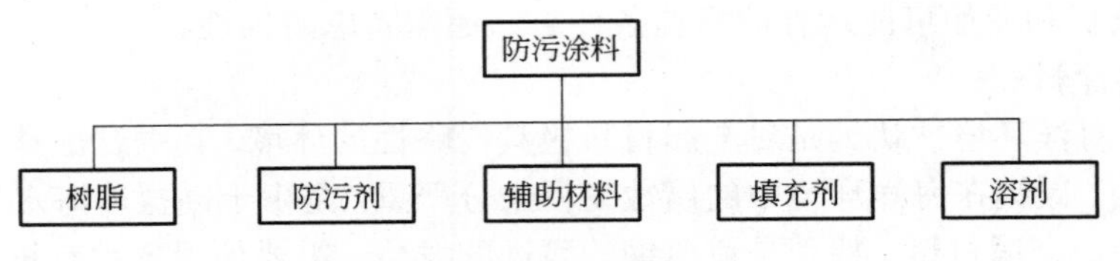

图 26-2　防污涂料的组分构成

水不溶性有机硅聚合物即硅胶，它的结构形式是硅胶骨干，是重复的—Si—O—附着在有机组分上。根据类型和几何特性，该聚合物可以是液体或弹性体。最常见的有机硅聚合物之一是无毒的聚二甲基硅氧烷（polydimethylsiloxane，PDMS）。PDMS 涂层具有 20～24mJ/m^2 的低临界表面张力，极低的弹性模量（约 1MPa），能够产生良好的防污性能。添加不同的助剂到 PDMS 骨干可以改变涂层的物理化学特性。目前比较有效的硅基防污涂料的结构形式是聚合物纳米复合结构（polymer nanocomposites，PNCs），它是一种在聚合物基体中嵌入聚合物和纳米级颗粒而得到的两相材料。PNCs 中嵌入的纳米粒子的尺寸很重要，不应超过 100nm，应在涂料制备过程中精确控制以获得最佳防污效果。

PNCs 涂料可以通过直接混合、溶液中混合、原位聚合而获得。直接混合法是直接将纳米颗粒与聚合物进行机械混合，由于某些聚合物黏度较高，通常需要加入表面活性剂。使用溶剂将纳米颗粒分散在聚合物溶液（聚合物+溶剂）中，溶剂蒸发后可以获得 PNCs 涂料。为了充分混合，经常使用超声方法。在原位聚合法中，纳米粒子与单体混合，然后进行聚合反应。

26.3　浮力材料制备

在深海资源的勘探和开采过程中，浮力材料可以为在深水水下工作的设备提供尽可能多的净浮力，起到水下浮力补偿的作用，在深水装置的制备中起着至关重要的作用。

26.3.1　浮力材料简介

相比其他材料，高强度、低密度、低吸水率是浮力材料的优点，在海洋中特别是在深海中应用广泛[7]。深海装备的稳定运行，要根据设备工作的海深差异，配备与之匹配的浮力材料。浮力材料的类别及性能如表 26-4 所示。

表 26-4　浮力材料的类别及性能[8]

项目	浮力筒	合成橡胶	一般泡沫材料	固体浮力材料
密度/（g/cm^3）	0.5～0.9	0.1～0.9	0.1～0.3	0.4～0.7，可调
耐压强度/MPa	—	—	<3，强度低	全海深
吸水率/%	密封好，不吸水	不吸水	缓慢吸水	不吸水

续表

项目	浮力筒	合成橡胶	一般泡沫材料	固体浮力材料
使用周期	短	短	短	长
维修性	易生锈	蠕变变形	吸水变形	可后期维修
应用水深	浅海	浅海	水面或浅海	全海深

常见浮力材料一般有两类，即传统浮力材料和高强轻质浮力材料。传统浮力材料包括常见的浮筒、浮球及木材或橡胶等制作的浮力材料。浅海所用浮力材料与深海有所不同，通常采用软木、浮力球、浮力筒或合成橡胶。

高强轻质浮力材料，是一种新型浮力材料，本质上是一种复合材料，具有强度高、密度低的特点。固体浮力材料的介质包括气体空穴、空心微球、中空塑料球和大径玻璃球组合等[7]，通常分为三类。化学发泡法浮力材料的制备原理是利用化学发泡法产生气体，使气体充斥于树脂中从而达到发泡的目的[9]，性能如表 26-5 所示。化学发泡法浮力材料质轻，隔热，隔音，减震等，主要应用在水面或浅海领域。

表 26-5　常用化学发泡法浮力材料与复合泡沫浮力材料性能比较[9]

性能	硬质聚氨酯泡沫塑料	PVC 硬质泡沫	聚苯乙烯泡沫塑料	环氧树脂硬质闭孔泡沫	复合泡沫材料
密度/（g/cm³）	0.14～0.4	0.03～0.1	0.2	0.32	0.32～0.85
压缩强度/MPa	0.2～1.4	0.03～0.2	0.3	0.76	9.6～97.2
拉伸强度/MPa	0.1～0.9	0.04～0.75	—	0.46	4.4～13.2
热导率/[W/（m·K）]	0.052～0.058	0.035	0.051	0.047	0.07
介电常数	1.3	—	1.28	1.08～1.19	2.9
最大工作水深/m	水面用	水面用	水面用	水面用	全海深

中空微球复合泡沫浮力材料的基体材料是树脂，材料性能的不同主要是填充材料的改变[10]。目前应用最广泛的浮力调节填充材料是空心玻璃微珠（图 26-3）。相比于化学发泡法浮力材料，中空微球复合泡沫浮力材料压缩强度高，抗蠕变性能好，隔热和隔音效果好，并可以通过调整空心微球的粒径大小以及填充量来调整材料性能，在海洋勘探平台、深水设备等领域都有广泛的应用。

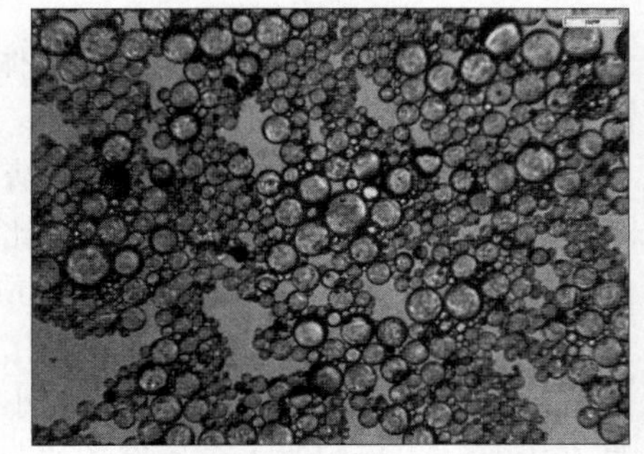

图 26-3　空心玻璃微珠[10]

轻质合成复合泡沫浮力材料应用于要求材料密度更低的领域，这可以通过改变浮力材料的组成，如增加复合泡沫浮力材料中大直径空心球，或者形成空心球、空心玻璃微珠和环氧树脂的三相复合材料[11]。相比于两相复合泡沫材料，三相复合泡沫材料的密度更低，能够提供更大的浮力，但是缺点是耐压强度低。

26.3.2　深海浮力材料性能要求

由于深海环境的恶劣性，深海装备的浮力材料要具有尽可能强的抗压能力，保证在使用深度内材料不会因水压较大而失效，同时应尽可能具有小的密度，以便用有限的体积提供尽可能大的浮力。此外，深海浮力材料还应具有尽可能低的吸水率，保证即使在较大的水压下材料也能保持其稳定性。表 26-6 给出了三种常用固体浮力材料的特性和应用范围。

表 26-6 三种常用固体浮力材料的特性和应用范围[7]

名称	特性	应用范围
聚氨酯泡沫	密度范围 0.05～0.25g/cm³，工作深度不超过 200m	管道漂浮、浮船、管线绝热、
共聚物泡沫	密度范围 0.04～0.4g/cm³	ROV 浮材、潜水舱浮材、海底系浮筒
复合泡沫塑料	纯复合泡沫塑料密度范围 0.46～0.65g/cm³，工作深度为全海洋深度；合成复合泡沫塑料密度范围 0.275～0.56g/cm³，工作深度 4000m 以内	多应用于深水领域，深水 ROV 浮材，深水管线漂浮块等

26.3.3 浮力材料制备方法

26.3.3.1 化学发泡法

化学发泡法是一种简单易行的发泡方法，根据产生气体方式的不同可分为利用原料组分相互反应产生气体和利用外加的化学发泡剂分解产生气体。利用原料组分相互反应产生气体时，包含泡沫形成、泡沫积累增长、泡沫大小趋于稳定三个阶段。当内部原料发生化学反应产生的气体达到饱和时就会产生并形成气泡。产生的气泡相互靠近、合并，从而使泡沫持续增长。当泡沫长到一定大小时，由于表面张力和外添加剂的作用，泡沫趋于稳定，将不再增长或者极其缓慢的增长。

采用化学发泡剂加热分解产生气体，不同的发泡剂有不同的分解温度和气体产生量。发泡剂分为无机发泡剂和有机发泡剂，前者发生分解放出 CO_2、N_2 等气体，后者如偶氮二异丁腈，其热分解反应式为：

$$NC-\underset{CH_3}{\overset{CH_3}{\underset{|}{\overset{|}{C}}}}-N=N-\underset{CH_3}{\overset{CH_3}{\underset{|}{\overset{|}{C}}}}-NC \xrightarrow{90\sim150^{\circ}C} N_2 + NC-\underset{CH_3}{\overset{CH_3}{\underset{|}{\overset{|}{C}}}}-\underset{CH_3}{\overset{CH_3}{\underset{|}{\overset{|}{C}}}}-CN$$

在化学发泡剂加热分解产生气体过程中，根据中间步骤和加料顺序的不同，可以将其分为一步法发泡工艺和两步法发泡工艺。在一步法发泡工艺中，利用有机锡等具有高活性催化特点的催化剂，即使在原料性能较差的情况下也能得到泡沫比较均匀的制品。另外由于物料黏度较小，对制造低密度和模塑成型制品比较有利，所以目前绝大部分生产中都采用一步法发泡。两步法发泡工艺又分为预聚体法和半预聚体法。预聚体法是原料本身先发生反应，此时并不产生气体，在后续的步骤中加入水、催化剂、表面活性剂等，高速搅拌下产生气体，从而完成发泡过程。该方法适用于本身黏度比较小的体系，如聚醚型泡沫塑料。半预聚体法与预聚体法的不同在于第一步反应时不是所有的原料都参加反应，但后续的加水、催化剂等的步骤是一样的，也是在高速搅拌下完成发泡过程。

化学发泡法制备聚氨酯泡沫成型方法较多，主要有块状软泡连续成型法、模塑发泡成型法和喷涂发泡成型法。块状软泡连续成型的发泡设备产量较大，适用于大规模生产。大型矩形块状制品的产量占软质聚氨酯泡沫塑料总产量的 80%左右。在矩形块状泡沫体成型后可进一步用切片机切割成各种需要的片状和块状制品。按发泡工艺流程，块状软泡连续成型又分为平顶式发泡工艺和垂直法发泡工艺两种。平顶式发泡工艺中，物料由储料罐通过计量系统分别送至能快速搅拌的发泡机混合头内，搅拌均匀后注入存有牛皮纸的皮带运输机上进行发泡

（图 26-4）。泡沫体经装有红外线（或其它热源）和排气装置的加热烘道中熟化成型后由另一端送出，在出口处根据需要由切割刀具将条块状泡沫体切成一定长度的半成品。该半成品在室温下熟化一段时间后即可达到最终强度，并经切割去皮即为成品。

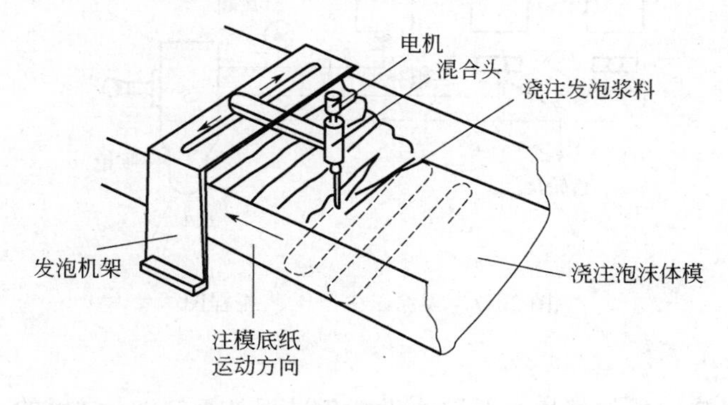

图 26-4　平顶式发泡生产示意图

垂直法发泡是先将各种化学原料经计量泵计量后输入混合头混合，再送入发泡托盘进行发泡（图 26-5）。经发泡后的泡沫体在加热筒中进行熟化。该加热筒外围有保温层，加热促使泡沫快速熟化。发泡之前先将加热筒预热到 65℃左右，正常运行之后可停止加热，靠发泡热维持该熟化温度。垂直法发泡能通过更换部分部件，在同一台设备上可交替生产圆形泡沫块和矩形泡沫块，泡沫块的尺寸比较规整，修切的废料可降低至 4%～6%，占地面积少，投资费用低，节省劳力。

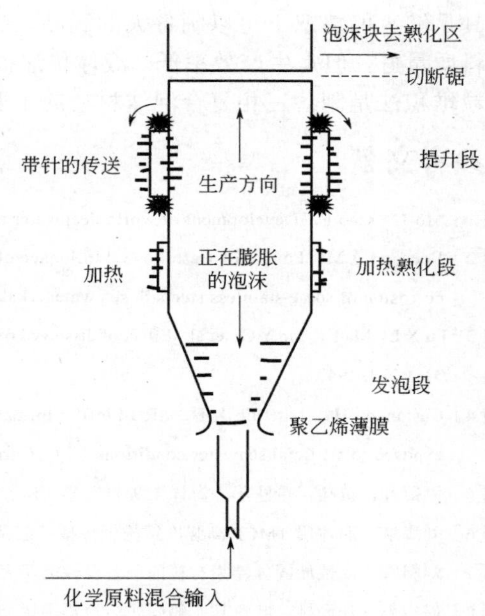

图 26-5　垂直法发泡生产示意图

模塑发泡是物料提前按比例配好，再由泵将物料平稳地注入模具内，按照设计的步骤发泡、熟化后得到最终制品（图 26-6）。与块状发泡工艺相比，模塑发泡省去了很多步骤，简单方便，不需要后期复杂的打磨切割等，成品率高。

喷涂发泡工艺是用喷枪将物料直接喷涂在材料表面，具体步骤为把原料混合均匀置于喷枪内，用压缩空气作为动力进行喷涂，一般 5s 左右即可生成硬质聚氨酯泡沫塑料（图 26-7）。这种方法工艺简单，但是应用范围较窄。

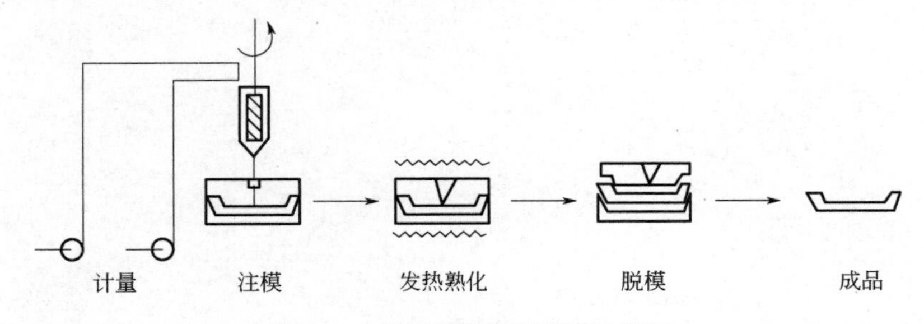

图 26-6　模塑发泡生产流程示意图

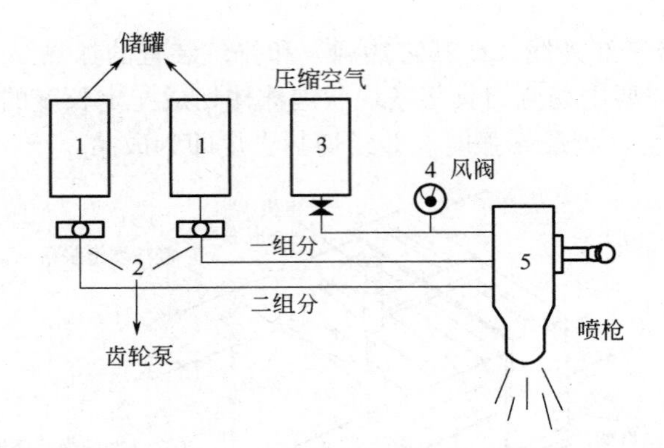

图 26-7　喷涂法生产工艺流程图

26.3.3.2　微球复合法

微球复合泡沫材料性能的好坏主要取决于制备过程是否精细，常用的方法有浇注法、真空浸渍法、液体传递模塑法、颗粒堆积法、压塑法等。浇注法的优点是制品的形状可以设计，模具足够大的情况下可以制备大的制品，缺点是制品密度大，易滞留气泡。真空浸渍法制得的材料质量好，但是生产效率低。液体传递模塑法的制品质量较差，但是利于实现工业化生产。颗粒堆积法是制备三相复合泡沫材料的主要方法。压塑法的微球填充量高，成型周期短。

参考文献

[1] Mo J，Xiao F. Development of world deepwater technology [J]. Mar. Geol. Front. 2012，28（6）：65

[2] Beccaria A M，Poggi G，Castello G. Influence of passion film composition and sea water pressure on resistance to localized corrosion of some stainless steels in sea water [J]. Br. Corros. J.，1995，30（4）：283

[3] Fu X L，Ma L，Yan Y G，et al. Effect of dissolved oxygen on corrosion behavior of hull steel in seawater [J]. Corros. Prot. 2010，31（12）：942

[4] Castaneda H，Benetton X D. SRB-biofilm influence in active corrosion sites formed at the steel-electrolyte interface when exposed to artificial seawater conditions [J]. Corros. Sci.，2008，50：1169

[5] 尹衍升，黄翔，董丽华. 海洋工程材料学 [M]. 北京：科学出版社，2008.

[6] 刘海斌. 船体用 TMCP 高强度结构钢焊接工艺试验研究 [D]. 哈尔滨：哈尔滨工程大学，2011.

[7] 刘圆圆. 高性能固体浮力材料的制备及性能研究 [D]. 青岛：中国海洋大学，2015.

[8] 何庆光，任润桃，叶章基. 船舶防污涂料用树脂基料的发展及作用 [J]. 涂料工业，2009，39（6）：51-55.

[9] 刘文栋，戴金辉，吴平伟等. 混合空心玻璃微珠制备固体浮力材料及性能研究 [J]. 材料开发与应用. 2014（03）：31-36.

[10] 李鹏，刘德安，杨学忠. 微球复合泡沫材料的研究和应用 [J]. 玻璃钢 / 复合材料. 2000（04）：21-24.

[11] 潘鹏举. 深海用聚合物基浮力材料制备及性能表征 [D]. 杭州：浙江大学，2005.

27 3D 打印技术

27.1 概述

3D 打印技术又称为增材制造技术、快速成型技术。相对于传统的机器加工等减材制造而言，3D 打印技术是对选定的材料通过不同的方式逐渐积累为立体器件的技术，它利用计算机的分析能力将零件的模型分为一系列的一定厚度的薄片，通过制造每一层薄片而达成目的。根据材料类型的不同，3D 打印可分为金属 3D 打印、聚合物 3D 打印、陶瓷 3D 打印等[1]。3D 打印的生产成本与产品的复杂程度无关，只与原料多少及成本有关，因此可以在一定程度上降低制造成本。3D 打印可以直接成型整个部件而不需要组装，从而大大扩展了制品形状的范围。目前 3D 打印技术已经应用于诸多领域，并为其他技术带来更广阔的发展空间。

27.1.1 发展历程

计算机技术的迅猛发展以及机械加工技术的进步使得 3D 打印技术应运而生，并逐渐成为国内外快速成型领域的研究重点。2005 年 ZCorp 公司研发出了世界首台高清晰彩色 3D 打印机——Spectrum Z510。2008 年全球首台商业化 3D 生物打印机被研制出来，可利用人体的脂肪或骨髓组织打印出新的人体组织。2010 年美国研发出了第一辆 3D 打印的汽车[2]。2012 年 7 月，美国 25 岁的大学生 Cody Wilson 成功研发出全球首支 3D 打印手枪——“解放者”，除手枪撞针外所有部件均采用塑料制造[2]（图 27-1）。

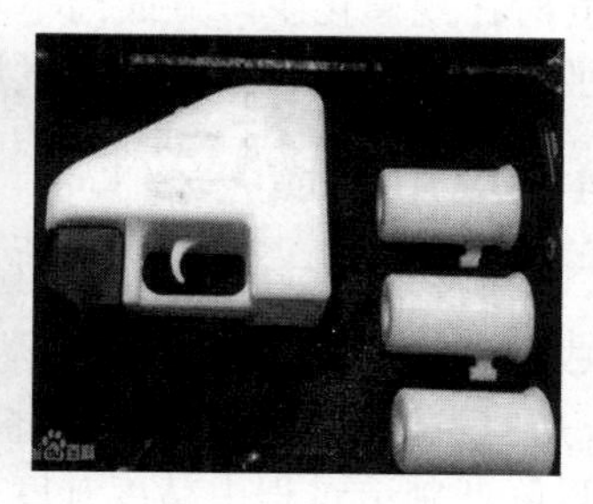

图 27-1 3D 打印的彩色打印机、汽车样车及手枪[2]

欧美一些国家在 3D 打印技术上发展比较早，技术更加成熟，已经在航空航天、医疗、汽车制造等领域形成了成功的商业模式[3]。由于各方面技术的限制，国内 3D 打印技术的发展相对较晚，然而发展前景巨大。我国也将越来越重视 3D 打印技术的研发，针对关键环节进行布局，以实现技术上的快速发展。

27.1.2 工作原理和过程

3D 打印技术与打印机的原理相似，只是在打印的时候所采用的材料不同。3D 打印机内可以装有金属、陶瓷、塑料、砂等打印材料，每一层的打印都分为两步，首先在需要成型的区域喷洒粘接物质，然后均匀地喷洒粉末或是熔融物质，使得粘接物固化，逐层交替作用下便可成功“打印”出真实的三维立体物体，例如各种模型，甚至是食物、房屋、机械零件等[4]。

在进行3D打印之前，打印材料、3D打印机、3D模型图是必备条件，需要根据自身需求以及条件进行合理选择和设计。3D打印基本过程包含4个步骤。

① 三维建模　通过计算机建模软件构建三维曲面或实体模型。

② 切片处理　在3D打印机读取文件信息后，用原材料逐层把各个截面依次打印出来并进行黏合，形成三维立体器件。

③ 打印成型　不同类型的3D打印机的打印流程不同，这与原材料及工艺相关，但都是采用逐层堆积的方式进行，产品的结构复杂程度与加工工艺无关。

④ 后期处理　完成打印成型后取出物体进行后期处理，如打印有支撑物的悬空结构时要将多余的支撑去掉。

27.1.3　技术特点

与其他快速成型技术相比，3D打印技术在零件精度和复杂程度、经济成本和制造时间等方面拥有巨大优势。3D打印能做到较高的精度和很高的复杂程度，可以制造出采用传统方法制造不出来的非常复杂的制件；不需要传统的刀具、夹具、机床或任何模具，就可以自动、快速、直接和比较精确地把计算机的任何形状的三维图形生成实物产品，并有效缩短产品研发周期；打印过程中不用剔除边角料，提高了材料利用率，降低了成本；打印无需在集中的、固定的制造车间进行，具有分布式生产的特点；能打印出组装好的产品，降低了组装成本，甚至可以挑战大规模生产方式。总体来说，3D打印技术相对于其他成型技术是一次技术上的革命性的飞跃，在材料制造的各个方面都有巨大的提升。

3D打印的不足之处主要是打印设备成本较高，对成型物体材料要求较高从而使材料种类受限，同时在规模化生产方面尚不具备优势。目前3D打印技术尚不足以取代传统制造业，其在制造业的普及还有待进一步的发展。

27.1.4　应用领域

3D打印技术的发展为众多领域存在已久的难题带来了解决办法，正在成为一种至关重要的快速成型技术。

① 航空航天领域　火箭发动机等装备的零件需要精度较高的加工技术，使用3D打印技术就可以降低制造过程中精度难度。利用计算机搭建三维图像，再使用精度高的3D打印方法就可以实现高精度的制造。

② 医学领域　人体器官和骨头的更换是医疗中的难题，利用3D打印技术可以打印人体的骨头甚至打印一些器官，解决来源匮乏的问题。3D打印技术也可以应用于制药方面。

③ 建筑领域　利用各种建筑材料包括建筑垃圾等，3D打印技术已经实现了对房屋的整体打印，在快速完成搭建的同时其结构性能也非常出色。类似的应用还包括建设隧道、公路等。

④ 汽车领域　3D打印技术一方面可以实现汽车发动机等关键部件的打印，还可以实现汽车结构件和外壳的打印，以达到安全、强韧、美观的要求。

⑤ 电子行业　该行业属于高精度、高质量的制造行业，3D打印技术的发展使其也成为电子制造行业的新兴技术。

27.2 聚合物及复合材料的 3D 打印

27.2.1 常规聚合物及复合材料的 3D 打印

在所有的 3D 打印原材料中，聚合物是应用最早且最广泛的原材料。聚合物可分为低聚物和高聚物，通常都处于固体或凝胶状态，有较好的机械强度、可塑性和高弹性。聚合物材料和含聚合物的复合材料，包括纯聚合物材料、聚合物作黏结剂的陶瓷材料，以及添加了增强相的高分子复合材料[5]。

27.2.1.1 丝材熔融沉积

熔融沉积（fused deposition modeling，FDM）使用的材料一般是热塑性材料，其工作原理如图 27-2 所示，喷头沿零件截面轮廓和填充轨迹运动，同时将熔化的材料挤出，固化之后与周围材料结合，逐层堆积起来。沉积过程中，上一层对当前层起到定位和支撑的作用[6]。

相比于其他技术，FDM 的 3D 打印技术工艺不需要激光器，所以不但维护方便节约材料，而且设备廉价、操作门槛低、技术成熟，因此在实际应用中更易大众化推广。FDM 技术的不足主要是成型时间较长、原材料成本上升等。适用于 FDM 打印的聚合物原材料有 ABS、PEEK、PA、PPSF 等，或者以它们为基体的复合材料，可用于打印电子电器或是汽车的关键部件[1]。

27.2.1.2 选择性激光烧结

选择性激光烧结技术（selective laser sintering，SLS）是利用高功率激光作用于金属或者塑料粉体制得零件的一种技术。这些材料包括金属、尼龙或者填充有玻璃微珠或碳纤维的尼龙。SLS 的工作原理如图 27-3 所示，依据 CAD 软件创建实体模型，利用分层软件获得对应的二维数据，驱动和控制激光束对工作台上当前层的粉末进行烧结，加工出对应的薄层截面。工作台下移一定距离，重新铺粉并进行重复操作，逐层堆积后即可获得制件。

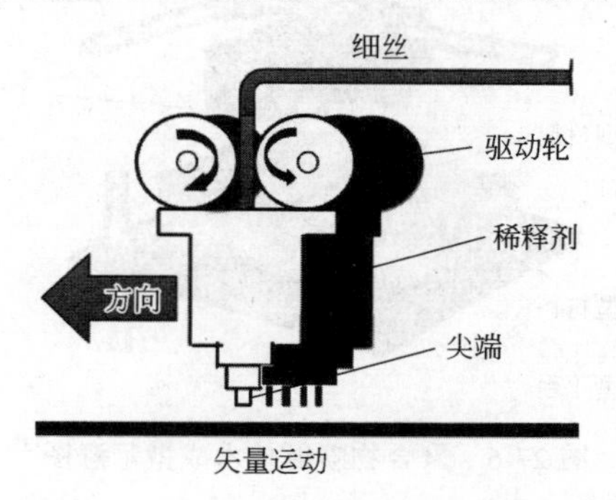

图 27-2 3D 打印熔融沉积成型示意图[6]

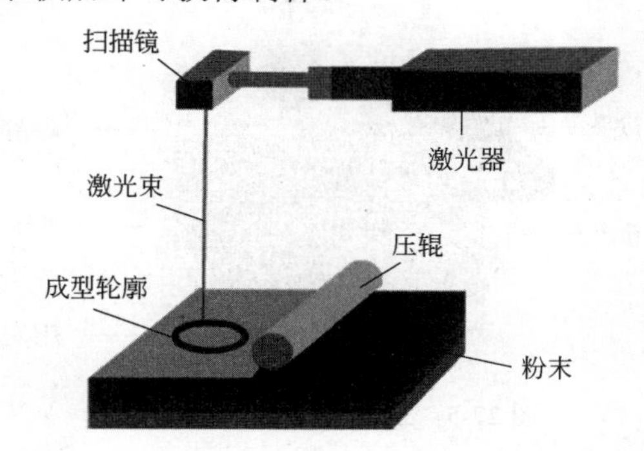

图 27-3 3D 打印选择性激光烧结示意图[7]

选择性激光烧结成型技术具有成型周期短、生产成本低、可适用的成型材料范围广、零件形状不受限制的特点，且能与传统工艺方法相结合，从而实现快速铸造、小批量零件输出等。它的缺点是制品表面粗糙度较大、力学性能不高、成型消耗能量大、后处理工序复杂等。此外，和 FDM 技术相比，SLS 技术在成型时要升温和冷却，因此成型时间更长，更适合于聚合物玻璃和纤维以及金属粉末的打印[7]。

27.2.1.3 液态树脂立体光刻

立体光刻（stereo lithography appearance，SLA）是基于分层制造原理的技术，使用感光树脂选择性地暴露在紫外线的照射下，从而使液体转换为固体。如图 27-4 所示，立体光刻技术由一台计算机控制光束，液槽中盛满液态的光敏树脂，借助CAD系统提供的设计数据，通过控制光束对液态树脂进行逐点扫描，扫描过的区域会被固化后，升降工作台到一定的高度，在已固化层上覆盖新的一层液态树脂，如此反复直到制造出整个模型为止。

图 27-4 液态树脂立体光刻成型示意图[8]

立体光刻成型技术的优点是耗时少，可减少设计制造循环周期和费用，不需要切削工具，没有加工废屑、振动和噪声，可在办公室操作。利用CAD系统在屏幕上绘出的图形，可直接对设计中的模型进行评估和修改，一台装置可获得不同的形状和模型。但是SLS的原材料较贵，目前主要用于打印薄壁、高精度零件，适合于制作中小型的模型、模具、人体器官等。

27.2.1.4 三维印刷成型

三维印刷成型（3D printing molding）是另一种使用聚合物作为打印材料进行快速成型的技术，通过使用液体黏结剂黏结沉积粉体层以制得三维实体原型，如图 27-5 所示[9]。三维印刷成型技术能够利用标准喷墨打印喷头使液体黏结剂均匀分配于粉末层，多个喷墨喷头的使用使得生产过程快于其他的 3D 打印技术[10]。一层打印完毕后升降机降低一定高度，在原来的粉体层上部铺置并黏结一层新的粉体。通过打印，新层被黏结到上层粉体，重复操作获得所需零件。

27.2.1.5 聚合物喷射成型

聚合物喷射（polyJet）成型是当前最先进的3D打印技术之一，工作原理与喷墨打印机十分相似，不同的是喷头喷射的不是墨水而是光敏聚合物（图 27-6）。

图 27-5 三维印刷成型示意图[9]

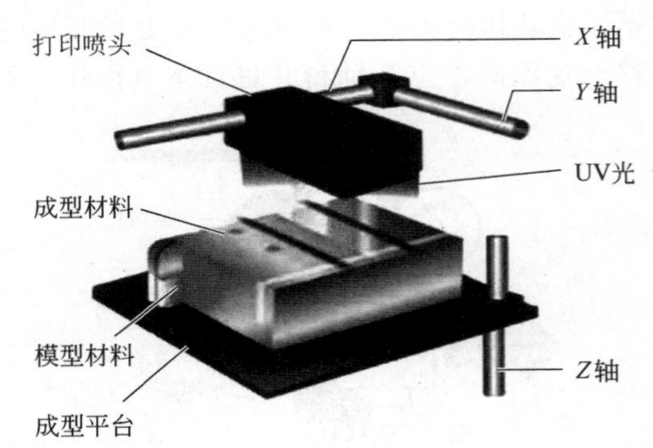

图 27-6 聚合物喷射技术成型示意图[8]

聚合物喷射成型以极高的逼真度和美观的外形闻名。聚合物喷射成型质量高、精度高，工作环境清洁，其快捷和多用途的特点适合同时构建多个项目，适用于制造不同形状和力学性能及颜色的部件。聚合物喷射成型的缺点是成型时需要支撑结构，使用光敏树脂而耗材成本高、器件强度低。

27.2.2 高强聚合物及复合材料的 3D 打印

27.2.2.1 高强度热塑性塑料和纤维增强热塑性塑料的 3D 打印

热塑性塑料是一类在一定温度下具有可塑性，冷却后固化且能重复这种过程的塑料，分子结构特点为线型高分子化合物，一般情况下不具有活性基团，受热不发生线型分子间交联。由于这些优点，热塑性塑料正在替代日常生活中的如汽车上的金属部件，美观的同时降低重量和成本，简化生产线操作。然而 3D 打印技术尽管发展迅速，但其较难实现高强度工程聚合物和纤维增强热塑性塑料零件的生产，主要原因有：①熔融沉积或类似设备使用丝状的进给材料，挤压温度和压力限制了可用来挤压的工程聚合物原料的选择；②沉积过程纤维的增加及其排列引起零件性能的各向异性；③聚合物和纤维的匹配有限；④纤维和聚合物的膨胀率与收缩率不同，冷却阶段易产生裂纹；⑤陶瓷复合材料在零件完成之前需要进行黏结剂脱脂和烧结工序，基质材料和纤维的较大膨胀系数差异更易产生裂纹，甚至基质组分为正膨胀系数而纤维的膨胀系数为负[9]；⑥支撑材料并不总是与聚合物黏结剂或者纤维相匹配，从而使得带有凹陷和突出部分零件的制造变得困难。

为了克服3D打印技术在热塑性塑料选材方面的局限性，人们研发出了一种高压挤压头，如图 27-7 所示。高压挤压包括进给杆压密和挤压成型。压密是进给杆的压制过程。颗粒状的材料受单向压力，在高压和接近材料熔点的温度下经热的圆柱形模具和活塞组件的作用成型为无空洞、无缺陷的圆柱形进给杆。目前高强度热塑性塑料和纤维增强热塑性塑料的 3D 打印正在被广泛研究，随着材料和 3D 打印技术的发展，工程热塑性材料及其复合材料的 3D 打印有望实现突破。

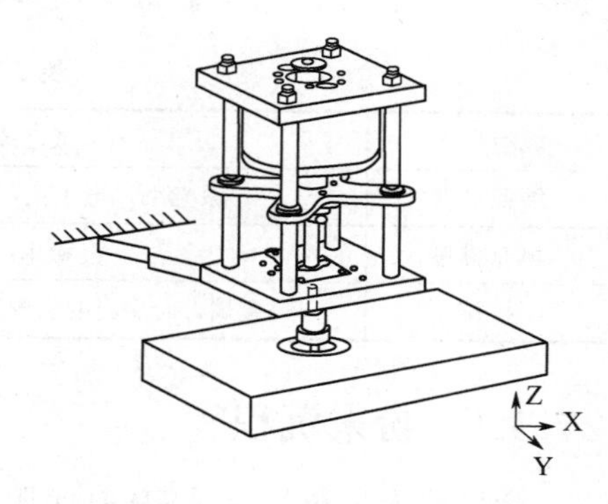

图 27-7 3D 打印用高压挤压头原理图[8]

27.2.2.2 高强度热固性塑料和短切纤维增强复合材料的 3D 打印

热固性塑料种类繁多，包括环氧树脂、不饱和聚酯、酚醛树脂、聚氨酯树脂、有机硅树脂等，它们性能优异，是一种理想的 3D 打印材料。热固性树脂体系的 3D 打印过程中，固化总收缩可能是沉积过程中最小的收缩和随后较大的均匀后固化收缩的组合，或者是在下一层沉积发生之前的沉积期间最大化的收缩。交联聚丙烯酰胺能自由成型，即把单体、交联剂和催化剂放入加热板，加热使其发生聚合反应[11]。聚丙烯酰胺的 3D 打印原料需要加入质量分数 12%的煅制氧化硅以提高混合物的触变性和液体的流动性。把混合物放入加热板，在 60℃下保温即可实现固化过程。

对于复合材料的类似于喷射成型的自由成型过程中，短切纤维可以做到按比例加入。剪切时聚合物共混物中的次生相会发生畸变，特别是在纤维增强聚合物的 3D 打印过程中发生[11]。这些小的次生相的总变形量是混合物的剪切应力变化率、组成聚合物单个纤维的黏度、材料次生相直径的函数。混合物的剪切应力随单位挤压力的增加和挤压孔直径的减小而增加，聚合物组分的黏度和界面张力受挤压温度的影响，而聚合物中次生相成分的直径取决于混合物中次生相的相对浓度。因此，这些液滴的总变形量受上述因素影响，其球状次生相会伸长变成椭球状。随着压力的增加，椭球体因其长轴平行于聚合物挤压方向而具有方向性，最终变成平行于挤压方向的长的连续纤维状。图 27-8 所示为喷嘴挤压时，喷嘴中聚合物共混物从球形次生相到椭球体再到纤维状的过程示意图[11,12]。聚合物中纤维含量和纤维取向控制着 3D 打印复合材料的力学性能，但当纤维尺寸纵横比和纤维含量超出特定值时 3D 打印生产过程变得更加复杂和困难。

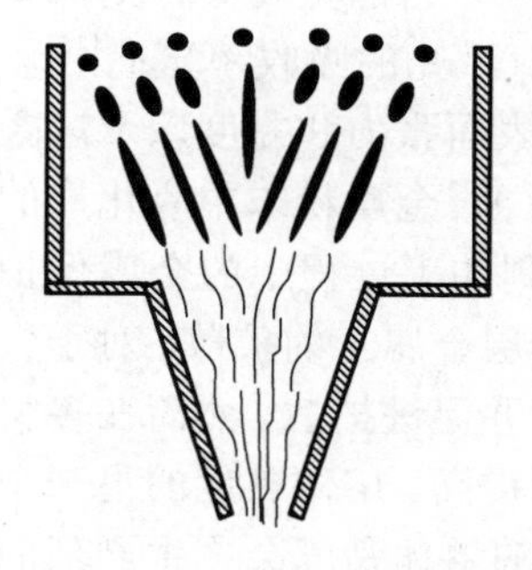
图 27-8 聚合物共混物经过喷嘴时的纤维形成示意图[11]

27.3 金属的3D打印

金属材料的3D打印由于更新速度快、需求高、技术越来越成熟，正在逐渐成为3D打印技术前沿最有潜力的技术。金属和合金的3D打印技术主要用于生产复杂且几何形状独特的零件、定制化材料、功能梯度材料等，应用于有相关需求的航天、国防、汽车和生物制药工业等领域[13]。金属3D打印技术可以按照其所用能源、成型形态（固态或者液态）和填充材料进行分类[13]。表27-1给出了金属3D打印工艺类别。

表27-1 金属3D打印工艺类别

成型形态	液态成型	固态成型
能源类型	激光束，电子束，电弧/等离子束	摩擦，超声波，微波，电流
填充材料	粉末，丝	粉末，条，箔片
材料	金属，合金，复合材料，功能梯度材料	金属，合金，复合材料，多层材料

27.3.1 粉末沉积

金属粉末沉积是金属3D打印比较前沿的技术，它可以实现多种金属粉末的沉积。最常用的粉末沉积3D打印技术是利用激光作为热源，包含激光近净成型、直接金属沉积和激光直接制造，都使用金属粉末作为填充材料。但是，激光近净成型和激光直接制造需要在可控环境的工作箱中进行，直接金属沉积使用惰性气体保护以防止沉积物被氧化。这些工艺过程都是预先在基体上形成一个小的液态金属熔池，并由惰性气体带入预定量的粉末。粉末在金属熔池中熔化，同时固定在数控设备上的基板沿预设的线路移动产生一道凝固的金属。当沉积线路重合时，一道道的金属进行搭接沉积，形成一个完整的沉积层，然后沉积头和金属粉末喷嘴会向上移动一个层高的距离并开始下个沉积层的工作。重复以上过程就会得到与CAD模型预设的金属零件。沉积路线、相邻的金属轨道间的间距以及层高都是通过软件设计生成[13~16]。

激光金属粉末沉积的沉积物稳定性和质量取决于成型过程中的物理现象，如金属对激光的吸光率、表面张力和熔体黏度等。在沉积过程中，吸光率过低可能由于部分熔化而导致有孔洞的沉积，过高则会引起沉积过程中的金属蒸发。例如，近净成型大型的氧化铝陶瓷零件使用175W的激光，二氧化硅基零件可以使用50W的激光，而制造完全致密的金属零件则需要更高功率的激光。这是由于相对于高导电性的金属而言，陶瓷材料对激光的吸收率更高[15]。由于激光金属粉末沉积加工过程依赖于金属的熔化，因此熔融金属的表面张力和黏度以及熔融金属和基底或是前层沉淀之间的润湿性对于加工过程的稳定性十分重要。金属粉末中氧化层的形成会导致沉积物中的缺陷，因此应当使用高纯度的惰性气体来控制加工过程中的金属保护环境。液态金属的黏度应当处于最佳状态以实现新沉积物在基体或前层金属上的扩散。对于大部分金属和合金，沉积过程中使用较高的总能量输入会降低熔体黏度并促进扩散。然而在多材沉积中，由于金属间化合物的形成会使得黏度随着能量输入的提高而提高。熔体黏度的另一个重要影响是激光金属粉末沉积成型中的球化效应。低热输入条件下高的熔体黏度会产生剧烈的球化效应，而高热输入条件下低的熔体黏度会导致熔体扩散[14]。因此，通过工艺参数优化来控制熔池温度从而控制熔池黏度对于所沉积的材料如金属基复合材料等非常关键，同时还需注意这些材料中的构成元素和化合物在激光吸收能力上的差异。

金属粉末沉积 3D 打印技术是目前应用和研究最广泛的技术之一，在制造复杂的小型零件中体现了良好的适应性。但是这一技术也存在很多缺点，如沉积速率低、产出率低、表面粗糙度高、易残留气孔等。另外，沉积粉末的储存、回收和污染也使得使用该技术制造大面积结构的经济成本十分高昂。

27.3.2 熔丝沉积

熔丝沉积 3D 打印技术主要以激光、电子束为能量源，在制造尺寸精度要求较高的大型零件方面优势明显，已应用于航空、汽车、国防等顶尖领域。通过使用丝状填充材料，熔丝沉积 3D 打印技术可以消除金属粉末沉积过程中存在的绝大部分问题。图 27-9 为熔丝沉积 3D 打印金属零件，包括前送丝和后送丝[15,16]。

熔丝沉积 3D 打印开始时，先使用合适的能源在基体上加工一个尺寸较小的熔池；焊丝随后以可控的速率送入熔池并熔融；在基体上沿着设计的路径移动送丝机和能源以形成金属焊道；经过多道焊道重叠沉积完成一个沉积层；重复上述操作直至获得零件的三维尺寸。通常情况下，沉积过程会在受控气氛下进行，成型零件也会由于最终的要求而进行打磨、机械加工等后处理[13]。

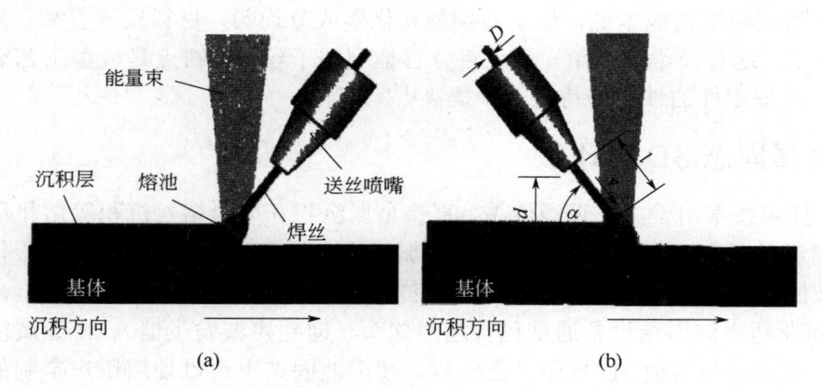

图 27-9 熔丝沉积 3D 打印示意图[13]

D—焊丝直径；d—送丝间距；α—送丝角度；v—送丝速度；l—焊丝伸出长度

相比于填粉，送丝对于金属 3D 打印有诸多好处，最显著的是较高的送丝速率，如电子束自由成型制造的送丝速率可以达到 1500cm^3/h，从而获得较高的沉积速率，如使用等离子熔丝沉积加工 Ti6Al4V 时的沉积速率甚至可达到 1.8kg/h。熔丝沉积能形成更低的表面粗糙度和更好的材料质量，同时提高材料的利用率。其他的优势还包括低廉的熔丝准备成本，几乎 100% 的熔丝利用率而不需要清洁环境，将对人体的危害最小化[16]。然而，熔丝沉积对于一些特定参数极其敏感，因此工艺优化和控制对于稳定的沉积过程至关重要。这些参数包括能量源的种类、热输入、送丝速度和送丝的位置以及焊丝尖端在熔池中的位置和横向速度。熔丝沉积 3D 打印所使用的能源主要有激光、电子束和电弧，其中激光熔丝沉积和电子束熔丝沉积相对使用较多，电弧电源的精准度则不及激光和电子束。

（1）激光熔丝沉积　激光熔丝沉积广泛应用于制造金属钛及其合金零件。研究表明，使用激光熔丝沉积制造 Ti6Al4V 合金零件，激光功率和沉积速率对于组织的影响与其在粉末激光沉积中的影响相似，组织中的晶粒尺寸随着激光功率的提升而增加，随着沉积速率的提高而减小。针对这些组织特征与性能及沉积受热过程的关系研究表明，焊道的尺寸与受热过程有较好的实时匹配，但是硬度并没有体现出很好的相关性，而且还生成了跨越焊层的大型柱状晶。沉积后的热处理对于硬度的影响比沉积工艺参数的影响更大。

（2）电子束自由成型制造　电子束自由成型制造（electron beam free form fabrication，EBF）能够被用来生产多种金属和合金的复杂工件[17]。它是一种采用电子束作为热源，其工艺过程和激光熔丝沉积加工十分类似，只是需要在真空环境下使用电子束作为热源作业。在真空环境下，高能量的电子束轰击金属表面形成熔池，通过送丝并熔化，在特定的路线下运动，随着堆积逐步凝固成型，制造出零件或是毛坯。相较于激光熔丝沉积，电子束自由成型制造具有高能效（≥90%）和高耦合效率，非常适合于对激光有较高反射率的金属如铝和铜。电子束自由成型制造生产的零件具有低的表面粗糙度，高真空环境保证了沉积过程中的清洁。通常情况下小直径的熔丝可用于小尺寸的复杂零件，而对于高沉积速率的结构则倾向于使用大直径的熔丝，对于成分梯度零件可以使用双丝系统进行沉积加工[11]。电子束自由成型制造的特点是成型速度快、材料利用率高、能量转化率高，不足之处是精度较差，需要后期加工处理。

（3）电弧熔丝沉积　电弧熔丝沉积以电弧作为热源将金属丝熔化，按照设定的成型路线堆积每一片层并最终形成三维实体零件，可以在较高的沉积速率下得到与高能束流工艺相当的尺寸精度和表面粗糙度。目前大部分能够焊接的金属和合金都可用于电弧熔丝沉积。相比于其他技术，电弧熔丝沉积制造成本低，加工周期短，化学成分均匀，材料致密度高，强度高，韧性好，设备成本低，运行及维护简单，几乎百分百地利用了丝材。缺点是成型工艺需要进一步的优化和改进，成型零件的性能有待进一步提高[17]。

27.3.3 金属固态 3D 打印

固态 3D 打印技术用于激光近净成型、直接金属沉积和电弧熔丝沉积等熔化沉积技术难以加工的金属材料的复杂三维结构成型，也可以加工冶金不相容的金属，生产层压材料或是嵌入结构。超声波固结即是基于超声波金属焊接的固态 3D 打印技术，由美国 Solidica 公司于 2000 年发明[18]。商业超声波固结设备通常包含超声探头（即超声波发生器）、薄金属筒传送系统和数控铣削加工中心。与其他 3D 打印工艺一样，超声波固结也可以使用用户定制的软件来控制成型条件。在超声波固结过程中，送入的金属箔（厚度 100～150μm）会被超声探头施加的竖直载荷压在基板上。超声探头在竖直载荷下以 20kHz 的频率横向振动，并沿着零件的长度方向运动以形成金属箔和基体的冶金结合。金属箔带紧密排列沉积后形成金属层，使用数控铣削实现最终的形状或轮廓，随后使用压缩空气清洁金属层表面的机械加工残渣，即可开始下一个金属层的沉积作业。通常情况下，每完成数个金属层沉积后进行机械加工成型，重复这一循环直至零件成型。超声焊头通常具有粗糙的滚花表面以确保超声波发生器在高频振动下与金属箔保持接触。超声波的振动会在顶层金属箔与下层金属箔或基体之间形成摩擦力，破坏氧化层以使洁净金属发生原子间结合。预热和摩擦产生的热量会加速金属界面的原子扩散，从而在竖直载荷下达到稳定的冶金结合。超声波固结在制造嵌入传感器或电路的多金属或多功能金属结构中有广泛的应用[17,18]。

27.3.4 电化学制造 3D 打印

电化学制造是一种微型 3D 打印技术，每一层金属层的制造通常包含三个步骤，即损耗材料的电子沉积、结构材料的电子沉积和机械刨平。与其他 3D 打印技术相同，电化学制造也是基于结构材料（用于形成最终零件）和损耗材料（用于形成支持结构）的一种技术，两种材料都需要具有良好的导电性。在电化学制造的过程中，首先使用定制软件工具从三维 CAD 模型中导出每一层的截面几何尺寸，生成2D截面图，以及用于结构材料和消耗材料电子沉积的电化学制造工艺自动控制文件。生成的2D截面图被用来微型铸造成临时遮罩。这些临时遮罩在电化学制造设备中用以沉积每层材料。电化学制造过程开始于使用临时遮罩对消耗材料进行电子沉积。第一步是利用第一金属层的临时遮罩在基体的选定区域内对损耗材料进行电子沉积。这是通过使用基体（阴极）向临时遮罩（固定在阳极上）加压。临时遮罩被放置在电子沉积池中，电解液会在临时遮罩的空腔中聚集，电流通过电解池电极开始电子沉积。消耗材料会在临时遮罩定义的区域内在基体上形成沉积。之后阳极和临时遮罩被移出，留下沉积后的损耗材料。第二步，对结构材料进行非选择性电子沉积，即毯式沉积。沉积的结构材料覆盖了整个沉积区域，包括之前沉积的损耗材料和基体上其他的开放区域。这个过程发生在另一个具有合适电解液和电极的电子沉积池中。第三步，将整个沉积物放在研磨盘上打磨，直至两种材料全部显现并达到预期的沉积层厚度和表面光滑度。重复上述三个步骤进行逐层加工，最后使用化学腐蚀去除损耗材料即得到预设三维模型。

电化学制造被用于高效地制造具有微米精度的小型三维金属结构，包括毫米级至厘米级的复杂金属结构，同时在制造大批量零件时具有很高的经济性。由于同时运用了增材和减材的加工手段，这项工艺也被认为是混合制造工艺。电化学制造中的沉积物具有较低的残余应力。除了制造复杂的零件之外，电化学制造还可以制造带有可活动零件的器件，并实现在制造过程中预组装。

27.3.5 金属粉末 3D 打印

金属粉末3D打印技术与粉末沉积技术不同。3D打印金属粉末指的是尺寸小于1mm 的金属颗粒群，包括单一金属粉末、合金粉末以及具有金属性质的某些难熔化合物粉末[19]。3D打印金属粉末除了需要具备良好的可塑性外，还必须满足粉末粒径细小、粒度分布较窄、球形度高、流动性好和松装密度高等要求。3D打印金属粉末材料包括钴铬合金、不锈钢、工业钢、青铜合金、钛合金等。

基于粉末技术的金属3D打印制造工艺，有选择性激光熔化、激光烧结、直接金属激光烧结及激光熔化等，它们都是以激光为能源。激光烧结机可以用来处理多种金属粉末，如各种钢、钛合金、铝合金等。激光烧结机由激光器、光学单元、扫描仪、工艺室和惰性气体循环过滤系统组成，在惰性气氛中进行加工，由多个传感器用来控制整个工艺过程。工艺室的核心是升降系统，由成型台、送粉台和回收台组成。当上层的制造完成后，成型台根据层厚下降，然后在其上再进行下一层的制造。成型台支撑构件能保证在高度方向移动，从而得到所需厚度的零件。在支撑构件上装有一个可替换的金属台。该金属台通常由与所用金属相同的材料制成，或由与其热膨胀系数相似的材料制成，作为基底材料具备两个主要功能：一是作为散热件吸收熔池中高热量；二是作为基底材料与上面打印成型的金属件相结合。该金属台不仅能确定成型件位置，还能补偿加工过程中的内应力，消除成型件弯曲变形或者避免从平台剥离。制备完成后将该金属平台和成型件一起从机器上移除，低温去应力退火，然后采用线切割或锯切方式将成型件从金属平台上分离。分离后的金属平台通过碾/磨再次变平整后就可以重复使用。该金属台也能够制备组合件，如在平台上先安装一个粗加工成品，仅在其顶部赋予特殊结构，也可通过这种技术对涡轮叶片、燃气轮机注射喷嘴以及其他零件实现修复。

27.4 陶瓷的 3D 打印

陶瓷的3D打印从生坯开始，通常可被归类为激光辅助烧结、挤压成型、聚合、基于直写的工艺流程等[20]。

27.4.1 立体光刻

立体光刻技术也称为立体光固化成型（stereo lithography apparatus，SLA）属于3D打印工艺，此技术利用光来完成聚合物固化，原理如图27-10所示[21,22]。立体光刻技术最初被应用于制造聚合物构件，后来经过技术改进后也可被应用于陶瓷材料的加工。立体光刻技术制造陶瓷结构几何形状多样，尺寸精度高、效率高，但是在制造过程中需要支撑材料[22]。

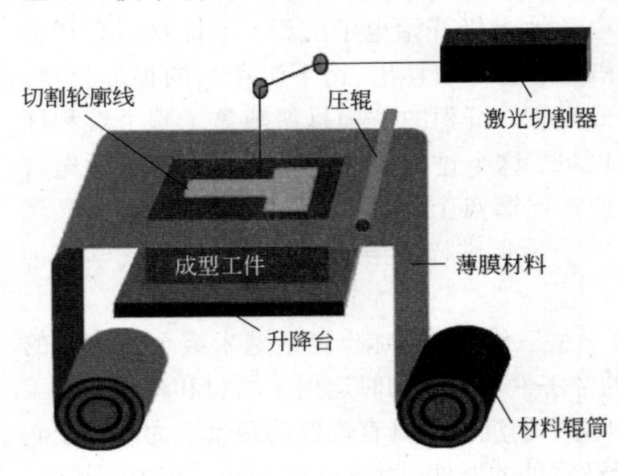

图27-10 SLA技术成型示意图[21]

在丙烯酰胺水溶液中分散二氧化硅和氧化铝的粉末，在制造过程中用高强度紫外线对该陶瓷复合溶液进行固化，即可加工3D陶瓷结构。陶瓷粉末的比例、化学性质、光固化聚合物及紫外光照射是促使立体光刻取得成功的重要参数。分散剂和稀释剂的种类和浓度对溶液中的高固相含量陶瓷颗粒的黏度和流变行为有重要影响[22]。此外，曝光条件、粉末特性、反应体系及固化深度和宽度同样对立体光刻工艺流程有很大影响。图27-11所示为使用立体光刻技术制造氧化铝零件的工艺流程图[8]。

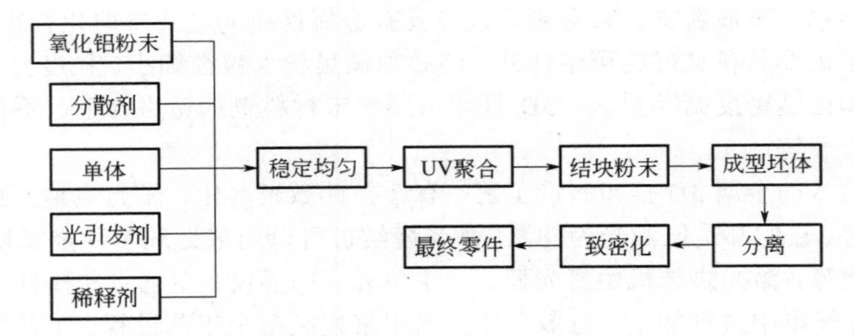

图27-11 氧化铝零件的SLA工艺流程[8]

立体光刻适用于稳定的陶瓷聚合物复合材料溶液，应具有适当的流变特性，黏度应类似于传统的立体光刻树脂（<3000mPa・s），这样才能实现逐层加工制造。此外，陶瓷悬浮液应具有高固化深度、低固化宽度的感光性能，以获得高效率和高分辨率。最后，固化陶瓷生坯零件必须具有高密度，从而在聚合物移除后防止变形或显著收缩。

27.4.2 选择性激光烧结

选择性激光烧结（selective laser sintering，SLS）可应用于聚合物、金属和陶瓷。然而相比于聚合物或金属加工，陶瓷的熔融温度更高，因此需要更多的激光能量和更长的冷却时间。为了避免由此带来的制造低效，可以使用选择性激光烧结工艺在共晶成分中制造 Al_2O_3-ZrO_2 致密固体零件，电加热功率为7kW，粉末预热至1700℃，如图27-12所示。SLS工艺的凝固过程是热诱导的聚合物层的熔化和固结，而不是光化学反应。使用SLS技术具有无需支撑即可制备复杂陶瓷零件的优点，但是由于受到粘接剂铺设密度的限制而导致陶瓷制品致密度不高。

27.4.3 喷墨 3D 打印

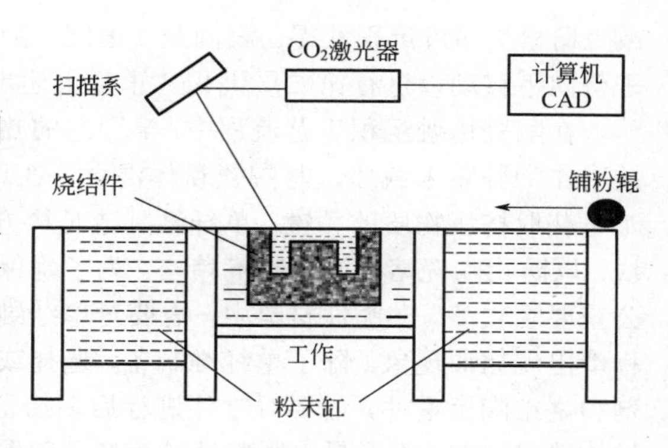

图 27-12 陶瓷零件的 SLS 成型示意图[8]

喷墨 3D 打印是一种基于粉末的自由成型制造法，可以用于打印塑料、陶瓷和金属零件[23]。图 27-13 所示为 Bose 等人提出的喷墨 3D 打印工艺流程示意图[8]。在打印前，粉末进料床应充分填满粉末。使用滚筒在粉末辊床上喷洒一层预定厚度的粉末。通常情况下，会喷洒一些初级层以建立一个基础层作为最终零件的支撑。这些层可能会比零件主层的干燥时间更长，以确保有一个稳定的支撑基础。常规的喷墨打印头会有选择地将黏结剂喷洒至粉末层，然后该打印层在加热器下移动，黏结剂变干，防止黏结剂在各层之间流散，并使颗粒粘接[23,24]。重复这一工艺流程，直到最终零件打印完成。在该方法中，应在打印前对黏结剂和粉末的特性进行充分的研究和设置，包括粉末填充密度、粒径、粉末流动性、粉末润湿性、层厚度、黏结剂滴体积、黏结剂饱和度、干燥时间及加热速率等，这对该方法的成功运用至关重要。

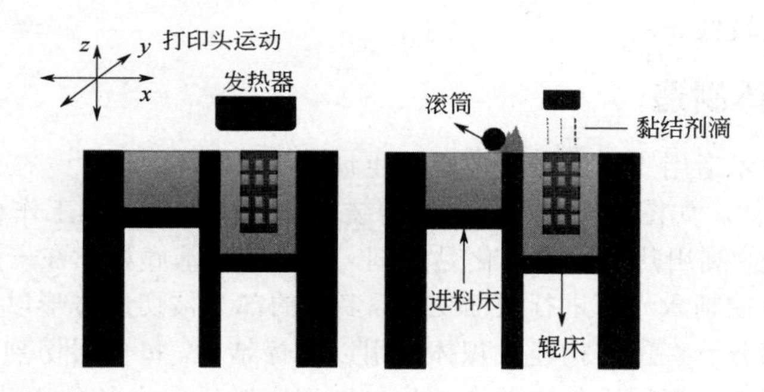

图 27-13 喷墨打印示意图[8]

喷墨 3D 打印属于技术简单、低成本的 3D 打印方法，不需要外部平台或支撑，在打印过程中由粉末床支撑结构。同时，这种方法不要求液体具备改性黏度或含有光聚合材料。然而，由于缺乏外部压缩力来提供更好的填充和聚集，导致加工零件的孔隙率会很高。该工艺还需在后期加工过程中进行散粉移除和烧结。

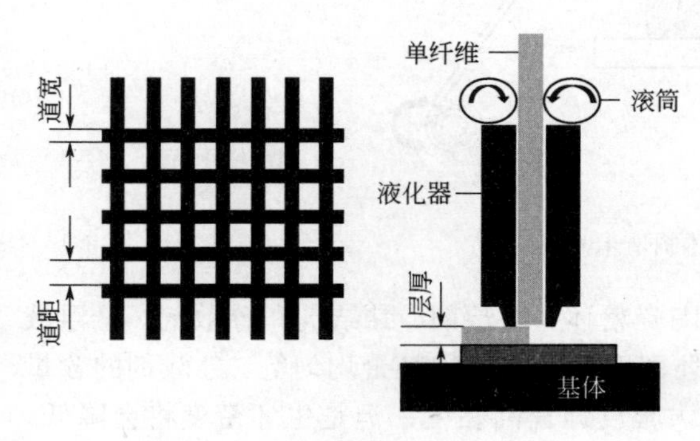

图 27-14 陶瓷熔融沉积示意图[8]

27.4.4 熔融沉积

陶瓷熔融沉积技术是一种改进了的熔融沉积成型工艺，用于加工 3D 陶瓷结构，包括新型陶瓷材料、陶瓷/聚合物复合材料、面向/径向压电和光子带隙结构[8]。图 27-14 所示为陶瓷熔融沉积工艺流程的示意图。在此工艺中，半固态的热塑性聚合物的单纤维由两个滚筒注入液化器，流经液化器后经过喷嘴挤出，最终沉积在平台上。位于液化器上的加热器以接近熔点的温度加热聚合物，从而使挤出的单纤维可以轻易通过喷嘴。喷嘴在 X 轴和 Y 轴方向上运动，“道路”

或“栅格”即可沉积获得。凝固从“道路”的外表面开始，继而到达核心。第一层沉积完成后平台向下移动以进行第二层沉积。重复上述步骤直至整个零件构建完成[25]。

在陶瓷熔融沉积工艺流程中，半固态的热塑性聚合混合物，包括黏结剂、增塑剂及分散剂，被用作陶瓷粉末载体，与陶瓷粉体混合。在该步骤中，有机分散剂/表面活性剂和粉末的预加工是获取挤压物质的关键。单纤维制造是该方法最耗时的步骤之一。单纤维应分布均匀，无结块，以防止陶瓷熔融沉积喷嘴堵塞。为了确保零件的最终尺寸和沉积的精度，对单纤维的尺寸公差要求较高。在脆性材料中，需要对单纤维组成和加工参数进行优化，防止单纤维在挤压过程中出现屈曲现象。除了单纤维制备，选择或开发合适的黏结剂是另一个关键。为了移除黏结剂和烧结陶瓷零件，需要对零件进行后期加工，从而得到致密零件。移除黏结剂时不能对零件结构造成损害。为了最大限度地减少在移除黏结剂时产生的收缩，混合物的固体负载应保持较高水平。在零件制造过程中常会出现翘曲现象，虽然许多参数均可引起翘曲，但主要原因是黏结剂的热应力和松弛。在沉积过程中，黏结剂冷却收缩，其过高的热膨胀系数会导致在每一个构筑层产生拉伸残余应力，从而引起翘曲。该残余应力由黏结剂的黏弹性造成，给予系统足够的处理时间或温度可消除该应力。

熔融沉积成形技术具有设备搭建简单、维护成本低廉、方法普适性良好、制品性价比高的特点，因而成为发展较快的 3D 打印技术之一。该技术的缺点是所用原材料陶瓷固相含量低，常常导致烧结体强度较低。

27.4.5　分层实体制造

分层实体制造技术适用于陶瓷带状或片材生坯的 3D 零件制造[24]。在该方法中，通过堆叠多个片层制造 3D 实体。如图 27-15 所示，供给装置通过构建平台向工作台发送片层。片层背面涂有热熔胶黏结剂，利用热压滚筒熔化黏结剂，使片层与基底粘贴在一起。X 轴-Y 轴绘图仪根据当前层面的轮廓控制激光束进行层面切割，多余的部分被切成方形以便于后续去除，但在构建过程中该多余部分一直留在构建堆积体中用以支撑结构。每一层切割完毕后，构建平台向下移动一个片层的深度。逐层操作直至全部片层制作完毕后，将多余废料去除，获得零件。

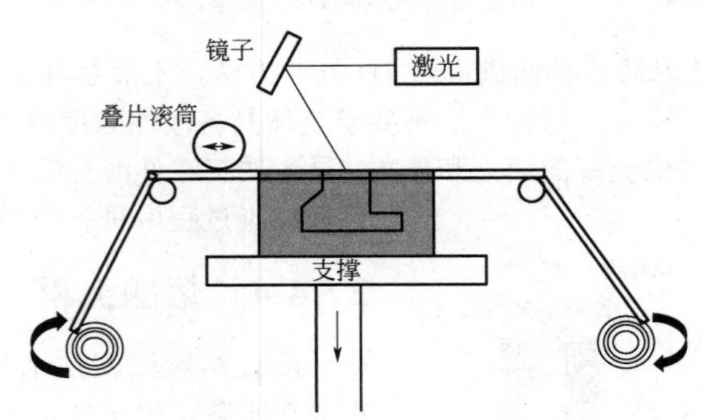

图 27-15　分层实体制造示意图[8]

在制造陶瓷纸滚筒前应先制备悬浮液，包括陶瓷粉体、增塑剂、黏结剂和分散剂。悬浮液的流变性质决定了干燥过程中是否形成裂缝，生坯密度及最终结构是否均匀等。分散剂的含量对悬浮液的黏度有很大的影响。大量的分散剂会大幅度地提高黏度，但是生坯密度将会降低，加热收缩会增加。为了形成连续片层的纸，制备好的悬浮液被转移到造纸机，通过片层形成、压制、干燥或压延、轧制进行制备。

与其他成型方法相比，分层实体制造是一种高速制造方法，运行成本较低，但是切成方形的工艺流程比较费时，且依据零件的几何形状和复杂性需要投入一定的劳动力。

参考文献

［1］高卓，陈晓婷，衣守志，等．3D 打印技术及聚合物打印材料的研究进展［J］．热固性树脂，2017，32（04）：67-70.

［2］柳建，雷争军，顾海清．3D 打印行业国内发展现状［J］．制造技术与机床，2015（3）：17-21，25.

［3］陈小文，李建雄，刘华安．快速成型技术及光固化树脂研究进展［J］．激光杂志，2011，32（3）：1-3.

［4］黄卫东，林鑫，陈静．激光立体成型［M］．西安：西北工业大学出版社，2007：60-69.

［5］王雪莹．3D 打印技术与产业的发展及前景分析［J］．中国高新技术企业，2012（26）：3-5.

［6］王俊杰．多孔仿生骨单元植入物三维打印成型系统开发及实验研究［D］．南京：南京师范大学，2017.

［7］Yessimkhan Shalkar．基于熔体微分原理的金属粉末 3D 打印成型技术研究［D］．北京：北京化工大学，2018.

［8］Amit Bandyopadhyay，Susmita Bose．3D 打印技术与应用．北京：机械工业出版社，2017（5）：89-92.

［9］潘虹．3D 打印技术对产品设计创新开发的研究［J］．计算机产品与流通，2019（07）：116.

［10］陈敏翼．聚合物转化陶瓷 3D 打印技术研究进展［J］．陶瓷学报，2020（02）：150-156.

［11］齐俊梅，姚雪丽，陈辉辉，等．3D 打印聚合物材料的研究进展［J］．热固性树脂，2019，34（02）：60-63.

［12］Arnaldo D．Valino，John Ryan C．Dizon，Alejandro H．Espera，et al．Advances in 3D printing of thermoplastic polymer composites and nanocomposites［J］．Progress in Polymer Science，2019，98.

［13］柳朝阳，赵备备，李兰杰，等．金属材料 3D 打印技术研究进展［J］．粉末冶金工业，2020，30（02）：83-89.

［14］张学军，唐思熠，肇恒跃，等．3D 打印技术研究现状和关键技术［J］．材料工程，2016，44（02）：122-128.

［15］徐禹．基于 3D 打印的熔融沉积成型蜡基首饰模型铸造工艺设计［J］．铸造设备与工艺，2019（02）：22-25.

［16］许洋．金属 3D 打印技术研究综述［J］．中国金属通报，2019（02）：104-105.

［17］Danforth S C，Agarwala M，Bandyopadghyay A，et al．Solid freeform fabrication methods［P］．U．S．Patent 5，900，207．1999-5-4.

［18］Iyer S，McIntosh J，Bandyopadhyay A，et al．Microstructural characterization and mechanical properties of Si3N4 formed by fused deposition of ceramics［J］．International Journal of Applied Ceramic Technology，2008，5（2）：127-137.

［19］唐超兰，张伟祥，陈志茹，等．3D 打印用钛合金粉末制备技术分析［J］．广东工业大学学报，2019，36（03）：91-98.

［20］Hinczewski C，Corbel S，Chartier T．Ceramic suspensions suitable for stereolithography［J］．Journal of the European Ceramic Society，1998，18（06）：583-590.

［21］Macosko C W，Larson R G．Rheology：principles，measurements，and applications［J］．Powder Technology，1996，86（3）：56-59.

［22］王琛，于嘉浩，蒋玉婷．立体光刻快速成型的模型布置分析及优化［J］．艺术科技，2019，32（09）：49.

［23］李虎．陶瓷行业的新宠——喷墨技术［J］．今日印刷，2011：60-61.

［24］崔学民，欧阳世翕，余志勇，等．先进陶瓷快速无模成型方法研究的进展［J］．陶瓷，2001（4）.

［25］武博．陶瓷熔融沉积成形工艺的研究［D］．武汉：华中科技大学，2017.